Nueva Enciclopedia del Automóvil

Nueva Enciclopedia del Automóvil

Carrocería y pintura

Miguel de Castro Vicente

ediciones ceac

Diseño de cubierta: Víctor Viano

ISBN: 84-329-1187-9 (rústica)
ISBN: 84-329-1195-X (cartoné)
Depósito legal: B. 45.309 - 1999
Gráficas y Encuadernaciones Reunidas, S.A.
Impreso en España - *Printed in Spain*
Grupo Editorial Ceac, S.A. Perú, 164 - 08020 Barcelona
Internet: http://www.ceacedit.com

CONTENIDO

Prólogo 7

Primera parte. Planchistería

1. Constitución de la carrocería 11
2. Ensamblado de la chapa y herramientas del planchista 65
3. Verificaciones en la carrocería 109
4. Técnicas de reparación 131
5. Reparación de plancha por elementos. I. Parte frontal 163
6. Reparación de plancha por elementos. II. Parte central y trasera 185
7. Reparación de accesorios 229
8. Guarnecidos interiores 259
9. Los elementos de plástico en el automóvil 277

Segunda parte. Pintura

1. Pinturas y colorimetría 303
2. Preparación de superficies 339
3. Proceso general de pintado 357
4. Pintura de plásticos, aerografía y seguridad 399

Indice 411

PRÓLOGO

Resulta curioso ver cómo, al revisar la bibliografía de los libros escritos sobre el automóvil, un porcentaje abrumador de los mismos está dedicado exclusivamente a las partes mecánica o eléctrica. En efecto: se pueden encontrar, a lo largo de la extensa bibliografía que el automóvil ya posee, una gran cantidad de libros que expliquen especialmente la construcción del motor, su funcionamiento y reparación y, en menor medida, también la descripción de la parte eléctrica. En un menor porcentaje encontraremos libros dedicados a otras partes móviles, tales como la suspensión, dirección, frenos, etc. Pero lo curioso y casi injustificable del caso es la poca o nula atención que se ha prestado desde siempre a una de las partes más importantes del automóvil, aquella que no solamente representa su mayor volumen, sino que resulta la parte más visible y agradable del mismo: nos referimos, por supuesto, a la carrocería.

La cantidad de libros editados sobre este tema resulta francamente exigua, y evidentemente, muy por debajo no sólo de la importancia que el conjunto de la carrocería tiene en la totalidad del automóvil, sino de la gran envergadura que esta industria presenta en el contexto del mundo de los talleres de reparación. Esta situación no tiene fundamento alguno desde un punto de vista lógico, pues la carrocería está compuesta por un número elevado de piezas ensambladas por soldadura o atornilladas entre sí que se hallan expuestas a desarreglos e incidentes en un número no menor al que presenta el propio motor con todos sus complicados mecanismos; y, además, las reparaciones que se llevan a cabo requieren tanto un elevado nivel técnico como una capacidad importante de ingenio por parte del operario planchista y un gran conocimiento del oficio por parte del pintor.

Así pues, parece inexplicable que desde el punto de vista editorial no se haya tenido en cuenta, con la debida atención, al mundo de la planchistería y de la pintura, que está compuesto por un elevado número de grandes profesionales, que comporta un conjunto de problemas específicos de la misma categoría a los que presenta cualquier parte mecánica (aunque, por supuesto, de otra naturaleza) y que es digna de gran atención por la complejidad de su trabajo.

Aunque en el catálogo de nuestra editorial ya pueden encontrarse libros específicos sobre el tema de la reparación de carrocerías, completamos nuestra aportación con la presencia de este tomo de la *Nueva Enciclopedia del Automóvil* enteramente dedicado a este importante conjunto de la carrocería y a los dos importantes oficios que intervienen en ella, es decir, la planchistería y la pintura.

Al igual que ocurre en todos los tomos de esta enciclopedia el tema está tratado de una forma práctica, desde el punto de vista del taller. Ello hace que pueda servir igualmente para los aprendices como para los operarios que tengan unos años de oficio adquiridos por la práctica exclusiva del oficio. La exposición del tema como se lleva a cabo en este tomo es muy posible que tenga la virtud de aclarar muchas ideas sobre el porqué de las construcciones metálicas o de las características y condiciones de las pinturas.

Por otra parte, y al igual que ocurre en el motor, también en la carrocería hay reparaciones sencillas que cualquiera puede llevar a cabo con muy pocas herramientas, y las hay, por supuesto, complicadas, que requieren una especialización que escapa de las posibilidades del no iniciado, exactamente igual a como ocurre con ciertas reparaciones del motor que pueden ser más o menos complicadas según las características que presenten. En el presente libro se atiende a ambas por igual.

Para llevar a cabo este estudio general se ha dividido el libro en las dos principales partes de que consta el tema, es decir, una primera parte dedicada a la constitución de la carrocería y a las reparaciones de plancha con descripción de los procesos de trabajo necesarios para el arreglo o sustitución de partes dañadas en la carrocería, y una segunda parte dedicada esta vez a los trabajos de pintura, tanto de la previa preparación de las superficies a pintar como al trabajo específico de aplicación de la pintura. Aunque ambos oficios son bastante diferentes entre sí, los une en la práctica la necesidad de colaboración que es precisa entre ellos para conseguir el fin último de este trabajo que no es otro más que la consecución de una carrocería robusta a la vez que ligera, perfectamente conformada con sus lisas superficies, y todo elllo escrupulosamente pintado con un color siempre del mismo tono a lo largo y a lo ancho de toda la carrocería.

Por último, y para terminar, no queremos despedirnos sin antes dedicar unas palabras a la importancia que tienen estos oficios que trabajan la carrocería del automóvil en el conjunto de los talleres de reparación en general. Si bien no hay usuario que persista en hacer funcionar su coche si sabe que existen irregularidades en el funcionamiento del motor, o se oyen ruidos sospechosos en cualquier parte mecánica, también es muy frecuente el conductor que no va a gusto en su coche, si éste se halla marcado en la plancha, o la pintura ha perdido su brillo y da siempre la impresión de tratarse de un automóvil viejo y sucio.

Pero hay mucho más. La densidad de tráfico hace inevitables las colisiones entre vehículos, en la gran mayoría de los casos asegurados, que quedan en un estado en el que se hace inevitable la reparación. Por este conducto entran cada día cientos de automóviles en los talleres de planchistería que les aseguran un trabajo bastante estable a lo largo del año. Si este volumen de negocio lo comparamos con el que reciben los talleres de mecánica nos daremos cuenta de que, hoy por hoy, el hecho de fabricar los automóviles cada vez más perfectos y propensos a menos averías, las reducciones de los límites de velocidad establecidas en carreteras y autopistas que hacen que los conductores no puedan castigar la mecánica, y el pronto abandono de los coches que empiezan a ser viejos, para llevarlos a la chatarra sin darles tiempo a que aparezcan los grandes defectos de su mecánica, hacen que los talleres de esta especialidad vean reducido su mercado de trabajo y su volumen de negocio con lo que empeora su situación económica, cosa que no ocurre en los talleres dedicados a las reparaciones de plancha y pintura.

Así pues, el oficio que tiene que ver con las carrocerías resulta próspero especialmente por las buenas perspectivas de trabajo con el que siempre cuenta esta profesión, y ello es una indiscutible buena garantía de que el estudio de este tema, complementado con la práctica, puede ser muy provechoso a los profesionales del sector de los talleres mecánicos para ampliar sus servicios o, incluso, para llegar a transformar sus actividades cuando su taller mecánico no resulte mínimamente rentable.

Primera parte

PLANCHISTERÍA

1

CONSTITUCIÓN DE LA CARROCERÍA

Introducción

No sabemos si habrá alguien que pueda sorprenderse si decimos que la carrocería es una invención algunos siglos anteriores al mismo automóvil. De alguna manera podría decirse con toda propiedad que primero fue la creación de la carrocería, y, muchos años después —eras, en el terreno técnico— se inventó el motor. Por lo tanto, en lo que respecta a las carrocerías se puede afirmar que se trata de uno de los productos industriales actuales en los que el hombre tiene una experiencia más ahondada en el pasado.

En efecto: la experiencia de llevar la casa a cuestas, como el caracol, resulta una experiencia casi tan antigua como el descubrimiento de que animales fuertes como el caballo o el buey podían domesticarse, y ha sido aprovechado en casi todas las culturas, desde tiempos muy lejanos, para el transporte de personas con el menor esfuerzo físico posible. Hasta aquí estamos esbozando el conceptoo de *carro* más o menos habilitado para este transporte, cubierto para resguardar de las inclemencias del tiempo, y muy poco dotado de cualquier concesión a la comodidad.

Realmente, es partir del siglo XVIII cuando los italianos comienzan a trabajar con gran arte e inventiva en los famosos «*carroccio*», es decir, las carrozas. El concepto de carro para el transporte de personas comienza a partir de este momento a despegarse de la idea del carro cubierto dotado de simples asientos, para entrar dentro de un período de decidida búsqueda de la comodidad de los pasajeros —generalmente ilustres y adinerados— de modo que, con la aportación de los carroceros franceses, vamos a asistir en pocos años a una importantísima transformación en este terreno. Ahora se trabaja en mejorar el espacio interior y el acomodo de los viajeros; se pasa a tapizar lujosamente los interiores, como si se tratara de sillones palaciegos, se acristalan los laterales, se alfombran los suelos y se recubren de finas telas aboatadas el interior de los techos y laterales del vehículo, y, sobre todo, se trabaja intensa e ingeniosamente en complicados sistemas por medio de los cuales se consiga dulcificar el movimiento de vaivén que los malos caminos imprimen al conjunto de la caja, de modo que se crean por primera vez sistemas completos de suspensión por medio de los cúales la caja de la carroza queda independizada en buena manera de las ruedas y de las inevitables irregularidades que el camino presenta. A partir de aquí, y a nivel artesano, se distingue el trabajo del *carretero* del trabajo del *carrocero*, al igual que se distinguía el trabajo del carpintero del trabajo del ebanista: es el momento en que la carrocería comienza a tomar forma.

Cuando, hacia 1883, el alemán Gottlieb Daimler consigue fabricar un motor de tipo Otto capaz de funcionar con líquido, motor que se mostraba ya apto para sustituir a las caballerías, el primer problema no fue encontrar un tipo de estructura capaz de recibirlo porque el mundo de entonces estaba ya lleno de diferentes conjuntos de carrocerías a las que el motor recientemente ideado podía acoplarse sin grandes problemas iniciales, como así se hizo en los primeros tiempos.

Claro que a través de los años, y con la creación de motores cada vez más potentes y rápidos de giro, las carrocerías han ido evolucionando con grandes e importantísimos cambios. Inicialmente, las carrocerías eran de madera y su construcción y manipulación estaba encomendada a los carpinteros especializados, pero a partir de finales de los pasados años veinte se comienza a emplear la chapa de acero y, consecuentemente, el oficio cambia de manos: ahora son los chapistas o planchistas los que se han de hacer cargo de los trabajos de reparación y ajuste de las carrocerías metálicas, situación que se mantiene en estos momentos.

Ahora creemos importante pasar a ver, en primer lugar, las características generales que ha de tener una carrocería para automóvil y los tipos de las mismas.

Partes de que consta un automóvil

Para centrar el tema de la carrocería que es el objeto único y fundamental de este libro, vamos a ver una serie de figuras mediante las cuales quede claro cuáles son las partes fundamentales de que se compone un automóvil y el área en la que vamos a movernos en este libro. De hecho, nos encontramos con dos grandes partes en las que podemos dividir la constitución de un automóvil moderno: por un lado la parte mecánica, y, por otro, la carrocería con todos sus grupos anexos.

En la figura 1 tenemos la representación de la parte mecánica por la que entendemos, en este momento, no solamente el motor propiamente dicho,

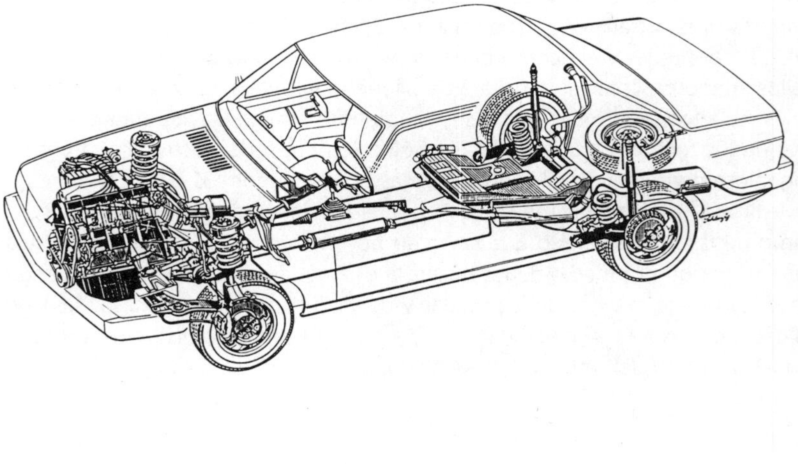

Figura 1. Distribución de la parte mecánica a lo largo del automóvil.

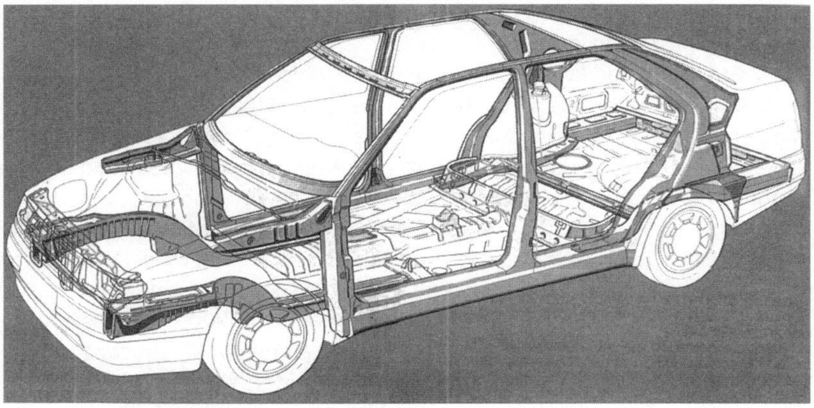

Figura 2. Constitución de la carrocería de un automóvil destacando la estructura de refuerzo.

sino todos los demás elementos tales como la transmisión, la dirección, los frenos, las ruedas y también los órganos de la suspensión e incluso un elemento tan discutible como el depósito de gasolina. Todo esto es lo que se halla destacado en el dibujo de la figura que nos ocupa, mientras con la línea fina queda representada la parte que forma la estructura del automóvil, es decir, su carrocería.

Para que el lector pueda darse verdaderamente cuenta de la diferencia veamos ahora, en la figura 2, la parte formada por la estructura básica de la carrocería que en esta figura se muestra con gran precisión. Está constituida por todas las partes reforzadas de plancha dentro de la cual se forman los tres volúmenes fundamentales compuestos, en la parte delantera, por el cofre donde se ubicará el motor con los órganos de transmisión y la suspensión delantera (compárese con la fig. 1). En el centro nos encontramos con el habitáculo para los pasajeros que deberá ser además provisto de los correspondientes asientos anatómicos, como veremos más adelante. Por último, hay un tercer volumen trasero destinado a cobijar el maletero, espacio útil para el cómodo transporte del equipaje.

La unión de estos dos conjuntos principales se puede ver ahora parcialmente en la figura 3 donde, a través de esta visión transparente de los órganos del automóvil, encajados en su posición real, podemos hacernos cargo de toda su disposición interna debidamente acoplada. Aquí podemos ver ya los asientos delanteros cuyo habitáculo completo, y en la realidad, se puede ver con mayor

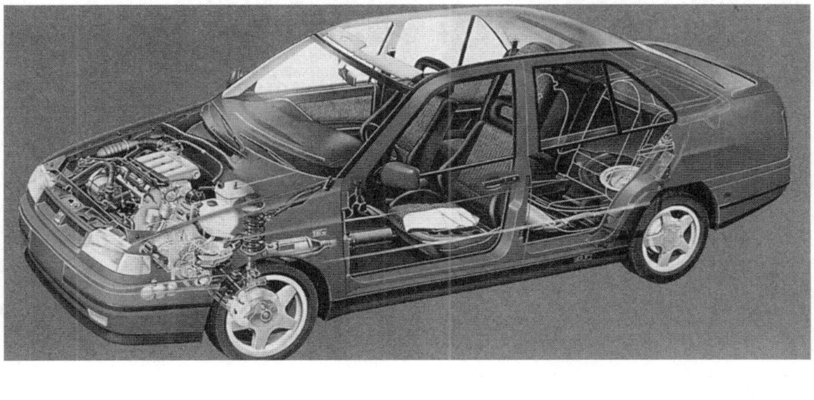

Figura 3. Corte practicado en un automóvil para mostrar el conjunto de la carrocería completa, los tapizados del habitáculo y el conjunto mecánico.

Figura 4. Interior de un automóvil mostrando la disposición de sus asientos, tapizados, moquetas, órganos de seguridad, etc., todo ello instalado dentro de su carrocería.

detalle en la fotografía de la figura 4 en la que se aprecian, además, los tapizados de las puertas y del suelo del vehículo.

El automóvil queda así conformado en estas dos grandes partes que podemos decir engloban toda su constitución, es decir, la *parte mecánica* representada por la figura 1 y la *parte de la carrocería* que queda destacada básicamente en la figura 2. Nuestro objetivo va a ser entrar en el estudio detallado de esta segunda parte que, como puede apreciarse por las figuras, no es la parte menos importante del conjunto. Por el contrario, si al motor se le encargan la creación y transmisión de la fuerza, a la carrocería se le encarga la robustez necesaria para soportar todos los esfuerzos, golpes y vibraciones que son propios de un vehículo en marcha y, además, todo ello complementado con la belleza de líneas y de acabado que hacen del automóvil un producto tan atractivo.

En la figura 5 se puede admirar el elegante porte de un automóvil de diseño avanzado perteneciente a la marca BMW. Destacamos aquí el conjunto de la carrocería que une a sus buenas condiciones aerodinámicas la robustez del habitáculo para la mayor protección de los pasajeros.

Aunque la carrocería de un coche no tiene por qué sufrir averías ni deformaciones en condiciones normales, la realidad es que, como saben muy bien las compañías de seguros, son muy frecuentes las deformaciones más o menos importantes de esta parte que se producen como consecuencia de choques o golpes más o menos fuertes contra objetos u otros automóviles debido a infinidad de causas que van desde la falta de pericia del conductor hasta el mal estado de la calzada. Cuando la plancha de la carrocería es afectada se tiene que proceder a su reparación, generalmente (esto lo veremos con mucho detalle a lo largo del libro) sustituyendo la pieza afectada por otra nueva, la cual, a su vez, se tendrá que pintar de nuevo y será preciso que se haga con la misma perfección de acabado y el mismo tono de color que el resto de las planchas del coche ya poseen. Éste será el trabajo del planchista y el pintor que han de trabajar en colaboración para conseguir un acabado irreprochable de las superficies tanto internas como externas de la carrocería.

Figura 5. Vista exterior del automóvil de la figura anterior mostrando los elegantes acabados de su carrocería.

Diferentes tipos de carrocerías

A través de los tiempos el automóvil ha ido evolucionando de una manera progresiva no solamente desde el punto de vista mecánico, sino también desde el punto de vista de la carrocería. Es de todos conocido que hace unas décadas los motores se averiaban más y daban unas potencias muy por debajo de las que alcanzan ahora motores de igual cilindrada. Ello se ha debido al estudio de los mecanismos críticos y a las nuevas soluciones adoptadas que han permitido eliminar los fallos posibles. De igual modo, las carrocerías han evolucionado también hacia sistemas incluso más rígidos pero a la vez más ligeros, se ha trabajado mucho en los sistemas anticorrosión de la plancha de acero y en el diseño y forma de las estructuras. Todo ello ha dado origen a una serie de técnicas que hacen del coche moderno una buena pieza de habitabilidad a la vez que de penetrabilidad en el aire, además de rigidez y protección para el habitáculo de los pasajeros y, en definitiva, ha conseguido un elevado índice de seguridad incluso ante choques de considerable proporción.

El desarrollo de las carrocerías ha venido produciéndose de acuerdo con los sistemas adoptados en la fabricación de las mismas y en este apartado vamos a ver en qué consisten los diferentes y principales tipos de carrocería con los que se han ido vistiendo los automóviles desde unos pasados años hasta nuestra época. En este aspecto cabe destacar la existencia de tres sistemas que estudiaremos por separado según el siguiente orden:

- Carrocería y chasis separados.
- Monocasco autoportante.
- Carrocería con plataforma de chasis.

Carrocería y chasis separados

Este sistema es el más antiguo de los utilizados en el automóvil, el más sencillo conceptualmente y, desde luego, un sistema que todavía no se ha abandonado para los autocamiones y los automóviles que van provistos de carrocerías de fibra, como ya veremos cuando hablemos de este tema.

Consiste fundamentalmente en disponer de dos vigas de acero, llamadas *largueros*, a todo lo largo del automóvil. Estos largueros se aseguran entre sí por medio de unos travesaños soldados en diferentes puntos de la longitud de los largueros, de modo que el conjunto así logrado adquiere una gran rigidez. A este grupo de hierros debidamente dotados de forma se le da el nombre de *bastidor*. En la figura 6 tenemos un dibujo que muestra una de estas piezas que forman la base sobre la que se montarán por debajo los órganos de la suspensión y las ruedas, y a él se sujetarán también el motor y todos los órganos mecánicos. En estas condiciones, cuando el bastidor ha recibido todos estos órganos

Figura 6. Tipo clásico de bastidor.

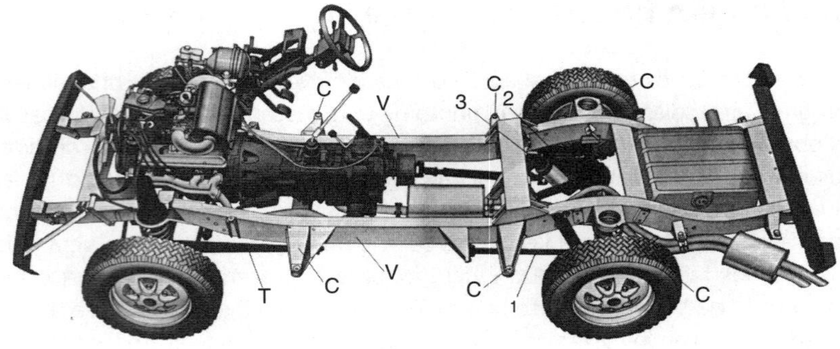

Figura 7. Estructura del chasis de un automóvil, en este caso de un todoterreno 4 ×4 de la marca ROVER. 1 y 2, tirantes traseros. 3, triángulo central de amortiguación del eje trasero. C, puntos de anclaje de la carrocería al chasis. T, tirante de la suspensión delantera. V, una de las vigas que componen el bastidor.

mecánicos mencionados, se ha conseguido formar lo que se llama el *chasis* que queda representado en la figura 7.

Como puede deducirse del dibujo y de la figura 7, la carrocería ha de formar un conjunto totalmente independiente que se monta y desmonta del chasis en todo su conjunto. Va generalmente atornillada por el intermedio de juntas de caucho, de modo que pueda sujetarse con total garantía a los puntos convenientes del bastidor y pueda quedar perfectamente amoldada al citado bastidor con muy buenas garantías de rigidez.

El sistema de chasis y carrocería separados presenta sus ventajas y sus inconvenientes. Dejando aparte que, en los primeros tiempos del automóvil, éste era el sistema que más fácilmente estaba al alcance de los técnicos, por el escaso desarrollo de las prensas con las que hoy se pueden lograr planchas dotadas de muchas nervaduras que les proporcionen una gran rigidez, tenía la ventaja de que, para un mismo modelo de chasis, se podía pensar en colocar diferentes y variados modelos de carrocerías, es decir, se podíahacer un turismo o una furgoneta o un familiar utilizando el mismo chasis, y, en todo caso, no resultaba difícil alargar el bastidor o reducirlo con el fin de colocar una carrocería a gusto del cliente. Por otra parte, formaba un conjunto tan robusto como se quisiera, lo que lo hacía muy apto para llevar y soportar mucho peso y absorbía muy bien los golpes y las vibraciones. Por esta razón ha sido un sistema no abandonado del todo y utilizado en los todoterrenos.

Todas estas condiciones que acabamos de decir resultan todavía muy ventajosas para los autocamiones, de modo que el sistema de chasis separado se sigue utilizando con gran éxito en este tipo de vehículos. En la figura 8 tenemos

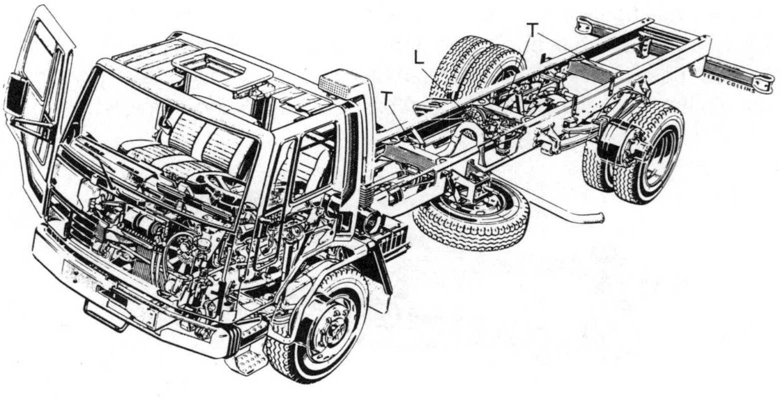

Figura 8. Disposición típica del chasis de un autocamión en el que vemos montada la cabina en la parte anterior del bastidor. L, largueros. T, travesaños.

una vista de un camión en el que destaca la disposición de su bastidor compuesto por sus largueros (L) y sus travesaños (T). Encima de este bastidor pueden colocarse diferentes tipos de cajas, puede hacerse una carrocería para autocar (eliminando, por supuesto, la cabina que se aprecia en el dibujo) y puede también alargarse el bastidor para conseguir la colocación de dos ejes traseros, tal como muestra el detalle de la figura 9.

En su aplicación al automóvil el sistema de carrocería y chasis separados tiene algunos inconvenientes. El principal es lo mucho más pesado que hace al conjunto una disposición como la descrita y también el encarecimiento de precio que representa. Otros inconvenientes menores son la mayor dificultad de obtener con este sistema centros de gravedad más bajos, los cuales mejoran la estabilidad a gran velocidad y permiten una mayor penetración en el viento. De cualquier modo, las carrocerías independientes del chasis ya hace muchos años que no se fabrican para los automóviles, salvo el caso de los vehículos con carrocerías de fibra.

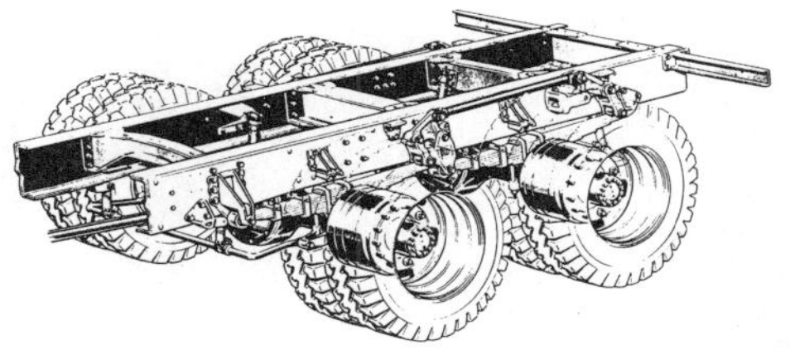

Figura 9. Los travesaños del bastidor pueden alargarse para recibir sin problemas el acoplamiento de un tren de dos ejes en las ruedas posteriores.

Monocasco autoportante

De hecho, toda carrocería necesita un bastidor sobre el que pueda apoyarse, por una parte, y por otra, sobre el que puedan apoyarse las ruedas y sustentarse todos los órganos mecánicos. Lo que ocurre es que el bastidor puede estar construido de tal manera que resulte integrado en la misma estructura de la carrocería, y en el momento en que esto ocurre la carrocería recibe el nombre de *autoportante*. Así pues, una carrocería autoportante es aquella en la que forma parte de su estructura el bastidor, aunque éste adopte formas diferentes a las que hemos visto al describir el chasis en el apartado anterior.

Un ejemplo de carrocería autoportante lo podemos ver en la figura 10 correspondiente esta vez a la carroceríaa de un automóvil de la marca francesa

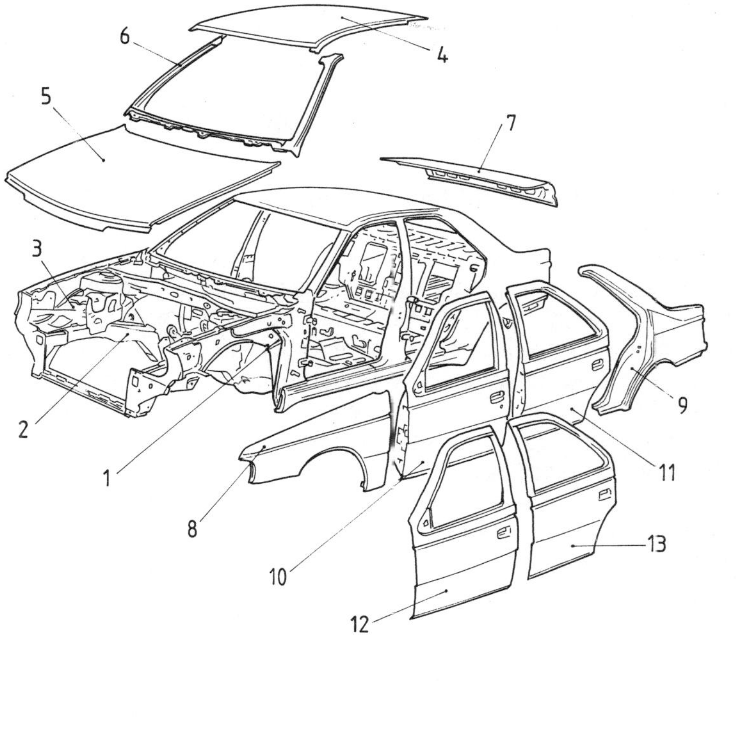

Figura 10. Despiezo general de una carrocería monocasco autoportante perteneciente a un automóvil de la casa PEUGEOT, en su versión berlina. 1, casco que forma el bastidor. 2, prolongador del larguero. 3, forro de aleta. 4, techo. 5, capó. 6, marco ensamblado para el parabrisas. 7,portón trasero. 8, aleta delantera. 9, aleta trasera ensamblada. 10, puerta delantera. 11, puerta trasera. 12, panel de la puerta delantera. 13, panel de la puerta trasera.

PEUGEOT. Este sistema resulta el más utilizado por todos los fabricantes de automóviles, sobre todo para los modelos de gran venta y de gran serie por lo que será especialmente con este tipo de carrocerías con las que el planchista se tendrá que enfrentar en la mayoría de los casos. Este tipo de carrocerías autoportantes reúnen grandes ventajas en el sentido de ser las más ligeras a la vez que las más estables y las más flexibles de las carrocerías existentes, uniendo además a estas virtudes las de ser las que pueden fabricarse en serie con mayor perfección y con un costo más reducido ya que pueden construirse con la ayuda de un alto grado de mecanización. En estas razones hemos de encontrar la gran popularidad que han alcanzado a pesar de no ser precisamente las más fáciles de reparar por parte del planchista ni tampoco las que están sujetas a menores deformaciones del tipo que ya se verá a lo largo de este libro.

Las carrocerías autoportante pueden adoptar dos diferentes tipos que hay que destacar y que son los siguientes:

Carrocería autoportante unida por soldadura

En este tipo de carrocerías el número de piezas desmontables está reducido al mínimo, de modo que, dejando aparte las puertas y los capós y, por supuesto, los parachoques, todo el resto de las piezas importantes se hallan unidas entre sí por medio de soldadura. Se pretende con ello que la pieza que forma el suelo de la caja y que a su vez hace de bastidor aligerado, al estar fuertemente unida al resto del monocasco, haga que éste participe de todos los esfuerzos proporcionando la debida resistencia a todas las planchas que componen el conjunto.

Carrocería autoportante unida por soldadura con elementos desmontables

Este otro tipo de carrocería es semejante al anterior pero con la particularidad de que está estudiado para proporcionar una mayor facilidad al reparador permitiendo que sean fácilmente desmontables aquellas piezas que por lo general suelen sufrir con mayor reincidencia golpes como consecuencia de accidentes, tal como suele ocurrir con las aletas delanteras y las zonas frontales y traseras.

Las piezas desmontables suelen estar sujetas con tornillos, por lo que no se pierde gran tiempo desmontándolas; tienen además la ventaja de que pueden ser sustituidas por piezas enteramente nuevas que pueden colocarse de nuevo en pocos minutos y que, además, se pueden pintar cómodamente de una forma independiente de su fijación en el automóvil lo que hace que no se tenga que perder tiempo tapando las partes que no se han de pintar, siguiendo la técnica de este trabajo que ya explicaremos en su momento. Sin embargo, la realidad es que las piezas desmontables por este procedimiento no pueden ser muchas ni han de hallarse en zonas críticas de la carrocería, ya que estas piezas desmontables no participan enteramente de la rigidez que la carrocería debe presentar, de modo que puede decirse que de alguna forma las carrocerías con muchas piezas desmontables de este tipo se hallan debilitadas, o bien han de ser reforzadas excesivamente por otro lado, lo que significa un aumento de peso nada deseable. De todos modos es un sistema que se utiliza bastante por muchas marcas de automóviles.

Por ahora no vamos a extendernos sobre estos tipos de carrocerías que tendremos ocasión de ver con detalle más adelante, y de las que explicaremos la forma de proceder para el desmontaje y reparación de cada una de las piezas de que consta.

Carrocería con plataforma de chasis

Una solución intermedia entre la carrocería autoportante y la instalada sobre un chasis es un proyecto consistente en lo que se llamó *carrocería con plataforma de chasis*. En este diseño se construye como un chasis de plancha al que se le sujeta el resto de la carrocería. Este proyecto tuvo un aceptable éxito al ser aplicado a algunos modelos de turismos construidos para dar un servicio intermedio y poder ser utilizados en carretera y también en malos caminos de bosque o campo. Nos referimos, desde luego, a una época muy anterior a la de los llamados *todoterreno 4 x 4* que vinieron a solucionar esta ambivalencia con la máxima eficacia.

Uno de los ejemplos más significativos de este sistema lo hemos de encontrar en el vehículo creado por la casa RENAULT que recibió el nombre de modelo *R-4*. De este antiguo modelo es la carrocería que nos muestra la figura 11 que ponemos, a modo de ejemplo, para dejar constancia en nuestro libro de otra posibilidad de un nuevo tipo de carrocería que se utilizó con cierto destacable éxito en otros tiempos. Vamos a comentarlo a continuación.

Volviendo a la figura 11 podemos ver en ella que el concepto de chasis no se abandonaba y se mantenía una estructura que formaba el suelo del vehículo. De hecho se pueden apreciar en la figura los largueros y los travesaños que consolidan una forma tradicional de chasis aun cuando se hallaban construidos por piezas plegadas, de plancha, la cual tenía un espesor bastante mayor al que se le daba a la plancha del resto de la carrocería. La parte que constituía este chasis recibía el conjunto de planchas de la carrocería por medio de un atornillado de la carrocería a esta plataforma o chasis, aunque también podían encontrarse ejemplos en los que se acudía a la soldadura, pero en ambos casos consiguiéndose un conjunto de notable rigidez que soportaba mejor que la carrocería autoportante los vaivenes y bruscos golpes ocasionados en la suspensión por los malos caminos de campo o bosque por los que estos vehículos solían transitar con bastante frecuencia.

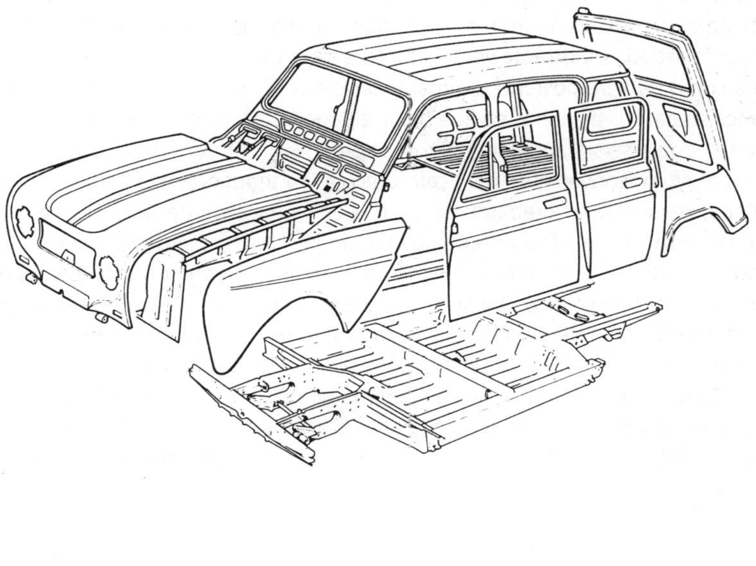

Figura 11. Antigua carrocería en la que se utilizó el sistema de plataforma de chasis, hoy en desuso.

La chapa y su reforzamiento

De estos tres tipos de sistemas de aplicar la carrocería a un automóvil sólo se utilizan, en la actualidad, el sistema de chasis para los autocamiones y, en algunos casos, en los vehículos *todoterreno*, y el sistema autoportante para los vehículos de turismo. La perfección conseguida en el refuerzo de las planchas por medio de plegados, llevados a cabo por prensas, ha hecho que el sistema autoportante haya ganado en rigidez y facilidad de construcción, y hoy este sistema ha adquirido tal desarrollo que se utiliza no sólo en los automóviles sino también en las furgonetas, incluso las de alto tonelaje.

Hasta este momento hemos visto los diferentes tipos de carrocerías en lo que se refiere a la filosofía de su diseño estructural. Hay que hacer constar que, aun cuando el aspecto exterior del vehículo no ofrece cambios a la vista sea el que sea el tipo de estructura que se haya elegido para la colocación de la carrocería, este detalle sí tiene importancia para el técnico pues el conocimiento de la disposición de esta estructura permite al operario hacerse cargo de la forma de trabajarla y de los tiempos de reparación que pueden variar ostensiblemente a la hora de hacer un presupuesto según el automóvil esté provisto de uno u otro sistema.

De todos modos, y como se ha dicho en su lugar, el tipo de carrocería autoportante es el más corriente y universal de los sistemas adoptados en el automóvil moderno, ya que es el que mejor se aviene a las características de la generalidad de las carreteras actuales y a las potencias medias de los motores.

Hecha esta aclaración, vamos a centrarnos ahora en lo que es la materia prima básica en chapistería, es decir, en las características de la *plancha* o *chapa de acero*.

Como es sabido, el acero es un material metálico elaborado a partir del hierro y otros elementos que se mezclan según diferentes proporciones. En líneas generales puede decirse que los elementos componentes de los aceros normales son, además del hierro, el carbono, el manganeso y el silicio, en proporciones variables que pueden ser de hasta un 1,5 % de carbono, alrededor del 0,5 % de manganeso y otra cantidad de silicio que puede establecerse próxima a un 0,2 %, además de muy pequeñas proporciones de fósforo y azufre (menos del 0,1 %).

El acero que se utiliza para la fabricación de las planchas de las carrocerías de automóvil es el llamado *acero dulce*, que posee un contenido de carbono más bajo que los aceros normales, lo que permite que pueda ser soldado con mayor facilidad, importante ventaja tanto para el montaje en fábrica de la carrocería como para las posteriores reparaciones que deban realizarse en el taller de planchistería. Las planchas de acero dulce tienen bastante resistencia y, además, pueden doblarse sin agrietarse ni romperse.

El mayor inconveniente del acero dulce es su tendencia a la oxidación. Para evitarla, es necesario preparar las chapas con una serie de recubrimientos ya que la oxidación se inicia enseguida cuando las chapas pierden estas capas de protección (entre las que se incluye la pintura) y entra en contacto con el oxígeno que contiene el aire. Así pues, será necesario cuidar al máximo estas capas de protección si se desea mantener en buen estado y hacer que duren más las planchas de acero utilizadas para la construcción de carrocerías.

Las piezas se construyen por un *sistema de embutido*. La lámina de acero se coloca en una prensa entre dos moldes que, una vez aplicados sobre la lámina, determinarán la forma que tendrá la plancha lo cual se consigue después de ejercer una presión conveniente de un molde sobre el otro, por medio de un proceso progresivo que queda a la vista por medio de los dibujos que nos muestra la figura 12. En esta figura vemos el proceso simplificado de este sistema. Se coloca la plancha de acero dulce entre las dos matrices, se presiona sobre ella de la forma que indican las flechas, y cuando las matrices se separan la plancha de acero dulce ha adquirido la forma curvada y con refuerzos que las matrices le han imprimido. Por este procedimiento es posible obtener un plegado muy complicado que aumente al máximo la resistencia de las planchas.

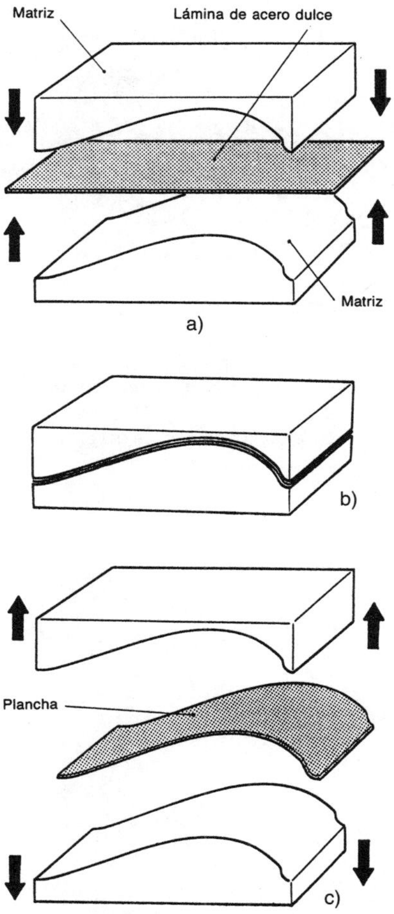

Figura 12. Embutido de una lámina de acero dulce para dar forma a una plancha de carrocería. a) se coloca la lámina entre las dos matrices para el prensado. b) se unen las matrices presionando la una sobre la otra para dar forma a la plancha. c) se separan las matrices y la plancha ya tiene la forma deseada.

Los plegamientos para el refuerzo de las planchas

Dada la cada vez más elevada potencia de los motores que se instalan en los automóviles de tipo medio, que se sitúa alrededor de los 100 CV, y su peso relativamente reducido, es posible que estos vehículos puedan alcanzar velocidades de alrededor de los 160 a 190 km/h. Las carrocerías han de tener la suficiente resistencia para soportar los enormes esfuerzos de aceleración y deceleración que estas velocidades implican, además de la oposición por rozamiento y choque contra la fuerza del viento que, a estas velocidades, adquiere un valor de gran consideración.

Como hemos dicho anteriormente, la chapa de acero dulce utilizada en la construcción de carrocerías es muy fina (aproximadamente entre 0,5 y 1,5 mm de grosor) y con ella se ha de poder construir una carrocería capaz de soportar estos grandes esfuerzos. Para conseguirlo, las planchas de las partes fundamentales de la estructura se construyen con unos *plegamientos* más o menos complicados mediante los cuales se aumenta extraordinariamente su capacidad de resistencia.

Diferentes tipos de plegamientos de este tipo podemos verlos en la figura 13. Estos perfiles pueden ser variadísimos y están estudiados con el mayor cuidado y detalle para ser colocados en aquellos lugares estratégicos que pueden ser afectados por accidentes para ofrecer, en los momentos críticos, la mayor resistencia y efectividad y no sólo ante los esfuerzos propios de la carrocería en sí como resultado de las fuerzas de arrastre e inercia, sino también ante golpes y colisiones de cierta importancia.

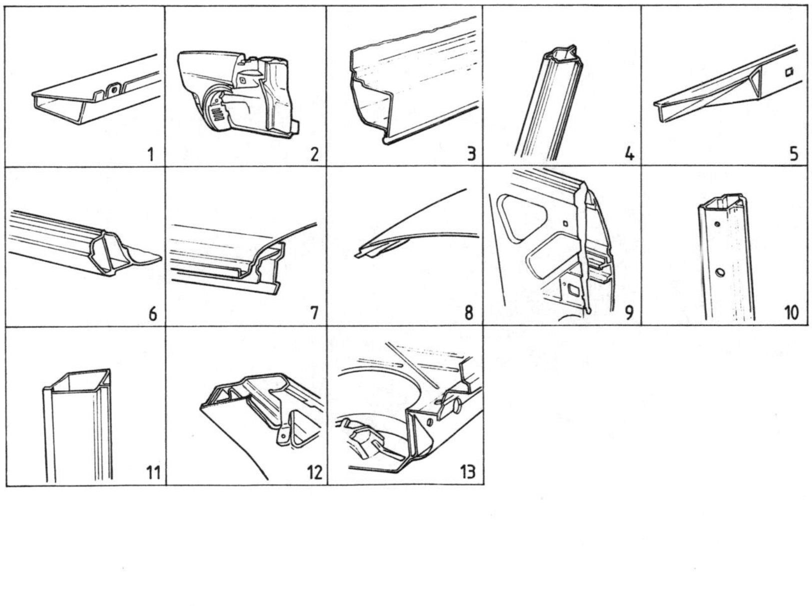

Figura 13. Diferentes perfiles de plegamiento que son habituales en las carrocerías para conseguir la máxima resistencia en puntos críticos. 1, perfil propio de la sustentación del cristal de una puerta. 2, estructura de pasarruedas y aleta. 3, marco de una puerta en la zona del cristal de la ventanilla. 4, montante. 5, traviesa bajo el tablero de instrumentos. 6, perfil propio de un larguero. 7 y 8, perfiles de refuerzo de las traviesas del techo. 9, estructura de una puerta. 10, 11 y 12, perfiles de los montantes. 13, estructura de sustentación del parachoques de plástico.

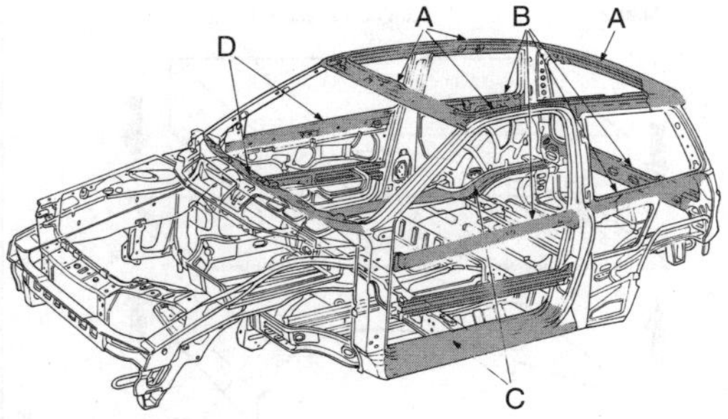

Figura 14. Disposición de las estructuras anulares de protección del habitáculo. A, techo reforzado. B, refuerzos en la línea central. C, refuerzos en la línea del piso.

Por otro lado, las partes correspondientes a los cofres delantero y trasero (del motor y del maletero, respectivamente) se construyen relativamente flexibles para que tengan el mayor poder de absorción de la energía producida en caso de choque. Por el contrario, las partes que forman la estructura del habitáculo de los pasajeros se hallan especialmente reforzadas por un sistema de *estructura anular de protección*, que asegura una mayor resistencia.

En la figura 14 puede verse en qué consisten estas estructuras anulares. Se ve claramente que existen tres zonas de protección que son las siguientes:

A) En el techo se han reforzado los largueros laterales (derecho e izquierdo) y las traviesas superiores (anterior y posterior) gracias a los plegamientos señalados en 7 y 8 de la pasada figura 13.

B) En la línea central se refuerzan el plano inferior de la luna posterior, las partes internas de las puertas (tanto posteriores como anteriores, véase el perfil 9) y la traviesa bajo el tablero de mandos (plegamiento 5 de la fig. 13).

C) En la línea del piso actúan como refuerzo anular las zonas de planchas adosadas a las traviesas (anterior y posterior) y a los largueros (véase el perfil 6).

Los montantes que sujetan estas tres zonas (los montantes son piezas verticales que se unen a los pilares y que veremos con detalle en el apartado siguiente) también disponen de perfiles con plegamientos de alta resistencia para contribuir a complementar la rigidez del habitáculo. Siguiendo con la observación de los perfiles de la figura 13 podemos ver los montantes señalados con los números 4, 10, 11 y 12.

En las figuras 15 y 16 tenemos dos ejemplos del conjunto de protección del habitáculo en diseños diferentes. En ambos dibujos, las zonas sombreadas corresponden a los elementos de la estructura especialmente reforzada y que, en conjunto, proporcionan la protección del habitáculo. En la figura 15 se especifican cuáles son estos elementos en el texto que acompaña a la figura.

El conjunto de los elementos de las partes delantera y trasera están dispuestos de tal forma que sean capaces de absorber buena parte de la energía que es necesario disipar en el caso de un fuerte golpe. Son zonas que, en este caso, están estudiadas para que sean deformables de una forma progresiva.

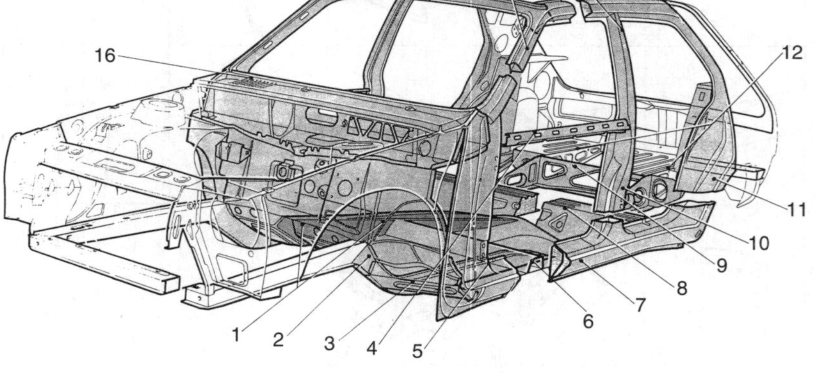

Figura 15. Conjunto estructural de protección del habitáculo de una carrocería típica. 1, refuerzo del túnel de la plataforma. 2, extremo del travesaño delantero. 3, pieza de refuerzo. 4, refuerzo de la puerta delantera. 5, base del montante delantero. 6, travesaño para la sustentación de los asientos delanteros. 7, estribo. 8, travesaño para la sustentación del asiento trasero. 9, travesaño de sustentación de la suspensión trasera. 10, montante central. 11, montante trasero. 12, varas traseras. 13, parte alta del montante central. 14, montante delantero. 15, traviesa delantera del techo. 16, traviesa de la parte superior del salpicadero.

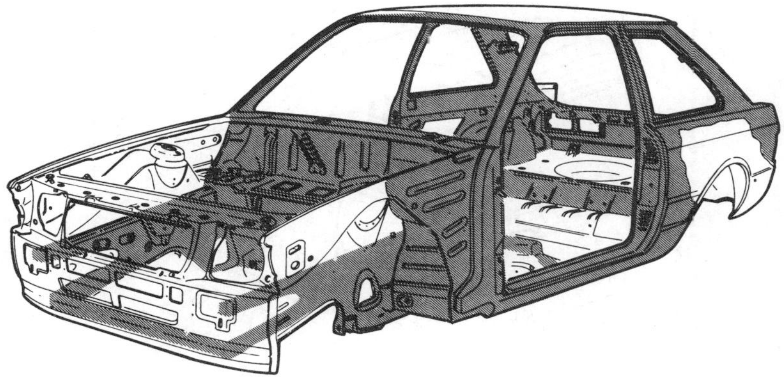

Figura 16. Estructura de protección del habitáculo en una carrocería de tres puertas. La parte sombreada señala este conjunto estructural protector.

Según cálculos experimentales, en el caso, por ejemplo, de un choque frontal contra una barrera sólida (una pared) a 50 km/h, en el momento del impacto, la estructura de protección que está diseñada para que absorba la energía del golpe debe ser capaz de deformarse y perder unos 60 cm (más de medio metro) de su longitud inicial. Por lo tanto, aunque el automóvil se deforma escandalosamente, la energía del golpe llega muy atenuada a los ocupantes.

Por otra parte, es evidente que cuanto mayor sea la velocidad de impacto mayor será la energía absorbida por la estructura de protección y, por lo tanto, también será mayor la deformación, mientras que la seguridad disminuye.

Dentro de estos criterios se trabaja en las oficinas actuales de diseño de carrocerías, de cara a conseguir, cada vez con mayor empeño, una mayor seguridad para los ocupantes de los automóviles frente a la plaga de accidentes, accidentes que resultan imposibles de eliminar mientras la densidad del tráfico sea tan intensa como se manifiesta en las carreteras de los países desarrollados.

Piezas componentes de una carrocería

Comoquiera que a partir de este primer capítulo empezaremos a utilizar el lenguaje propio de los planchistas y de los pintores, conviene que antes de hacerlo nos aseguremos de que el lector pueda conocer con total precisión esta terminología, es decir, las palabras con las que se designan cada una de las piezas que forman el conjunto de una carrocería y sus órganos anexos. Al igual que el mecánico tiene muy claro lo que es una biela, un cigüeñal o una prensa de embrague, los profesionales chapistas han de tener una idea muy clara de lo que es un montante, un travesaño, una aleta, un pilar o un estribo, entre otras muchas cosas.

Para llevar a cabo un estudio de esta terminología y seguir un orden lógico, vamos a dividir el conjunto total de las piezas de una carrocería en las cinco partes siguientes:

- Paneles exteriores.
- Armazón central y posterior.
- Armazón anterior o delantera.
- Armazón del piso.
- Puertas, capós y otras piezas interesantes.

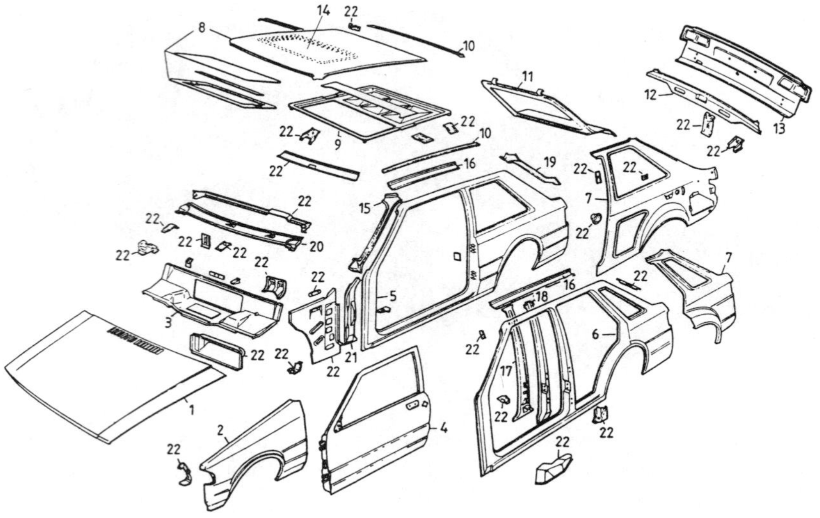

Figura 17. Conjunto de piezas que forman la totalidad de la caja de una carrocería para automóvil de cuatro o tres puertas. 1, capó delantero. 2, aleta delantera. 3, bandeja superior del salpicadero. 4, puerta completa. 5, panel costal o estructura lateral (versión dos puertas). 6, panel costal o estructura lateral (versión cuatro puertas). 7, prolongación del pasarruedas externo. 8, estructura del techo. 9, marco del techo (con abertura para techo corredizo). 10, vierteaguas. 11, portón trasero. 12, travesaño de refuerzo del panel trasero. 13, panel trasero. 14, estructura del techo solar. 15, marco lateral del parabrisas. 16, larguero superior. 17, pilar central. 18, montante del pilar central. 19, marco del portón trasero. 20, marco inferior del parabrisas. 21, pilar delantero izquierdo. 22, refuerzos y otras piezas menores.

El número de piezas de que consta una carrocería es elevado aunque depende del diseño y hay evidentes y notables diferencias entre unos automóviles y otros.

En el conjunto de las figuras 17 y 18 mostramos el ejemplo de un despiezo general de una carrocería. Observándolas atentamente ya se tiene una idea de la gran cantidad de piezas de que consta. Pues bien, todas estas piezas tienen su nombre y el profesional debe conocer este nombre con exactitud para poderse entender con sus colegas y, sobre todo, con las casas de recambios y piezas de repuesto. Por ello, aunque pueda parecer difícil al principio, aprender los nombres y relacionarlos rápidamente con las piezas a que se refieren, se convierte en una necesidad para el chapista. Pasemos a ver, pues, la descripción de cada una de estas piezas de acuerdo con el programa que acabamos de dar.

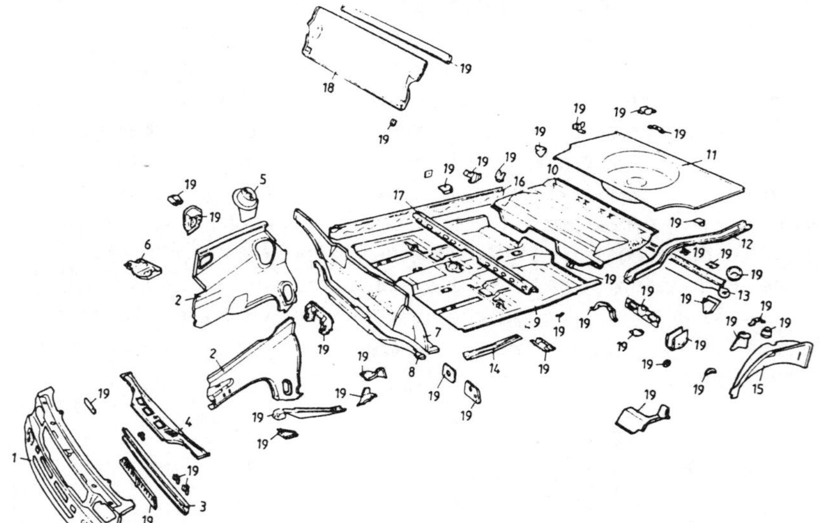

Figura 18. Conjunto de piezas que forman el piso de la carrocería que nos ha mostrado la figura anterior. 1, calandra. 2, elementos del pasarruedas. 3, travesaño inferior delantero. 4, traviesa delantera. 5, torreta de la suspensión delantera. 6, bandeja de la batería. 7, salpicadero. 8, traviesa del salpicadero. 9, panel del piso delantero. 10, panel del piso central. 11, panel del piso trasero. 12, larguero trasero. 13, travesaño del panel del piso trasero. 14, larguero medio. 15, panel del pasarruedas interior. 16, estribo. 17, travesaño medio. 18, panel del piso para el respaldo del asiento trasero. 19, refuerzos y otras piezas menores.

Paneles exteriores

Los paneles exteriores son todas aquellas piezas de plancha que dan al exterior de un automóvil, constituyen nexo de unión entre los diferentes niveles de las planchas y en muchos casos forman un revestimiento de piezas de refuerzo y seguridad. Así pues, entre ellas se encuentran muchas piezas que configuran el aspecto exterior de este vehículo.

Las piezas que componen este conjunto y que vamos a describir en este apartado, son las siguientes:

- Aletas.
- Revestimiento inferior del parabrisas.
- Vierteaguas.
- Marco del parabrisas.
- Techo.
- Panel trasero.
- Panel delantero.
- Montantes.
- Pilares y cimbra.
- Estribo.

Pasemos al estudio de cada una de estas piezas por separado.

Aletas

Son piezas de plancha exteriores que forman parte del conjunto general de los guardabarros y que son como un carenado alrededor de la parte alta de las ruedas para evitar salpicaduras y mejorar en mucho la calidad aerodinámica de la carrocería.

En la figura 19 tenemos indicados estos paneles o planchas exteriores principales de los laterales de la carrocería que son cuatro y vemos aquí sólo dos pertenecientes a la parte izquierda, pero simétricos a los de la parte derecha, ocultos en el dibujo. Estas planchas revisten los laterales del cofre del motor (aletas delanteras) y del maletero (aletas traseras) así como los cuatro pasarruedas que forman parte de los respectivos cofres.

La denominación específica de las cuatro aletas depende de su situación concreta en la carrocería. Así tenemos que se llama *aleta delantera izquierda*

Figura 19. En esta figura se destaca la posición de las aletas como piezas de revestimiento principales, en el conjunto de una carrocería. 1, aleta delantera izquierda. 2, aleta delantera derecha. 3, aleta trasera izquierda. 4, aleta trasera derecha.

(número 1 en la figura) a la que se halla colocada en la posición y en la parte de la izquierda mirando el coche en su posición de marcha. De la misma forma, se distingue la *aleta trasera derecha* (4) como la que ocupa esta posición en la parte trasera del vehículo, etc.

Las aletas pueden recibir también el nombre de *guardabarros,* pero este nombre no es muy apropiado y se deriva de las carrocerías muy antiguas. Algunos profesionales dan el nombre de guardabarros al *pasarruedas* (pieza de la que hablaremos más adelante pero de la que podemos adelantar que se trata de la pieza complementaria de la aleta perteneciente a la estructura de los cofres). Nosotros, para evitar confusión, utilizaremos en este libro la denominación de *aleta* cuando se trate del panel exterior y *pasarruedas* si se trata de los elementos interiores que, como veremos después, tienen la función específica de dar cobijo a las ruedas.

Las aletas suelen ser desmontables, especialmente las delanteras, pero también las podemos encontrar soldadas según el diseño adoptado por el fabricante de la carrocería. Las más corrientes son las desmontables que están unidas por medio de tornillos. De esta manera es mucho más fácil su reparación ya que se hallan montadas en unas zonas donde es frecuente que sufran golpes y ralladuras y, por lo tanto, que deban ser reparadas con cierta asiduidad.

En muchas carrocerías las aletas traseras llegan hasta el techo, como es el caso de la que nos sirve de ejemplo en la figura 19. De esta forma actúan también como revestimiento exterior de los montantes traseros. También en las carrocerías de dos puertas suelen formar parte de un gran panel que llega hasta la puerta y estar formando parte del panel costal como puede verse en 5 de la anterior figura 17. Todo ello ya lo iremos viendo a lo largo de este libro y, especialmente, cuando tratemos de las operaciones de reparación de la chapa.

Figura 20. En las antiguas carrocerías el vierteaguas formaba una ostentosa canal longitudinal a lo largo del techo del automóvil y servía para recoger el agua que caía sobre el techo y orientarla hacia su desagüe.

Revestimiento inferior del parabrisas

Debajo del marco del parabrisas suele existir una traviesa que tiene la misión de dar rigidez a la parte baja del revestimiento frontal del parabrisas, el cual tiene forma de marco. Esta pieza va soldada por puntos al refuerzo superior del salpicadero, como veremos más adelante.

Generalmente sirve de sustentación a la llamada *rejilla del capó* que es una pieza de plástico que queda por debajo de la tapa o capó del motor, provista de orificios para permitir la evacuación del agua que se acumula sobre el parabrisas durante la lluvia o el lavado del vehículo. También aquí suele colocarse una entrada de aire que se recoge durante la marcha para atender a la calefacción. El revestimiento inferior del parabrisas es, pues, esta pieza de plástico que en parte queda a la vista por el exterior.

En las carrocerías antiguas este revestimiento era de plancha pero era innecesaria la rigidez que aportaba al conjunto teniendo en cuenta la presencia del marco del parabrisas y, en muchos casos, de una traviesa. Además, era fácil que sufriera los efectos de la oxidación debido al continuado efecto del agua que sobre ella se proyectaba por lavados, limpieza del parabrisas, lluvia, etc., de modo que se sustituyó por piezas de plástico en las que no es posible que se dejen sentir los efectos de la herrumbre.

Vierteaguas

Con el fin de recoger el agua procedente de la lluvia o de los sucesivos lavados de la carrocería, las partes laterales del techo del automóvil estuvieron dotadas de unos canales que orientaban la expulsión del agua. Esto era lo que constituía el *vierteaguas*. En un principio se trataba de auténticos canalones que recogían toda el agua del techo desde los laterales, tal como se aprecia en la figura 20.

En la actualidad se ha cuestionado la utilidad de estas canales de expulsión que, evidentemente, se ha comprobado hacen perder al automóvil condiciones aerodinámicas, además de la emisión molesta de silbidos producidos por el aire durante la marcha, por lo que todos los fabricantes han determinado sustituir los vierteaguas. Unos lo han hecho por medio de molduras de guarnición que, además, tienen la ventaja de tapar los puntos de soldadura de los techos y marcos de puertas. Estas molduras están formadas por una estructura de aluminio forrada con plástico y generalmente sujetas sobre la plancha por medio de grapas. En la figura 21 tenemos un caso de vierteaguas provisto de moldura.

Otros fabricantes han hecho que el vierteaguas quede en un simple plegamiento muy suave del techo del automóvil tal como nos lo muestra la figura 22 perteneciente a la carrocería de un automóvil de la marca BMW. Ambos sistemas son muy utilizados por todas las marcas actuales.

Figura 21. En los diseños más modernos el vierteaguas se ha sustituido por una banda de plástico que hace también las veces de embellecedor del techo.

Figura 22. Aquí tenemos otro caso de vierteaguas realizado con un simple y pequeño plegado de la misma plancha que forma el techo del automóvil.

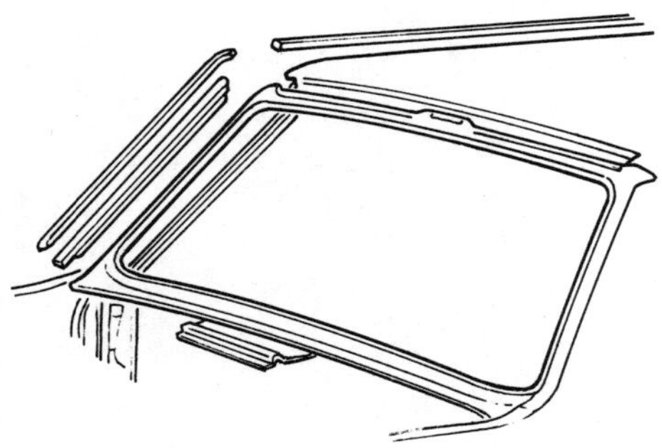

Figura 23. Piezas que componen el marco del parabrisas.

Marco del parabrisas

Su mismo nombre indica su procedencia. Es la pieza que forma la base del asentamiento de la luna o cristal del parabrisas a través de su junta de goma de perfil continuo, o por el sistema de pegado que ya estudiaremos en su momento. El marco del parabrisas lo podemos ver en la figura 23 junto con las piezas más próximas que se unen a él.

Suele ir soldado al techo y a los montantes laterales, así como a la traviesa del revestimiento inferior del parabrisas para conseguir con ello una gran rigidez.

Techo

El techo es una de las piezas de plancha más grandes del automóvil que se coloca en la parte más elevada de la carrocería, apoyándose sobre los montantes de la caja y sobre los marcos del parabrisas y de la luna trasera.

Lo hemos visto en muchas ilustraciones anteriores. Por ejemplo, señalado con el número 8 en la figura 17 parcialmente, y en las fotografías de las figuras correspondientes al vierteaguas.

Se trata de un elemento importante que permite conseguir mucha rigidez a la caja del habitáculo cuando está debidamente soldado a los montantes y pilares.

También se le denomina *tejadillo,* pero su nombre más corriente es el techo.

Panel trasero

El panel trasero está constituido por la pieza de revestimiento que forma la parte más trasera de la carrocería y une entre sí las aletas y las piezas del armazón trasero. En la figura 24 podemos ver una de estas piezas colocada en una carrocería.

El panel trasero es, pues, un conjunto que plancha que forma como una traviesa en la parte más atrasada de la carrocería. Sobre este panel se instala el paragolpes de plástico, elemento importante del que nos ocuparemos muy pronto, en este mismo capítulo.

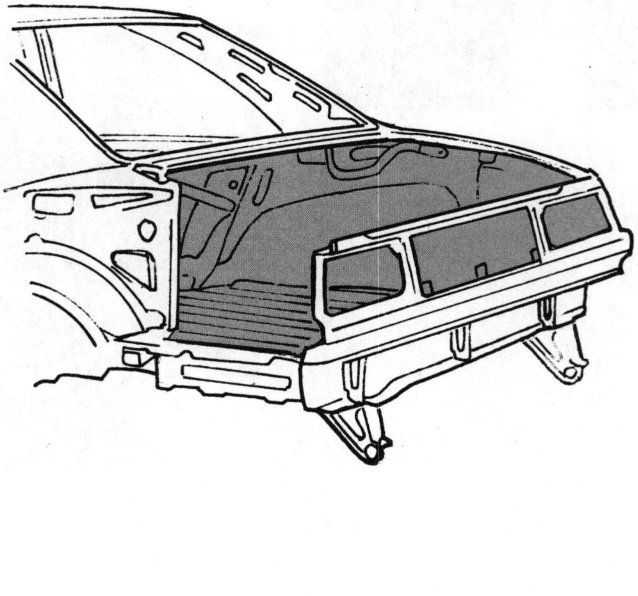

Figura 24. Panel trasero. Sobre él se instalará el parachoques de plástico.

Panel delantero

Se trata de una pieza de iguales características a la anterior pero instalada en la parte delantera de la carrocería también con el fin de reforzar y unir entre sí las dos aletas delanteras y dar paso a un soporte importante para la instalación del paragolpes.

Cuando esta pieza, además de la parte baja, sube por encima de la línea del paragolpes, siempre en la parte delantera, se le suele conocer en el taller con el nombre de *calandria,* o *calandra*. Sobre ella puede encontrarse montada la *parrilla de la calandria* elemento que muchas veces ejerce la labor de embellecedor y donde se encuentran los símbolos característicos de la marca o el modelo del automóvil. Esta parrilla suele estar provista de una serie de rendijas que permiten el paso del aire hacia el cofre del motor para ayudar a la labor de los radiadores en sus efectos refrigerantes.

Montantes

Reciben el nombre de montantes las piezas verticales de revestimiento que se unen a los pilares haciendo cuerpo con ellos. En la figura 25 tenemos un ejemplo de lo que son estas piezas.

Los montantes llevan adosadas las bisagras de las puertas y también, según la posición que ocupen, la caja de encaje de la cerradura.

Su denominación específica responde al lugar que ocupan en la estructura de la carrocería. Así nos encontramos con los llamados montantes *centrales* que se encuentran entre las dos puertas de un lado y que pueden ser el derecho o el izquierdo, según su posición con respecto a la marcha. Por otro lado, el montante también puede ser *delantero* y, de la misma forma, derecho o izquierdo.

Hay que tener en cuenta que en algunas carrocerías el montante forma cuerpo con el pilar al que va adosado. Cuando se da esta circunstancia a este conjunto se le da el nombre de *pilares* únicamente o, a veces, también el nombre de *jambas*.

El conjunto formado por los pilares y montantes ha de ser muy robusto ya que estas piezas son la base de sujeción y protección del habitáculo.

Los montantes traseros no existen como piezas exteriores, misión que, en su lugar, cumplen las aletas, sino que son internos y forman parte de la armazón central y posterior (de la que nos ocuparemos más adelante).

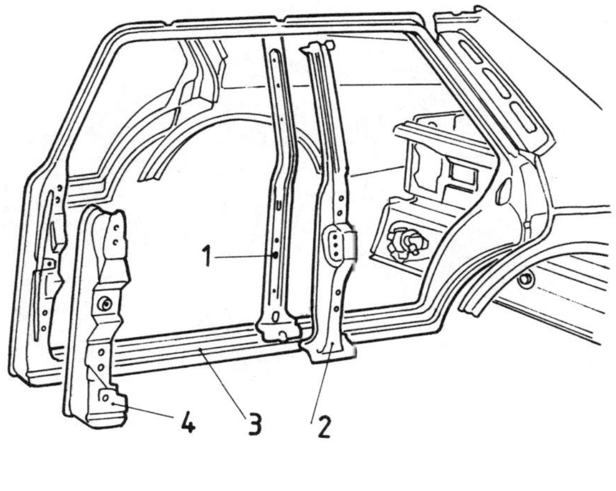

Figura 25. Montantes. 1, pilar central. 2, montante que es el revestimiento del pilar central. Como el pilar, el montante se apoya sobre el estribo (3). 4, montante delantero izquierdo.

Pilares y cimbra

En la figura 25 ya hemos visto la presencia de los pilares y su relación con los montantes. Se trata de unas piezas básicas para dar la suficiente rigidez al habitáculo.

Cuando el pilar de prolonga por debajo del techo y se une al pilar de la parte opuesta, formando un arco, recibe el nombre de *cimbra*. Con esta disposición de los pilares, la protección en caso de vuelco es muy elevada y la carrocería adquiere una mayor fortaleza y rigidez. La adopción de la seguridad que aporta el sistema de cimbra es, afortunadamente, bastante corriente en las carrocerías modernas.

Estribo

El estribo es la pieza que forma la parte baja de la caja sobre la que se apoyan los pilares. Se trata de una pieza que está soldada a los laterales del piso.

En la figura 18 tenemos señalado el estribo con el número 16 y también podemos verlo en la figura 15, señalado aquí con el número 7. Se trata de una pieza dotada de una gran solidez puesto que es la base de sustentación de los pilares. Por ello la encontraremos siempre muy reforzada.

Armazón central y posterior

Visto ya el grupo de piezas de revestimiento pasemos, a continuación, al estudio de las piezas que forman la armazón de una carrocería. Este grupo de piezas no queda a la vista ante una observación hecha desde el exterior de una carrocería, ya que forma parte de la estructura interior.

Un ejemplo de estas piezas en conjunto lo tenemos en la figura 26 y a ella nos vamos a referir en la descripción de cada una de las piezas que se muestran en el dibujo.

Los elementos a destacar son los siguientes:

- Pasarruedas.
- Largueros.

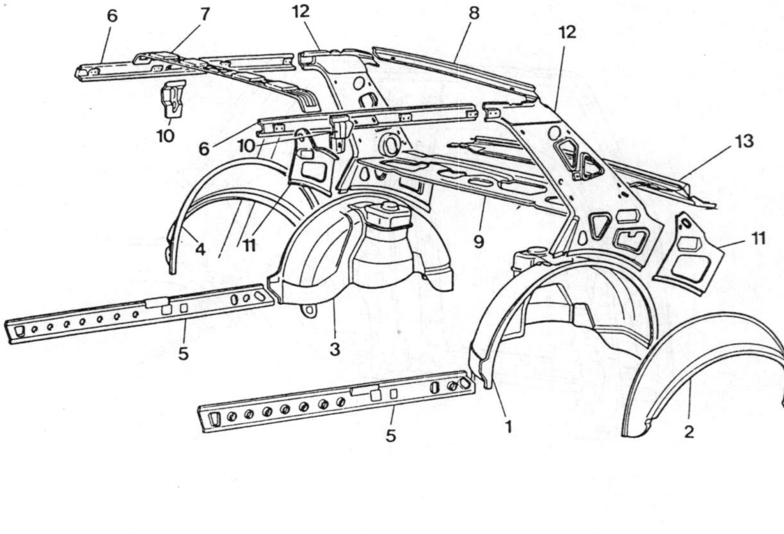

Figura 26. Componentes de la armazón central y posterior de la carrocería. 1, pasarruedas interno izquierdo. 2, pasarruedas exterior izquierdo. 3, pasarruedas interno derecho. 4, pasarruedas exterior derecho. 5, largueros. 6, largueros superiores. 7, travesaño central superior. 8, traviesa superior. 9, bandeja superior posterior. 10, refuerzos. 11, placas. 12, montantes traseros. 13, marco trasero.

- Travesaños.
- Traviesas.
- Bandejas.
- Refuerzos y placas.

Pasemos, pues, a la descripción de cada una de estas piezas de considerable importancia para la rigidez de la estructura en general.

Pasarruedas

Reciben el nombre de *pasarruedas* aquellas piezas de la carrocería que ocupan la zona en la que se encuentra la rueda y le dejan espacio y libre movimiento para que pueda realizar el desplazamiento a que la someterá la suspensión con sus vaivenes propios de la absorción de las irregularidades de la carretera o el camino por el que se circule. Los pasarruedas son, por ello, piezas bastante amplias y complementadas con su correspondiente aleta cuya función y características ya hemos estudiado en el apartado dedicado a las planchas de revestimiento.

En la figura 26 tenemos señalados los pasarruedas, solamente de las traseras, con los números 1, 2, 3 y 4. En este diseño se aprecia claramente que están formados por dos piezas, la del *pasarruedas interior* (números 1 y 3) y la del *pasarruedas exterior* (números 2 y 4). Para formar los definitivos pasarruedas traseros, el interior (1) irá soldado con el exterior (2) y en las mismas condiciones deberán encontrarse los 3 y 4.

Los pasarruedas son elementos de plancha que están muy castigados por el rápido giro de la misma rueda a la que protegen.Ésta, proyecta con mucha frecuencia gravilla y objetos duros y blandos como el barro, que se arrojan con fuerza sobre la plancha y le hacen perder sus capas de protección. El barro se adhiere sobre la plancha y conserva la humedad facilitando la rápida oxidación del material en las zonas que recibieron golpes a consecuencia de los cuales perdió sus capas de protección. En estas duras condiciones, los pasarruedas tienen grandes posibilidades de llegar a *pudrirse* y las reparaciones en ellos son frecuentes.

Actualmente, los fabricantes han estudiado sistemas para proteger la plancha de los pasarruedas por medio de un recubrimiento de plástico o incluso, en algunos casos en los que se trata de vehículos de mayor precio, de plástico forrado con fibras. De este modo se evitan los destrozos de la proyección de gravilla sobre estas superficies a la vez que se efectúa un importante efecto de insonorización que el usuario agradece.

Los pasarruedas también son conocidos con los nombres de *paso de ruedas* o bien *forros de las aletas.* Algunos profesionales los nombran como *guardabarros*, denominación que, como se dijo anteriormente, resulta ambigua y no vamos a utilizar en este libro.

Largueros

Están señalados con el número 5 en la figura 26. Como puede verse en el dibujo, se trata de piezas longitudinales que acostumbran a tener forma de viga tubular, o de sección rectangular, que constituyen la base del soporte lateral de la caja, siendo muy importantes para la sustentación de la carrocería.

Los largueros que nos muestra la figura 26 son la parte central de esta pieza ya que, de hecho, el larguero suele abarcar el automóvil de punta a punta, pero en las carrocerías autoportantes, como la indicada en el dibujo de esta figura, la función total de los largueros se complementa con piezas similares que se hallan rígidamente unidas entre sí.

También puede darse el nombre de largueros a todas aquellas piezas de refuerzo que sigan la dirección longitudinal. Es el caso de los llamados largueros superiores que refuerzan el techo. Los podemos ver señalados con el número 6 en la figura 26 que nos ocupa. Obsérvese que también tienen forma de viga, pero la plancha es aquí de menor espesor.

Los largueros superiores van soldados a los montantes traseros y a los pilares delanteros, en la parte superior de ambos.

Travesaños

Reciben el nombre de travesaños todos los elementos transversales, en forma de vigas de refuerzo, que se colocan para aumentar la rigidez de los largueros. Los travesaños siempre actúan en sentido transversal, uniendo el larguero derecho con el izquierdo, ya sea en el piso o en el techo de la carrocería.

En la figura 26, en la parte del piso, no aparece pieza alguna que pueda denominarse travesaño ya que en esta zona y en este diseño de carrocería es la misma plancha del piso la que le proporciona la debida rigidez. Sin embargo, sí está presente el travesaño superior (7) que une los largueros superiores y que forma parte de la cimbra del pilar central (que ya hemos descrito anteriormente). El travesaño del techo suele encontrarse soldado a los citados pilares centrales y a los largueros superiores, formando así un sólido y único elemento de protección para el habitáculo, sobre todo en caso de vuelco.

Traviesas

Cuando los travesaños son pequeños, o efectúan una labor de sujeción de menor importancia, se les suele dar el nombre de *traviesas*. El número 8 de la figura 26 muestra una traviesa que refuerza la parte posterior del techo, uniendo entre sí los montantes traseros.

Del mismo modo reciben el nombre de traviesas las piezas transversales que unen entre sí la prolongación de los largueros del piso (que recibe también el nombre de *vara*, como veremos más adelante), por estar aquí más próximos que en el resto del piso con el fin de conseguir proporcionar una mejor sujeción al motor en sus anclajes a la carrocería. Por lo tanto, el nombre de travesaños debe reservarse para aquellas piezas que unen los largueros cuando éstos se hallan separados al máximo entre sí.

Bandejas

Se da este nombre a diferentes paneles de sujeción cuando, una vez colocados, han de servir de soporte para la sustentación de alguna pieza que exteriormente tendrá una función de embellecimiento.

Las bandejas son siempre piezas de plancha aligeradas que se colocan transversalmente. Un ejemplo lo tenemos en la pieza señalada con el número 9 en la figura 26. Esta pieza será posteriormente tapizada y servirá de base para la formación de una repisa sobre la que se podrán colocar objetos.

Refuerzos y placas

A lo largo de toda la descripción hecha hasta aquí, ya hemos hablado de aquellas piezas cuya misión específica no es otra que la de servir de refuerzo al conjunto de la carrocería. Pero, como denominación propia, esta palabra se utiliza para designar las piezas, de pequeño tamaño, que refuerzan a otras más importantes, a las que se hallan adosadas por soldadura o bien por medio de remaches o tornillos. Los refuerzos tienen nombres y formas muy variados.

Un ejemplo de estas piezas se puede ver en la señalada con el número 10 en la figura 26, que aparece en dos lugares diferentes y que corresponde a los refuerzos de los largueros superiores.

Cuando la misión de una pieza de estas características no es exactamente la de reforzar alguna parte de la estructura, sino más bien la de complementar la forma y función de otro elemento, debe recibir el nombre de *placa*. Un ejemplo de este tipo de pieza aparece señalada en 11 de la misma figura a que nos referimos. Se trata de una placa que complementa la forma y función de los montantes traseros.

Armazón anterior o delantera

Pasemos, seguidamente, a la descripción de otros conjuntos de piezas importantes que forman la estructura de una carrocería, nos referimos a la armazón que ocupa la parte delantera de la carrocería, el lugar destinado a acoger el motor, como principal órgano mecánico del automóvil.

La armazón delantera de la carrocería, pues, está prevista para la sustentación del motor que, como es bien conocido, forma la parte más pesada del automóvil en relación con su tamaño. Por esta razón es siempre una zona muy reforzada.

En esta parte vamos a encontrar los soportes para el motor, las torretas para la ubicación de los órganos de la suspensión delantera, las piezas de plancha que van a servir de soporte para el radiador de la refrigeración del motor, los faros, en muchos casos la batería y, según los diseños, algunas otras piezas accesorias más.

Un ejemplo de los componentes de esta parte lo podemos ver en las figuras 27 y 28 a las que nos referiremos en la próxima descripción de cada una de sus partes.

Al llevar a cabo la contemplación de estas figuras que nos van a orientar en la presente descripción, podemos ver que los principales elementos de que consta son los siguientes.

- Varas.
- Salpicadero.
- Otras piezas de la armazón delantera.

Vamos a realizar la descripción de cada uno de estos elementos por separado.

Varas

Señaladas con el número 1 en la figura 27 las varas son la prolongación de los largueros hacia la parte delantera de la carrocería, en la zona en que éstos

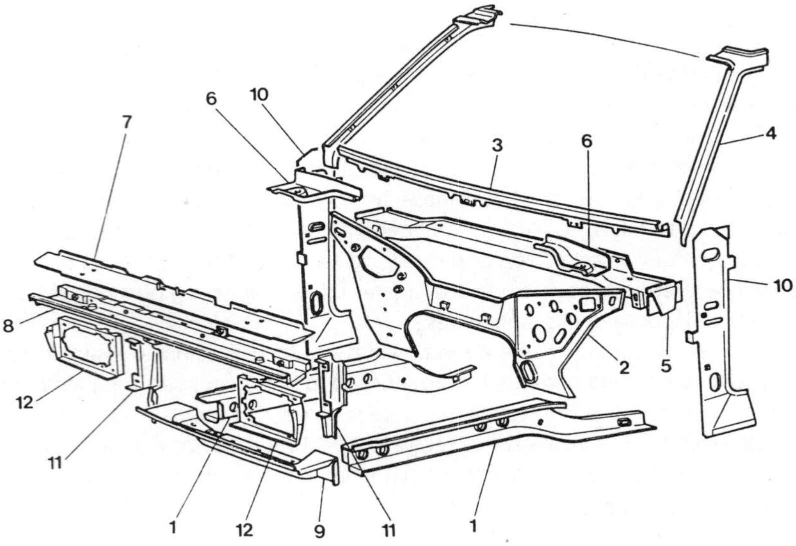

Figura 27. Componentes de la armazón anterior de una carrocería. 1, varas. 2, salpicadero. 3, refuerzo superior del salpicadero. 4, cajeado para el montante del parabrisas. 5, traviesa de protección y sustentación de los instrumentos de control. 6, refuerzos. 7, 8 y 9, traviesas. 10, pieza de refuerzo lateral de unión del costado al montante de puerta. 11, canalizador para el radiador. 12, placas de asiento de las ópticas o faros.

se encuentran más próximos entre sí para permitir una mayor y más fuerte sujeción del motor y de sus elementos anexos.

Algunos profesionales les asignan a estas piezas el mismo nombre de *largueros*, pero esta denominación sólo puede considerarse válida cuando son la prolongación de la misma estructura de los largueros centrales y no se trata de una pieza añadida, por supuesto de prolongación, que se halla soldada a los largueros y modifica su forma. En este caso es cuando reciben el nombre de *vara*.

Las varas van, además, soldadas al travesaño que une los extremos de los largueros principales. Se trata de piezas en forma de vigas, de gran robustez, ya que han de soportar pesos y esfuerzos considerables.

Salpicadero

El salpicadero es una plancha, más o menos grande, que forma una separación entre el cofre del motor y el habitáculo para los pasajeros. Se puede ver su forma en un tipo de diseño de carrocería determinado, indicada en 2 de la figura 27. Aquí estamos viendo la armazón resistente del salpicadero que luego se verá recubierto por una chapa que separa e independiza completamente el habitáculo del cofre del motor, aislándole de los olores y ruidos que en el motor se producen durante su funcionamiento.

En esta parte cabe destacar la presencia de una pieza de refuerzo en la parte superior del salpicadero que hemos señalado en la figura con el número 3. A ella van unidas las piezas del montante (4) del parabrisas.

También en esta zona del salpicadero tenemos la traviesa (5) que servirá para la fijación de los instrumentos del cuadro de control, así como de la guantera o guanteras que se hallen previstas en este panel delantero del habitáculo.

El salpicadero es una de las piezas más antiguas de la carrocería de un automóvil. Debe su nombre a la necesidad que tuvieron los primeros constructores de automóviles de colocar un tabique intermedio entre el motor y la zona del conductor para evitar que las salpicaduras del aceite de engrase, o de las ruedas, se proyectaran, durante la marcha, contra los pasajeros que ocupaban los asientos de la primera línea del habitáculo. Hoy en día el salpicadero también recibe el nombre de *tablero delantero* o, incluso, el de *tabique delantero*.

La visión del salpicadero hemos de complementarla observando la figura 28, en la que se aprecia, con el número 1, la bandeja superior a la que va adosada la plancha del salpicadero. Esta bandeja posee, en su parte central, una amplia abertura para la entrada del aire que se orienta así hacia el habitáculo a través del equipo de calefacción/refrigeración, cuya puesta en marcha o cierre se sitúa en los mandos del cuadro de control de la calefacción.

Todo el conjunto del salpicadero se complementa, en el exterior, con el revestimiento inferior del cuadro del parabrisas y puede estar dotado de piezas de refuerzo como las que tenemos señaladas con el número 6 en la figura 27.

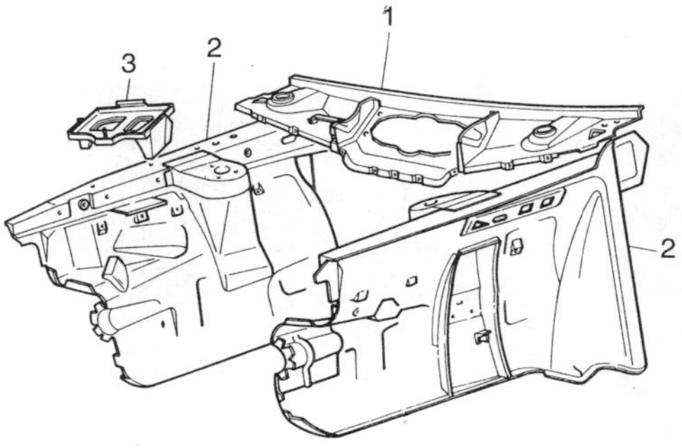

Figura 28. Componentes de la armazón delantera en la zona del cofre del motor. 1, bandeja superior del salpicadero. 2, pasarruedas. 3, pieza de soporte para la batería de acumuladores.

Otras piezas de la armazón delantera

En las figuras 27 y 28 se han dibujado, además de las descritas, otras piezas de plancha que no han sido identificadas hasta el momento. Con los números 7, 8 y 9 de la figura 27 se señalan tres traviesas de diferente forma y función. La 9 enlaza los extremos de las varas y está adosada al panel delantero. La 7 y la 8 sirven de sustentación para el capó del motor y la parrilla delantera, respectivamente, enlazando, además, los extremos de las aletas. En esta misma figura tenemos señaladas con el número 12 las placas de asiento de las ópticas o faros y, con el número 11, los canalizadores o soportes del radiador.

Con el número 2 de la figura 28 se señalan las grandes y complicadas planchas de los pasarruedas delanteros que, al mismo tiempo que cubren las ruedas, constituyen las paredes laterales internas del cofre del motor y el soporte de las torretas de la suspensión. Además, sirven como complemento de las aletas y como soporte para otras piezas como, por ejemplo, el soporte de la batería de acumuladores (3) que, en la gran mayoría de los casos, va adosado a alguna parte de la pared del pasarruedas.

Armazón del piso

Otro de los grupos de plancha a tener en cuenta es el que está formado por aquellas piezas y refuerzos que forman el piso del vehículo.

Recibe el nombre de piso la parte que constituye el suelo del automóvil, es decir, el número de planchas que se hallan soldadas a los largueros y travesaños. En esta parte se ha de distinguir el piso del habitáculo (al que irán unidos los asientos y otros elementos anexos, además de los tapizados) y el piso trasero o posterior que forma la estructura básica del maletero.

En los vehículos dotados de tracción trasera estas planchas adoptan formas especiales para dejar paso a un túnel central para la instalación de los órganos de la transmisión, cosa que prácticamente no ocurre en los automóviles de tracción delantera. Sin embargo, a veces también se observan estas ondulaciones en los pisos en los que se ha previsto el paso del tubo de escape parcialmente protegido por la plancha e incluso para hacer canales que permitan el paso de los cables del freno de mano y otros elementos similares. En general, se trata de paneles muy estudiados y especialmente diseñados para cada modelo con el fin de conseguir el máximo aprovechamiento del espacio disponible para mayor comodidad de los pasajeros.

Las planchas del piso (que podemos ver con detalle en la fig. 18) siempre van provistas de nervaduras para hacerlas más rígidas y resistentes pese al poco

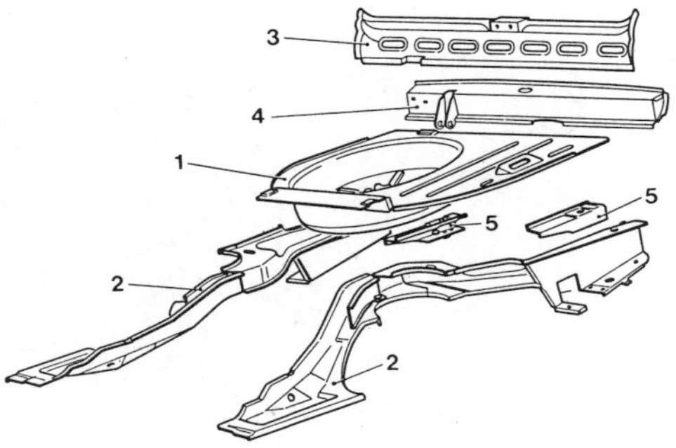

Figura 29. Componentes de la armazón o estructura del piso de una carrocería. 1, piso posterior. 2, largueros posteriores. 3 y 4, traviesas. 5, piezas de refuerzo para la fijación del paragolpes.

espesor de la plancha. Estas nervaduras son más abundantes en la zona del habitáculo sobre las que se colocan los asientos.

En la figura 29 se representan las piezas básicas de refuerzo que componen la armazón del piso trasero en un determinado modelo de carrocería. Aquí tenemos, señalada con el número 1, la plancha que forma la base del maletero, prevista también para la ubicación de la rueda de repuesto. Con el número 2 podemos ver los largueros posteriores, y con los números 3 y 4 dos traviesas que van unidas al panel trasero y al piso posterior. Estas traviesas ayudan a la fijación del paragolpes y también están unidas entre sí. Por cierto, los refuerzos (5) de la figura sirven para este mismo fin.

También es en esta zona donde se encuentra el depósito de combustible.

Puertas, capós y otras piezas interesantes

Finalmente, para completar la descripción general de una carrocería para automóvil, nos queda por describir la parte de los elementos que se acaban de indicar en el mismo enunciado de este apartado, es decir, los elementos que vamos a ver a continuación. Con ellos podremos decir que hemos puesto nombre a la práctica totalidad de las piezas que componen una carrocería. Los elementos que vamos a estudiar acto seguido serán:

- Puertas y portón.
- Capós o tapas.
- Paragolpes.
- Parabrisas y luneta trasera.
- Parrillas.
- Embellecedores y molduras.
- Guarnecidos.

Veamos cada uno de ellos con detalle.

Puertas y portón

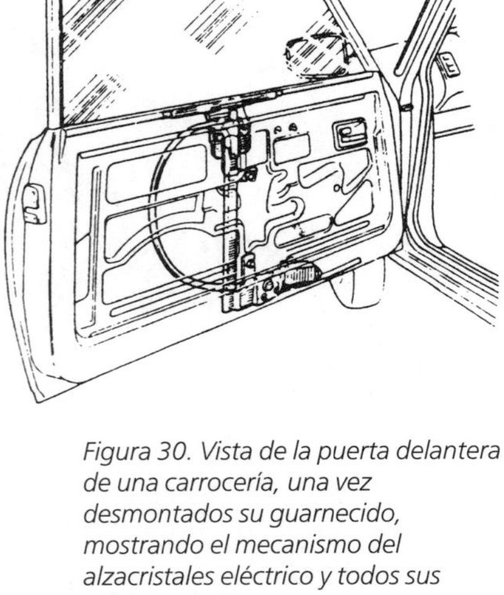

Figura 30. Vista de la puerta delantera de una carrocería, una vez desmontados su guarnecido, mostrando el mecanismo del alzacristales eléctrico y todos sus refuerzos internos.

Son los elementos giratorios, de sobra conocidos, por medio de los cuales se tiene acceso al interior del habitáculo. Se consideran como piezas exteriores y están diseñadas de forma que puedan desmontarse fácilmente sacando los tornillos de las bisagras correspondientes o los pasadores que unen ambas hojas de las bisagras. Por supuesto la facilidad de desmontaje se refiere siempre contando para ello de las herramientas necesarias.

En la anterior figura 13 (la que hacía referencia a la forma general de los perfiles de las planchas) se pudo ver, con los números 3 y 9, un ejemplo de los perfiles de plegamiento de la estructura de una puerta típica. Por otro lado, en la figura 30 tenemos un ejemplo de puerta que incluye el dispositivo de elevalunas eléctrico.

Como ocurre en la mayoría de los elementos de la carrocería que resultan más o menos simétricos, las puertas reciben su nombre de acuerdo con la posición que ocupan en el automóvil. Así, se nombra *puerta delantera izquierda* a la puerta del conductor. De la misma forma reciben su nombre las restantes puertas. *Puerta trasera derecha*, por ejemplo y lógicamente, se refiere a la puerta que ocupa la parte derecha y está colocada en la parte trasera, etc. En los automóviles de dos puertas sólo se habla, como es obvio, de la puerta izquierda o de la puerta derecha.

En lo que se refiere al *portón* se aplica a aquellas carrocerías en las que la tapa del maletero se convierte en una verdadera puerta que comporta al mismo tiempo la luneta trasera y llega desde el techo hasta la altura del paragolpes. En la figura 31 tenemos el montaje de dos fotografías de un portón que nos muestran las dos posiciones de esta gran puerta trasera.

La ventaja del portón es que hace al automóvil mucho más polivalente, ya que, al levantar esta gran puerta se obtiene un espacio muy amplio de maletero que puede ampliarse todavía más si los asientos traseros son abatibles. De este modo, un automóvil dotado con este procedimiento puede, en un momento dado, transportar elementos de un tamaño mucho mayor al propio de las maletas y, además (y lo que es más importante) con un fácil acceso de entrada y salida de estos grandes bultos u objetos.

El portón participa de la misma estructura de diseño que las puertas, pero al tratarse de una puerta muy pesada por sus grandes proporciones, debe hallarse muy bien fijada a la carrocería, disponer de un sistema hidráulico de

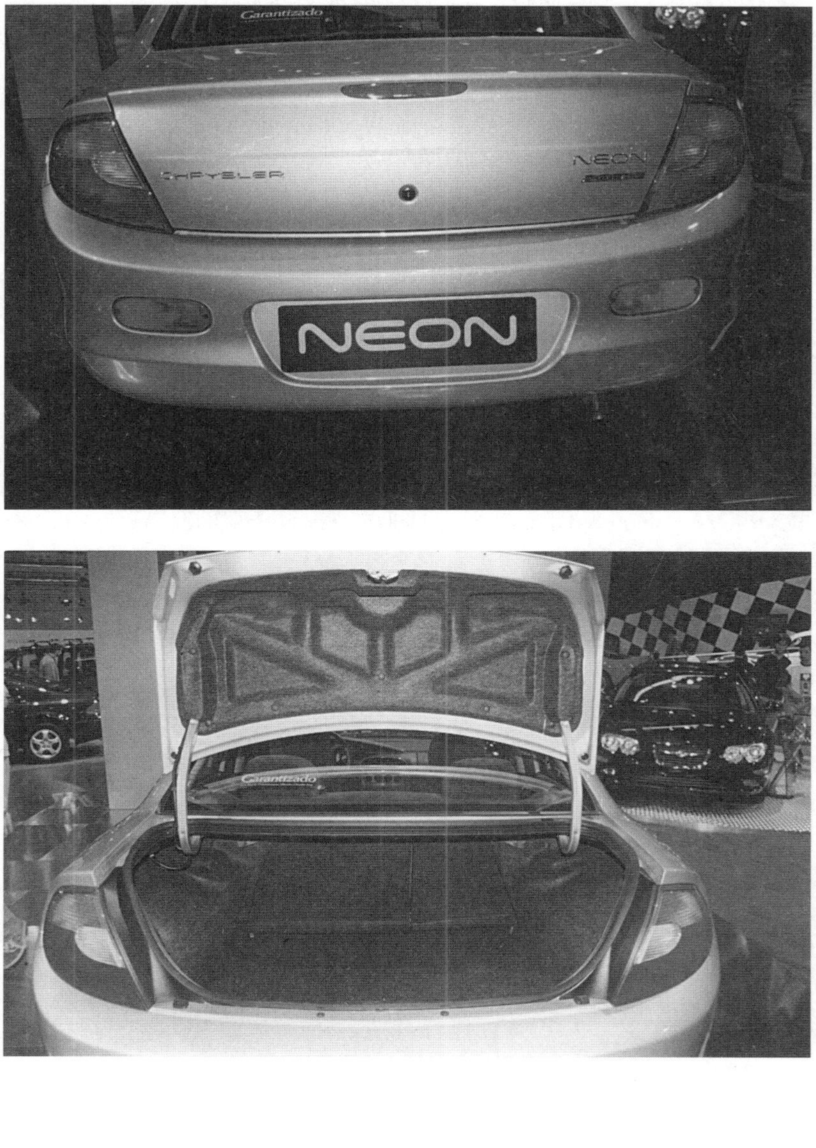

Figura 31. Típico portón de una carrocería de automóvil de cinco puertas. Lo vemos aquí en las dos posiciones, cerrado y abierto.

ayuda a su manipulación y contar con los debidos apoyos para que quede lo suficientemente sujeta como para no producir ruidos durante la marcha debidos a vibraciones por un ajuste insuficiente.

Su desmontaje participa de las mismas características que las puertas, ya que está dotada de bisagras, pero hay que contar con el desmontaje de los elementos hidráulicos y el paso de los cables para la iluminación de la matrícula que, generalmente, se encuentran formando parte de esta gran puerta.

Capós o tapas

El *capó*, denominación que proviene de la palabra francesa «capot», es el conjunto de plancha, de gran superficie, que cierra el compartimento del motor, si está en la parte delantera, o bien del maletero si se encuentra en la parte trasera. Se trata de una puerta sencilla, dotada de bisagras o elementos hidráulicos de apoyo para permitir su abertura o cierre y con ello el acceso al compartimento que encierra y protege.

Dado que en la actualidad la gran mayoría de los automóviles llevan instalado el motor en la parte delantera, es correcto hablar del *capó del motor* al referirnos al capó delantero. Por el contrario, al capó trasero se le suele llamar *tapa del maletero* según la denominación más corrientemente extendida. Por esta razón, es frecuente que muchos profesionales reserven el nombre de *capó*, a secas, exclusivamente para el capó del motor y *tapa del maletero* para el capó trasero.

Dejando aparte estos matices de tipo idiomático digamos que el capó delantero acostumbra a ir sujeto por medio de bisagras, en muchos casos especiales, a la parte posterior del cofre del motor, en la zona de debajo del marco del parabrisas para que la gran pieza de plancha pueda abrirse por delante y dejar el máximo espacio posible a los mecánicos que han de trabajar en el motor u otras partes mecánicas. En las antiguas carrocerías era corriente que el capó tuviera las bisagras en la parte delantera, con lo que el mecánico veía reducido mucho su espacio de trabajo a menos que no pasara a desmontar todo el panel, cosa demasiado complicada porque después, durante el montaje, era fácil que esta tapa quedara desalineada.

En la figura 32 tenemos un capó abierto mostrando la disposición de sus bisagras y el conjunto hidráulico que facilita su desmontaje (que en otros casos

Figura 32. Automóvil mostrando abierto el capó de basculación trasera.

puede estar sustituido por una varilla de sujeción de apoyo). En la figura 33 tenemos un diseño de abertura delantera que hoy es muy poco corriente. En este caso, para evitar la posibilidad remota de que el capó se abriera en marcha y dejara sin visión de la carretera al conductor, se disponía de cierres de alta seguridad que hacían imposible que se produjera esta circunstancia.

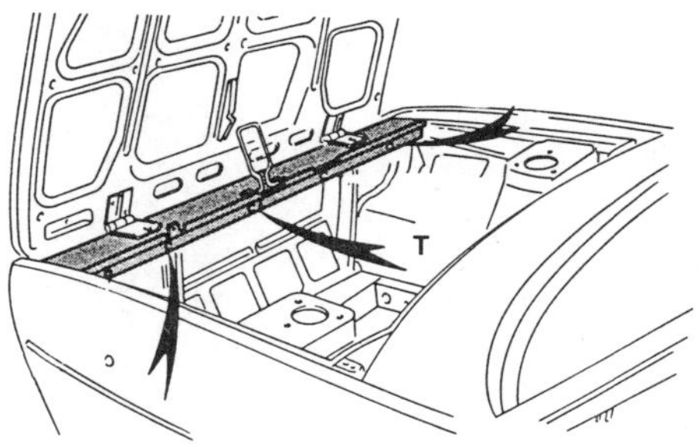

Figura 33. Automóvil mostrando abierto el capó de basculación delantera. T, tensor de posicionado. Esta disposición es poco corriente o nula hoy en día.

Paragolpes

Los paragolpes son piezas que adquieren la dirección de los travesaños que se hallan unidos a la traviesa que sujeta el panel delantero (paragolpes delantero) o a la traviesa trasera (paragolpes trasero). Ocupan, pues, las partes más exteriores del vehículo, tanto por delante como por detrás.

Como su mismo nombre indica, la misión de estas piezas es la de absorber la energía cinética que se establece cuando el vehículo golpea contra algún otro cuerpo sólido de forma que reduzca el impacto para el resto de la carrocería y de sus ocupantes. El paragolpes es, pues, el encargado de recibir en primer lugar cualquier golpe que pudiera producirse como consecuencia de una colisión. Se trata de un elemento de protección.

Antiguamente se creía que cuanto más robusto y fuerte era el paragolpes (en estas condiciones llamado *parachoques*) mayor era su eficacia de protección, y estos elementos se fabricaron de hierro provisto de una capa de cromado, o, en coches de lujo, de acero inoxidable. En todos los casos de trataba de fuertes vigas dotadas de una gran capacidad para reaccionar frente a la energía cinética del golpe. En estas condiciones, cuando se producía un choque, el parachoques se hacía cargo de la mayor parte de la absorción de potencia con una reacción brutal de los ocupantes del habitáculo que, inevitablemente, eran proyectados sobre el parabrisas, el techo, el volante o los pilares de la carrocería provocando muertes seguras. Ante esta circunstancia, después de realizar muchas pruebas de seguridad, se vio que resultaba mucho más conveniente y seguro dotar a los automóviles de unas protecciones más blandas que absorbieran los golpes pero que lo hicieran de una manera flexible para ejercer una acción progresiva en la forma de absorber esta energía. Con ello se lograba trasladar los efectos de la inercia dada por la deceleración producida por el golpe de una forma mucho más dulce para los ocupantes.

El estudio de los paragolpes dotados de flexibilidad llevó a la búsqueda de materiales especiales, y los derivados del plástico, especialmente de la familia de los *termoplásticos*, fueron los más idóneos para conseguir estos efectos.

En la actualidad, los paragolpes (fig. 34) se fabrican de plástico o fibra, en algún caso con una estructura interior de hierro resistente. Pero lo más frecuente es encontrarlos con su interior provisto de una espuma laminada en la parte donde se unen a los espárragos que irán a su vez unidos a las pestañas de los largueros para asegurar su sujeción. También esta estructura puede estar sustituida por la colocación interna de una clase de plástico más dura y resistente que la del exterior, la cual refuerza los lugares de fijación de la pieza en su unión a los largueros.

Figura 34. Paragolpes delantero de un automóvil.

Los paragolpes tienen forma envolvente, de manera que se prolongan por la parte de los laterales de la carrocería unos centímetros. Ello constituye las llamadas *punteras* del paragolpes. Estas punteras se hallan fijadas a la estructura de plancha por medio, generalmente, de tornillos.

Durante algún tiempo los parachoques de hierro se siguieron usando en los vehículos *todoterreno 4 x 4*. Ello daba a muchos usuarios la falsa impresión de seguridad de que «iban en un tanque». Cuando estos vehículos circulan por el campo y sus velocidades son necesariamente muy reducidas, esta solución es muy aceptable y mucho mejor que los paragolpes de plástico, pero si estos vehículos ejercen la función polivalente de circular por carretera a velocidades elevadas, la «gran protección» de los parachoques es un arma muy peligrosa para los usuarios de estos vehículos. De ahí que se estudie la posibilidad de prohibirlos.

A lo largo de la vida útil de un vehículo, los paragolpes van recibiendo, como mínimo, pequeños impactos de mayor o menor entidad pero bastante frecuentes. Es muy corriente que se den pequeños golpes contra otros vehículos a la hora de aparcar, también contra las paredes o columnas, o rampas, de los garajes y parkings, de modo que se deterioran y es frecuente, en el taller, su desmontaje, reparación o cambio. De ello nos ocuparemos en las páginas de este libro dedicadas a la parte práctica del trabajo de reparación de plásticos, en el capítulo 9.

Parabrisas y luneta trasera

El parabrisas es una pieza de cristal que se instala en lo que hemos llamado, en un apartado anterior, el marco del parabrisas. La misión de esta pieza es la de proteger del viento, de la lluvia, del polvo, etc., al conductor y a los pasajeros sin impedir, no obstante, la clara visión hacia el exterior del automóvil. También puede llamársele *luna delantera*, pero esta denominación es poco usual.

Se trata, pues, de la pieza de cristal que ocupa transversalmente la parte delantera superior del habitáculo del automóvil.

A la pieza de cristal de una forma más o menos parecida, pero que ocupa la parte trasera del habitáculo, se la denomina *luna* o *luneta trasera*.

Parrilla

La pieza frontal superior de una carrocería, encima del paragolpes y antes del lugar de ubicación del capó (es decir, en la calandra) recibe el nombre de *parrilla*. En la figura 35 podemos ver una de estas piezas que puede tener una innumerable cantidad de variantes y versiones según el modelo de automóvil y

Figura 35. Parrilla.

el fabricante. Lo más corriente es que disponga de unos orificios para permitir el paso del aire hacia el interior del motor y facilitar de esta forma su refrigeración, además de integrarse con el frontal de una forma estética.

La parrilla suele ser una pieza de plancha (a veces lo es también de plástico) colocada encima del paragolpes delantero y unida al panel delantero ocupando su posición entre los faros. Se integra como un elemento de adorno en el panel frontal del vehículo, sobre la calandra, y puede adquirir muchas formas, generalmente para mejorar el aspecto y estética del automóvil y, al mismo tiempo, dar personalidad de marca al automóvil.

Embellecedores y molduras

Todas las carrocerías de automóvil tienen, por la parte exterior, una notable cantidad de piezas de diferentes formas y tamaños, que tienen como objeto mejorar la estética de la carrocería o, en algunos casos, contribuir a su mejor conservación. Estas piezas reciben el nombre genérico de *embellecedores*.

Cuando están fabricados para ser colocados a lo largo o ancho del automóvil (en sentido longitudinal o transversal) se les llama *molduras*. Estas molduras suelen ser piezas largas y, generalmente, poco anchas.

Los embellecedores pueden ser también anagramas o rejillas que el fabricante coloca en la carrocería para aumentar su atractivo estético, generalmente para ocultar uniones entre piezas que presentarían un aspecto poco elegante si se mostraran directamente a la vista.

En los vehículos actuales, los embellecedores son cada vez menos corrientes por la resistencia que suelen ofrecer al aire de la marcha y la pequeña pérdida de aerodinamismo que ofrecen. No ocurre lo mismo con las molduras que cumplen con la misión protectora de la carrocería en aquellas zonas donde es probable la recepción de golpes procedentes de puertas de otros vehículos aparcados en los costados o el roce con paredes y columnas en los garajes y parkings. En la figura 36 puede ver el lector la situación ocupada por una de estas molduras de protección lateral.

Más adelante nos ocuparemos con todo detalle de la forma de trabajar con las molduras, ya que es muy corriente proceder a su desmontaje y sustitución

Figura 36. Ejemplo de una moldura que ocupa longitudinalmente la parte exterior de la carrocería. En este caso se trata de una moldura de protección de las puertas y las planchas laterales, además de prolongar el paragolpes delantero y configurar el guardabarros.

en el caso de tener que trabajar en aquellas superficies de plancha en las que ellas están instaladas, tales como puertas o laterales del vehículo.

Guarnecidos

En el taller de chapistería se les da el nombre de *guarnecidos* a todas aquellas piezas, generalmente de plástico o cartón tapizado, que se colocan en la parte interior del vehículo para ocultar la estructura interna de determinados paneles o piezas de plancha.

Por medio de los guarnecidos se consigue dar al interior del habitáculo una impresión de confort y de calidad estética, que constituye una buena condición para hacer más atractivo el automóvil.

Un ejemplo de guarnecido aparece en la figura 37. Aquí tenemos dibujado el montante central de una carrocería, visto desde su interior. La pieza de plástico se halla superpuesta para ocultar la chapa. Si retiramos los asideros (1) y el tornillo de sujeción del cinturón de seguridad (2) podremos extraer este guarnecido. Una vez retirado nos quedará a la vista lo que nos muestra la figura 38, es decir, quedará al descubierto la plancha del montante. Obsérvese la diferencia de aspecto estético que se aprecia en uno u otro caso.

En las carrocerías modernas son muchos los guarnecidos existentes. Los hay que recubren prácticamente toda la parte interna del habitáculo y, combinados con los paneles tapizados y las moquetas, forman todo un conjunto con el que se logra el bello y confortable aspecto que presenta el interior de los habitáculos de los automóviles actuales.

Para terminar, veamos, en la figura 39, el interior de un habitáculo completamente terminado y en el que se puede apreciar la disposición del tapizado, las moquetas y los guarnecidos.

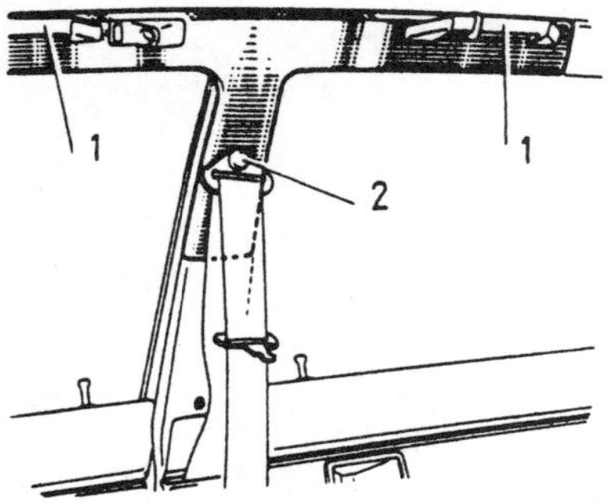

Figura 37. Guarnecido de un montante. 1, asideros para la sujeción de los ocupantes. 2, tornillo de sujeción del cinturón de seguridad.

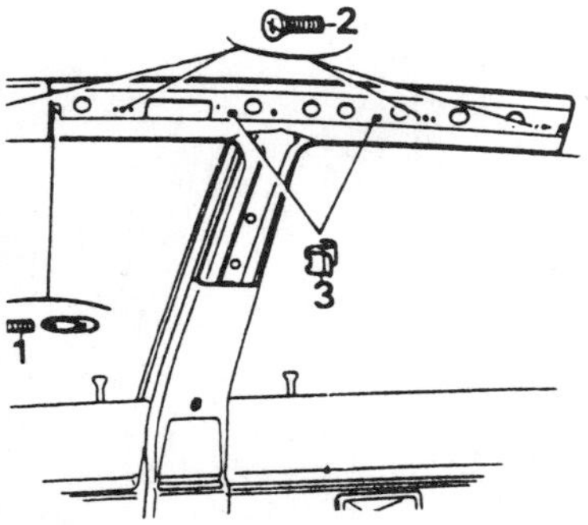

Figura 38. Aspecto que presenta el detalle de la figura anterior si retiramos el guarnecido dejando la plancha al descubierto. 1 y 2, tornillos para la fijación del guarnecido. 3, grapas de sujeción.

Con todo lo dicho y descrito hasta aquí, ya puede tener el lector una idea general de cómo pueden estar construidas las carrocerías y cómo la creación de una arquitectura de este tipo requiere, por parte de los ingenieros especializados, una enorme dosis de conocimientos y experiencia. También nos hemos puesto de acuerdo con todo lo referente a la nomenclatura y conocemos el nombre de todas las piezas que componen una carrocería. Ahora ya estamos en condiciones de abordar los próximos capítulos dedicados a la parte práctica. Sin embargo, y para acabar el presente capítulo, todavía creemos necesario hacer

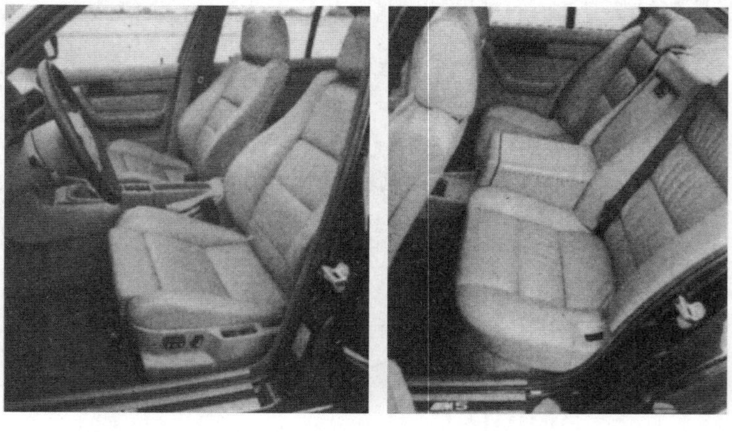

Figura 39. Aspecto interno de un habitáculo ya terminado y con unos tapizados y guarnecido de gran calidad.

algunas definiciones y consideraciones de tipo general sobre las carrocerías y a ello vamos a dedicar las páginas que quedan.

Diferentes tipos de carrocerías

Un estudio a fondo de las carrocerías del automóvil no estaría completo si el profesional no tiene acceso a saber el nombre que la industria da a todos los principales tipos de carrocerías que existen en el mercado y también las características que las definen. No es que ello tenga, ciertamente, un valor práctico que nos ayude a realizar las reparaciones con mayor facilidad, pero entra dentro de la cultura necesaria del profesional saber distinguir cada uno de los tipos. Por ello vamos a dedicar unas páginas y unas figuras a este comentario.

Aunque en el nombre dado a los diversos tipos de carrocerías existe una cierta confusión (debidas especialmente a los diferentes nombres que se dan en inglés, francés o italiano a tipos de carrocerías iguales), vamos a dar las denominaciones que actualmente están más aceptadas en castellano en primer lugar, para luego indicar, a continuación, los otros nombres con los que las carrocerías podrían también ser nombradas.

Con el fin de aclarar el concepto de este tipo de denominaciones vamos a hacer una gran clasificación previa distinguiendo el conjunto de las carrocerías por el número de puertas de que constan. Así pues, cabe destacar los dos siguientes grupos:

- Carrocerías con cuatro puertas.
- Carrocerías con dos puertas.

Carrocerías con cuatro puertas

En este grupo están integrados la mayoría de los automóviles de turismo. Los tipos principales de carrocerías que forman este grupo son:

Berlina

En la figura 40 tenemos un automóvil con carrocería que responde a la denominación de *berlina*. Puede definirse como una carrocería de cuatro puertas con cuatro cristales laterales (dos por banda, o pequeños fraccionamientos en derivabrisas) previsto para transportar cinco plazas. En todos los casos la berlina va provista de techo rígido no desmontable, aunque no pierde esta deno-

Figura 40. Carrocería de tipo berlina.

Figura 41. Carrocería de tipo limosina.

minación si va provista de una abertura ajustable que pueda ser abierta a voluntad para el paso del aire.

A las berlinas también se les suele dar el nombre de *sedán*, término que, sin embargo, conviene por igual a ellas que a las limosinas que vamos describir a continuación.

Limosina

Se trata de una berlina, pero con una carrocería más larga que viene determinada especialmente por disponer de seis cristales laterales. En la figura 41 puede ver el lector una de estas carrocerías. Como puede apreciarse, dispone de las cuatro puertas y en su interior se ha aumentado considerablemente el espacio destinado a los ocupantes. Generalmente, las limosinas son vehículos de lujo que permiten llevar cómodamente seis plazas.

Como decíamos en el apartado anterior, la limosina puede llamarse también *sedán*.

Familiar

El familiar es una variante de la carrocería de una berlina o de una limosina en las que han sido modificadas la parte trasera del vehículo en el sentido de hacer desaparecer el maletero para establecer un volumen de carga que queda en la parte más posterior del vehículo. Va provisto de una puerta trasera para facilitar las posibles operaciones de carga, y los asientos traseros suelen ser abatibles para conseguir, de este modo, una mayor superficie de colocación de objetos. El *familiar* es, pues, un coche que se pretende sea polivalente para el transporte de pasajeros y de pequeñas mercancías.

En la figura 42 puede verse un automóvil provisto de este mismo tipo de

Figura 42. Carrocería de tipo familiar.

carrocería. Como se ve dispone de las cuatro puertas que definen a una berlina junto con el techo rígido. Resulta uno de los tipos de carrocerías que se designa con mayor número de nombres. Así se le suele llamar también con los nombres de *break, rubia, ranchera* o por el nombre americano de *station-wagon*.

Carrocerías con dos puertas

En líneas generales las carrocerías provistas de dos puertas se suelen fabricar para dos tipos bien diferentes de vehículos. Por un lado, los que resultan de escasa longitud por tratarse de coches utilitarios concebidos especialmente para su utilización en ciudad; en estos casos la longitud relativamente pequeña del vehículo hace que la aplicación de cuatro puertas hiciera a éstas excesivamente estrechas y molestas también para el paso de los ocupantes, de modo que la solución de poner solamente dos puertas resulta una solución plausible. Por otra parte, los coches con tendencias deportivas, que significan la otra cara de la moneda en cuanto al precio de adquisición, también suelen decidirse por la solución de las dos puertas ya que al no disponer de plazas en la parte trasera (aunque algunos modelos dispongan de dos plazas infantiles) la solución de las cuatro puertas resulta innecesaria.

En este grupo caben distinguir los siguientes tipos de carrocerías:

Coach

Se trata de un automóvil que posee las mismas características que una berlina, pero con la salvedad de que está provisto solamente de dos puertas. Por lo tanto, dispone de cuatro cristales laterales, techo rígido no desmontable, volumen para maletero, etc.

Dentro de esta denominación de *coach* caben, evidentemente, muchos modelos de carrocerías, ya que igualmente se podría aplicar a un coche utilitario, que en definitiva es una pequeña berlina de dos puertas, como a un automóvil de cierto lujo, co las mismas condiciones de la berlina, pero dotado sólo de dos puertas. De hecho, la palabra *coach* tiende a identificarse preferentemente con esta última versión.

En la figura 43 puede verse un automóvil dotado con una carrocería muy típica del *coach*. Puede llamarse también *sedán de dos puertas* y con cierta impropiedad *sedán cupé*. También algunos tratadistas le llaman *Club*.

Figura 43. Carrocería de tipo coach.

Cupé

La diferencia entre el cupé y el coach queda relacionada por la forma más aerodinámica y deportiva del diseño del cupé hasta el punto que incluso tam-

Figura 44. Carrocería de tipo cupé.

poco resulta impropio llamarle *coach sport* como algunos lo definen. Las características que definen al cupé son, además del hecho de tener sólo dos puertas, la posibilidad de disponer de tres a cinco plazas de adultos normales. El perfil trasero de la carrocería es el del tipo conocido con el nombre de «*fast-back*» o, como mínimo «*semi fast-back*» (véase más adelante) y suele disponer de un cristal lateral posterior, además del lógico de la puerta, de considerable superficie. En la figura 44 puede verse un ejemplo de cupé de este tipo.

Cuando el automóvil tiene un aire netamente deportivo y su espacio interior es solamente para dos plazas de adultos y solamente dispone de un asiento eventual detrás, casi impracticable para uno o dos adultos, el cupé pasa a llamarse *berlineta*, y también hay quien le llama *cupé de dos plazas* aun cuando es preferible la denominación de berlineta citada. En la figura 45 tenemos un bello ejemplo de automóvil de este tipo, que, además, suelen estar siempre dotados de motores muy potentes y técnicamente muy perfeccionados, de modo que constituyen el sueño dorado de todos cuantos cuentan entre sus aficiones la de los automóviles.

Figura 45. Carrocería de tipo berlineta.

Cabriolé

Siguiendo con los coches de dos puertas existe la versión de la carrocería que recibe el nombre de *cabriolé* que se distingue por la ausencia de techo rígido, de forma que se trata de un automóvil descapotable, con una capota plegable de tejido muy resistente de plástico que está construida para ir generalmente plegada, pero que, por supuesto, puede colocarse en caso de lluvia o mal tiempo.

Figura 46. Carrocería de tipo cabriolé.

Generalmente el cabriolé es siempre un coche de dos plazas. Podemos ver un ejemplo de este tipo de carrocería en la figura 46.

Una carrocería del tipo de la descrita admite, evidentemente, muchas variantes. Una de ellas, que se ha utilizado mucho, es la de disponer de dos capotas, una rígida, con techo de plancha que, no obstante, puede desacoplarse sin demasiado trabajo y guardarse en el garaje, en cuyo caso queda sustituida por la capota de tela. En este caso el cabriolé recibe el nombre de *roadster* y también, en la denominación americana, *hard top*. Por lo demás, el *roadster* posee idénticas características de habitabilidad, puertas y plazas que el cabriolé. En la figura 47 tenemos un ejemplo.

Otra variante es la conocida con el nombre de *falso cabriolé*. En este caso se trata de un cabriolé en el que los montantes laterales se han respetado al igual que el techo que no es desmontable. De hecho, se trata de un coche de dos plazas pero no descapotable.

Denominaciones según el perfil trasero de la carrocería

La obsesión justificada por obtener consumos más reducidas en los automóviles modernos ha llevado a los técnicos a trabajar con mucha escrupulosidad y atención en los perfiles de las carrocerías actuales. Así, éstas van sufrien-

Figura 47. Carrocería de tipo roadster, muy del gusto inglés.

do ciertas modificaciones que tienen por objeto su mejor desplazamiento a través del aire lo que se traduce, a igualdad de velocidad, en un menor esfuerzo del motor y con ello un menor consumo de combustible.

En general, las formas clásicas de las carrocerías que hemos visto para las berlinas y limosinas, así como para los coach e incluso para las formas de cabriolé, no reúnen condiciones aerodinámicas suficientemente convincentes en este sentido, sobre todo por la parte trasera de estas carrocerías que se diseñaron en su momento con miras a la comodidad y sólo hasta cierto punto al aerodinamismo. La modificación de la parte trasera de las carrocerías ha dado origen a variaciones importantes en la estructura de las carrocerías más clásicas, de modo que ahora las definiciones de las carrocerías han de complementarse con el nombre dado a su parte posterior. En este sentido hay que distinguir dos formas fundamentales que vamos a ver seguidamente.

Notch-back

Éste es el tipo de perfil trasero clásico en el que el volumen del maletero queda representado por una cola trasera, tal como se muestra en A de la figura 48, y que constituye la forma más clásica de las berlinas como ya hemos tenido ocasión de ver anteriormente. La palabra inglesa *notch-back* podría traducirse como parte trasera dentada, es decir, produciendo una depresión.

Este tipo de cola reúne la ventaja de la facilidad de acceso al maletero y la razonable dificultad a que el vidrio se ensucie de modo que el conductor siempre disfruta de una visión trasera a través del retrovisor en condiciones aceptables.

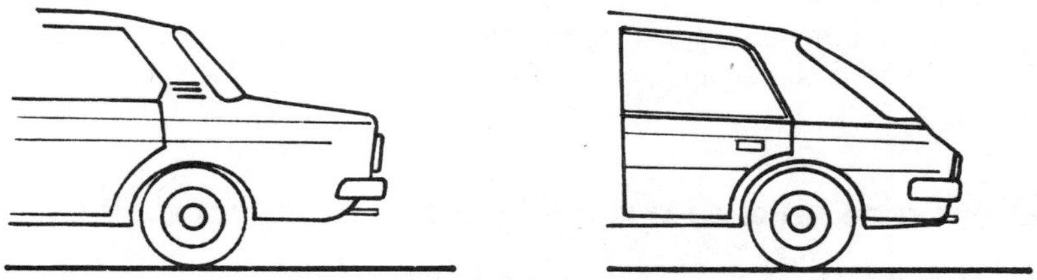

A B

Figura 48. Definición de una carrocería por el diseño de su cola. A, de tipo notch-back. *B, de tipo* fast-back.

Fast-back

Este tipo de perfil trasero es el que se ve en B de la figura 48. Como puede observarse, desde la parte rígida del techo se prolonga una caída decreciente de la superficie trasera hasta encontrar el final de la carrocería a media altura de la misma. Se trata, pues, de un perfil mucho más racional que evita que durante la marcha a gran velocidad se formen importantes contracorrientes de aire en la parte trasera dando así al conjunto de la carrocería un mayor poder de deslizamiento a través de la masa del aire.

El tipo *fast-back* se viene utilizando desde hace muchos años para las carrocerías de los automóviles deportivos y, como ya vimos, es la forma tradicional de los cupés y de las berlinetas. Llevado a su punto más favorable, desde el punto de vista aerodinámico, este tipo de forma trasera va reduciendo su altura a medida que se va acercando a la cola lo que, desde el punto de vista de la comodidad de los pasajeros que ocupan las plazas traseras, resulta muy negativo pues el techo roza sus cabezas. Por otra parte, para que un cupé tenga cuatro o cinco plazas cómodas ha de reducir este efecto a base de hacer un coche mucho más largo de lo que necesita una berlina, por ejemplo, lo cual hace al automóvil más difícil de aparcar y más pesado.

Por estas razones los diseñadores de carrocerías han acudido a soluciones intermedias, siempre entre el compromiso de la comodidad y de los mejores efectos para la penetración en el aire. Así se han estudiado formas intermedias muy variadas a las que se les suele dar el nombre general de *semi fast-back*, de los cuales tenemos numerosos ejemplos. En la actualidad resulta muy corriente ofrecer al público dos automóviles básicamente iguales pero dotados con carrocerías de berlina clásica y con cola de tipo *semi fast-back,* en este caso con portón trasero para mayor comodidad para depositar el equipaje.

Convertible

Por último, y para terminar todas estas descripciones de tipos de carrocerías cabe destacar la utilización de la palabra convertible añadida en algunas justificadas ocasiones a las berlinas, limosinas o coach. Con ella se quiere significar la utilización de capotas textiles o derivadas de plásticos blandos con las que puede cerrarse o descubrirse el techo del automóvil quedando, de este modo, un vehículo que resulta un compromiso entre una berlina o un coach y un cabriolé.

En la figura 49 puede apreciarse el aspecto exterior que presenta una carrocería convertible de un coach de la marca VOLKSWAGEN, perteneciente al popular y prestigioso modelo *Golf*. El piso y los laterales de plancha se conservan de la carrocería original, pero el techo y los largueros superiores han sido desechados a excepción de la cimbra central para el soporte de la capota. Sin

Figura 49. Carrocería de tipo convertible.

embargo, estos automóviles deben estar provistos de algunas características especiales para que no pierdan seguridad de marcha con respecto a las carrocerías de las que provienen. De entrada, el efecto aerodinámico que le imprime la capota de plancha a la carrocería de origen desaparece, y el rebufo del aire se hace notar de una forma mucho más potente. Para que estas condiciones negativas queden atenuadas es necesario reforzar la carrocería y añadirle elementos pesados en los bajos para que se agarre con mayor seguridad al firme de la carretera. Los paragolpes, por ejemplo, son más pesados que esta misma pieza utilizada en el modelo tapado.

Los *convertibles* se fabrican en series muy cortas, ya que tienen muy poca aceptación por los problemas que comportan para el usuario por la gran vulnerabilidad de un automóvil de estas características cuando está aparcado.

Incluso llevando la capota puesta nada queda resguardado de un fácil y accesible robo o de su deterioro interior por parte de desaprensivos. Pero, por si ello fuera poco, el valor de adquisición de estos coches es notablemente superior al del mismo modelo de serie provisto de techo. Así pues, son vehículos muy poco corrientes, casi fruto del capricho de algún usuario, pero sin resultados prácticos convincentes y menos en estos momentos en que todos los coches de precio medio van provistos de un sistema de aire acondicionado.

Con todo lo dicho hasta aquí damos por finalizada esta parte dedicada a las definiciones de las carrocerías por sus formas. Como se ha podido ver, hemos tratado solamente lo relativo al automóvil sin entrar en detalles de los otros tipos de vehículos automóviles tales como los camiones y la extensa gama de furgones y furgonetas de cuyas carrocerías no vamos a ocuparnos aunque, en el fondo son, como puede suponerse, mucho más sencillas que las utilizadas en los automóviles pese a su mayor tamaño.

Proyecto de una carrocería

Después de todo lo que se ha dicho hasta este momento ya se comienza a tener un idea general de lo que es una carrocería de automóvil y del cúmulo de conocimientos que se necesitan para llevar a cabo un diseño completo de uno de estos conjuntos. Solamente como una información más que el profesional de la reparación de carrocerías debe tener, vamos a dedicar unas páginas a describir de una manera rápida el proceso que suele seguir por los ingenieros especializados cuando se les encomienda el trabajo de la creación de un proyecto de carrocería para un nuevo automóvil.

En primer lugar cabe decir que, en la actualidad, el diseño de la carrocería no se encomienda independientemente de todo el conjunto estructural del automóvil. Es decir, cuando se pretende hacer un nuevo modelo de automóvil. tanto la parte mecánica como la parte de la carrocería, se diseñan armonizadas entre sí de acuerdo con los objetivos que el nuevo modelo trate de lograr en el mercado. De hecho, la creación de un nuevo modelo requiere períodos muy largos de preparación. Por lo tanto, hay que trabajar en el anteproyecto con un gran sentido del futuro y teniendo, como mínimo, la mejor información sobre las cuatro áreas siguientes:

Tener ideas bastantes claras de cómo va a encontrarse el mercado cuando salga el nuevo producto, sobre todo en lo que respecta a los deseos y apetencias del público que pueda interesarse por el resultado del proyecto. En la actualidad parece claro que el coste de la energía derivada del petróleo no va a reducirse, de modo que el usuario del más inmediato futuro va a reclamar de su automóvil un consumo mucho más reducido del que actualmente proporcionan nuestros vehículos. De ahí que, en el anteproyecto, se tenga que tener en cuenta la creación de motores de mayor rendimiento. En este aspecto, muchos de los proyectos que se hallan en las mesas de trabajo de los proyectistas para el futuro se están desarrollando a base de motores Diesel, de menor cilindrada que los actuales y de inyección directa. Pero para reducir el consumo también la carrocería tiene un valor primordial, de modo que lograr coeficientes de penetración en la masa de aire mucho más efectivos que los actuales preocupa también considerablemente a los diseñadores.

Otro punto a tener en cuenta es el estado de la legislación del futuro. En este aspecto hay dos vías que pueden dar mucho que pensar a los proyectistas:

De una parte, las leyes protectoras del ambiente pueden haberse convertido en un encadenado de trabas de tal categoría que los motores en los que actualmente se trabaja resulten incapaces para salvar los controles a que sean sometidos. Por otra parte, la aglomeración del tráfico en las ciudades dentro de unos años puede haber sufrido un agravamiento de tal categoría que haya hecho tomar a los legisladores unas soluciones tan drásticas que vengan a perjudicar el criterio del proyecto que en este momento se trata de llevar a cabo. Éste sería el caso de que estuviéramos proyectando un automóvil pequeño, eminentemente ciudadano. y dentro de unos años, cuando nuestro proyecto fuera ya una realidad, resultara que la proliferación de las islas peatonales de grandes dimensiones en todos los barrios hicieran impracticable el uso de vehículo de motor alguno. Pues bien: estas consideraciones han de entrar en el anteproyecto.

Por último, será también necesario estar muy al corriente de lo que se hace al respecto en todas las oficinas técnicas de las demás fábricas para seguir las tendencias técnicas con más futuro y tratar de profundizar en ellas. Por ejemplo, la creación de nuevas planchas de acero de cualidades diferentes a las actuales, de menor peso y mayor resistencia, puede hacer que se deba modificar el proyecto u orientarlo en este sentido, etc. Quizá deban considerarse otros materiales para hacer la carrocería, materiales que aporten mayores ventajas y que ahora estén en proceso de experimentación; también han de considerarse los nuevos sistemas de anticorrosión que puedan aplicarse, así como la robotización que se está llevando a cabo sobre todo en el terreno de la construcción de carrocerías, etc.

De todos los puntos que acabamos de decir aquí, de una manera muy general, se hace un programa de objetivos que determinarán, tras su estudio y discusión, el llamado programa de investigación del que se derivará el desarrollo del proyecto.

Programa de objetivos

En el programa de objetivos se perfila el retrato robot del tipo de vehículo que se quiere conseguir establecido especialmente desde los siguientes parámetros: consumo, prestaciones, habitabilidad, tipo de confort y manejabilidad.

En lo que respecta a las prestaciones y a la manejabilidad, y en buena parte al consumo, los ingenieros mecánicos tienen la palabra; pero en la habitabilidad y también en parte en el consumo, el trabajo entra a formar parte de los ingenieros que van a dar las líneas maestras para la creación de la carrocería. Generalmente se pedirá una máxima reducción de la resistencia al movimiento mediante una masa lo menos pesada posible, un coeficiente aerodinámico lo más bajo posible y una resistencia a la rodadura reducida a la mínima expresión.

Programa de investigación

Una vez se han cerrado criterios sobre todos los aspectos anteriores se pasa ya a hacer un programa de investigación que establece los pasos por los que ha de desarrollarse el proyecto. En lo que respecta a la carrocería este programa de investigación abarca tres fases sucesivas que están determinadas por un proyecto preliminar, en el que se hace una definición específica de lo que se ha de conseguir seguido de un análisis de las alternativas que este mismo proyecto presenta. Luego se pasará a una definición de la configuración base y ya se creará la maqueta sobre la que se harán las primeras experimentaciones.

Una vez salvado este punto se pasa al proyecto ejecutivo en el que será necesario determinar el proceso tecnológico de construcción después de desarrollar el diseño. La tercera parte que establece el programa de investigación será la de prueba del prototipo, el cual sufrirá los ensayos necesarios en el circuito de pruebas y en carretera para comprobar que consiga todos los requerimientos establecidos en el programa de objetivos previo.

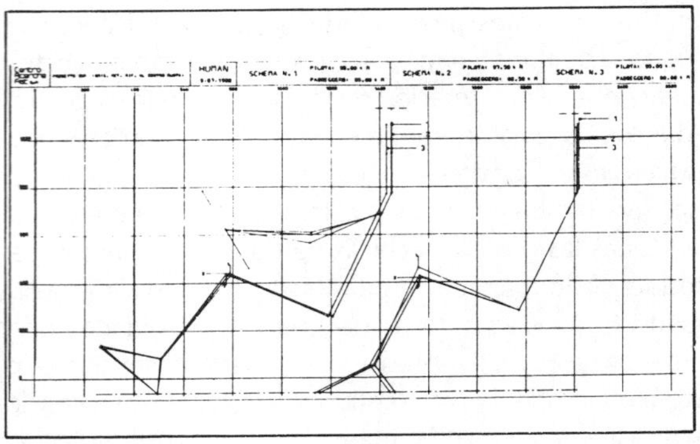

Figura 50. Gráfico de habitabilidad formulado sobre una cuadrícula para conocer el espacio ocupado por los pasajeros

Puesta en práctica del plan

Una vez terminados todos los trabajos previos de programación del trabajo, en condiciones similares a las que se han descrito, se pasa ya a la práctica con el consiguiente desarrollo del plan. Para la creación del proyecto inicial se comienza por distribuir las plazas que han sido asignadas en el programa de objetivos, teniendo en cuenta la longitud máxima que el vehículo ha de tener inicialmente. Pensando inicialmente en la habitabilidad, se ensaya primero sobre una cuadrícula (fig. 50) la disposición ocupada por los pasajeros durante la marcha distinguiendo la posición del conductor de la posición del pasajero, ya que el primero siempre precisará de algo más de espacio para llevar a cabo las maniobras de la conducción. Por lo general, lo importante es encontrar los ángulos de asiento, ya que ello nos dará la base para el desarrollo de la carrocería. En este esquema mostrado en la figura 50 se hacen comparaciones con posibles pasajeros de diferentes alturas, tal como se indica en el gráfico. De acuerdo con ello se pasa a diseñar la forma general primera del vehículo en cuanto a su habitabilidad disponiendo de los tres volúmenes que siempre son necesarios en un automóvil, es decir, el dedicado al motor, a los ocupantes y al maletero. Ésta es la disposición que se presenta en la figura 51, mediante la cual ya tenemos la pauta de la habitabilidad y, de una forma general, de la carrocería en cuanto a su perfil.

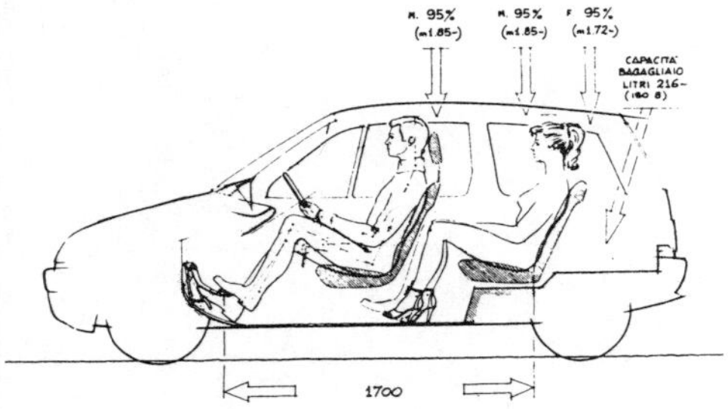

Figura 51. Esquema de habitabilidad en el perfil de la carrocería.

El estudio de la forma exterior se lleva a cabo con la ayuda de un ordenador al que se le dan los datos de las medidas logradas en los esquemas de habitabilidad, las medidas generales del vehículo y los coeficientes de aerodinamismo (Cx) que se consideran importantes en el programa de objetivos. El ordenador va proporcionando datos óptimos de la disposición general de la carrocería por medio de un reticulado que dibuja en tres dimensiones sobre la pantalla. En la figura 52 tenemos un ejemplo de los resultados que la pantalla nos muestra y que el ingeniero puede ir modificando de acuerdo con su criterio estilístico para conseguir, además de la efectividad, un cierto efecto de belleza y armonía de líneas, condición muy importante también a la hora de ofertar un producto

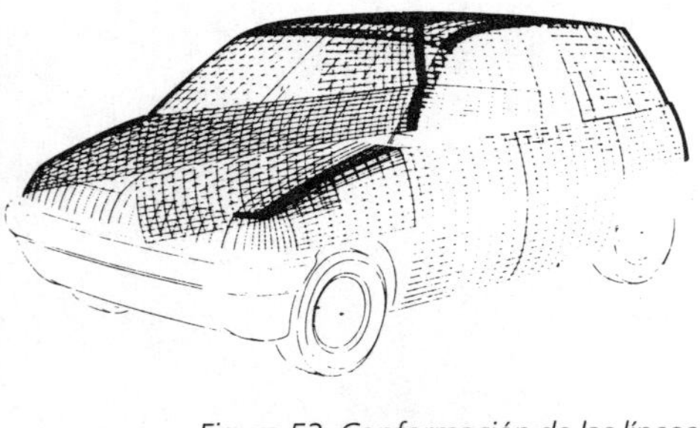

Figura 52. Conformación de las líneas exteriores de una carrocería que se está creando.

en el mercado. Por supuesto, al ordenador no solamente se le pide la forma lateral o frontal de la nueva carrocería, sino también detalles de cada una de sus partes y vistas desde todos los ángulos, de modo que muestra la figura 53, en la que podemos ver la esquematización del módulo de cola de un vehículo automóvil en proyecto. Posteriormente, incluso se le podrán pedir vistas de la estructura de acuerdo con los datos que se le hayan proporcionado. En este aspecto, la figura 54 nos muestra los detalles de la estructura de una carrocería de una berlina con cola *fast-back*. Volviendo al tema del prototipo vemos que es el ordenador la máquina auxiliar para el diseñador ya que le va proporcionando detalles de todas sus ideas siempre de acuerdo con los datos que se le han suministrado previamente. A pesar de ello, y comoquiera que el ingeniero va ordenando a la máquina diferentes modificaciones, los resultados pueden ser variados lo que proporciona diversas variantes para cada una de las soluciones sobre las que después se tendrá que elegir la que parezca que reúna las características más convenientes para cumplir las condiciones establecidas por el programa de objetivos.

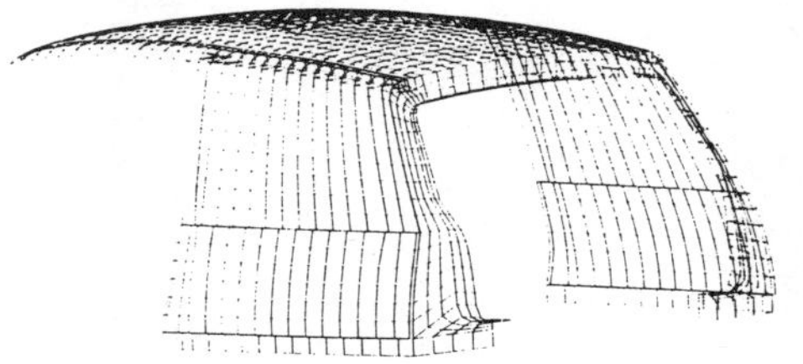

Figura 53. Esquematización de módulo de la parte posterior de la carrocería.

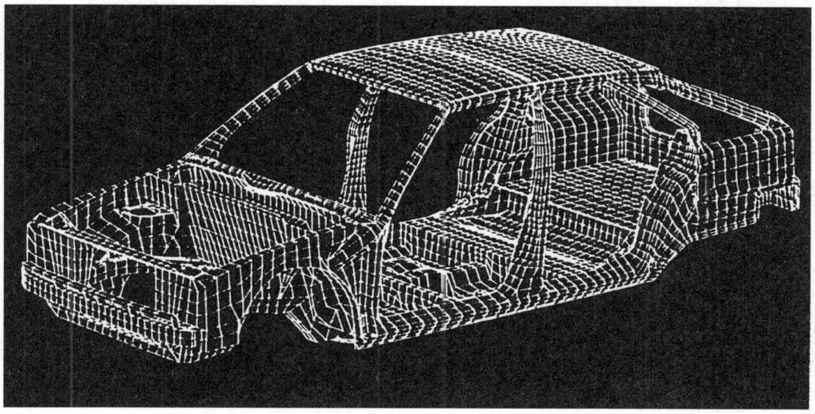

Figura 54. Dibujo de la estructura de una carrocería dada por ordenador en tres dimensiones.

Una vez hecha la elección llega el momento de transformar los planos de cada una de las partes en una maqueta. En la figura 55 vemos una de estas maquetas, ya terminada, correspondiente al mismo vehículo que vimos en la figura 52. La maqueta ha sido construida a 1:5 con respecto a las medidas del modelo previsto como definitivo. Esta maqueta tiene ya un buen tamaño para darnos una idea bastante precisa de los resultados que podrá obtener cuando sea sometida a pruebas y experimentaciones en el túnel de viento, pruebas que se realizan a continuación y que serán definitivas para ver la bondad del diseño con respecto a su penetración en la masa del viento. La maqueta se cubre de cintas de prueba muy ligeras las cuales nos indicarán las partes de la maqueta en las que se produzcan rebufos o contracorrientes que afecten a sus condiciones aerodinámicas. Comoquiera que estas maquetas están fabricadas de materiales que pueden ser modificados, tales como barro o yeso, sobre la misma maqueta se podrán ir realizando las correspondientes modificaciones hasta que se logre, por fin, una carrocería de forma aerodinámicamente estable.

Figura 55. Maqueta del proyecto hecha a escala 1:5.

Cuando todas estas pruebas están realizadas puede decirse que se dispone de todos los trabajos del proyecto preliminar terminados. Ahora hay que pasar el desarrollo del proyecto ejecutivo y a la creación de los prototipos. Éste es un trabajo muy delicado y que requiere personal muy especializado y conocedor del oficio, pues se trata de hacer los planos de un despiece general de esta carrocería que se pretende crear teniendo siempre muy en cuenta las necesidades de varios órdenes que son indispensables a la hora de hacer estos proyectos: Por una parte, las piezas tienen que estar diseñadas con un gran conocimiento de los procesos de fabricación en serie, pues han de ser compatibles con los equipos industriales de que se disponga en fábrica; por otra parte, se ha de pensar siempre en la facilidad de reparación y en la rapidez con la que ésta pueda hacerse, pues con ello se está valorando el nuevo producto en el mercado. Éste es el trabajo de quienes hacen los planos y distribuyen en piezas el conjunto.

Una vez terminados los planos se ha de pasar a la ejecución de los mismos para llevar a cabo la primera carrocería del prototipo. En este caso se precisa la colaboración de muy buenos planchistas especializados, los cuales llevarán a cabo la interpretación de los planos realizando todas las piezas a mano y una por una hasta conseguir la primera carrocería definitiva. Éste será el prototipo que a su vez esperará su ubicación en los órganos de suspensión, transmisión y motor, que, por otra parte, se hayan realizado en la sección técnica de mecánica. Éste es el montaje primero que posiblemente requerirá modificaciones, y del que saldrá por fin el primer automóvil del proyecto.

A continuación se procederá a hacer pruebas de todo tipo. En lo que respecta a la carrocería se la irá sometiendo a pruebas de resistencia de los anclajes y a posibles modificaciones de aerodinamismo o de refuerzo o aligeramiento según el resultado que las pruebas vayan dando, todo ello hasta conseguir un resultado satisfactorio definitivo.

Cuando los prototipos han dado resultados que están dentro de lo buscado en el programa de objetivos la parte relativa al proyecto puede considerarse terminada y se pasará a trabajar en la producción en serie del prototipo, lo que encarna, como puede suponerse, un trabajo muy considerable de preparación.

Tecnología de la producción

Si las carrocerías no puedieran fabricarse de una manera automática, el precio de los coches sería inevitablemente muy superior al que actualmente alcanzan. Claro que esta afirmación podría decirse de cualquier otro conjunto en general pero ninguno sería tan significativo como el de la carrocería por la exactitud con que deben estar fabricadas sus piezas y la exactitud con que deben ensamblarse o unirse por soldadura. Afortunadamente las fábricas de automóviles han conseguido todas una autorización completa de este proceso (incluido el de protección de la plancha y pintado de la misma) de modo que el costo de las carrocerías resulta relativamente muy bajo porque apenas precisa de la colaboración de mano de obra gracias a un proceso totalmente automático. Todo ello, sin embargo, se consigue gracias a la creación de una costosa cadena de máquinas y de robots que son capaces de llevar a cabo operaciones simples y complejas hasta dejar prácticamente terminada una carrocería. Estas máquinas son muy costosas y su amortización no se produce si no se fabrican muchas unidades del mismo tipo de carrocería, y de ahí la importancia de la fabricación en serie de gran número de unidades para que su relación precio/calidad sea excelente.

Cuando se proyecta un nuevo tipo de automóvil hay que pensar siempre en que sus cualidades lo hagan muy competitivo en el mercado para que tenga mucho éxito en su venta y puedan llegar a fabricarse un número muy elevado

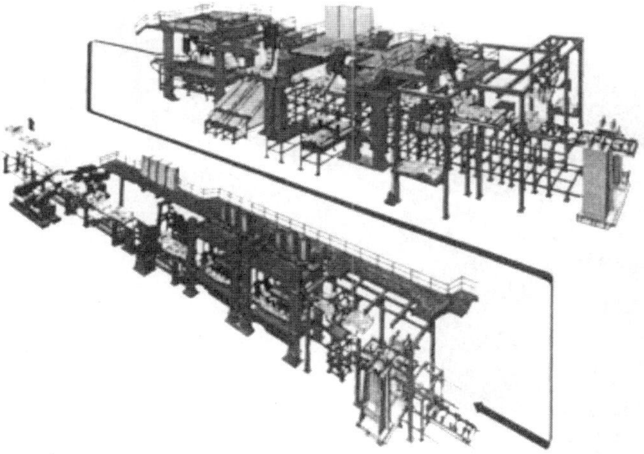

Figura 56. Conjunto de la maquinaria de una línea completamente automática para la formación y soldadura de una plataforma chasis de un modelo de automóvil.

de unidades, ya que de otro modo, y pese a la automatización, la creación de un nuevo modelo podría ser una ruina. Por esta razón las fábricas exigen a los diseñadores de carrocerías que se adapten a la maquinaria de que disponen e incluso que aprovechen determinadas formas de otros automóviles que la misma fábrica ya tiene en construcción. También se les exige a los diseñadores la creación de diferentes versiones del mismo automóvil creado, es decir, versiones con dos o cuatro puertas, o con cinco; una previsión para convertir el mismo modelo en furgoneta pequeña de reparto por ciudad, la posibilidad de adaptación de una carrocería convertible o, en según qué casos, de un cabriolet, etc. Este aspecto de la versatilidad que la carrocería debe tener, reviste una fundamental importancia en la competitividad en el mercado del modelo, en el mayor número de fabricación del mismo y, por consiguiente, en su menor precio de venta por reducción de sus costes de amortización de la maquinaria.

A modo de ejemplo se puede ver, en la figura 56, una línea completamente automática para la formación y soldadura de una plataforma chasis de un automóvil. El conjunto de esta maquinaria mide 95 metros y pertenece a una instalación de la casa FIAT. En esta maquinaria se prevé el ensamblaje de los tres grandes conjuntos que forman un chasis de este tipo, es decir, la estructura anterior con sus varas y sus travesaños para la sustentación del motor; su estructura central compuesta por los largueros y también sus correspondientes travesaños más la parte que constituye el pavimento; y la estructura y pavimento posteriores. Una instalación de este tipo comporta la aplicación de unos 350 puntos de soldadura.

En la figura 57 puede verse otra cadena de producción, pero esta vez estudiada y puesta a punto para hacer una puerta. Tiene una longitud total de unos 73 metros y es capaz de producir una puerta cada ocho segundos. En todos estos casos la intervención de las máquinas automáticas que pueden adoptar muy variadas posturas de trabajo, conocidas con el nombre de robots, comportan una importancia primordial para el buen funcionamiento de estas largas líneas de montaje. Precisamente la ventaja más sustancial de los robots consiste en el hecho de que son máquinas mucho más fáciles de amortizar, pues pueden adaptarse a trabajos hasta cierto punto dispares sin demasiada complicación de puesta a punto, lo que los hace adaptables a nuevos modelos de carrocerías.

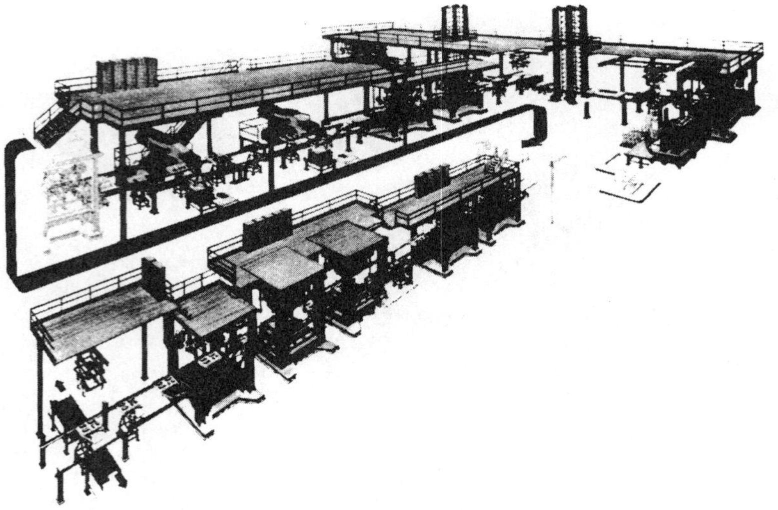

Figura 57. Conjunto de una línea automática para la producción de una puerta.

En diferentes instalaciones del tipo de las líneas de montaje que se acaban de ver en las figuras 56 y 57 se van formando otros de los conjuntos importantes de la carrocería del automóvil, los cuales, finalmente, se ensamblan por soldadura llevada a cabo por robots.

Si el proyecto industrial está bien realizado y estudiado eficientemente, incluso se puede permitir el caso de introducir dentro de la misma línea de montaje diferentes modelos de carrocerías similares para aprovechar la línea al máximo, ya que de este modo puede servir para la fabricación en serie de dos modelos diferentes de automóviles para conseguir con ello no sobrecargar los almacenes de un modelo mientras del otro existe una perentoria demanda.

Como puede verse, la tecnología de la producción es otro complicado mundo industrial en el que la permanente vigilancia del costo de la producción y el uso de cuantas estratagemas contribuyan a hacer descender el precio del producto resulta fundamental hoy en día para la supervivencia de las marcas de los automóviles, pues el factor precio tiene una gran influencia en las ventas sobre todo cuando se ha logrado un nivel técnico sobre el diseño de motores tan depurado que difícilmente puede decirse ahora que tal coche es mejor que tal otro de diferente marca pero de un precio similar. Consecuentemente, es en la organización industrial y en la tecnología de la producción donde han de encontrarse las soluciones más creativas para conseguir un nivel de precio de venta rentable y adecuado al mercado. Ello significa una exigencia constante sobre el diseñador de la carrocería que debe estar siempre pendiente de la maquinaria de que se dispone en fábrica para que sus diseños puedan acomodarse a las exigencias de la producción. Por esta razón, los reparadores, que somos los que venimos en último término en esta cadena, muchas veces nos hemos encontrado con dificultades de desmontaje de una plancha en algún punto difícilmente accesible que nos ha irritado, y a veces hemos pensado, en el calor de nuestra dificultad, lo fácil que hubiera sido colocar un centímetro más de plancha entre los labios de la unión para facilitar su desmontaje, o, sencillamente, la prolongación de una pieza hasta dejarla en una posición que pudiera significar un buen ahorro de tiempo para la sustitución de la pieza en cuestión, etc. En estos momentos resulta inútil quejarse de la estupidez del diseñador de la carrocería. Lo más probable es que las máquinas de las líneas de producción no permitieran una solución diferente.

Al igual que ocurre con la plancha, también en el terreno de la pintura las fábricas tienen adoptados sistemas altamente automatizados para someter a las carrocerías a los procesos de protección de la plancha y a sus posterior pintado y acabado. Las carrocerías ya montadas se suspenden en unas cabinas desplazables que pasan a un largo túnel y van sumergiendo sucesivamente las carrocerías en baños de productos que se adhieren a la plancha y que la protegerán después con gran efectividad del problema de la corrosión. Generalmente estos baños se producen a altas temperaturas o a elevados voltajes como es el caso de la llamada cataforesis que introduce la carrocería en una balsa de barnices anticorrosivos durante varios minutos y a una tensión eléctrica de entre 200 y 250 voltios (fig. 58), mediante lo cual la plancha se recubre totalmente en su superficie y queda resguardada de su contacto con el aire o el agua, factores fundamentales para la oxidación y la posterior creación de la herrumbre. Una vez la plancha ha sido debidamente protegida se pasa a la pintura, que en las fábricas se trata siempre de un proceso de completa roboritzación. El posterior paso por una cabina de secado da por terminado el proceso industrial de la carrocería.

Figura 58. Baño de las carrocerías en una balsa de cataforesis.

El posteriop montaje de los herrajes y de la tapicería, al igual que su acoplamiento al conjunto mecánico, se realiza en la cadena de montaje a cuyo final deberemos encontrar ya el vehículo totalmente terminado y en orden de marcha para las pruebas y verificaciones finales.

La corrosión

Hasta aquí hemos visto ya la constitución general de una carrocería para automóvil y también la terminología que cada una de sus piezas sustanciales recibe, con lo que podemos decir que tenemos una idea muy general de los trabajos que una carrocería de este tipo va a presentarnos cuando tratemos de desmontar parte de sus piezas y sustituirlas por otra. Por lo tanto, este primer capítulo de introducción al tema podría darse por acabado y podríamos pasar al capítulo siguiente para estudiar los trabajos generales que una carrocería puede presentar y también las herramientas de las que debe disponer una planchista para llevar a cabo este trabajo. Sin embargo, no vamos a dar por terminado este capítulo todavía sin antes explicar los importantes fenómenos de la corrosión sobre los que un planchista responsable y serio con su trabajo debe tener unos conocimientos hasta cierto punto profundos, pues no solamente debe cortar planchas que se hallan en estado avanzado de corrosión, sino proteger las que se encuentran en buen estado o saber aconsejar al cliente sobre lo que la carrocería requiere para amortiguar o eliminar los efectos que la corrosión está produciendo en su vehículo. Se trata, pues, —los que vamos a dar— de unos conocimientos teóricos sobre un tema de la mayor importancia no sólo para la duración del vehículo, sino también para la seguridad de su conductor y pasajeros.

La corrosión es un fenómeno que, como dicen los técnicos que la estudian a fondo, no se puede anular en las carrocerías de plancha de acero dulce. Pero lo que sí puede hacerse es retrasarla en sus efectos la mayor cantidad de tiempo posible, y ello solamente puede lograrse por el sistema de protección de la plancha y del cuidado de que esta protección no desaparezca en ningún punto de los tratados. Si bien es el usuario del automóvil el que debe velar por el buen cuidado de la plancha y de los aportes de protección, el planchista es quien, en última instancia, podrá comprobar el estado de envejecimiento de la carrocería por falta de cuidado de su conductor (ya sea porque el coche duerma por las noches en estado de humedad ambiente por pasarse la noche en la calle, o por la gran cantidad de golpes recibidos en la plancha y no reparados a tiempo, etc.,) y es quien deberá avisar de los cuidados que la carrocería precisa para su buena conservación. Para ello será necesario que conozca lo que es la corrosión y la forma como se produce, y ello vamos a explicarlo a continuación de una manera lo más breve y gráfica posible.

La gran mayoría de los metales que la naturaleza nos proporciona en estado natural suelen presentarse en forma de óxidos que después, por diversos procedimientos industriales, purificaremos y conseguiremos la recuperación del metal puro. Así pues puede decirse que existe una tendencia «natural» de los metales hacia la oxidación. Este fenómeno no es otra cosa, desde el punto de vista químico, que el resultado de la tendencia que tienen los cuerpos metálicos de combinarse con el oxígeno, el cual, como sabemos, se encuentra en buenas proporciones tanto en el aire como en el agua. De esta combinación nace el óxido de hierro que si se combina con el agua produce el hidróxido de hierro que es lo que conocemos con el nombre habitual de herrumbre.

No todos los metales son igualmente propensos a la oxidación, pero el hierro y el acero son elementos altamente inestables en este sentido, cosa que cualquier planchista ha observado fácilmente al comprobar en qué pocas horas una plancha o una pieza de acero sin protección toma la coloración amarronada en su superficie causada por este fenómeno. Ello se debe a que los átomos de hierro se han combinado con el oxígeno del aire.

El proceso químico por el que se lleva a cabo la oxidación puede explicarse de una manera un poco parecida al proceso que se sigue en una pila eléctrica. Entre dos planchas, aun del mismo material, existe siempre una diferencia eléctrica de modo que se crea una plancha (o zona de la misma) en donde hay puntos que se cargan positivamente u otros que lo hacen negativamente. La presencia del aire entre ambas planchas determina una corriente de paso de electrones que se combinan con los átromos de hierro para formar el óxido de hierro. Pero si el intermedio entre estas dos planchas está ocupado por agua se forma entonces como un electrólito que favorece mucho el paso de estas corrientes y con ella la descomposición del agua pasando los átomos de oxígeno e hidrógeno a unirse con el hierro, formándose así el hidróxido de hierro que es esta sustancia porosa y florescente que conocemos con el nombre de herrumbre. En la figura 59 podemos ver uno de estos procesos creado entre dos planchas unidas entre sí por puntos de soldadura. Las dos planchas, a pesar de estar unidas por puntos de soldadura, dejan unos intersticios entre ellas que muy exagerados se han representado en la figura. Entre estas dos placas (A y B)

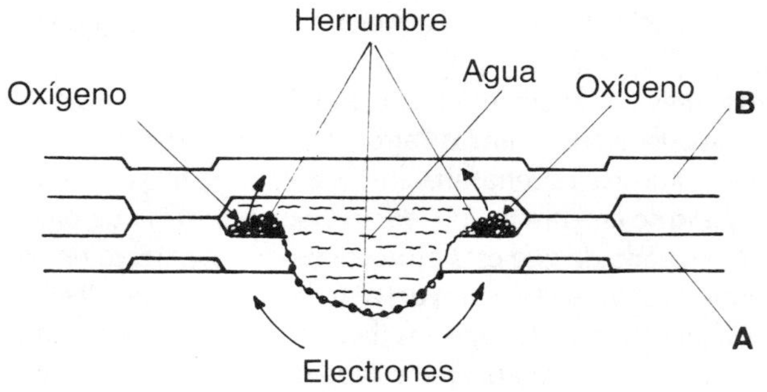

Figura 59. Formación de la herrumbre entre dos planchas soldadas activado por un proceso electrolítico en el que el agua, condensada o no evacuada, hace de activo electrólito.

se ha introducido agua que permanece en este lugar sin posibilidad de ser expulsada. Estando la placa A cargada positivamente, y la placa B negativamente, la corriente de electrones debe establecerse a través del agua produciéndose el fenómeno de la oxidación en el mismo momento en que la pintura y las capas de protección de la plancha hayan desaparecido.

La oxidación, pues, tiene diversos valores de rapidez de producción que dependen de las características de este electrólito. Si la unión entre las dos planchas solamente está llena de aire, el proceso de oxidación resulta bastante lento (siempre en el supuesto de que hierro o acero se haya desprendido de sus capas protectoras). Si es humedad en forma de agua o barro húmedo, el proceso se acelera extraordinariamente; pero, si además se trata de agua con cierto contenido de sal, tal como puede acontecer fácilmente cuando se vive en zonas próximas a la playa, entonces la corrosión aumenta a una gran velocidad, ya que el agua salada resulta un electrólito mucho más activo y el proceso de oxidación se acelera notablemente.

De acuerdo con lo dicho podemos sacar varias conclusiones con respecto al modo de actuar frente a este fenómeno. Por ejemplo: los automóviles que viven y se desenvuelven en climas húmedos son mucho más propensos a la corrosión en la plancha de sus carrocerías que los automóviles que se desenvuelven en climas secos y calurosos. Si además se vive cerca del mar, el peligro de corrosión aumenta por lo que el automóvil debe recibir mayores cuidados en su carrocería al respecto. Los automóviles que no duermen en garaje aumentan en mucho su peligro de corrosión, sobre todo en los días de lluvia o en las noches húmedas. Por otra parte, los automóviles, cuanto más viejos más peligro corren de corrosión, ya que sus planchas habrán ido perdiendo peligrosamente sus capas de protección para la plancha que recibieron en fábrica, de modo que los lavados con manguera y exceso de agua suelen perjudicarles altamente y, además, quedan mucho mejor protegidos si se les hace domir bajo techado, cosa que los coches nuevos resisten mejor, debido a tener las capas de protección más enteras por el momento.

De acuerdo con lo dicho, también podemos sacar más conclusiones. Por ejemplo, en los rincones que se forman en la unión de planchas, en las que el agua suele condensarse y tiene gran dificultad para ser expulsado, es donde se suele producir, tarde o temprano, unos orígenes de corrosión importantes. En la figura 60 podemos observar la formación de la herrumbre en un ángulo formado como se ha descrito. En A tenemos las regiones anódicas y en B la presencia del oxígeno. También en el interior de las vigas de plancha que forman los largueros y los travesaños del piso o de otros refuerzos de la estructura puede penetrar fácilmente el agua por diferencias de temperatura y condensación. Por ello resulta conveniente que estas vigas estén lo suficientemente aireadas para que se produzca el secado y también para que el agua que se acumule pueda ser expulsada sin dificultad y con la mayor rapidez posible. Esto es lo deseable. En la figura 61, por ejemplo, tenemos la viga del larguero que forma el estribo de una berlina en la que las flechas (A) indican la dirección en que baja el agua de la lluvia y queda depositada en el fondo. La colocación de orificios de aireación y desagüe, tal como se muestra en B del detalle de la figura, puede significar un considerable alivio para esta lucha contra la corrosión. De todos modos, hay que velar por que estos agujeros no queden obstruidos por la suciedad, pues en este caso su efecto sería lógicamente nulo. Éste es un trabajo que el planchista responsable debe vigilar cuando un automóvil se le encomienda para llevar a cabo alguna reparación.

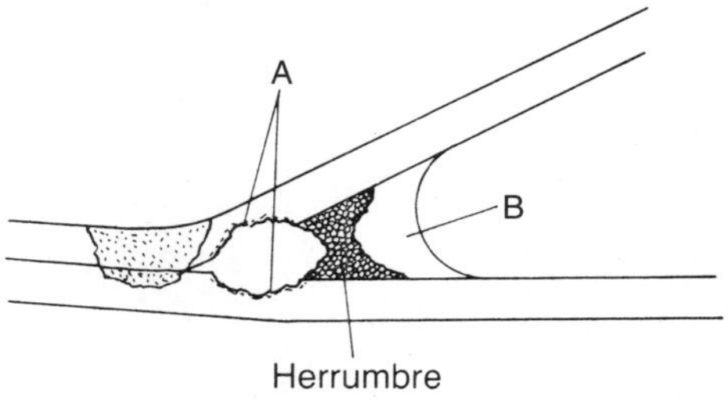

Figura 60. Formación de herrumbre en un ángulo. A, región anódica. B, presencia de oxígeno.

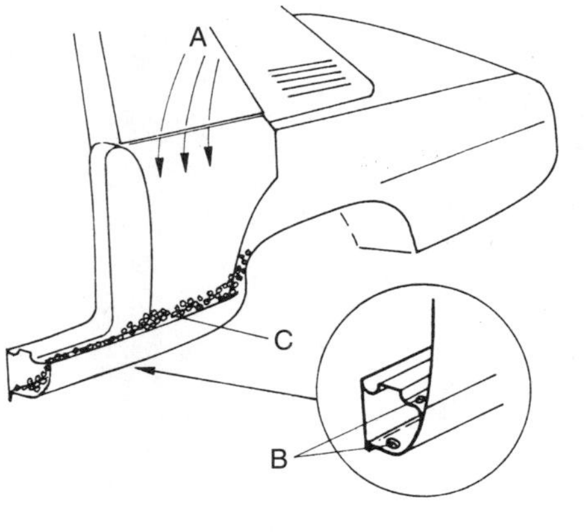

Figura 61. Las puertas son zonas muy propensas a la entrada de agua. Ello provoca herrumbre (C) no solamente en la misma puerta, sino en el estribo. A, entrada de agua. B, orificios del estribo para evacuar el agua.

Protección contra la corrosión

Como hemos dicho, cuando una carrocería sale de fábrica, ha sido fuertemente protegida con el fin de evitar al máximo la corrosión. Esta protección se consigue mediante dos sistemas: La *cataforesis* y el *galvanizado*.

La *cataforesis* consiste en someter la carrocería completa bajo un baño de barnices anticorrosión durante unos minutos y bajo una alta tensión eléctrica (ya dijimos que de unos 200 a 250 voltios). De este modo los barnices no sólo recubren la plancha como si se tratara de una pintura, sino que se integran a ella y forman cuerpo con la superficie de la plancha asegurando la imposibilidad de su corrosión aunque se mantengan en contacto con el aire o el agua mientras esta capa se mantenga en condiciones.

Por otra parte, existe el *galvanizado* que consiste en recubrir la carrocería con una capa de cinc metálico, mediante su inmersión en un baño de este metal fundido, pues se encuentra a una temperatura de unos 500 °C, por el que circula también una corriente eléctrica. Este sistema se fundamenta en la conducción electrolítica o, sencillamente, electrólisis. La alta temperatura mantiene fundido el cinc (este metal funde a unos 418 °C) y, gracias a las electrólisis, se une al acero dulce de las planchas.

Cuando la carrocería se saca de este baño como muestra la figura 62, la temperatura baja y el cinc se solidifica quedando sobre la plancha la capa protectora de este metal puro. Esta capa de cinc es impenetrable para los agentes que forman la corrosión y se da la circunstancia de que, si por algún golpe o cualquier otra causa la carrocería quedara desprovista de un pequeña fracción de esta capa dejando la chapa de acero al descubierto, la protección seguiría gracias al proceso siguiente: el dióxido de carbono, que es un elemento que permanece en suspensión en el aire atmosférico (sobre todo en ambientes contaminados, como bien sabemos) se disuelve en el agua y se forma ácido carbónico. Este ácido ataca con preferencia al cinc (antes que al hierro) y crea una capa protectora de carbonato básico de cinc que seguirá impidiendo la corrosión de la plancha de hierro desprovista de protección.

Figura 62. Carrocerías sometidas a un baño de cinc que se encuentra a unos 500 °C para asegurar su protección contra la herrumbre.

El uso del cinc y de sus productos derivados es muy eficaz en la elaboración de anticorrosivos para el hierro y otros metales. Si al hacer una reparación en una carrocería es necesario efectuar cortes en la plancha, estos productos u otros similares (por ejemplo, a base de cobre) son muy valiosos para que, una vez terminada la reparación, podamos devolver a la carrocería su protección original.

El procedimiento a seguir y el tipo de producto a utilizar varía según la zona de aplicación y el tipo de chapa. En general, podemos distinguir las seis variedades de productos siguientes:

- Imprimadores líquidos a base de compuestos de cinc u otros cromofosfatantes.
- Imprimadores a base de pasta o polvo de cinc.
- Pinturas anticorrosión para bajos.
- Ceras o masillas para bajos.
- Ceras o masillas para cavidades.
- Masillas obturadoras para juntas metálicas.

Estos productos deben aplicarse, generalmente, sobre superficies limpias de grasa y, sobre todo, de barro, tanto si está seco como si está húmedo. También es necesario que las superficies estén totalmente secas. En la figura 63 se puede ver un dibujo en el que se indican todas las zonas que deben estar sometidas a protección en una carrocería de la casa FORD, según recomendaciones de la propia marca. El diferente tipo de tramado indica el producto protector recomendado para cada zona concreta.

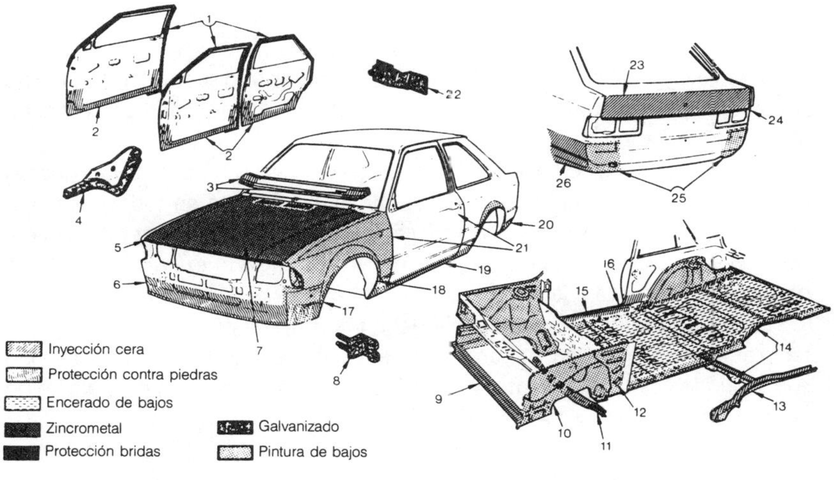

Figura 63. Zonas de una carrocería de procedencia FORD que deben recibir un tratamiento de anticorrosión. El tramado señala los siete tipos de protección según las diferentes zonas. 1, bridas engatilladas de las puertas. 2, zona inferior de las puertas. 3, bandeja superior del salpicadero y revestimiento del parabrisas. 4, bisagras. 5, bridas remachadas del capó delantero. 6, faldilla del panel delantero. 7, interior del capó. 8, bisagras. 9, travesaño inferior delantero. 10, pasarruedas. 11, travesaño sobre el eje delantero. 12, panel lateral del pasarruedas. 13, larguero trasero. 14, travesaño trasero. 15, estribo. 16, base de los paneles laterales. 17, labios del pasarruedas. 18, interior de la aleta delantera. 19, estribo. 20, base trasera de los paneles laterales. 21, bridas remachadas de las puertas. 22, bisagras del portón trasero. 23, final del portón trasero. 24, lados del final del portón trasero. 25, parte interior del panel trasero. 26, final de las aletas traseras.

La protección se lleva a cabo, no sólo después de haber terminado la reparación, sino que, en algunos casos, después incluso de haberse aplicado la pintura. El espesor de la placa protectora aplicada varía según la zona a proteger. Así, en los pasarruedas y bajos del piso, los espesores son mayores que en el resto de la carrocería.

Aplicación de imprimadores anticorrosivos

Los imprimadores anticorrosivos son unos productos líquidos, similares a las pinturas, con un alto contenido de cinc. Su aplicación se realiza con un pincel

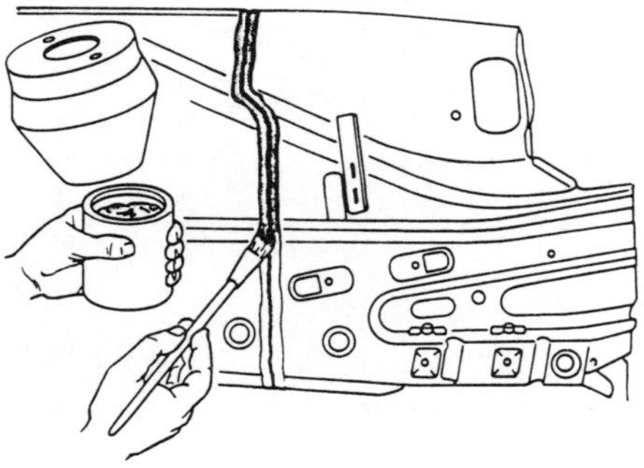

Figura 64. Forma de dar con un pincel la imprimación de cinc soldante sobre el cordón de soldadura entre una pieza nueva y otra ya existente.

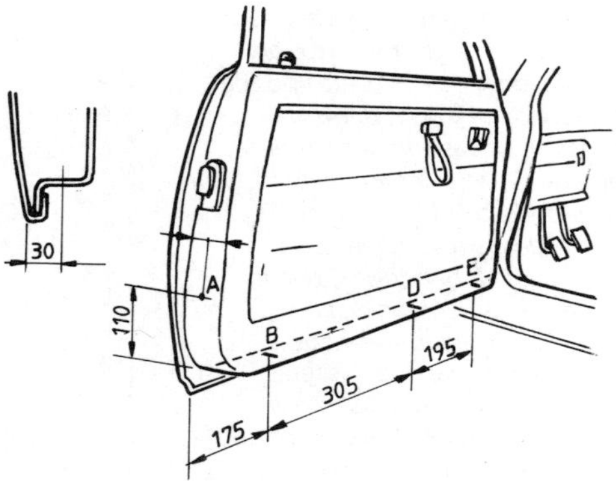

Figura 65. Puntos de aplicación de un producto para la protección de los bajos de una puerta. A, B, D y E, taladros por los que se lleva a cabo la aplicación del producto anticorrosivo.

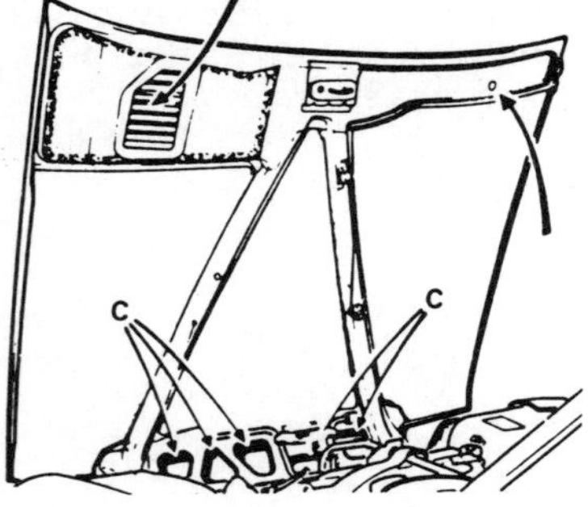

Figura 66. Aberturas (C y E) por las que se debe dar la aplicación para la protección del capó.

con el que se va extendiendo el imprimador por la zona a proteger procurando que la capa sea muy fina pues 0,05 mm, o incluso menos, ya basta para que el producto ejerza eficazmente su función protectora. En la figura 64 se está aplicando para proteger la unión por soldadura de dos trozos de plancha.

También se encuentran en el mercado productos envasados en un pulverizador o *spray* con el que esta aplicación resulta incluso más cómoda y rápida. De hecho, se expenden en el mercado muchos productos de tipo anticorrosivo y conviene atender a las indicaciones del fabricante de la carrocería que suele indicar incluso la marca del producto que considera el más afín y proporciona normas muy precisas sobre el lugar y la forma de su aplicación.

Si el imprimador es pastoso o a base de polvo soldante, todavía con mayor contenido de cinc, también se aplica mediante un pincel, pero después debe regularizarse la superficie con un trapo y, finalmente, se dan unas rápidas pasadas con el soplete sobre las superficie de aplicación para fundir momentáneamente el cinc, con lo que se consigue que éste se agarre mejor e, incluso, penetre en la zona que se ha de proteger mezclándose con el material de aportación soldante que une las planchas.

Otras pinturas de imprimación contienen cromofosfatantes, compuestos que también tienen un alto nivel anticorrosivo.

Aplicación de ceras

Para la protección de las partes internas de la estructura de una carrocería es importante la aplicación de ceras de diferente composición y consistencia. Esta aplicación debe afectar, sobre todo, a la zona de unión entre las planchas, por ser éstos los lugares por donde puede penetrar la humedad y quedar estancada.

Para llevar a cabo la aplicación de ceras se necesita disponer de un equipo compuesto por una pistola y un depósito para el producto, todo ello conectado a una instalación de aire comprimido.

El tratamiento debe hacerse a la temperatura necesaria para evitar que las ceras se espesen, ya que entonces no podrían introducirse en todos los rincones y cavidades de las planchas. Por otra parte, a la hora de extender la cera sobre la superficie a tratar se debe ser generoso, pues un exceso de producto no perjudicará nunca a la carrocería.

La punta o boquilla de la pistola debe introducirse por los orificios que el fabricante ha previsto en su carrocería para permitir que las planchas reciban con seguridad este tratamiento. Estos orificios se reparten a lo largo y ancho de la carrocería, destacando en las piezas siguientes.

a) *Puertas*. Estas piezas reciben mucha agua directa durante la lluvia o los lavados del automóvil. En la figura 65 se representa una puerta en la que están indicados los orificios reservados para la aplicación de las ceras. El ejemplo propuesto corresponde a una carrocería RENAULT.

   Los orificios A, B, E y D han de taladrarse en los puntos indicados (las cifras están puestas en milímetros) y deben tener la suficiente anchura como para permitir la entrada de la boquilla de la pistola y poder proceder así al rociado del interior de la puerta.

b) *Capó*. El tratamiento del capó se puede ver en la figura 66. Aquí la aplicación se realiza por las aberturas inferiores del capó (C) y por la rejilla de toma de aire (E).

c) *Panel lateral*. La aplicación se hace después de taladrar el orificio (T, de la fig. 67). El detalle de la derecha señala la zona, en la parte inferior del panel, en la que con mayor facilidad podría instalarse la corrosión y que, por tanto, es la que más se ha de proteger.

d) *Larguero bajo la puerta*. Veamos ahora la figura 68. Podemos distinguir dos partes. Una, correspondiente al estribo (detalle A) y su unión con el piso. La otra corresponde a la parte inferior de la aleta trasera (detalle B) y su unión con el pasarruedas. En la figura central aparecen sombreadas estas dos partes. Los detalles antes indicados corresponden, respectivamente, a las secciones o cortes A y B.

La aplicación de los anticorrosivos se realiza por los orificios a taladrar en el estribo (señalados con las letras M, N, O y P) respetando las distancias marcadas por el fabricante, que se dan en este dibujo en milímetros. Por los agujeros de salida del aire, en la parte trasera (R), se puede proceder al tratamiento de la parte inferior de la aleta trasera.

e) *Bastidor-piso*. La protección de esta zona es especialmente importante. Como ya es sabido, el conjunto formado por el bastidor-piso representa la base de sustentación de todo el automóvil, tanto de los elementos mecánicos como del resto de la carrocería. Cada plataforma cuenta con puntos para taladrar por los que se realizan las aplicaciones. La pulverización debe realizarse en todos los elementos huecos, especialmente en los bordes con soldadura. Los largueros y travesaños son las piezas con las que es necesario tener especial atención para asegurar su mayor protección. Por regla general, los fabricantes indican con detalle, en su manual, los puntos en los que es posible y necesario acudir a la técnica de rellenarlos con productos anticorrosión. En la práctica del oficio, el operario deberá ceñirse a estas recomendaciones dadas por el fabricante.

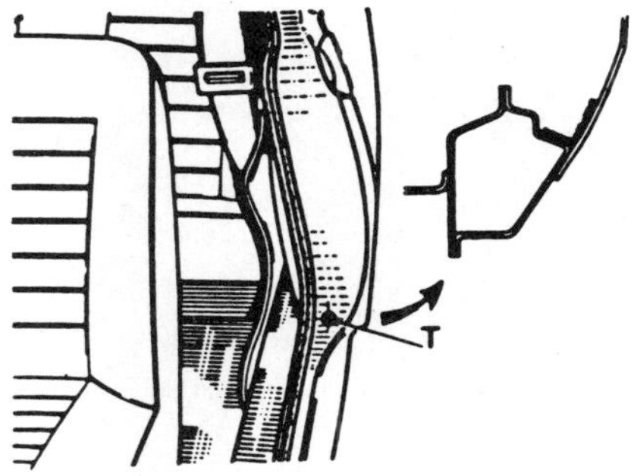

Figura 67. Taladro (T) por el que se realiza la aplicación para la protección de la base de los paneles laterales. En el detalle de la derecha se aprecia la zona donde puede aparecer la herrumbre.

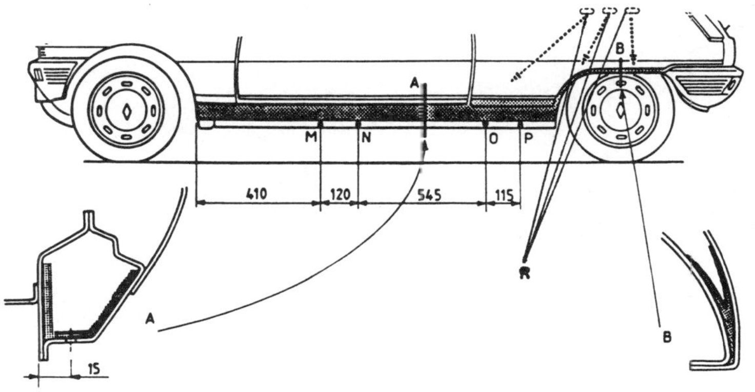

Figura 68. Taladros M, N, O y P por los que se puede aplicar la protección del estribo, en la zona de unión entre el panel lateral y el pasarruedas. La parte tramada representa la zona a proteger. El corte A, muestra la sección del estribo. El corte B, muestra la sección de la zona de unión entre el panel lateral y el pasarruedas.

Con lo dicho damos por terminado el tema de la corrosión que, no obstante, no olvidaremos cuando, en las páginas siguientes, hagamos la descripción detallada de los trabajos de planchistería en los que sea necesario acudir a la técnica de proteger las planchas una vez finalizadas determinadas operaciones concretas.

Y con el tema de la corrosión ponemos también fin al primero de los capítulos del presente tratado sobre carrocerías con la esperanza de que el lector haya aprendido el vocabulario básico de las piezas de que consta una de estas estructuras metálicas, para poder entendernos en lo sucesivo con la mayor exactitud posible.

2

ENSAMBLADO DE LA CHAPA Y HERRAMIENTAS DEL PLANCHISTA

Antes de pasar a ver los primeros trabajos prácticos que se pueden llevar a cabo en una carrocería (compuesta de todas las muchas piezas que ya hemos visto en el capítulo anterior), será muy necesario dar una información de la forma de ensamblaje con que se encuentran normalmente las piezas de chapa, de acuerdo con el diseño que se les ha dado en fábrica. También del tipo de herramientas y de la diversidad de ellas (con las cuales deberemos contar para poder hacer todos los trabajos de sustitución de planchas, enderezado de las mismas y su montaje), deberemos ocupar nuestra atención con todo detalle pues entendemos que del conocimiento de estas dos materias podremos llegar a tener una comprensión clara de lo que es el trabajo de chapista o planchista en las carrocerías de los automóviles. Aunque a primera vista la carrocería forma un conjunto muy rígido cuyas piezas, soldadas en su mayoría, dan la impresión de ser indesmontables, ello no es así ni mucho menos: pese a esta rigidez y a los muchos puntos de soldadura que las planchas comportan entre sí, la realidad es que si disponemos de las herramientas necesarias el trabajo de separación se puede llevar a cabo fácilmente, y de igual modo se puede proceder para el posterior montaje de una pieza nueva.

Comoquiera que el profesional debe conocer muy bien y en primer lugar sus herramientas, a ellas vamos a dedicar la mayor parte de este capítulo que nos servirá de base para la explicación de las técnicas de reparación de las que nos ocuparemos más adelante. Pero iniciaremos nuestro estudio viendo primero las técnicas de ensamblaje de la chapa.

Ensamblado de la chapa

Por lo estudiado hasta ahora ya conocemos lo que es una carrocería, sus piezas principales de refuerzo, cómo son los largueros y los travesaños, las varas, las traviesas, etc., tanto en el conjunto de la plataforma como en el techo, los guardabarros, los pasarruedas, los pilares o montantes laterales, el salpicadero y sus refuerzos, el capó, la tapa del maletero, etc. Interesa a continuación dar un breve repaso a cómo estas planchas están unidas entre sí para tener una idea de la importancia de ciertas herramientas que necesitaremos para desmontarlas.

En este aspecto, las chapas pueden estar unidas:

- Por soldadura.
- Por atornillado.
- Otros procedimientos.

Veamos por separado algunos ejemplos de cada una de estas formas de ensamblado.

Por soldadura

Para conseguir un sólido ensamblaje de las chapas de que consta la carrocería, la soldadura es el sistema más utilizado, y de entre todos los sistemas de soldadura el llamado soldadura eléctrica por puntos que es una variante de la soldadura por resistencia.

El procedimiento que se sigue en este tipo de soldadura por puntos es el siguiente: en primer lugar hay que destacar que este tipo de soldadura solamente es indicado para llevarlo a cabo en planchas superpuestas y que sean de un espesor como mínimo de 0,30 mm y como máximo de unos 3 mm, es decir, un sistema muy adecuado para su utilización en el tipo de trabajo que reúne las características de una carrocería. Las dos planchas se colocan superpuestas y se aprisionan entre dos electrodos (que pueden estr refrigerados, o no, según la potencia que se tenga que desarrollar) en el mismo punto en el que se quiera hacer la soldadura. Los dos electrodos ejercen presión entre las dos planchas como si se tratara de las puntas de una mordaza y en este momento se hace pasar un impulso de corriente a través de los electrodos, la cual, al atravesar las planchas, desarrolla una temperatura tan elevada que se produce la fusión de la plancha justo en el punto en que se apoyan los electrodos.

Figura 1. Uno de los montantes del marco del parabrisas, desprovisto de su revestimiento, y mostrando sus puntos de soldadura.

La superficie abarcada por el punto de soldadura así provocado tiene que ser forzosamente pequeño y depende mucho del espesor de las planchas que se tratan de unir. Suele ser de un diámetro aproximadamente de unas tres veces el espesor de las planchas que se unen, es decir, si se sueldan dos planchas de este tipo que tengan un espesor cada una de 0,50 mm, el diámetro del punto de la soldadura debería ser de unos $0{,}50 + 0{,}50 = 1 \times 3 = 3$ mm. Dada, pues, la pequeña superficie abarcada por el punto de soldadura resulta necesario proceder a realizar muchos puntos de este tipo para que la sujeción de la plancha sea firme. En la figura 1 se puede ver el marco de un parabrisas en uno de cuyos montante se aprecian los puntos de soldadura que lo sujetan. Si trabajamos en chapa de carrocería, este tipo de uniones soldadas por medio de puntos las veremos constantemente. En su momento trataremos también la forma de llevar a cabo estas soldaduras con las máquinas de este tipo de que hemos de disponer en el taller.

Volviendo a la soldadura por puntos conviene que tengamos una serie de conceptos claros sobre la calidad con la que se debe conseguir este tipo de soldadura. En efecto: su calidad viene determinada por cinco principales factores de cuya exactitud en la aplicación depende la calidad, y que son las siguientes: el *tiempo* que dura la soldadura, la *presión* que se ejerce, la *energía* que se administra, el *estado de las superficies* y, también, el *tipo de electrodos* elegidos en la operación. Será conveniente hacer algunas puntualizaciones sobre cada uno de estos factores.

Por el *tiempo* de soldadura hemos de entender la fracción de tiempo que dura el paso de la corriente entre los electrodos de la máquina y las chapas que se están soldando. Este tiempo es muy variable y guarda relación con el espesor de las planchas a soldar, así como la clase de material de que están compuestas. En general, el período de tiempo es muy corto, del orden de centésimas de segundo, pero no conviene tampoco un período de tiempo excesivamente corto porque entonces la soldadura se efectúa defectuosamente, sobre todo en planchas de muy poco grosor. Además hay un desgaste mayor de los electrodos cuando el tiempo tiene tendencia a ser inferior al que podría decirse óptimo. En efecto: el tiempo justo produce una menor oxidación del material y de las puntas de los electrodos y una mayor seguridad en la soldadura.

Por el contrario, un tiempo excesivo produce otros males por exceso de temperatura en la zona del punto, de modo que éste es un factor de gran importancia para la buena aplicación de la soldadura. En los talleres podemos disponer de aparatos de soldar por puntos provistos de temporizador los cuales ajustan el tiempo de duración del paso de la corriente eléctrica de acuerdo con el grosor de las planchas que se están soldando. Ya veremos estos aparatos más adelante.

Otro de los factores que dan la máxima calidad en la soldadura es la *presión* que los electrodos ejercen sobre las dos planchas durante el mismo momento de la soldadura. Por supuesto, a mayor presión mejor contacto y mejor paso de la corriente por lo que la soldadura se hace más uniforme. Cuando la presión no es la adecuada se produce lo que se llama *soldaduras salpicadas* que presentan irregularidades en la superficie soldada debidas a las variaciones de la resistencia que se ofrece entre los electrodos, los cuales, por otra parte, sufren mayor deterioro.

El esfuerzo de la presión ejercida se puede regular en todos los equipos de soldadura por puntos y se relaciona con el tipo de material que se suelda y también, por supuesto, con el grosor del mismo. En general, para chapas de acero de etre 0,30 y 0,50 mm de espesor se requiere una presión de unos 2,50 a 3 kg.

En la soldadura por puntos, al igual que en todos los tipos de soldadura eléctrica, tiene también mucha importancia la cantidad de *energía* necesaria. Esta energía debe ser proporcional a la resistencia de los contactos y de las planchas, al cuadrado de la intensidad eléctrica y al período de tiempo empleado en la soldadura. Los aparatos de soldadura por puntos han de desarrollar mucho calor, de modo que trabajan mejor con elevadísimas intensidades pero con tensiones muy bajas. La tensión entre electrodos puede llegar a ser solamente de 2 voltios en el mismo momento de la ejecución de la soldadura y en circuito abierto puede estar sobre os 12 voltios o menos. En cambio, la intensidad suele alcanzar un valor que se mantiene sobre los 5.000 amperios y más.

Tanto el valor de la energía eléctrica como el tiempo de aplicación de ésta durante la formación del punto de soldadura, como la presión de los electrodos, son valores que están relacionados entre sí de modo que cualquier variación en uno de ellos determina la variación en los restantes.

Por último, para la buena ejecución de una soldadura de este tipo se precisa también contar con otras dos condiciones que revisten su importancia para el logro de una buena calidad. Hay que contar con el estado de *limpieza* de la plancha sobre todo, y especialmente, en el sentido de que estén libres de óxidos, ya que si ellos se hallan interpuestos en las superficies de contacto la resistencia de la soldadura decrece de una forma considerable. En cuanto a los electrodos también es fundamental que se hallen muy limpios de óxido, pues ello favorece el buen contacto con las planchas que se han de soldar y la menor

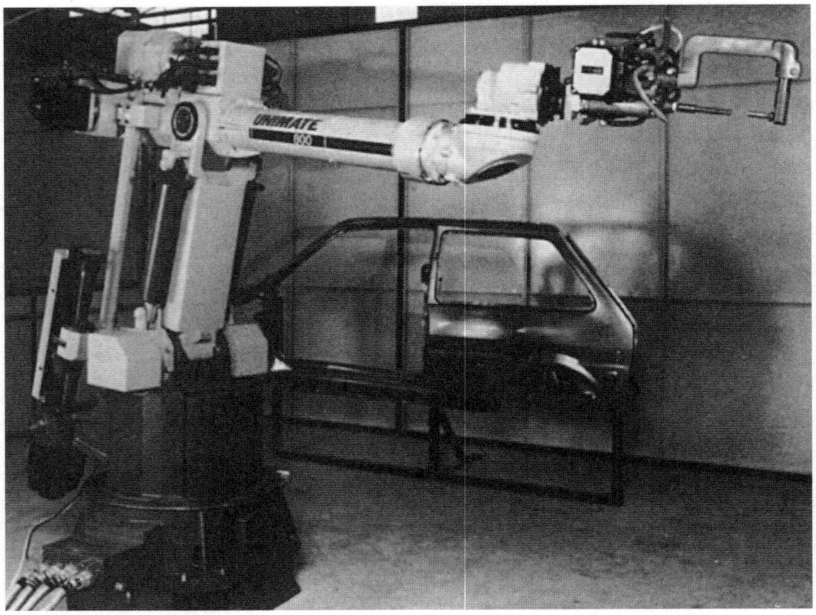

Figura 2. Robot soldador estudiado para trabajar en la soldadura por puntos de piezas de la carrocería.

resistencia eléctrica para el paso de la corriente y la mejor calidad en el resultado final.

En todas las fábricas de automóviles modernas la soldadura es uno de los trabajos que, en lo que respecta a las carrocerías, está encomendado a los robots. Éstas son máquinas muy versátiles, que pueden realizar un buen número de movimientos complejos y que acaban en unas pinzas donde se hallan colocados los electrodos. Actúan con una serie de movimientos programados mediante los cuales coinciden con la posición de una pieza de la carrocería a soldar. En la figura 2 podemos ver una de estas máquinas que puede llegar a trabajar con una gran precisión, rapidez y seguridad.

El planchista tendrá que utilizar muchas veces la máquina de soldar por puntos cuanto se trate de la sustitución de piezas que vienen de fábrica ensambladas de este modo. En la figura 3, por ejemplo, asistimos al momento en que se están soldando por puntos los apoyos laterales de un techo de plancha. Obsérvese en el dibujo de detalle superior la posición de tejadillo o techo (T) con respecto al vierteaguas (V) que está asegurado por los largueros superiores (L). La flecha blanca indica el punto de conjunción entre ambas planchas, y en la fotografía se puede ver la forma de aplicar los electrodos entre ambas piezas para proceder a la soldadura por puntos de toda su longitud. Más abajo, en el detalle (6) se indica la clase de electrodos que son convenientes para este tipo de trabajo. Hagamos constar que, por el momento, esta figura solamente es orientativa y que ya veremos más adelante la manera como hay que obrar para cambiar el techo de un automóvil. Por otra parte, la soldadura del vierteaguas al tejadillo resulta bastante fácil por el buen espacio con que se cuenta para mover el soldador. Existen, por supuesto, otras partes mucho más complicadas que, sin embargo, también se han de poder soldar convenientemente.

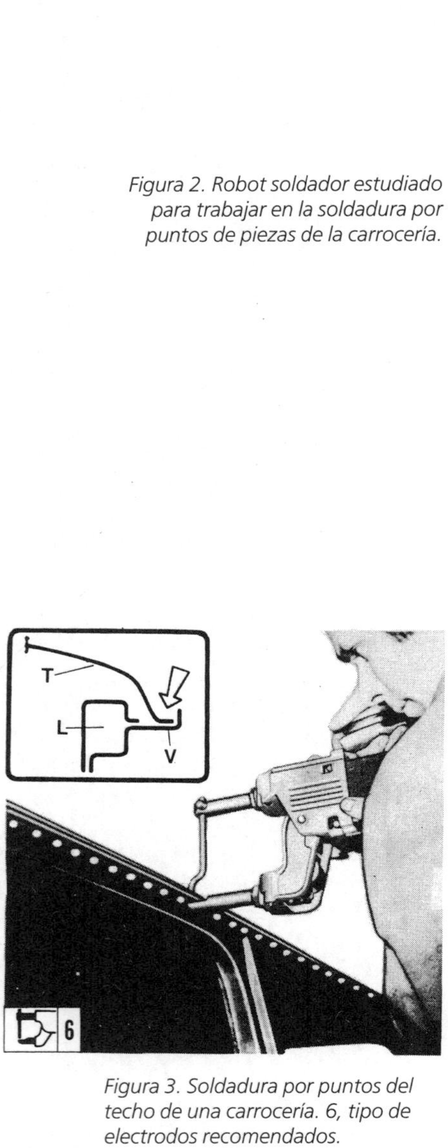

Figura 3. Soldadura por puntos del techo de una carrocería. 6, tipo de electrodos recomendados. L, largueros superiores. T, techo. V, zona para la evacuación del agua.

Además de la soldadura eléctrica por puntos, también es necesario utilizar en chapistería la llamada *soldadura oxiacetilénica*. En este sistema (del que nos ocuparemos más adelante) no se utiliza la electricidad para conseguir la fusión

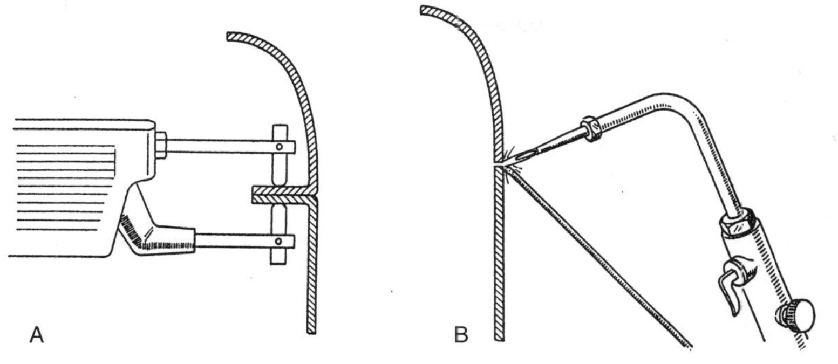

Figura 4. Para soldar dos planchas superpuestas se emplea la soldadura eléctrica por puntos (A) con soldador de electrodos. Si queremos soldar dos planchas que se tocan por sus extremos, deberemos utilizar la soldadura oxiacetilénica con soplete y varilla fusible (B).

del metal de las planchas. Aquí se trabaja con *acetileno* y *oxígeno* unidos en la debida proporción y aplicados por medio de un soplete.

En la figura 4 se puede ver un ejemplo que nos muestra la utilidad de cada uno de estos sistemas. En A tenemos el caso de la soldadura por puntos cuando las planchas pueden superponerse. Ahora bien, cuando las planchas sólo se enfrentan la soldadura por puntos es imposible. En este caso, mostrado en el dibujo B de la figura, la solución pasa siempre por utilizar la soldadura oxiacetilénica donde, con un soplete y una varilla de metal de aportación, se consigue soldar las chapas por *testa*. En una carrocería son muchos los puntos que requieren utilizar este tipo de soldadura. En la figura 5, por ejemplo, tenemos una carrocería en la que se pueden observar los numerosos lugares en los que es necesaria la aplicación de la soldadura oxiacetilénica en cuatro puntos de la carrocería que se ponen de ejemplo.

La soldadura oxiacetilénica tal y como es utilizada en los talleres de chapistería tiene el inconveniente, que explicaremos con extensión en su momento, de que, en determinados trabajos, puede ocasionar el inicio de la corrosión de la chapa por la presencia del oxígeno. Por esta razón se ha estudiado un sistema que pueda impedir esta circunstancia, y este sistema es la soldadura llamada de *atmósfera en gas inerte* con la que se evita cualquier inicio de corrosión ya que no se utiliza oxígeno.

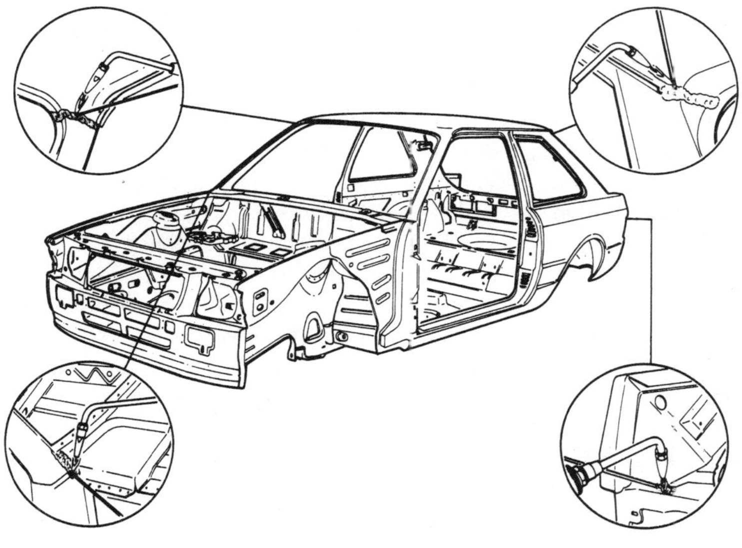

Figura 5. Ejemplo de diferentes puntos de una carrocería en los que se utiliza la soldadura de atmósfera de gas inerte, o bien la oxiacetilénica.

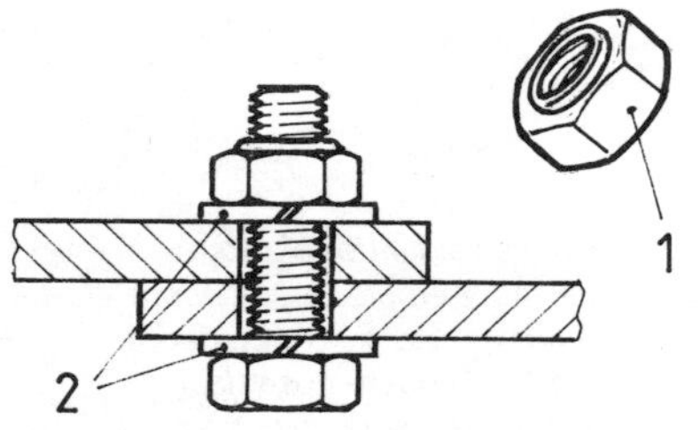

Figura 6. Sujeción de dos planchas por medio de un tornillo de cabeza hexagonal provisto de tuerca antiaflojante (1) y arandelas de seguridad (2).

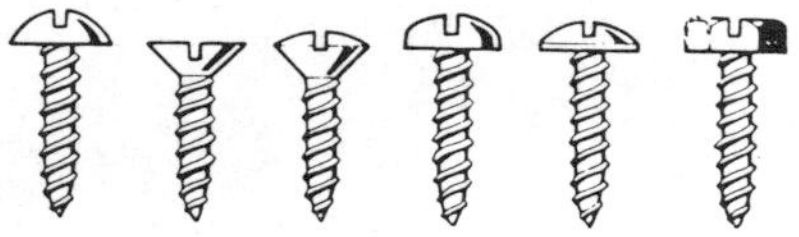

Figura 7. Diferentes tipos de tornillos de plancha caracterizados por la forma de su cabeza.

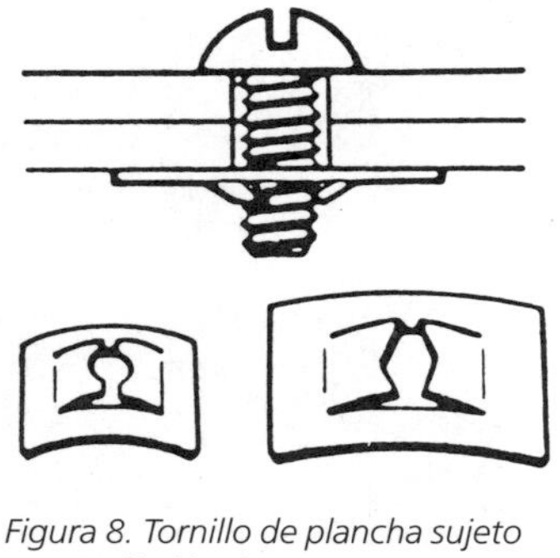

Figura 8. Tornillo de plancha sujeto por mediación de una grapa.

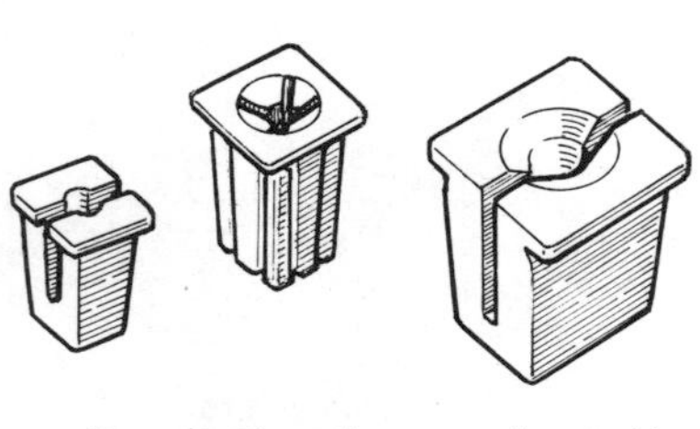

Figura 9. Tipos de grapas de sujeción utilizadas en las uniones de plancha de las carrocerías.

El gas inerte más empleado es el *argón*. Se trata de un elemento gaseoso que en química está clasificado entre los gases llamados *nobles* (junto al helio, el neón, entre otros). Es un gas raro y que constituye en volumen, aproximadamente el 1 % del aire atmosférico. Tanto el argón como el neón —que todavía es más raro— son muy conocidos por su utilización en las lámparas de descarga gaseosa con los que se construyen muchos tipos de letreros y montajes luminosos.

La soldadura en atmósfera de gas inerte en el taller suele denominarse *soldadura al argón*, por ser éste el gas inerte más utilizado en este equipo.

Más adelante, en el capítulo 4, nos ocuparemos con mayor extensión de estos tipos de prácticas de taller.

Por atornillado

Las piezas que no tienen un compromiso de rigidez manifiesta, o que habitualmente pueden ser desmontadas, se suelen montar a veces por medio de un atornillado con la otra plancha con la que se ajustan. En algunos automóviles, sobre todo en los que van provistos de una carroceria del tipo de plataforma chasis, es muy corriente que las aletas delanteras, tanto de derecha como de izquierda, se puedan sacar de su alojamiento a base de desatornillar unos tornillos y sacarlos de unos soportes de anclaje en los que se apoyan. También las puertas, al ser órganos móviles de la carrocería, se han de montar sobre bisagras, las cuales van atornilladas a los pilares; y del mismo modo podemos hablar de las puertas del maletero y del capó. Así pues, también hay que considerar que existan piezas atornilladas, sobre todo cuando éstas no ejercen una labor de resistencia en la carrocería.

Las uniones de la plancha con tornillería se pueden realizar de varias maneras. Una de ellas puede ser la que muestra la figura 6 correspondiente a la utilización de un tornillo corriente de mecánica con una tuerca hexagonal, tal como también es muy conocida. En estos casos se suele disponer de arandelas del tipo grower u otros modelos antiaflojantes como es el caso presentado en la figura que nos ocupa.

En uniones que son de poco compromiso se utilizan los llamados tornillos de planchas, los cuales poseen un paso muy ancho de modo que se adaptan al grosor de la plancha y quedan en ella muy sujetos. De este tipo de tornillos tenemos varios tipos en lo que respecta a sus cabezas en la figura 7. Estos tornillos suelen aplicarse especialmente para la sujeción de otras pequeñas piezas de plancha que estén sometidas a muy pocos esfuerzos, tales como las placas de matrícula o pequeños accesorios que se sujetan a la plancha o anillas de sujeción de los mazos de los cables eléctricos, etc. No llevan tuerca y confían su sujeción a su longitud, de modo que difícilmente llegan a salir de su orificio.

Otro tipo de uniones del grupo a que nos estamos refiriendo se lleva a cabo con tornillos de paso estrecho pero provistos de grapas de sujeción. Tal es el caso del montaje que se aprecia en la figura 8. Las grapas pueden ser sencillas como las que se aprecian en esta figura 8 o también dobles tal como son las que nos muestra ahora la figura 9. Ejercen la acción de una tuerca elástica y pueden colocarse sin necesidad de roscarlas, ya que la parte central de la grapa, que hace las veces de abrazadera de la rosca, resulta elástica. Como puede verse en la figura 9, las grapas dobles se aseguran a una de las planchas para pasar a servir después de sólida sujeción del tornillo que une las dos planchas. Muchas de ellas son de plástico.

De un tipo similar a lo que hemos visto en la figura 9, tenemos también las tuercas prisioneras de las que vemos un ejemplo en a figura 10. Estas tuercas se unen a la plancha y forman un sólido apoyo para el tornillo que se alojará en ellas.

Dentro del terreno de las grapas de sujeción existe una gran variedad, sobre todo para sujetar piezas de tapicería y embellecedores, mucho de los cuales han de desmontarse algunas veces para tener acceso a algunos mecanismos interiores. Tal es el caso del tapizado de las puertas que debe retirarse para poder trabajar en el mecanismo del alzacristales o, por supuesto, en la misma plancha de la puerta. Grapas de este tipo podemos verlas en la figura 11, las cuales se acoplan a presión sobre un orificio practicado en la plancha interna de la puerta quedando de esta manera, y con el auxilio de varias de estas grapas, el tapizado perfectamente ajustado a la puerta. Así pues, para retirar el tapizado hay que sacar primero algún tornillo de plancha que sujete el apoyabrazos u otro accesorio previsto en la puerta. Luego ya bastará utilizar un destornillador para hacer palanca y poder sacar el tapizado haciendo saltar las grapas de su alojamiento en los orificios de la plancha.

En su momento hablaremos de estos procedimientos. Por el momento conviene que veamos cómo con el atornillado se pueden también sujetar planchas, aunque con mucha menor garantía que con el procedimiento de la soldadura que hemos visto en primer lugar.

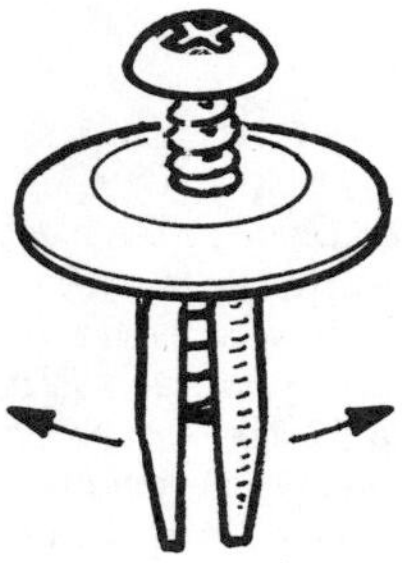

Figura 10. Ejemplo de tuerca prisionera.

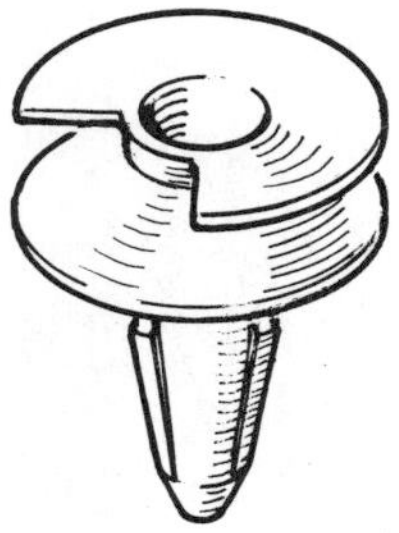

Figura 11. Grapa autoblocante.

Otros procedimientos

Existen también otros procedimientos no menos seguros que el atornillado y que se llevan a cabo en gran cantidad de carrocerías donde la superficie de plancha es mucha, y en especial hacia el exterior. (Como ya dijimos, en lo que respecta a la estructura de la carrocería siempre se usa soldadura como método de mayor garantía.) Nos referimos al uso de remaches que se utiliza mucho en la fabricación de grandes carrocerías para autobuses y autocares, y también tiene su aplicación en diversas partes de la carrocería de los automóviles.

También existe el procedimiento del encolado. La gran evolución que han llevado a cabo las colas en los últimos tiempos ha dado pie a que los fabricantes se pudieran fijar en sus enormes condiciones de sujeción para piezas de poco compromiso. De ellas nos ocuparemos también en este mismo apartado.

Ensamblados mediante remaches

El remachado es un procedimiento de resultados similares al atornillado que, como se ha dicho, se utiliza en aquellas carrocerías de vehículos de mucha superficie de plancha. Pero también podemos encontrarlos en diversas partes de la carrocería de algunos automóviles.

Los remaches son unas piezas metálicas, de forma generalmente cilíndrica, similares a los tornillos, pero sin rosca. El remachado es la operación de poner remaches.

Un montaje a partir de un remache sencillo podemos verlo en la figura 12. La cabeza opuesta, que cierra definitivamente el remachado (B), se consigue aplastando el cuerpo del remache que asoma por encima de las dos planchas (A). Un paso previo a cualquier remachado es, lógicamente, hacer en taladro entre las dos planchas, es decir, efectuar un agujero mediante una taladradora y su correspondiente broca.

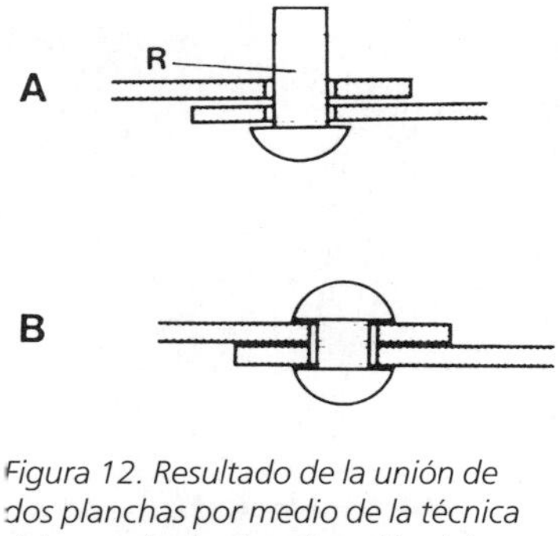

Figura 12. Resultado de la unión de dos planchas por medio de la técnica del remachado. A, colocación del remache (R) en un taladro efectuado previamente entre las dos planchas. B, remache acabado.

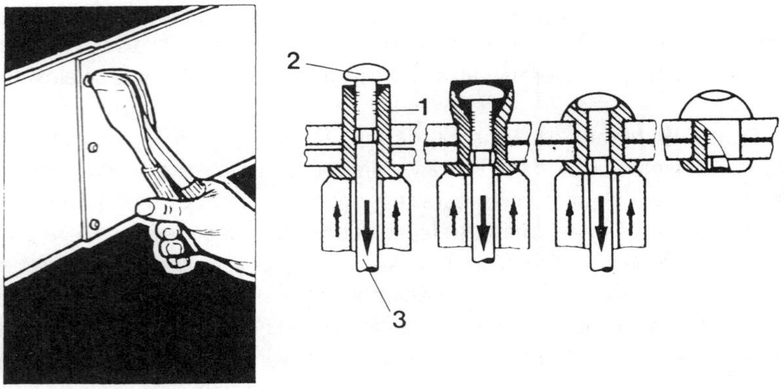

Figura 13. Unión de dos planchas por medio de un remache doble. A, utilización de una remachadora. B, proceso de colocación del remache. 1, casquillo. 2, remache. 3, punta de la remachadora sujetando el extremo opuesto del remache. 4, puntas de la remachadora que se apoyan en la cabeza del casquillo. Las flechas indican la dirección de las fuerzas ejercidas por la remachadora.

En un remachado ya terminado y bien realizado, las dos cabezas unirán las planchas con una fuerza necesaria para soportar los esfuerzos a que puedan estar sometidas en condiciones normales. Como es obvio, este sistema no es desmontable y para separar las planchas, si es necesario proceder a alguna reparación, será obligado romper el remache que, evidentemente, ya no podrá volver a ser utilizado.

Otro tipo de remache al que podríamos llamar de doble remache, es el representado en la figura 13. Para su instalación es necesario ayudarse de una remachadora especial mostrada en A de la figura. Estos remaches se instalan a partir de dos piezas que son el casquillo (señalado en B con el número 1) y el remache propiamente dicho (2). Para llevar a cabo el montaje de estos remaches hay que colocar primero el casquillo en el interior del taladro (por la parte externa de la carrocería). Después, por la parte interna, se instala el remache dentro del casquillo. El extremo opuesto a la cabeza del remache se sujeta con la palanca central de la remachadora (3), mientras las dos palancas laterales (4) se apoyan sobre la cabeza del casquillo (primer dibujo de B, por la izquierda).

La remachadora ejerce, en la dirección que indican las flechas, la fuerza necesaria para que la cabeza del remache se introduzca dentro del casquillo, separando sus paredes (segundo dibujo). Cuando, por la parte externa de la carrocería asoma el extremo opuesto a la cabeza del remache (tercer dibujo), en la parte interna, la cabeza del remache y el casquillo han formado una nueva cabeza, bastante robusta y sólida, que aprisiona las dos planchas, dándose por terminado el remachado cuando adquiere la forma indicada en el último dibujo.

El que acabamos de describir es un tipo de remache, pero no el único. En la carrocería de los automóviles y para la sujeción de piezas de plástico, es corriente encontrar remaches de los llamados *de flor*, un ejemplo de los cuales lo tenemos en la figura 14. Como puede verse, se trata de un remache cuya cola, al ser impelida durante el montaje desde 1, se expande y forma una sólida araña que se proyecta sobre la plancha que está sujetando. A la forma de flor de esta cola del remache se debe el nombre que vulgarmente se le da.

Figura 14. Remache de los llamados de tipo flor, *muy utilizado en la sujeción de planchas de plástico. 1, introducción del expansor. 2, cabeza del remache.*

Los remaches se fabrican con materiales que poseen cierta maleabilidad, es decir, que pueden ser deformados por machacado o chafado, sin demasiado esfuerzo y sin dañar las planchas. Suelen fabricarse de aleaciones ligeras a base de aluminio y otros metales como el cinc, el estaño o el cobre. También los hay de acero al que se le ha añadido algo de aluminio. Éstos son los más duros.

Los remaches más duros han de colocarse con la ayuda de una pistola neumática, pero los de aluminio y de aleaciones se pueden colocar con una herramienta remachadora similar a la que vimos en la figura 13. Precisamente éstos son los más comunes en las carrocerías del automóvil a pesar de que el remache, en general, es muy poco corriente en estas carrocerías.

En casos muy determinados de trabajos de reparación (no de cambio completo de piezas) el remachado puede ser un auxiliar del planchista cuando se trata de sujetar pequeños trozos de plancha, no sujeta a trabajos de compromiso, en zonas donde la soldadura resulta de muy difícil aplicación o puede ser peligrosa. Ello hemos de entenderlo como un truco del oficio en determinados casos. Por lo demás, el remachado se utiliza más corrientemente en las planchas de los vehículos grandes, desde furgonetas y furgones hasta autocares, pasando por las estructuras de revestimiento de las caravanas de camping. También es una técnica a la que suele acudirse cuando se trata de carrocerías de plástico.

Ensamblado mediante encolado

El último procedimiento que vamos a considerar aquí es el encolado. Este sistema se utiliza para la sujeción de los tapizados, los guarnecidos y muchos embellecedores, todos ellos de materiales plásticos o textiles. En la figura 15 aparecen, con diversos sombreados, aquellos elementos que suelen ir encolados y que forman parte del habitáculo para mejorar el confort interior del coche y, al mismo tiempo, aislarlo de los ruidos exteriores propios de los elementos rodantes del automóvil y del tráfico en general y aislar el habitáculo del frío que puede hacer en el exterior.

También en muchos casos las lunas del parabrisas y la luneta trasera suelen ir encoladas. Además, es muy frecuente el empleo de esta técnica para la aplicación de elementos complementarios de materia plástica ya que pueden adherirse por encolada al material de la plancha ya sea para protegerla de determinados frecuentes golpes, o bien para ocultar uniones poco estéticas, etc.

Por otra parte, las carrocerías de fibra de vidrio suelen llevar también muchas partes encoladas.

En otros tipos de carrocerías, especialmente de las caravanas y de algunos tipos de paneles para los autobuses, también se emplea la técnica de colocar paneles de contraplacado conjuntamente con una materia plástica alveolar rígida y luego una plancha de aluminio formando todo ello un conjunto encolado de buena resistencia.

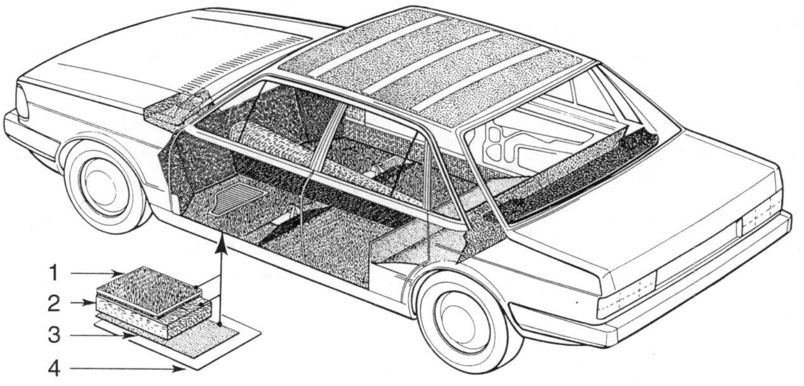

Figura 15. Zonas del interior del habitáculo en las que se emplean las técnicas del encolado (sombreadas). 1, doble moqueta. 2, revestimiento de fibras. 3, soporte bituminoso. 4, plancha de la carrocería.

Existe una gran cantidad de tipos diferentes de colas cuya aplicación depende de los materiales a encolar y del tipo de esfuerzo que se prevé van a realizar, además de las temperaturas a que se van a ver sometidas. Las cualidades de estas colas son cada día más sorprendentes ya que los fabricantes están alcanzando unos valores de adherimiento que hace pocos años era impensable, lo que unido a su facilidad de aplicación y a la virtud que tienen de no deformar las piezas les da un importante futuro en su aplicación a las carrocerías de los automóviles.

Existen diversos tipos de colas pero las más corrientes son las llamadas de *impacto*, cuyo secado puede ser instantáneo después de la aplicación o bien después de unos minutos de la aplicación a ambas piezas a unir para dar tiempo a que el producto solvente se evapore en el aire antes de que la unión se produzca. Existen también las colas llamadas de *polimerización* a las que hay que añadir un producto químico que hace las veces de catalizador y que al entrar a formar parte de los otros productos que intervienen en la fórmula produce el endurecimiento satisfactorio del conjunto. Todos los detalles de aplicación están dados por el fabricante con detalle en el mismo bote de cola que se adquiere. De todos modos vamos a dar unas orientaciones sobre la forma de aplicación en cuanto a sus principales cuidados generales.

Conviene mucho cuidar previamente la preparación de las superficies que se pretende encolar. En este aspecto hay que cuidar estas superficies como si se tratara de zonas a las que se va a aplicar pintura. Hay que conseguir que la materia que se trata de encolar esté perfectamente limpia y libre de todo resto de cuerpos extraños. Por otra parte, deben hallarse completamente secas y desengrasadas. Este último punto es importante y se lleva a cabo utilizando los consabidos disolventes volátiles que eliminan los restos posibles de grasa con facilidad. Entre estos disolventes se suelen usar los tricloretilenos o las acetonas que pueden aplicarse por medio de un pincel o de trapos apropiados. En cuanto a la suciedad procedente de cuerpos extraños de origen metálico su eliminación debe llevarse a cabo por la acción mecánica, ya sea por utilización de papeles de esmeril, por abrasión, en chorro de arena, etc.

Herramientas del planchista

Para desarrollar bien y con rapidez un oficio hay que contar siempre con un número determinado de herramientas, generalmente específicas, sin las cuales un buen operario poco o nada podría hacer. El conocimiento de estas herramientas y el habituarse a su uso en perfectas condiciones de utilización resulta una de las primeras preocupaciones que tienen los maestros de enseñanza profesional para con sus alumnos que se inician en este oficio, y saben lo importante que es el hecho de que, desde el principio, no se adquieran vicios en el manejo de las herramientas que después pueden traducirse o en un trabajo mal acabado o en lentitud en el proceso del mismo, dos aspectos de los que un operario debe huir. En esta segunda parte de este capítulo vamos a dedicarnos a las herramientas porque creemos que ello es fundamental para entendernos cuando llegue el momento de los capítulos dedicados a las reparaciones y nos veamos obligados a nombrar diversas herramientas que son indispensables en el proceso de trabajo que se describe.

Puede que encontremos lectores que ante este cúmulo de descripciones de herramientas, dado el hecho de que pueden serle muy familiares, vea que lo escrito le aburre. En este caso no lo dude y pase directamente al capítulo 3. La realidad es que si tiene algunos conocimientos del oficio de chapista y ha estado en talleres de esta naturaleza poco va a aprender en lo que sigue; pero si tiene algunas dudas o curiosidad, quizá no pierda el tiempo si dedica algunos minutos a ver cuáles son estas herramientas, acompañadas de los consejos que sobre su utilización también se dan y que quizá puedan despertarle algunas ideas sobre su mejor manejo y aprovechamiento.

En general, las herramientas que el chapista va a utilizar con mayor frecuencia se pueden ver en la figura 16, a las que habrían de añadirse, en los talleres importantes, la presencia de la bancada o mármol, de la que también nos ocuparemos en este capítulo. Conviene, eso sí, que pongamos orden explicativo en todo este conjunto de herramientas que la figura 16 nos muestra, y para ello nada mejor que hagamos una división del tipo de herramientas por familias, con una clasificación semejante a la siguiente:

- Herramientas percusoras.
- Herramientas de mecánica y sujeción.
- Herramientas hidráulicas.
- Equipos de soldar, taladrar, etc.
- Herramientas de verificación.
- Elementos de protección y seguridad.

Vamos a estudiar cada uno de estos apartados de acuerdo con la importancia que para el oficio de chapista presentan, significando, sin embargo, la gran importancia de las herramientas que se encuentran en los tres últimos grupos.

Figura 16. Conjunto de las herramientas más utilizadas en la práctica del oficio del chapista de automóviles.

Herramientas percusoras

Las herramientas percusoras son todas aquellas con las que se trabaja a golpes, y vamos a referirnos aquí a las herramientas percusoras manuales tales como martillos y sus derivados que en planchistería son piezas usadas muy habitualmente. También se hablará de las herramientas pasivas, es decir, aquellas que tienen por misión servir de apoyo de los golpes dados con las herramientas percusoras, técnica fundamental en los trabajos de planchistería. Así pues, cabe hacer la siguiente nueva clasificación:

a) Martillos.
b) Mazos.
c) Macetas.
d) Tases o sufrideras y cucharas.

a) Martillos

El martillo no sólo es la herramienta más antigua construida por el hombre, sino la más conocida y la que no puede faltar en casi ningún oficio. Su misión es la de golpear y multiplicar la fuerza del brazo humano en virtud del brazo de palanca con que él se ejerce al picar. Sin embargo, los martillos propios del chapista han de presentar algunas particularidades propias del oficio, y ello da origen a una cierta variedad de herramientas de este tipo.

Las caras de golpeo de los martillos son templadas para tener mayor duración y para que no sean afectadas fácilmente por deformaciones que pueden producirse a medida que se va golpeando. Esta característica resulta muy importante en los martillos de chapista ya que es muy importante cuidar de que las caras de golpeo se hallen siempre lisas y en buen estado ya que de otro modo pueden *marcar* la plancha en el momento de entrar en contacto con ella. Esta condición es importante hasta el punto de que, cuando un martillo tiene ralladuras en su superficie de contacto, es necesario que el operario pase a eliminarlas por mediación de una lima muy fina y repasando después con una lija hasta hacer desaparecer todo resto de ralladura. Cuando se observa la presencia de grietas en la cara de golpeo el martillo debe desecharse pues su reparación no es conveniente.

Dada la diversidad de formas que la plancha de una carrocería puede adoptar, se han fabricado martillos de las más varias conformaciones en sus caras de golpeo con la finalidad de que lleguen a adaptarse lo más posible a los trabajos de aplanado. En la figura 17 podemos ver unos dibujos que nos muestran martillos de diferentes clases y utilidades. Los señalados con los números 1, 2 y 3 son del tipo llamado de *aplanar* o *reparar* y van provistos de dobles caras de golpeo con formas diferentes para cada cara. En 4 tenemos el típico martillo de *bombear* que sirve para conseguir formas esféricas gracias a su cara de golpeo, en forma de semiesfera. El martillo de *acabado* (5) posee dos caras de diferente conformación para facilitar los trabajos de acabado, tal como su nombre indica. En 6 y 7 tenemos dos tipos de pisones, el primero para trabajar la plancha plana y el segundo, bombeado, para hacerlo en planchas con forma. El martillo señalado con 8 es una variante del martillo de canales, de una sola boca, que se utiliza para dar formas cilíndricas de radio más o menos abierto. En 9 tenemos el *martillo de peña* que se trata de un martillo clásico con el que no debe golpearse la plancha, sino algún cincel u otra herramienta intermedia para con-

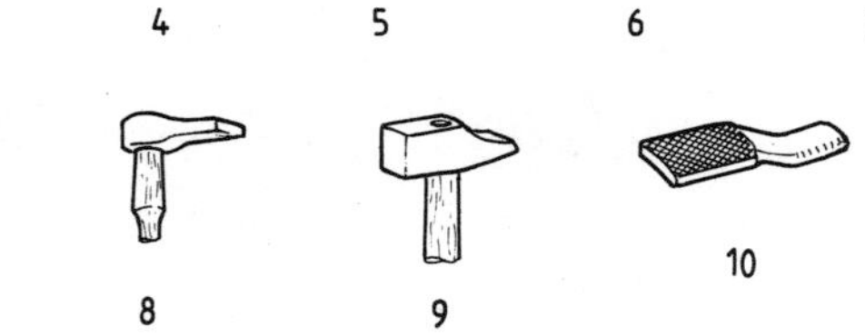

*Figura 17. Diversos tipos de martillos utilizados por el chapista.
1, 2 y 3, martillos de aplanar.
4, martillo de bombear. 5, martillo de acabado. 6, pisón para aplanar.
7, pisón bombeado. 8, martillo de canales. 9, martillo de peña.
10, martillo de lima o pala de lima.*

seguir la extracción de otras piezas por el cortado de planchas, por ejemplo. Comoquiera que estos martillos de peña son pesados y producen golpes importantes se suelen fabricar también de cobre, ya que este material tiene la ventaja de evitar las salpicaduras del acero que se produce durante el picado sobre el cincel o cualquier otra herramienta de este tipo.

En cuanto a la herramienta dibujada en 10 se trata de un *martillo de lima*, también nombrado *pala de lima,* especialmente indicado para picar en lugares angostos en los que no puede llegarse con un tipo de martillo tradicional.

Consejos para la utilización de los martillos

Como queda claro por los dibujos que hemos visto y sus diferentes conformaciones en las caras de golpeo, no todos los martillos sirven para lo mismo, es decir, existen funciones muy diferentes de cada martillo según el trabajo que deban realizar. Pues bien, el primer consejo que hay que dar al respecto del uso y la conservación de estas herramientas es que en ningún momento se utilice un martillo en un trabajo para el que no sea específicamente indicado. Los martillos que sirven para trabajos de conformación como el 4 y 8 de la figura 17, han de utilizarse exclusivamente para este tipo de trabajo e igualmente podríamos decir de los martillos de aplanado, que se emplean para dar un buen acabado superficial a la chapa.

Tampoco la manera de golpear y de utilizarlos es la misma para todo tipo de martillos. Mientras el martillo de peña requiere una utilización ruda cuando se usa sobre un cincel, de modo que es conveniente golpear con un movimiento del brazo que se realice a partir del codo para tomar la suficiente distancia para imprimir mayor potencia al golpe, los martillos para conformación, por ejemplo, se deben utilizar articulando en especial la muñeca y un poco el codo en los momentos en que hace falta un cierto vigor en el golpe. Aquí los golpes deben ser más numerosos por minuto y más precisos que con el martillo de peña en su función de cincelado. Los martillos de acabado, por ejemplo, de los que forman una parte importante los de aplanado, comoquiera que el golpeo no debe ser fuerte para no estirar demasiado la plancha, deben manipularse articulando la muñeca exclusivamente, sin la intervención del codo y con un mayor número de golpes por minuto a los dados con los martillos de conformación.

En general, en todos aquellos martillos cuyo peso de la cabeza sobrepase el kilogramo es preciso tener mucho cuidado al golpear sobre plancha para no dejarla señalada con la forma de la cabeza que golpea. Incluso a veces, golpeando con una mínima fuerza puede darse esta circunstancia. Por ello se aconseja siempre utilizar una madera de cierto grueso como elemento intermediario entre la cabeza de golpeo y la plancha. En los martillos cuyo peso es inferior al kilogramo esta protección puede no ser necesaria.

En cuanto a los cuidados que se han de tener con estas herramientas básicas del planchista podemos destacar el buen cuidado de las superficies de golpeado de las caras, como ya se ha dicho. Por lo tanto, no picar con dos martillos entre sí pues al tener sus caras templadas, y por lo tanto muy duras, es fácil que se produzca el agrietamiento y con ello la inutilización de las herramientas ya que de picar con ellas marcaríamos la plancha inútilmente. Por esta razón, también es conveniente mantener las caras de golpeo muy limpias, pues la presencia de alguna viruta de acero inadvertida también marcará la plancha o

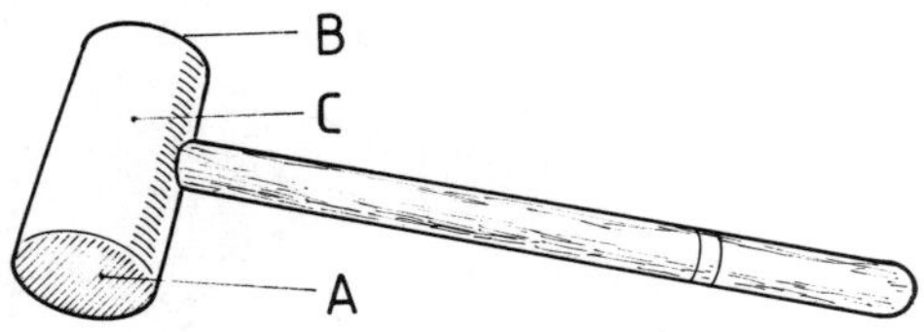

Figura 18. Mazo de madera. A, cara plana. B, cara bombeada. C, canto.

incluso la cara de golpeo y, por último, cuidar de no picar sobre superficies más duras que la cara del martillo, tal como limas, etc., pues ello también podría producir irregularidades en las superficies incompatibles con el uso del martillo. Para finalizar este tema hay que recomendar siempre que el operario esté seguro de que los martillos se encuentren en buena disposición de su mango, es decir, que estén bien colocados y sujetos para que en ningún momento la cabeza pueda desprenderse del mango. Con ello se podría ocasionar daños a personas y también al mismo trabajo que estamos realizando. Si la cabeza no está firmemente unida a su mango se pierde exactitud en los golpes y el trabajo no puede hacerse con la debida corrección.

A continuación pasemos a ver otras de las herramientas de percusión que hemos citado.

b) Mazos

El mazo es en el fondo un martillo cuya cabeza de acero forjado ha sido sustituida por una cabeza de material blando, especialmente madera o goma dura. Un ejemplo de mazo de madera puede verse en la figura 18, de un tipo muy utilizado en planchisteria. Suelen tener una cara completamente plana y la otra ligeramente bombeada a fin de obtener de este modo una mejor posibilidad de uso en las planchas. Los de madera están fabricados de boj que es una madera muy dura y además resistente a astillarse a pesar de los golpes, lo cual, sin embargo, llega a producirse con el tiempo. Por esta razón el operario debe revisar de vez en cuando el estado de las caras de golpeo y repasarlas con una escofina y papel de lija para renovar la superficie de modo que quede lisa y en condiciones de no marcar la chapa cuando ésta es golpeada por el mazo.

En la práctica del oficio, los mazos de madera pueden usarse también para golpear de canto, de la forma que nos muestra la figura 19, en la que en (A) se muestra un perfil de plancha que es trabajado por medio del mazo picando desde su canto (C). Como quiera que la más destacable propiedad de los mazos es que, como resultado de su golpe, *marcan* mucho menos que los martillos de repasar, es muy frecuente que el operario los prefiera para picar los nervios de un plafón de plancha y, en este sentido, los utilice de la forma que hemos visto en la figura 19, es decir, picando con el canto del mazo.

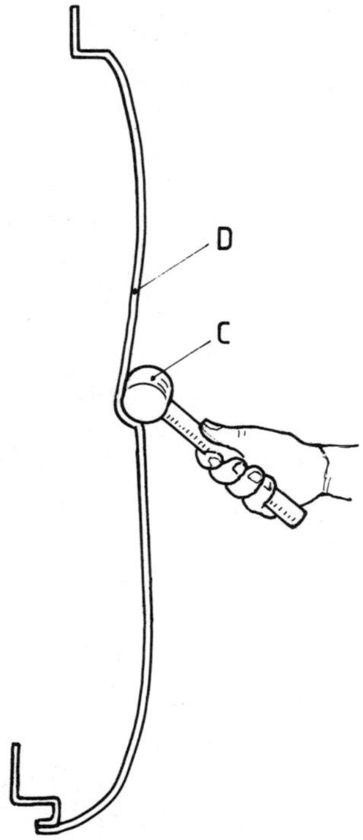

Figura 19. Utilización del canto del mazo para picar en un nervio del plafón. C, canto del mazo. D, forma de un plafón visto en sección.

Insistimos una vez más que los mazos de madera deben mantenerse siempre bien limpios en sus zonas de golpeo y se ha de cuidar, especialmente, el hecho de que no se hayan incrustado en sus caras virutas de hierro u otro material duro que marcaría la plancha en la próxima utilización de la herramienta.

En cuanto a los mazos de goma resultan igualmente blandos que los de madera pero, a igualdad de medidas, tienen más peso lo que hace más contundente su golpe. Raramente son útiles para golpear en plancha por el hecho de que rebotan mucho pero se utilizan con gran frecuencia y eficacia para golpear sobre elementos de la cristalería y especialmente en los marcos de goma que sujetan las lunas. Durante su montaje, por ejemplo, precisos golpes de mazo de goma pueden centrar con facilidad la luna que se esté instalando.

También son muy útiles para dar determinados y precisos golpes sobre piezas mecánicas frágiles, con el fin de moverlas, desatascarlas y obligarlas a salir de su alojamiento sin perjudicar su estructura ya que la goma, en el momento del impacto, se adapta muy bien al perfil sobre el que se descarga su peso.

c) Macetas

Las macetas son martillos blandos de las mismas características que los mazos descritos, pero con la particularidad de tener su cabeza de material plástico, lo que los hace, a igualdad de tamaño, todavía de mayor peso. Haciendo una comparación entre los tres tipos de martillos blandos que hemos descrito puede decirse que mientras un mazo de madera de unos 60 mm de diámetro en su cabeza de golpeo tiene un peso de unos 350 gramos, un mazo de goma de iguales características llega a pesar los 500 gramos y una maceta de plástico unos 1.350 gramos.

El empleo de estos martillos blandos –pero más duros– es el mismo que el que prestan los mazos solamente que según la categoría del material o el grosor de la plancha o las características de la zona que haya que enderezarse se trabajará mejor con un mazo o una maceta de mayor o menor peso.

d) Tases o sufrideras y cucharas

Las tases o sufrideras son herramientas pasivas encargadas de recibir el golpe proporcionado por las herramientas de percusión con el intermedio de la plancha que se trata de enderezar. Un ejemplo muy claro de la utilización de este utensilio lo tenemos en la figura 20. Con el martillo se está picando la plancha que se ajusta al travesaño delantero para dejarla con la forma original. La sufridera (S) recibe el golpe a través de la plancha. Ésta es la utilidad de esta herramienta.

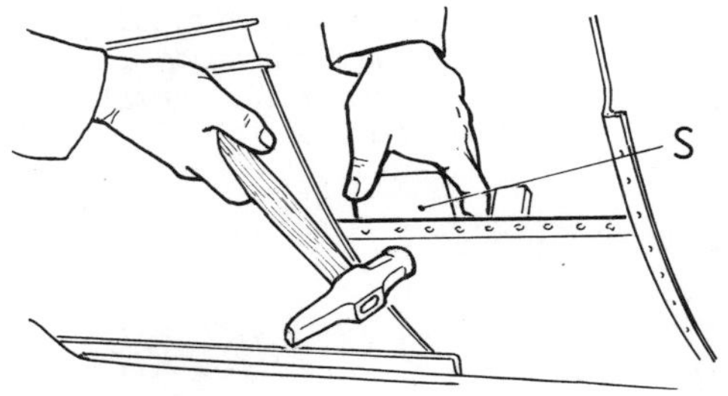

Figura 20. Utilización de un martillo y una tas (S) para llevar a cabo el enderezado de una pestaña.

Dado que las formas que tienen las planchas de una carrocería pueden ser de lo más variado los tases o sufrideras se fabrican también con una gran cantidad de formas que el operario debe seleccionar para hacerlas servir de contraestampa en los lugares adecuados. En la figura 21 tenemos unos ejemplos de las formas que pueden adoptar estas piezas que no son, por supuesto, las únicas posibles pero sí las más corrientes.

De acuerdo con lo que hemos visto podemos decir que los tases son herramientas de acero forjado que, como las plantillas de curvas de los dibujantes, tratan de tener en su superficie el mayor número de posibilidades en formas o curvas para poderse aplicar sobre la parte interna de las planchas y recibir el golpe de los martillos o mazos. También reciben el nombre de *contraestampas*.

También existen tases que están fabricadas en plomo y que se utilizan en las operaciones de desabollado. Como ya veremos en su momento, cuando una

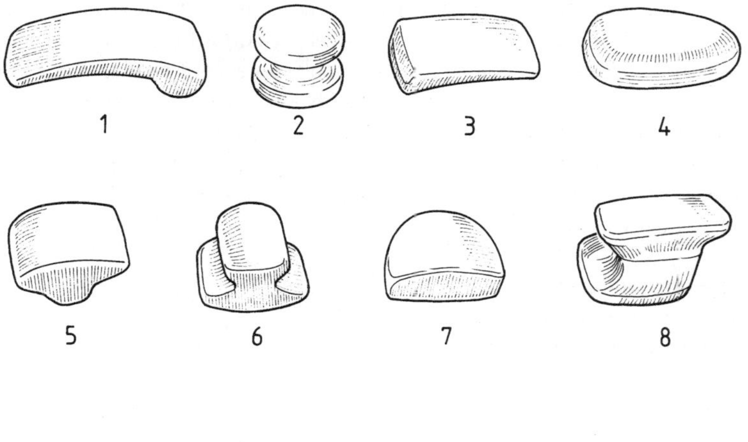

Figura 21. Diferentes tipos de tases. Suelen denominarse de acuerdo con la forma que recuerdan. 1, tas en forma de coma. 2, tas en forma de seta. 3, tas de cuña. 4, tas de cara oval. 5, tas de tampón. 6, tas de raíl. 7, tas de tacón. 8, tas en forma de yunque.

plancha recibe golpes tiende por lo mismo a adelgazarse y en consecuencia, a alargarse, por lo que resultaría vano intento tratar de devolverle la forma original si no existe un modo de controlar este adelgazamiento que el golpeado ejerce sobre ella. En estas condiciones se precisa el uso de un tas de plomo que al ser más blando dificulta el adelgazamiento de la plancha y, por consiguiente, su estiramiento.

Otra clase de herramientas pasivas, de la mayor utilidad para el chapista, son la serie de palancas que reciben el nombre de *cucharas* o *tranchas de desabollar*. Estas herramientas vienen definidas por su longitud, la forma de sus puntas, y lógicamente también, de los ángulos que, en determinados casos las conforman. En la figura 22 presentamos al lector un conjunto de palancas de este tipo que responden a un amplio espectro de utilización. De hecho, los planchistas pueden fabricarse fácilmente una palanca de cualquier longitud que se adapte a las necesidades del momento. Disponiendo de barras de acero y un soplete es fácil hacerse una palanca de este tipo. Las barras de acero las puede sacar de viejas barras estabilizadoras, ejes de amortiguadores, palieres, etc., y con ellos puede hacerse una herramienta que le sea útil en los determinados casos en que se encuentre. De esta forma, en cada taller el operario dispone de diversidad de herramientas de este tipo.

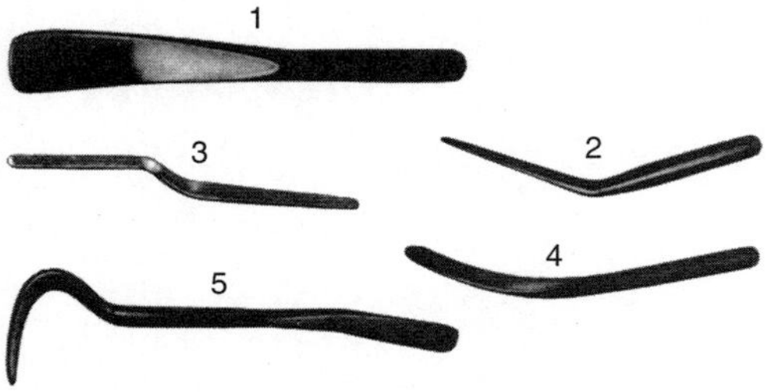

Figura 22. Cucharas o tranchas de desabollar. 1, palanca pesada. 2, angulada. 3, semi-redonda con superficie granulada. 4, curvada. 5, pata de cabra.

Sin embargo, las cucharas procedentes de compra tienen la ventaja de que adoptan formas particulares en sus puntas, tal como se puede apreciar en la figura que hemos presentado, de modo que muchas veces pueden utilizarse al mismo tiempo como palancas de desabollar y tases capaces de recibir ligeros golpes que contribuyan a la operación de desabollado de alguna plancha. Por supuesto, utilizadas en estas condiciones las cucharas no tienen la eficacia de los tases y los golpes que han de soportar no son muy potentes, pero pueden cumplir una misión muy útil para el chapista.

Una vez vistas las herramientas percusoras pasemos a ver la amplia gama de herramientas del grupo siguiente.

Herramientas de mecánica y sujeción

Dentro de la división de las herramientas que son necesarias para la práctica del oficio de chapista las que componen este grupo son las más numerosas y, sin embargo, no siempre las más usadas. Resulta frecuente que para acceder a determinadas piezas de plancha el chapista se vea obligado al desmontaje de conjuntos mecánicos, generalmente poco complicados, pero que requieren poder disponer de la clase de herramientas que son propias de los mecánicos. Así pues, tendrá que saber manejar las llaves fijas, las de estrella, las de tubo y, por supuesto, todo tipo de destornilladores. Más propio del oficio de chapista será el uso de las limas, las sierras y los cinceles y cortafríos y, por supuesto, el manejo de las cizallas de chapa, pinzas autoblocantes, entrenallas, sargentos y todo tipo de alicates que componen lo que estamos llamando herramientas de sujeción y que ya son indispensables para el trabajo de chapistería.

A todo este tipo de herramientas vamos a dedicarnos acto seguido en este apartado, y para su mejor ordenamiento y comprensión lo vamos a dividir en las siguientes partes:

a) Herramientas de desmontaje.
b) Herramientas de corte.
c) Herramientas de sujeción.

Veamos con detalle cada uno de estos grupos.

a) Herramientas de desmontaje

Por las razones que se acaban de decir el chapista necesita poder disponer, en un momento dado, de llaves para poder efectuar desmontajes de elementos sujetos por medio de tuercas y tornillos generalmente hexagonales en su cabeza.

Los tipos de llaves más corrientes son las llamadas *llaves fijas*, un conjunto de las cuales se muestra en la figura 23. Estas llaves poseen dos bocas, una por cada uno de sus extremos, y todas son de diferente medida para acoplarse a la misma medida de las tuercas o la cabeza de los tornillos. Son tan corrientes que no vale la pena dar sobre ellas más explicaciones. Otro tipo de llaves fijas muy corriente también son las llamadas *llaves de estrella*, que tienen igual función que las llaves fijas, pero con mejores garantías de adaptación a la tuerca ya que la abrazan por completo en todas sus caras. En la figura 24 puede ver el lector una selección de llaves de este tipo, de diferentes formas. Las llaves de estrella deben utilizarse con preferencia a las llaves fijas siempre que ello sea posible pues no dañan el hexágono cosa que sí pueden hacer las otras llaves. Finalmente nos queda la familia de las *llaves de tubo* (fig. 25) que muestran su utilidad en tornillos que se hallan en lugares angostos a los que no tienen acceso los otros tipos de llaves. Existen también las *llaves ajustables*, conocidas con el nombre de «llaves inglesas», que tienen una boca que puede aumentarse y reducirse de tamaño accionando un tornillo sinfín. Son llaves, en general, muy poco seguras porque difícilmente se adaptan con perfección a la cabeza de los tornillos o a las tuercas, pero muy prácticas por cuanto con una sola herramienta se tiene acceso a un número elevado de diferentes tamaños de tuercas. Mejores condiciones revisten las llamadas *poliazaderas* (fig. 26) que es una especie de alicate mucho más seguro que la llave ajustable que igualmente puede servir como llave universal para el desmontaje de tuercas, como de alicates o pinzas, de modo que es muy recomendado en el taller del planchista.

Figura 23. Juego de llaves fijas.

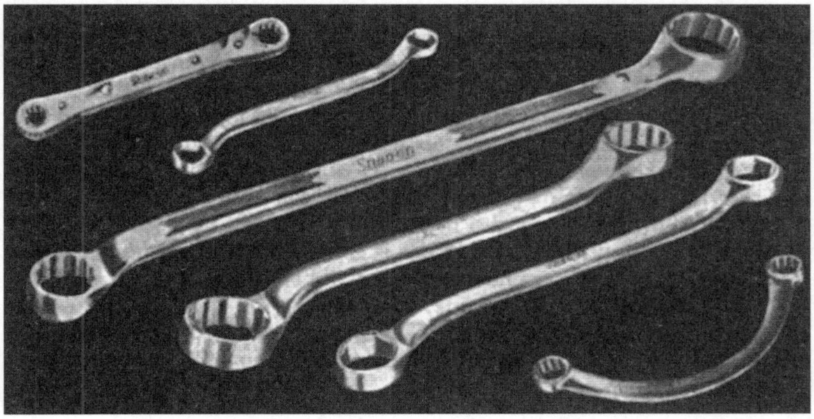

Figura 24. Diversos tipos de llaves de estrella.

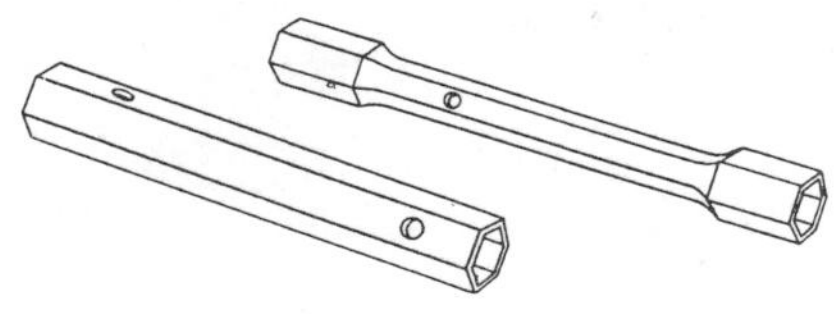

Figura 25. Dos tipos de llaves de tubo.

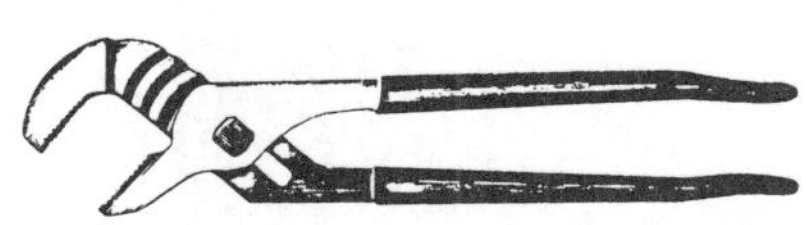

Figura 26. Llave de pico o poliazadera.

Un grupo importante de herramientas de mano que debe utilizar el chapista con mucha frecuencia es el formado por la familia de los destornilladores. Sin duda se trata de una herramienta muy antigua pero con los años y los avances

Figura 27. Típico destornillador de punta plana.

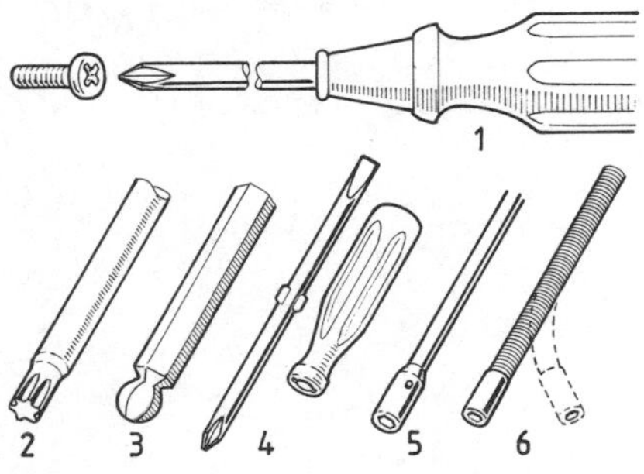

Figura 28. Diferentes tipos de destornilladores para diferentes cabezas de tornillo. 1, destornillador y tornillo de estrella. 2, punta de destornillador torx. 3, del tipo Allen de bola. 4, punta convertible, de estrella y plano para destornillador reversible. 5, llave de mango para desatornillar. 6, llave de mango flexible.

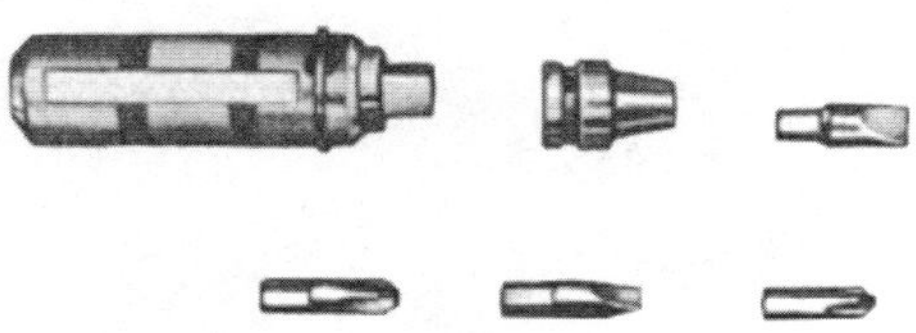

Figura 29. Destornillador de golpe provisto de varias cabezas intercambiables.

de la técnica ha ido aumentando cada vez más sus posibilidades con la invención de nuevas y particulares formas de las cabezas de los tornillos. En la figura 27 presentamos un destornillador típico, de punta plana, de sobra conocido.

Como decimos, con el tiempo las cabezas de los tornillos han ido adoptando diferentes formas con las que se ha pretendido llegar a darles mayor seguridad y facilidad para el montaje y el desmontaje. En la figura 28 tenemos una selección de diferentes puntas de destornillador modernas, las cuales se acoplan a tornillos con las cabezas labradas en las mismas condiciones. El texto que acompaña a la figura indica el nombre que se le da en el taller a de cada uno de los destornilladores de acuerdo con estas puntas. Hemos seleccionado aquí los tornillos que son utilizados en las carrocerías modernas.

Dentro de este grupo de herramientas resulta muy importante para el planchista un tipo especial de destornillador que actúa por percusión, el llamado *destornillador de golpe* que resulta extraordinariamente eficaz para el caso de tornillos muy apretados y difíciles por lo tanto de extraer. Tal ocurre con los tornillos de las bisagras de las puertas que, además de ser tornillos muy robustos, con el tiempo se pueden haber oxidado en parte de sus hilos de rosca y entonces resultan muy duros y difíciles de sacar de su alojamiento con la ayuda de un destornillador normal. Si se aplica sobre su cabeza el destornillador de golpe y se golpea con un martillo, como si se tratara de un cincel, el esfuerzo proporcionado por el destornillador de golpe es enorme y el tornillo puede extraerse con sencillez y muy deprisa, sin esfuerzos. En la figura 29 puede ver el lector el conjunto de un destornillador de este tipo provisto de diferentes puntas intercambiables para elegir la adecuada para cada cabeza de tornillo.

b) Herramientas de corte

Mucho más específicas de su oficio de planchista son las herramientas mediante las cuales se produce el corte de algún material. Aquí hay varios grupos que hemos de estudiar por partes y donde, además, tendremos que hacer la distinción de herramientas manuales y eléctricas o neumáticas. Empezaremos por las primeras.

Para cortar material la más sencilla de las herramientas es el *arco de sierra* cuyo manejo requiere alguna práctica. En la figura 30 presentamos una de estas conocidas herramientas. Las sierras están formadas por un arco de acero al cual se sujetan por sus extremos las hojas de sierra, que es lo que constituye propiamente la herramienta cortante. Las hojas de sierra son cintas de acero templado que en uno de sus bordes lleva una serie de dientes en toda su longitud, los cuales se hallan inclinados a uno y otro lado, inclinación a la que se le da el nombre de *triscado* de la sierra. El tamaño y la separación de los dientes es

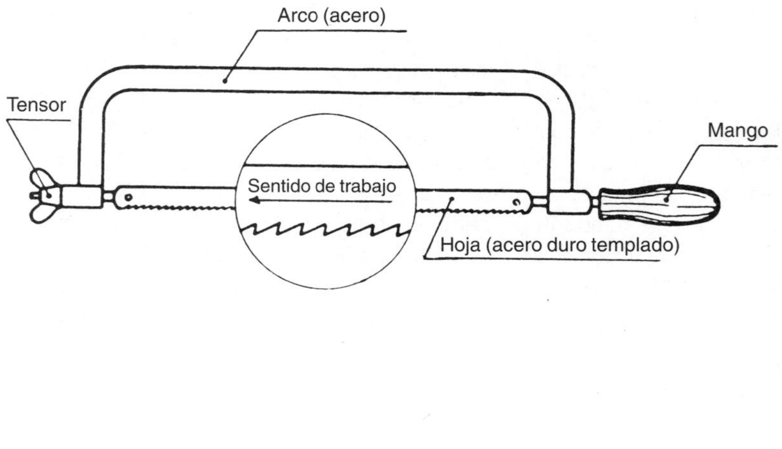

Figura 30. Sierra de mano.

variable construyéndose hojas que tienen 10, 14, 18, 24 y 32 dientes por pulgada de longitud. Para serrar plancha o piezas delgadas se usan las de mayor número de dientes, es decir, las de 24 o 32 dientes por pulgada (de 9 a 12 dientes por centímetro). Cuanto mayor es el grueso del material a serrar, menor acostumbra a ser el adecuado número de dientes de la hoja. Es importante que el grueso de la chapa sea superior a la distancia entre dientes por la razón que nos explica por sí sola la figura 31. En una plancha de un milímetro de grosor será adecuado utilizar una sierra de 32 dientes por pulgada (13 por cm), con una distancia entre dientes de 0,80 mm. Para proceder al corte ha de procurarse que, como mínimo, haya dos dientes que se apoyen en la superficie a cortar. Si la separación entre dientes es mayor (1,2 mm, por ejemplo) sólo un diente se apoyará en la superficie a cortar. En estas circunstancias existe el riesgo de que la sierra se atasque y dificulte mucho la operación de serrado, cuando no la rotura de algunos dientes.

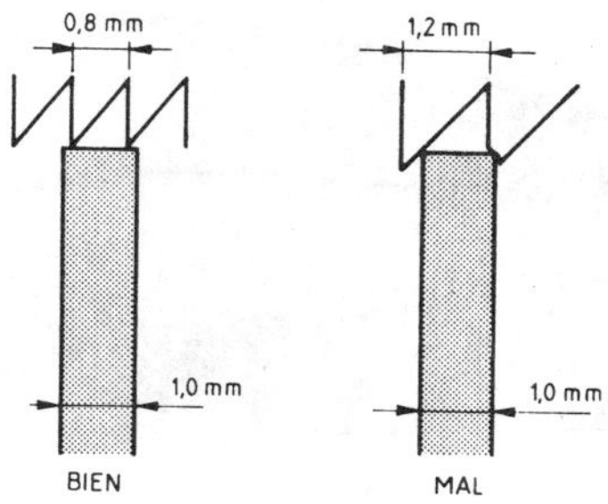

Figura 31. En una sierra para chapa la separación entre los dientes debe ser inferior a la medida del grosor que quiera serrarse.

La dureza de la hoja de sierra depende de la dureza del material a cortar, variando la composición de los aceros especiales con los que están construidas dichas hojas (a base de molibdeno, volframio y, sobre todo, vanadio y diversos carburos).

El planchista debe tener bastante práctica en la operación de serrado porque en muchas ocasiones va a verse obligado a realizar operaciones de este tipo en posturas poco propicias. En la figura 32 tenemos un ejemplo del serrado con sierra de mano de una parte del techo en el punto de conjunción con los pilares. Obsérvese cómo la mano derecha (en este caso se trata de un operario diestro) empuña el mango de la sierra mientras la izquierda sirve de guía para conseguir que la hoja no se desvíe de la trayectoria correcta. La sierra debe cortar al avanzar, y al retroceder no debe efectuar trabajo de corte. La cadencia o ritmo normal de serrado viene a ser de entre 35 y 40 golpes por minuto. Durante el corte se debe emplear toda la longitud de la hoja, la cual debe hallarse bien tensa en el arco.

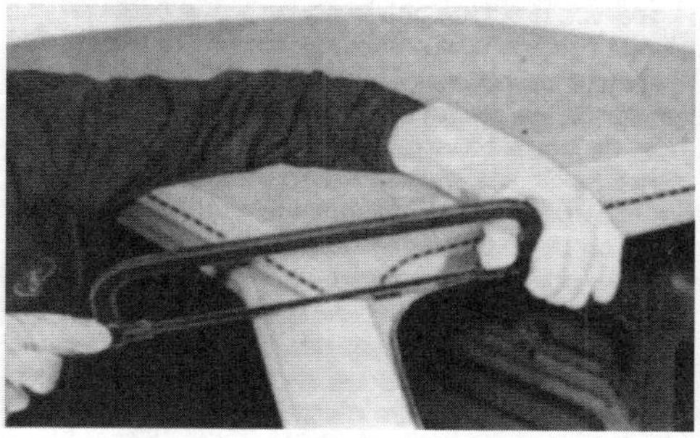

Figura 32. Corte de una parte del techo utilizando una sierra de mano.

En los trabajos de planchistería de automóviles el empleo de la sierra juega un papel de gran importancia, pues son muchas las ocasiones en que hay que cortar la plancha de un automóvil accidentado para poder sustituir toda la parte dañada y soldar en su lugar una parte nueva. De hecho, esta operación se realiza siempre pormedio de sierras de accionamiento neumático que, bien utilizadas, dan una gran precisión en el trabajo de serrado y, además, una rapidez inigualable en la realización del mismo. En la figura 33 tenemos el caso de la utilización de una *sierra neumática* realizando el corte de la plancha de un guardabarros delantero. Como ya veremos en su momento, la operación de serrar

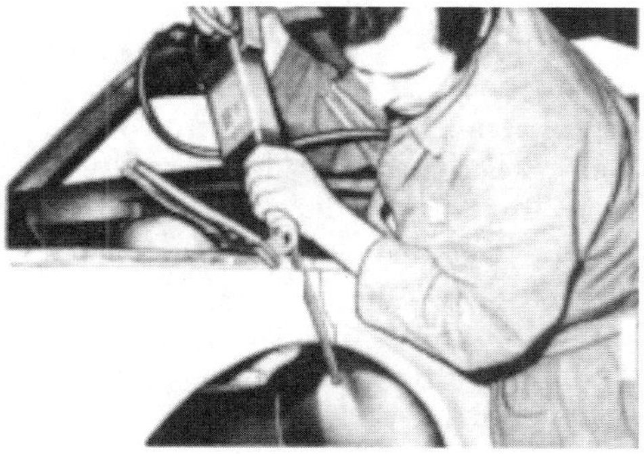

Figura 33. Uso de una sierra neumática para el corte de la plancha de una aleta de guardabarros.

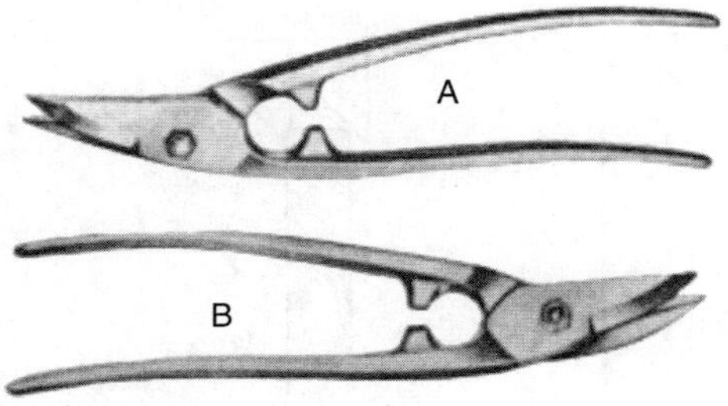

Figura 34. Cizallas de chapa.
A, con boca vuelta a la izquierda.
B, con boca vuelta a la derecha.

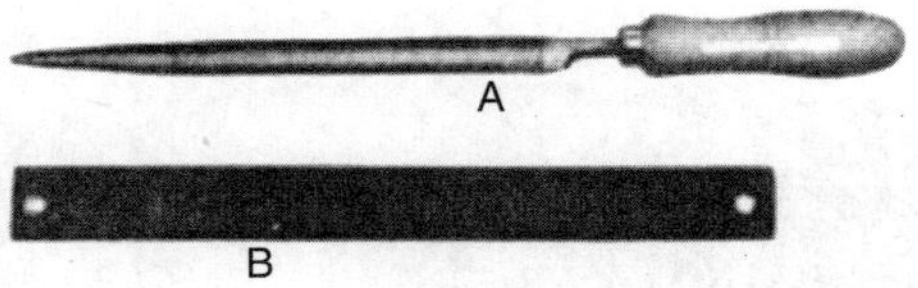

Figura 35. Tipos de limas corrientes en planchistería del automóvil. A, semi-redonda. B, plana para chapa.

Figura 36. Arquillo portalimas.

la plancha es muy importante, y de no poseer este tipo de maquinaria automática de mano, resulta muy frecuente tener que serrar con la sierra de mano las más variadas partes de la carrocería, algunas veces en posturas difíciles.

El chapista debe tener mucha práctica en la operación del serrado y es conveniente que llegue a dominar esta técnica con bastante perfección, pues forma parte básica de su oficio.

Otra de las formas de cortar la plancha se lleva a cabo también con las *tijeras de cortar plancha*, también conocidas con el nombre de *cizallas de chapa*, dos ejemplos de los cuales los podemos ver en la figura 34. En A tenemos una cizalla con boca vuelta a la izquierda, mientras en B la tenemos con boca vuelta a la derecha. Estas herramientas actúan a modo de tijeras y poseen una gran potencia de corte que resulta suficiente para cortar la plancha de poco grosor. Se emplean especialmente para hacer piezas de relleno que posteriormente se soldarán, para el corte de rebabas o trozos de plancha sobrantes y, en general, para cualquier operación en la que convenga un corte circular o con forma de la plancha. No pueden faltar en el taller.

Pasando a continuación a otro tipo de herramientas que pueden estar en este apartado de herramientas de corte, hemos de acordarnos destacadamente de las *limas* y de los trabajos de limado, otra de las técnicas que un buen planchista debe dominar con buena habilidad. Las limas son barras de acero extraduro templado cuya superficie está labrada en forma de un dentado especial (picado) que al deslizarse sobre otra superficie arranca pequeñas partículas de material y va rebajando así esta superficie sobre la que se frota.

Existe una gran variedad de tipos de limas ya que con ellas se puede labrar el hierro y el acero y darles formas muy variadas. Con respecto al tipo de limas que a nosotros nos interesa cabe destacar la lima que se fabrica para ser utilizada en la chapa, y también la lima semirredonda de corte bastardo que se utiliza para labrar el aluminio. Estos tipos de limas los podemos ver en la figura 35, y son los fundamentalmente usados en nuestro oficio. No cabe duda, no obstante, de que muchas veces también hay que labrar a lima alguna otra pieza y entonces son convenientes las limas habituales que utiliza el mecánico de motores.

La lima para chapa que hemos visto en la figura 35 se monta sobre un arquillo portalimas para chapa por un sistema que de alguna manera recuerda al arco de la sierra que ya vimos. De esta forma la lima puede accionarse con mayor precisión sobre las superficies amplias de la chapa y el trabajo de limado se efectúa con mayor comodidad. En la figura 36 puede ver el lector este arquillo portalimas, y un ejemplo de su utilización se aclara en la figura 37, en la que se está procediendo a pulir con la lima una abolladura en un capó que previa-

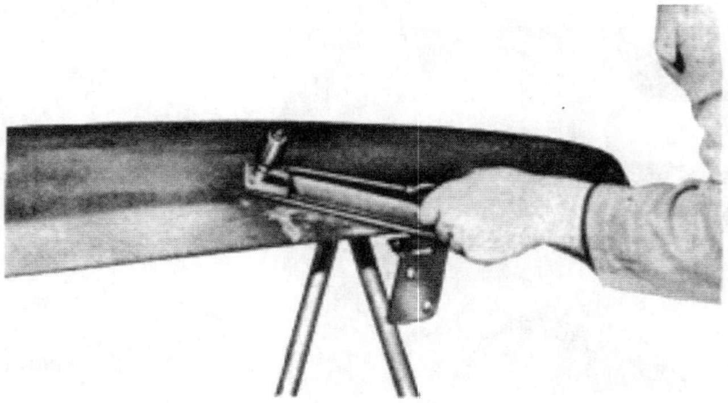

Figura 37.Utilización de la lima en el arquillo portalimas para pulir una superficie.

mente había sido enderezado y luego se le ha aplicado pasta de estañar que con el soplete se ha fundido y ahora, con la lima de chapa, se está puliendo cuidadosamente la superficie hasta lograr su forma perfectamente adecuada a la curva del capó original.

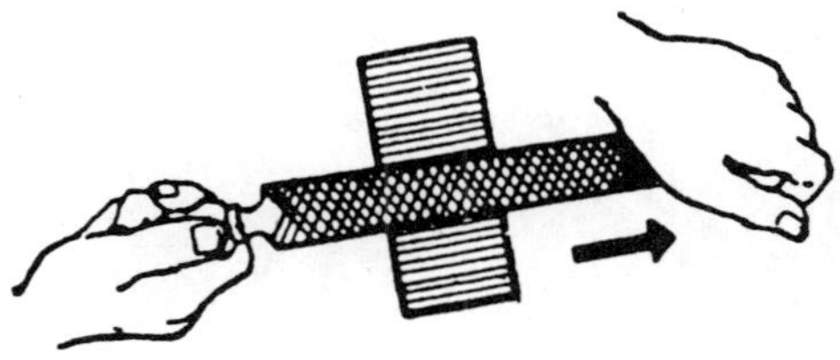

Figura 38. Posición correcta de las manos para trabajar con la lima.

En cuanto a la utilización de las limas vamos a dar unos breves y rápidos consejos iniciales para su uso. En primer lugar, las limas, al igual que las sierras, cortan al avanzar y no al retroceder, de modo que deben manejarse de una manera que guarda cierta relación a como se hace con las sierras. En la figura 38 podemos ver la forma correcta de colocar las manos para la utilización de una lima: la mano derecha sujeta el mango y la izquierda la punta de la lima de la forma que se indica. El trabajo lo efectúa la herramienta cuando es impulsada hacia delante a lo que ayuda un ligero desplazamiento del cuerpo del operario. El retroceso se hace sin proporcionarle fuerza a la lima. El limado requiere muchas horas de práctica para hacer con esta técnica cosas tan difíciles como limados perfectamente planos o perfectamente cilíndricos. Es conveniente por lo tanto que el chapista se ejercite en el buen uso de la lima.

Otra herramienta cortante de gran utilidad y necesidad en el taller de planchistería es el *cortafríos*, herramienta manual que se utiliza en combinación con el martillo y que también se le da el nombre de *cincel* o *buril*. En general, se trata de unas herramientas en forma de barra, de unos 20 o 30 cm de longitud, que están fabricadas con aceros extraduros. Lo más importante de esta sencilla herramienta es su extremo de corte que, tal como puede verse en la figura 39, puede tener distintas formas y acaban en un filo biselado.

El nombre de *cincel* puede reservarse para aquellos cortafríos de cuerpo más plano y el filo de corte bastante fino, mientras el nombre de *buril* se refiere a aquellos que tienen el cuerpo más redondeado y el filo de corte es más grueso.

Las aplicaciones de los cortafríos son las de cortar chapa ayudadas por el martillo con el que el operario golpea por el extremo no cortante de la herramienta. La precisión y limpieza lograda con este corte depende de la habilidad del operario que lo utiliza. Es importante controlar la fuerza con la que se golpea, ya que depende del grosor de la chapa que se esté cortando. Un buen especialista dará siempre la menor cantidad posible de golpes para cada corte (un solo golpe sería lo ideal) procurando mantener el cortafríos vertical con respecto al plano de la plancha que se corta.

Estas herramientas se usan en aquellos casos en los que no puede efectuarse el corte con la sierra, ya que con ésta se obtiene mayor precisión y no se corre el riego de deformar la plancha. También se han fabricado los llamados *martillos neumáticos* que no son más que unos cortafríos aplicados a una pistola que recibe su fuerza de una instalación neumática. Los martillos neumáticos son útiles en aquellos talleres de desguace o donde hay que cortar mucha plancha, pero en la práctica del taller de chapistería no suelen emplearse demasiado, ya que la técnica de reparación moderna no requiere de cortes excesivos que no puedan solucionarse con un cortafríos del tipo que acabamos de describir.

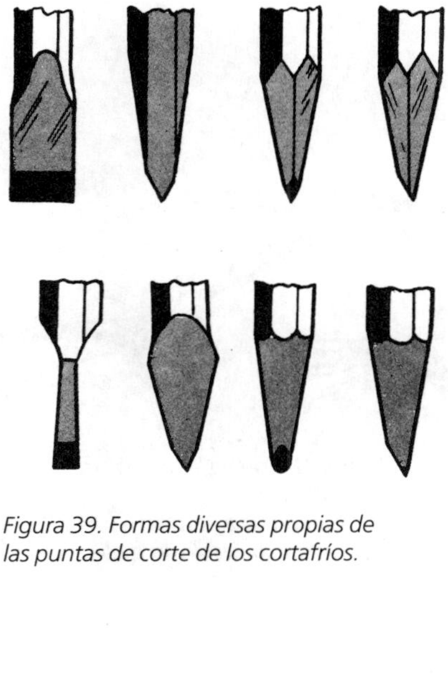

Figura 39. Formas diversas propias de las puntas de corte de los cortafríos.

c) Herramientas de sujeción

Otro de los puntos que un chapista debe conocer a fondo es el tema de la sujeción de piezas. Para ello ha de contar en su taller con una determinada cantidad de herramientas de sujeción. Como se verá en el momento en que expliquemos la forma de llevar a cabo las reparaciones, cuando un panel se ha dete-

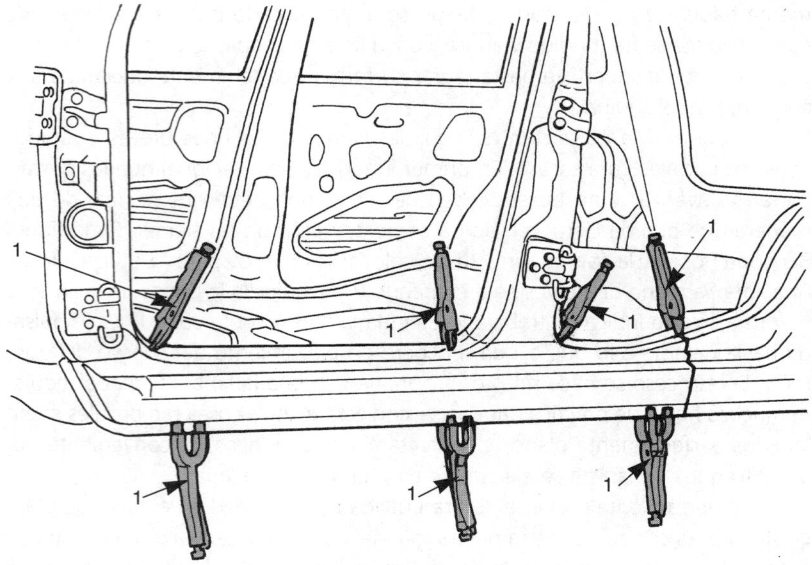

Figura 40. Sujeción por medio de entenallas autoblocantes de un larguero del estribo, una vez correctamente acoplado, con el fin de poderlo soldar a sus piezas vecinas.

riorado por causa de algún accidente y se tiene que proceder a su sustitución, lógicamente, lo primero que se ha de hacer consiste en desmontar la pieza accidentada. Para ello nos valdremos de las herramientas de cortar que antes hemos mencionado y descrito. Pero una vez desmontada la pieza inservible deberemos colocar la nueva en su lugar y, como es natural, unirla a las piezas que se hallan en buen estado por el mismo sistema que estaba unida la pieza deteriorada.

Antes de efectuar la operación definitiva de ensamblaje se ha de efectuar la operación que los chapistas llamamos *presentar la pieza*, es decir, colocarla sobre el mismo lugar que ha de ocupar, de modo que quede instalada con naturalidad ajustándose correctamente a todas las piezas vecinas que la rodean. Si al *presentar* la pieza nueva, vemos que queda ajustada en todos sus puntos con las piezas vecinas, la operación siguiente será proceder a la soldadura de la pieza nueva con las que la rodean.

Pues bien, para conseguir *presentar* correctamente las piezas nuevas el planchista necesita disponer de una serie de herramientas de sujeción que mantengan la pieza provisionalmente fijada en su lugar hasta que se consiga, por medio de la soldadura, su fijación definitiva. En la figura 40 tenemos una explicación gráfica de este proceso de sujeción. En esta figura se trata de la sustitución del larguero de un estribo. La pieza vieja ha sido ya desmontada y separada del conjunto, y ahora el recambio nuevo se ha puesto en su lugar, previas una serie de operaciones que se describirán en su momento. Para que la pieza nueva se mantenga en su posición se acude a servirse de herramientas que llevan a cabo la acción exclusiva de sujetar, herramientas que son las señaladas con el número 1 en la figura. De ellas vamos a ocuparnos ahora.

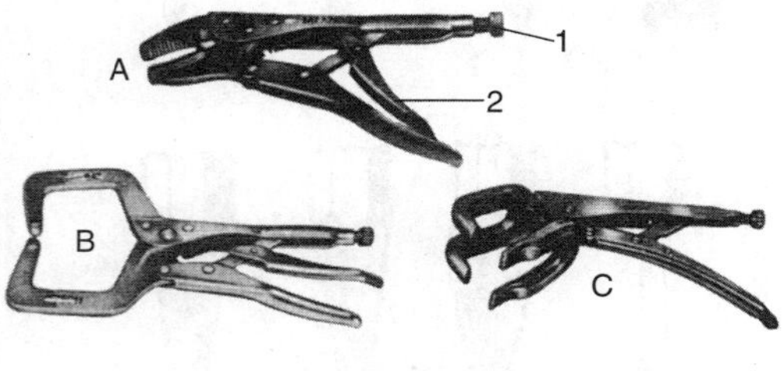

Figura 41. Entenallas autoblocantes.
A, de mandíbula de pico.
B, de mandíbulas curvas.
C, de mandíbulas de horquilla.

La familia más importante de herramientas de sujeción de este tipo está constituida por las *entenallas* que están formadas por unas pinzas autoblocantes con diferentes características en sus mandíbulas para poderse acoplar a diferentes perfiles de plancha. Antes de continuar veamos, en la figura 41, el conjunto de tres entenallas muy utilizadas para llevar a cabo el trabajo que se ha explicado. Las entenallas autoblocantes van provistas, en uno de sus mangos o patas, de un tornillo de regulación (que se ha señalado en 1 de una de estas herramientas en la figura) mediante el cual se puede determinar la abertura mínima de la boca, es decir, de sus mandíbulas. Una vez regulada por este tornillo la abertura mínima al cerrar sus patas queda blocado y sus mandíbulas permanentemente fijas mientras no se accione la palanca de desbloqueo (2) por medio de la cual se pueden abrir y ser retiradas del lugar en que ejercían la presión. En la figura 41 tenemos en A una entenalla de mandíbula de pico, con una utilización muy universal, ya que puede aplicarse a muchos diferentes trabajos de sujeción. En B se puede ver otro modelo dotado de mandíbulas curvas para conseguir profundizar más en el punto a sujetar. Por último, en C nos encontramos con una entenalla con mandíbulas en forma de horquilla para sujeción de puntos intermedios.

Este tipo de entenallas dan muy buen servicio y a ello unen también la ventaja de su rápido bloqueo o desbloqueo, sin la menor pérdida de tiempo. Sin embargo, no se trata del único sistema de sujeción que se puede encontrar en el taller del planchista. También tiene un buen campo de utilización el tipo de pinzas que reciben el nombre de *sargentos*, los cuales, si bien son más entretenidos de colocar y de desmontar que las entenallas autoblocantes que hemos visto, no por ello dejan de ser bastante empleadas en los trabajos de sujeción por su versatilidad, la facilidad para adaptarse a unas enormes aberturas de boca y lo económico de su precio de adquisición.

En la figura 42 tenemos un tipo de sargento clásico. Como puede verse consta de un bastidor (1) en forma de L, con un perfil dentado sobre el que puede deslizarse una corredera con tope (2), que puede ser colocada en cualquiera de los dientes del bastidor. Por otra parte, el tope fijo (3) aloja la rosca del tensor (4). La distancia entre la punta del tensor y la del tope móvil (2) determina el grueso de la pieza a sujetar. De este modo, y como puede deducirse, el sargento puede atender a hacer sujeciones de piezas de gran grueso, cosa que las entenallas autoblocantes no pueden realizar, pues quedan limitadas a la máxima abertura posible de sus mandíbulas.

En la figura 43 podemos ver otro tipo de sargento que une a sus funciones de empuje también las de tracción. Las operaciones de tracción son bastante importantes en los trabajos de chapistería y estos sargentos, provistos de sus piezas de adaptación, pueden ser muy útiles en determinados trabajos y situaciones.

Para finalizar el tema de la sujeción de piezas sólo nos queda recordar dos tipos de herramientas muy comunes, baratas y de buen servicio en el taller del planchista. Nos referimos a los *alicates* y a las *tenazas*.

En la figura 44 podemos ver un tipo muy corriente de alicates que puede ayudarnos en infinidad de usos, sobre todo para tomar y sostener piezas o trozos de plancha o para sujetar pequeños tubos, etc. En cuanto a las tenazas (fig. 45) tienen una gran utilidad para sacar los restos de la plancha después de haber cortado una pieza dañada, ya sea con la sierra o con el cortafríos. En planchistería se utilizan preferentemente las tenazas de mandíbula pequeña y un ejemplo de su aplicación lo tenemos en la figura 46. Señalada

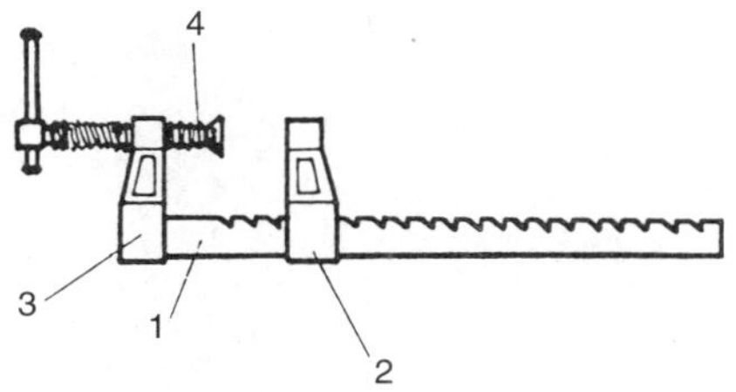

Figura 42. Tipo clásico de sargento. 1, bastidor en forma de L. 2, corredera de tope. 3, tope fijo. 4, tensor a rosca.

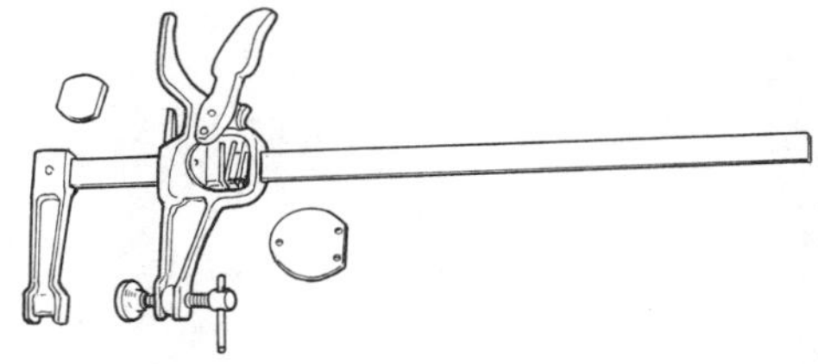

Figura 43. Sargento de empuje y tracción.

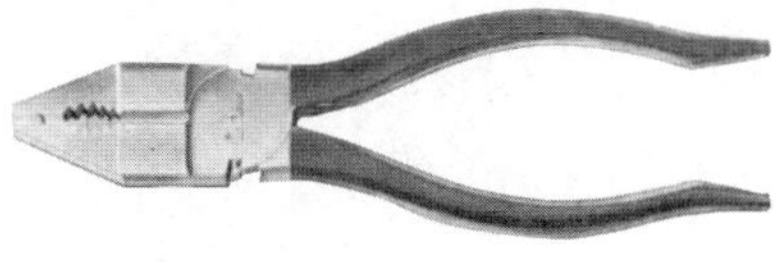

Figura 44. Alicates universales.

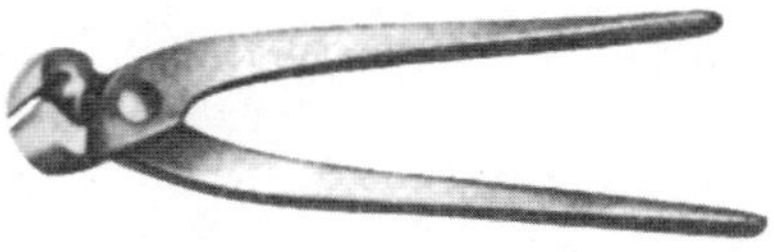

Figura 45. Tenazas para facilitar la extracción de restos de chapa después del corte.

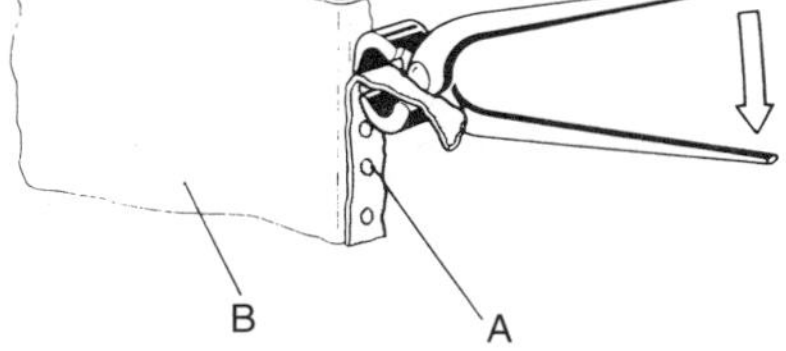

Figura 46. Extracción de un resto de chapa en forma de tira (A) que debe separarse de la plancha válida (B).

con la letra A vemos una tira de plancha sobrante después de haber sacado con el cortafríos la pieza principal. B, es la pieza no dañada que se mantiene intacta una vez efectuado el corte, pero la tira de plancha sobrante debe sacarse con la ayuda de las tenazas. Cuando nos refiramos a las técnicas de reparación ya tendremos ocasión de ver los puntos en los que es necesario el uso de estas herramientas.

Herramientas hidráulicas

Aunque la denominación de «herramientas hidráulicas» pueda parecer una clasificación caprichosa, ya que el término hidráulico más que hacer relación a un tipo de útiles parece referirse al sistema de su accionamiento, la verdad es que, en un taller de chapistería, las más importantes herramientas de enderezar son del tipo hidráulico, de modo que cuando nos referimos a herramientas con este término ya sabemos que nos estamos refiriendo a la variedad de gatos de empuje que van accionados por sistemas hidráulicos.

Los gatos hidráulicos tienen la especial misión de atender al enderezado de la estructura de la carrocería cuando ésta ha sufrido un golpe importante que ha llegado a interesar a la misma estructura. Entonces se tienen que revisar las cotas principales de la carrocería y se tienen que restablecer a base de obligar a la plancha a recuperar su forma original. En este momento se ha de ejercer una gran fuerza y, además, con una gran precisión, de modo que nada nos valen los martillos para este trabajo, pero sí la acción de un gato hidráulico que está facultado para ejercer una gran fuerza acompañada de una gran precisión y de un gran cuidado en los puntos de aplicación de esta fuerza con el fin de no deformar traumáticamente el perfil de la estructura.

Por esta razón, el gato hidráulico con todos sus accesorios resulta una herramienta muy necesaria en un taller de chapistería y es conveniente describir aquí su constitución y funcionamiento. Para ello será preciso que estudiemos un poco cómo se produce la transmisión de la fuerza a través de un fluido, lo que nos servirá de base también para comprender el funcionamiento de todas las herramientas hidráulicas.

Principio de funcionamiento

Ante todo hay que recordar dos principios que la física ha estudiado a fondo y que son los principios de incomprensibilidad de los líquidos y el de la transmisión de la presión en cualquier punto. Con respecto al primero se sabe que los líquidos son incompresibles, es decir, no pueden prácticamente comprimirse. Así como un metro cúbico de gas, por ejemplo, podemos comprimirlo y, con la misma masa, reducirlo a un centímetro cúbico, con un líquido esto es totalmente imposible, de modo que si lo sometemos a una fuerte presión no lograremos por ello reducir su volumen.

Por otra parte, tenemos el segundo principio, llamado de Pascal, por el cual se nos dice que un líquido en equilibrio transmite íntegramente y en todos sus puntos toda variación de presión producida en un punto cualquiera de este líquido.

Estos dos principios son los que sirvende base para la creación de lo que en física se llama la *prensa hidráulica*, que es la base a su vez del funcionamiento de todos los mecanismos hidráulicos de este tipo. En la figura 47 tenemos un dibujo que nos sirve para comprender cómo se produce el funcionamiento de

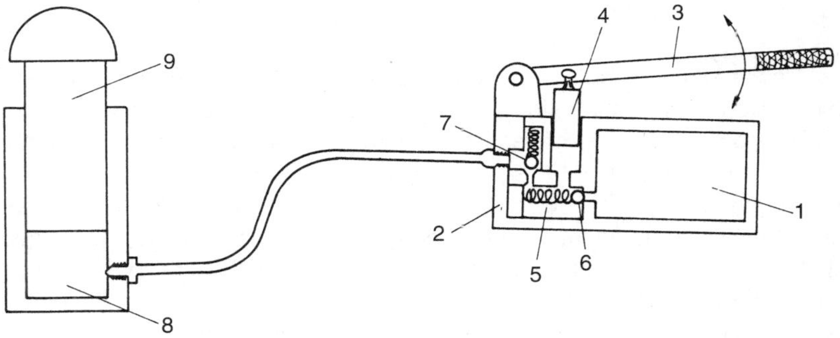

Figura 47. Esquema del funcionamiento de una prensa hidráulica. 1, depósito de aceite. 2, cilindro de mando. 3, palanca de accionamiento. 4, cilindro de alimentación. 5, cámara. 6, válvula de bola de la cámara. 7, válvula de bola de la segunda cámara. 8, cilindro principal. 9, émbolo principal.

una prensa hidráulica, y también de un gato hidráulico de los utilizados en planchistería. En 1 tenemos el depósito de aceite del cilindro de mando (2). Cuando, en virtud del movimiento de la palanca de accionamiento (3) en el sentido de las flechas, se hace ascender el cilindro de alimentación (4) se crea el vacío en el interior de la cámara (5) y la válvula de bola (6) se abre dejando paso a una cantidad de líquido que sale del depósito (1). Cuando el cilindro de alimentación (4) baja se cierra la válvula (6) en virtud de la misma presión que el líquido ejerce y se abre entonces la segunda válvula de bola (7), que manda la cantidad de líquido bombeada a la cámara del cilindro principal (8). Comoquiera que el líquido no es compresible, como ya dijimos, el émbolo principal (9) se ve inexcusablemente impelido a ascender a medida que entra líquido en su cámara (8). Por el sucesivo bombeo a través de la palanca (3) y el movimiento de trabajo del cilindro de alimentación (4) se va consiguiendo el desplazamiento del émbolo principal (9).

En un mecanismo como el descrito hay que contar, además, con la multiplicación de la fuerza que se produce por el brazo de palanca que se deriva de la palanca de accionamiento (3) y la relación existente entre la superficie de los émbolos 4 y 9, de modo que la relación entre estas dos superficies es igual a la razón entre el cuadrado de los diámetros. Ello da resultados muy satisfactorios en el sentido que nos ocupa ya que, suponiendo que el émbolo pequeño tuviera un diámetro de 15 mm y ejerciera una presión de 200 bares en virtud de su brazo de palanca, si el émbolo mayor tuviera un diámetro de 60 mm ejercería una presión de 3.200 bares. Ello nos da idea de las posibilidades de esta máquina hidráulica.

Por otra parte, también las respectivas superficies de los cilindros (o de los émbolos) tiene importancia con respecto a la carrera que el émbolo principal (9) desarrolla a cada impulso completo de la palanca de accionamiento. En un caso como el que hemos puesto de ejemplo tenemos que cada vez que se acciona la palanca, la cantidad de aceite mandado al cilindro principal (8) hace ascender su émbolo 1,25 mm aproximadamente, lo que da también idea de la presión que puede lograrse con estas máquinas al hacerlas funcionar.

Cuando se trata de vaciar el líquido de la cámara (8) para hacer descender el émbolo (9) existe un mecanismo de descarga (no dibujado en la fig. 47) que es el encargado de devolver el aceite de esta cámara al depósito del cilindro de mando (1).

Éste es el principio de funcionamiento general en el que se basan todos los tipos de gatos hidráulicos cuya utilidad en el taller, para lograr el enderezado de la estructura, es de gran importancia.

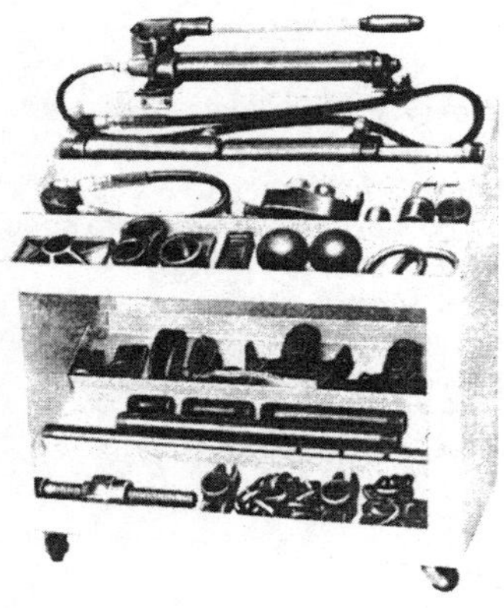

Figura 48. Carro conteniendo todos los elementos que forman un gato hidráulico y sus accesorios. Se trata de un gato con una capacidad de trabajo de hasta 10 toneladas.

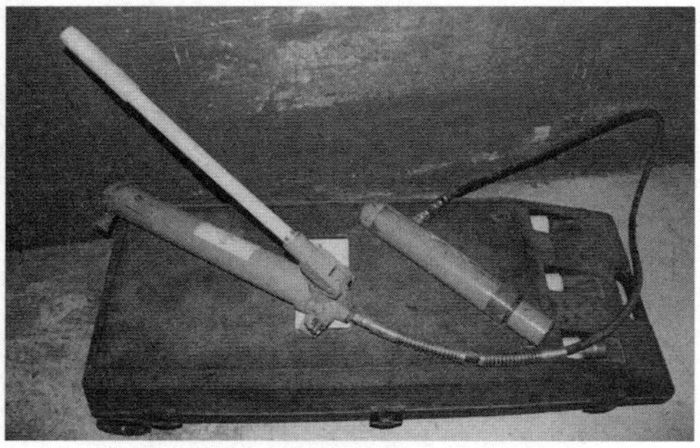

Figura 49. Gato hidráulico de una capacidad de trabajo de 4 toneladas, tamaño preferido por los chapistas por resultar más manejable que el que hemos visto en la figura anterior.

Gatos hidráulicos

Una vez comprendido el funcionamiento teórico en el que se basa el gato hidráulico pasemos a ver algunas de las realizaciones prácticas que se llevan a cabo con este tipo de herramientas. Pero antes, y para entrar en el tema, veamos las figuras 48 y 49 que nos muestran dos tipos de gatos hidráulicos cuya diferencia estriba, principalmente, en la diferente potencia de ambos. En la primera de estas figuras tenemos un gato hidráulico de 10 toneladas que dispone de un gran número de accesorios de adaptación para conseguir con ellos modificar su longitud de aplicación o bien para lograr puntos de apoyo, muchos de ellos de goma, mediante los cuales puede ejercer la considerable fuerza para la que está facultado pero sin dañar el material de la plancha. En la práctica del oficio es corriente que el operario profesional, cuando aplica el gato hidráulico a una carrocería deformada, se valga de varios tacos de madera para acoplar los apoyos del gato hidráulico a las condiciones de la carrocería deformada que trata de enderezar. Los tacos de madera, en muchos casos, son más eficientes que los de goma y tienen la ventaja de que tampoco marcan la plancha.

El gato hidráulico de 10 toneladas visto en la figura 48 resulta demasiado potente en determinados casos, por lo que son muchos los chapistas que prefieren gatos hidráulicos de menor potencia. Uno de estos casos lo tenemos en el presentado en la figura 49 que corresponde a un gato de sólo 4 toneladas. Resulta mucho más ligero, más fácil de manejar e igualmente eficiente, o más, en su trabajo de enderezado de carrocerías del automóvil.

Los gatos hidráulicos pueden ser de tres tipos, según la forma como ejerzan la función de apriete. Estos tres tipos son:

a) De empuje.
b) De tracción.
c) De expansión.

En los gatos hidráulicos de empuje y de tracción, que son los más corrientes, el aceite va entrando por una de las caras del émbolo y lo desplaza hasta el final de su carrera acortando con ello una distancia dada. Un ejemplo de esta utilización la podemos ver en la figura 50, donde las flechas ya indican la forma como se realiza la fuerza con esta máquina. Desde la patilla de arrastre (A) hasta la cabeza de empuje (B) puede hallarse colocada una pieza, la cual sufrirá una compresión a medida que la palanca del gato se vaya accionando. En el segundo dibujo de esta figura tenemos la posibilidad de utilización de gato en una herramienta en forma de sargento donde el movimiento de empuje queda evidente.

Como ya veremos más adelante, la versatilidad de este aparato viene dada por la facilidad de aplicación de gran cantidad de accesorios entre los que cabe

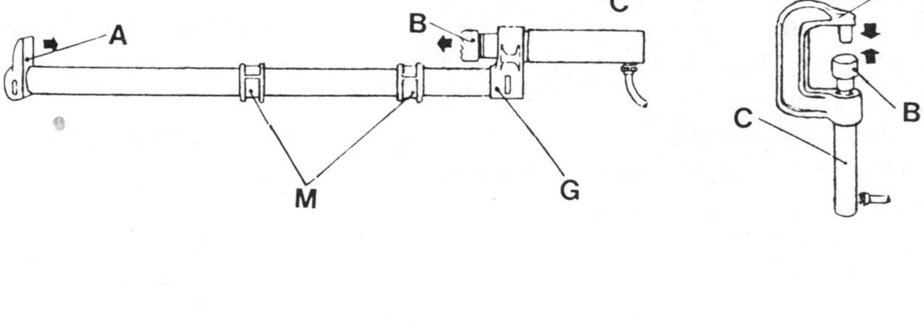

Figura 50. Aplicación de accesorios a los gatos hidráulicos. A, patilla de arrastre. B, cabeza de empuje. C, gato hidráulico. G, gemela. M, manguitos de empalme.

destacar los tubos prolongadores, mediante los cuales se pueda acceder a muy variadas distancias para hacer posible su aplicación sobre partes de la estructura que al estar dañadas pueden tener dimensiones también muy variadas, según la importancia de la deformación. Por medio de unos manguitos de empalme (M) y de una gemela (G) de aplicación del gato hidráulico (C) se pueden conseguir las distancias adecuadas de empuje que son habituales en todo tipo de carrocerías.

Cuando se trata de actuar con movimientos de tracción la única diferencia estriba en que el gato hay que montarlo de otra manera para conseguir que cuando se accione por medio de la palanca el aumento de su carrera se convierta en un movimiento de tracción en vez de movimiento de empuje. Tal es la situación del gato hidráulico que se ve en la figura 51. Mediante los tubos prolongadores (D), el manguito de empalme (M) y las piezas de anclaje (P) se puede conseguir el movimiento que indican las flechas en esta figura, que corresponde a un movimiento de tracción con respecto a las piezas sujetas en P.

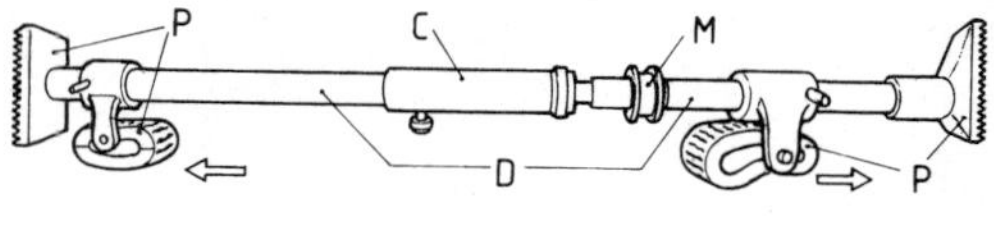

Figura 51. Montaje para que el gato hidráulico trabaje a tracción. C, gato hidráulico. D, tubos prolongadores. M, manguito de empalme. P, piezas de anclaje y apoyo.

Comoquiera que la aplicación del gato hidráulico en esfuerzos de tracción resulta una práctica muy corriente en los casos de deformaciones por accidentes de cierta importancia, se han ideado y se lleva a cabo la posibilidad de utilizar estas máquinas con gran cantidad de posibles anclajes a base de cadenas. De ello hablaremos en la parte de consejos de utilización de los gatos hidráulicos.

Por último nos quedan por ver los gatos hidráulicos que producen movimientos de expansión. En general son gatos de pequeño tamaño que actúan por la acción de palanca sobre un pico en forma de pinza que se expande a medida que se aumenta la presión. En la figura 52 podemos ver varios ejemplos que indican por sí solos las características propias de estos tipos de gatos hidráulicos. Se utilizan para poder acceder a distancias de deformación muy pequeñas en las que la introducción de gatos como los que hemos descrito hasta ahora no sería posible por la escasez de espacio. Las pinzas, en forma de cuña, pueden penetrar entre el intersticio de las planchas deformadas en donde se pueden hacer expansionar, con lo que se consigue que éstas se separen.

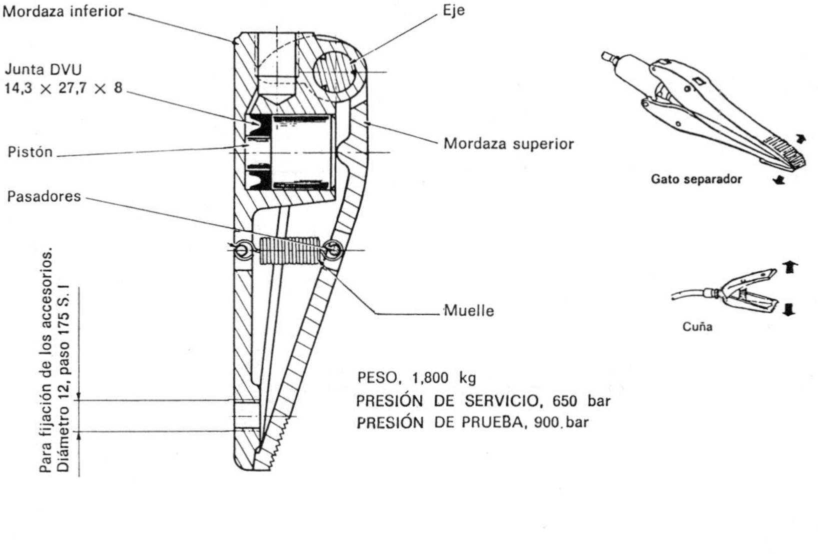

Figura 52. Ejemplos de gatos hidráulicos que trabajan en movimiento de expansión.

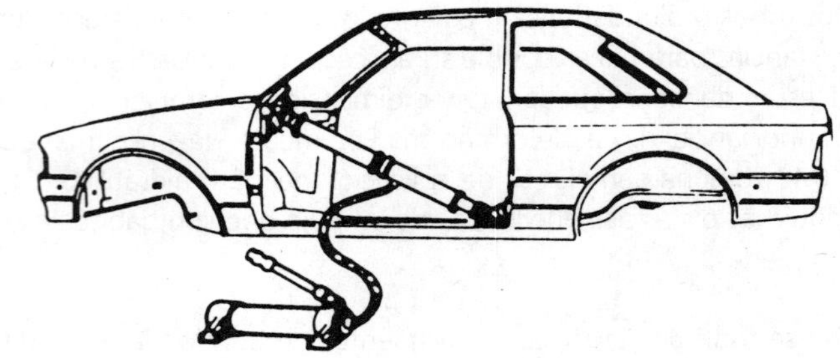

Figura 53. Ejemplo del enderezamiento de una puerta con la ayuda de un gato hidráulico que trabaja por tracción.

En la figura 53 se puede ver un ejemplo de aplicación de un gato hidráulico colocado en una carrocería para conseguir el enderezamiento del marco de una puerta. Más adelante ya se verá la forma de realizar estos trabajos y otros similares.

Utilización de gatos hidráulicos

Como se ha visto, los gatos hidráulicos disponen de una gran variedad de accesorios. Cabe destacar entre ellos los llamados *tubos prolongadores* que, debidamente acoplados, nos van a permitir aproximarnos con bastante precisión a la distancia que precisamos para, después, hacer el movimiento adecuado que enderece las planchas.

Los encajes de los tubos de prolongación se llevan a cabo por medio de unos manguitos de empalme que se colocan roscados en los tubos. En los extremos del gato se colocan tacos de madera o se hace uso de las cabezas de goma, o bien zócalos de diferentes formas que tienen por objeto apuntalar con seguridad los puntos de aplicación y no dañar la plancha, pese a la enorme fuerza que el gato hidráulico puede proporcionar. En la figura 54 se han dibujado diferentes utilizaciones de los gatos hidráulicos provistos de los accesorios antes mencionados.

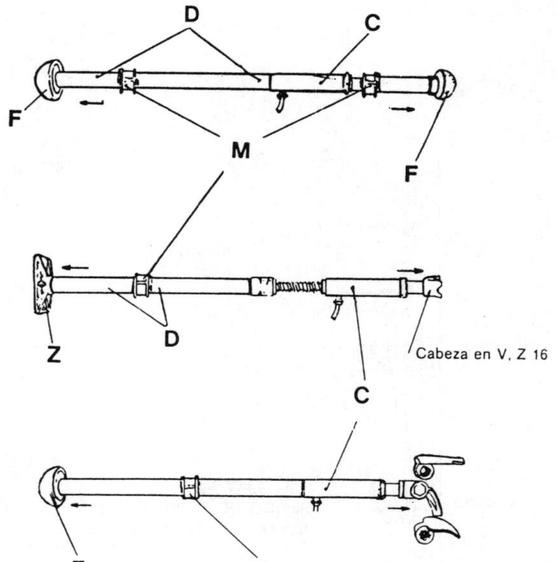

Figura 54. Diferentes preparaciones para que el gato hidráulico trabaje a tracción. C, lugar ocupado por el gato hidráulico. D, tubos de prolongación. F, cabezas de goma. M, empalmes. Z, zócalos.

Cuando las distancias a cubrir son considerables y los tubos prolongadores no dan para más, se puede acudir a la técnica de valerse de cadenas para efectuar el trabajo de estirado. Advirtamos desde el principio que antiguamente esta técnica era muy utilizada en los talleres, pero hoy en día rara vez se llega a tener que hacer una reparación tan importante que requiera el uso de las cadenas. Cuando una carrocería ha quedado tan deformada que precisa de importantes estiramientos de plancha, es decir, lo que llamamos en el argot del taller, que «ha quedado hecha un acordeón», la conducta normal en todos los talleres es la siguiente: o bien dar por siniestro total el accidente y mandar el coche a la chatarra, o bien cambiar la caja completa de la carrocería con el total del repuesto procedente de fábrica. Esta solución, aunque pueda parecer increíble, resulta mucho más barata que el precio de la cantidad de horas y horas que va a necesitar un operario experto en reconstruir los efectos de un golpe semejante. Sin embargo, en el caso de coches de época o «clásicos» puede que no sea posible encontrar piezas y ello obligaría al taller a hacer una reconstrucción total de la carrocería, «cueste lo que cueste». En estos casos es cuando entran en acción las cadenas para salvar distancias que son insalvables para los tubos de prolongación, y vamos a describir su técnica porque también hay casos en la práctica en los que su uso puede ser de utilidad en carrocerías especiales no demasiado deformadas.

La principal ventaja de las cadenas es el hecho de que resultan fácilmente regulables ya que para ello sólo basta con calcular el número necesario de eslabones. Sin embargo, el uso de cadenas implica ciertos riesgos que todo operario ha de tener muy en cuenta. Por ejemplo, una cadena que se rompa durante la operación de estirado puede convertirse en un peligrosísimo látigo que dañe todo lo que encuentre a su paso, desde la misma carrocería que se trata de reparar hasta el mismo operario que está manipulando el gato hidráulico. Con el fin de evitar este tipo de accidentes, el operario ha de tener en cuenta que las cadenas utilizadas para estos trabajos no son cadenas vulgares, sino unas cadenas fabricadas con aceros especiales que están calculadas de acuerdo con los máximos esfuerzos que el gato puede alcanzar. Pero el defecto no puede hallarse en la misma cadena en sí, sino en sus amarres, y ello implica la necesidad de dar al lector algunos consejos relacionados en este tema. Esto es lo que vamos a hacer en este momento.

En la figura 55 tenemos varios sistemas de utilización del gato hidráulico por

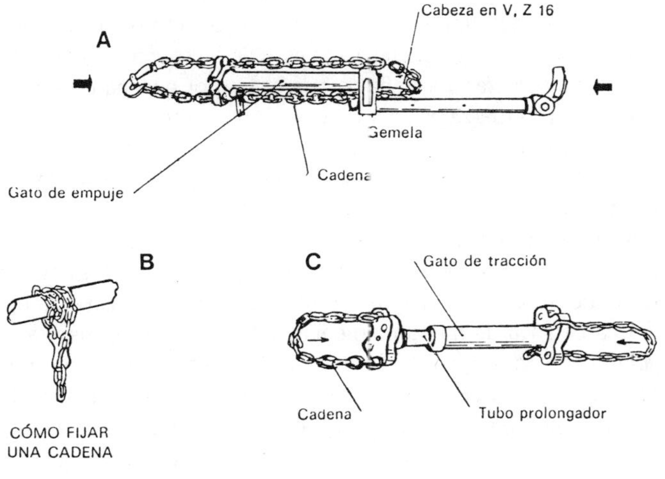

Figura 55. Colocación de cadenas para montajes de tracción con los gatos hidráulicos.

medio de cadenas. Cabe destacar de esta figura el detalle B en el que se muestra el modo de fijar una cadena a una barra. Es necesario darle varias vueltas para repartir mejor el esfuerzo de tracción sobre la superficie de la barra o plancha que hay que someter a esfuerzo de deformación. También es propio de profesionales experimentados colocar un saco o una manta cubriendo la cadena para que en el caso de que se rompa se enrolle sobre la tela e impida que la cadena salte pudiendo herir a alguien en el taller o al propio operario que las manipula. Esta precaución es importante, sobre todo si se prevé, por la forma de la deformación de la estructura, que se tendrá que aplicar con el gato un esfuerzo de cierto valor elevado. Una cadena puede estar fatigada o ser vieja y siempre se corre el riesgo de que pueda romperse con peligro.

Otro tema importante a este respecto es el punto de amarre de las cadenas sobre la estructura deformada. En primer lugar, hay que tener buen ojo para saber en qué punto de anclaje se ha de ejercer la presión pues puede ocurrir muy fácilmente que de estar mal aplicado el punto de amarre, además de que el gato se vea obligado a hacer mucha más fuerza, resulte que más que conseguir un enderezado de la parte deformada se consiga añadir una mayor deformación a la ya existente. Por lo tanto, los puntos de amarre de las cadenas deben encontrarse, en general, de modo que actúen de forma inversa a la manera como se produjo el golpe causante de la deformación. Claro que esta regla puede variar si el golpe fue influido por otras circunstancias posteriores, como puede ser el vuelco, etc. La práctica aconseja al planchista con mucha exactitud en la manera de elegir los puntos de amarre para las cadenas con el fin del enderezado de la estructura.

En segundo lugar, cabe destacar también que no todos los puntos de la carrocería son idóneos para la aplicación de las cadenas a efectos de seguridad. Hay que conseguir siempre que las cadenas queden muy seguras en el punto de amarre y que no tenga la posibilidad de escurrirse a través del pilar o el montante, o de la plancha, a la que se hayan sujetado. Como norma general puede establecerse que las cadenas no deben amarrarse nunca a lugares donde haya ángulos vivos en la plancha, pues a la aplicación de la potencia del gato las cadenas podrían escurrirse y saltar de su alojamiento con el peligro consiguiente. Tampoco resulta conveniente que se apliquen en cantos vivos de la plancha que pueden tener una acción cortante.

A continuación, y para terminar ya este apartado dedicado a los gatos hidráulicos, solamente vamos a dar algunos consejos sobre su utilización a fin de que el operario que trabaje con ellos tenga cuidado para su mejor conservación. La primera norma a este respecto es la de no sobrecargar el gato hidráulico, es decir, no someterlo a trabajos que estén por encima de sus posibilidades de trabajo. Si su fuerza es de 4 toneladas, por ejemplo, no tratar de forzarlo insistiendo con mayores esfuerzos.

Otro tipo de normas viene de la manera de utilización que del gato se puede hacer. Por ejemplo: el punto más correcto de trabajo de un gato es aquel en el que éste actúa axialmente; pero cuando el punto de aplicación de la fuerza no se encuentra en el mismo eje del émbolo del gato hidráulico es necesario que el operario que trabaja con él vaya con mucho cuidado y suspenda el accionamiento de la palanca de mando inmediatamente en que encuentre una resistencia que pueda considerarse anormal. También es de la mayor importancia, cuando se aplican los tubos prolongadores para ganar determinadas distancias, que éstos se hallen bien sujetos y atornillados a fondo en sus manguitos de empalme. Cuando el gato hidráulico es sometido a grandes cargas puede haber peligro de pandeo en montajes de empuje. Hay que actuar siempre teniendo en cuenta esta posibilidad para acudir rápidamente a calzar los tubos prolongadores en cuanto se inicie su pandeo. Cuando esto se produce hay que trabajar con lentitud, ganando poco a poco espacio en el enderezado de la plancha y vigilando la reacción del tubo o tubos prolongadores.

También hay que tener en cuenta la distancia que se trata de ganar antes de aplicar el gato para conseguir así que los tubos prolongadores o las cadenas hagan inneesaria una excesiva carrera del gato hidráulico, es decir, hay que evitar la necesidad de que el émbolo tenga que salir excesivamente de su alojamiento. En según qué posiciones extremas, el émbolo podría llegar a dañarse en su necesaria estanqueidad con respecto a su cilindro de modo que las posiciones extremas, que pueden evitarse con un mejor ajuste previo de los elementos reguladores de la distancia, deben ser evitadas en todo lo posible.

Por último, otros cuidados propios de aparatos de este tipo son los de no sujetar o tirar del gato tomándolo por la manguera flexible, ya que, como es lógico, éste puede desajustarse y perder la estanqueidad propia y necesaria de estos aparatos. A este mismo respecto hay que cuidar también que la manguera no quede forzada en mala posición, de forma que existan lazos o esté pisada por objetos de peso o cortantes, etc. Del mismo modo y con mayor razón, se tendrá mucho cuidado cuando se trabaje con el soplete de proteger todos los accesorios y el mismo gato hidráulico de los efectos del calor, y no digamos de la llama que, como es muy lógico, puede llegar a perjudicar seriamente a la manguera flexible, al aceite especial para cilindros hidráulicos y a las juntas de estanqueidad de los émbolos. Así, cuando se tenga en la mano el soplete no olvidar nunca la posibilidad de que un excesivo calor puede perjudicar al gato hidráulico.

Para finalizar este apartado, y como resumen de las posibilidades de aplicación de los gatos hidráulicos, digamos que su uso queda limitado a aquellos puntos en los que se disponga siempre de dos puntos de apoyo. Así pues, se utilizan para:

a) Restablecer las correctas cotas en el marco de las puertas de una forma similar a lo que vimos en la figura 53.
b) Para restablecer las cotas en el vano de los cofres, tanto delantero como trasero.
c) Para recobrar distancias entre largueros y ajustar las cotas de los travesaños.
d) En todos los casos de estirado o comprimido de planchas en los que se cuente con dos puntos de apoyo entre las piezas que queremos enderezar.

Escuadra hidráulica para enderezar

En el caso de deformaciones producidas por fuertes golpes o bien debidas a vuelcos, el enderezado de la carrocería requiere poder actuar, con mucha frecuencia, desde su exterior, y ello no resulta fácil llevarlo a cabo con el uso del gato hidráulico. Por eso se ha estudiado y puesto a disposición de los chapistas una herramienta de mayores proporciones que recibe el nombre de *escuadra hidráulica* que puede ser de la mayor utilidad para trabajar a tracción desde el exterior del vehículo. En la figura 56 se puede ver uno de estos ejemplares que en el argot del taller también se le suele dar el nombre de «L» (ele) por la forma característica de su armazón.

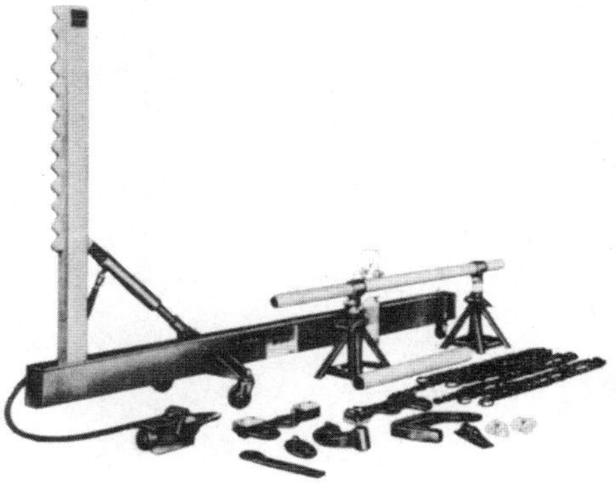

Figura 56. Conjunto de escuadra hidráulica junto con sus accesorios.

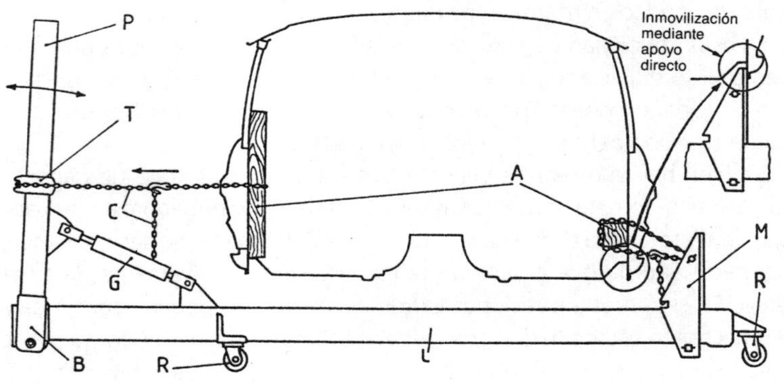

Figura 57. Disposición de una escuadra hidráulica y sus amarres para enderezar la parte lateral de una carrocería. A, amarres de los topes de la carrocería mediante cadenas y tacos de madera. B, eje de fijación del brazo vertical. C, cadenas. G, gato hidráulico. L, larguero o brazo horizontal. M, tope móvil deslizante. P, brazo vertical basculante. R, rodillos orientables. T, tope. El detalle indicado en la zona superior de la derecha representa la inmovilización mediante el apoyo directo de la carrocería sobre el tope móvil deslizante, en vez del amarre del tope móvil con cadenas y apoyo en un taco de madera.

La base del trabajo de la escuadra hidráulica está, además de en un gato hidráulico que ocupa uno de sus ángulos, en la palanca articulada, es decir, basculante, que ocupa este mismo ángulo de la escuadra, y desde la cual se puede amarrar una cadena en una parte de la carrocería deformada del automóvil. El larguero va provisto de ruedas para facilitar su desplazamiento y poder ocupar plaza por debajo de la carrocería. Acostumbra a tener una longitud de unos 3 metros para que la carrocería del automóvil quede por encima del larguero cumplidamente cuando se haya colocado en posición de trabajo. Por otra parte, el brazo basculante acostumbra a tener alrededor de los 1,65 metros. Para su posicionado de trabajo esta escuadra debe disponer también de una gran cantidad de accesorios entre los que cabe destacar las cadenas para el anclaje de los puntos de tracción.

En la figura 57 puede ver el lector un esquema del funcionamiento de una de estas escuadras sobre la que se ha colocado ya, en esquema, una carrocería. La figura nos muestra la manera en que se hacen los amarres de las cadenas a cada uno de los costados de la carrocería. En una punta del brazo horizontal o larguero se coloca el tope móvil (M) deslizante, que puede fijarse en una posición determinada. A él va sujeta una cadena que se aplica en la zona de la carrocería por medio de un tubo angular o, en casos de poca presión, por un tablón de madera, del modo que con mayor detalle se muestra en la figura 58. La buena colocación de las cadenas proporcionará un buen amarre. Por la parte

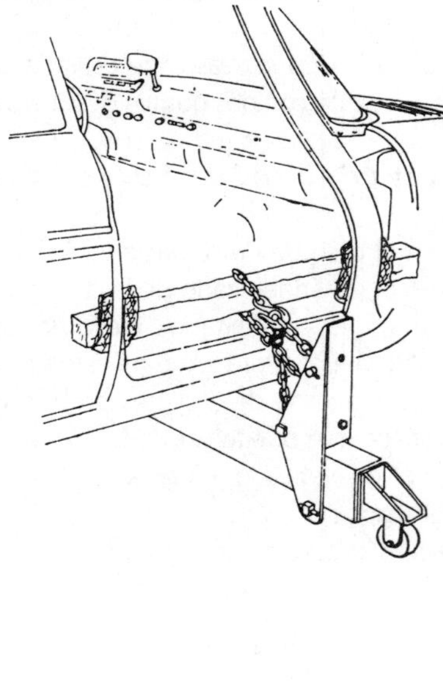

Figura 58. Colocación del amarre por el lado del tope móvil.

opuesta se actúa también con un angular y la cadena cuyo tope de amarre (volvemos ahora a la fig. 57) se coloca en el punto conveniente del brazo que constituye la palanca basculante. Una vez todo ello fijo, cuando se haga trabajar al gato hidráulico de la escuadra, el brazo de palanca basculante se irá retirando en el sentido que muestra la flecha de la citada figura 57, de modo que el material de la carrocería se verá obligado a ceder ante la presión que se ejerce entre las cadenas e irá recobrando, de este modo, la forma original.

Para la utilización de estos aparatos hay que tener las mismas precauciones que en lo que al respecto se dijo para los gatos hidráulicos. En el caso de las cadenas hay que ser tan prudentes como se indicó en su momento con el fin de evitar accidentes corporales en posible caso de rotura de las citadas cadenas. También, en todo lo que respecta al uso del gato hidráulico, es necesario hacerlo extensible al gato hidráulico de la escuadra ya que se trata de un mecanismo de la misma naturaleza.

Finalmente conviene que el lector vea, en la figura 59, algunos ejemplos de la forma de amarre de las cadenas que, por lo que ya hemos dicho en otras partes, deben estar sujetas con la máxima seguridad. Para ello se utilizan *mordazas* o *cangrejos de tracción*, que son unas piezas dotadas de formas variadas para poder acoplarse con la mayor seguridad a diferentes puntos de la carrocería que se trata de reparar. Estas piezas forman juegos como el que se muestra en A de la figura. Las fotografías B, C y D ilustran sobre la forma de efectuarse el anclaje de algunas de dichas piezas en diferentes zonas de una carrocería accidentada.

Con lo dicho damos por terminado este apartado relativo a las herramientas hidráulicas para enderezar plancha y estructura de la carrocería, herramientas que, como se ha visto, son de gran utilidad para los trabajos de recobrar las formas de la estructura de una carrocería accidentada con desperfectos importantes. Pasemos a continuación a ver los otros tipos de herramientas de los que todavía un taller de planchistería debe disponer.

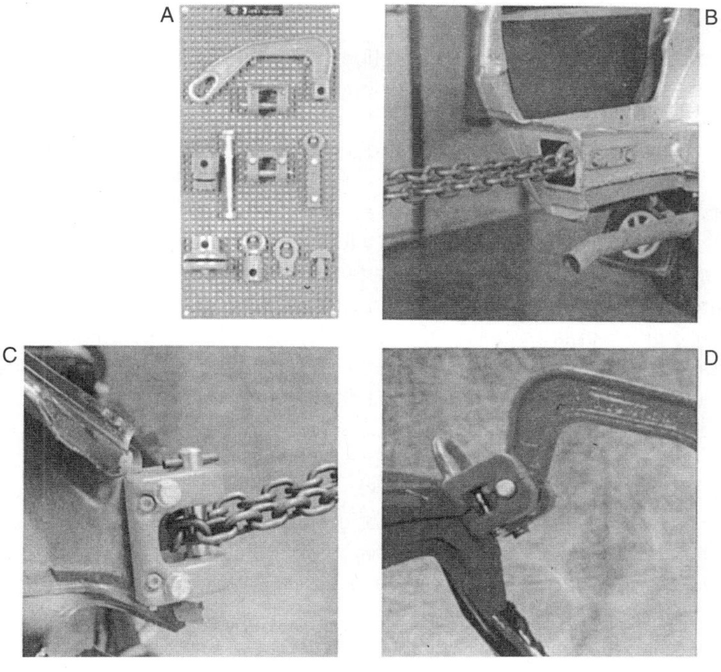

Figura 59. Mordazas o encajes de tracción. A, juego completo de piezas para cumplir un amplio campo de utilización. B, mordaza de tracción sujeta a la parte trasera. C, sujeta a una aleta. D, sujeta al techo.

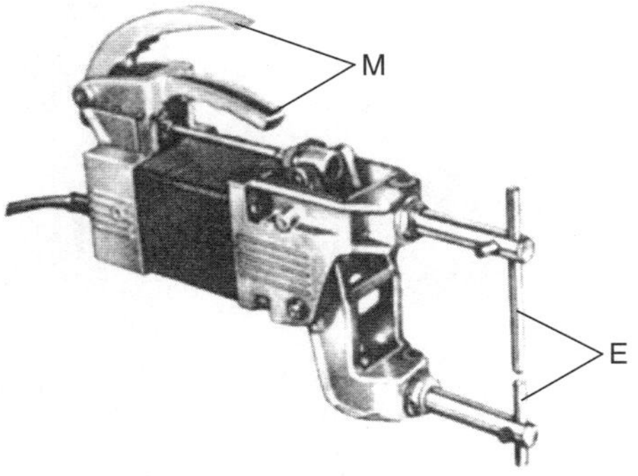

Figura 60. Cabezal manual de soldadura eléctrica de puntos. E, electrodos. M, palancas de mando.

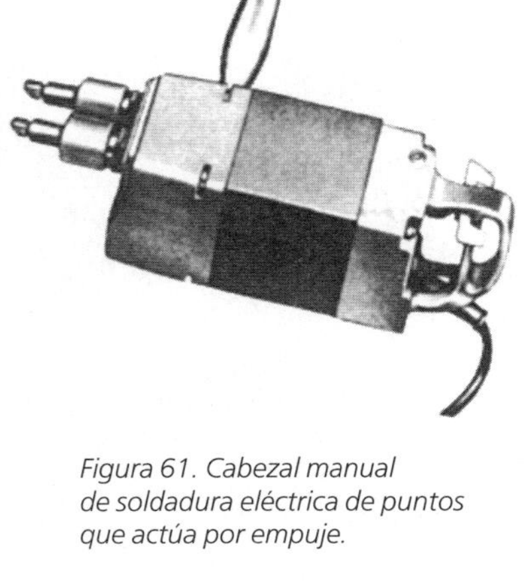

Figura 61. Cabezal manual de soldadura eléctrica de puntos que actúa por empuje.

Equipos de soldar, taladrar, etc.

En este apartado vamos a ver solamente algunas figuras que nos pongan al corriente de las herramientas necesarias para hacer algunas operaciones propias de la plancha. Una de ellas será la soldadura, a la que ya dedicamos unas cuantas páginas al principio de este mismo capítulo cuando nos referíamos a los sistemas utilizados para la unión de plancha, por lo que ahora vamos a sintetizar al máximo este apartado para ceñirnos exclusivamente a comentar algunos de los equipos que para el trabajo del planchista resultan más convenientes.

Como ya se dijo, uno de los sistemas más corrientes de soldadura que debe dominar el chapista es la soldadura eléctrica por puntos. Los equipos encargados de este trabajo tienen el aspecto que se muestra en la figura 60 en la que se muestra un cabezal manual de este sistema. La posición de los electrodos (E) determina la maniobrabilidad de esta máquina, ya que ellos han de ser introducidos entre las dos planchas a soldar y han de disponer de un espacio suficiente para la colocación de los puntos de soldadura entre las dos planchas a unir. Por medio de las palancas de mando (M) se ejerce la fuerza de presión necesaria para el cierre de los electrodos y, por otra parte, se manda el impulso eléctrico necesario para adquirir la temperatura conveniente de fusión, tal como ya se explicó al relatar el principio de funcionamiento de esta soldadura. Una máquina como la presentada en esta figura tiene una capacidad para soldar chapas de acero de hasta 2 + 2 mm y una fuerza de cierre o agarre de unos 120 kg.

Existen también muchas máquinas manuales de este tipo que llevan incorporado un temporizador con el fin de que el tiempo de aplicación de la soldadur sea exclusivamente el necesario y no dejar este detalle a la apreciación exclusiva del operario. Como ya se dijo al principio de este capítulo, el tiempo de aplicación de la corriente eléctrica para la soldadura influye mucho, entre otros factores, en la buena realización de la soldadura, de modo que hay máquinas que calculan este tiempo automáticamente, con variantes entre 0,05 y 0,55 segundos por golpe. También existen aparatos temporizadores independientes del aparato manual.

También existen máquinas de este tipo que sueldan por empuje. Un ejemplo de ellas se puede ver en la figura 61 donde se muestra una máquina con temporizador incorporado y con una capacidad máxima de soldadura de 1 + 1 mm.

Dada la gran cantidad de perfiles que en una carrocería la unión de dos o más planchas puede adoptar, ya sea para poder acceder hasta ellas ya sea por las características de su disposición, el caso es que se precisa un buen número de portaelectrodos de diferentes tamaños y formas, los cuales pueden verse en una pequeña selección (su aplicación depende también del diseño de la carrocería en cuestión y, en casos especiales, el portaelectrodos muy particular puede estar proporcionado por la misma fábrica) todo ello relacionado en la figura 62. Los mostrados en los dibujos 1, 2 y 3 difieren en la longitud del portaelectrodos, ya que los electrodos tienen igual tamaño. La longitud del portaelectrodos determina el desplazamiento hacia el interior de las planchas que la máquina puede llegar a hacer. En 4 nos encontramos con la variante de un electrodo provisto de punta plana y articulada, por medio de lo cual se mejora la soldadura en determinados casos en los que la punta de los electrodos puede producir una incisión entre las dos planchas a soldar. Por el contrario, la punta de mayor superficie y adaptable evita este riesgo. Soldaduras empleando este tipo de electrodo son convenientes para puntos que han de quedar al exterior y que de este modo pueden pulirse mejor, permitiendo un mejor acabado de la plancha. En cuanto a

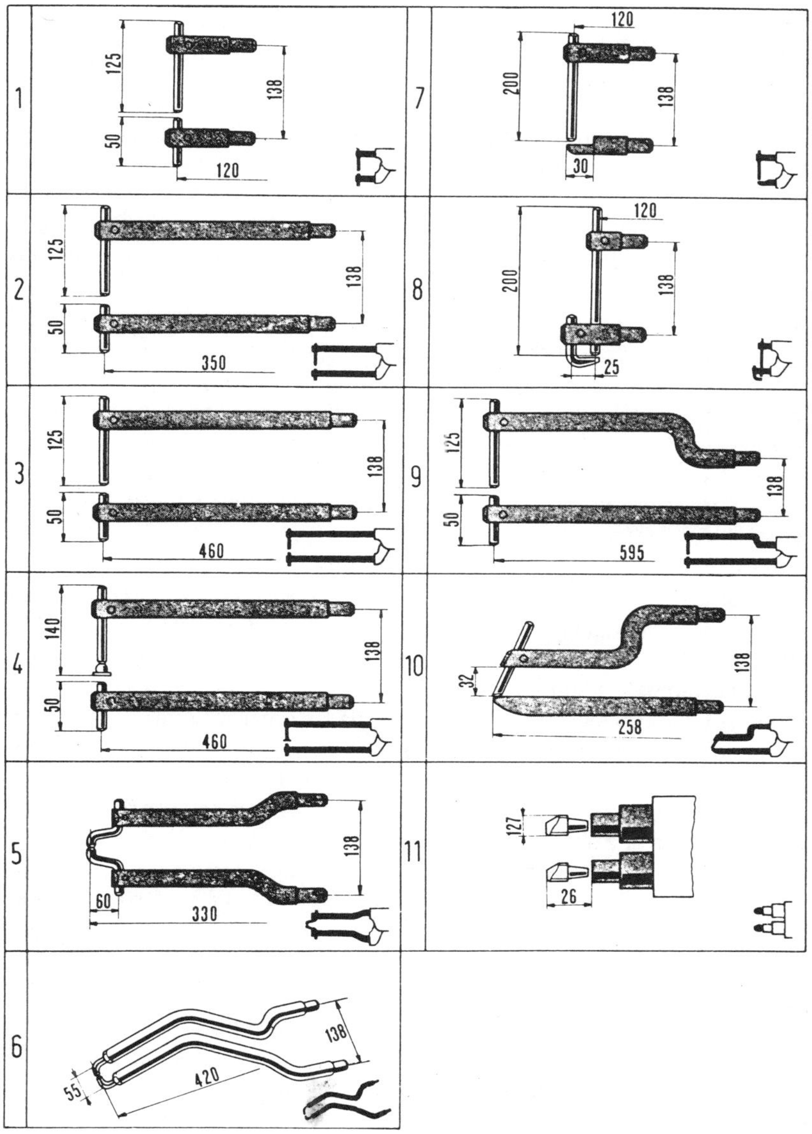

Figura 62. Diferentes tipos de electrodos y portaelectrodos, con sus indicaciones de medida, para llevar a cabo la soldadura de puntos.

los restantes dibujos de la figura 62 que nos ocupa representan electrodos o portaelectrodos especiales para puntos muy concretos de la carrocería que solamente dejan paso a electrodos de las formas reseñadas en cada dibujo. En 11 tenemos los electrodos propios de la máquina de soldar por puntos de empuje que ya vimos en la figura 61.

Una máquina de soldar también muy útil en la práctica del taller de planchistería es la llamada de *hilo continuo*, llamada así porque su material de aportación es un cable de acero al volframio muy fino, de 0,6 a 0,8 mm que, con una extensión de varios metros, viene enrollado en una bobina que se integra en la misma máquina de soldar. En la figura 63 puede verse una de estas máquinas. Principalmente, sustituye a la soldadura al arco ya conocida (la de los electrodos).

Este equipo de soldar se deriva de la soldadura eléctrica al arco. La diferen-

Figura 63. Equipo de soldadura al arco en atmósfera de gas inerte.

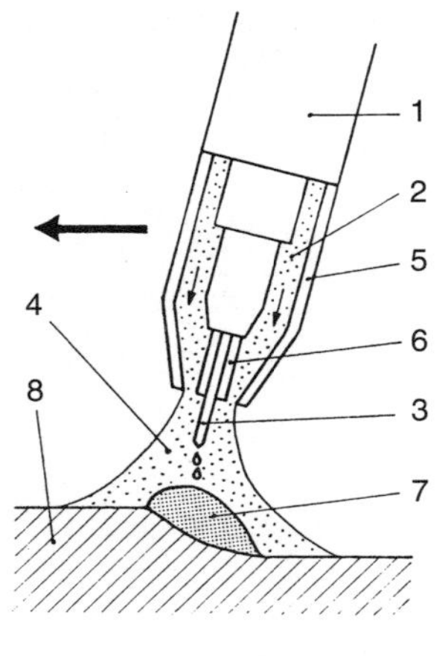

Figura 64. Actuación de una boquilla durante una soldadura al arco con gas inerte. 1, boquilla de la pistola. 2, salida del gas inerte. 3, electrodo fusible de hilo sin fin. 4, arco en atmósfera protegida. 5, horquilla exterior. 6, horquilla interior. 7, baño de fusión del cordón de soldadura. 8, plancha.

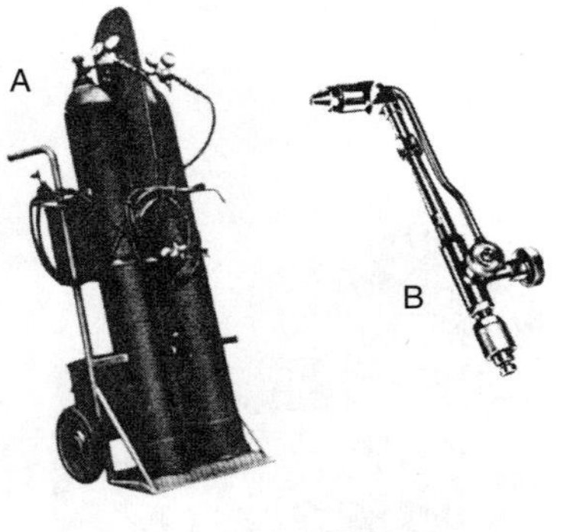

Figura 65. Equipo para soldadura oxiacetilénica. En B, mechero de oxicortar.

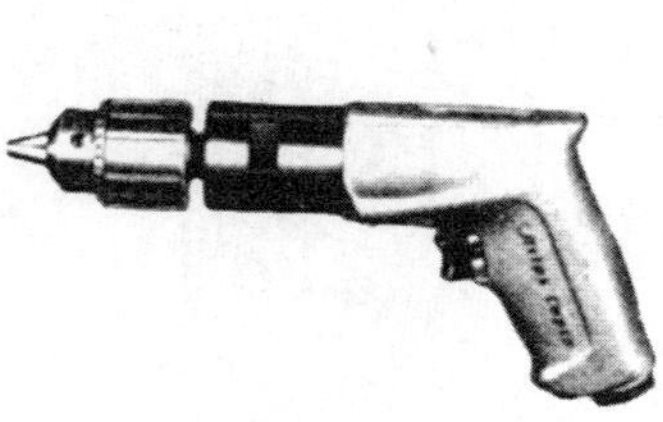

Figura 66. Taladradora de aire comprimido.

cia entre ambas reside en el electrodo y en la forma de aplicar el metal de aportación. Las características más destacadas son, por una parte, el hecho de que la misma máquina incorpora y hace deslizar el material de aportación y, por otra parte, la soldadura queda protegida por el flujo de gas inerte que envuelve todo el baño de fusión impidiendo así la oxidación del cordón de soldadura. En la figura 64 tenemos un esquema que nos muestra la forma de actuar de este sistema en la zona de la boquilla. En la pistola van colocadas a presión, o roscadas, una horquilla exterior que canaliza el gas inerte y otra, interior, que proporciona el contacto eléctrico al alambre para la formación del arco. La distancia entre el extremo de la horquilla interior y la punta del alambre sin fin debe ser controlada por el operario. Sin embargo, la intensidad eléctrica y la velocidad de salida del alambre se controlan automáticamente. Cuando se suelda, el hilo (3) va saliendo por la boquilla de la pistola al igual que lo hace el gas inerte (2 y 4). Éste envuelve al hilo y lo protege durante el arco y su posterior fusión impidiendo el contacto con el oxígeno del aire que es el causante de la oxidación de la soldadura.

Este tipo de máquina de soldar resulta especialmente útil para realizar soldaduras en largueros o refuerzos de gran espesor, pues tiene la ventaja de poder soldar a puntos y en cordón.

Este sistema resulta tan práctico y eficaz que le ha quitado mucho protagonismo a la tradicional soldadura oxiacetilénica que antes se utilizaba de una forma muy generalizada en todos los talleres de chapistería. Ello no quiere decir que la soldadura oxiacetilénica no deba ser usada con frecuencia en el taller, por lo que no vamos a olvidarnos de ella.

En la figura 65 mostramos el conjunto de las botellas típicas de las que es necesario disponer para llevar a cabo la aplicación de la soldadura oxiacetilénica. Como puede verse en la figura, las botellas están provistas de sus correspondientes manómetros, así como de una carretilla para facilitar su transporte ya que es un equipo altamente pesado. Este equipo debe estar completado, por supuesto, con los accesorios que son habituales tales como un juego de diferentes sopletes con diferentes mecheros para poder elegirlos y utilizarlos según el espesor de las planchas que vamos a soldar, ya que si son muy finas necesitan menor aporte de calor, como todo buen soldador sabe.

También será conveniente no olvidar en este equipo la necesidad de disponer de un mechero de oxicorte, tal o semejante al mostrado en B de la misma figura 65, que nos será muy útil para los trabajos de desmontaje de planchas en zonas muy deformadas. Por medio de este soplete podremos cortar planchas de desecho en aquellos puntos en los que no podemos introducir la sierra ni incluso el cortafríos y el martillo para picar, o cualquier otra herramienta de corte. No hace falta decir que todo equipo de soldadura debe completarse con las gafas protectoras o la pantalla, los guantes, etc.

Terminada esta breve descripción del equipo del soldador pasemos a ver otras máquinas propias del taller del chapista y que hacen referencia al taladrado, las máquinas de lijar de mano y las pulidoras y lijadoras neumáticas.

Con respecto a las taladradoras de mano son de sobra conocidas en todos los talleres que tienen relación con el automóvil. Además de la clásica taladradora de columna, el chapista precisará también una buena taladradora de mano para poderse mover con ella con facilidad por todos los lados de la carrocería. Cuando se dispone en el taller de instalación de aire comprimido, una pistola como la mostrada en la figura 66 puede ser de gran utilidad. Estas taladradoras pesan poco en comparación con las eléctricas que han de llevar el motor incorporado y aunque son algo más lentas de giro que sus equivalentes eléctricas, resultan suficientes para el trabajo de taladrado habitual. Basta con que consigan las 1.300 r/m y puedan trabajar con brocas helicoidales de 10 mm como máximo para que entren a satisfacer las necesidades propias de un taller de planchistería. Por supuesto, las taladradoras eléctricas de iguales características también son igualmente válidas para el taller.

Otro grupo de máquinas de gran importancia para el acabado de la chapa es el grupo de las lijadoras de disco. Dentro de este grupo se encuentra la esmeriladora (o amoladora) que nos muestra la figura 67 en A. Se trata de una esmeriladora eléctrica de disco de piedra para chapa que puede alcanzar una velocidad de vacío de unas 3.000 r/m y puede arrastrar un disco de 180 mm de diámetro. Esta máquina, según el tipo de muela que la equipe, puede servir, en el taller, para rebajar o para cortar la plancha. Se trata, pues, de una máquina potente que permite aligerar el trabajo de corte de planchas. También tienen un amplio campo de utilización para el esmerilado de los puntos de soldadura cuando está provista de un disco axial. En general, las esmeriladoras tienen algunos inconvenientes tales como su práctica imposibilidad de cortar en círculo, además de que se trata de máquinas un poco rudimentarias en cuanto a los estándares de seguridad. Por ejemplo, son propicias a los accidentes ya que existe la posibilidad de que se rompa el disco en funcionamiento y salgan desplazadas partículas a gran velocidad (ya que trabajan a velocidades muy elevadas) con el consiguiente peligro que puede suponerse. Por otra parte, son escandalosas productoras de chispas con sus lógicas partículas incandescentes, que pueden ocasionar accidentes sobre todo si se proyectan a los ojos.

En cuanto a la pulidora de chapa la podemos ver en la misma figura 67, en la parte B. Se trata de una máquina más grande que la anterior. Las pulidoras sirven para sacar de la plancha sus impurezas y revestimientos superficiales, es decir, para dejar la plancha de acero a la vista. Para ello se utilizan papeles abrasivos de diferente grano mediante los cuales se consigue esta limpieza. Sin embargo, los papeles abrasivos pueden fácilmente rallar la plancha por lo que muchos profesionales prefieren usar discos de estropajo ya que éstos no llegan a arrancar la protección de cinc que las planchas actuales llevan para protegerse de la oxidación.

Finalmente, el taller de planchistería es conveniente que disponga también de alguno de los conocidos gatos de elevación de carrito para levantar automóviles, así como caballetes para sostener vehículos una vez elevados. También elevadores móviles de mando hidráulico como el mostrado en la figura 68, en la parte de la izquierda, con una capacidad de alrededor de los 1.000 kg son de

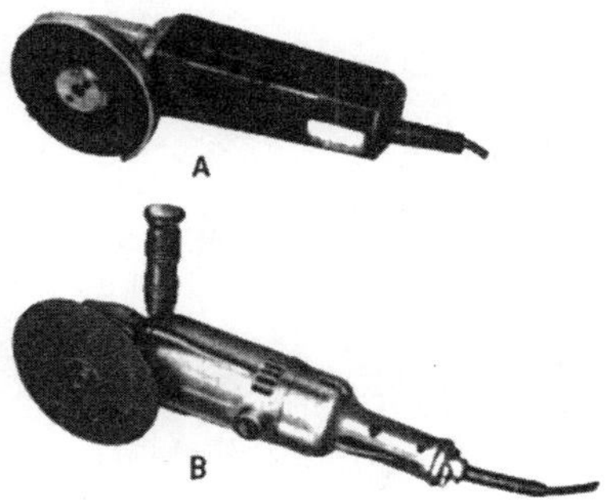

Figura 67. Lijadoras de disco. A, esmeriladora. B, pulidora de chapa.

Figura 68. Elevadores móviles para el levantamiento de carrocerías de automóviles.

gran utilidad para el traslado de las carrocerías a los puentes universales que veremos más adelante, en el próximo apartado. Por lo mismo, también son muy útiles los puentes electromecánicos de elevación del tipo del que se ve a la derecha de la figura que nos ocupa, el cual dispone de dos columnas con brazos articulados para la elevación de las carrocerías o del automóvil entero.

Herramientas de verificación

Con todo lo descrito hasta aquí ya tenemos una visión bastante completa de toda la clase de herramientas que son precisas en un taller de planchistería para carrocerías de automóvil. Quedan ahora por describir algunos pocos equipos que el planchista necesita también para la verificación de las medidas de las carrocerías entre los puntos de medición típicos que se estudiarán con más detalle en el capítulo próximo. Comoquiera que será entonces llegado el momento de ver cómo se hacen las verificaciones en las carrocerías accidentadas, en este momento solamente vamos a dedicarnos a la simple descripción general de la herramienta de verificación seleccionada.

Con la clasificación de herramientas de verificación entendemos aquellas que son necesarias al planchista para comprobar el estado de alineación de todas las partes fundamentales de que consta la carrocería, unas con respecto a otras, operación que es importante realizar con frecuencia en las carrocerías e indispensablemente cuando existen deformaciones debidas a un choque más o menos violento que se presume ha podido afectar a la parte de la estructura.

Existen dos herramientas fundamentales para la verificación de estas cotas, una extremadamente sencilla, el llamado *compás de varas* (y también el compás de puntas), y otra mucho más compleja, cara y, por supuesto, completa y eficiente, que es la *bancada*. Veamos una descripción sencilla de cada una de estas herramientas o conjuntos cuyo uso en la reparación ya veremos, repetimos, en el próximo capítulo.

El compás de varas

Esta sencilla herramienta de comprobación podemos verla en la figura 69. Se compone de una regla de base (1) fabricada generalmente con tubo cuadrado sobre la que se pueden deslizarse dos reglillas (2) graduadas que pueden ser desplazadas a lo largo de la regla graduada de base por medio de dos cursores a los que van unidas las reglillas. En el extremo de la regla (1) se ha colocado una punta (3) también graduable en altura.

Con todo este conjunto móvil, que se puede adaptar a cualquier posición de una carrocería, pueden hacerse muchas comprobaciones como se verá en el próximo capítulo.

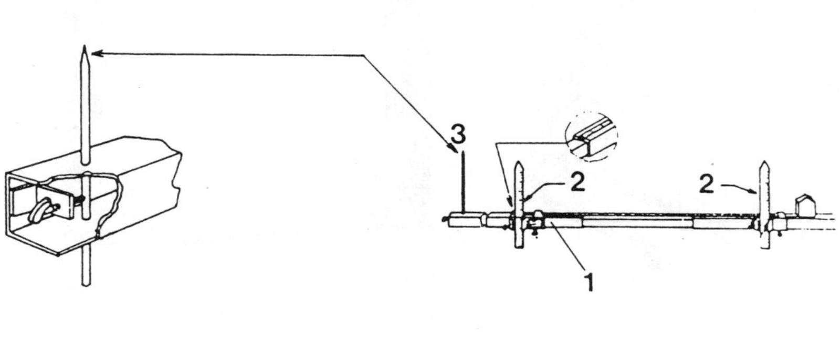

Figura 69. Constitución de un compás de varas.

El compás de varas está especialmente indicado para la comprobación de la alineación de las ruedas con respecto a la carrocería. Una variate de este tipo de compás, todavía mucho más sencilla, se muestra en la figura 70 que puede servir para hacer verificaciones varias de longitudes o paso entre diferentes puntos determinados.

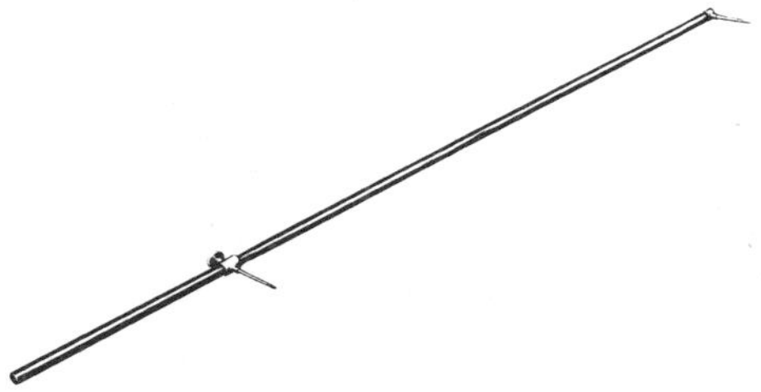

Figura 70. Útil para el control del paso y longitudes varias que sean simétricas.

El compás de puntas

Sirve especialmente para la comprobación de diagonales en los bastidores y carrocerías, y podría muy bien decirse que es una variante del compás de varas, pero con diferente disposición de las puntas de medición. Veámoslo mejor con la ayuda de un dibujo en la figura 71. Como puede apreciarse en esta figura, el compás de puntas consta básicamente de una regla central (1) telescópica con una punta de centrado en su mismo centro (señalada con 2), la cual es, además, regulable en altura. Por medio de unos tornillos de presión (3) se puede fijar la situación de la regla deslizante (4) graduada y que pasa por el interior del tubo (1). En los extremos se dispone de unas reglillas graduadas (5) que también pueden ascender o descender dentro de su tubo de alojamiento (6).

Con un montaje semejante podemos conocer al mismo tiempo el punto exacto de una longitud por la salida de las reglillas del cuerpo central y también la altura que existe entre los puntos de medición, por el movimiento de las reglillas (5).

El compás de puntas tiene una gran utilización cuando no se dispone de bancada, y aun disponiendo de ella, para mirar previamente si una carrocería que ha sufrido algún fuerte golpe está en condiciones o bien hay que proceder a su enderezado general. Ya veremos muy pronto la forma de utilizarlo para la comprobación del bastidor (la plataforma de los bajos) y otras partes importantes de la carrocería.

La bancada

Cuando un automóvil ha sufrido un fuerte golpe, y cuando se han comprobado las cotas básicas de la estructura de la carrocería y se ha visto que, evidentemente, ha habido desviaciones en la carrocería que han afectado a la pro-

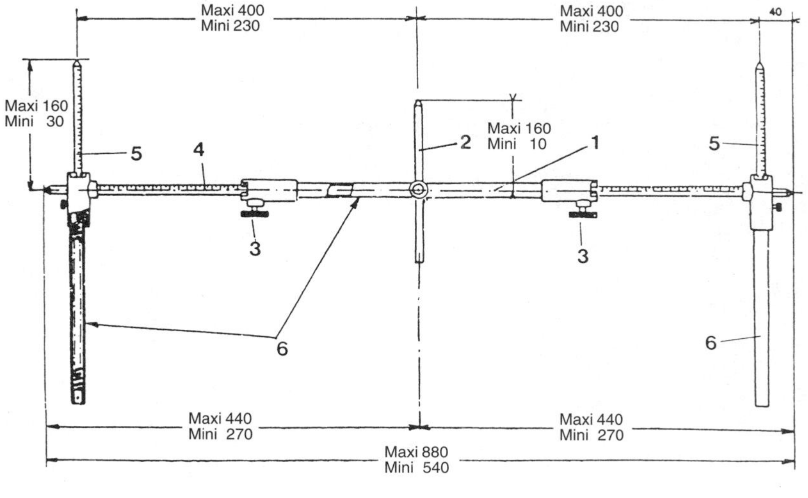

Figura 71. Compás de puntas graduado. 1, regla central. 2, punta de centrado. 3, tornillos de presión. 4, regla deslizante. 5, reglillas graduadas. 6, tubos de alojamiento.

pia estructura, su reparación ya no puede llevarse a cabo sin tener la seguridad en cada momento de que el restablecimiento de las cotas originales de una parte no modifican las cotas de otra parte, de modo que se precisa de un equipo muy completo por medio del cual se puedan ir comprobando con la mayor exactitud los puntos de fijación del puente delantero con respecto al bastidor; los puntos de fijación de la caja de cambios en los vehículos de transmisión desde el motor delantero a las ruedas traseras; los orificios para la fijación de la suspensión trasera; la comprobación del bajo de la caja o piso de la carrocería con respecto a la vertical de los pilares de las puertas, etc.

Si todos estos puntos básicos de la carrocería han sufrido desviaciones que modifican la posición del conjunto mecánico con respecto a la carrocería y ésta trabaja en un estado de torsión o deformación de otro género, el automóvil puede convertirse en un peligro ambulante por su dificultad de mantenerse dentro de las condiciones de agarre de la suspensión en determinadas circunstancias de la marcha, además de la progresiva fatiga y rotura de las partes internas de la estructura de la carrocería que lo debilitan y pueden llegar a producir su desmoronamiento ante cualquier circunstancia adversa.

Cuando una carrocería ha sufrido un golpe de cierta importancia y se ha observado que hay variaciones en las medidas llevadas a cabo en su caja y en los puntos citados, no hay más remedio que desmontar la carrocería y proceder a su reparación sobre un equipo que nos esté dando constantemente referencia de la posición de todos los anclajes, pues ésta es la única forma segura de saber que la reparación se está llevando por buen camino y que aquella carrocería, pese al golpe recibido, podrá ser utilizada de nuevo con toda garantía. Pues bien: esta permanente referencia de los anclajes básicos de la estructura solamente se puede lograr por medio de un voluminoso equipo de asentamiento de la carrocería que recibe el nombre de *bancada* y también el de mármol, por recordar al *mármol* de verificación que tienen los ajustadores.

Comoquiera que de la utilización de la bancada ya nos ocuparemos en su lugar correspondiente, aquí sólo vamos a describir el equipo de la bancada, como hemos hecho con el resto de las herramientas anteriormente descritas. En la figura 72 se muestra el conjunto de una bancada universal con sus muchos

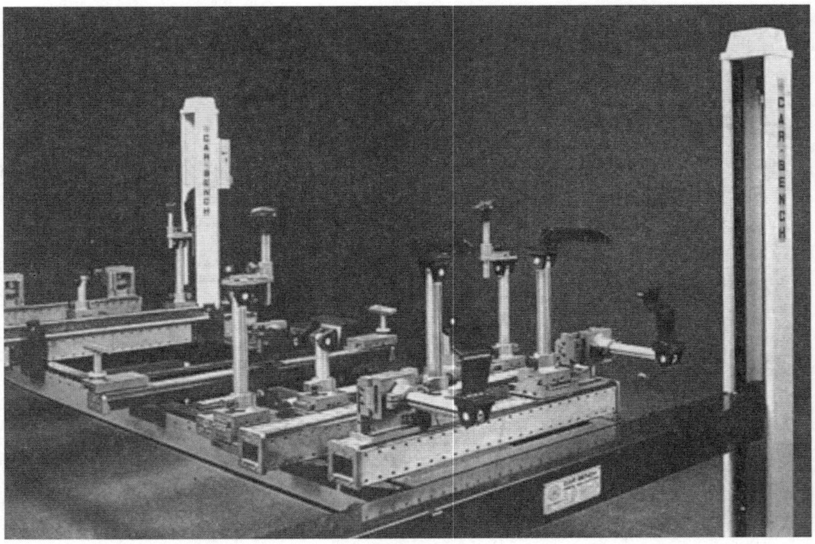

Figura 72. Aspecto de una bancada universal con todos sus accesorios.

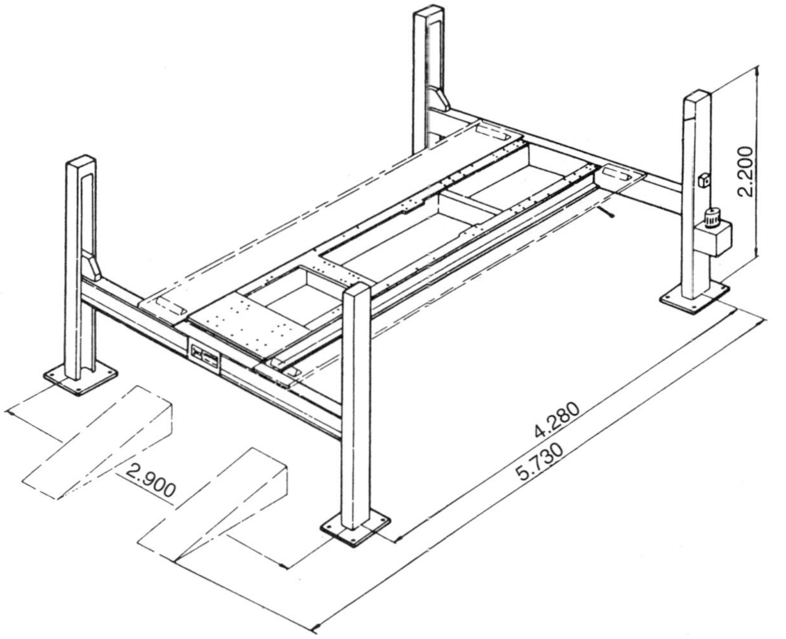

Figura 73. Base de una bancada constituida por su bastidor.

soportes aplicables a muchos tipos de carrocerías. Para la mejor comprensión, sin embargo, vamos a describir tipos más sencillos en la exposición que sigue.

Las bancadas están constituidas por unas vigas de base en forma de un bastidor, generalmente de formas rectangulares, construido con perfiles en U o en doble T, debidamente soldados con unos travesaños formando con ello una estructura de base semejante a la mostrada por la figura 73. Este bastidor de la bancada se ha cepillado para conseguir una superficie perfectamente plana, ya que de su planitud depende el perfecto ajuste de la carrocería a probar y la fijación de todos los soportes que ayudarán a esta operación.

A lo largo del bastidor se han practicado gran cantidad de taladros que se han estudiado cuidadosamente para que, a través de ellos, se fijen los soportes desmontables que corresponden a una u otra carrocerías a verificar, ya que, en estas bancadas universales, cada carrocería dispone de sus soportes específicos que han de aplicarse en cada caso cuando se trata de una carrocería de un automóvil determinado. Por ejemplo, cuando en una bancada universal se trabaja con la carrocería de un CITROËN, modelo *Saxo*, deberán montarse los soportes indicados para esta carrocería, y cuando se trabaja con una carrocería de un FIAT, modelo *Brava*, se deberá proceder al montaje de soportes adecuados para este tipo de carrocería, etc. De ahí la necesidad de tantos taladros a lo largo de las vigas del bastidor de la bancada.

Ya se puede comprender que una carrocería colocada sobre este mármol y con los soportes perfectamente adecuados a las dimensiones de una carrocería estándar en perfectas condiciones nos va a proporcionar los datos más completos sobre su estado de adaptación a los puntos clave que la bancada indica. Pero es más: la carrocería se puede entonces fijar a los soportes por medio de tornillos y centradores y de la «naturalidad» con que estos tornillos y centradores queden montados en los correspondientes puntos de anclaje, sin forzar ningún elemento, depende el que la carrocería se halle dentro de las tolerancias permitidas por el fabricante o bien haya sufrido importantes deformaciones de las que solamente puede esperarse una necesaria reparación a fondo. Ésta es la principal utilidad de las bancadas, que no pueden faltar en ningún taller de planchistería cuando su trabajo va más allá del simple cambio de puertas, guardabarros o desabolladuras superficiales.

Antes de terminar sobre este tema hay que destacar también que la bancada permite también el montaje del automóvil en conjunto, es decir, sin el total desmontaje de la parte mecánica. En este caso no pueden montarse los soportes por medio de los cuales se sostiene la carrocería por los puntos de anclaje de la suspensión (punto realmente muy importante), pero sí pueden tomarse medidas de otros muchos puntos de anclaje de la carrocería como se verá en su momento. Desde luego, lo ideal para el planchista es siempre poder trabajar con la carrocería completamente despejada de obstáculo mecánicos y de los peligrosos conductos de gasolina, pero es evidente que un desmontaje total del automóvil requiere el empleo de muchas horas y encarece de un modo muy importante las reparaciones serias en las que la carrocería ha sido afectada en su estructura, hasta tal punto que muchas compañías de seguros, en coches de coste medio y bajo, prefieren dar el automóvil por pérdido y declararlo «siniestro total» a llevar a cabo una buena reparación de la carrocería, la cual es, desde luego, posible y puede dar pie a una reparación completa con resultados totalmente satisfactorios.

Para finalizar este tema de las herramientas de verificación cabe destacar que en la actualidad se han conseguido bancadas muy sofisticadas que utilizan rayos de luz perfectamente horizontales por medio de los cuales se puede comprobar visualmente las posibles deformaciones de la plataforma o de cualquiera de los puntos básicos de una manera bastante más rápida que la característia y descrita de la bancada universal tradicional. Incluso aparatos de este tipo, llamado de *medición por láser*, pueden utilizarse independientemente de la bancada y con el automóvil sin desmontaje alguno. Uno de estos equipos lo puede ver el lector en esquema en la figura 74. Los proyectores de rayos (1) crean un hilo de luz perfectamente claro y distinguible que pueden entrecruzarse en determinados puntos de la plataforma de la carrocería (que, como sabemos, es una parte muy importante de la estructura de la misma) dando datos de la distancia y de la linealidad. Los fabricantes de estos equipos han confeccionado, además, un completo dossier de fichas en las que están los datos de varios cientos de carrocerías diferentes con las que se cubren todos los modelos existentes de carrocerías de automóviles. La medición por láser tiene, además, ventajas adicionales de la mayor importancia. Por ejemplo, se

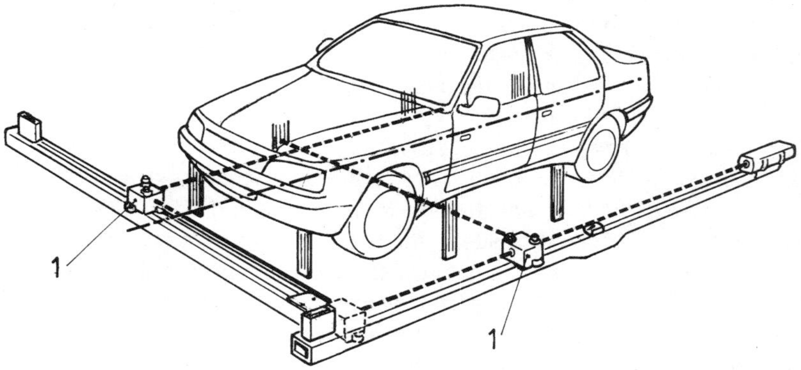

Figura 74. Bancada de medición que utiliza los rayos láser para la comprobación de la linealidad.

puede trabajar con los rayos proyectados sobre los puntos a enderezar por lo que, al utilizar los gatos o las escuadras hidráulicas podemos ir comprobando al mismo tiempo el progreso que se está realizando en la reparación, con lo que se gana mucho tiempo y, además, no se necesita la presencia de un ayudante como es habitual en otros casos, etc.

A la bancada también se le suele dar otros nombres en según qué talleres. Se le suele llamar también banco y a veces potro, pero su nombre más correcto es el de bancada con el que le hemos distinguido en este capítulo.

Con lo dicho hasta aquí damos por terminado todo lo relativo a las herramientas que debe conocer un operario planchista. De entre ellas algunas son totalmente indispensables como se puede deducir de lo dicho, pero otras pueden sustituirse con el ingenio o puede esperarse a comprarlas con el tiempo, a medida que el negocio se vaya afianzando y sea conveniente invertir más en él con el fin de proporcionar mejor servicio a la clientela.

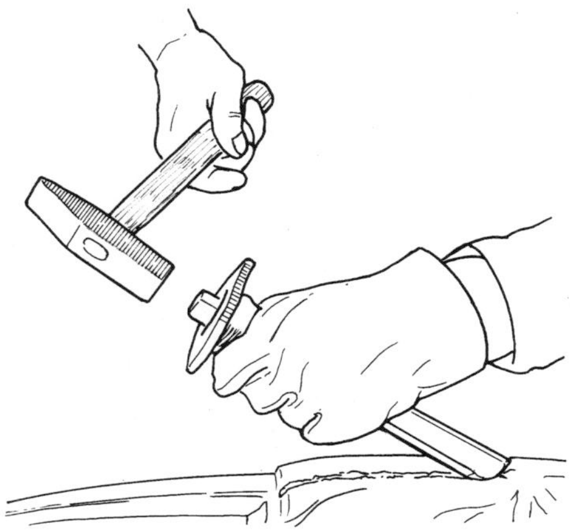

Figura 75. La protección es una de las asignaturas más importantes del chapista. En esta figura tenemos el caso de una operación de cincelado en la que el operario se ha protegido con guantes y un salvamanos para el cincel.

Elementos de protección y seguridad

Para finalizar este largo capítulo conviene dar un repaso a todos aquellos elementos que colaboran en la protección del operario cuando está trabajando en su oficio. No cabe duda de que se verá necesitado de utilizar algunas herramientas peligrosas que fácilmente pueden provocar accidentes graves, de modo que una de las asignaturas más importantes del chapista es saber protegerse de los peligros que estas herramientas entrañan. Las esmeriladoras, por ejemplo, ya hemos dicho que pueden romper su disco durante el trabajo, además de la alta producción de chispas cuyas esquirlas pueden incidir en los ojos; de la misma forma, las operaciones de soldadura son peligrosas y deben llevarse a cabo con la necesaria prevención. El uso de los cortafríos, por ejemplo, puede ocasionar a veces fuertes golpes en las manos o en los dedos cuando pierden su base o se deslizan involuntariamente durante el picado. Por esta razón, el operario debe saber protegerse con unos buenos guantes y es una buena norma que la herramienta disponga de un salvamanos como ocurre en el dibujo de la figura 75. Por otra parte, la plancha cortada, en general, es muy susceptible de provocar cortes en la piel si, por descuido, se roza con violencia sobre ella. Como que este riesgo es muy acentuado, será buena norma por parte del chapista disponer siempre de guantes para realizar cualquier operación en la que deba acercar sus manos a trozos de plancha cortada y también si hay cantos vivos, rebabas, aristas, etc., pues en estas condiciones es muy frecuente recibir cortes más o menos profundos en las manos o brazos.

Otro elemento de seguridad de suma importancia es el uso de gafas o pantallas de protección para resguardar los ojos de posibles agresiones, ya sea de chispas o de esquirlas provocadas al cortar por el salto de pequeñas cantidades de plancha de muy poco peso pero que pueden salir disparadas y clavarse en los ojos. En la figura 76 puede ver el lector una selección de gafas (1), pantalla (2) y unos cascos antirruido (3), pues ésta es otra de las facetas en la que el operario debe cuidar su futuro. Cuando se ha de golpear con fuerza sobre la chapa se produce un fuerte ruido que ha de soportar con la mayor potencia la persona que está picando. En muchos de estos casos conviene disponer de estos cascos, o de tapones auditivos, para que el sonido se amortigüe y no llegue a iniciar enfermedades o deformaciones en los oídos que lleguen a producir la sordera.

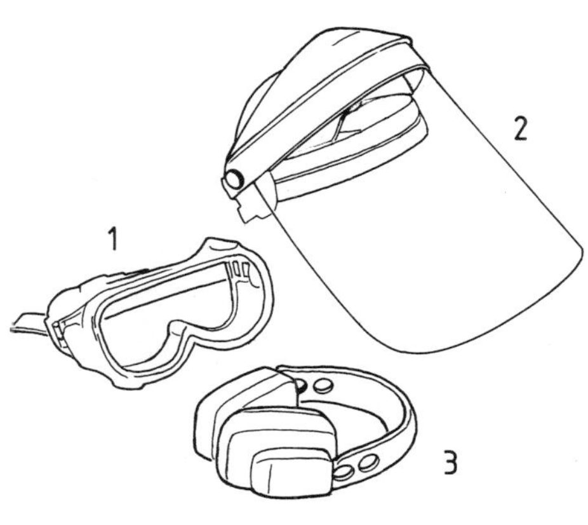

Figura 76. Diferentes elementos de protección para el planchista. 1, gafas de seguridad. 2, pantalla facial que, además de proteger los ojos lo hace también a la cara. 3, cascos antirruido.

En el caso del lijado la protección debe ser todavía más importante. Durante esta operación, elementos tales como la pintura y las masillas se convierten en polvo y quedan en el aire, en suspensión. La mayoría de estos productos son tóxicos en mayor o menor grado y si son inhalados pueden llegar a ser un problema de tipo físico. Conviene, pues, disponer de *mascarillas* capaces de filtrar el aire que se respira. En la mayoría de los talleres se ha dispuesto de sistemas de extracción de polvo que reducen la mayor parte de estos residuos nocivos pero, a pesar de ello, es siempre recomendable el uso de las mascarillas para evitar agresiones a los pulmones que se manifiestan por una paulatina incapacidad respiratoria.

Cuando se trabaja con carrocerías de fibra de vidrio el riesgo aumenta de una forma muy peligrosa. El polvo del lijado de estas carrocerías (y también de las partes de plástico protegidas con fibra de vidrio) es productor de unas finas partículas que no se disuelven, y si penetran en los pulmones, éstos difícilmente podrán eliminarlas. En estos trabajos el uso de la mascarilla puede considerarse indispensable, así como la protección de los ojos.

Resumiendo, podemos decir que, desde el punto de vista de la seguridad y protección en el trabajo del chapista, los más elementales cuidados deben ser los siguientes.

Cuidado de los ojos. Hay que preservarse de las proyecciones de esquirlas, de los cuerpos extraños procedentes del lijado y, además, de los cuerpos ardientes. Para ello se han de usar siempre gafas de seguridad o bien una pantalla facial.

Cuidado de las manos. Es posible la rotura en funcionamiento de discos abrasivos, cabe la posibilidad de cortes con la plancha y golpes, a veces muy fuertes y dolorosos, con los martillos. Es necesario realizar todos estos trabajos peligrosos con la utilización de guantes.

Cuidado de los oídos. Son muchos los planchistas que, en el ocaso de su vida, sufren una sordera desproporcionada para su edad. Desde joven es necesario prever esta circunstancia y disponer de tapones auditivos o cascos antirruido cuando el sonido provocado por el picado de la plancha vaya a ser muy elevado.

Cuidado de las vías respiratorias. El principal enemigo es el polvo. Cuando se ha de trabajar en una atmósfera que se prevé será polvorienta como consecuencia del lijado de pinturas o masilla, o plásticos con fibra de vidrio, no se debe olvidar la necesidad de disponer de una mascarilla antipolvo.

3

VERIFICACIONES EN LA CARROCERÍA

Todo lo leído hasta ahora nos ha centrado ya suficientemente en el tema de las carrocerías de los automóviles. Vimos en el primer capítulo la forma como está compuesta toda esta parte rígida y básica de un automóvil, aprendimos a distinguir cada una de sus partes y a nombrarlas; vimos los diferentes tipos de carrocerías que se fabrican y los diferentes sistemas de estructuración utilizados en su diseño; también tuvimos una visión rápida de los muchos problemas que el diseño de una carrocería tiene que resolver y el modo general de llevar a cabo su fabricación en serie. Todo este bello y eficaz conjunto de planchas, una vez completado con los órganos mecánicos y los de la suspensión con las ruedas, ya está dispuesto para correr a elevadas velocidades y a hacer, durante días y días, miles y miles de kilómetros. Sin embargo, es evidente que puede recibir golpes de toda clase, más o menos violentos, puede sufrir vuelcos, abolladuras y otros tipos de agresiones que tenderán siempre a deformar la carrocería ya sea en sus planchas de revestimientos exteriores o bien en la parte de la estructura interior, de modo que será necesario proceder a la reposición de las formas, a enderezado de las partes dobladas y a la reposición de aquellas planchas directamente afectadas por el golpe recibido.

Para conseguir devolver a la carrocería sus formas iniciales se va a precisar, en primer lugar, de unas herramientas que nos ayuden a trabajar la plancha, a sacar lo que está en mal estado y a reponer las partes dañadas sustituidas por otras nuevas. El estudio de estas herramientas lo acabamos de efectuar en el capítulo 2, de modo que lo que nos queda ahora es ya comenzar a trabajar con las carrocerías, y comenzar por ello la parte que podríamos denominar «práctica» de este libro. Y esto es lo que vamos a iniciar en este tercer capítulo.

Verificaciones previas en una carrocería

Cuando un automóvil ha sufrido algún accidente a consecuencia del cual la carrocería ha sido afectada por deformaciones, antes de hacer un presupuesto e incluso antes de comenzar a trabajar en la reparación, hay que hacerse cargo con la mayor exactitud posible de la importancia del daño. A veces golpes muy aparatosos han afectado solamente a las planchas de revestimiento superficial (laterales de los guardabarros, capó, etc.) y no tienen mayor importancia; pero otras veces ocurre que golpes al parecer menos importantes han podido interesar de un modo serio las partes de la estructura de la carrocería, de modo que su reparación ha de ser mucho más delicada, compleja y cara.

El planchista, pues, no debe precipitarse en la evaluación de los daños y conviene que previamente haga unas cuantas observaciones y comprobaciones antes de lanzarse a dar un presupuesto o a trabajar sobre el vehículo accidentado. Una serie de normas y consejos sobre estas comprobaciones es lo que vamos a tratar de dar desde aquí.

Por supuesto que en la evaluación de daños la práctica del oficio hace que pronto se vaya adquiriendo una enorme experiencia, especialmente porque lo más corriente es que el tipo de golpes que los automóviles reciben vengan a tener en la mayoría de los casos unas consecuencias muy similares en los accidentes de tráfico corrientes. Pero siempre hay casos impensables que pueden venir a variar las normas de lo que es habitual. Por ejemplo, no es lo mismo el choque de un turismo contra un camión, contra una farola o un árbol, que este mismo choque contra otro turismo del mismo tipo, o parecido, y de un peso aproximadamente similar. Por lo tanto, aun teniendo experiencia es conveniente hacer comprobaciones para ver si la estructura está o no afectada por el golpe recibido.

Estas comprobaciones deben hacerse en primer lugar de una forma visual y táctil y luego, en caso de duda, con ayuda de un flexómetro, se pasará a las comprobaciones de la alineación de las ruedas a la menor sospecha de que los puntos de fijación de la suspensión o de los anclajes que soportan el motor o dirección hayan podido sufrir la más mínima alteración. También deberá entrar en nuestros planes la verificación de las diagonales de la plataforma y la comprobación de todas las medidas de las planchas cercas al punto del impacto o colocadas en lugares en los que hayan podido ser afectados por el golpe. Veamos con detalle la forma de llevar a cabo todas estas verificaciones por el siguiente orden:

- Inspección visual y táctil.
- Verificación de las ruedas.
- Verificación de diagonales.
- Verificación de la plataforma.
- Comprobaciones de los daños del impacto.

Veamos por separado cada uno de estos aspectos de la verificación de la carrocería.

Inspección visual y táctil

Todo tipo de golpes que haya ocasionado abolladuras o cualquier destrozo en las planchas superficiales de revestimiento de la carrocería no presentan más problema que el de cambiarlas del modo que ya se explicará muy pronto, pero todo ello será siempre solucionable con facilidad porque las planchas las podremos soltar de sus puntos de soldadura y las podremos sustituir por otras nuevas, cuando no picarlas y devolverles la forma original. Sin embargo, el verdadero problema es que el golpe no nos haya afectado a la estructura de la carrocería y en especial a la parte de los bajos modificando la posición relativa de los puntos de anclaje de las demás piezas o conjuntos mecánicos. Un golpe de tal categoría requiere un tratamiento mucho más a fondo que el simple desperfecto superficial, por grande que éste haya resultado. Por lo tanto, el planchista tendrá que vigilar con especial cuidado para encontrar todo tipo de deformación que afecte a la estructura de la carrocería.

Así pues, una vez vista la magnitud de los desperfectos de las planchas exteriores convendrá que el vehículo sea levantado para observar si los largueros o los travesaños han sufrido deformación importante. En la plataforma hay que revisar con toda atención que no se encuentren lugares en los que la plancha haya formado uno o varios plegamientos, es decir, ondulaciones que nos podrían sobre aviso de que la parte más sólida de la estructura puede haber sufrido variación. En efecto, al ser la chapa de un material fuerte pero de muy poco espesor cuando la parte fuerte de la estructura cede, ella tiende a plegarse, y lo hace tanto más cuanto mayor haya sido la deformación a que se haya visto forzada la estructura. Por supuesto, en la zona próxima al golpe, si la estructura ha cedido, la plancha estará intensamente plegada; pero estos puntos son fáciles de localizar por la misma lógica del golpe recibido. Lo que nos interesa es ver cómo ha afectado a la plancha en zonas alejadas del impacto, pues ello nos da una idea clara de la importancia de la reparación y también del precio que la misma va a tener forzosamente.

Comoquiera que la vista no siempre detecta con facilidad estas posibles ondulaciones hemos de valernos del tacto, pasando la mano sobre la superficie de las planchas de los bajos con cuya forma de inspeccionar la chapa detectaremos más fácilmente modificaciones ocasionadas por plegamientos. En esta operación de verificación por el tacto hay que saber distinguir, por supuesto, lo que son los pliegues recientes, ocasionados por el impacto que ahora se analiza, de lo que son pequeñas arrugas que pudieron estar realizadas en el proceso de embutición durante la construcción o el montaje de la carrocería en fábrica.

De todos modos, si se observan pliegues hay que estar ya alerta de una posible deformación y no nos será una gran pérdida de tiempo pasar a la prueba de verificación siguiente que ya va a consistir en empezar a hacer comprobaciones de medidas en los puntos clave de la carrocería que estamos examinando.

Para finalizar, digamos que en la gran mayoría de los casos la presencia de pliegues después de un impacto es una buena prueba de que se ha producido algún tipo de deformación en la plataforma o en partes importantes de la estructura, pero puede haber algunos casos en que los pliegues se hayan producido pero la estructura haya vuelto a su posición correcta después de una pequeña flexión. Sin embargo, no hemos de fiarnos y bueno será pasar a hacer las verificaciones de medidas que vamos a explicar acto seguido.

Verificación de las ruedas

Ahora vamos a necesitar el compás de varas que va a sernos una herramienta muy útil para este tipo de comprobaciones. Al decir verificación de las ruedas nos referimos al acto de comprobar si las ruedas se hallan alineadas con respecto a su posicionado en la carrocería, pues siendo ésta el soporte de los anclajes de la suspensión y de la dirección, si se halla la carrocería torcida o desviada, el conjunto de las ruedas no van a ser simétricas en uno u otro lado debido a la posible variación de sus anclajes. Y esto es lo que se trata de averiguar.

Para llevar a cabo esta verificación se coloca el automóvil preferentemente elevado a poca altura, con las ruedas delanteras perfectamente orientadas hacia

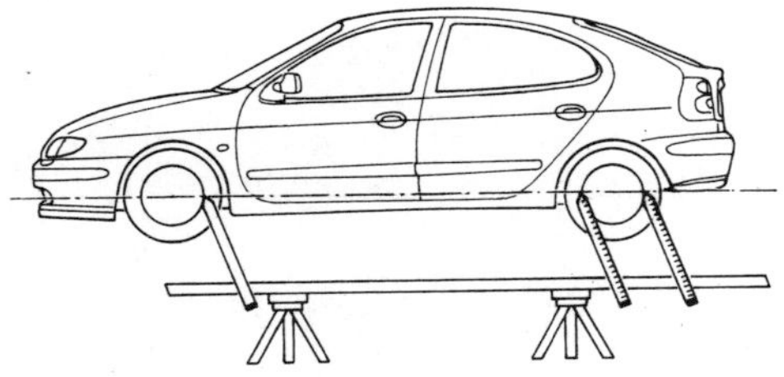

Figura 1. Colocación de un compás de varas para, desde las ruedas, comprobar de una manera rápida el estado de desalineación de una carrocería después de un fuerte golpe.

delante, del modo que muestra la figura 1. A continuación se monta el compás de varas próximo a las ruedas y se colocan las reglillas orientadas hacia el centro del eje paralelo a la marcha de la rueda, del modo que la figura muestra de una manera clara, es decir, a media altura de cada una de las ruedas.

Se comienza la operación por la parte derecha del vehículo, y en la rueda trasera se dispone siempre de dos reglillas mientras que en la rueda delantera basta con solamente una. La punta de las reglillas debe tocar por igual a su punto correspondiente de la rueda.

Cuando se ha conseguido esta misma disposición mostrada en la figura 1, se fijan las reglillas por medio de un tornillo de fijación de que disponen, y se pasa todo el conjunto del compás de varas al lado contrario del vehículo con el fin de llevar a cabo la comprobación de la parte izquierda. En este punto, las puntas del compás deben coincidir en los mismos puntos de las ruedas delantera y trasera a como lo hacían en el lado de la derecha. Ello nos indicará que la carrocería no ha sufrido deformaciones en la parte que se refiere a los anclajes de las ruedas y todos sus mecanismos derivados, lo que ya será buena señal de la entereza de la estructura de la carrocería encargada de soportar estas partes.

Pero también puede ocurrir que no haya una completa coincidencia o que haya diferencias notables, lo que nos indicará la presencia de deformaciones en la estructura que deberemos considerar con plena atención. En la figura 2 se han representado algunas de estas deformaciones posibles detectadas por el compás de varas. Hay que advertir, desde el primer momento, que en las figuras se ha exagerado mucho la deformación de la estructura, pero ello se ha hecho para dar una mejor y más rápida idea de las posibles desviaciones con las que podemos encontrarnos.

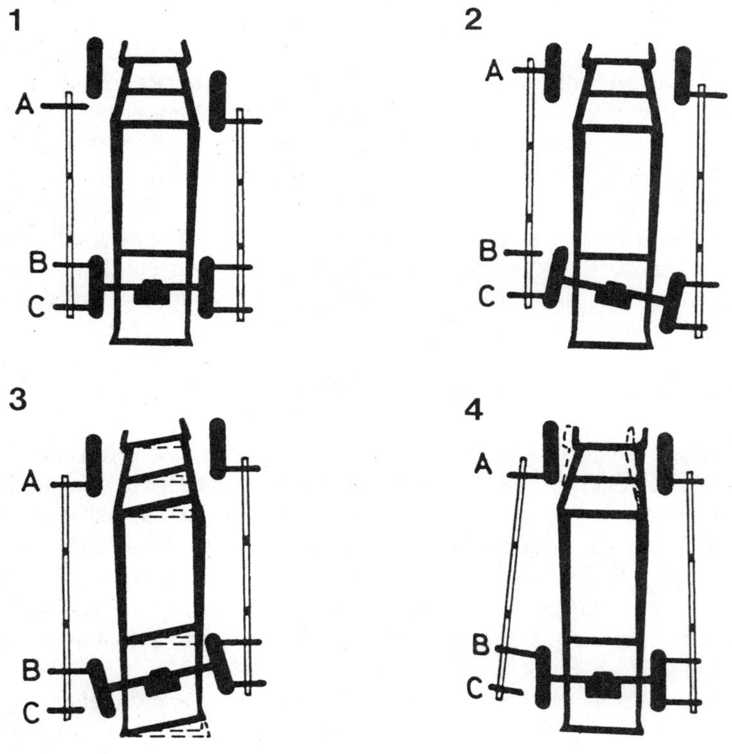

Figura 2. Aquí tenemos, muy exageradas para su mejor comprensión, las deformaciones que una carrocería puede presentar y son detectadas por medio del compás de varas.

El dibujo número 1 de la citada figura 2 nos muestra la colocación del compás de varas en la parte derecha y la toma de los puntos de referencia del modo explicado; pero al pasar las mismas medidas a la zona de la izquierda nos encontramos con que, si bien las cotas de las rueda trasera son correctas, no ocurre lo mismo con la rueda delantera cuya posición relativa con respecto a su igual del lado derecho ha sufrido un buen desplazamiento. Esta característica nos indica una deformación en la parte delantera de la estructura de la carrocería, generalmente por deformación de las varas.

En el dibujo 2 de esta misma figura encontramos otro tipo de deformación en la parte trasera, por medio de la cual el tren posterior está desplazado por movimiento de los anclajes de la suspensión. En el dibujo 3 la deformación de la estructura es doble pues afecta a la parte delantera y a la trasera, tal como la comprobación con el compás de varas nos indica, mientras en el dibujo 4 la deformación importante se halla solamente en la estructura delantera por desplazamiento de las varas de la plataforma.

En la práctica, unas desviaciones tan acusadas como las que se pueden apreciar en la figura 2 no se podrían dar, en primer lugar porque se apreciarían a simple vista de una manera muy clara, y en segundo lugar porque el vehículo presentaría grandes dificultades al avance que dejarían muy de manifiesto el mal que le aqueja. Pero lo que sí puede ocurrir es que deformaciones de este tipo, de solamente unos pocos milímetros no sean apreciables a la vista ni produzcan dificultades demasiado anormales en la conducción. Quizá solamente el anormal desgaste de los neumáticos pueda ser un indicio del mal estado de alineación de la estructura. Si a consecuencia de un fuerte impacto se ha producido alguna desviación de este tipo, por pequeña que sea (y siempre que sobrepase, por supuesto, la tolerancia admitida por el fabricante) debe tratarse de enderezar la parte afectada y si la diferencia es muy pequeña y el cliente no está dispuesto a hacer grandes gastos en la reparación, por lo menos se tendrá que revisar el punto en que la plancha ha cedido para comprobar el estado de las soldaduras y que la plancha citada no haya perdido sus protecciones contra la corrosión.

De lo que se ha explicado se puede fácilmente deducir que la medición con el compás de varas debe ser muy precisa en cuanto a los puntos de contacto de sus reglillas con las ruedas para que los resultados delatados puedan servirnos de utilidad en el caso de diferencias pequeñas.

Verificación de diagonales

Ya conocemos que una carrocería está compuesta de un número bastante elevado de piezas de plancha. Todas estas piezas tienen unas medidas determinadas y, por lo tanto, su ensamblaje es posible porque todas guardan entre sí unas distancias o medidas perfectamente definidas por el constructor de la carrocería. Por eso hemos de conseguir que toda pieza nueva se ajuste con naturalidad en su posición, ya que si hay que forzarla será señal de que las piezas vecinas no guardan las distancias relativas entre sí que son absolutamente necesarias.

Los fabricantes disponen a lo largo y a lo ancho de toda la carrocería de una serie de puntos de medición que es preciso verificar cuando se observa que algunas piezas importantes, al ser presentadas en la carrocería, no acaban de ajustarse con naturalidad. A estos puntos es a lo que se llama las *cotas esenciales*.

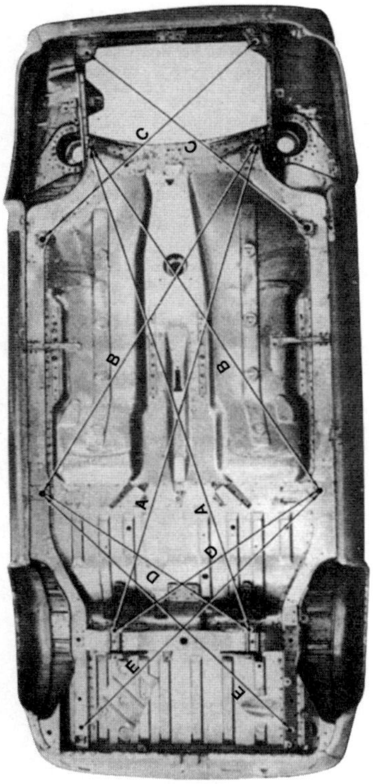

Figura 3. Aquí se ven los bajos de una carrocería de automóvil. Las diagonales señaladas con la misma letra deben coincidir en la misma medida. Así, A-A, B-B, C-C, etc. deben dar valores exactamente iguales entre sí.

Las cotas esenciales se hallan distribuidas por todo el conjunto de la carrocería pero atienden especialmente al conjunto de su estructura ya que las planchas de revestimiento no tienen tanta importancia si la estructura se mantiene firme. Generalmente los puntos desde los que hay que tomar la medición están representados por puntos de fijación de órganos mecánicos importantes o por taladros muy definidos que han sido necesarios durante la fabricación de la carrocería en fábrica.

Las cotas esenciales más importantes las encontraremos en la plataforma que constituye los bajos de la carrocería, pero también en los laterales en aquellos lugares donde se ubican las puertas y los cristales. Por lo pronto podemos decir que existen dos tipos de cotas esenciales, aquellas que están definidas en cada carrocería por su simetría (y que, por lo tanto, no tienen una representación numérica, sino que las distancias han de coincidir) y aquellas otras en las que hay que conocer de antemano la distancia numérica que existe entre los puntos de medición. A las primeras se les llama *diagonales* y son de las que vamos a ocuparnos en este apartado.

En la figura 3 podemos ver los bajos de una carrocería donde se aclara este concepto de la medición de las diagonales. Dado el hecho de que la carrocería debe ser simétrica, los taladros indicados en la figura deben corresponderse unos con respecto a otros en lo que se refiere a la estructura. Veamos en la diagonal A cómo la toma de medición se ha de realizar entre un taladro del puente delantero y otro taladro opuesto del travesaño trasero. Con la ayuda de un compás de puntas se puede medir con exactitud esta distancia, se puede fijar la patilla o reglilla desplazable, y luego se traslada a la posición de la otra flecha A de esta misma figura. Si la estructura no tiene deformación el resultado de la medición de estas dos diagonales debe ser idéntica.

De igual modo se ha de proceder para la medición de las diagonales B que, como se aprecia en la citada figura 3, van desde el mismo taladro del puente delantero hasta otro taladro que se encuentra en otra traviesa de la carrocería, tal como se indica en la figura. El compás de puntas debe tomar nota de una de estas cotas y luego comprobarla en el sentido de la otra diagonal B de la misma carrocería.

Por supuesto, el mismo procedimiento se ha de seguir con las cotas C, D y E que, como puede apreciarse, determinan los puntos esenciales del bastidor en otras partes fundamentales del mismo.

No todas las carrocerías disponen de los mismos puntos de referencia para la medición de las diagonales. En la figura 4, por ejemplo, tenemos un dibujo que se refiere a una plataforma de la marca francesa RENAULT. Aquí las dia-

Figura 4. Diagonales de la plataforma de una carrocería RENAULT. Las distancias entre los diferentes puntos, que equivalen a las longitudes de las diferentes diagonales, deben coincidir: A-B' con A'-B; B-C' con B'-C; E-C' con E'-C y C-D' con C'-D.

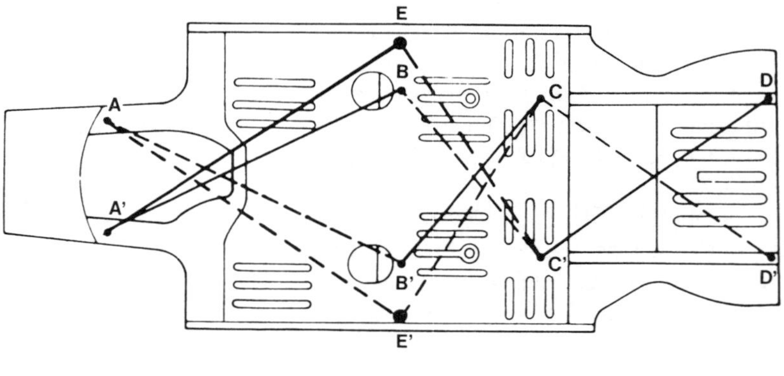

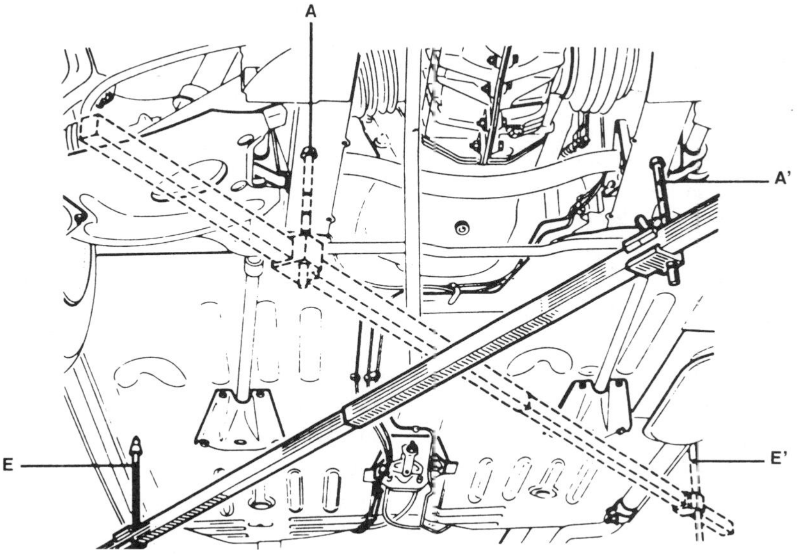

Figura 5. Comprobación con un compás de varas de dos diagonales equivalentes en la plataforma de una carrocería RENAULT.

gonales están señaladas con diferentes letras pero la interpretación y el resultado es el mismo. La medida de la diagonal A'-E debe coincidir con la A-E'. Del mismo modo, la A'-B con la A-B'; la B'-C con la B-C'; la C'-D con la C-D' y la E-C' con la E'-C. La forma práctica de efectuar la medición puede verse en la figura 5. El compás de puntas graduable se ajusta con exactitud a la longitud que da la cota A'-E, y esta medida se traslada a la diagonal A-E'. Una carrocería cuya plataforma no se haya modificado, pese al golpe que se supone ha recibido, tiene que mantener la misma distancia, sin variaciones, en ambos puntos.

La comparación de las diagonales no sólo puede hacerse en los bajos o plataforma de la carrocería, sino también en todas aquellas zonas en las que exista simetría en la construcción. Así pues, tanto el vano del motor como el vano del parabrisas son puntos en los que resulta frecuente realizar este tipo de comprobación siguiendo las mismas instrucciones que hemos dado para la plataforma. Veamos algunos ejemplos a través de unas figuras.

Para empezar tenemos, en la figura 6, un ejemplo de medición del vano de un motor con ayuda de la escuadra. Como en el mismo caso que acabamos de estudiar de la plataforma, también aquí la verificación llevada a cabo por el compás de puntas debe corresponderse en la simetría del elemento medido. El resultado de B-A' debe ser el mismo que A-B'. También cabe la medición de la distancia A-B en comparación con la distancia A'-B' para tener la seguridad, con

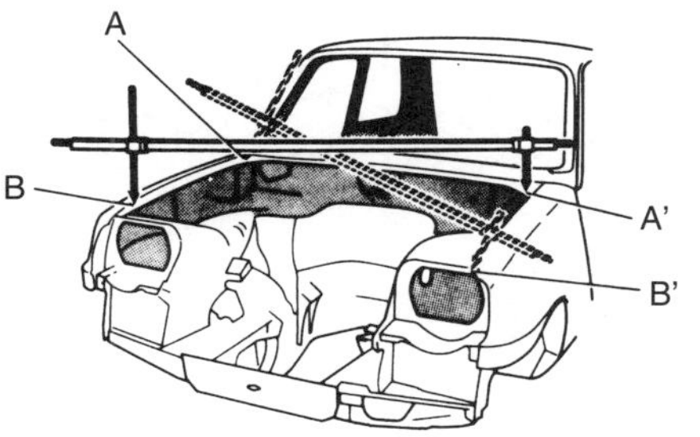

Figura 6. Comprobación de las diagonales en el vano del motor de una carrocería RENAULT. B-A' debe coincidir con B'-A.

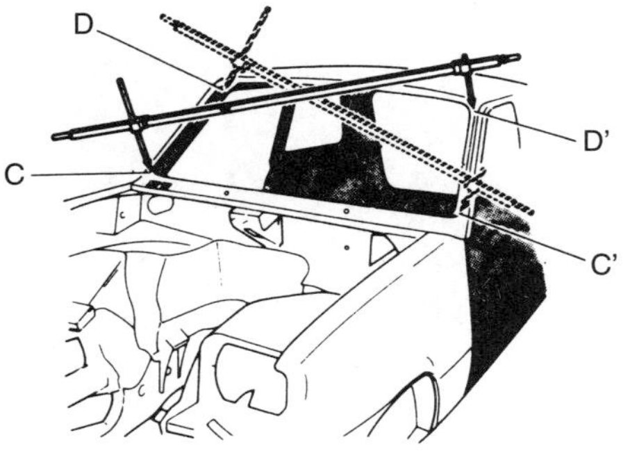

Figura 7. Comprobación de las diagonales en el marco del parabrisas. C-D' debe coincidir con C'-D.

ello, de que el cofre del motor no ha sufrido modificaciones o, si las ha sufrido, saber el alcance de su importancia.

Mediciones del mismo tipo se pueden hacer en el marco del parabrisas y ello es lo que muestra la figura 7. Aquí las distancias a comprobar por comparación vienen establecidas por las cotas C-D' y C'-D en las mismas condiciones que hemos explicado para el vano del motor. De la misma forma se puede hacer la verificación de las cotas del vano del portón trasero, siguiendo la misma técnica y de la forma que se puede observar en la figura 8, en los puntos H-G' igual a H'-G.

Como se ha visto en los ejemplos que hemos puesto, para la comprobación de las diagonales se utiliza el compás de puntas con preferencia. También podría hacerse uso del compás de varas, aunque éste, por ser más articulado podría proporcionarnos algo más de engorro en la comprobación. Pero ya no es aconsejable utilizar cordones o cuerdas para llevar a cabo estas comprobaciones porque interesa siempre conocer con toda exactitud las diferencias que puedan haberse producido y un cordón está sujeto a aumentar o disminuir su longitud según la tensión a que sea sometido. No se olvide que cantidades de solamente unos milímetros pueden ya ser suficiente para darnos indicios de desviación de la estructura. La medición, por otra parte, con la ayuda de una cinta métrica metálica también podría ser válida si se tienen garantías de que no estará sometida a curvas o panderos que puedan dar una medición inadecuada en el sentido expresado para la cuerda; por ejemplo, si la cinta ha de pasar por superficies que son muy planas puede representar una buena medición, pero si hay curvaturas en la plancha desde uno al otro punto de medición, entonces la cinta no es adecuada para este trabajo. Por supuesto, el compás de puntas es la herramienta de verificación que se muestra más adecuada para este cometido.

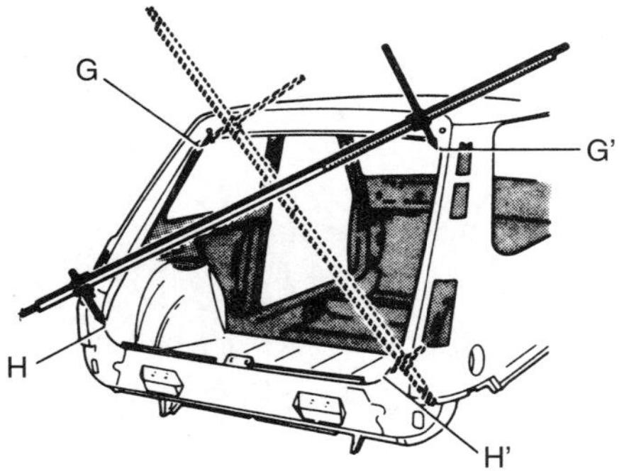

Figura 8. Comprobación de las diagonales en el marco del portón trasero. H-G' debe coincidir con H'-G.

El compás que varas que, como hemos visto, se muestra como la herramienta más adecuada para realizar este tipo de mediciones, puede darse a veces formando parte de las herramientas especiales seleccionadas por cada marca para sus vehículos. En este caso suele denominarse *calibre de control*, pero no es más que un compás de varas hecho exclusivamente para las mediciones de un modelo de carrocería en concreto. En la figura 9 tenemos uno de estos calibres recomendados por la casa RENAULT. Como puede verse, se trata de un compás de puntas de unas medidas concretas adaptadas para las carrocerías de esta marca. En la figura 10 tenemos un ejemplo de utilización. Las letras coinciden en ambas figuras. El cuerpo del calibre (con regla graduada) for-

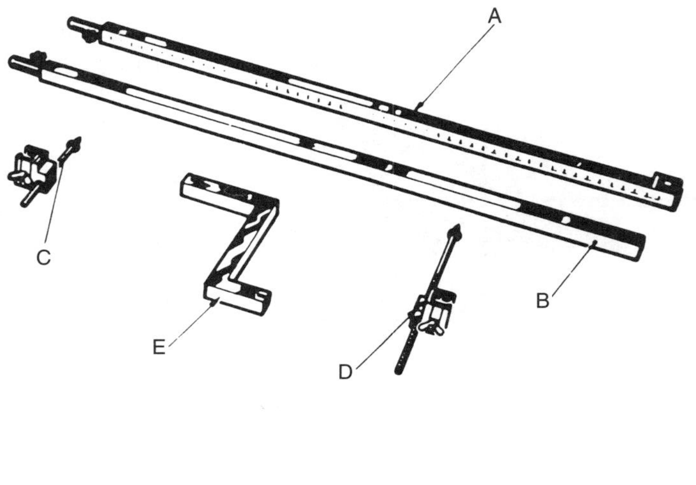

Figura 9. Calibre recomendado por RENAULT para la comprobación de diagonales en sus carrocerías. A, brazo principal. B, brazo exterior deslizable. C, cursor provisto de punta corta. D, cursor provisto de punta larga. E, pieza de doble codo para adaptación al brazo B.

mado por las piezas A y B, dos cursores, uno de punta corta (C) y otro de punta larga (D) y una pieza adaptadora de doble codo (E) componen el total de esta sencilla y muy útil herramienta.

Hace un momento hemos distinguido dos tipos de mediciones: las que llamamos diagonales no tienen representación numérica como se ha visto, sino que a una distancia determinada entre dos puntos ha de corresponder la misma distancia entre los puntos simétricos opuestos. Para hacer esta comprobación, pues, no se necesita del auxilio de ninguna ficha del fabricante dándonos las cotas concretas en números. Pero hay también otro tipo de comprobaciones entre puntos concretos de la estructura que sí tienen cotas numeradas en milímetros y que sí hemos de saber previamente para conocer si existe o no deformación en la carrocería que estamos examinando.

En general, la verificación de diagonales no requiere desmontaje mecánico alguno y puede llevarse a cabo con el automóvil elevado en un puente elevador; pero no son así todas las mediciones posibles y de este modo existen muchas cotas que requieren desmontajes importantes de la parte mecánica. De esta categoría pueden ser la comprobación de diferentes medidas o cotas esenciales de las que el fabricante de la carrocería nos proporciona las cifras exactas de los milímetros que deben comportar. Para aclarar mejor este concepto y porque ello es muy importante que lo tengamos muy claro a la hora de hacer estas verificaciones, veamos, en la figura 11, los bajos de una carrocería con las mediciones correspondientes a cotas no simétricas que son fundamentales para la comprobación de los bajos de la carrocería. Obsérvese en los detalles que acompañan a la figura la forma de cada uno de los taladros o tornillos que sirven de base a la medición para que ésta pueda llevarse a cabo con toda la mayor exactitud posible. Aquí sí que contamos con cifras, expresadas en milímetros, que deben coincidir en las distancias expresadas para tener la seguridad de que la carrocería no sufre deformación en su estructura de la plataforma.

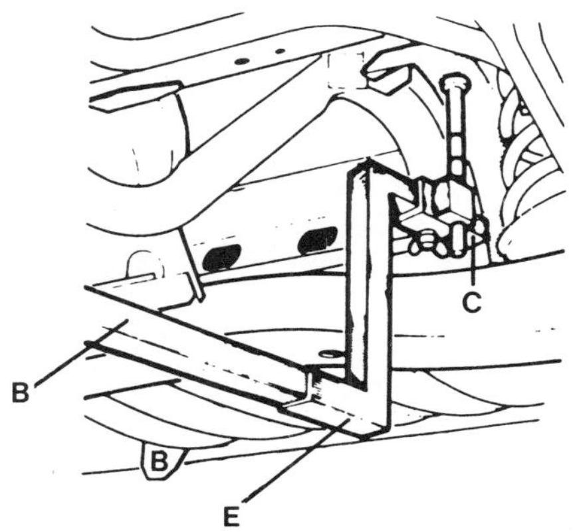

Figura 10. Colocación de un extremo del calibre RENAULT en un punto de la plataforma. B, brazo. C, cursor de punta corta. E, pieza de doble codo colocada en el brazo B.

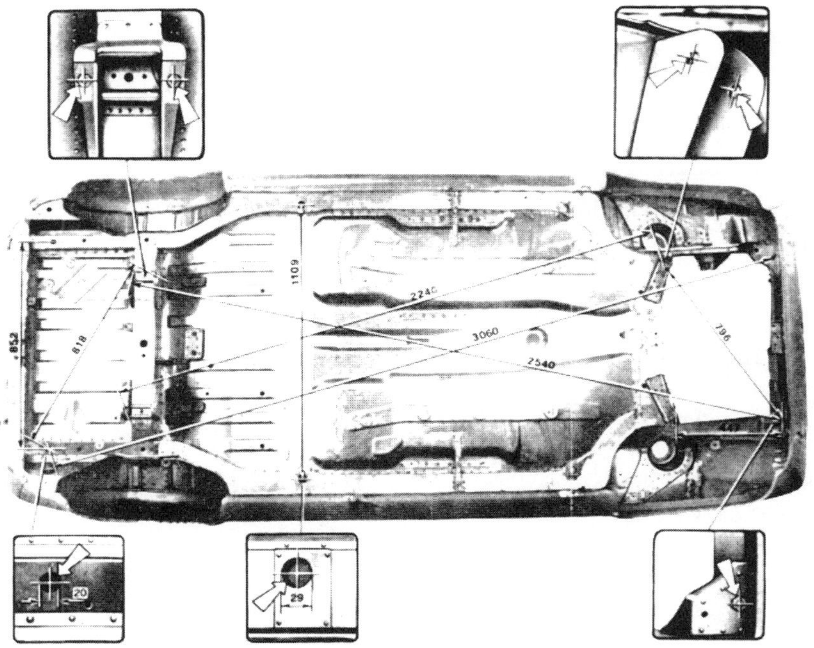

Figura 11. Cotas esenciales en los bajos de una carrocería concreta de automóvil. Los detalles indican los puntos de referencia para el control de las cotas.

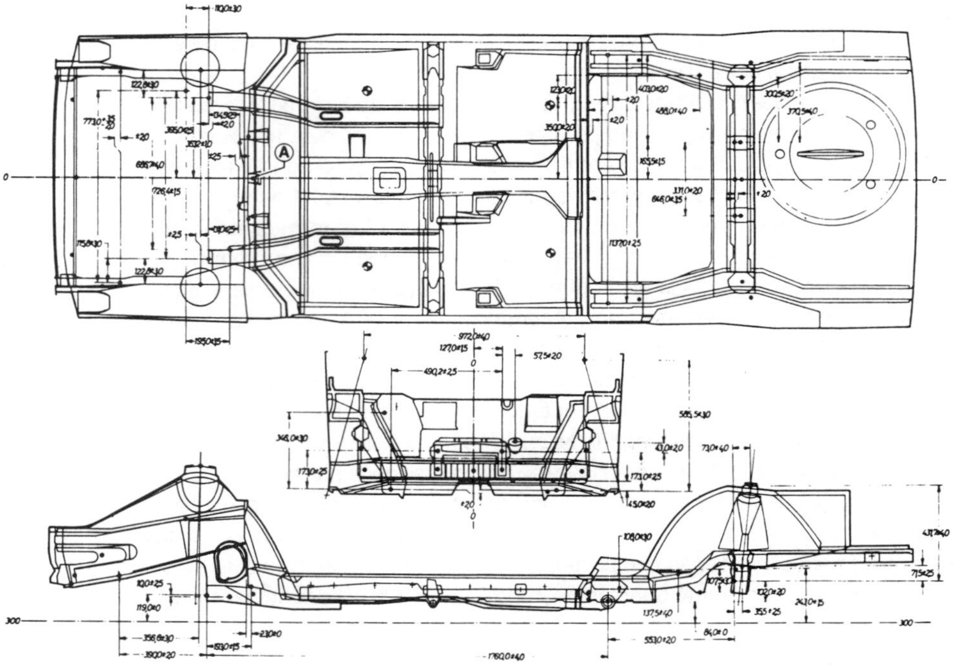

Figura 12. Cotas esenciales de la plataforma de una carrocería de la marca FORD, vista de planta. En medio, vista frontal. Abajo, vista de perfil.

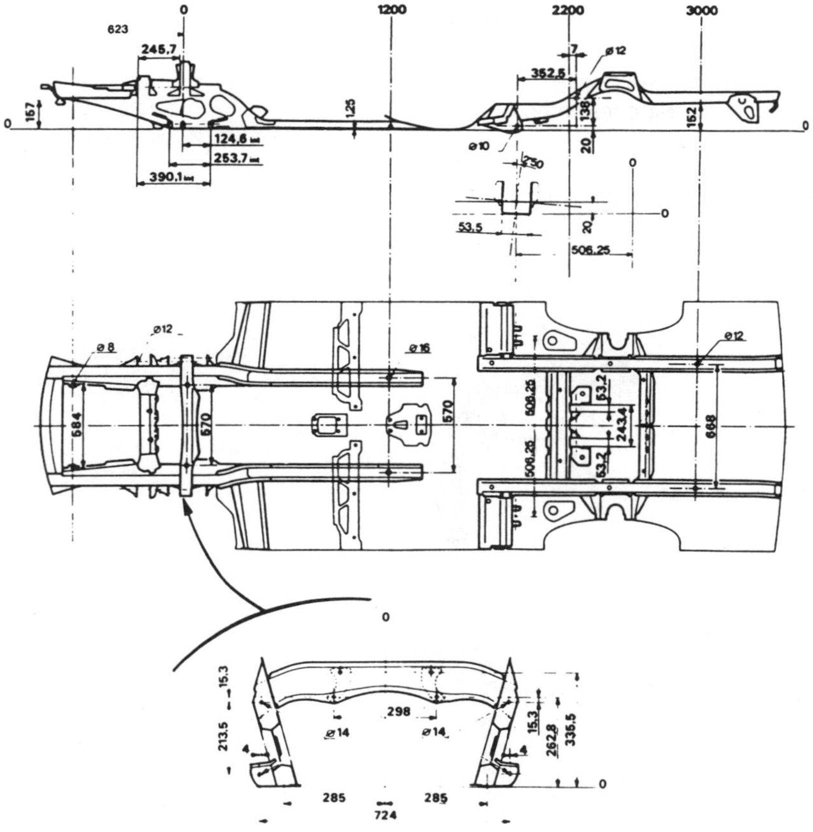

Figura 13. Cotas principales del bastidor de una carrocería RENAULT. Arriba, vista de perfil. En medio, vista de planta. Abajo, vista frontal (que corresponde a la zona señalada con la flecha en la vista de planta).

Para la consulta de datos de este tipo se debe contar con la colaboración del fabricante que puede dar a los planchistas, en sus manuales de taller de planchistería, datos concretos sobre estas mediciones.

En el caso concreto de la figura 11 se ha de advertir que las mediciones se refieren siempre desde el centro de un taladro o tuerca hasta el centro del taladro o tuerca opuesta, de modo que cuando las cotas se hallan separadas de estos puntos se pretende solamente una mayor claridad en la representación de la cota, pero en la práctica siempre han de colocarse las puntas del compás exactamente entre los taladros o tuercas determinados.

En algunos casos los fabricantes suelen incorporar en sus manuales de taller de carrocería las medidas exactas de muchas de las cotas sustanciales tanto del bastidor como de otros puntos. En la figura 12 ponemos un ejemplo perteneciente a una plataforma de un determinado modelo de la casa FORD mientras en la figura 13 tenemos las cotas de otra carrocería fabricada por RENAULT. De igual modo, los vanos de as puertas de una carrocería FIAT los tenemos con sus medidas en la figura 14, correspondientes a una carrocería de cuatro puertas.

Cuando se lleva a cabo la verificación de las diagonales y en éstas encontramos las primeras y sospechosas diferencias en los bajos, tendremos que pasar a revisar las otras cotas esenciales de los bajos. Veremos cómo deformaciones en más por una parte nos darán deformaciones en menos por otra parte según la distribución de las fuerzas de absorción del golpe recibido. Ya veremos más adelante cómo se ha de llevar a cabo el enderezado de la plancha. De todos modos, hay que tener en cuenta que cuando se trata de cotas simétricas ha de ganarse la mitad de la diferencia por un lado y la otra mitad por la otra; es decir, si existe una diferencia de 4 mm deberán ganarse 2 mm en la parte de la derecha y 2 mm en la parte de la izquierda. Ésta es una regla muy importante que, aunque muy lógica, no hay que olvidar en todas las operaciones de enderezado de la estructura.

Por otra parte, hay que tener especial sensibilidad en saber ver cuáles son las deformaciones que afectan a los órganos de la suspensión que son los más comprometidos en sus anclajes, y cuáles no afectan a este conjunto. Deformaciones en los primeros pueden ser responsables de una mala marcha del vehículo y en la pérdida de su seguridad. No hay que olvidarlo. Sin embargo, repetimos, no todas las deformaciones de la estructura tienen necesariamente que afectar a los anclajes de la suspensión.

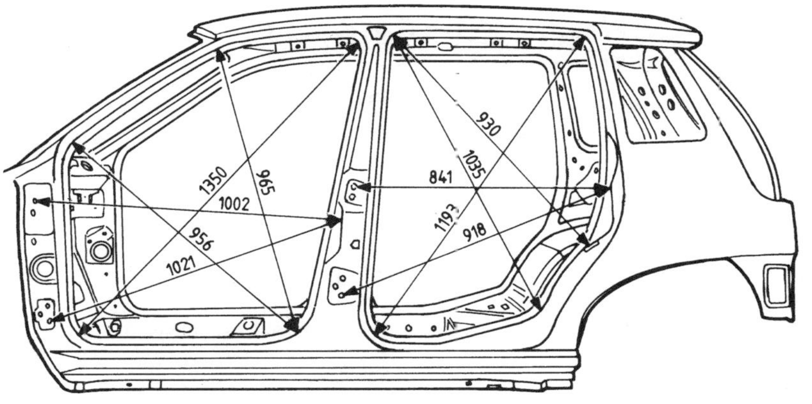

Figura 14. Diagonales indicadas por el fabricante de esta carrocería de la marca FIAT, para el vano de las puertas con numeración en milímetros de sus longitudes.

Otra advertencia sobre este mismo tema es la de que todas las cotas, incluso las que hemos denominado esenciales, pueden y de hecho tienen su tolerancia que se expresa en unos milímetros en más o en menos de la cota dada. Cuando se trabaje admitiendo esta tolerancia hay que tener en cuenta siempre la regla que acabamos de dar que consiste en repartir la tolerancia de una manera simétrica, a ambos extremos de los puntos de la cota.

Para hacer una buena medición de los bajos del automóvil la mejor solución es, por supuesto, su montaje en una bancada, pero antes de llegar a ello es conveniente hacer las mediciones sencillas que hemos visto.

Verificación de la plataforma

Otro tipo de verificación de la que una carrocería debe ser objeto viene determinada por la verificación de la alineación de los bajos en el sentido de encontrar posibles deformaciones por torsión o plegado de los mismos. Para llevar a cabo esta comprobación es necesario levantar el vehículo y desmontarle las ruedas para proceder a colocarle unos compases de puntas a lo ancho de tres partes, a todo lo largo de su longitud, y luego comprobar desde delante el sentido de alineación que todos los compases presentan entre sí. También se puede llevar a cabo esta comprobación por medio de un equipo *Dataliner* de proyección de rayos láser, que ya describimos en el pasado capítulo, con cuyo sistema la operación se simplifica mucho y resulta muy sencilla. Vamos a explicar a continuación la forma de llevar a cabo los dos procedimientos.

Utilización del compás de varas

Para llevar a cabo este trabajo se precisan, como mínimo, tres compases de varas que deben estar constituidos cada uno por los siguientes elementos que se aprecian en la figura 15. En primer lugar, por dos *reglas deslizantes* que deben poder graduarse a lo ancho entre los largueros de la estructura de la plataforma de la carrocería. En la parte central deberán disponer de un *punto de mira*, punto que deberá estar colocado en todos los compases exactamente en el mismo lugar. Por último, y para hacer frente a la fijación de los compases se deberá disponer de una punta de gancho *regulable* para la fijación del gancho de una forma estable.

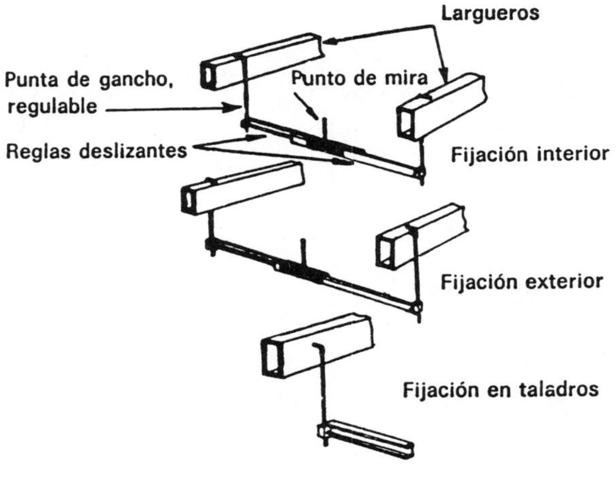

Figura 15. Características estructurales de los compases de varas para la verificación manual de la plataforma.

Una vez obtenidos los compases de varas de la forma y características que hemos indicado se pasa a su colocación de forma que, al mirarlos por delante, todos ellos se enfrenten de la manera que nos muestra el dibujo de la figura 16. Aquí, como puede verse, los puntos de mira se tapan los unos a los otros y, mirando de frente solamente se aprecia uno de estos puntos de mira cuando en realidad sabemos que hay tres. Ello quiere decir que la carrocería está perfecta y no adolece de defectos de torsión o desalineación. Otra cosa es cuando aparecen los puntos de mira desalineados como ocurre en los casos de las figuras 17, 18 y 19.

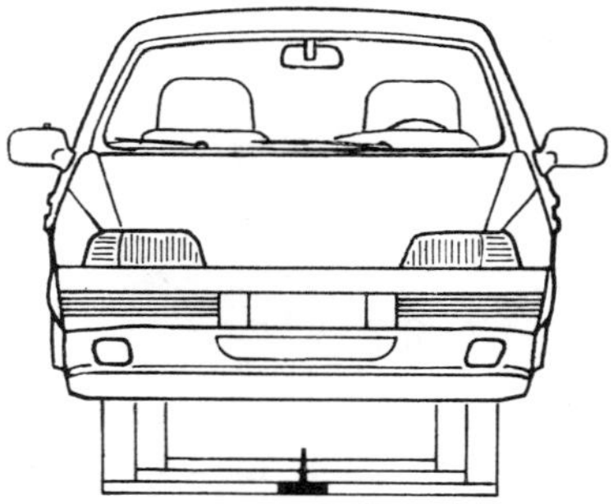

Figura 16. Los puntos de mira han de alinearse y coincidir perfectamente para tener la seguridad de que no ha habido deformación.

En la figura 17 tenemos un claro caso de hundimiento porque el compás de varas central queda más bajo que los otros compases, el trasero y el delantero.

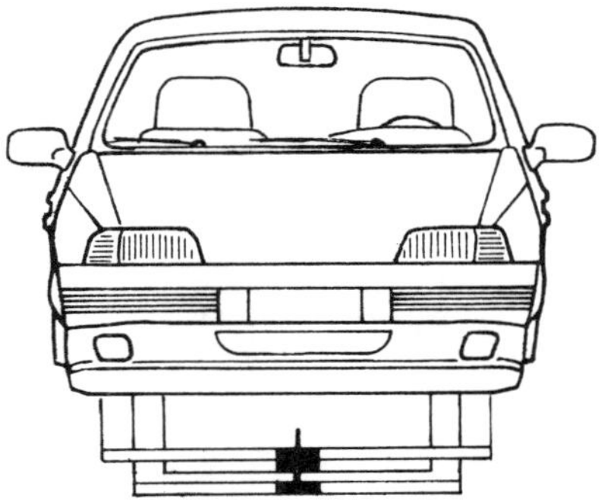

Figura 17. En esta situación, la posición de los puntos de mira indica un hundimiento en la parte central de la carrocería.

Esto quiere decir que los largueros han cedido en parte por su zona central de modo que se ha producido un verdadero hundimiento de la carrocería.

En la figura 18 tenemos un caso de torsión de la carrocería a través de la plataforma. Aquí los compases no se hallan igualados paralelamente lo que representa un síntoma que nos pone en aviso de la torsión de la carrocería.

Figura 18. En esta situación, la posición de los puntos de mira indica una torsión o desplazamiento lateral en la parte central de la carrocería.

Por último, tenemos en la figura 19 el caso que nos presenta un hundimiento lateral de la carrocería.

Aunque estos ejemplos representados en esta serie de figuras presentan los síntomas muy exagerados para una mejor y más rápida compresión por parte del lector de la idea de la alineación, cabe destacar que algunas de estas deformaciones pueden pasar inadvertidas por el método de comprobación de las diagonales, por lo que, en casos de golpes de cierta envergadura o de vuelcos es conveniente llevar a cabo comprobaciones de este tipo para una mayor seguridad en la investigación de los daños ocasionados.

Utilización de rayos láser

El equipo de comprobación óptico por medio de rayos láser ya lo vimos al estudiar, en el capítulo anterior, las herramientas de verificación. Para llevar a término la comprobación de la plataforma hay que seguir las instrucciones del fabricante del aparato que vienen a ser, resumidas, las siguientes: en primer lugar se ha de proceder a desmontar las ruedas del vehículo y colocarlos suspendido sujeto por unas borricas o caballetes, debidamente regulados para que la carrocería quede nivelada en un plano del todo horizontal. Por otra parte, se deberá proceder a preparar una serie de reglillas graduadas, fabricadas especialmente para este tipo de comprobaciones en materia transparente plástica,

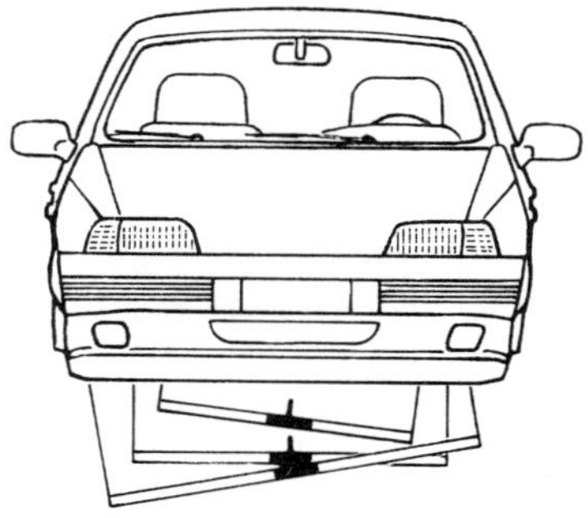

Figura 19. En esta situación, la posición de los puntos de mira indica un hundimiento lateral de la carrocería.

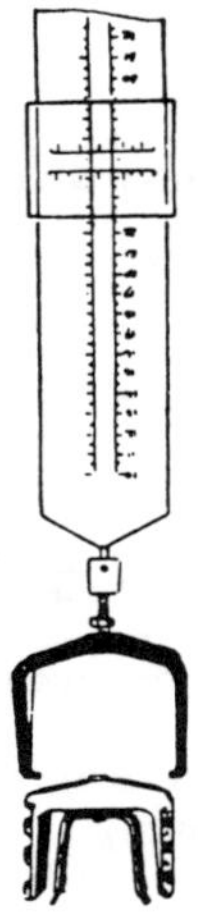

Figura 20. Reglillas graduables para la verificación de una carrocería por medio de rayo óptico.

que lleva un cursor deslizante a través de las grabaciones. En la figura 20 puede ver el lector un dibujo de una de estas reglillas que acompañan al equipo de verificación.

Una vez realizado el preparativo del coche suspendido se debe buscar la ficha que el fabricante del equipo de verificación ha preparado, correspondiente a la carrocería en concreto que estamos tratando de verificar. Una ficha de este tipo la podemos ver ahora en la figura 21. En este caso se trata de la ficha de una carrocería hipotética que sólo ha de servirnos para darnos una idea de este montaje.

A continuación se han de comenzar a preparar tantas reglillas como puntos de comprobación figuran en la ficha. En éste se anuncian también la clase de

MECÁNICA INCLUIDA

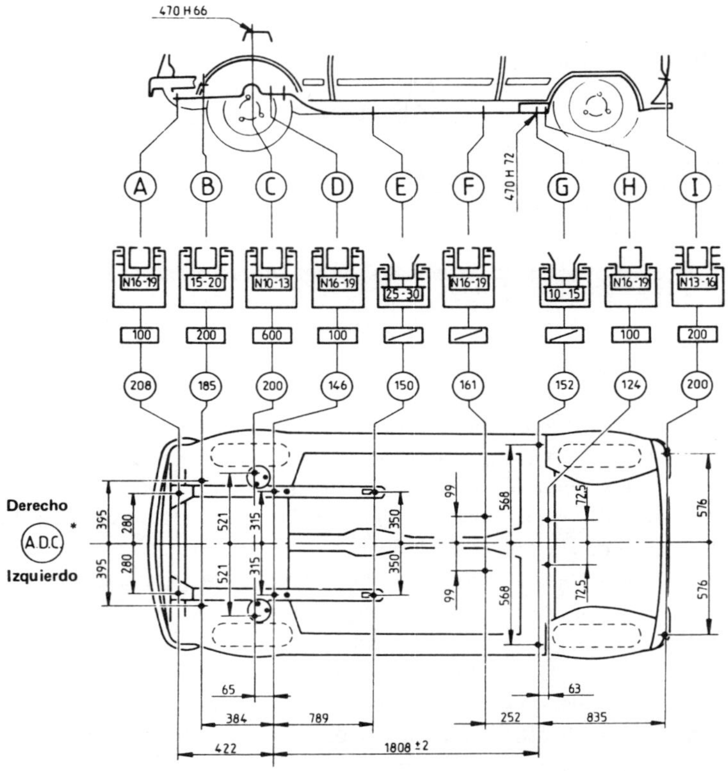

Altura

Ref.	Nominal	Desviación Izquierda	Desviación Derecha
A	208		
B	185		
C	200		
D	146		
E	150		
F	161		
G	152		
H	124		
I	200		

Longitud

Ref.	Nominal	Desviación Izquierda	Desviación Derecha
A-D	422		
B-D	384		
C-D	65		
D	0		
E-D	789		
F-G	252		
G-D	1808		
H-G	63		
I-G	835		

Anchura / (A.D.C.) *

Ref.	Nominal	Desviación Izquierda	Desviación Derecha
A	280		
B	395		
C	521		
D	315		
E	350		
F	99		
G	568		
H	72,5		
I	576		

* A.D.C. = Cotas de partida o de referencia.

Figura 21. Ficha Dataliner *para la comprobación por este equipo de una carrocería de un determinado modelo concreto. Cada ficha solamente es válida para un tipo determinado de carrocería.*

las reglillas a elegir y la disposición que cada una de ellas debe tener en los bajos de la carrocería. Las letras A-B-C, etc., de la figura indican el tipo de reglillas y siguiendo la línea podemos ver los puntos en los que deben ser montadas. También en la ficha se nos indica la cota a que debe ser regulado el cursor, el cual dispone de un tornillo de fijación para evitar desplazamientos. De acuerdo con todo ello vemos que se precisan 18 reglillas, unas más largas que las otras, de acuerdo con la disposición que cada una debe alcanzar.

En la figura 22 vemos los bajos de la carrocería en cuestión en la que ya se han montado las reglillas correspondientes bajo la plataforma suspendida y aguantada por las borricas. El montaje de las reglillas se realiza rápida y fácilmente una vez se han preparado bien los cursores en la posición de la medida deseada.

Acto seguido ya se puede pasar al montaje del equipo óptico de verificación, en el que, gracias a la ayuda de los rayos láser resulta muy sencillo establecer su horizontalidad y el ángulo a 90 grados del carril transversal con respecto al longitudinal. Una vez conseguido este posicionado ya se estará en condiciones para comenzar a realizar la verificación de la carrocería.

Esta verificación resulta muy sencilla y rápida. Se coloca la unidad de enfoque de los rayos láser frente a la primera de las reglillas (recuérdese que esta unidad de enfoque es desplazable a través de la viga del equipo) de modo que lance un rayo láser a través del punto indicado por el cursor de la primera reglilla. Este rayo atraviesa el material transparente de la citada reglilla y se proyecta también en la otra reglilla que se halla situada simétricamente. Si el rayo coincide también con el cursor es señal de una buena linealidad de la parte comprobada. Si no coincide es que hay deformación.

Esta operación hay que llevarla a cabo en todos los puntos de las reglillas, tanto desde la zona lateral como de la frontal del vehículo, encarando siempre el rayo entre dos reglillas a través del cursor.

La ventaja de este equipo reside en que, en caso de que se encontrara una posible deformación en alguna cota, se podría montar la escuadra hidráulica para enderezar sin desmontar toda la preparación que hasta ahora hemos llevado a cabo, realizar un pequeño golpe de enderezado y comprobar al mismo tiempo los resultados de la fuerza de enderezado que se hace con la escuadra,

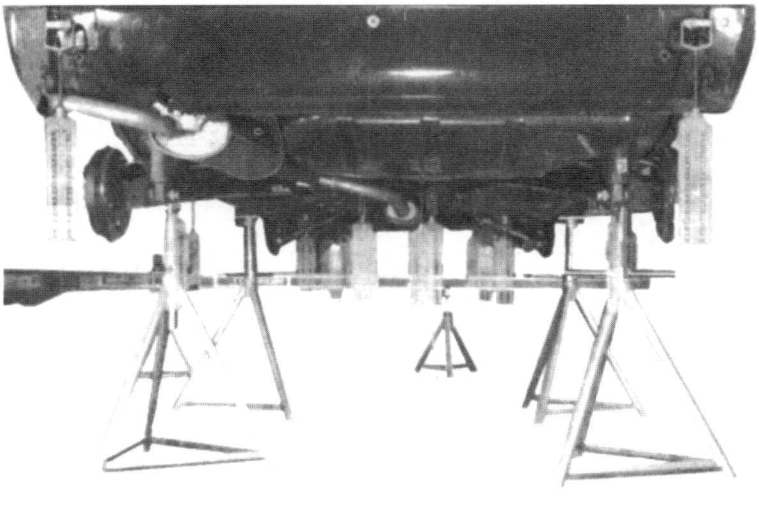

Figura 22. Carrocería suspendida por borricas bajo la que se han colocado el conjunto de reglillas para la aplicación de los rayos láser y conocimiento de las coincidencias.

de modo que la verificación del trabajo realizado se puede efectuar en el mismo acto de llevarlo a cabo.

Conclusión

Los procedimientos que hemos explicado para la verificación de la plataforma y, en general, los otros sistemas para la verificación de la estructura no son los únicos posibles, aunque sí los más universales. Cuando en un taller de chapistería se trabaja habitualmente con unos pocos modelos de carrocería, como podría ser el caso de hallarse especializada en una sola marca, se suele acudir también al sistema del empleo de plantillas o calibres de verificación que son instrumentos de medida fabricados expresamente para ser aplicados sobre una carrocería en concreto y si se ajustan correctamente en los puntos de fijación o comprobación dan a entender que la carrocería no ha sufrido deformación, Por supuesto, si no lo hacen es señal de que sí hay partes de la estructura afectadas.

Pese a todos los adelantos modernos las plantillas constituyen el sistema más rápido de comprobación, pero presentan el grave inconveniente de que se necesita una serie de plantillas para cada modelo de carrocería, lo que ocasiona todos los problemas que se pueden imaginar, y que van desde la dificultad de almacenaje hasta el orden en que deben ser guardadas a fin de que puedan ser localizadas con rapidez en el momento en que se necesitan.

En la figura 23 presentamos al lector una de estas plantillas realizadas para la verificación exclusiva de los largueros de una marca y modelo muy concreto. En este caso se trata de una plantilla sencilla, pero son muchas las ocasiones en las que se necesitan formas más complicadas a fin de conseguir una verificación concreta. Por esta razón las plantillas deben ser fabricadas con plancha o materiales gruesos, ya que una de sus principales virtudes es que sean indeformables.

Las plantillas tienen la ventaja de su rápida aplicación, sobre todo cuando resultan manejables. Ello permite la rápida visión de la deformación que se ha producido y la comprobación constante de la marcha del trabajo de enderezado cuando éste se produce, ya que la plantilla se puede ir presentando sobre el lugar en el que se trabaja tantas veces como el operario lo crea conveniente e ir modificando el trabajo de enderezado de acuerdo con lo que la plantilla indique.

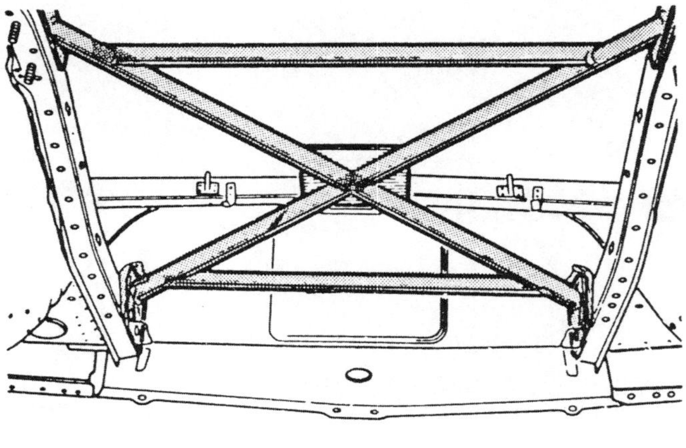

Figura 23. Ejemplo de plantilla para llevar a cabo la verificación de los largueros de una carrocería perteneciente a un modelo concreto. La parte tramada corresponde a la plantilla.

Sin embargo, en la práctica las plantillas presentan algunos inconvenientes de consideración, que se unen a los que ya antes hemos mencionado. Por ejemplo, muchas veces la aplicación de la plantilla no puede llevarse a cabo sin el desmontaje previo de algún órgano mecánico importante, lo que representa horas de trabajo y encarecimiento de la reparación. Ya sabemos que esto no ocurre con el sistema óptico, por ejemplo.

En cuanto a su utilización hay que tener mucho cuidado de no deformarlas pues ello acarrearía, lógicamente, su inutilización en posteriores comprobaciones. Por lo tanto han de entrar en sus zonas de alojamiento con toda naturalidad y nunca ni en ningún caso han de ser forzadas ni mucho menos golpeadas para hacer que se ajusten a su pretendida posición de verificación. No hace falta decir que no deben ser utilizadas para hacer desde ellas brazo de palanca o como apoyo para realizar las soldaduras, pues cualquier deformación que sufran será en perjuicio de las posibles comparaciones que con ella se hagan en lo sucesivo.

Figura 24. Golpe recibido por un automóvil en la zona de las planchas de revestimiento. No es fácil que haya interesado a la estructura y su reparación no debe presentar problemas.

Comprobaciones de los daños del impacto

En el presente apartado vamos a hacer un resumen de todo lo dicho hasta aquí en este capítulo, refiriéndonos siempre a los daños que un impacto haya podido ocasionar sobre la carrocería. Por todo lo explicado hasta este momento ya sabemos cuáles son los procedimientos para averiguar los posibles males internos de la carrocería, por lo tanto, ante un automóvil accidentado debemos colocarnos siempre con una actitud de reserva en cuanto a la magnitud del daño causado por el accidente, considerando siempre la posibilidad de daños que vayan más allá de lo que el aspecto exterior nos enseña.

En general los daños ocasionados por arañazos en virtud de golpes laterales entre dos coches, del tipo de lo que se ve en la figura 24, solamente interesan a las planchas de revestimiento, por lo que su reparación va a afectar solamente a éstas. Se trata, por lo tanto, del cambio de las mismas (o en ocasiones de poca importancia, de su repicado) con lo que el precio de la reparación queda bastante claro a la vista y con la práctica del precio de la hora de taller y de la capacidad de tiempo empleado en la reparación. Golpes de este tipo de seguro que no han afectado a la estructura de la carrocería, por lo que no vale la pena mayores comprobaciones.

Otro caso diferente puede ser el presentado en la figura 25 donde se apre-

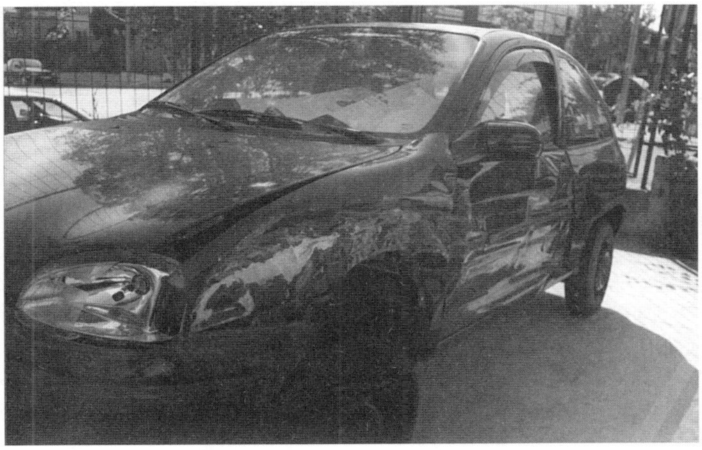

Figura 25. Este golpe, sin embargo, puede ser mucho más serio que el de la figura anterior por haber interesado a partes de la estructura de la carrocería.

cia que la puerta ha recibido un golpe en el sentido de la marcha. Aquí es casi seguro que la propia rigidez de la puerta haya afectado al pilar central y, posiblemente también a través de las bisagras, al pilar delantero. También el estribo puede haber sufrido las consecuencias del golpe y, en caso de deformación, pueden haber quedado interesados tanto el arguero como incluso el techo. Aunque, en apariencia, no parece a ojos de un profano que la parte accidentada sea muy importante, la realidad es que ésta puede resultar una reparación en la que se necesitan emplear muchas horas y que, por lo mismo, sea de elevado precio.

Cuando los golpes afectan solamente a las planchas de revestimiento suelen ser, en general, muy escandalosos los resultados, pero la reparación no demasiado complicada.

De lo dicho se deduce la importancia de saber evaluar los daños que un automóvil accidentado pueda presentar, pensando siempre en el conjunto de la estructura de la carrocería. Cuando un golpe ha sido de importancia y ha afectado a la estructura, recuérdese que, en definitiva, habrá podido afectar a ésta con deformaciones que están clasificadas entre las cinco siguientes: En primer lugar, deformaciones romboidales del bastidor, situación que habrá interesado a los anclajes de la suspensión y las ruedas y que deberemos medir por medio del compás de varas de la forma que se explicó en el apartado «Verificación de las ruedas».

También puede haber sufrido hundimiento o alzamientos, dos posibilidades que pueden quedar determinadas o bien por la aplicación de los compases de puntas (véase el apartado 4, «Verificación de la plataforma») o bien con la ayuda de un aparato de comprobación óptica por rayos láser.

La comprobación de las diagonales nos dará información sobre posibles estados de torsión de la carrocería y también de flexiones de la misma, otros dos tipos de deformaciones de mucha importancia para la sustentación correcta de los anclajes de las partes mecánicas fundamentales.

Todos estos tipos de comprobaciones son los que nos han de dar seguridad para poder afirmar el grado de gravedad que el impacto o impactos recibidos tienen en el conjunto de la carrocería y darnos una pista para comenzar a trabajar para la reparación de todos los daños ocasionados hasta conseguir dejar la carrocería en perfectas condiciones.

Después de realizadas todas las verificaciones que sean precisas y de haber comprobado hasta qué punto hay deformaciones que sobrepasan las tolerancias, ya estaremos en condiciones de hacer un presupuesto o de orientar la estrategia que hay que seguir para comenzar la reparación de los daños ocasionados por el golpe.

A continuación, y para terminar este capítulo, vamos a dar solamente unos consejos previos al trabajo propiamente dicho de la reparación, de la que ya comenzaremos a ocuparnos en los capítulos próximos.

Trabajos previos a la reparación

Comoquiera que más adelante entraremos en la descripción detallada de los trabajos de reparación que se refieren a zonas concretas de la carrocería, ya no tendremos entonces ocasión de referirnos al conjunto de ésta. Por lo tanto es ahora buen momento para poner de manifiesto algunos consejos relativos a los trabajos previos de preparación de la carrocería para su desmontaje de las piezas en mal estado y para prepararla para el trabajo del chapista.

En este sentido pues, antes de comenzar el trabajo tendremos que tener en cuenta la necesidad de preparar la carrocería haciendo desmontajes o desconexiones previas, o limpiezas que posteriormente nos van a facilitar la tarea o nos van a eliminar algún riesgo. Estos trabajos previos los vamos a dividir en las cuatro siguientes partes que estudiaremos muy brevemente por separado:

- Elementos peligrosos para el trabajo.
- Cuerpos extraños.
- Elementos que pueden resultar dañados.
- Elementos que obstaculizan el trabajo.

Elementos peligrosos para el trabajo

Uno de los puntos que hemos de tener muy presente antes de comenzar el trabajo es la eliminación de todas aquellas cosas que puedan representar algún peligro para el operario. No se olvide que es posible que utilicemos el soplete, y que tanto en el motor como a lo largo de la carrocería existe un tubo y un depósito por el que corre la gasolina, altamente inflamable. Pero éste no es el único elemento que puede causar daños. Esto es lo que vamos a ver acto seguido.

La primera precaución que ya por norma hay que tener en cuenta cuando comencemos a trabajar en una carrocería va a consistir en *desconectar la batería* para eliminar todo riesgo de chispas o cortocircuitos. Basta con aflojar y retirar el cable que lleva la corriente a masa sacándolo del borne de la batería y colocándolo alejado de ella. Con respecto a este aparato eléctrico hay que tener siempre cuidado de no depositar sobre él herramientas ni piezas de ninguna clase y en especial de hierro o acero, pues la unión o cortocircuito entre los dos bornes puede producir una fuerte descarga peligrosa que hay que evitar.

Otra fuente de peligro está constituida por el *depósito de gasolina* y *el tubo de conducción* de ésta hasta el sistema de inyección. Cuando hay que soldar por las proximidades del depósito o del tubo de conducción es necesario proceder al desmontaje de estos elementos. No son nada infrecuentes los accidentes que por esta causa se producen en los talleres de chapistería y puedo asegurar que son demasiados los coches que he visto incendiarse por no seguir a rajatabla la norma del desmontaje previo de estos conductos o del depósito. Además, hay que tener en cuenta que el calor se transmite con rapidez a través de la plancha, lo que hace que la gasolina adquiera un estado de evaporación que la hace muy inflamable. La rápida actuación de los extintores, que nunca deben faltar en un taller de chapistería, pueden conseguir reducir la magnitud del incendio.

Menos inflamables, pero no menos peligrosas, pueden ser las *fibras de algunos fieltros insonorizantes* que en algunos tipos de automóviles se suelen repartir, pegados sobre la chapa, en determinadas zonas para atenuar el ruido del motor en el interior del habitáculo de los pasajeros. Conviene siempre retirar estos fieltros y rascarlos cuidadosamente de modo que no quede adherido a la plancha ni un pelo, sobre todo cuando se prevé la necesidad de la aplicación de la soldadura. Téngase en cuenta que en la mayoría de los casos estos fieltros son muy inflamables y, salvo tratamientos ignífugos poco corrientes, pueden producir también en conato de incendio con todo el peligro que esta situación entraña.

Otro peligro para el trabajo puede venir provocado por los *restos de cristales* que hayan podido caer en el interior del coche como resultado de la rotura de alguno de ellos durante el accidente. Deben barrerse y retirar estos restos del interior de la carrocería.

Cuerpos extraños

Entendemos por cuerpos extraños todos aquellos que se han adherido a la plancha de manera ocasional o voluntaria pero que dificultarán la operación de trabajo sobre este material. En este sentido, uno de los primeros cuerpos extraños es el *barro seco* que llega a formar a veces como una pared en los rincones y puede dificultar los trabajos de desmontaje de las planchas. Estas acumulaciones de barro seco las podemos encontrar especialmente en los rincones de los pasarruedas y también en determinadas zonas de los bajos sobre las que se proyectan agua y barro durante la marcha en tiempo lluvioso. No es difícil eliminar estos restos (debajo de los cuales incluso a veces podemos encontrar muchos síntomas de corrosión de la chapa), por medio de un chorro de agua a presión. Insistiendo en la aplicación del chorro, el barro primero se ablanda por medio de la humedad y luego sale proyectado por la fuerza de la presión del agua. De este modo deja a la vista los puntos de soldadura eléctrica de las planchas o los lugares de atornillado de las mismas, según el sistema de ensamblaje de las piezas.

Otros productos que también vamos a considerar cuerpos extraños, por serlo por lo menos para el planchista, son los *productos insonorizantes* a veces aplicados a pistola y otras pegados por medio de paneles o placas en diferentes partes de la carrocería. A ellos ya nos hemos referido al considerarlos como inflamables, pero es que además dificultan el trabajo en la plancha, razón por la cual deben ser retirados previamente. Los que están enganchados en forma de placas suelen encontrarse en los capós y en los paneles de las puertas. Se hallan encolados con fuerza de modo que su extracción requiere el uso de una herramienta rascadora efectiva, tal como podría ser una lima plana, con un ángulo de corte de 45 grados, o también el uso de una máquina eléctrica o neumática de lijar puede servirnos de buena ayuda para llevar a cabo este trabajo.

Como veremos a la hora de trabajar en el cambio de las planchas y de los elementos de que consta la carrocería, también podremos encontrarnos con dificultades en aquellos lugares en los que se han depositado *pinturas* o *masillas de poliéster*. Puede ocurrir muy fácilmente que en estas zonas tengamos que utilizar el martillo, y a los golpes de éste tanto las pinturas como las masillas pueden proyectar trozos de cierta magnitud que pueden ir hacia los ojos del operario produciéndole heridas. Por lo tanto, resulta conveniente proceder a eliminar estos productos por medio de un rascado. Por otra parte, este rascado se tendrá que hacer de todas maneras cuando, una vez desabollada la plancha en cuestión, se tenga que preparar la superficie para dejarla completamente uniforme en vistas a la aplicación de la pintura que constituirá el trabajo posterior.

Elementos que pueden resultar dañados

Está claro que en este apartado nos referimos a aquellos elementos que forman parte del automóvil y que pueden ser dañados durante el desmontaje de las piezas de plancha o durante el uso del soporte oxiacetilénico para algún trabajo de soldadura.

Los principales elementos que en este aspecto pueden sufrir daños los vamos a encontrar entre las partes de la *instalación eléctrica*. Piénsese que sobre las planchas de la carrocería no solamente vamos a depositar el posible calor de la soldadura que puede fácilmente carbonizar los aislantes de los cables y producir, como consecuencia de ello, posibles cortocircuitos posteriores, sino que es muy probable que tengamos que picar en la plancha para hacer enderezados de la misma o cortarla para sacar piezas en mal estado que han de sustituirse. Elementos eléctricos tan delicados, hasta cierto punto, como los relés, las bocinas, a veces el mismo regulador del alternador; los faros, el conjunto de luces de posición e intermitentes, etc., que suelen estar adosados a la plancha, pueden recibir un número importante de vibraciones como efecto de los golpes que pueden llegar fácilmente a perjudicarlos. En estos casos resulta prudente proceder al desmontaje de estos aparatos, lo cual no es complicado, por otra parte, de modo que aseguremos su integridad y podamos picar en la plancha sin complejos.

También desde el punto de vista eléctrico conviene tener muy en cuenta el lugar por donde, en la carrocería, pasa el mazo de cables de la instalación para no proceder inadvertidamente a serrarlo o a soldar próximo a él de modo que se llegue a perjudicar. En la figura 26 tenemos un ejemplo del recorrido que el mazo de cables de la instalación efectúa a lo largo de un automóvil PEUGEOT. Esta disposición viene a resultar muy corriente en todos los automóviles, es decir, el paso de un mazo de cables por la zona alta del salpicadero, donde encontramos el tablero de instrumentos, y luego un mazo que se deriva por el montante delantero hacia la parte del estribo izquierdo, para pasar desde aquí hacia la parte posterior de la carrocería.

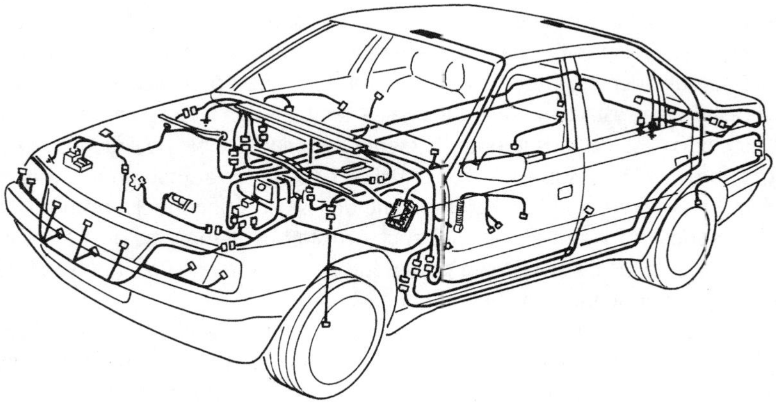

Figura 26. Recorrido de los mazos de cables a lo largo y lo ancho de una carrocería perteneciente a un automóvil de la marca francesa PEUGEOT.

Aunque la mayoría de los fabricantes han convenido en normalizar esta disposición de los mazos de cables podemos también encontrar otras formas de pasar los cables a través de otras piezas de la carrocería. Es conveniente, pues, tener en cuenta la situación que los cables tienen en la carrocería antes de trabajar en ella cuando se han de llevar a cabo importantes operaciones de enderezado o de corte.

Finalmente, también es conveniente recomendar desde aquí la protección del tablero de instrumentos con todos sus relojes de medición y el volante de la dirección, si es que estos elementos no llegan a desmontarse, cuando se tenga que trabajar más o menos cerca de ellos.

Elementos que obstaculizan el trabajo

Cuando en alguna operación de enderezado o cuando se prevé que algún elemento mecánico o de la carrocería va a ser un obstáculo para la colocación de las herramientas que permitan trabajar sobre la superficie dañada, o cuando se vea que no queda espacio para permitir el paso del gato, etc., no hay que tener pereza en desmontar los elementos que pueden hacer difícil y complicado el trabajo de reparación, ya que, probablemente, ganaremos tiempo si luego se puede trabajar con la soltura debida.

Así pues, cuando un automóvil accidentado se presenta ante nosotros y hemos determinado el tipo de reparación que debe llevarse a cabo y la estrategia de la misma, convendrá muchas veces acudir a sacar todos aquellos elementos sujetos con tornillos a la carrocería que puedan dificultar el trabajo de la reparación. En este caso se pueden encontrar los capós, los paragolpes, tanto delanteros como traseros, y las mismas puertas de entrada al vehículo que son fácilmente desmontables y dan un buen acceso a una parte importante de la estructura de la carrocería.

Del mismo modo hay que actuar muchas veces con la tapicería y, sobre todo, con los asientos que en general son fácilmente desmontables y dejan mucho espacio en el interior del habitáculo para trabajar en la estructura de la carrocería, además de proteger así la tela de su tapicería de posibles manchas ocasionadas por productos abrasivos o chispas de la soldadura.

Cuando la parte afectada por el golpe interesa también a planchas que forman parte del habitáculo y éstas, en su cara interna, están revestidas de moqueta o algún tejido con relleno generalmente almohadillado, el planchista se verá obligado a retirar todos estos tejidos antes de empezar el trabajo de la reparación.

Por último nos queda, dentro de este apartado, el tema siempre conflictivo de la mecánica cuyo desmontaje debería corresponder siempre al mecánico, ya que es el que solamente está más preparado para la retirada de las grandes piezas, sino que además posee las herramientas necesarias para ello. Sin embargo, a veces el planchista tiene que encargarse también de trabajos de desmontaje de este tipo. Conviene desmontar la menor cantidad posible de órganos mecánicos porque ello consume muchas horas de trabajo que aumentan el precio de la factura sin representar un mejoramiento de las condiciones del automóvil. De todos modos, resulta necesario que el planchista pueda moverse bien entre los intersticios de las planchas para poder aplicar sus herramientas, que ya conocemos, y poder actuar con libertad con ellas.

Con esto damos por terminado este capítulo que debe servirnos para llevar a cabo la buena evaluación de los daños causados en un accidente sobre una carrocería. Ahora nos conviene pasar ya a los trabajos prácticos de la reparación, cosa que vamos a hacer en el capítulo próximo donde vamos a encontrarnos con la forma de llevar a feliz término las técnicas de trabajo que son propias del chapista y que un buen operario debe esforzarse por dominar.

4

TÉCNICAS DE REPARACIÓN

Todo lo que hemos explicado hasta aquí nos ha servido de amplia introducción al tema de la planchistería. Si hemos leído con atención, ya vemos que a nuestros conocimientos de cómo es la estructura y el revestimiento de la carrocería de automóviles unimos el conocimiento de los tipos de herramientas que son de uso corriente en el oficio. Pues bien: ahora ha llegado el ,momento de comenzar a ver cómo vamos a usar estas herramientas estudiando una serie de técnicas de reparación que en la práctica del oficio vamos a usar constantemente. Por ejemplo, ya hemos visto que cuando una carrocería ha recibido algún golpe que ha deteriorado las planchas, ya sean de revestimiento o de estructura, es preciso llevar a cabo una doble operación que consistirá en desmontar la plancha dañada y en montar la nueva plancha que ha de sustituirla. Nuestro objetivo en este capítulo va a consistir en explicar cómo puede llevarse a cabo el desmontaje de la plancha dañada, unas cuantas ideas generales de oficio sobre la forma de restituirle la forma original si ello es posible (o bien, si no es posible, pasar a su sustitución) y unas normas generales de la forma como debe llevarse a cabo su montaje.

El conocimiento de estas técnicas resulta, en efecto, primordial para la práctica del oficio de chapista ya que va a constituir la base del trabajo que se va a desarrollar en el taller. Así, después de examinar el estado de un automóvil accidentado, y de hacer las verificaciones que hemos explicado en el capítulo 3, habremos llegado ya a la conclusión de la forma de actuar según los daños observados. En la gran mayoría de los casos ocurre que los golpes pequeños, producidos como consecuencia del tráfico ciudadano, difícilmente han afectado de una manera seria a las cotas esenciales de la estructura, por lo que nuestro trabajo fundamental va a desarrollarse con las planchas de revestimiento de la carrocería. En muchas menos ocasiones se verá afectada alguna parte de la estructura poco comprometida, como podría ser el estribo del larguero que existe en la carrocería para formar la parte baja del vano de una puerta, o un pilar u otra parte también sustituible con cierta facilidad como se verá cuando lleguemos al estudio de estas partes en el próximo capítulo. Pero cuando los daños han sido de gran importancia, como ocurre en los graves accidentes de tráfico en carretera, y la estructura se ha visto afectada hasta extremos que hay que llevar a cabo el total desmontaje de la parte mecánica y el cuidadoso enderezado de la carrocería sobre una bancada, el precio de la reparación suele ser tan caro que puede casi superar el precio de un automóvil nuevo. Por esta razón, en los talleres de planchistería estas reparaciones tan complicadas no se suelen llevar a cabo en ningún caso, lo que, sin embargo, no excluye de la necesidad de que el chapista de oficio tenga que tener los suficientes conocimientos como para poder llevar a feliz término reparaciones tan complicadas como la que hemos puesto de ejemplo.

De una manera general vamos a estudiar en el presente capítulo las técnicas que se llevan a cabo con mayor frecuencia en el taller para desmontar planchas, es decir, para deshacer los puntos de soldadura por medio de los cuales se encuentran ensambladas; vamos a estudiar también la posibilidad de su reparación, estudiando las técnicas de su desabollado, aplanado, etc.; la forma de llevar a cabo el montaje de planchas nuevas en sustitución de las demasiado estropeadas, para su aprovechamiento; y vamos a terminar este capítulo hablando de las técnicas de enderezamiento de carrocerías en su estructura con la ayuda de la escuadra hidráulica y del gato, todo ello de una manera general, como decimos, porque el trabajo en detalle ya lo estudiaremos a continuación, en otros capítulos.

Resumiendo, podemos establecer el siguiente programa para el desarrollo de este capítulo cuyos fines acabamos de exponer en esta introducción.

- Separación de planchas.
- Reparación de planchas.
- Presentación y montaje de piezas nuevas.
- Enderezado con herramientas hidráulicas.

Pasemos, pues, al estudio de cada uno de estos apartados por separado.

Separación de planchas

En su momento estudiamos que el ensamblaje de las planchas, en las carrocerías de automóviles, podía de ser de tres maneras. Recordemos que dijimos que podían estar remachadas, atornilladas y soldadas.

Comoquiera que los remaches son muy fáciles de desmontar, ya que basta sencillamente con romper una de sus cabezas con la ayuda de una taladradora de mano, y comoquiera que este sistema es muy poco corriente en las carrocerías de los automóviles (aunque sí de los autocares, como se dijo) vamos a referirnos aquí exclusivamente a los dos sistemas más corrientes que son, la sujeción o ensamblaje de las planchas por:

- Tornillos.
- Soldadura.

La forma de actuar general en cada caso se lleva a cabo con las técnicas que vamos a estudiar acto seguido.

Tornillos

La técnica de las planchas atornilladas la explicamos ya en el capítulo 2. Como allí vimos, estas uniones suelen estar formadas por el tornillo, que en la mayoría de los casos es de cabeza hexagonal cuando se trata de planchas de cierto peso, los cuales se mantienen en posición por medio de una jaula de chapa soldada en la otra plancha sobre la que han de ajustarse, y provistos de tuerca muchas veces de forma cuadrada, que se halla alojada en el mismo cuerpo de la jaula. Generalmente, y para evitar el aflojamiento del tornillo en su tuerca, se suele disponer de una arandela de seguridad entre la cabeza del tornillo y la chapa, muchas veces de tipo estriado y también de tipo grower.

El desmontaje de las planchas que se hallan ensambladas por este procedimiento no parece que debiera presentar ningún problema pues se trata sencillamente de aflojar y retirar los tornillos por medio de llaves fijas de estrella o de tubo, según los casos, hasta el total desmontaje de la pieza. Así es, en efecto, la teoría, pero en la práctica suele ser muy frecuente que transcurrido el tiempo la herrumbre se haya apoderado de los hilos de rosca, tanto de tuerca como de tornillo, y éste permanezca como clavado en su lugar resultando muy difícil por los procedimientos habituales poder retirarlo de su alojamiento. Comoquiera que la tuerca es fija y su jaula está soldada a la otra plancha no resulta nada conveniente proceder a forzar la cabeza del tornillo en cuestión, pues si la herrumbre lo ha dejado como soldado a la tuerca, un exceso de fuerza o la aplicación de las herramientas aumentando su brazo de palanca solamente lograría, en la gran mayoría de los casos, la rotura de la cabeza hexagonal. Esto podría ya liberar a la plancha atornillada pero nuestro problema sería después más grave para sacar el trozo de tornillo de su alojamiento en la tuerca. De modo que conviene no romper cabezas por exceso de fuerza y tratar estos frecuentes casos por otros procedimientos.

Normalmente hay dos sistemas muy utilizados por el planchista que suelen dar buenos resultados. El primero consiste en limpiar escrupulosamente de barro seco tanto la parte de la cabeza del tornillo como la parte de la jaula y su correspondiente tuerca prisionera; y luego aplicar cualquiera de los muchos aceites especiales, muy fluidos, para aflojar tuercas que existen en el mercado. Normalmente hay que esperar algunos minutos para que el aceite llegue a penetrar bien a través de los hilos de rosca, después de lo cual ya puede intentarse la retirada del tornillo. Aunque este procedimiento suele dar buenos resultados cuando el grado de oxidación de los hilos de rosca no es muy acusado, puede ocurrir muy bien que a veces no sea suficiente. Cuando se vea que la fuerza que se está aplicando resulta excesiva y se corre de nuevo el riesgo de la rotura de la cabeza, es mejor no continuar insistiendo en el esfuerzo y pasar a aplicar otro procedimiento que encarna cierto peligro pero es mucho más efectivo. Nos referimos a la utilización del calor como elemento capaz de despegar la herrumbre.

Para llevar a cabo este nuevo procedimiento se utiliza el soplete de soldadura oxiacetilénica. En primer lugar hay que tener en cuenta que en esta operación hay que actuar siempre a través de la tuerca y nunca a través del tornillo, pues con éste se corre el riesgo de romperlo y dejar su cuerpo en el interior, lo que dificultaría todavía más la extracción. Así pues, hay que actuar siempre a través de la tuerca. Por otra parte, se ha de tener muy en cuenta que esta operación de utilizar el soplete no debe ser realizada nunca acto seguido de haber intentado retirar la tuerca por el procedimiento del «aflójalo-todo», es decir, el afloja-tuercas. Estos productos suelen ser muy inflamables y la presencia del soplete sin haberlos dejado evaporar completamente e incluso secado escrupulosamente, puede dar origen a algún accidente, siempre de imprevisibles consecuencias.

Teniendo en cuenta estas dos advertencias se pasa a encender el soplete y se aplica sobre la tuerca con un dardo relativamente largo para no desarrollar

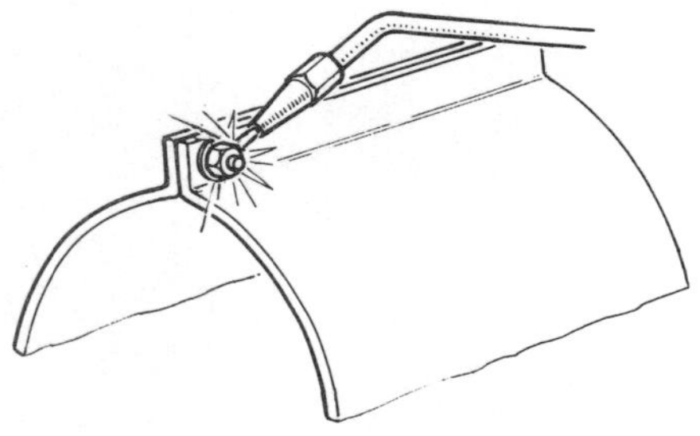

Figura 1. Una aportación de un poco de calor proporcionado por un soplete puede hacer que se dilate la tuerca y se mueva de su rosca. De esta forma se podrá sacar fácilmente cuando se enfríe.

un calor excesivo, como puede apreciarse en la figura 1. Cuando la tuerca se pone al rojo se retira inmediatamente el soplete y se pasa a refrigerarla con agua fría para evitar sobre todo que el cuerpo del tornillo se ponga al rojo, lo que podría ocasionar la fusión de ambos cuerpos. Una vez realizada esta operación la tuerca se habrá *movido* y será posible su retirada. Si todavía ofrece resistencia, es posible volver a realizar la operación de nuevo y rara será la tuerca que no ceda a la segunda intentona.

Otros operarios pueden preferir el sistema de aflojado que nos muestra la figura 2, realizada por el intermedio de una plancha para calibrar mejor la cantidad de calor que está recibiendo la tuerca. Este sistema es también bueno pero no da los resultados tan efectivos que pueden esperarse del primero que hemos descrito. De cualquier forma y en ambos casos, es necesario cuidar de que las planchas que están sujetadas por el tornillo no se pongan al rojo pues podrían deformarse y ocasionar después más trabajo para su ajuste.

La utilización del soplete debe hallarse dosificada con cuidado por otros conceptos. En primer lugar, hay que vigilar mucho de no perjudicar a un posible mazo de cables o un aparato eléctrico que en según qué circunstancias puede hallarse próximo. También hay que tener en cuenta la posible proximidad de depósitos de plástico, como puede ser el depósito de expansión del circuito de refrigeración y, en otros casos, el depósito del líquido de frenos, etc. Todos estos elementos pueden deformarse o quemarse si reciben una cantidad de calor excesiva con los consiguientes problemas que ello podría derivar. Por esta razón conviene siempre proceder de modo que el tornillo se pueda retirar por el sistema de la aplicación de aceites para el afloje de tuercas, y solamente acudir al sistema de la aplicación de calor con el soplete en el caso de tornillos que resulten altamente rebeldes a dejarse retirar.

Hablábamos antes de la necesidad de no romper las cabezas de los tornillos ya que ello nos iba a ocasionar mucho más trabajo que el hecho de tratar de desatornillarlos de los modos descritos. En efecto, la rotura de una cabeza comporta después la necesidad de sacar el trozo de parte roscada que haya quedado en el interior de la tuerca prisionera de su jaula, de modo que se deberá utilizar una taladradora y con una tuerca muy fina efectuar un taladro de centrado para pasar luego, con una broca mayor, al taladrado definitivo del trozo roto del tornillo que se aloja en la tuerca. Las cosas no acaban aquí, por supuesto, ya que será necesario, en la gran mayoría de los casos, pasar a restablecer el roscado de la tuerca con la ayuda de unos machos de roscar, todo ello operaciones hasta cierto punto entretenidas que van aumentando tontamente el precio de la reparación.

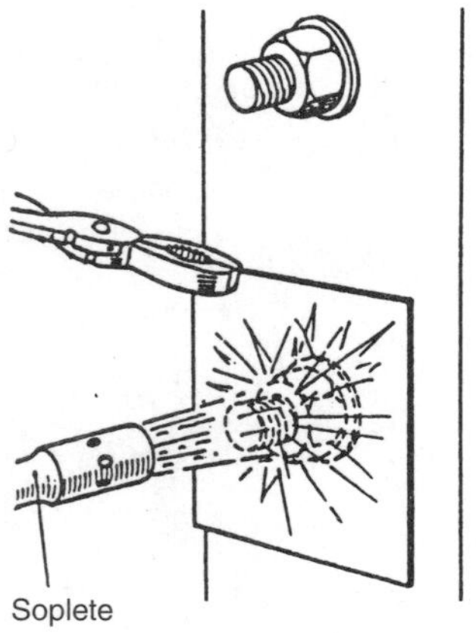

Figura 2. No es necesario que el tornillo reciba mucho calor. Puede resultar conveniente colocar una plancha intermedia para que la llama no lo caliente más de lo debido.

Ésta es la separación de planchas atornilladas que no siempre, por supuesto, dan tanto trabajo como el que algún lector pueda sacar como conclusión de lo que se acaba de explicar. Digamos, en honor a la verdad, que, sobre todo en coches que no son antiguos y nunca se les extrajo la determinada pieza que ahora estamos desmontando, muchos de los tornillos de sujeción salen sin problemas especiales y solamente los que están expuestos a una mayor humedad adquieren caracteres de rebeldía a la hora de ser aflojados. La solución del aflojatuercas puede ser necesario utilizarla con algunos pocos de estos tornillos, y la del soplete en casos verdaderamente extremos.

Una vez retirada la pieza accidentada y sacados todos los tornillos que la sujetan resulta muy buena norma acostumbrarse a limpiar bien la superficie de contacto sobre la que después se tendrá que ajustar la nueva plancha que se ponga en sustitución de la retirada, o bien esta misma si es susceptible de reparación. Una vez bien limpias estas superficies se procede a darles una capa de pintura antioxidante o utilizar pintura de cinc, pues es muy importante evitar que se inicie la formación de óxido en estas zonas de contacto. Por supuesto, cuando se efectúe el nuevo montaje se procederá al cambio de toda la tornillería, la cual es conveniente untar con aceite para facilitar el montaje y retardar al mismo tiempo la posibilidad de formación de herrumbre. El apretado debe ser enérgico pero no excesivo.

Soldadura

El procedimiento más corriente de unión de planchas en la carrocería es que se lleva a cabo por medio de soldadura eléctrica por puntos. Las planchas así ensambladas con más difíciles de separar ya que su unión es más sólida, y esta desunión solamente se puede llevar a buen término a base de separar las planchas en aquellos puntos en que están las soldaduras, las cuales hay que deshacer.

Generalmente los puntos de soldadura se aprecian a simple vista, sobre todo por la parte interior de la misma plancha, pero a veces, en la parte exterior, los puntos de soldadura pueden estar disimulados por un aporte superior de masillas y pintura, de modo que antes de proceder a los trabajos de desunión de las planchas hay que proceder a rascar la chapa para que queden al descubierto todos los puntos de soldadura desde los cuales se tendrá que actuar para separar las chapas. Los puntos de soldadura aparecen sin dificultad en cuanto la plancha es ligeramente esmerilada. Esta operación se puede llevar a cabo del modo que muestra la figura 3, pero en todo los casos hay que tener siempre en cuenta que cuando se separan dos planchas será siempre señal de que una de ellas se retira por inservible, pero la otra vamos a continuar utilizándola ya que sobre ella soldaremos de nuevo la plancha que sustituye a la deteriorada. Por esta razón resulta absolutamente necesario que al efectuar la operación de esmerilado, del modo que nos indica la figura 3, tengamos especial atención a que, al efectuar la canal que el borde de la muela de disco rígido produce sobre la plancha, no solamente hagamos esta canal por el lugar donde se encuentran los puntos de soldadura, sino también con una profundidad muy pequeña para que no llegue a afectar a la plancha inferior que es la que no hay que dañar. El procedimiento de la muela también puede servirnos para llegar a separar la plancha que se debe retirar de la fija, llegando en parte al corte de la misma, tal como se ve en la figura 4, pero este tipo de corte de la plancha solamente se debe llevar a cabo cuando se tiene una verdadera práctica en el uso de la muela pues resulta de una ejecución bastante difícil, precisamente por el peligro que se corre de aplicar la muela más tiempo del preciso

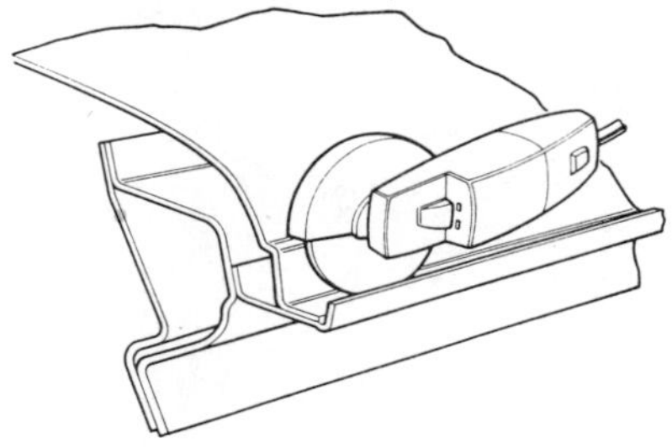

Figura 3. Con una muela de disco rígido se puede proceder a esmerilar la plancha.

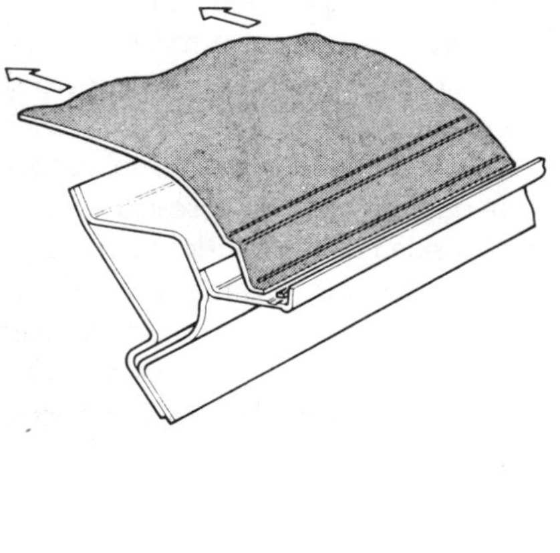

Figura 4. Cuando la plancha deformada esté suelta ya se podrá pasar a retirarla como se pueda, de acuerdo con su estado de deformación.

sobre un punto y llegar a debilitar la plancha de la pieza que hay que conservar. Por ello se prefieren otros sistemas de separación que son más fácilmente controlables por el operario, tal como explicaremos muy pronto, y solamente se usa el esmerilado, en este sentido de corte, cuando se trata de determinados tipos de uniones en las que no pueden usarse otras técnicas más seguras como son el taladro o el serrado, o, incluso, el corte por llama, como ya se verá. Para mayor comprensión del sistema utilizado con la muela veamos la figura 5 en la que se hallan esquematizados los perfiles que ya vimos en las figuras 3 y 4. En A nos encontramos con la posición natural que adoptan las dos piezas, mientras el punto negro señalado con la flecha indica el punto de soldadura que, en unión de otros muchos, mantiene ambas piezas en unión. En la figura B nos encontramos con el modo como la muela (1) actúa sobre el mismo punto de soldadura, pero con mucho cuidado de no afectar a la plancha de la pieza que no hay que desmontar porque vamos a tener que aprovecharla seguidamente.

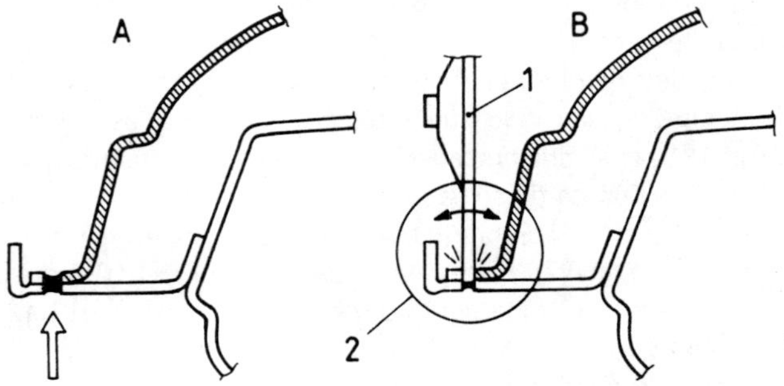

Figura 5. Disposición de las planchas en el ejemplo de las anteriores figuras. 1, disco de la esmeriladora. 2, movimiento de vaivén.

Al margen de este sistema de corte existen otros procedimientos que son, en principio, más utilizados y que dan mejores resultados por su mayor facilidad de llevar a término. Estos procedimientos, que vamos a explicar por separado, son los siguientes:

a) Perforación por taladrado.
b) Corte de la plancha.
c) Corte de los puntos.
d) Separación de planchas remachadas.

a) Perforación por taladrado

La forma más efectiva, correcta y sencilla de liberar la pieza de los puntos de soldadura se lleva a cabo con el uso directo de una broca especialmente concebida para este trabajo, la cual dispone de una forma como la mostrada en la figura 6. Esta broca es, en realidad, una fresa ya que corta como ella pero se ajusta muy bien al diámetro del punto de soldadura.

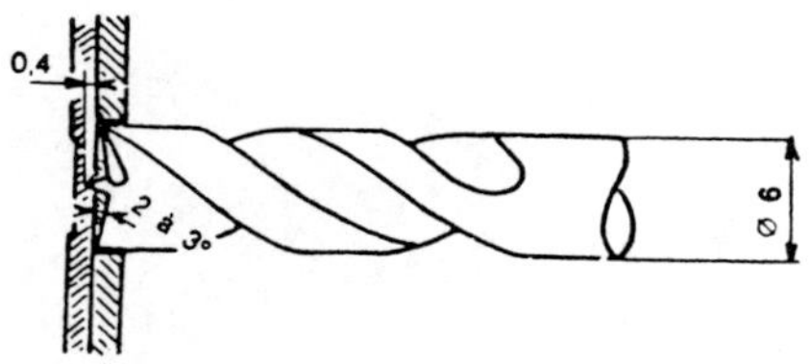

Figura 6. Destrucción de un punto de soldadura con ayuda de una broca especial.

Con este tipo de broca la ejecución del trabajo es muy rápida, sobre todo cuando se tiene práctica en su utilización ya que con una sola aplicación se consigue deshacer el punto de soldadura sin necesidad de realizar dos operaciones como ocurre en los otros procedimientos que explicaremos más adelante. La broca puede ser de 6 u 8 mm de diámetro siendo aconsejables las primeras para el caso de planchas muy finas en donde los puntos son más pequeños, mientras las segundas se utilizan para sacar los puntos de soldadura de las planchas normales que son las más corrientes en el conjunto de la carrocería del automóvil. Su aplicación se lleva a cabo con una taladradora de mano y con la debida sensibilidad para cortar exclusivamente el trozo de plancha donde se encuentra el punto de soldadura. Con un poco de práctica puede conseguirse sacar estos puntos con gran rapidez y exactitud. Una vez sacados los puntos de soldadura se necesitará aplicar el buril para separar las planchas.

La figura 7 nos muestra un dibujo donde se indican aquellos lugares de la carrocería en los que es más favorable el uso de este sistema de sacar puntos. Sitios como el piso, el interior de las aletas, los pasarruedas, etc., son los más indicados.

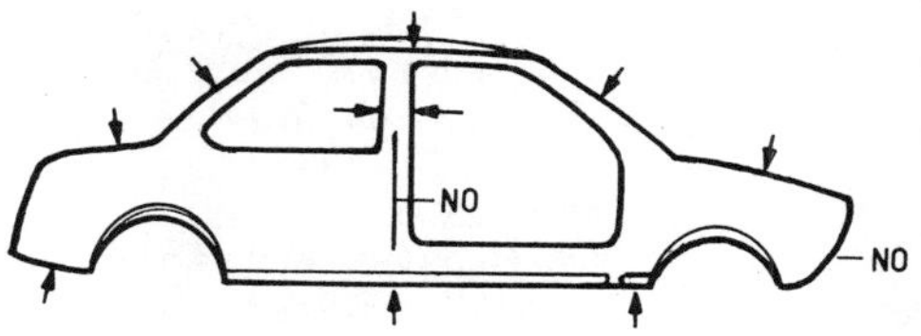

Figura 7. Las flechas indican los puntos en los que resulta cómoda la destrucción de los puntos de soldadura en una carrocería.

Perforación por fresado

Dejando aparte este sistema principal que acabamos de describir, también se han puesto en práctica otros sistemas que tienen este mismo fin. Uno de ellos es el de rotura del punto de soldadura *por fresado*, cuya descripción vamos a hacer a continuación.

Se trata de una herramienta que tiene el aspecto y características que nos muestra ahora la figura 8, herramienta que puede aplicarse al mandril de una taladradora de mano. Para llevar a cabo la destrucción del punto de soldadura se hace primero, con un botador, un golpe en el centro mismo del punto para que el centrador (1 en la fig. 9) pueda aplicarse con seguridad como punto de apoyo de la fresa (2). Como puede verse, el centrador está regido por un muelle (3) que admite regulación para que, al apretar en el sentido de la flecha blanca, la fresa no pueda adelantar más que la carrera necesaria de un milímetro o fracción, con el fin de no poder actuar en la segunda plancha que se halla unida a la que hay que retirar, es decir, a la plancha B.

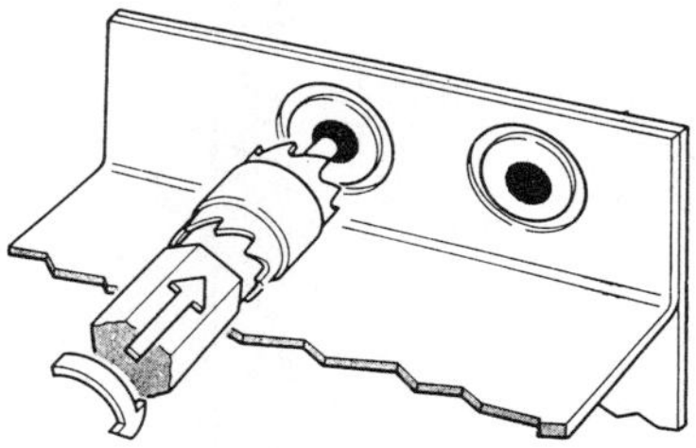

Figura 8. Destrucción de la unión de un punto de soldadura por medio de un fresado con herramienta especial.

El corte se efectúa colocando en primer lugar el centrador en la muesca o guía obtenida por el golpe dado por el botador, luego se pone en funcionamiento la taladradora, comienza a girar la fresa y se presiona sobre la herramienta de modo que la parte cortante actúe sobre la plancha deteriorada. Cuando la fresa llega al final de su carrera ya no puede avanzar más y así no hay peligro de cortar, al mismo tiempo, la plancha que se aprovecha. El resultado de la operación será el mostrado en la plancha B de la izquierda de la figura 9.

Con este sistema el corte es muy limpio y la plancha deteriorada puede retirarse sin dificultad, pero en la plancha que se aprovecha queda el material del

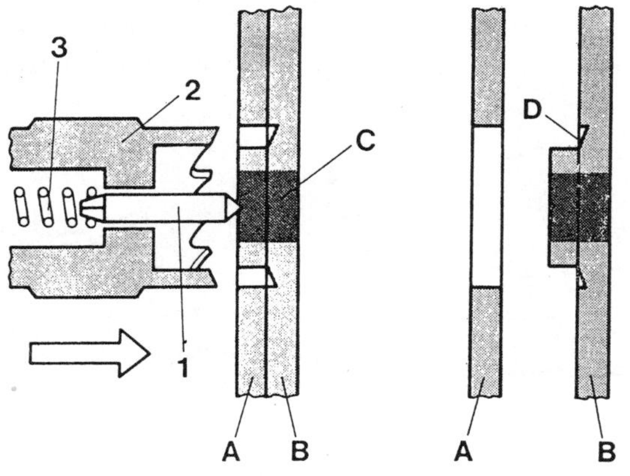

Figura 9. Detalle que muestra la forma de romper un punto de soldadura por el procedimiento de la figura anterior. 1, centrador. 2, fresa. 3, muelle antagonista del centrador. A, plancha que se desecha. B, plancha que se aprovecha. C, punto de soldadura. D, muesca de la fresa.

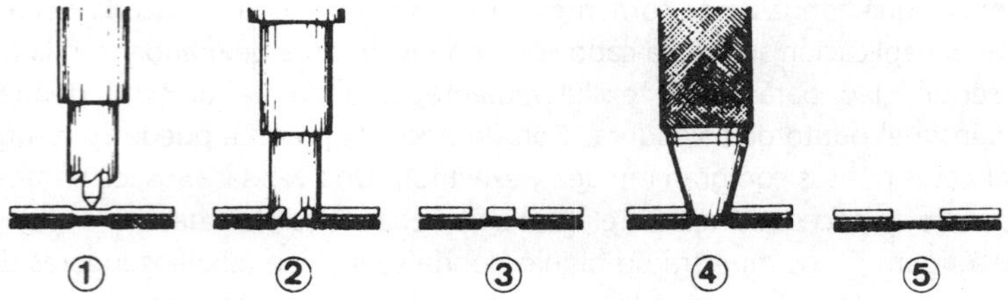

Figura 10. Cinco fases de la eliminación de los puntos de soldadura con una fresadora de triple función. 1, se marca el centro del punto de soldadura con el punteador-centrador de la fresa. 2, se procede al fresado. 3, vista de la sección de la plancha tal y como queda después del fresado. 4, eliminación del material sobrante con la segunda herramienta. 5, vista en sección de la plancha tal y como queda al final de todo el proceso.

punto que debe ser rebajado con una muela o bien realizando una segunda operación de corte. En la figura 10 se puede ver el proceso completo del fresado con dicha herramienta. La chapa rellena de negro en el dibujo es la que se conserva, y la que aparece en blanco es la que se retira.

Para terminar la descripción de este sistema podemos ver en la figura 11 la constitución interna de una de estas herramientas de avance controlado. Las fresas (F) son intercambiables y van roscadas, en R, al cuerpo de la herramienta.

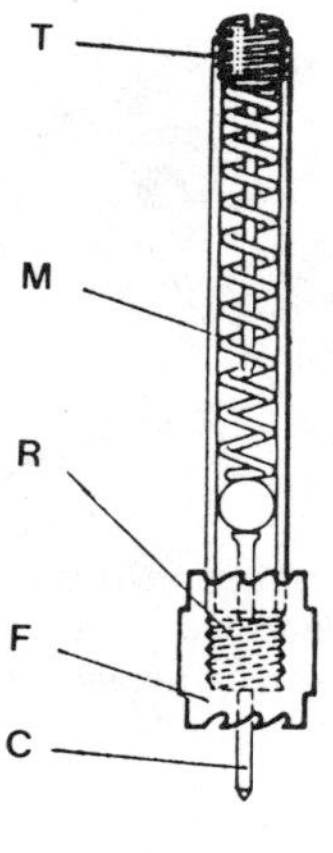

Figura 11. Constitución interna de una fresadora con punteador propio. C, punteador-centrador. F, fresa intercambiable. M, muelle. R, rosca para las fresas intercambiables. T, tornillo de regulación de la carrera de penetrabilidad de la fresa sobre la plancha.

Perforación por medio de taladradora

Además de los procedimientos que acabamos de ver existe también la posibilidad de utilizar las mismas técnicas del taladrado sin necesidad de disponer de herramientas especiales. No cabe duda de que el sistema más práctico es el que hemos explicado en primer lugar pero, como vimos en la figura 6, se precisa de una broca especial. La perforación por medio de taladradora no necesita ningún requisito peculiar.

La teoría de este procedimiento consiste en hacer un agujero ciego con una broca corriente, exactamente en el mismo lugar donde se encuentra el punto de soldadura. Basta este procedimiento para eliminar su material, pero hay que saber actuar sólo en la parte que corresponde a la plancha dañada. En la figura 12 tenemos una demostración gráfica de lo que quiere decirse. Aquí se supone que el conjunto de las dos planchas señaladas con A corresponden a una pieza deteriorada que debe cambiarse, mientras que la pieza señalada con la letra B es la pieza que hay que conservar. La broca (C) se va introduciendo en todos los puntos de soldadura la longitud necesaria para eliminar el material de cada uno de los puntos, pero sin llegar al punto de soldadura de la plancha B.

No hay que ocultar que esta operación de taladrado es bastante delicada por la facilidad que existe de pasarse de carrera y deteriorar también la zona del punto de soldadura de la plancha que se aprovecha. Por esa razón suele ser recomendable sólo en aquellos casos de planchas muy gruesas o cuando, como

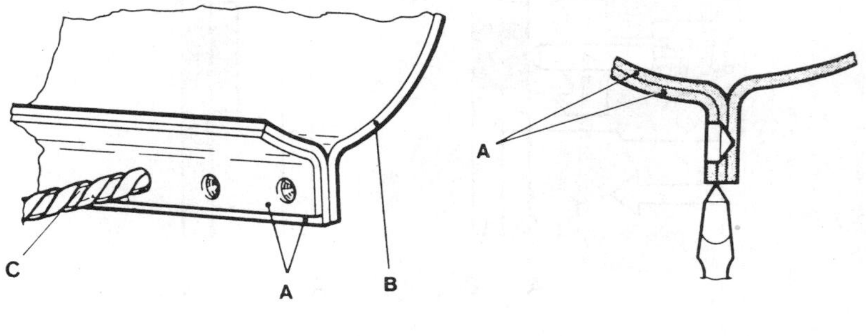

Figura 12. Separación de planchas por el procedimiento de taladrado directo de los puntos de soldadura. A, planchas que hay que retirar. B, planchas que hay que conservar. C, broca.

ocurre en el dibujo del ejemplo, se trata de sacar puntos de uniones en las que se encuentran soldadas tres planchas.

Como en todos los casos de taladrado de cierta precisión, es necesario, antes de meter la broca, realizar un golpe de guía con un botador o contrapunzón, como nos muestra la figura 13. Es necesario que este golpe sea seco y muy preciso en el centro mismo del punto de soldadura. Luego ya podremos taladrar con la seguridad de que no se nos va a escapar la broca.

Dentro de la técnica del taladro existe también la posibilidad de hacer un taladro completo de todo el material que forma parte del punto de soldadura, eliminando, por consiguiente, tanto la parte correspondiente a la plancha que se ya a desechar como la que corresponde a la plancha que se va a aprovechar. Ésta deberá, sin embargo, tratarse posteriormente con el fin de tapar los agujeros que quedarán como consecuencia de la desaparición del punto. Por ello hay un trabajo adicional que consiste en tapar todos los agujeros de la plancha que se aprovecha por medio de soldaduras de latón, con aportación de este material hasta cegar el agujero. Posteriormente se tendrá también que proceder a esmerilar estas zonas con una muela a fin de conseguir superficies lisas por ambos lados de la plancha.

En la práctica cada planchista acostumbra a aplicar la técnica conveniente según la posición de los puntos de soldadura y las herramientas de que dispone. Nosotros nos hemos limitado a explicar las técnicas más corrientes que hay que tener en cuenta al llegar el momento de elegir el sistema parar retirar planchas ensambladas por soldadura por el procedimiento de deshacer los puntos de soldadura que se aplicaron en fábrica.

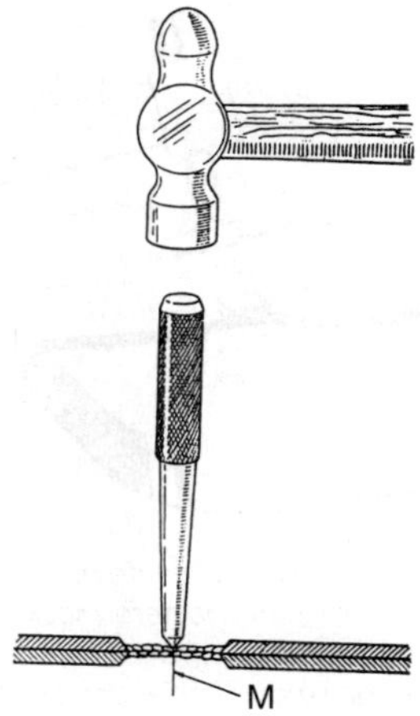

Figura 13. Con un golpe seco sobre un botador se puede hacer el hueco de guía correcto para que la tuerca no se desvíe, en el mismo centro del punto (M) de soldadura.

b) Corte de la plancha

Otra forma de separación de las planchas unidas por soldadura consiste en el corte de la plancha que se halla dañada y, por lo tanto, va a ser desechada por alguno de los procedimientos que vamos a ver acto seguido. El más corriente consiste en la utilización de un martillo y un escoplo (Fig. 14) mediante el cual se puede cortar con facilidad la plancha que se halla estropeada teniendo la precaución de hacerlo en una línea lo más próxima posible a los puntos de soldadura.

Si se dispone del espacio suficiente y la forma de la plancha a cortar lo permite, puede acudirse también al sistema del serrado por sierra neumática o, sencillamente, por sierra de mano. El procedimiento primero lo tenemos en la figura 15. Obsérvese cómo la sierra neumática se aplica próxima al lugar de ensamble de las planchas, es decir, muy cercana al lugar donde se hallan los

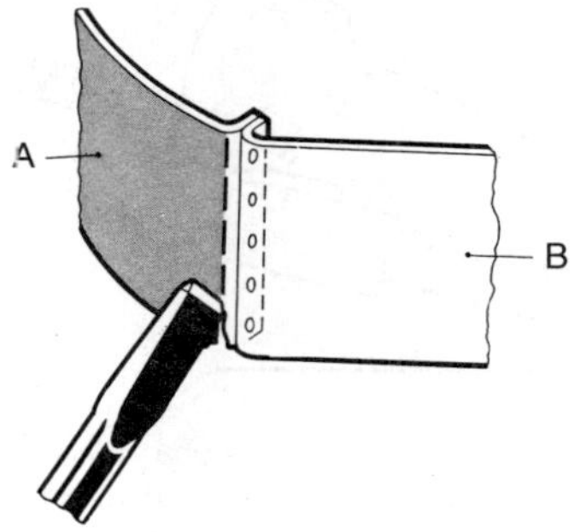

Figura 14. Corte de la plancha con la ayuda de un cincel o escoplo, ya sea a mano o adaptado a una máquina neumática. A, plancha que se desecha. B, plancha que se aprovecha.

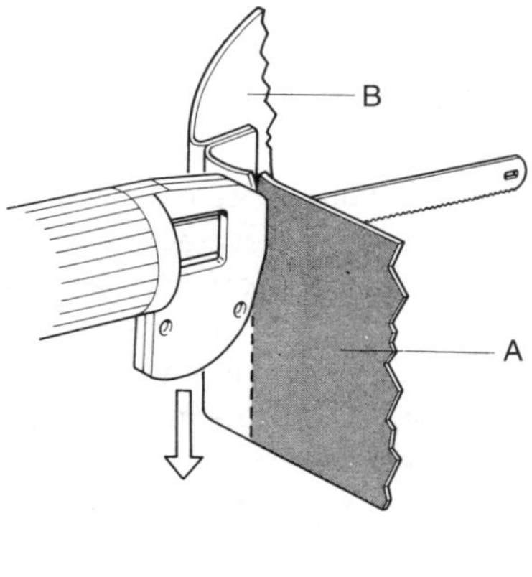

Figura 15. Serrado de la plancha por medio de la sierra neumática. A, plancha que se desecha. B, plancha que se aprovecha.

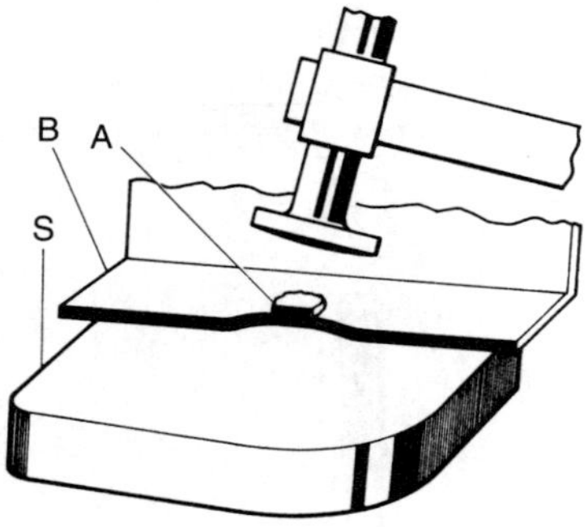

Figura 16. Posteriormente puede ser necesario eliminar la deformación de la plancha que se aprovecha. Esta operación se está haciendo con un tas y un martillo. A, resto del punto de soldadura. B, plancha que se aprovecha. C, tas.

Figura 17. Aplicación de una muela para rebajar el material de un punto de soldadura cortado que debe ser eliminado.

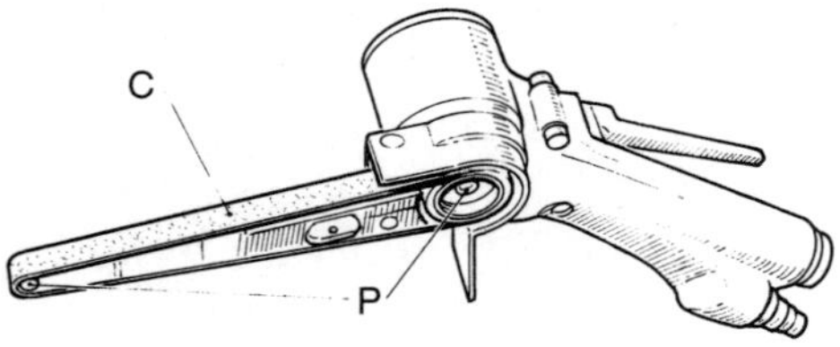

Figura 18. Máquina apta para el lijado de la zona de la plancha que se aprovecha, para que esté en buenas condiciones de recibir los nuevos puntos de soldadura. C, cinta sinfín de lija. P, poleas.

puntos de soldadura. Este sistema es muy rápido y aconsejable con la única e importante dificultad de que muchas veces la sierra no puede aplicarse por la forma de las planchas, ya que necesita mucho más espacio al que es necesario por el procedimiento del escoplo y martillo que hemos descrito primero.

En todos los casos, y como se ha dicho, hay que cortar lo más cerca posible de la zona donde se encuentran los puntos de soldadura, ya que la plancha que queda adosada a la chapa que vamos a aprovechar conviene que sea lo más pequeña posible para facilitar su extracción. Con la ayuda de unas tenazas se puede realizar esta operación. Las garras de la tenaza deben acercarse lo más posible hacia el lugar donde se encuentra el punto de soldadura atenazando aquí fuertemente la tira de plancha e imprimiendo a la tenaza el movimiento basculante. Al apoyo sobre una de sus garras, la plancha que se está retirando se desprende del punto de soldadura con cierta facilidad. A continuación se realiza la misma operación con el punto siguiente hasta la extracción de toda la cinta de plancha residual.

Después de la operación que acabamos de describir es seguro que la plancha que vamos a utilizar y aprovechar habrá sufrido algunas deformaciones en los lugares donde se encuentran los puntos, además de que éstos no habrán sido eliminados por su rotura en el momento de la extracción con las tenazas. Conviene entonces restablecer las condiciones de la plancha que vamos a aprovechar haciendo las siguientes operaciones: En primer lugar, con la ayuda de un martillo de plancha y con un tas deberemos eliminar la deformación que en la plancha se haya producido, del modo que se puede ver en la figura 16. En esta figura se aprecia en A el residuo que queda de la plancha anterior en la zona del punto de soldadura, así como la deformación de la chapa provocada por la retirada de la deteriorada. Con el martillo se aplana la plancha, y luego se pasa a eliminar el material sobrante del punto de soldadura con la ayuda de un esmerilado del modo que muestra la figura 17.

Tanto en éste como en todos los casos, la plancha que se va a utilizar de nuevo conviene que se halle preparada para recibir los nuevos puntos de soldadura que se le aplicarán para la unión a la nueva plancha que se le tendrá que colocar como resultado de la reparación. En este caso se tendrá que eliminar todo resto de pintura anterior, así como las demás capas protectoras, para que la superficie de la plancha haga buen contacto eléctrico cuando se le aplique la máquina de soldar por puntos.

Este trabajo se le encomienda a una herramienta semejante a la que vemos en la figura 18. Como puede verse, se trata de una lijadora provista de dos poleas (P), (la tractora empujada por el aire comprimido) que arrastran una cinta sinfín de lija (C). Esta máquina es muy versátil y puede acoplarse a planchas incluso de difícil acceso para determinados tipos de esmeriladoras. Garantiza la limpieza completa de las planchas por las que se desliza, sacando todo resto de pintura y otras capas protectoras. No se olvide que el éxito de la reparación en la sustitución de estas planchas va a consistir siempre en la naturalidad con que las piezas se presentan entre sí, de modo que hay que conseguir que la pieza que se aprovecha mantenga en la máxima medida de lo posible la forma original para que la pieza nueva que se le ensamblará se adapte con facilidad y naturalidad a la primera.

Las operaciones de corte de la plancha han sido descritas en este mismo capítulo. El operario, o bien el encargado de taller, ha de determinar el sistema de operación de la unión de las planchas que resulta más conveniente según los casos, pues ello depende de las herramientas de que se disponga en el taller y del tipo de uniones o perfiles de las planchas, así como de la posibilidad de que entren a trabajar unas u otras herramientas según el espacio disponible. Nosotros, por nuestra parte, cuando expliquemos la reparación concreta de los elementos, en los capítulos 5 y 6, ya indicaremos de una forma general el tipo de herramienta que se considera necesaria para proceder a la separación de las planchas, pero en el fondo es el operario el que debe elegir en cada caso el procedimiento que se considere más conveniente, ya que todos ellos son válidos dentro de los inconvenientes que hemos destacado de algunos de ellos.

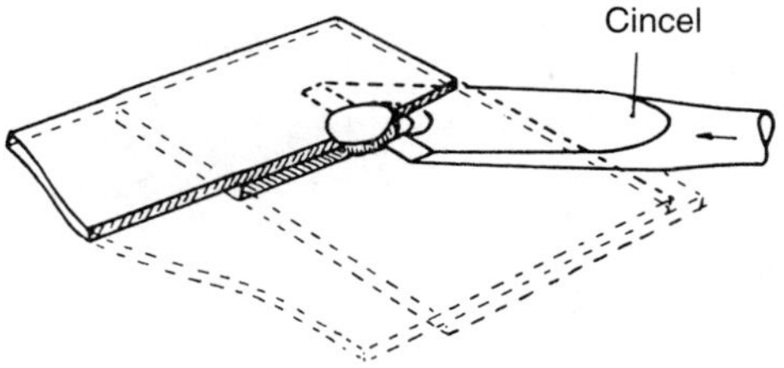

Figura 19. Corte del punto de soldadura con la ayuda de un cincel.

c) Corte de los puntos

Por último, otro de los procedimientos que pueden llevarse a cabo para la separación de planchas unidas por puntos de soldaduras consiste en el corte de los puntos por medio del cincel montado o no, en el martillo neumático realizando un trabajo similar al que se ha dibujado en la figura 19. Como puede verse se trata de un cizallamiento del punto en su zona media.

Este sistema requiere la utilización de un cincel especial para este trabajo en concreto, ya que es necesario que sea de pequeño grosor. Con todo no puede evitar la deformación importante de la plancha que luego hay que proceder a aplanar. Además, el corte de la plancha hay que hacerlo previamente, pues de otro modo resulta muy difícil introducir la herramienta entre los puntos de soldadura que se hallan entre las dos planchas a separar. Puede utilizarse como sustitución del sistema de las tenazas que hemos descrito anteriormente.

d) Separación de planchas remachadas

Aunque no es frecuente en los automóviles corrientes, también puede darse el caso de que las planchas estén remachadas, es decir, unidas con remaches, cosa que es bastante más frecuente en los autocares y en determinadas carrocerías de fibra. La rotura de un remache se efectúa fácilmente con la ayuda de un cincel pequeño y un martillo, de la forma que se indica en la figura 20. Una de las cabezas se parte así más fácilmente y el resto del remache puede sacarse sin problemas.

Cuando ya se han extraído todos los remaches y se ha instalado la pieza nueva, ésta debe remacharse de nuevo, utilizando remaches similares en grosor y longitud a los que había en un principio.

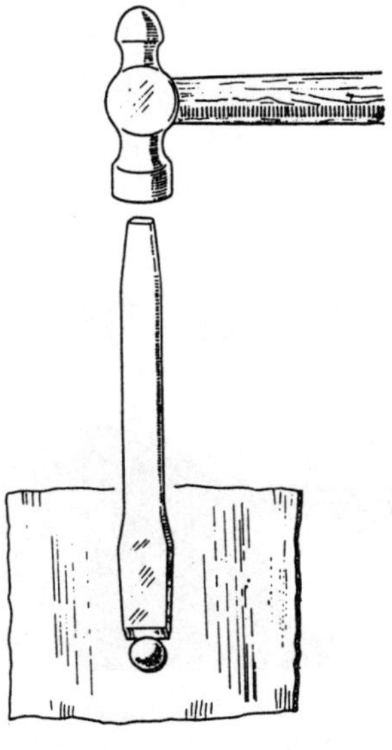
Figura 20. Rotura de un remache con la ayuda de un cincel y un martillo.

Reparación de planchas

Cuando, en virtud de un fuerte impacto una determinada plancha ha quedado totalmente deformada de modo que pretender devolverle la forma original resulta un trabajo muy difícil, de paciencia, y, por lo tanto, de muchas horas, se prescinde de este trabajo, se saca la plancha por los procedimientos que se han visto en el anterior apartado, y se procede a colocar una pieza nueva. Pero esta situación no puede decirse que se dé siempre en los casos en que un accidente se haya producido. Muchas veces la pieza sufre deformaciones, abolladuras, rascadas, etc., cuya reparación no tiene por qué solucionarse con la sustitución de la pieza por otra nueva, ya que, aplicando las técnicas de reparación de la plancha, se puede restituir con cierta rapidez la forma original con el consiguiente ahorro en el precio de la reparación. A estas técnicas vamos a dedicar el presente apartado de este capítulo.

El estudio de estos nuevos procedimientos para devolver a la plancha su forma original lo vamos a realizar bajo los cuatro siguiente epígrafes:

- Desabollado.
- Aplanado o alisado.
- Desabollado por taladrado o soldadura de clavos o arandelas.
- Masillado.

Vamos a ver por separado cada una de estas técnicas y la forma de llevarlas a término.

Desabollado

Figura 21. Abolladura en un guardabarros.

En los golpes poco importantes que puede recibir una carrocería en virtud de alguna colisión, la abolladura es una forma de plegamiento de las planchas de revestimiento de lo más corriente. En la figura 21, y a modo de ilustración sobre este tipo de deformaciones, se puede ver una aleta de un guardabarros que fruto de una tensión de la plancha (ya sea por haber recibido directamente el golpe, o por haber recibido un movimiento de tensión debido a un golpe recibido en otra parte de la carrocería) posee una abolladura de bastante extensión.

La característica principal de las abolladuras es la formación de una depresión en la forma de la plancha que queda delimitada por toda o buena parte de su periferia por un plegamiento, que recibe el nombre de *cresta*, más o menos marcado, desde la cual se forman pliegues que ejercen resistencia e impiden que el material de la plancha regrese a su posición de origen una vez ha cesado el esfuerzo que provocó su deformación.

Generalmente, cuando se trata de una sola abolladura, si los anclajes de la pieza no se han movido, por grande que sea no hay muchas dificultades para recuperar la forma original siguiendo las instrucciones que vamos a dar a continuación; pero cuando se trata de una gran cantidad de abolladuras en el mismo lugar la recuperación de la forma ya se hace mucho más difícil y hay que acudir al desmontaje de la pieza y muchas veces a su cambio, sistema que resulta más barato que tratar de conseguir la recuperación general de la forma.

Cuando una abolladura es extensa y poco profunda, de la forma a como la hemos visto en la figura 21, es fácil recuperar la forma ejerciendo una presión en el vértice de la abolladura de modo que se enderece de un golpe. Luego se podrá picar un poco en las crestas para conseguir un mejor aplanado de la superficie, del modo que ya veremos. Cuando la abolladura es más marcada, de un tipo semejante a la que muestra la nueva figura 22, entonces el enderezado debe llevarse a cabo de otra manera más laboriosa y progresiva, con la ayuda de un martillo y sufrideras y picando en el límite de la zona no abollada siguiendo el lugar formado por la cresta de la abolladura, tal como ya veremos.

Figura 22. Otro tipo de abolladura más profunda y de menor extensión pero que resulta, sin embargo, más difícil de reparar.

Desde un punto de vista práctico hay que destacar que, en la generalidad de los casos, el desabollado se efectúa ejerciendo fuerza o golpeando en sentido inverso al que ejerció la fuerza responsable de la deformación, o sea que en los ejemplos que hemos visto en las fotografías de las dos últimas figuras la forma de picar sería desde el interior de la plancha hacia el exterior, comenzando por el vértice de la abolladura y picando alrededor de la cresta que la abolladura ha provocado.

La forma de afrontar este trabajo dependerá de la disponibilidad de espacio interior para realizar las operaciones necesarias. Por eso vamos a estudiar dos casos que se presentan en la práctica. El primero es el de tener que desabollar teniendo acceso desde el interior, y el segundo sin poder contar con este espacio. Este último caso lo estudiamos con detalle en el apartado llamado «c) desabollado por soldadura de clavos o arandelas». Veamos a continuación el primer caso.

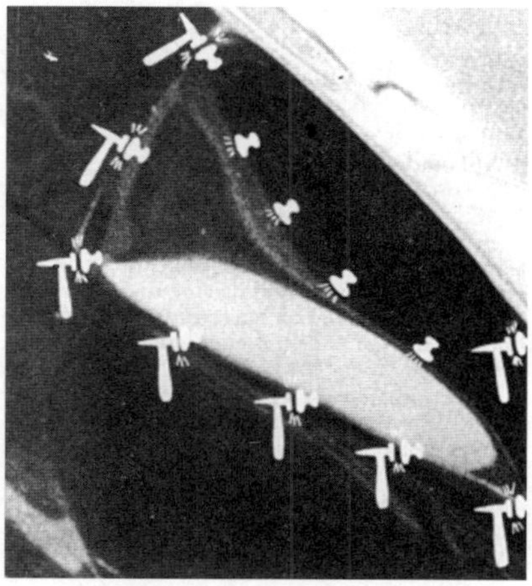

Figura 23. Técnica de la aplicación del picado para deshacer una abolladura. El martillo golpea por el exterior y el tas se coloca por el interior.

Desabollado teniendo acceso desde el interior

Si por la parte interna de la plancha tenemos acceso de modo que podamos colocar el brazo y con la mano tocar la plancha que se ha deformado, la forma de proceder será la representada en la figura 23. Como puede verse, con un tas colocado por el interior y apretando fuertemente sobre la plancha, es decir, haciendo presión con la mano hacia el exterior, se le van dando golpes con el martillo en los nervios de la abolladura y se verá que a cada golpe va subiendo el bollo. También se puede ayudar a esta operación picando desde el interior con el mismo tas, pero siempre calculando lo justo y necesario y nunca dando más golpes de los precisos. Téngase en cuenta que para sacar una abolladura siempre es mejor dar tres golpes suaves que uno excesivo.

En muchas ocasiones, después de la aplicación de este tipo de picado, la abolladura desaparece y la plancha vuelve a su posición original con más o menos irregularidades superficiales que después deberán repararse; pero en otras ocasiones se ha de seguir golpeando desde la cresta hacia el interior para conseguir recuperar una forma de la plancha que se aproxime a la original.

Sobre este tema de la recuperación de formas es necesario hacer dos advertencias iniciales:

1. Conviene que el martillo utilizado para picar se aplique con movimientos de muñeca.
2. Si hay que descargar golpes un poco contundentes (pues el pliegue es rebelde) se debe tener en cuenta la facilidad que tiene la plancha de acero a estirarse.

El estiramiento de la plancha se produce porque en el lugar que recibe el golpe se adelgaza y parte de su masa pasa a repartirse por la zona vecina a la del golpe. Ante este punto, la utilización adecuada del tas o sufridera es esencial y, asimismo, son muchos los chapistas que prefieren utilizar un mazo a un martillo.

Los golpes iniciales deben ser siempre suaves y nada contundentes y es mejor, como hemos dicho antes, dar muchos golpes suaves que pocos golpes contundentes por el riesgo tan grande que se corre de que la plancha de estire. Si ello ocurre, luego será muy difícil que recupere una forma que se parezca a la original.

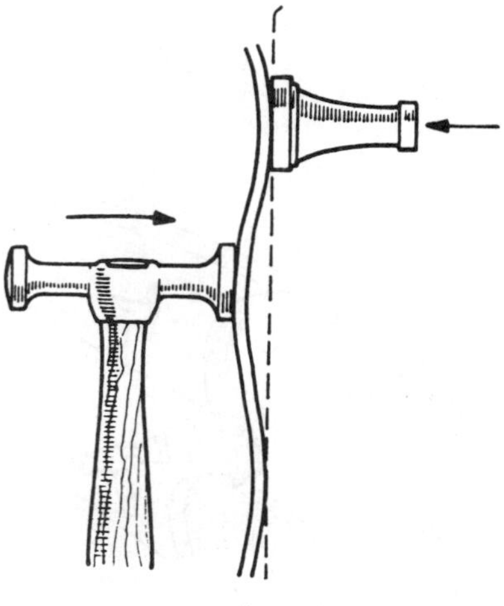

Figura 24. Utilización de un tas y un martillo para picar una plancha durante su aplanado.

Como se ha dicho, la correcta elección del tas adecuado y su utilización es un factor muy importante para lograr un buen éxito en la reparación. En las figuras 24 y 25 se muestran dos formas tradicionales de usar el tas. En líneas generales, la posición representada en la figura 24 es bastante corriente en el caso de tener que picar un aplanado de la plancha. Al no picar directamente sobre la sufridera se consigue que la plancha no tenga razón para estirarse y recupere en mejores condiciones su forma. No obstante, hay momentos en que la forma de la plancha

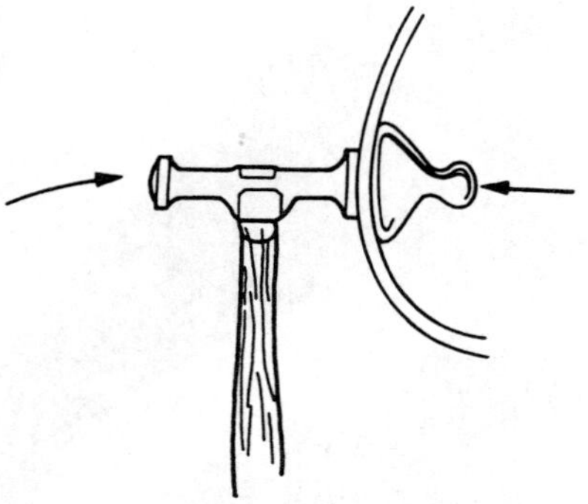

Figura 25. Utilización de un tas cuya forma coincide con la curvatura de la plancha.

se corresponde con la de alguno de los tases de que disponemos. En estos casos, el tas elegido puede servir de horma y soportar un picado suave y con movimientos de muñeca, de la forma que se indica en la figura 25.

Cuando una pieza a desabollar es fácilmente desmontable, por hallarse, por ejemplo, atornillada, resulta más conveniente desmontarla primero y proceder después al trabajo de desabollado. De esta forma la operación resulta más cómoda y las garantías de que la reparación quede en las mejores condiciones serán mayores. De todos modos, según el tipo y la posición de la plancha puede resultar todavía más cómodo trabajar con la plancha instalada que hacerlo con ella separada del conjunto. Todo ello depende del tipo de plancha y de las características de la abolladura.

Finalmente, digamos que antes de proceder a un desabollado hay que comprobar si la estructura que sostiene la plancha de revestimiento se ha visto afectada pues es necesario reparar antes las planchas de estructura si comprobamos que han llegado a estar afectadas por el golpe, para conseguir después devolver la forma correcta a la plancha de revestimiento.

Hay que tener en cuenta que, en la práctica, no siempre se puede trabajar desde el interior de las planchas abolladas de forma que el tas pueda colocarse en los puntos convenientes. Es frecuente que el espacio disponible sea tan escaso que no permita el paso no sólo de la mano sino que ni siquiera del tas. En estos casos se suele trabajar con la ayuda de palancas o tranchas con las que se puede acceder a los lugares más angostos. Las palancas, además de su función principal que es la de presionar, pueden utilizarse también como tases y con ellas de soporte se pueden dar pequeños pero efectivos golpes sobre la plancha en los lugares estratégicos.

Para finalizar este tema digamos que el manejo del tas y del martillo requiere cierta práctica para el planchista, práctica que se adquiere después de haber utilizado muchas veces esta técnica y ver los resultados obtenidos para corregir los defectos. Cada abolladura suele presentar características diferentes y resulta muy difícil dar normas para cada caso en concreto. Hay que conseguir que con pocos golpes la plancha se recupere y ello no es fácil sin una buena experiencia en casos semejantes.

Aplanado o alisado

El aplanado o alisado es la operación por medio de la cual se consigue obtener en la superficie de la plancha que ha sido reparada un estado de alisado tanto más bueno cuanto más parecido sea al estado que las planchas logran cuando salen de las prensas de embutición. Es, pues, una operación de acabado que hay que ejecutar con buen conocimiento del oficio, que requiere paciencia y mucho tiempo para conseguir, además, el acabado final de la forma original de la plancha.

Se efectúa con la ayuda de martillos de acero, tales como el martillo de alisar y el pisón, y con tases con la suficiente masa como para soportar bien los golpes y de la forma adecuada para que puedan adaptarse bien al perfil de la plancha de acuerdo con la forma que se trata de obtener. Tanto la superficie de los tases utilizados como las correspondientes a la parte de picar de los martillos deben hallarse muy lisas y pulidas para no marcar la superficie de la plancha durante el trabajo aplanado.

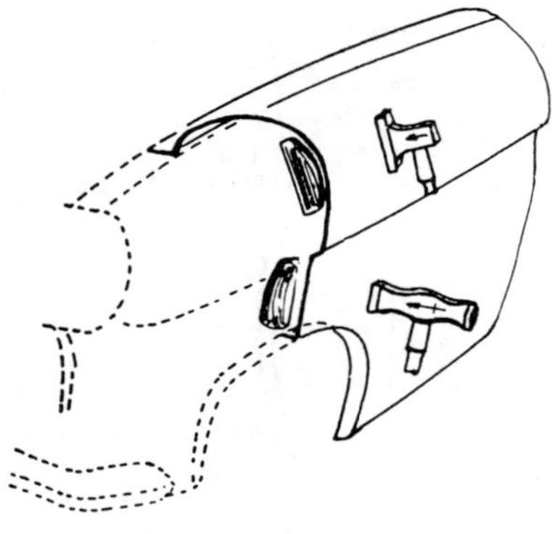

Figura 26. Trabajo de aplanado.

En la figura 26 tenemos un ejemplo de este trabajo realizado sobre la plancha de la aleta de un guardabarros. El objetivo es ahora conseguir una superficie no sólo completamente lisa, sino también recuperando la forma que tenía el original. Ello se logra picando sobre el tas pero de tal manera que no se adelgace el material de la plancha en virtud de los golpes recibidos.

Para evitar este defecto, la técnica de trabajo más conveniente consiste en presionar con el tas con la fuerza justa para que en cada golpe la plancha suba justo hasta su sitio y golpeando con el martillo con golpes ligeros y de corto recorrido. Con la mano se va palpando la superficie para ver si, en efecto, se logra el restablecimiento de la forma por igual en toda la superficie. Por otra parte, con la vista se va seleccionando por dónde hay que picar y con la muñeca graduando la fuerza encomendada al martillo para conseguir el alisado.

En general, pueden establecerse dos tipos de deformación que enmarcan la utilización de un método u otro de aplanado. El primer tipo corresponde a la deformación que ha provocado un acortamiento de la plancha, acompañado por un aumento de material en la zona deformada. El segundo tipo corresponde a la deformación que ha provocado un acortamiento de la plancha, acompañado por una disminución del material en la zona deformada.

La manera de operar en ambos casos es diferente, por lo que vamos a estudiarlos por separado.

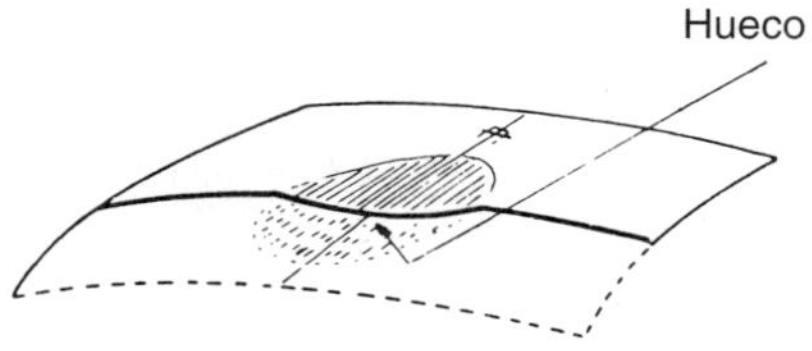

Figura 27. Hueco en una plancha como consecuencia de una abolladura.

Deformación con acortamiento y aumento de material

El acortamiento de la plancha se nota al observar si ésta se ha separado de sus vecinas, y el aumento de material se advierte observando que la plancha no puede recuperar su forma original por un aumento de su superficie que provoca un hueco o una depresión. Así, la plancha, en una de sus zonas, queda cóncava o convexa, aunque especialmente lo segundo. Esto es lo que trata de enseñarnos el dibujo de la figura 27.

La técnica utilizada para conseguir reparar este defecto consiste en el uso del tas adecuado y el martillo. Téngase en cuenta que el tas hace el trabajo primero, mientras el martillo hará el segundo, pues la intervención del tas es más fundamental que el picado, aunque ello pueda parecer a la inversa.

La forma de reparar la depresión presentada en la figura 27 consistirá, pues, en utilizar un tas de peso y aplicarlo, presionando con fuerza, sobre la plancha cóncava. Se empleará una disposición en forma de espiral, de la manera que muestra la figura 28, en 1. La operación siguiente consistirá en utilizar el tas y el martillo, o una maceta, para ir picando hasta recuperar la forma, lo que depende de la necesidad de estiramiento o no de la plancha averiada.

La comprobación del resultado del trabajo se puede hacer con los dedos o la palma de la mano hasta convencerse de que la plancha ha recuperado por completo su forma original y se ajusta perfectamente con la forma del conjunto de la pieza.

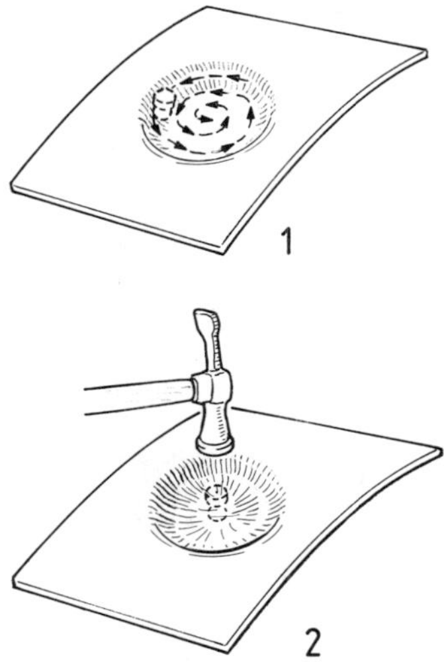

Figura 28. Forma de trabajar una abolladura como la de la figura anterior utilizando primero un tas desde el interior (1) y luego un martillo (2).

Deformación con alargamiento y disminución de material

Mucho más complicado que el anterior resulta el caso de que, como consecuencia de un golpe, la plancha de alguna zona se haya estirado. En estos casos queda como una bolsa que igualmente puede ser cóncava o convexa, pero que puede cambiar fácilmente de posición, cosa que hace con un ruido característico, como un «clac» que se repite cada vez que invierte su posición. Muchas veces esta bolsa se nota a la vista mirando a ras de la pieza, pero siempre se podrá notar rápidamente al pasar la mano por el lugar donde la bolsa se encuentra.

En todos los casos, estas bolsas son debidas a unos estiramientos del material de la plancha de una zona determinada, ya sea en virtud del golpe recibido que la ha adelgazado en un punto concreto, ya sea debido al picado de la plancha por parte del operario cuando se trabajó en ella para deshacer una abolladura o durante el aplanado previo, etc. El caso es que es necesario aumentar el espesor de esta región para lograr que la bolsa desaparezca.

Pues bien: por medio del calentamiento al rojo de determinados y reducidos puntos del material de la bolsa se puede conseguir aumentar poco a poco el grosor de la plancha y, por consiguiente, eliminar la bolsa por contracción del material. Esta técnica, que explicaremos con detalle ahora, se comprende sabiendo lo que ocurre en la plancha cuando es sometida a la acción de un calor local muy grande mientras el resto del material permanece frío. En líneas muy generales ocurre que la plancha de acero dulce es un material que a temperatura ambiente es poco maleable, es decir, resulta duro y le cuesta cambiar de forma; pero cuando alcanza temperaturas del orden de los 800 °C se pone al rojo y entonces sí se le puede dar la forma deseada con facilidad porque se vuelve plástico y moldeable, como todos sabemos. Teniendo esto en cuenta, si calentamos al rojo un punto muy concreto de la plancha con la ayuda de un soplete oxiacetilénico del número 0, por ejemplo, la cantidad de calor depositada en este punto hace que el material se dilate. En este momento, y debido a que el resto del material que rodea a este punto dilatado no está a su misma temperatura sino que, por el contrario, está bastante más frío, se produce un abultamiento o hinchamiento que nunca es suficientemente grande con respecto a la dilatación que la plancha sufre, de modo que roba material vecino y aumenta también y de un modo importante en grosor.

Cuando se deja enfriar llega rápidamente el punto en que el acero dulce pierde todas sus características de maleabilidad, tanto por parte de la zona calentada como de la vecina, de modo que el material robado no lo restituye al vecino, dando como resultado un considerable aumento en el grosor de la plancha. Ésta es la teoría del funcionamiento de esta técnica de la que podemos valernos para llevar a cabo el acortamiento de las bolsas que se producen cuando la chapa resulta demasiado larga.

En la práctica, la utilización de estos fenómenos de dilatación y contracción del material, debidamente provocados y ayudados por diversos procedimientos, constituyen la base de la técnica para conseguir el acortamiento de la longitud de las planchas.

Existen varios procedimientos para llevar a cabo el aprovechamiento de las características de la plancha en cuanto a su dilatación para conseguir reducir su abombamiento. Estos procedimientos los vamos a estudiar acto seguido.

Calentamiento y martilleado

El proceso general que representa este método puede verse esquematizado en tres fases, en la figura 29. En A se presenta, vista de perfil, la deformación por alargamiento de la plancha. En B, aparece la aplicación del soplete, con el que se crean diversos puntos al rojo, convenientemente distribuidos (de ello hablaremos más adelante) para permitir que los fenómenos de dilatación y contracción consigan sus efectos.

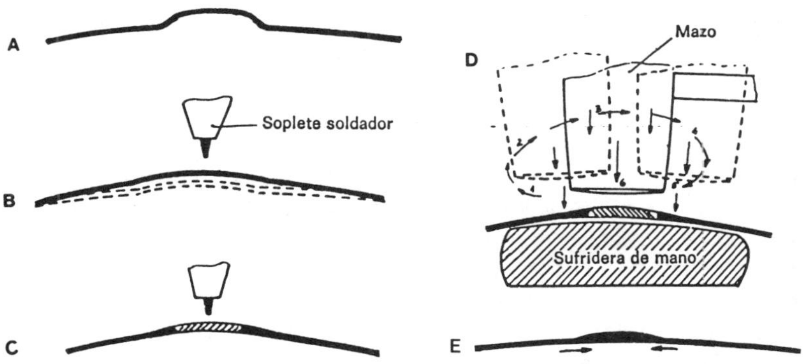

Figura 29. Diferentes fases del proceso de aplanado de una deformación con alargamiento y disminución de material en la zona afectada. A, perfil de la deformación. B, aplicación del soplete. C, formación de los puntos al rojo con dilatación de la plancha. D, picado en la zona vecina al punto calentado. E, contracción de la plancha al enfriarse con acortamiento y aumento de material en la zona afectada.

El soplete debe retirarse inmediatamente después que se haya conseguido el punto al rojo, que no tiene que ser muy grande (de 1 a 2 cm ya basta). Una aplicación excesiva del soplete provocaría una dispersión de la dilatación y se correría el riesgo de acercar el punto a la temperatura de fusión.

En C tenemos el estado de la plancha una vez se han conseguido aplicar los diferentes puntos al rojo. Pasamos entonces al martilleado de la zona tratada. Es conveniente que el martilleado se haga con un mazo de madera para evitar el estrechamiento de la chapa. Por la otra cara se colocará un tas o sufridera que se adapte a la forma original de la plancha. El dibujo D representa este martilleado.

En este trabajo es muy importante darle al martillo el movimiento circular por el borde de la zona afectada, con golpes rápidos y moviendo únicamente la muñeca.

Mientras se está aplicando el martilleado, la plancha se enfría y se va produciendo la contracción (dibujo E). Cuando la plancha esté totalmente fría conoceremos los resultados finales del trabajo. Si son satisfactorios daremos por acabado el trabajo, pero si no es así, es necesario no olvidar que cabe la posibilidad de repetir el proceso siguiendo de nuevo este mismo método explicado hasta el momento.

Por lo que se refiere a la disposición de los puntos al rojo, ésta debe ser lo más homogénea posible procurando que todos los puntos se hallen a la misma distancia entre sí.

Si la deformación es más o menos regular, de forma circular y de un tamaño mediano (entre 5 y 10 cm de diámetro) puede valer cualquiera de las dos disposiciones presentadas en la figura 30 en las que se aprecia que se ha prac-

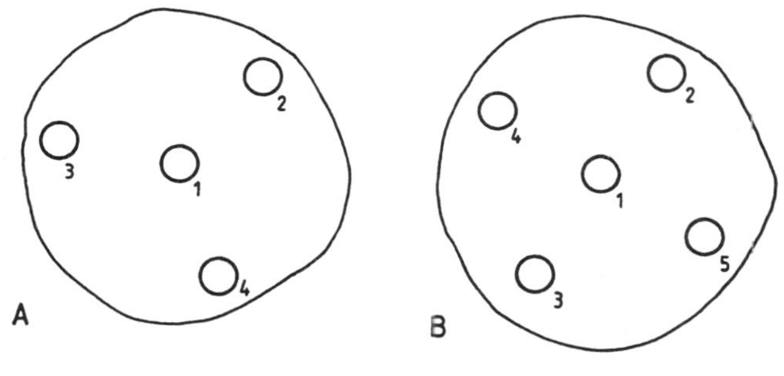

Figura 30. Distribución de los puntos al rojo en una deformación más o menos circular. A, distribución triangular. B, distribución cuadrangular.

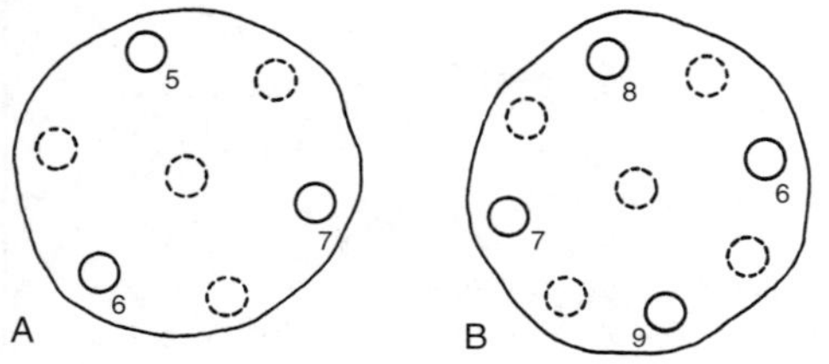

Figura 31. Nueva distribución de puntos al rojo (numerados de 5 a 7 en A y de 6 a 9 en B) situados entre los realizados en el primer intento, en el caso de que sea necesario repetir el proceso.

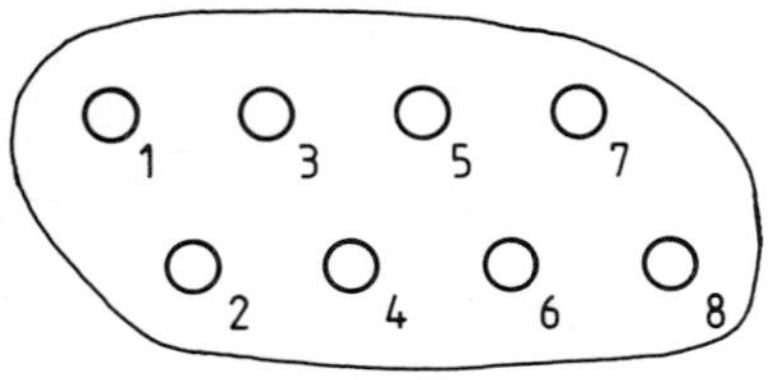

Figura 32. Distribución de los puntos al rojo en una deformación alargada.

ticado un punto en el centro (dibujo A) y luego tres puntos formando un triángulo, y un punto en el centro y cuatro alrededor (dibujo B) formando un cuadrado.

Colocar muchos puntos tampoco es conveniente ya que mientras estuviésemos haciendo los últimos podría muy bien ser que los primeros ya se estuvieran enfriando.

El orden a seguir en la elaboración de los puntos al rojo es el marcado en la citada figura 30, con los números situados al lado de cada punto. Por supuesto, la cantidad de puntos aumentará si el tamaño de la deformación es más grande, pero deben hacerse siguiendo el criterio que acabamos de indicar.

Si una vez realizado el martilleado y producido el enfriamiento el resultado no es el deseado, puede repetirse el proceso realizando nuevos puntos al rojo pero esta vez deberán situarse en zonas que se hallan entre los elaborados en la primera ocasión, tal como se muestra en la figura 31 (en A, numerados de 5 a 7 y en B, de 6 a 9), pero el punto central conviene no repetirlo.

Si la deformación tiene una forma más o menos alargada, puede valer una distribución como la indicada por medio de la figura 32. Como se puede observar por la numeración de los puntos conviene hacerlos en zigzag.

Si la deformación es irregular, la distribución de los puntos dependerá de las características específicas de la abolladura. En estos casos es difícil dar unas normas fijas y la práctica es la mejor consejera para resolver con acierto estos casos. Téngase en cuenta que no sólo importa la distribución de los puntos al rojo, sino también la pericia en el picado. Por todo ello la resolución de estos problemas de plancha requiere bastante práctica y no está al alcance de cualquier aprendiz. Sin embargo, y como veremos más adelante, hay procedimientos que son de aplicación bastante sencilla si se poseen las herramientas especiales necesarias.

Aparatos o máquinas especiales

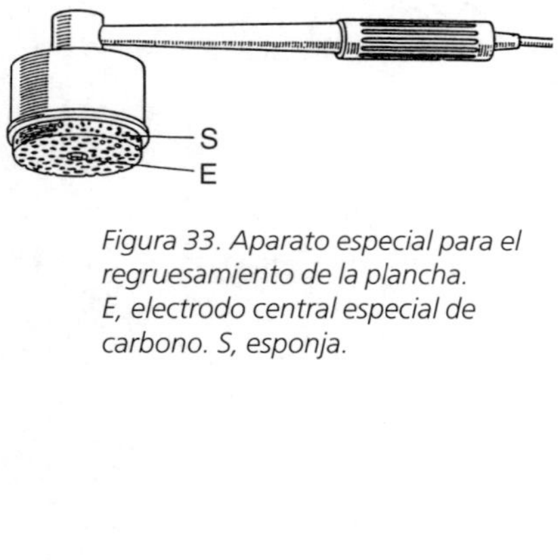

Figura 33. Aparato especial para el regruesamiento de la plancha. E, electrodo central especial de carbono. S, esponja.

Los fabricantes de herramientas o máquinas especiales para los talleres de planchistería han ideado algunos aparatos que tienen la misión de hacer más cómodos los trabajos de recuperación de las planchas. Estas máquinas trabajan teniendo en cuenta la misma base teórica que la de los puntos al rojo, pero realizan su trabajo de una forma automática, de manera que se puede afirmar que ahorran tiempo y, en consecuencia, hacen la reparación más barata.

En líneas generales, estas máquinas disponen de un electrodo central alimentado por electricidad, todo él rodeado por una esponja especial que debe hallarse impregnada de líquido. La herramienta dispone de un cómodo mango y tiene el aspecto exterior que se puede ver en la figura 33. Un esquema de su constitución interna y del montaje de esta herramienta para su uso se representa en la figura 34.

Figura 34. Esquema de la constitución y funcionamiento del aparato especial representado en la figura anterior. 1, mordaza para la toma de masa. 2, electrodo de carbono. 3, aparato de soldadura eléctrica al arco. 4, esponja. 5, zona de la plancha afectada por la deformación.

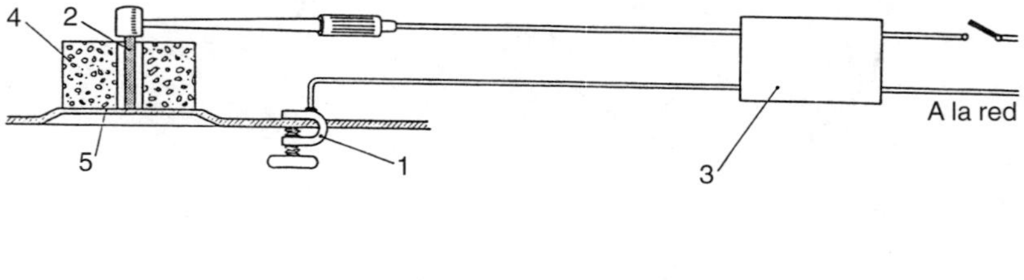

En cuanto a su aplicación, basta con colocarla procurando que el electrodo (E) se sitúe en el lugar exacto en el que el operario determine que se ha de hacer el punto al rojo. Después y mediante un interruptor se hace circular la corriente eléctrica por el electrodo y se produce el calentamiento necesario en el punto indicado para que se produzca el estado de dilatación de la chapa. De esta forma se pone al rojo una parte muy definida que constituye el punto, mientras la esponja refrigera la zona vecina de la plancha para que elimine el exceso de calor recibido. En estas condiciones, el material se contrae.

Esta máquina puede producir puntos, pero también, si se la desplaza con un movimiento en línea recta o haciendo círculos, puede ir produciendo una serie de líneas al rojo de contracción por medio de lo cual se consigue un trabajo rápido y a la vez sencillo.

También tiene la ventaja de que la temperatura dada por el electrodo puede graduarse de acuerdo con el grosor de la plancha y según unos datos que el fabricante proporciona en una tabla, de modo que no hay riesgo de que un exceso de calor llegue a provocar la fusión del material, como puede ocurrir en el trabajo manual cuando el operario que lo realiza no tiene la suficiente práctica y aplica el soplete más tiempo del debido.

Desabollado por taladrado o soldadura de clavos o arandelas

Una forma muy práctica y segura de eliminar pequeños golpes en las planchas de revestimiento, actuando exclusivamente desde el exterior, se puede llevar a cabo con el uso del llamado *martillo deslizante* o *martillo de inercia* que es una herramienta semejante a lo que nos muestra el dibujo de la figura 35.

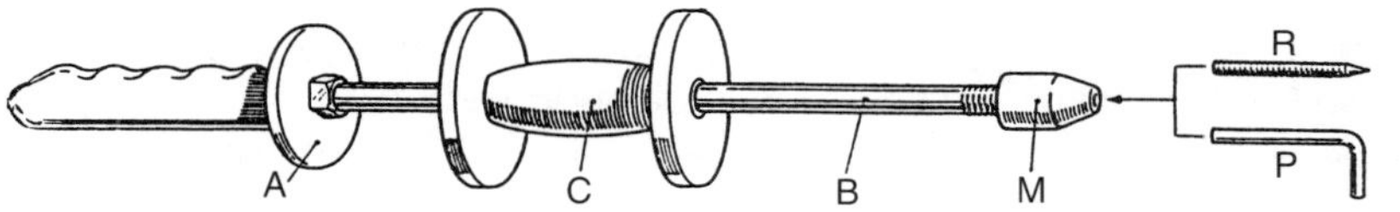

Figura 35. Martillo deslizante también llamado de inercia o de contragolpe. A, base del mango. B, barra de deslizamiento. C, contrapeso. M, mordaza. P, punta de gancho. R, punta de rosca.

Consta de una punta provista de una sencilla mordaza (M) a la que se le pueden acoplar diferentes tipos de piezas con rosca de tornillo (R) o bien en forma de gancho (P). El cuerpo está formado por una barra (B) por la que puede deslizarse un contrapeso (C) que es el elemento percusor que hace las veces de martillo.

Todas aquellas pequeñas abolladuras recibidas por las planchas de revestimiento como consecuencia de la desconsideraba apertura de puertas de coches vecinos en el aparcamiento, por ejemplo, pueden ser tratadas desde el exterior utilizando las técnicas de desabollado que vamos a explicar a continuación en las que interviene el martillo deslizante, y también abolladuras de poca extensión como la mostrada en la figura 36 en la parte alta de la aleta delantera de revestimiento.

Figura 36. Pequeña abolladura en la parte superior de una aleta delantera.

Existen dos sistemas, uno que actúa por taladrado de la plancha y otro que actúa por soldadura. Este último es el más importante pero vamos a iniciar nuestro estudio por el primero que es el más clásico de ellos aunque ahora es menos utilizado. Sin embargo, consideramos que el operario debe conocerlo.

Desabollado por taladrado

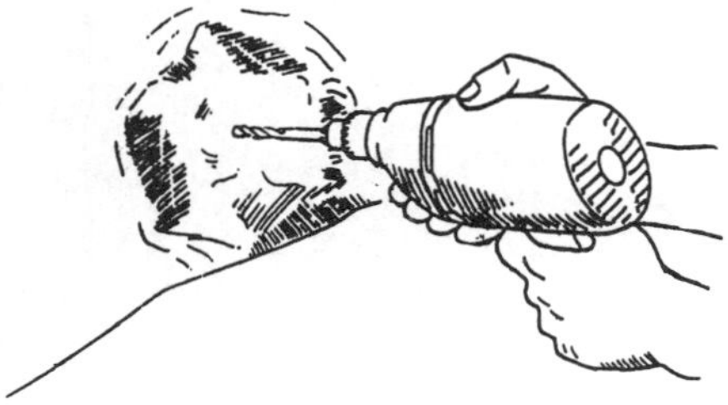

Figura 37. Taladrado de la plancha para la fijación de una punta adecuada para el martillo deslizante.

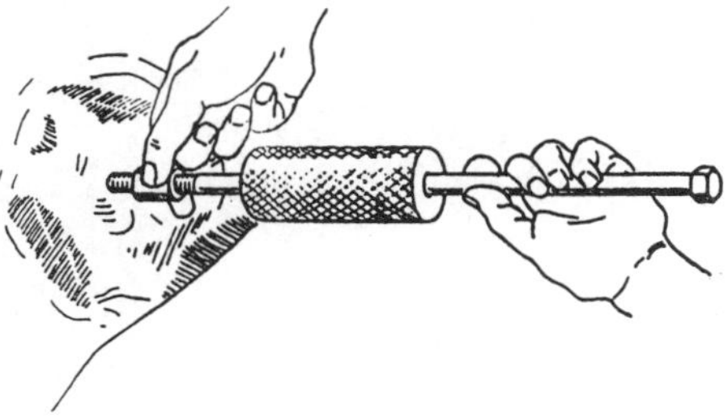

Figura 38. Acoplamiento de la punta (en este caso es de rosca) del martillo deslizante en el taladro que antes se efectuó en la plancha.

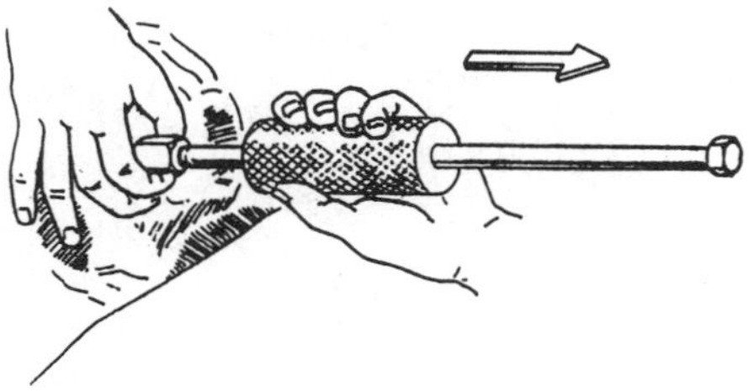

Figura 39. Picado del contrapeso contra el tope del extremo del martillo deslizante.

En este primer sistema el proceso a seguir es el siguiente, explicado en cada una de sus fases.

El primer paso (fig. 37) consiste en hacer un taladro en el centro de la abolladura con una broca que sea de diámetro ligeramente inferior al de la punta de rosca (R, en la fig. 35) o igual al del gancho (P). La broca más usual es la de 3 mm.

El siguiente paso (fig. 38) consistirá en introducir la punta (R o P, según los casos) en dicho taladro. La punta R se sujeta gracias a su rosca y la P gracias a su forma acodada.

El último paso (fig. 39) será el accionamiento del contrapeso (C) hacia el exterior hasta que golpee contra la base del mango (señalada con A en la fig. 35). Este movimiento percusor del contrapeso equivale al picado con un martillo, desde el interior, en el punto exacto donde está el taladro.

El modelo de martillo deslizante que aparece en las figuras 38 y 39 es un ejemplo más esquemático que el dibujado en la figura 35.

En algunas ocasiones en las que se trata de reparar abolladuras muy profundas o que han ocasionado algún plegamiento importante, hay que hacer taladros también en otros puntos de la abolladura, especialmente en la zona de la cresta. El trabajo con el martillo deslizante se hará en cada uno de estos taladros actuando en uno u otro, según vaya evolucionando el desabollado.

También es frecuente que muchos operarios combinen el martillo de deslizamiento con el picado con un martillo de aplanar en una acción semejante a la que puede verse en la figura 40, con lo que los resultados de acabado pueden ser mejorados.

Como un truco de taller y en el sentido de proporcionar más información al lector, hay operarios que se las ingenian sin el martillo deslizante. La operación queda representada en la figura 41 y la observación de la figura ya indica por sí sola el procedimiento. Se trata de hacer uso de una simple mordaza o entenalla para realizar un trabajo equivalente en el caso de pequeños bollos en la plancha. Una vez hecho el taladro se rosca un tornillo (1) y con la entenalla (2) se tira hasta invertir el sentido de la abolladura. Naturalmente este sistema es muy primitivo y sólo puede esperarse de él un buen resultado si el operario es muy hábil y la abolladura muy poco significativa.

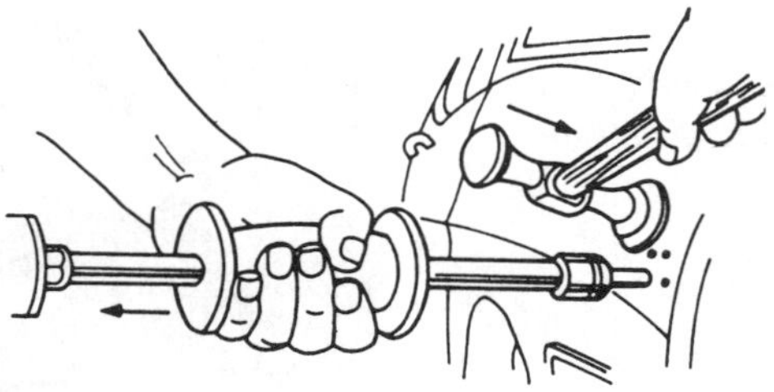

Figura 40. Utilización de un martillo de aplanar para mejorar la aplicación del martillo deslizante.

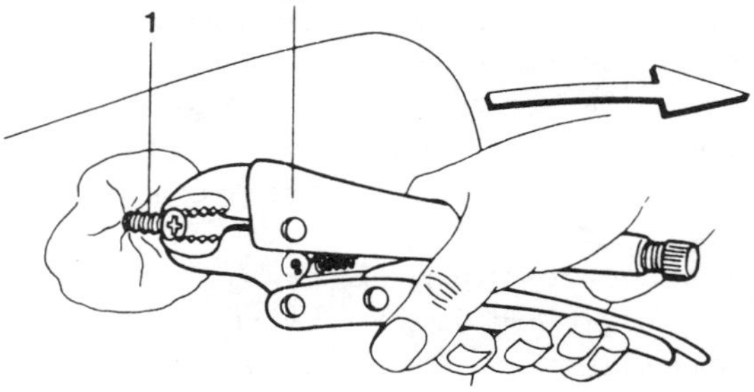

Figura 41. Utilización de un tornillo (1) y una entenalla (2) para reparar una pequeña abolladura.

Desabollado por soldadura de clavos o arandelas

La utilización del martillo deslizante tras el procedimiento del taladrado tiene un importante inconveniente debido precisamente al hecho de tener que hacer taladros en la plancha que, como es lógico, deberán taparse una vez finalizada la operación de desabollado. Ello constituye, además de un trabajo adicional, la pérdida de resistencia de la chapa en la zona reparada. Un procedimiento más moderno como alternativa del anterior, elimina por completo este inconveniente. Se trata del equipo de soldadura de clavos y arandelas.

En efecto, este procedimiento se lleva a cabo con un equipo como el mostrado en la figura 42 que está formado por una máquina especial de soldadura con la que se pueden soldar a la superficie de la plancha cualquiera de los tipos de puntas que se pueden ver en la figura 43. Estas puntas pertenecen a la dotación del mismo equipo.

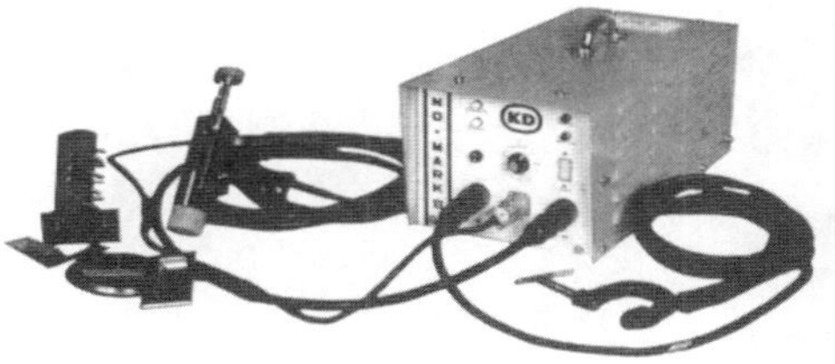

Figura 42. Equipo completo para la soldadura de pernos y tuercas acoplables a un martillo deslizante.

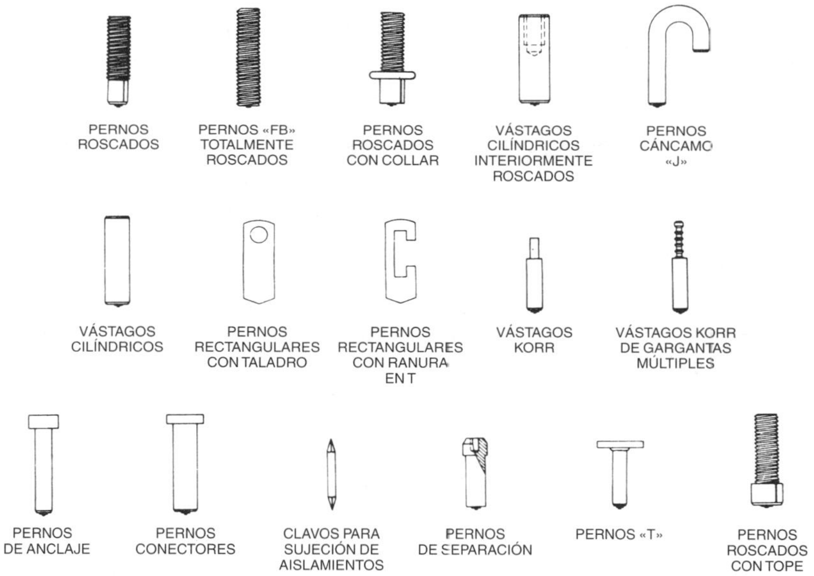

Figura 43. Diferentes modelos de pernos y vástagos para ser acoplados a la mordaza de un martillo deslizante en el desabollado de una plancha.

El elemento más importante es la pistola de soldar que puede ser de diversos tipos, según cada una de las marcas existentes en el mercado. Por ejemplo, en la figura 44, aparece otro modelo de pistola con el que se está procediendo a soldar algunos pernos roscados. Por último, en la figura 45 tenemos indicado un detalle en el que se muestran las diferentes fases del proceso de soldadura de un perno roscado con una de estas pistolas de soldar especiales.

Una vez vista su constitución pasemos a dar unas instrucciones sobre el uso de estos aparatos que son muy importantes en cualquier taller de planchistería de automóviles porque son muchos los coches que reciben estos pequeños golpes en las planchas de revestimiento, golpes que son lo suficientemente profundos como para no poder ser disimulados con las masillas y cuya reparación

Figura 44. Soldadura de pernos totalmente roscados con una pistola especialmente construida para este trabajo.

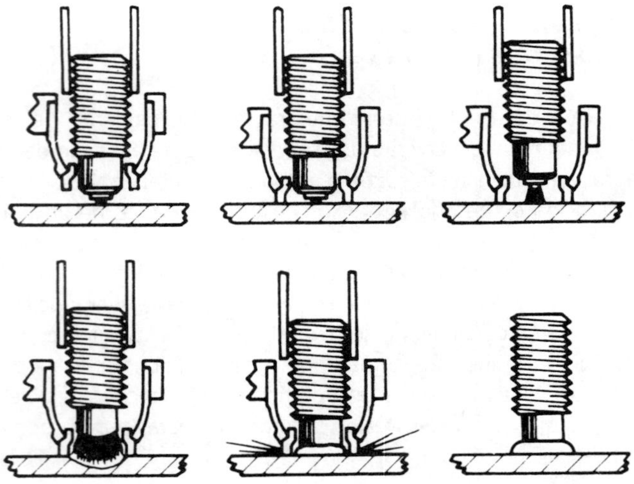

Figura 45. Dibujo que presenta las fases sucesivas del proceso de soldadura de un perno para actuar después con el martillo deslizante.

a mano resultaría muy entretenida y difícil, muchas veces por la dificultad de picar desde el interior.

Las operaciones a realizar son las siguientes y por el mismo orden:

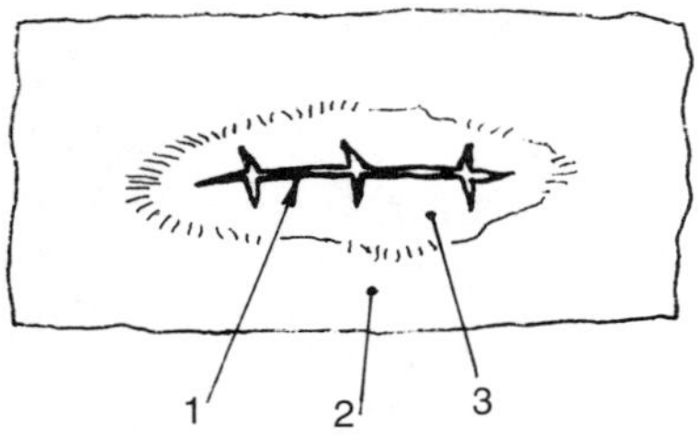

Figura 46. El primer paso consiste en limpiar la rayada y sus proximidades de todo resto de pintura hasta que quede a la vista la plancha. 1, rayada. 2, capa de pintura. 3, plancha viva.

1. En la zona en la que se encuentra la abolladura o la rayada con hundimiento (fig. 46) se procede a limpiarla escrupulosamente para sacar la pintura y las capas protectoras con el fin de dejar la plancha a la vista.
2. Se trata ahora de soldar un clavo o arandela de cobre en la parte más superficial de la plancha de manera que no queme excesivamente su material. Es lo que nos muestra la figura 47. Esto se consigue dando un golpe rápido al interruptor de la máquina, con lo que se logra una descarga eléctrica de tal manera que el clavo o arandela queda fuertemente soldado en la plancha. Ahora bien, es importante tener en cuenta que al interruptor hay que darle una orden muy rápida.
3. La última operación consiste en el estirado. Si se ha soldado un clavo, en el martillo deslizante se instala una especie de portabrocas, como el mos-

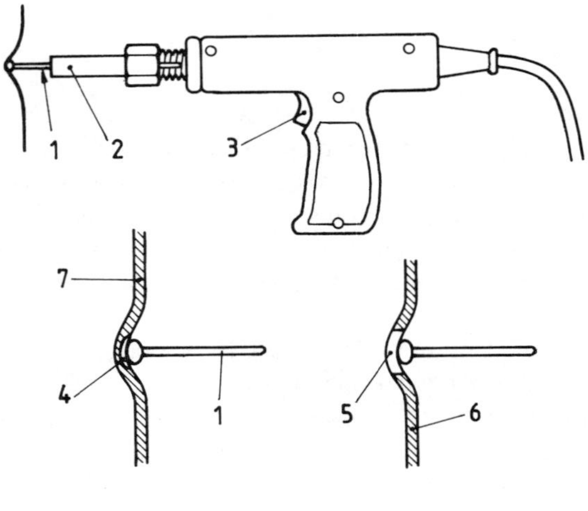

Figura 47. Soldadura de un clavo sobre la superficie de la plancha deteriorada. 1, clavo. 2, apoyo a masa. 3, interruptor de descarga. 4, superficie calentada. 5, superficie quemada en exceso. 6, pintura quemada. 7, plancha a reparar.

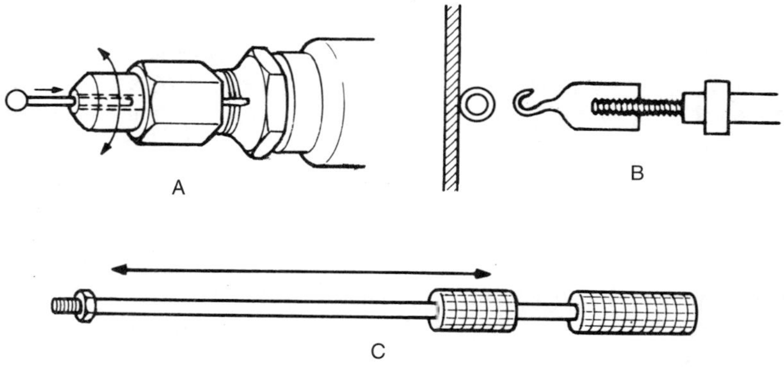

Figura 48. Aparatos para la tracción. A, utillaje para trabajar con clavos. B, utillaje para trabajar con arandelas. C, martillo deslizante.

trado en la figura 48, que puede sujetar con firmeza el clavo. Si se ha soldado una tuerca se deberá hacer uso de un gancho en forma de cáncamo, como el mostrado en B. Estos utillajes se aplican a la punta del martillo deslizante y desde él se puede picar a contragolpe para sacar la abolladura con bastante comodidad.

4. La operación final consiste en, una vez reparada la abolladura, sacar el clavo soldado o la arandela. En la figura 49 vemos el sistema. En el caso A se saca el clavo con la ayuda de unas tenazas imprimiendo un giro a las mordazas de la herramienta y, de la misma forma, con un gancho, para las arandelas, tal como muestra el dibujo B de la misma figura.

Con este sistema el operario se ahorra desguarnecer o destapizar la pieza que se ha de reparar, conseguirá sacar bollos en aquellos lugares donde no llega una palanca y, con práctica, con este sistema podrá dejar anulada por completo una abolladura, de una forma prácticamente perfecta, cosa que no es nada fácil por otros procedimientos. Sin embargo sus posibilidades no son ilimitadas y el sistema no nos va a servir para sacar abolladuras de gran extensión ni tampoco nos permite trabajar con éxito en zonas rígidas de la estructura como taloneras o montantes.

El uso de este sistema tiene que tener un aprendizaje previo pues si, por ejemplo, soldamos demasiado un clavo y por descuido se nos pone al rojo y posteriormente con el martillo deslizante le damos un contragolpe excesivamente fuerte puede desprenderse el clavo llevando con él un trozo de plancha rota. También se corre el riesgo de soldar demasiado el clavo y tener dificultades para sacarlo hasta el punto de que se tenga que utilizar la esmeriladora, con lo que la reparación se complica.

Éstos son los sistemas de desabollado por los procedimientos de taladrado o soldadura.

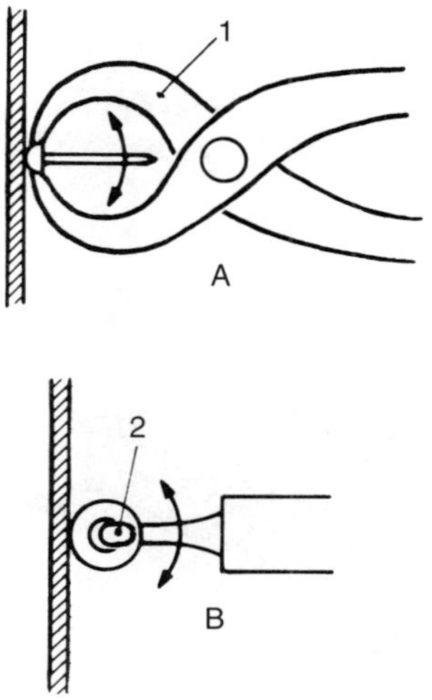

Figura 49. Forma de sacar los clavos (A) o las arandelas (B) una vez terminado el trabajo de recuperación de la forma de la plancha. 1, tenazas con las que basta imprimirles un poco de vaivén. 2, con el mismo cáncamo de estirado basta dar media vuelta.

Masillado

Utilizando las técnicas de aplanado que hemos visto hasta ahora podemos devolver a la plancha su forma original y conseguir para ello superficies lisas, pero no de una manera absolutamente perfecta. Para obtener este resultado es necesario dar los últimos retoques a estas superficies que no han quedado perfectas y presentan algunas irregularidades. Asimismo será necesario eliminar

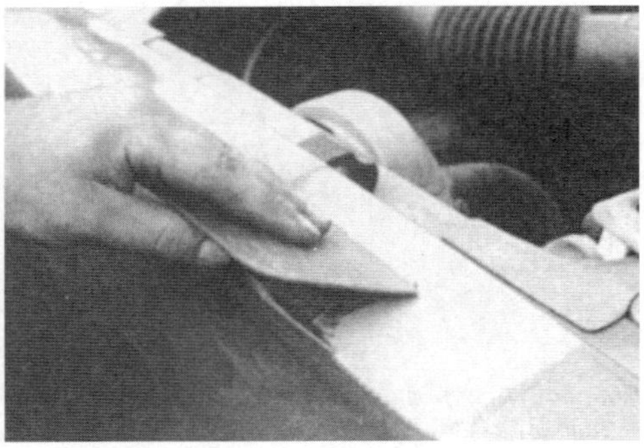

Figura 50. Aplicación de una fina capa de masilla para conseguir alisar la parte afectada por la reparación de la pequeña abolladura.

cualquier señal ocasionada por el uso de las diferentes herramientas que marcan la plancha. Todos los trabajos centrados en estos retoques tienen por misión dejar la superficie de la plancha completamente lisa y apta para recibir las capas de protección de la chapa y, finalmente, las de pintura que son la culminación de la reparación.

La técnica general empleada para estos trabajos es el *masillado*.

Las masillas destinadas al acabado de las reparaciones de chapa son pastas fabricadas a base de resinas de poliéster que se aplican sobre la parte afectada por las irregularidades. Después de su aplicación, estas masillas se endurecen y quedan completamente adheridas a la chapa.

Por último, y mediante las operaciones de lijado y afinado o pulido (con lijas de diferentes granos), se podrá dar a la plancha la forma final y se conseguirá el definitivo alisado.

Antiguamente las masillas eran lentas en su secado, de forma que se necesitaban largas horas antes de poderlas trabajar después de haberlas aplicado. Pero en la actualidad las masillas se secan, generalmente, con una gran rapidez, de modo que se puede trabajar en ellas a los pocos minutos de su aplicación.

Comoquiera que en el mercado existen diversos tipos y marcas de masillas, deberán tenerse en cuenta y leerse con atención las instrucciones específicas de aplicación que cada fabricante acompaña en el mismo envase.

Aplicación de las masillas

La técnica de aplicación de las masillas es bastante sencilla. Las operaciones que requiere son las siguientes:

Pongamos como ejemplo el caso de la pequeña abolladura representada en la figura 36 que ya vimos anteriormente y sobre la cual se suponía que íbamos a trabajar. Tras realizar el desabollado por el sistema de martillo deslizante que explicamos, y el posterior lijado de la parte afectada, se procede a la aplicación de la masilla, que suele realizarse con una espátula, procurando cubrir de una forma homogénea toda la superficie previamente lijada (fig. 50). La capa de masilla ha de ser de muy poco grosor, lo necesario para cubrir la chapa sin que ésta se vea.

Cuando la capa ya está extendida se espera a que se seque la masilla el tiempo indicado por el fabricante (que será cosa de unos minutos). La masilla seca presenta una superficie granulada que será necesario lijar y afinar, del modo que nos muestra la figura 51 hasta notar al tacto que la superficie masillada queda completamente lisa.

Concluida esta última operación la superficie de la plancha ya queda preparada para que sobre ella se apliquen las capas de protección y las de pintura.

Según la zona en que se encuentre la abolladura reparada es aconsejable que, antes de proceder al masillado, se aplique sobre la superficie al descubierto de la plancha una capa de imprimación antioxidante. Como alternativa al masillado, y en casos concretos, puede utilizarse el procedimiento de aplicar estaño en la superficie a tratar. El estaño tiene la ventaja adicional de ser un excelente antioxidante. Su aplicación corresponde, de hecho, a un procedimiento antiguo de trabajo, pero que todavía puede utilizarse con éxito para superficies reducidas de plancha reparada de la forma que hemos estado viendo a lo largo del presente apartado. El estaño se aplica en forma de polvo directamente encima de la plancha al descubierto, una vez se han esmerilado todas las capas de pintura y las interiores protectoras de la plancha. Después se dan

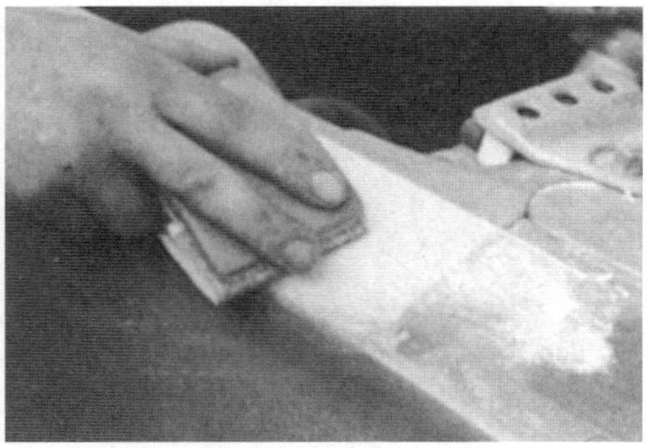

Figura 51. Aquí se está procediendo al lijado de la superficie tratada una vez se ha secado la masilla.

algunas pasadas con el soplete hasta conseguir que el estaño empiece a fundirse, cosa que hace alrededor de los 250 °C En este momento, y con una espátula, trabajando de manera similar a como se hace con las masillas, se procede a la homogeneización de la superficie tratada hasta dejarla completamente lisa. El trabajo con el estaño no es complicado. Sin embargo, actualmente el sistema más universalmente utilizado es el uso de las masillas que son más baratas, todavía más fáciles de aplicar y con ellas se obtienen mejores resultados finales.

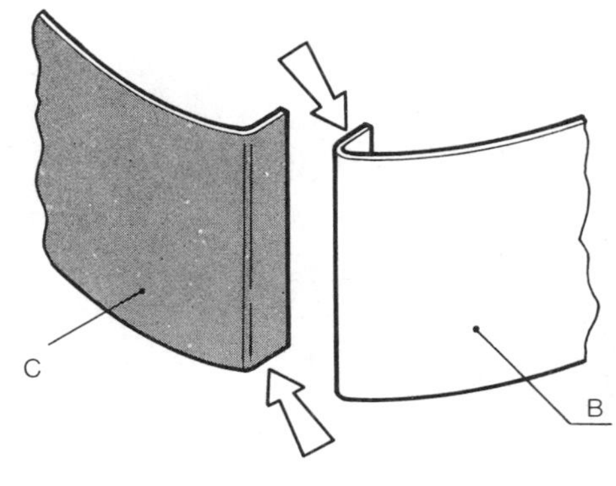

Figura 52. La superficie de las pestañas que van a unirse se prepararán primero con una capa de pintura antióxido. Son las zonas señaladas por las flechas. B, pieza no dañada. C, pieza de recambio.

Presentación y montaje de piezas nuevas

Dejando aparte las colisiones de poca importancia que se producen producir en las ciudades como consecuencia de roces o «caricias» entre dos automóviles, en los que siempre quedan marcas en la carrocería que solamente tienen que ver con las chapas de revestimiento, y cuyas técnicas de reparación hemos estudiado en el anterior apartado, existe, por supuesto, el choque que interesa de una manera seria diferentes piezas de la carrocería hasta el punto de que estas piezas sufren roturas de la plancha o deformaciones tan acentuadas que no existe más procedimiento para recomponer la carrocería que la sustitución de estas piezas por otras nuevas. A este tipo de sustituciones vamos a referirnos ahora, tratando de dar una serie de consejos generales para la presentación y montaje de piezas nuevas en la carrocería.

Supuesto ya el desmontaje de las piezas viejas y la revisión de la estructura y de las medidas o cotas esenciales que corresponden al lugar accidentado y una vez esté el operario seguro de que, en principio, todo está en orden y falta la colocación sólo de la pieza nueva, la primera operación ha de consistir en tratar todas las zonas en las que se han de producir soldaduras con una pintura antióxido a base de cinc del tipo que puede encontrarse para este trabajo en los comercios del ramo, la cual ha de tener la característica de ser muy buena conductora de la corriente eléctrica para permitir un buen contacto a la soldadura por puntos que se deberá hacer después. La aplicación de esta pintura de cinc debe llevarse a cabo en aquellos rebordes de la plancha que van a entrar en unión con la otra plancha a la que se soldará, del modo que indican las flecha de la figura 52.

La próxima operación va a consistir en la presentación de la pieza nueva de recambio junto a las demás planchas que tendrán que rodearla. Esta operación consiste en ver si se ajusta por completo a todo el resto de la estructura. Comoquiera que la pieza deberá pintarse antes de su montaje definitivo, es necesario que el operario se asegure de que, una vez pintada la pieza del mismo color de la carrocería, no se verá obligado a realizar modificaciones que puedan necesitar golpear la plancha y, con ello, deteriorar la pintura.

En el caso que nos presenta la figura 53, perteneciente a la reparación de un panel frontal de automóvil que incluye la calandria, en el que quedan interesadas las ópticas, podemos ver que, antes de pintar la pieza es necesario hacer todo el montaje cuidando siempre las distancias entre los diferentes elementos de la forma que muestran las flechas de la figura. Para obtener datos fiables, además del conjunto de las ópticas se han instalado el paragolpes, la bigotera, los pilotos, etc. Es imprescindible comprobar todas las cotas entre planchas vecinas para tener la seguridad de que, cuando llegue el momento del montaje definitivo, no vamos a tener sorpresas.

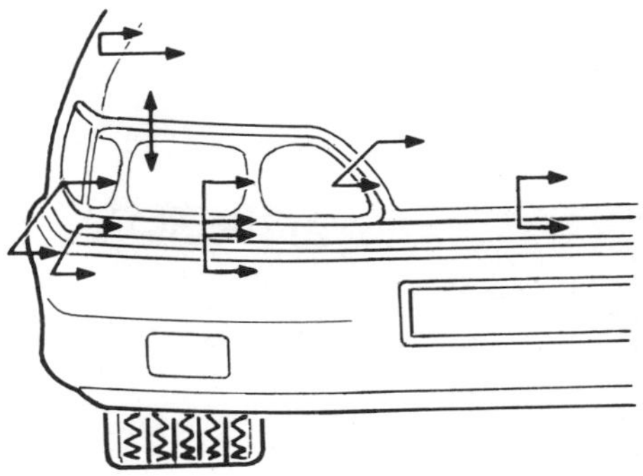

Figura 53. En el caso de una deformación frontal, al presentar las piezas de revestimiento nuevas, es necesario verificar que los puntos de asentamiento sean perfectos. Las flechas indican las zonas que se han de revisar para dar por bueno el montaje.

En todos los manuales de planchistería de los modelos en concreto se dan a los operarios detalles de las distancias que deben mantenerse entre planchas móviles con respecto a planchas fijas. Uno de estos esquemas lo puede ver el lector en la figura 54 perteneciente a un modelo popular de la marca FIAT. Estas instrucciones pueden, en la práctica de la reparación, cambiar algo pues es difícil en nuestro oficio precisar diferencias de un milímetro. Cuando el operario tiene práctica basta guiarse por la simetría, por las líneas del dibujo de la carrocería o de los huelgos con respecto a otras piezas, para encontrar el perfecto ajuste de las planchas.

Resumiendo todo lo dicho hasta el momento sobre este tema, el proceso a seguir en la presentación y posteriores pasos es, a grandes rasgos, el siguiente:

1.° Aplicar pintura antioxidante en las zonas que han de ir soldadas.
2.° Presentar la pieza nueva entre las vecinas.
3.° Si es necesario, sujetar con mordazas autoblocantes la pieza nueva no soldada todavía de forma que se encuentre lo más fija posible y en contacto con todas las pestañas y rebordes de las piezas vecinas.
4.° Comprobar el perfecto ajuste de la pieza nueva con respecto a sus vecinas, sobre todo si son móviles.
5.° Si todo es correcto pasar a realizar la operación soldadura o de pintado, según los casos, y luego la posterior instalación.

En la actualidad, el sistema más corriente de trabajo consiste en cambiar piezas completas cuando existen abolladuras o destrozos de cierta envergadu-

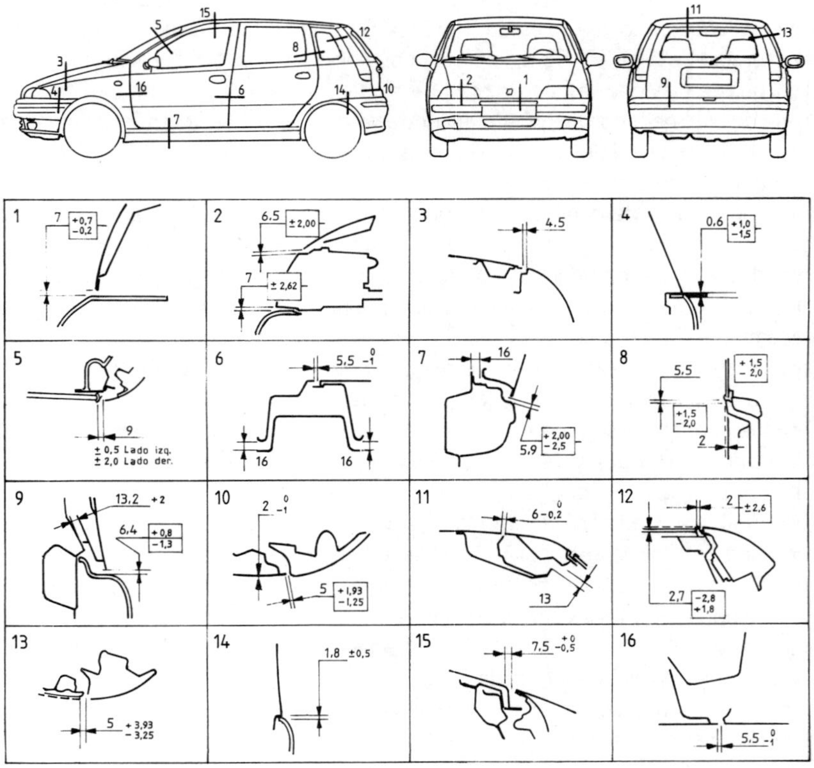

Figura 54. Cotas de separación, en milímetros, de las piezas móviles de un modelo popular de la casa FIAT.

ra. Aunque el precio del repuesto sea caro, también lo es la mano de obra y si en la reparación de una plancha se han de invertir varias horas, siempre resulta más barato acudir a la compra del repuesto en la seguridad de que, además de ahorrar dinero, el resultado final de la reparación se verá mejorado. En los talleres debe cuidarse mucho, ante la presencia de un siniestro, la elección de *reparar* o *cambiar*. El objetivo del encargado de taller debe obtener una reparación rápida y barata, y el equilibrio entre reparar o cambiar la pieza debe ser considerado con atención para, ante el coche deformado, saber hacer la elección más conveniente.

Hay casos en los que la técnica a emplear debe ser intermedia, es decir, valerse de una pieza nueva para acoplarla aprovechando las uniones no deterioradas de la pieza antigua. Éste es el caso que vamos a estudiar a continuación.

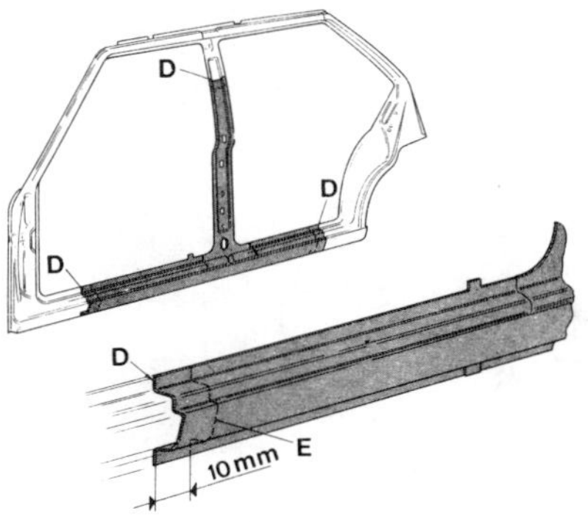

Figura 55. Técnica de la preparación de un recambio para aplicarlo a una carrocería. El recambio (D) se ha de cortar, en principio, por lo menos 10 mm más largo de lo que después resultará necesario. E, extremo de la pieza antigua que de momento se utiliza.

Aprovechamiento parcial de piezas

Otro caso que puede presentarse es la necesidad de hacer un ensamblaje de un recambio parcial, es decir, un recambio en el que nosotros hemos de determinar la medida a que debe soldarse a piezas ya existentes en la carrocería. Tal es el caso del estribo y parte del montante que se hallan destacados en la figura 55 correspondiente a un golpe recibido lateralmente que ha afectado no solamente a las dos puertas, sino a la parte central del estribo y al pilar.

En casos semejantes al descrito hay que cortar la pieza de recambio por lo menos unos 10 mm mayor que la medida real que se ha determinado sustituir. Esto queda claro tal como se ha representado en la citada figura 55. Dados los daños ocasionados por la colisión se decide cortar por D la parte de la carrocería del vehículo. En la parte inferior de la figura nos encontramos con la pieza de recambio completa en la que hemos de cortarla de modo que, de momento, monte unos 10 mm por encima de la pieza que forma parte de la carrocería y que aprovecharemos, es decir, la diferencia entre D y E.

A continuación ya se puede proceder a presentar la pieza sobre la carrocería sujetándola por medio de mordazas autoblocantes como es habitual en estos casos. De este modo ya podremos ver exactamente la posición que el recambio adopta frente a sus piezas vecinas, aunque deberemos también hacernos cargo del ajuste de las puertas, con sus cerraduras incluidas y sus gomas de estanqueidad para verificar la imposibilidad de entrada de agua o aire. La operación siguiente, después de haber desmontado las puertas, gomas y demás, consistirá en cortar, por medio de una sierra neumática (u otro procedimiento similar) por la zona E, del modo que podemos ver en la figura 56. De esta

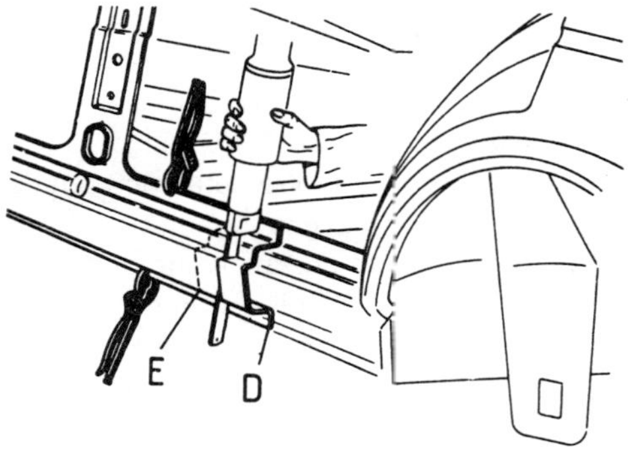

Figura 56. Una vez presentada la pieza y verificado su buena colocación con respecto a los elementos vecinos, se puede cortar con una sierra neumática por el centro de la superposición entre el extremo del recambio (D) y el de la plancha que se conserva (E).

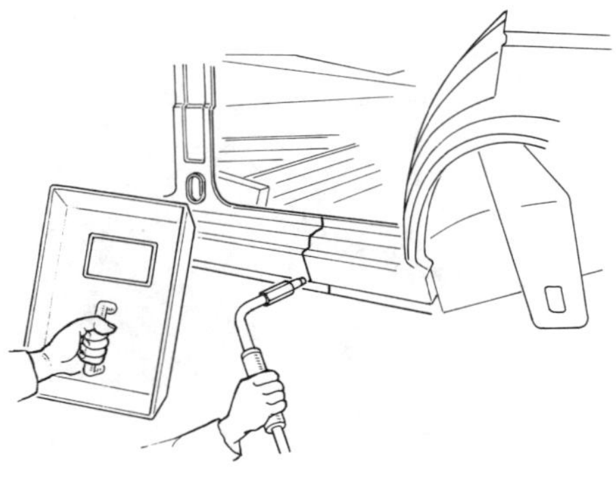

Figura 57. Cuando la pieza nueva ya haya encajado correctamente se podrá proceder a la soldadura común de las dos planchas.

forma, la pieza nueva nos queda perfectamente colocada sobre sus puntos de aplicación. Acto seguido, y después de haber sacado las piezas sobrantes, ya se puede proceder a la soldadura, que es lo que se está realizando en la figura 57. Después de este trabajo de soldadura se pasará la esmeriladora de disco para afinar la superficie y hacer desaparecer las irregularidades que quedan en la superficie del resto de la soldadura. Es lo que indica la figura 58 donde puede verse, además, un detalle de la aplicación de la muela al saliente del cordón de soldadura.

Para finalizar es necesario acordarse siempre de proteger con imprimaciones la parte del interior donde se ha soldado para evitar que estos puntos sean el origen de un posterior deterioro de la plancha por permitir que se inicie la corrosión a través de ellos.

Enderezado con herramientas hidráulicas

Antes de entrar de lleno de forma detallada en los trabajos propios de la planchistería será conveniente estudiar brevemente las posibilidades que presentan los gatos y las escuadras hidráulicas de cara al enderezado de las carrocerías que han sufrido golpes importantes o deformaciones que les han hecho perder las correctas cotas esenciales de algunas de sus partes. Estas herramientas hidráulicas constituyen unos elementos de gran importancia para el planchista en todos los casos de enderezado que afecte a la estructura de la carrocería y también para restitución de formas en algunos casos de abolladuras en lugares escondidos, tema del que ya hablamos en su lugar, en este mismo capítulo.

Comenzaremos primero por ver la utilización de los gatos hidráulicos para pasar seguidamente a las escuadras, herramienta como sabemos mucho más complicada y también de gran utilidad.

Gatos hidráulicos

Al estudiar las herramientas ya vimos un equipo de gato hidráulico en la figura 48 del capítulo 2, así como la descripción de su principio de funcionamiento. Ahora vamos a tratar solamente del modo de utilizarlo en la práctica.

Los gatos hidráulicos son unas herramientas que son capaces de proporcionar varias toneladas de fuerza de una manera muy progresiva y con un mínimo esfuerzo por parte del operario que los manipula. Su aplicación debe llevarse a cabo de modo que ejerzan esta fuerza en el sentido contrario a la fuerza que provocó la colisión, tal como acontece en todos los casos de desabollado o enderezado de planchas. Comoquiera que el gato trabaja empujando hay que encontrarle, en primer lugar, el punto exacto sobre el que debe apoyarse para ejercer la fuerza de enderezado, y una vez determinado este punto tiene también suma importancia saber encontrar otro punto opuesto de apoyo que sirva de base de asiento de la otra parte del gato. En muchas ocasiones el punto de apoyo de la base hay que reforzarlo por medio de tacos de madera o por la interposición de una pieza gruesa de plancha a fin de que el esfuerzo se reparta por una mayor superficie de apoyo. A este respecto hay que tener siempre en cuenta la importancia de saber encontrar un punto sólido de apoyo para la base del gato que tenga la particularidad de que no ceda en el momento de

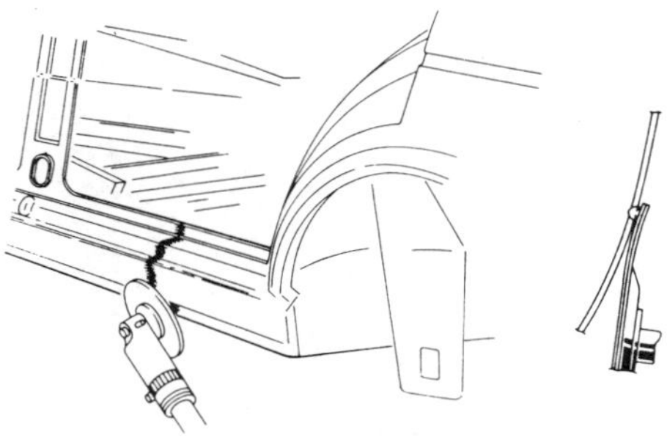

Figura 58. El grueso del trabajo se puede dar por acabado con el esmerilado del cordón de soldadura. El detalle de la derecha representa la correcta aplicación de la muela de disco sobre el cordón de soldadura.

producirse el empuje del gato sobre la plancha a enderezar, pues está claro que ello podría ocasionar una deformación contraria a la que se pretende.

Una vez bien asegurado el punto de apoyo y la posición de la cabeza del gato se puede proceder a bombear poco a poco desde la palanca de bombeo con la característica muy fundamental de que el trabajo hay que realizarlo muy progresivamente observando siempre cómo se va desarrollando el trabajo de enderezado de la plancha o de la estructura en cuestión. Además de la vista con la que vemos cómo se va recuperando la forma deseada, hemos de estar atentos a los ruidos que la plancha produce cuando se va enderezando. Unos pequeños casquillos secos nos van a avisar de la rotura de un punto de soldadura que puede producirse en algún punto de la plancha en el que se está produciendo una elevada tensión. Cuando se trata de enderezar la chapa no es conveniente romper puntos de soldadura porque, suponiendo que no se va a desmontar la parte que se endereza, quizá después tengamos dificultades para la entrada de la herramienta de soldar de puntos con el fin de restablecer esta correspondiente unión, y no es cuestión, por supuesto, de dejar la plancha enderezada pero debilitada. Para no romper puntos de soldadura o hacerlo lo menos posible es necesario trabajar sin forzar la fuerza aplicada, cambiando metódicamente la posición de la cabeza del gato para recuperar la forma con las menores tensiones posibles de la plancha.

Un ejemplo de utilización del gato hidráulico lo podemos ver en la figura 59 en donde se trata de recuperar las medidas o cotas esenciales en el vano de las puertas. Ésta es una operación que resulta bastante corriente. En general, cuando las puertas no se cierran con suavidad a un impulso moderado es muy probable que sus cotas esenciales de las que ya hablamos en el capítulo 3 se hayan modificado. Si de la medición resultaran algunas diferencias de muy pocos milímetros, ya sabríamos cómo se habría deformado el vano y, por consiguiente, el modo opuesto para recuperar la medida correcta. En estos casos se monta el gato hidráulico del modo que se ve en la figura 59 (o en la posición conveniente para forzar el vano a recuperar su forma, según el tipo de carrocería con la que trabajamos), se le proporciona presión al cilindro con suavidad, se desmonta y se comprueba la ganancia obtenida. Es casi seguro que la puerta se ajustará bien a su marco si está dentro de las cotas que el fabricante admite, y si no lo hace, el defecto será sin duda de la puerta aunque la deformación del vano contribuía a la dificultad de su cierre.

El gato hidráulico tiene también aplicación en el interior del automóvil, así como en el vano del motor o cofre delantero. En general puede aplicarse con éxito siempre que se hayan de enderezar planchas y pueda encontrarse un buen punto de apoyo.

Veamos algunos nuevos ejemplos. En la figura 60 tenemos otro caso válido para recuperar las cotas esenciales entre los pilares centrales de una carrocería. Se coloca el gato hidráulico en un buen punto de apoyo, en la base (A) de uno de los pilares del habitáculo. El otro extremo puede servirnos para enderezar el pilar contrario averiado colocando la cabeza del gato en las posiciones B y C y presionando en ellas con el debido cuidado para darnos cuenta de la llegada del punto necesario en que el pilar averiado reacciona y va encontrando su posición correcta.

Otro ejemplo de utilización del gato hidráulico lo tenemos en la figura 61. Aquí se está realizando un enderezado de la parte trasera de un vehículo con carrocería de tipo familiar. La forma de operar es la misma que la explicada para el caso anterior.

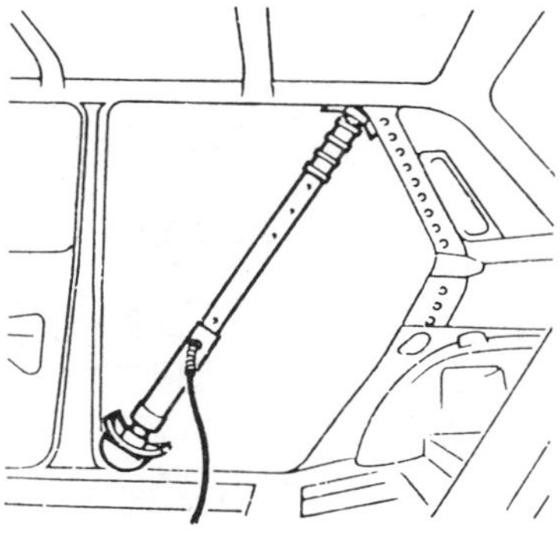

Figura 59. Aquí tenemos un ejemplo de aplicación del gato hidráulico para la recuperación de las cotas esenciales del vano de una puerta trasera.

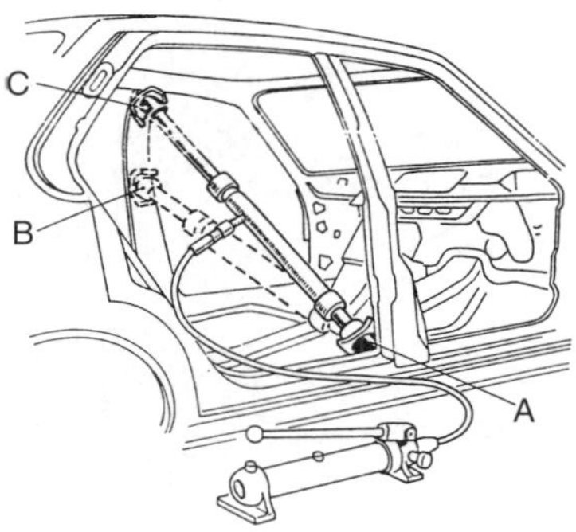

Figura 60. Otra aplicación del gato hidráulico para enderezar un pilar desde la parte contraria. A, punto de apoyo de la base. B y C, puntos de apoyo de empuje.

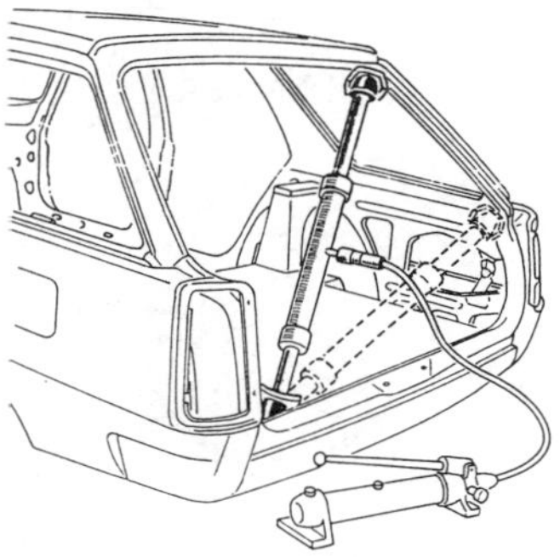

Figura 61. Utilización del gato hidráulico para el enderezado de la parte trasera del habitáculo en una carrocería de tipo break *o familiar.*

Figura 62. Colocación de una escuadra amarrando el tope deslizante al eje del automóvil.

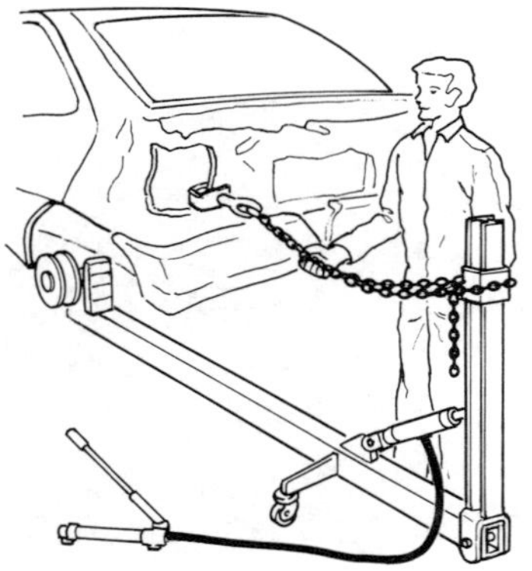

Figura 63. Amarre de la cadena del brazo vertical a la parte de la zona accidentada.

Figura 64. Aquí se está procediendo al enderezado de la plancha averiada.

Utilizando esta técnica se pueden iniciar con éxito reparaciones de enderezado de marcos del parabrisas y/o de la luna trasera, cofres del motor y del maletero, etc. En todos los casos el punto de apoyo de la base debe situarse en zonas de planchas más sólidas que aquellas en las que ha de actuar la parte que endereza.

Escuadra hidráulica

La otra gran herramienta hidráulica para el enderezado de la plancha y de la estructura es, sin duda, la escuadra de la que ya hicimos una descripción cumplida en la parte dedicada a las herramientas en el capítulo 2. Comoquiera que allí ya se explicó con detalle el sistema de funcionamiento de las escuadras, así como algunos ejemplos y consideraciones sobre su amarre, ahora vamos a ser breves en la descripción de las posibilidades de trabajo de esta herramienta hidráulica.

Una forma de actuar con la escuadra hidráulica puede verse en una serie de figuras que vamos a comentar a continuación. En la primera de ellas, la número 62, vemos el momento del anclaje del tope deslizante en el extremo del brazo horizontal en una parte sólida de la estructura de la carrocería. De la forma de hacer los amarres ya se habló en el capítulo 2. A continuación se procede al amarre de la cadena solidaria del brazo vertical o palanca de la escuadra en la zona accidentada o parte que se trata de enderezar, que es la operación que se está procediendo a hacer en la figura 63. Aquí es necesario cuidar con gran atención la buena y segura disposición de los amarres para que no se puedan soldar durante el tensado con el consiguiente peligro del que ya hablamos cuando nos referimos a esta herramienta en el citado capítulo 2.

Una vez asegurado el amarre se pasa al tensado progresivo del brazo vertical y con él de la cadena. Cuando ésta comience a quedar bien tensa comprobar que el amarre no cede y ya se puede proceder a dar bombeo al mecanismo hidráulico tal como se puede ver en la figura 64, iniciándose ya el enderezado de la plancha.

En la figura 65 tenemos finalmente otro ejemplo de la utilización de la escuadra para mantener tensada la plancha, momento que utiliza el operario para proceder a los trabajos de aplanado, con un tas y un martillo. Posteriormente una mayor aplicación de fuerza a la escuadra, ayudada por el trabajo del operario servirá para conseguir que la plancha se vaya enderezando hasta obtener la forma original.

Figura 65. Trabajos de aplanado mientras la escuadra mantiene tensada la plancha.

Salvo casos especiales en los que se encuentra en el mercado material de recambio para un determinado modelo, un trabajo como el que hemos descrito de enderezado de una aleta de guardabarros se suele realizar con el cambio de la pieza de revestimiento. Por ello la escuadra suele ser indispensable para el enderezado de la plancha en partes de la estructura de la carrocería y, sobre todo, para trabajar con ella en combinación con la bancada; pero no obstante, quedan también destacadas sus posibilidades de todo tipo para ayudarnos en el enderezado de grandes superficies de chapa.

Al igual que en el gato hidráulico también en la escuadra se han de buscar y encontrar los anclajes en el sentido contrario a la causa que originó la deformación, es decir, de forma contraria al golpe. En ningún caso es conveniente que caigamos en la tentación de desplazar el punto de apoyo que consideramos correcto por el hecho de que este punto sea débil y no pueda hacerse cargo del soporte de reacción de la escuadra. Cierto que en muchos casos podemos encontrarnos con la dificultad añadida de que no haya ningún punto sólido que le sirva de soporte. En este caso el operario ha de saber que hay útiles que vienen con la escuadra para hacer posible obtener de forma artificial estos puntos sólidos de apoyo. Consisten en dos pinzas (podemos verlas en A de la fig. 66) y una barra (B) que trabajan en colaboración con unos cabezales especiales (C). Las pinzas pueden aplicarse en la parte baja de la talonera, de la forma que muestra la figura, atornilladas a la pestaña.

Cuando es conveniente repartir el esfuerzo por una superficie amplia se debe acudir a utilizar tacos de madera a los que incluso se les puede dar forma con una escofina para que se adapten correctamente a la pieza que se trata de enderezar y se apliquen convenientemente en toda su superficie. A este respecto tenemos, en la figura 67, un nuevo ejemplo de la utilización de una escuadra para el enderezado de un pilar central. El golpe fue recibido en la parte baja entre el estribo y el montante pero la ayuda del taco de madera (T) mantendrá la forma del pilar al enderezar, además de protegerlo de deformaciones debidas a la gran fuerza con la que la cadena acciona.

Otro ejemplo de utilización también se aprecia en la figura 68, en este caso tratándose de enderezar el estribo que se halla deformado a consecuencia del golpe. Aquí es interesante observar, en los dibujos de detalle de la parte derecha de la figura, las pinzas de sujeción de las cadenas.

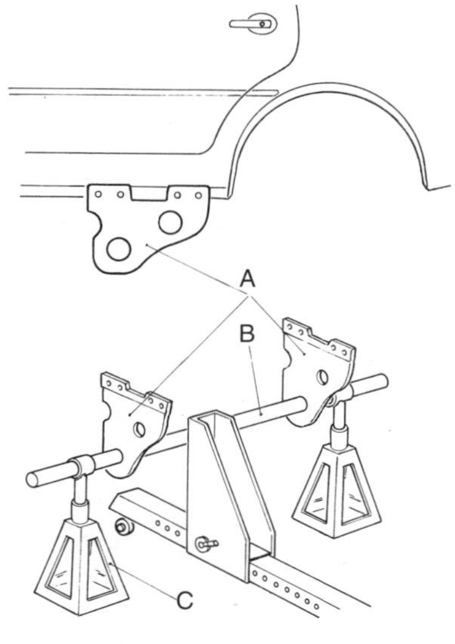

Figura 66. Utilización de falsos soportes que ofrecen una sujeción muy firme cuando no se encuentra en el automóvil un punto de anclaje sólido.

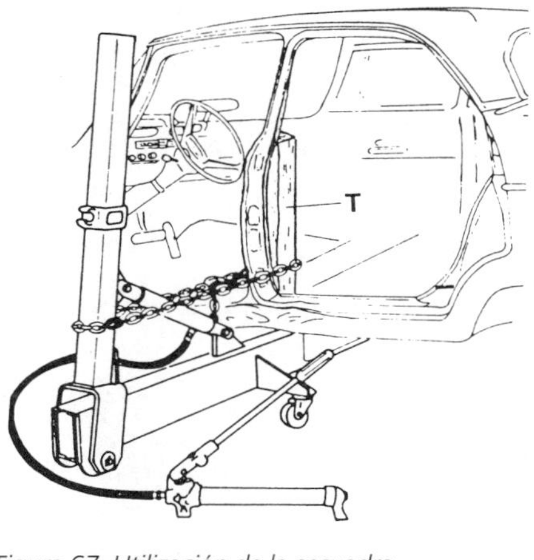

Figura 67. Utilización de la escuadra para el enderezado de un pilar central. T, taco de madera dotado de forma.

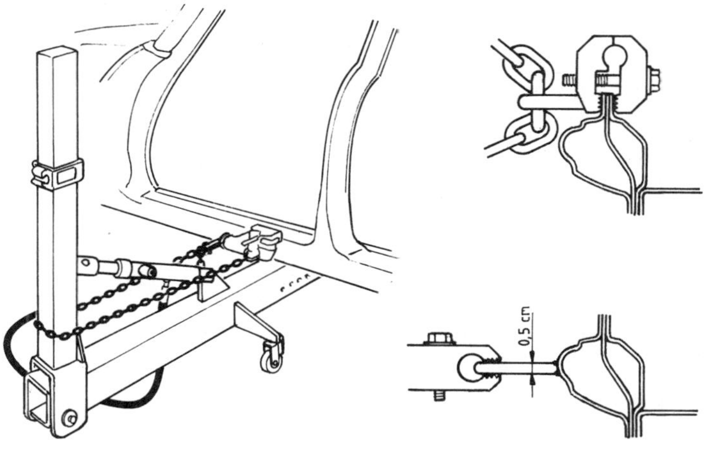

Figura 68. Utilización de la escuadra para el enderezado del estribo. En el dibujo de detalle podemos ver la manera de realizar el montaje del punto de sujeción.

No vamos a extendernos más en este tema que finalizamos aquí. Solamente recordar una vez más al lector lo que sobre el asunto de las herramientas hidráulicas ya dijimos en el pasado capítulo 2, una serie de cuestiones que es conveniente repasar para llevar a cabo una buena utilización general de estas herramientas. Por otra parte, y debido a que en el mercado existen muchas marcas de productos para el carrocero que fabrican diferentes tipos de herramientas hidráulicas de este tipo conviene hacerse con el manual de uso de la escuadra en cuestión, pues en él se explican muchas de las aplicaciones especiales que pueden llevarse a cabo con ella, además de las de tipo general que hemos explicado, y que dependen, en muchos casos, de los tipos de accesorios que se les pueden aplicar para conseguir aumentar sus posibilidades de trabajo.

Conclusión

Con lo dicho damos por terminado este capítulo 5 dedicado a las técnicas de reparación que nos ha de servir de base para los estudios de la parte práctica de las reparaciones que vamos a iniciar seguidamente. Conviene tener bastante claros los procedimientos estudiados aquí para comprender bien la parte que seguirá, donde las técnicas de reparación serán sencillamente citadas presuponiendo el conocimiento de las mismas por parte del lector.

5

REPARACIÓN DE PLANCHA POR ELEMENTOS

I. PARTE FRONTAL

Al igual que ocurre en otros muchos oficios, también en el oficio de chapista las reparaciones de plancha de un automóvil tienen que se realizadas en una serie de casos muy repetitivos. Los golpes que más habitualmente un automóvil recibe como consecuencia del tráfico vienen a ser siempre en un reducido número de lugares que vienen a interesar aproximadamente las mismas piezas y cuya realización viene a ser siempre igual en la gran mayoría de los automóviles de serie. Así pues, aunque ya hemos visto anteriormente la gran cantidad de piezas de que consta una carrocería, la realidad es que las reparaciones que se llevan a cabo en el taller pueden resumirse en no más de unas diez posibilidades que vienen determinadas por los golpes en la parte delantera, en la parte central o en la trasera.

Como es bien sabido, cuando una carrocería ha recibido un golpe de mucha importancia, si bien su reparación no es técnicamente imposible, el destrozo en la estructura y el relativo bajo precio de un automóvil gracias a la fabricación en serie, hacen que el número de horas necesarias para llevar a cabo la reparación de la carrocería se acerque mucho o llegue a superar el precio del automóvil nuevo, por lo que no hay opción para el cliente o la compañía de seguros que siempre se van a decidir por la compra de un automóvil nuevo en el primer caso o de una indemnización en el segundo. Por lo tanto, reparaciones de la carrocería que interesen seriamente la estructura, puede decirse que son rarísimas en un taller, bien al contrario de todas las reparaciones que afectan a las planchas de revestimiento exteriores, e incluso al techo como consecuencia de vuelcos muy suaves o de la caída de objetos pesados sobre él. A éste, pues, es al tipo de averías que vamos a referirnos en este capítulo.

Con el fin de conseguir poner un poco de orden en la explicación de todas estas reparaciones de plancha que hemos de considerar como habituales por la gran cantidad de veces que se suelen repetir en los talleres, vamos a hacer una clasificación que va a servir de base a nuestro estudio.

Los choques o colisiones de los automóviles se producen en la parte frontal, en la central o en la trasera según los casos, de modo que vamos a encontrar una analogía de los golpes recibidos más habitualmente con el tipo de deformaciones que estos golpes suelen ocasionar. Ello nos lleva a hacer una clasificación como la siguiente que, además, nos va a servir para desarrollar la explicación general de la forma de llevar a cabo la reparación en todos los casos derivados. Esta clasificación es la siguiente:

- Golpes recibidos en la parte frontal.
- Golpes recibidos en la parte central.
- Golpes recibidos en la parte trasera.

Los daños ocasionados por estos tipos de colisiones interesan a determinados conjuntos de piezas de plancha cuya restitución es lo que vamos a ver en cada uno de los tres grandes apartados que acabamos de señalar.

Golpes recibidos en la parte frontal

A consecuencia de los golpes recibidos en la parte frontal del automóvil las piezas intereadas pueden ser, en primer lugar, el paragolpes (del que, por ser desmontable, no vamos a considerarlo aquí y lo veremos en el capítulo de accesorios) y a continuación las piezas que forman el conjunto de la calandria, tanto el revestimiento de la parte baja como la traviesa que soporta el capó y los faros. El capó también habrá sufrido daños y, según la violencia del golpe, éste podrá haber afectado también a las planchas de los pasarruedas obligándolas con alguna deformación.

Si el golpe frontal se ha producido algo ladeado a derecha o izquierda habrá interesado a una de las aletas del guardabarros, de modo que la reparación deberá ser extensiva a esta zona de la carrocería.

Por otra parte, según la violencia del golpe podrá ser necesaria la sustitución completa de la pieza de la calandria o incluso de las aletas de los guardabarros de modo que, para hacer la reparación más rápidamente, puede acudirse a instalar toda la pieza nueva; pero también puede ser más conveniente llevar a cabo una sustitución parcial del revestimiento, lo que significa muchas veces un ahorro de tiempo en la reparación, y de cuya técnica también vamos a ocuparnos aquí.

De acuerdo con lo dicho vamos a realizar un estudio detallado de las operaciones a llevar a cabo en los dos siguientes casos, pertenecientes a la parte frontal del automóvil:

- Sustitución total de la calandra y de la aleta, y parcial del pasarruedas.
- Daños en el capó.

En estos dos supuestos se puede concentrar un porcentaje muy elevado de todos los casos de deformación en la parte frontal del automóvil ocasionados por colisiones razonables que son, en definitiva, las que pueden dar origen a una reparación con un coste aceptable para el cliente y, por ello, las más corrientes llevadas a cabo en el taller.

Pasemos a explicar el modo de actuar del profesional planchista ante cada uno de los supuestos indicados.

Figura 1. He aquí un automóvil que ha recibido un golpe frontal que le ha interesado la calandria y una de las aletas delanteras.

Sustitución total de la calandra y de la aleta, y parcial del pasarruedas

En la figura 1 tenemos una fotografía de un coche que ha sufrido un golpe frontal que le ha interesado las partes que se indican en este epígrafe.

Aunque los resultados de un golpe de estas características son diferentes según el tipo de carrocería, con el fin de que sirva para el lector de orientación general vamos a ceñirnos a los trabajos que son propios de una carrocería como la que nos muestra la figura 2 donde podemos ver la disposición de las piezas afectadas en el caso de un golpe frontal con deformación de planchas de la parte izquierda. En un golpe de esta categoría han sufrido daños la calandra (1), la aleta delantera izquierda (2) y el pasarruedas delantero izquierdo (3). En el dibujo superior de la figura se ha representado el conjunto del vano del motor formado por la calandra, los pasarruedas y la planchas exteriores del salpicadero. Los otros tres dibujos representan por separado cada una de las piezas que serán objeto de la reparación. Téngase en cuenta que el ejemplo escogido corresponde a una carrocería de procedencia VOLKSWAGEN.

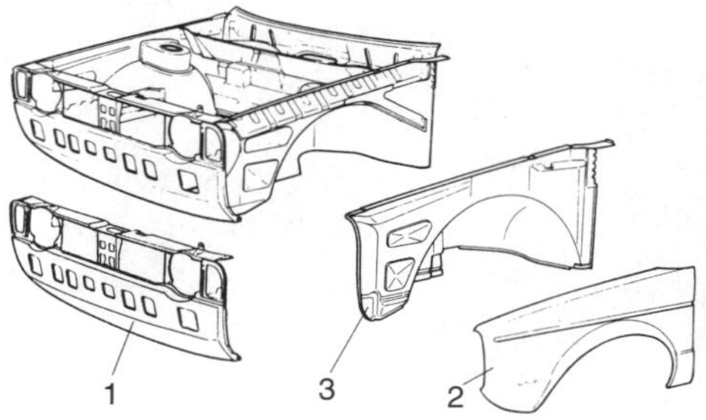

Figura 2. Piezas usualmente más afectadas como consecuencia de choques frontales. 1, calandra o calandria. 2, aleta. 3, pasarruedas.

Verificación de los daños

El operario nunca debe fiarse del simple aspecto exterior de un golpe a menos que no se trate de una deformación claramente superficial que sólo ha llegado a formar una ralladura o una pequeña abolladura. Si el golpe ha sido lo suficientemente fuerte como para afectar a varias planchas es conveniente revisar las cotas esenciales, como mínimo, con el ánimo de verificar que los puntos próximos principales de anclaje no han sido alterados.

La verificación con los compases de puntas ya se explicó en un capítulo anterior.

También convendrá repasar con el tacto las planchas vecinas a las afectadas para ver si han sufrido alguna alteración. Las cotas esenciales que más se habrán visto afectadas habrán sido las del vano del motor y, por lo mismo, deben ser comprobadas minuciosamente.

Una práctica de taller muy útil para evaluar daños consiste también en valerse de una linterna. Proyectando luz desde la parte opuesta y mirando por la afectada pueden detectarse deformaciones cuando la luz se aprecia desde esta parte. Así pueden advertirse rápidamente rendijas que no debieran estar y que corresponden a planchas que se han separado de sus vecinas a causa de la deformación ocasionada por el golpe que se analiza.

Para que la comprobación y tolerancia de las cotas esenciales sea exacta hay que acudir a la información técnica que el fabricante de la carrocería pone a nuestra disposición. Las figuras 3, 4, 5 y 6 indican las cotas esenciales que son las que pueden haber sido afectadas por las consecuencias de un golpe como el que estamos considerando en este apartado.

Cuando en el taller no se dispone de los valores exactos de estas cotas por no tener información directa del fabricante de la carrocería, el operario suele

Figura 3. Cota esencial (a) que indica la longitud del vano del motor en un tipo de carrocería de una marca determinada.

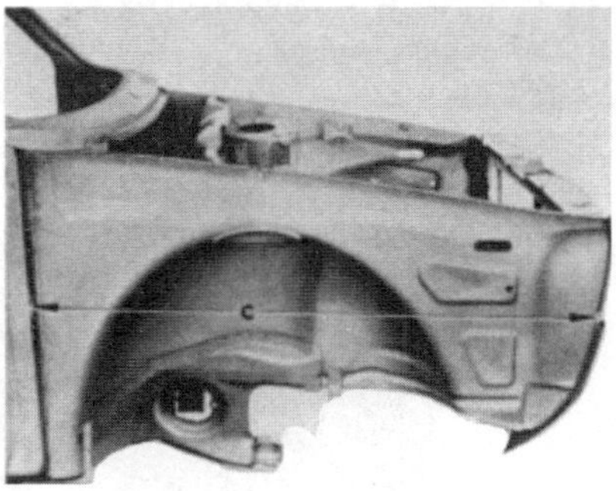

Figura 4. Cota (c) que indica la longitud de la aleta delantera derecha.

Figura 5. Cota diagonal (b) del vano del motor.

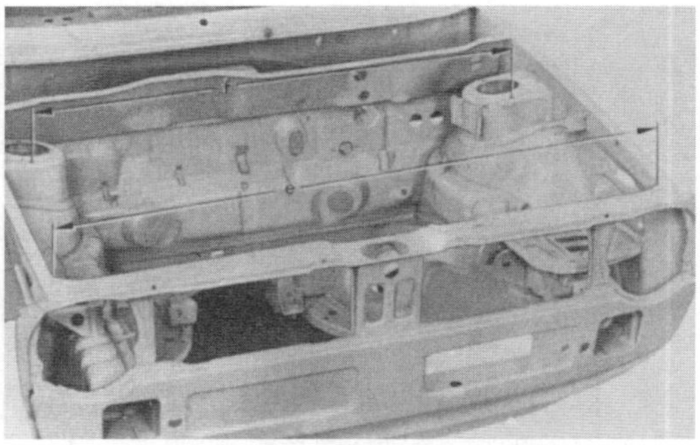

Figura 6. Cota de anchura delantera del vano del motor (e) y cota de separación entre las torretas de la suspensión (f).

acudir al truco de medir estas distancias en la carrocería de un coche del mismo modelo y tipo al que estamos reparando y, por supuesto, que se encuentre en perfecto estado, sin deformación alguna. Los valores así obtenidos nos han de servir de base muy fiable para hacer la comprobación en la carrocería deformada que hemos de reparar.

Desmontaje de los elementos mecánicos y otros accesorios

En una reparación que comporte la sustitución total o parcial de piezas delanteras se deberán retirar aquellos elementos mecánicos que se encuentren próximos o bien que formen parte de la zona afectada. Si el golpe ha sido muy fuerte, en muchos casos será necesario desmontar la suspensión e incluso el motor, ya que toda la zona mecánica puede estar desplazada de sus anclajes o dañada seriamente. Pero si el golpe no ha sido tan contundente es muy posible que el radiador y su ventilador, además del alternador, compresor de aire acondicionado, etc., hayan sufrido deterioros importantes y deban ser sustituidos. Incluso las ópticas y los mazos de cables eléctricos pueden estar afectados de modo que es necesario proceder a su retirada.

Asimismo, antes de iniciar el desmontaje o corte y posterior eliminación de las planchas deformadas, deberemos tener sumo cuidado para no perder las placas de identificación del vehículo que contienen sus características técnicas. En las figuras 7 y 8 se observan los lugares donde suelen estar situadas

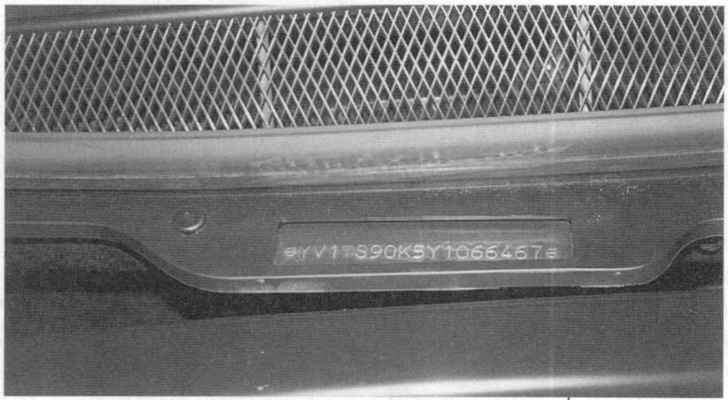

Figura 8. Lugar de ubicación de otra de las placas de identificación del vehículo.

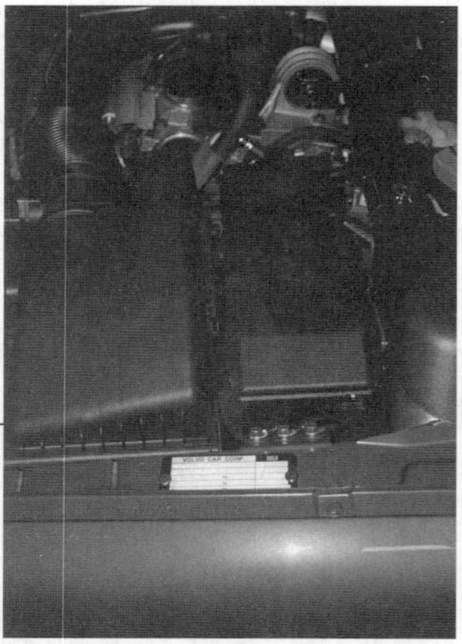

Figura 7. Lugar de ubicación de una de las placas de identificación del vehículo.

estas placas. En el caso de la reparación que ponemos de ejemplo, puesto que una de las piezas a sustituir es la calandra, la placa que señala el tipo de vehículo (fig. 7) deberá desmontarse y trasladarse en la misma posición a la nueva pieza.

La destrucción de alguna de estas placas puede originar grandes problemas a la hora de identificar el automóvil (tipo, número de motor y de chasis, etc.), datos que guardan su importancia incluso a la hora de pedir a fábrica piezas de repuesto mecánicas, sobre todo en los modelos comerciales corrientes de los que se han hecho largas series y han ido beneficiándose de modificaciones y mejoras a través del tiempo.

Desmontaje y corte de las planchas deformadas

El trabajo de planchistería comenzará por el desmontaje o bien el corte de las planchas deformadas según sean atornilladas (que es el sistema de sujeción propio de las aletas y planchas de revestimiento) o soldadas, en cuyo caso deberán ser cortadas.

Puesto que el cambio de una aleta en la mayoría de modelos actuales se reduce a destornillarla, extraerla y sustituirla por otra nueva, no consideraremos esta reparación.

En la figura 2 vimos las tres piezas a sustituir totalmente, en el caso de la calandra y la aleta, o parcialmente, en el caso del pasarruedas.

La figuras 9, 10 y 11 le señalan las líneas de corte, que se hará con un martillo neumático. De esta manera podremos retirar la calandra de su unión con el pasarruedas y el larguero.

El golpe que consideramos es bastante fuerte, lo suficiente como para haber afectado también al pasarruedas izquierdo en su parte delantera. Por ello va a ser necesario hacer una sustitución parcial de esta pieza.

No olvide que el pasarruedas es más una pieza de estructura que de revestimiento y que tiene mucha importancia por ser parte del soporte de la suspensión delantera.

En la figura 12 se observa con detalle la línea de corte, que pasa junto a la torreta de la suspensión (X) y por encima del larguero (Y).

La torreta de la suspensión es una pieza básica de la carrocería y, como

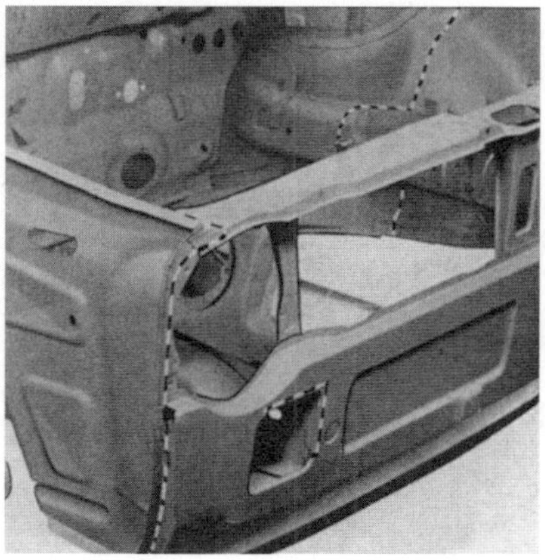

Figura 9. Línea de corte en la zona de unión de la calandra con el pasarruedas.

Figura 10. Línea de corte entre la calandra y el larguero delantero izquierdo.

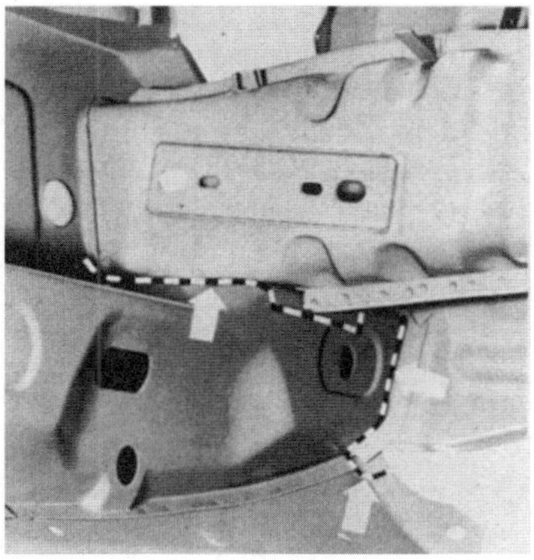

Figura 11. Línea de corte entre la calandra, el pasarruedas y el larguero.

Figura 12. Línea de corte del pasarruedas. X, junto a la torreta de la suspensión. Y, por encima del larguero.

Figura 13. Aspecto de la parte frontal de la carrocería una vez se han cortado la calandra y la parte anterior del pasarruedas que se mantiene y la del recambio.

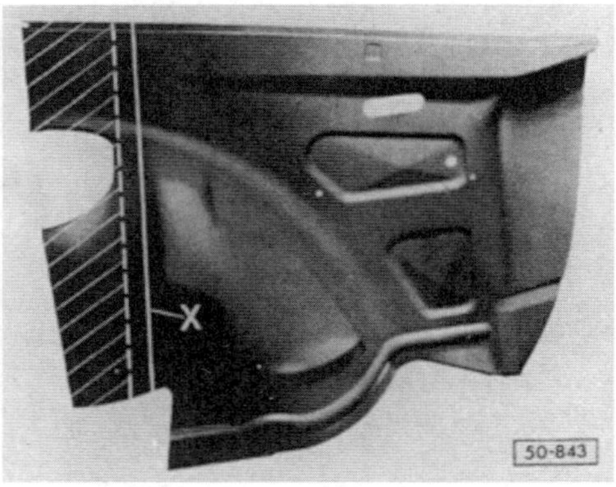

Figura 14. Línea de corte del pasarruedas en la zona próxima a la torreta de la suspensión. La zona situada entre el área rallada y la línea X corresponde al borde de superposición.

tal, constituye uno de los puntos de verificación importantes. En el caso de la reparación que nos ocupa damos por supuesto que dicha torreta no ha sufrido daños que hayan podido modificar sus cotas. El desmontaje de la pieza del pasarruedas requiere un tratamiento delicado dada su proximidad a dicha torreta. El corte se realizará con una sierra neumática (o un buril y un martillo).

Preparación de las planchas vecinas

Cuando hayamos separado las piezas hay que alisar los bordes del corte y eliminar todo resto de pintura para conseguir que la chapa quede totalmente al descubierto y lista para ser soldada.

El esmerilado se tendrá que hacer extensivo a todas aquellas partes sobre las que tenga que soldarse la plancha nueva. A este respecto hay que cuidar especialmente aquellos puntos en los que la plancha está sometida a algún tipo de esfuerzo comprometido, como es, en este caso, la zona que se halla próxima a la torreta de sujeción de la suspensión.

La soldadura deberá estar realizada con sumo cuidado para asegurar la resistencia del conjunto, de modo que hay que esmerilar toda la superficie que aparece señalada en la figura 13 (a) y luego aplicarle un anticorrosivo de cinc. Esta zona será la de superposición con el recambio.

Una vez realizadas estas operaciones podemos decir que ya hemos acabado una parte de la reparación que ha consistido en extraer todas las planchas dañadas por el golpe y en preparar las chapas vecinas para que puedan recibir con naturalidad a las planchas de respuesto que deberá colocar a continuación.

Montaje de las planchas de repuesto

Una vez desmontadas todas las planchas deterioradas se debe pasar a realizar el trabajo de preparación de las planchas de repuesto que van a sustituir a aquéllas. Estas piezas necesitan una preparación y una técnica especial para cada caso.

Generalmente se tendrá que comenzar por preparar la plancha del pasarruedas que es la última que hemos retirado anteriormente y la primera que se va a sustituir.

La pieza de repuesto se presentará sore la zona de la carrocería donde debe ir montada y de esta forma se tomará nota del lugar por donde se deberá cortar, teniendo en cuenta los 10 mm de más que, como mínimo, deben dejarse tal y como se puede observar en las figuras 14 y 15.

El corte inicial, para separar la parte de la pieza de repuesto que desechamos (zona rayada en dichas figuras), aparece señalado con línea discontinua. El margen de unos 10 mm comprende el espacio entre esta línea discontinua y la continua (señalada con X en la figura 14 y con Y en la 15).

Finalizada la presentación se procederá a preparar los bordes de la nueva plancha del pasarruedas. Se comenzará por un esmerilado y después se deberá

*Figura 15. Como en la figura anterior pero en la zona correspondiente al larguero. El borde de superposición aparece señalado con la cota **b.** Y, zona interior de superposición.*

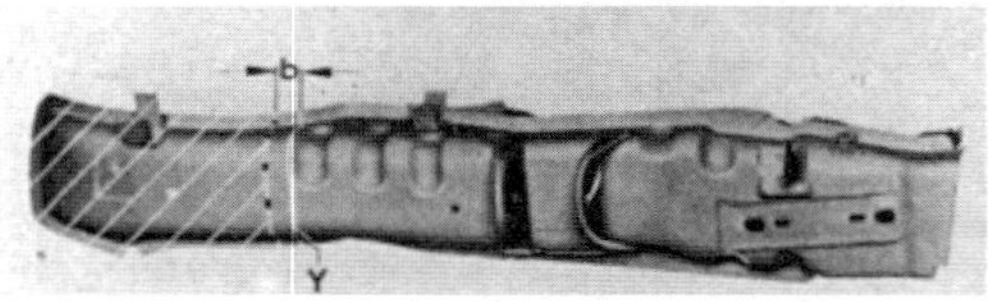

Figura 16. Presentación de la calandra y de la parte anterior del pasarruedas, sujetas estas piezas por medio de pinzas autoblocantes.

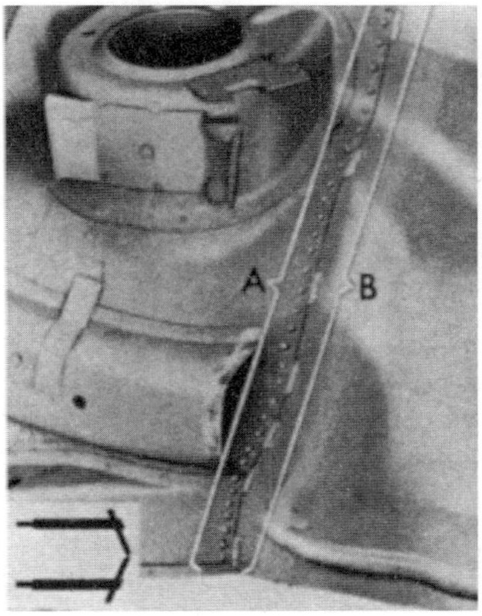

Figura 17. Soldadura del pasarruedas dejando el recambio (B) por debajo de la pieza antigua (A).

aplicar una protección anticorrosión a base de cinc, del mismo modo a como se hizo con la plancha aprovechada.

Seguidamente sujetaremos la pieza de repuesto a la carrocería mediante pinzas autoblocantes (fig. 16). Es conveniente, una vez que estén sujetas las piezas, comprobar el ajuste de la superposición y las medidas originales.

Cuando la presentación definitiva sea correcta y el ajuste sea perfecto debe pasarse a la soldadura de los bordes de contacto, los cuales deben estar en buenas condiciones pues de no ser así se tendrá que efectuar un repaso con un martillo de aplanar y una sufridera o tas hasta que las superficies de los bordes se ajusten perfectamente.

Iniciaremos el proceso de soldadura por el borde cercano a la torreta de la suspensión (fig. 17). La soldadura se hará por el procedimiento MIG-MAG, realizando cordoncillos intermitentes (de unos 15 mm de largo cada uno y separados entre 6 y 7 cm. Esta soldadura se hará en el borde entre la pieza ya existente (A) y la de repuesto (B), tanto por el interior como por el exterior. Cuando hayamos terminado procederemos a la soldadura por puntos del margen superpuesto.

No habrá que olvidar la soldadura de los soportes de elementos como el depósito del lavaparabrisas (fig. 18, C y D) o el tubo de freno (fig. 19), u otros elementos cuya disposición varía de unas carrocerías a otras.

Seguidamente soldaremos la calandra al pasarruedas derecho (fig. 20) con soldadura MIG-MAG de cordones intermitentes (zona D) y por puntos (zona C).

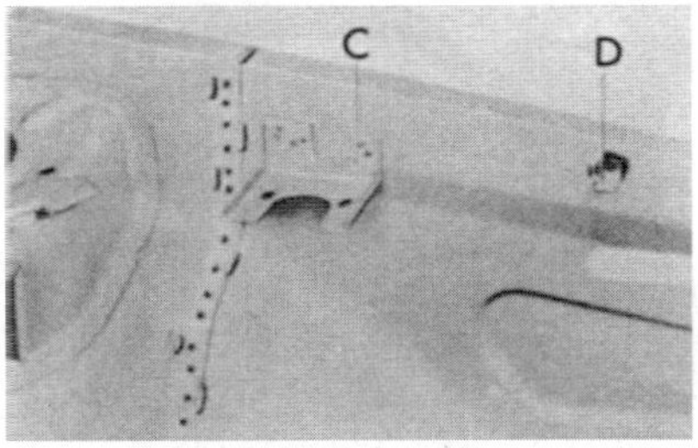

Figura 18. Soldadura por puntos de dos piezas accesorias. C, soporte del depósito del lavaparabrisas. D, soporte del cable de mando de la cerradura del capó.

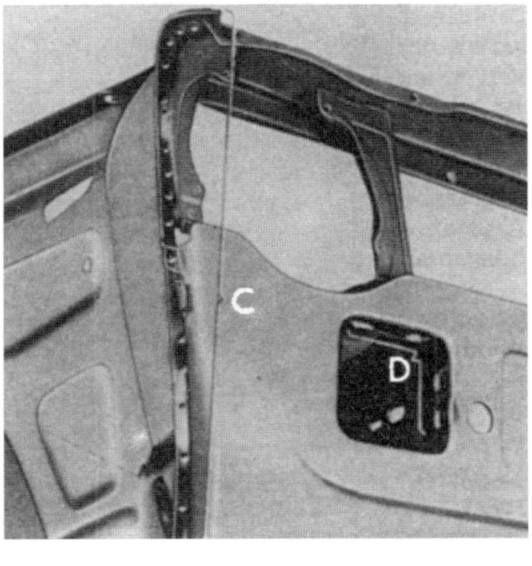

Figura 20. Soldadura entre el pasarruedas delantero derecho y la calandra. C, soldadura por puntos. D, soldadura MIG-MAG.

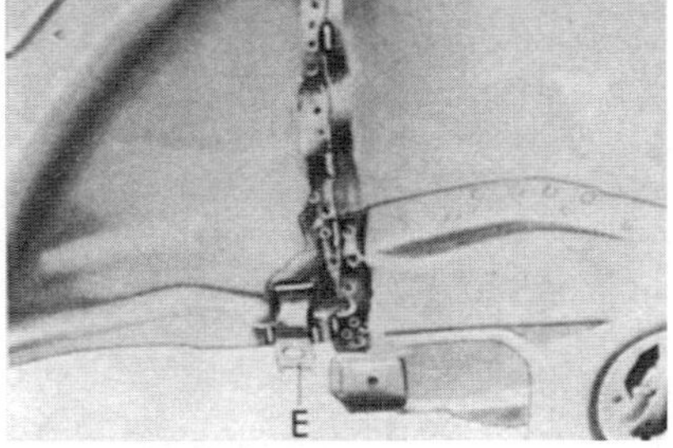

Figura 19. Soldadura en atmósfera inerte MIG-MAG, del soporte del tubo flexible de freno (E).

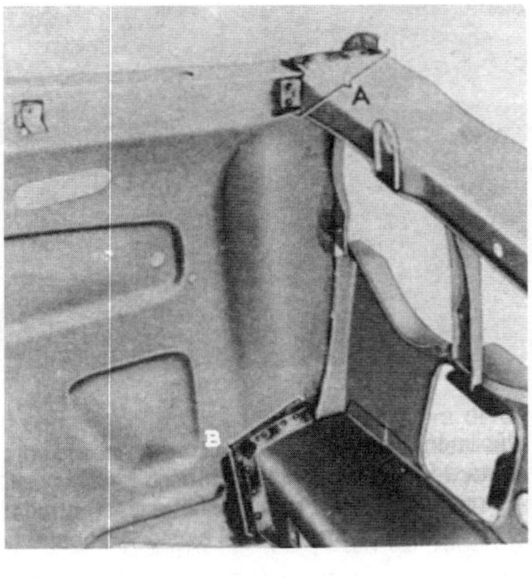

Figura 21. Soldadura entre la calandra y el pasarruedas delantero izquierdo.

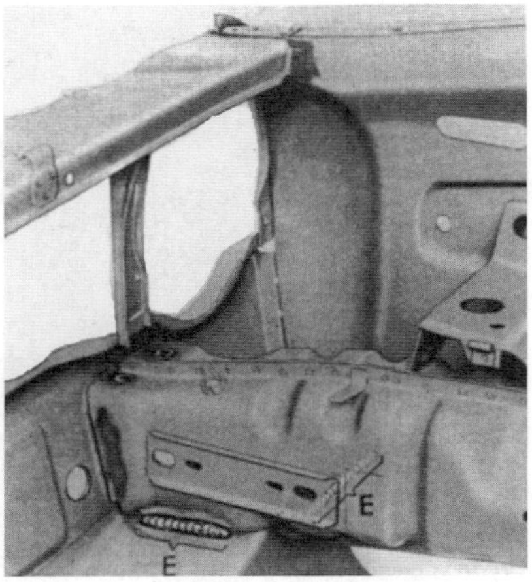

Figura 22. Zona a soldar (E) con máquina de soldar en atmósfera inerte del tipo MIG-MAG.

Igualmente procederemos a soldar otras zonas: por puntos en A y B de la figura 21 y por MIG-MAG de cordón seguido en la zona E de la figura 22.

A la vez que se van realizando todas estas soldaduras es importante comprobar el ajuste de la plancha del capó, por si fuese necesario realizar alguna rectificación. El capó se monta fácilmente, atornillando las bisagras que lo sujetan a la carrocería (fig. 23), en este caso lo está a la traviesa del salpicadero y del revestimiento inferior del parabrisas.

Igualmente, sjerá fácil montar la aleta, que también irá atornillada, y de la que asimismo deberemos comprobar el ajuste. Al montar la aleta no hay que olvidar el colocar una cinta insonorizante.

Después de realizadas todas las operaciones de soldadura podemos decir que el trabajo del planchista se puede dar por terminado, y que las planchas nuevas que han sustituido a las deterioradas, vienen de fábrica con la correspondiente capa de protección.

Sin embargo, el planchista debe tener cuidado de que las zonas de unión entre la calandra y la aleta del guardabarros estén perfectamente selladas para que no pueda penetrar en ellas la humedad y el agua.

Se coloca primero cinta adhesiva a lo largo y a ambos lados de las juntas de unión entre las piezas, dejando sin proteger sólo la ranura formada por dicha junta.

A continuación se aplica el sellador, ayudando con el dedo a que penetre bien a fondo hacia el interior de la ranura.

Se deja secar el sellador que hemos depositado durante el tiempo que indica el fabricante del producto y ya se pueden sacar las cintas adhesivas.

En algunos talleres es práctica habitual efectuar el sellado después de la primera capa de pintura y antes del acabado de la misma. A veces son los propios pintores quienes efectúan este trabajo al mismo tiempo que realizan la preparación de las superficies para pintar.

Por último, entra de lleno en la responsabilidad del chapista velar por que las condiciones de anticorrosión se mantengan después del trabajo de reparación o sustitución de las planchas.

Cada fabricante indica las zonas exactas de aplicación en sus modelos, tanto de productos anticorrosión (generalmente no cerosos) como de insonorización.

Esta protección debe ser aplicada especialmente en los cajeados y en los bajos de la carrocería de las zonas reparadas.

Figura 23. Bisagra del capó y su posición en la zona del cofre y el capó.

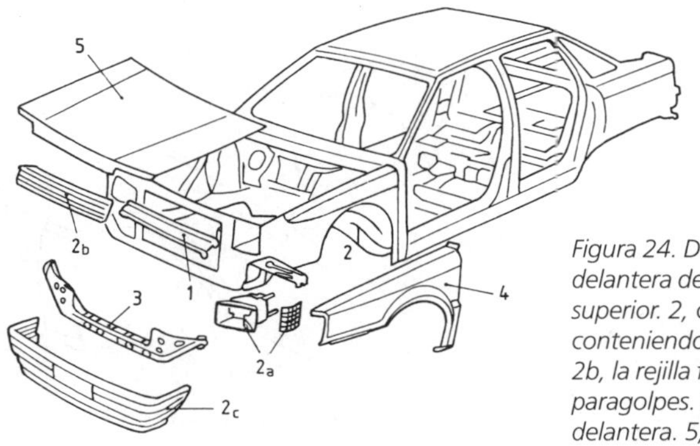

Figura 24. Despiezo de la parte delantera de una carrocería. 1, traviesa superior. 2, chapa portafaros conteniendo en 2a el faro y piloto, en 2b, la rejilla frontal y en 2c el paragolpes. 3, traviesa inferior. 4, aleta delantera. 5, conjunto del capó.

Una vez hechas todas las operaciones hasta aquí explicadas, el planchista podrá dar por terminada la reparación. Ahora la carrocería deberá pasar a las manos de los pintores.

Sustitución de una aleta atornillada

Como complemento de la reparación que acabamos de ver es conveniente dar unas instrucciones suplementarias sobre la manera de actuar frente a las planchas de recubrimiento. En las carrocerías modernas todas las aletas delanteras van atornilladas. Cuando una de estas piezas de plancha ha sufrido deformaciones que van más allá de simples abolladuras de poca extensión (cosa muy probable porque, dado el criterio de *seguridad pasiva* se utilizan estas planchas para absorber la contundencia de los golpes recibidos) la solución correcta en el taller pasa por su desatornillado y desmontaje y su sustitución por planchas de repuesto. El desmontaje es sencillo y precisa de poco tiempo y lo mismo puede decirse del montaje. Como consecuencia, la reparación resulta más barata que la dedicación de horas a tratar de devolver formas a la plancha.

En la figura 24 tenemos un ejemplo en el que se destaca la forma y disposición de los elementos frontales con el nombre de cada una de las piezas. Seguidamente pasaremos a tratar de aquellos elementos cuyo desmontaje será necesario para la sustitución de la aleta.

En algunos casos puede ser necesario el desmontaje de la óptica o, en especial, del faro de intermitencia. En las figuras 25 y 26 puede ver el lector el detalle del faro general con sus características de sujeción a las planchas frontales. En algunas ocasiones, un embellecedor (1, en la fig. 26) puede formar parte de la aleta y, lógicamente, deberá ser desmontado antes de empezar el trabajo propiamente dicho de desmontaje de la aleta. En el caso que nos ocupa el embellecedor consiste en una moldura que tiene su extremo de unión a la aleta tal como puede deducirse del estudio de la figura 26. Los remates de esta moldura están fijados al extremo mediante unos tornillos especiales de tipo *torx*.

En la figura 27 se puede ver el reparto de los diversos tornillos que intervienen en la sujeción de la aleta a las piezas vecinas y en la figura 28 vemos los elementos de sujeción de la pieza externa del pasarruedas. Por otra parte, en la figura 28 tenemos a la vista la funda de cierre del pasarruedas (1) —o pantalla parabarros— junto con sus ganchos (2) y sus grapas de sujeción a la aleta (3).

Después de haber desmontado la moldura, sacados los tornillos indicados

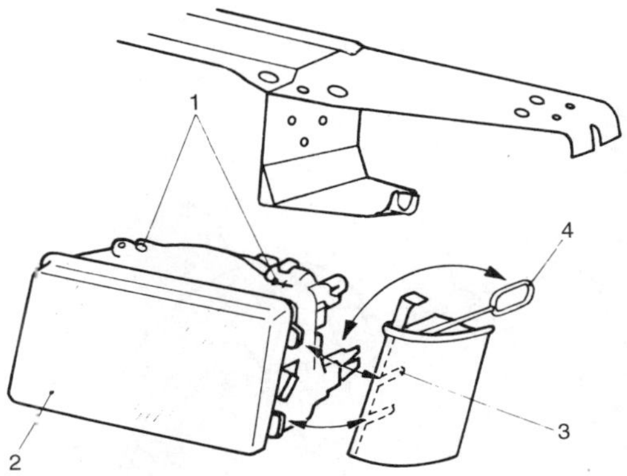

Figura 25. Elementos componentes del equipo de los faros y pilotos. 1, unión a la chapa portafaro. 2, faro que debe unirse a la chapa de anclaje. 3, faro intermitente. 4, muelle de sujeción del intermitente al faro.

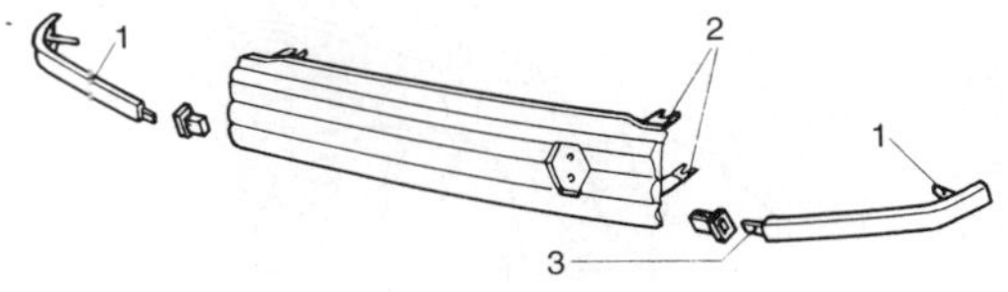

Figura 26. Elementos componentes de la rejilla delantera y sus accesorios y embellecedores. 1, molduras que forman parte también de cada una de las aletas. 2, uniones de la rejilla al soporte de bisagra. 3, punta de la moldura que encaje a presión en la rejilla.

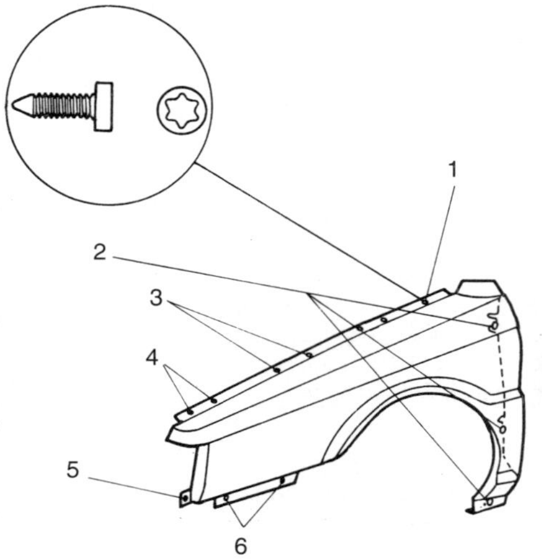

Figura 27. Aleta y puntos de ubicación de sus tornillos de sujeción en un diseño de la casa RENAULT. 1, tornillo de cierre pasante para la sujeción de la aleta y rejilla de aireación. 2, tres tornillos de sujeción de la aleta al pilar delantero. 3, tornillos pasantes de cierre. 4, dos tornillos unidos a la chapa del portafaro. 5, un tornillo para la sujeción del embellecedor o moldura al faro. 6, dos tornillos pasantes de cierre.

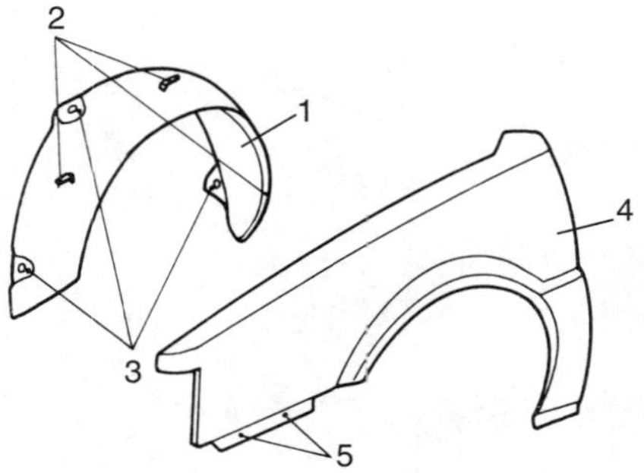

Figura 28. Aleta y puntos de sujeción de la pieza exterior del pasarruedas. 1, funda parabarros del pasarruedas. 2, ganchos de sujeción a la aleta. 3, grapas al pasarruedas. 4, aleta de revestimiento delantera. 5, dos tornillos pasantes de cierre.

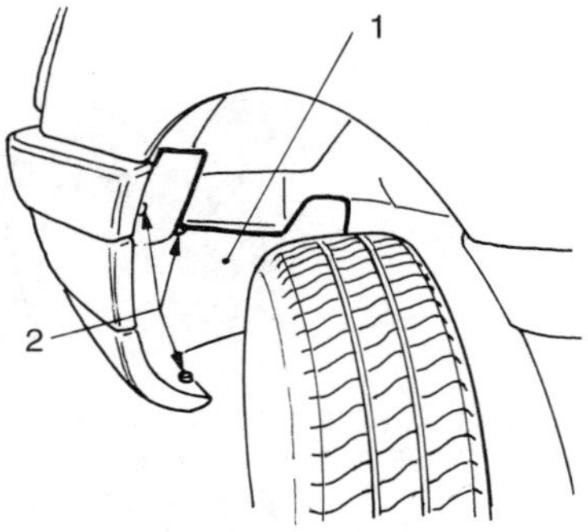

Figura 29. Fases del desmontaje de un paragolpes. 1, pantalla parabarros. 2, fijaciones de la pantalla al paragolpes.

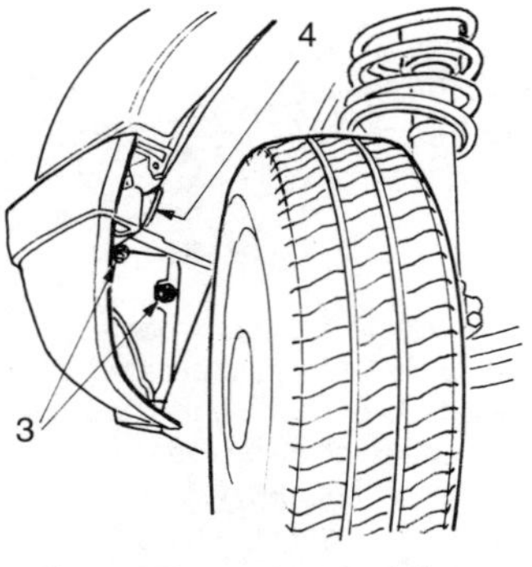

Figura 30. Desmontaje de las tuercas (3) y del tornillo de fijación lateral (4).

en la figura 27 y las grapas y ganchos de la figura 26, la pieza que constituye la aleta podrá sacarse sin más problemas, y si los hay, serán seguramente provocados por la deformación, pero, desde luego de poca importancia para un profesional que puede cortar o deformar una plancha que ya no va a utilizarse. Para el montaje de la pieza de repuesto bastará con proceder a la inversa de la forma como se ha efectuado el desmontaje.

Desmontaje del paragolpes

En cualquier golpe frontal como el que estamos considerando en el presente capítulo es casi seguro que el paragolpes ha recibido daños. Pero aun habiendo conseguido salvarse es muy probable que tengamos que desmontarlo para poder proceder a la reparación de las planchas de la calandra o de sus piezas vecinas.

Los paragolpes modernos son grandes y complejas estructuras de materiales plásticos dotados de bastante elasticidad por lo que no son fácilmente deformables frente a golpes de relativa baja intensidad. Los anclajes de estas piezas suelen ser a base de fijaciones que forman parte de las piezas sólidas delanteras y laterales de la estructura.

Por medio de una serie de figuras vamos a seguir el proceso de desmontaje de una de estas piezas, referido al caso de un paragolpes delantero, cuyos anclajes son, por supuesto, diferentes de los paragolpes traseros.

El desmontaje suele comenzar por sacar las fijaciones que se encuentran en los extremos, por el interior de los pasos de ruedas, tal como muestra la figura 29. Aquí se encuentra la pantalla parabarros (1) que debe ser liberada de sus tres fijaciones al paragolpes.

Una vez retirada la pantalla se pasa a quitar las dos tuercas (3) del absorbedor de golpes tal como se indica ahora en la figura 30. Después de realizada esta operación se encuentra el tornillo de fijación lateral (4) que forma parte importante de la sujeción del paragolpes. Esta misma operación debe realizarse también para la puntera del paragolpes en el otro de sus extremos.

Ahora hay que actuar por la parte central baja del paragolpes, de la forma que nos presenta la figura 31. Aquí encontraremos las fijaciones inferiores del guarnecido que en el dibujo están indicadas por medio de flechas. De esta forma, el paragolpes se verá liberado de sus sujeciones.

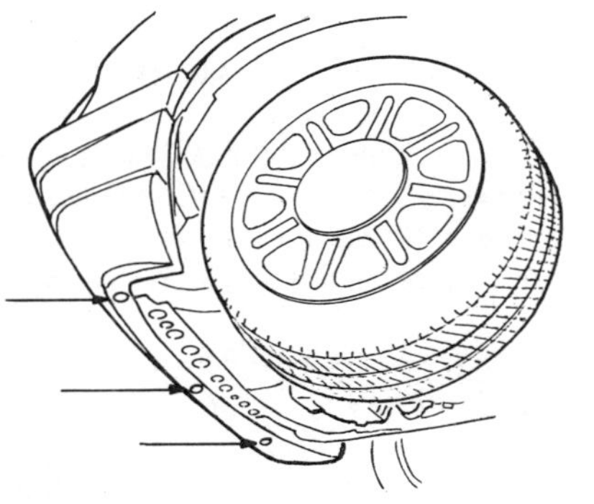

Figura 31. Retirada de las tres fijaciones del guarnecido en la parte baja central del paragolpes.

Si lo que se desea, o se necesita, es sacar por completo la pieza hay que cuidar primero de desconectar los cables eléctricos de los posibles focos antiniebla o de largo alcance instalados en el mismo armazón del paragolpes. También, en según qué casos, pueden hallarse instalados en esta pieza algunos accesorios tales como los *chorritos* del lavafaros con sus manguitos de alimentación correspondientes. Es necesario liberar al paragolpes de todo otro tipo de conexión de esta clase para poderlo sacar definitivamente de su alojamiento.

Otros posibles daños en los golpes frontales

Además de la rotura de la calandra y de los plegamientos en las aletas de revestimiento, un golpe frontal suele interesar muchas veces a otras planchas muy importantes de la estructura, además, claro está, de las ópticas pero de este tema nos ocuparemos más adelante. Lo corriente, en estos casos, es la sustitución completa de las piezas afectadas y rara vez en los talleres se trata de picar y aprovechar estas piezas de estructura frontales porque ya están construidas para deformarse fácilmente ante cualquier golpe importante con el fin de absorber la rigurosidad del golpe y proteger de sus efectos a los pasajeros del interior del habitáculo. En estas condiciones, el planchista no tiene más solución que sacar todas las piezas afectadas y reponerlas a base de repuestos. Vamos en a ver, en esta parte del presente capítulo, algunas de las operaciones más corrientes de este género.

Sustitución completa del frente delantero

Comoquiera que el frente delantero, debido a lo que acabamos de decir, resulta una unidad relativamente débil, en el caso de un choque frontal suele recibir grandes daños de deformación. En su consecuencia son muchas las fábricas que han previsto el posible desmontaje y sustitución de esta parte al completo. Un ejemplo de ello nos lo muestra la figura 32, correspondiente en este caso a una unidad de fabricación PEUGEOT. Como puede verse en esta figura, todas las piezas que forman la calandra (1) junto con su *absorbedor de golpes* (2), las ópticas (3) y el paragolpes (4) se hallan unidas en un conjunto que está atornillado a los largueros y traviesas de la estructura que forma el cofre delantero del automóvil. Vamos a ocuparnos aquí del desmontaje de este *frente* completo y de su total sustitución.

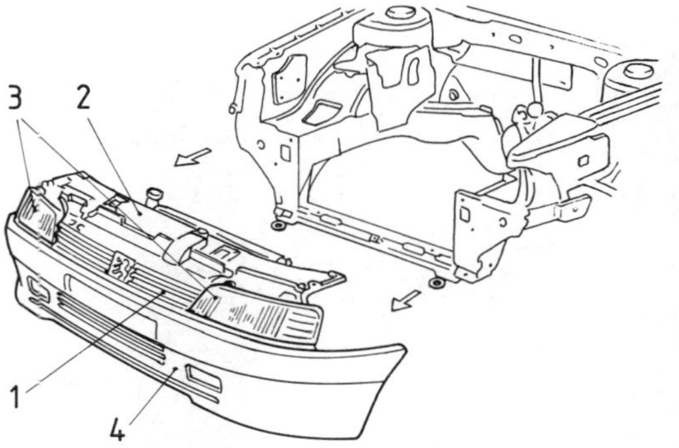

Figura 32. Composición del frente delantero formando un conjunto que puede desmontarse. 1, calandra. 2. absorbedor de golpes. 3, ópticas. 4. paragolpes.

Como se acaba de decir, el frente completo está sujeto principalmente por medio de zonas atornilladas. Se empezará a trabajar desde el interior del pasarruedas. Aquí se encontrarán las fijaciones de la pantalla parabarros que deberán ser desmontadas, tanto en el lado derecho como en el izquierdo. También

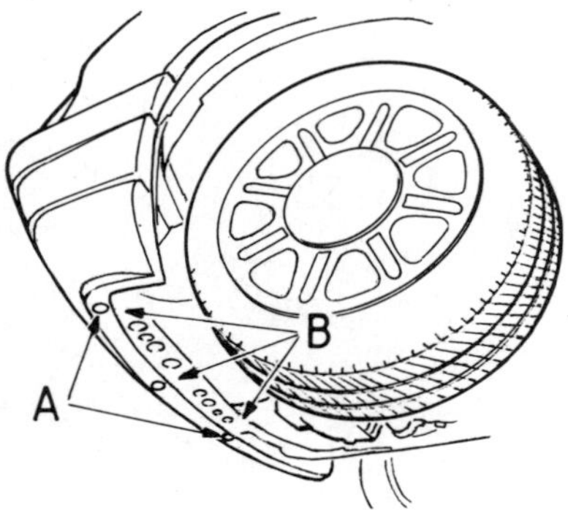

Figura 33. Desmontaje de las fijaciones inferiores (A) de la guarnición del paragolpes y de las fijaciones (B) a la traviesa.

en esta zona se suele encontrar la tuerca de fijación del *absorbedor de golpes* y el tornillo de fijación lateral del paragolpes. Todo ello hay que retirarlo de ambos lados de cada uno de los pasarruedas.

A continuación se pasará a desmontar las fijaciones interiores de la guarnición del paragolpes, cuya situación se puede ver en la figura 33. Con la letra A tenemos indicado el lugar donde se encuentran las fijaciones interiores mientras con la letra B se indican las fijaciones del frente delantero a la traviesa inferior más adelantada de la carrocería.

Las fijaciones de este conjunto son todavía muchas más. Pero esta vez las vamos a encontrar actuando por el interior del cofre del motor y de la forma que nos indica la figura 34.

Para llevar a cabo este desmontaje lo primero que se ha de hacer es desconectar todos los cables que mandan electricidad a la zona de los faros y parte delantera. Para llevar a cabo este trabajo lo primero será desconectar la batería y las conexiones (1) del lado izquierdo. Luego es necesario sacar los correctores de altura de los faros (2) y los cables de masa (3) para conseguir liberar esta parte de toda conexión proveniente de la parte del motor. Por supuesto, esta operación es necesario realizarla en ambas ópticas.

El paso siguiente será soltar las grapas de sujeción del frente delantero que se encuentran en el lugar señalado en la figura 34 que, como se ve, también

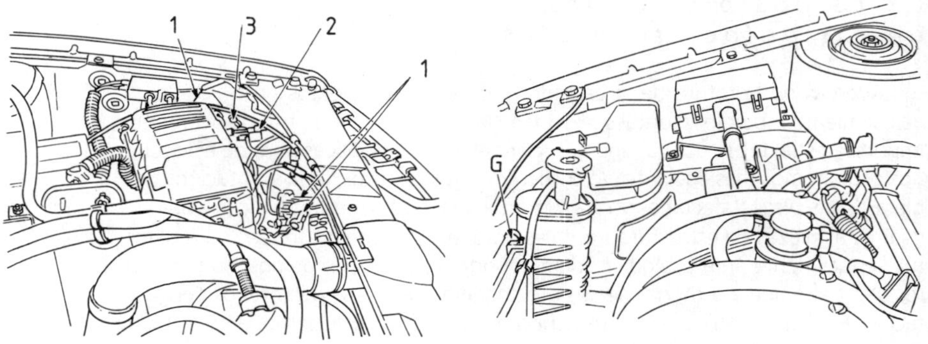

Figura 34. Puntos de fijación del conjunto del frente delantero que deben ser manipulados desde el interior del cofre. 1, conexiones. 2, correctores de altura de los faros. 3, cables de masa. G, grapas de sujeción del frente delantero.

tiene acceso desde el interior del cofre del motor. Una vez soltadas las grapas es posible que se tenga que hacer bascular un poco el radiador para levantar el frente de los plots de centraje en los que se asegura. También en el caso de que exista instalación de aire acondicionado puede ser necesario retirar las fijaciones del deshidratador y del condensador, pero eso ya lo verá el operario durante el trabajo de desmontaje.

Ahora ya sólo nos quedará retirar los tornillos de fijación del frente a los prolongadores de los largueros, señalados en la figura 35 con el número 1. Esta operación deberá hacerse a cada lado del frente. Luego ya se sacan los tornillos de fijación superiores (T, en la fig. 36) y el frente completo ya lo podremos retirar del todo. Si ha sufrido grandes daños puede tener algunos inconvenientes en su retirada por exceso de doblado, pero a veces puede facilitar su extracción. En el caso de sustituir el frente completo, para su montaje, se tendrá que operar a la inversa de como se ha descrito para el desmontaje.

Una vez desmontado el frente se observa qué es lo que puede aprovecharse de él, en especial de las ópticas. Se desmontan las que pueden aprovecharse y se pasan a instalar en la pieza de repuesto. Todo ello depende de la importancia del accidente y de los daños y roturas observadas.

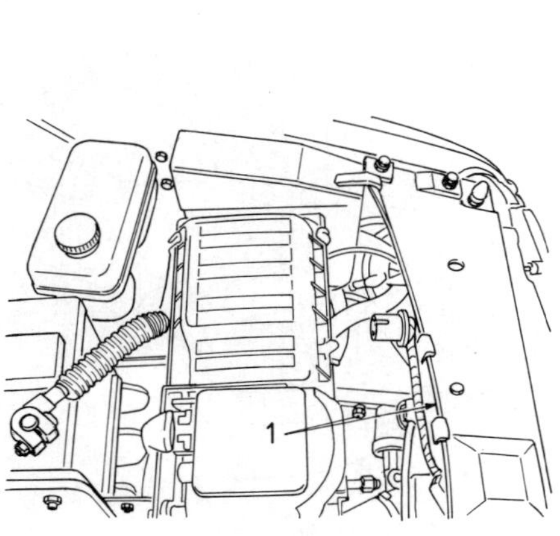

Figura 35. Lugar adecuado para la retirada de los tornillos de fijación del frente (1) que lo sujeta a los prolongadores de los largueros.

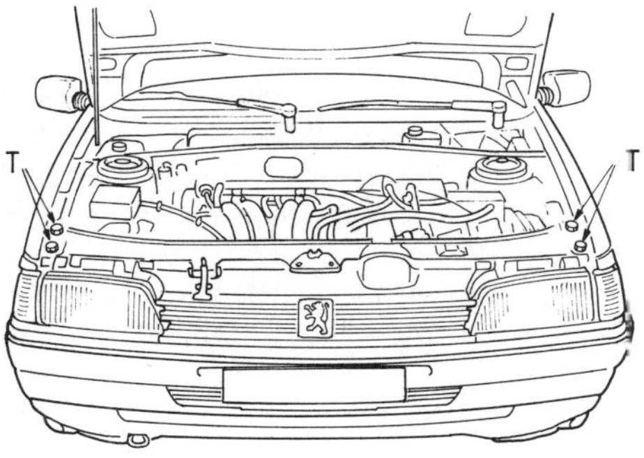

Figura 36. Finalmente, al retirar los tornillos superiores (T) ya podremos retirar el frente.

Cambio de planchas de estructura por un golpe frontal

Si el golpe frontal ha sido todavía más demoledor que el que ha resultado de la destrucción del frente delantero que hemos visto en el anterior apartado, puede ser que haya interesado más o menos seriamente a la traviesa y, muy probablemente, a los largueros o las piezas prolongadoras de éste (prolongadores). Ahora la reparación se complica porque es preciso que estas piezas estén perfectamente niveladas ya que forman el soporte no sólo del frente delantero sino también de los anclajes del motor, en muchos casos. Previamente a cualquier reparación, el automóvil debería ponerse en la bancada para poder determinar con exactitud los daños que haya recibido en la parte de la estructura delantera.

En la figura 37 puede verse, en la zona sombreada, la parte de la estructura afectada cuya reparación deberá pasar por las siguientes etapas que vamos a describir seguidamente.

Una vez desmontados el frente y todos los elementos que dificulten el trabajo, la primera operación va a consistir en preparar las piezas nuevas para que se adapten a sus nuevas piezas de soporte. En la figura 38 tenemos una pieza nueva (A) que, en el caso PEUGEOT que nos sirve de ejemplo, debe reservársele los 330 mm que indica la cota de la figura. La línea de puntos indica el lugar del corte. El corte debe realizarse de la forma que podemos ver en la figura 39 marcando primero la línea para cortar después el prolongador larguero según los puntos 1 y 2 de la figura. En este trabajo se ha de tener en cuenta de no llevar a cabo la destrucción del refuerzo interno de la pieza.

Figura 37. Reparación para llevar a cabo la sustitución de una parte delantera del prolongador del larguero y una traviesa inferior.

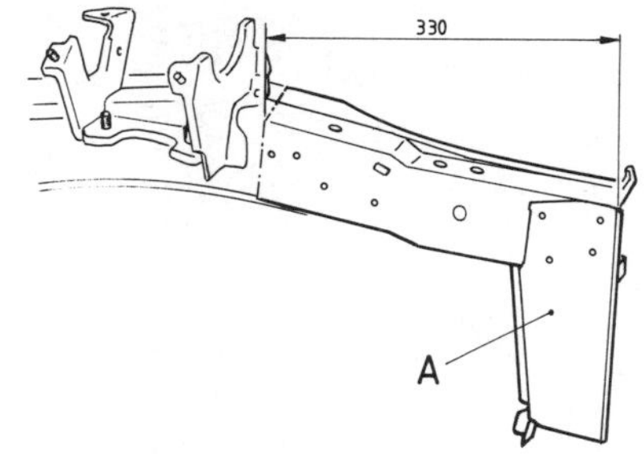

Figura 38. Preparación para el corte de la pieza. A, prolongador del larguero añadido.

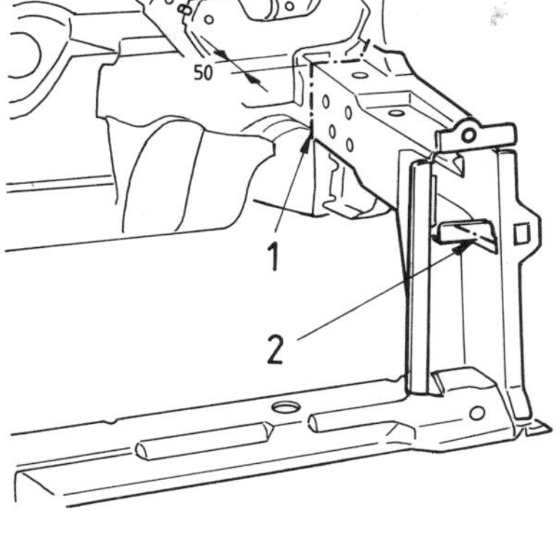

Figura 39. Disposición del prolongador del larguero para que esté a punto para su corte. 1 y 2, zonas de corte.

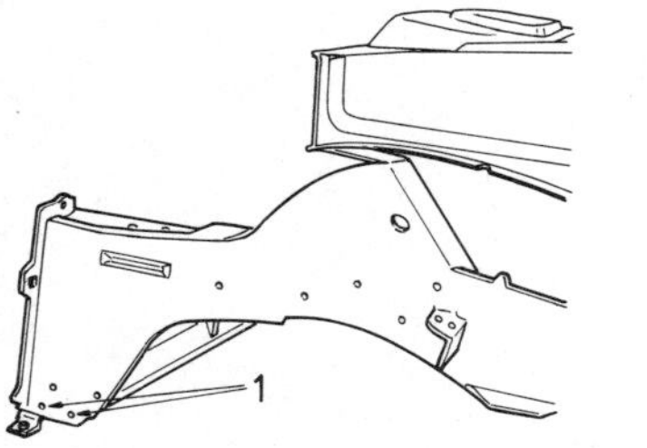

Figura 40. Forma de preparar el corte del prolongador del larguero. 1, corte por fresado de puntos.

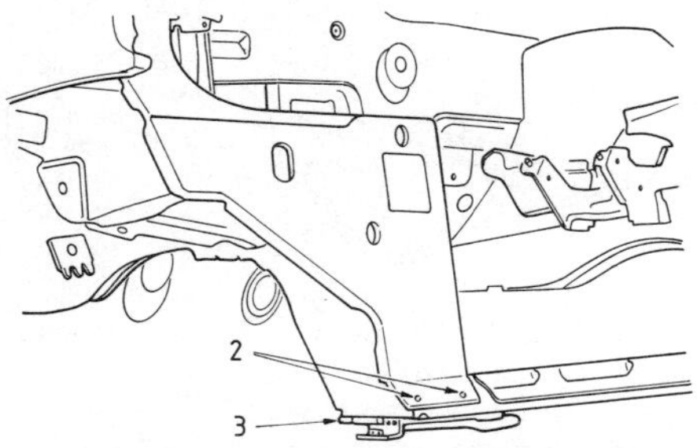

Figura 41. Forma de preparar el corte del prolongador del larguero. 2, corte por fresado de puntos. 3, corte con la esmeriladora radial.

Otra pieza que se tendrá que preparar es la traviesa inferior. En las figura 40 y 41 tenemos representado este proceso de preparación para el corte de esta pieza. En la primera de estas figuras tenemos el lugar donde se debe hacer el corte por fresado de puntos (1), técnica que debe aplicarse también en el lugar indicado con el número 2 en la figura 41. Por otra parte, con la esmeriladora radial se corta la traviesa inferior por el lugar señalado con el número 3 en la figura 41.

Por último, se corta la traviesa inferior desde el lugar señalado con el número 4 de la figura 42 con lo que ya se habrá desmontado el conjunto de estas piezas.

La siguiente operación consiste en preparar los bordes de unión de las piezas, tanto de las nuevas como de las viejas aprovechadas, pasando a proteger los lugares de unión de ambas piezas con pinturas antióxido o aprestos para la soldadura a fin de evitar posibles zonas de iniciación de la corrosión. Con estas operaciones finaliza el trabajo de preparación de las piezas.

Ahora conviene proceder al ajuste de todo el conjunto para, antes de soldar, evitar después sorpresas por mala ubicación de las piezas nuevas con respecto a las piezas vecinas que se apoyarán en ellas. Lo más aconsejable es sujetar las piezas antes de soldar (es decir, el prolongador del larguero y la traviesa inferior) y proceder a instalar la plancha superior de cierre de forro de la aleta delantera afectada, el mismo forro de la aleta delantera, el semifrente ensamblado y el frente de plástico. De esta manera veremos si el conjunto se acopla entre sí con naturalidad y está en condiciones de aceptar las planchas a las que sirve de base de sujeción. En esta prueba es especialmente importante controlar el buen ajuste de los puntos de fijación señalados con los números 1 y 2 de la figura 43. Si el resultado de la verificación es correcto en estos dos puntos, se observará, en el punto 3, el lugar correcto y exacto donde debe realizarse la soldadura, punto que deberá marcarse con seguridad porque será donde tendremos que hacer posteriormente la soldadura definitiva.

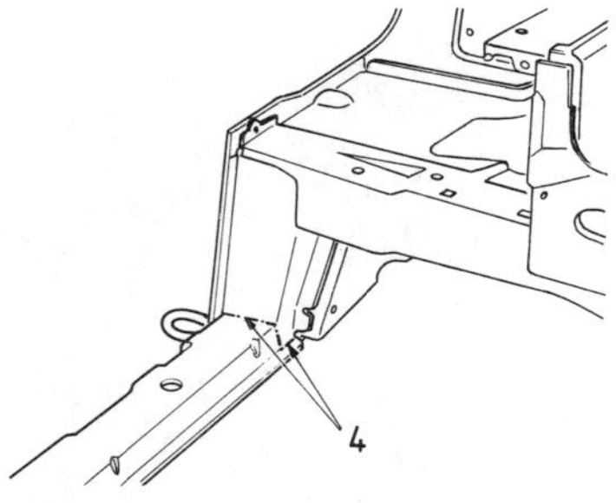

Figura 42. Corte de la traviesa inferior desde el lugar indicado en 4.

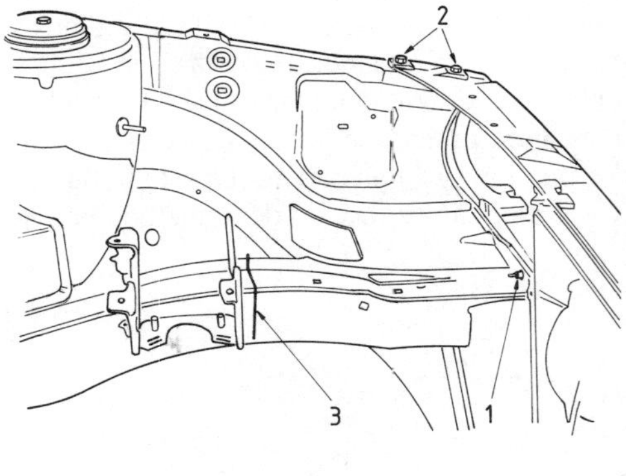

Figura 43. Presentación de las piezas vecinas para ver que todo el conjunto se acople con naturalidad. 1 y 2, puntos de fijación. 3, zona para marcar el punto exacto del corte, una vez las piezas están presentadas.

Seguidamente se pasará a retirar todas las piezas montadas con anterioridad para hacer la comprobación, de forma que quede el espacio suficiente para pasar a realizar los trabajos de soldadura de la pieza. Ésta es la operación que se especifica en la figura 44. Aquí se destacan los diferentes tipos de procedimientos de soldadura que conviene a estas importantes piezas de estructura que son el prolongador del larguero y la traviesa.

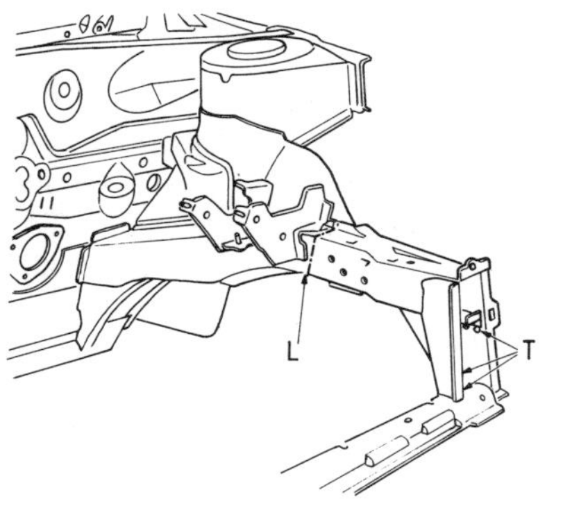

Figura 44. Inicio de la operación de soldadura del prolongador del larguero. L, zona a soldar por cordones sucesivos de soldadura en atmósfera inerte del tipo MIG. T, zona a soldar por soldadura eléctrica de puntos.

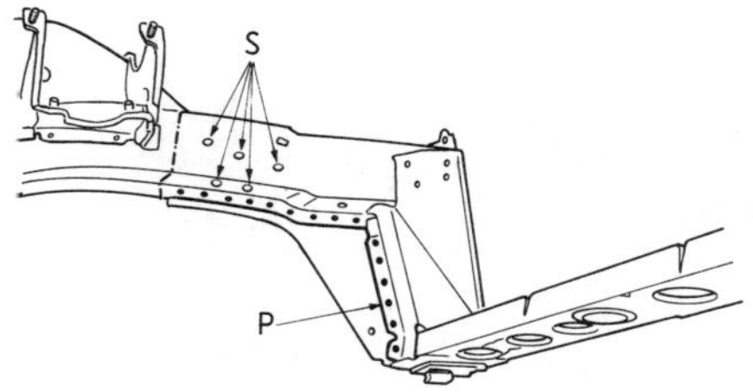

Figura 45. Continúan los trabajos de soldadura. Ahora se trata de sujetar el refuerzo y el prolongador del larguero con tornillos de rosca para chapa (S). P, puntos de soldadura eléctrica en el prolongador.

Se comenzará por la soldadura de la zona de corte. La unión al larguero (L, en la fig. 44) debe ser soldada por medio de cordones sucesivos de soldadura en atmósfera inerte del tipo MIG. Sin embargo, en las zonas T se aconseja el uso de soldadura eléctrica de puntos.

Una vez terminada la soldadura de la zona de corte que acabamos de ver, se pasa a sujetar el refuerzo y el prolongador del larguero con tornillos de rosca para chapa para facilitar la soldadura por puntos tapón, por el procedimiento MIG, con soplete. Estos lugares a soldar son los indicados con la letra S en la figura 45. Después de esta operación se pasa a soldar el prolongador del larguero por puntos eléctricos (zona P en la figura).

Si es necesario y debido a la rotura y deformación completa de todas las piezas que forman este grupo como causa del impacto recibido, ha sido obligado el cambio completo de todas estas piezas, las operaciones descritas deben realizarse por igual en la parte derecha como en la izquierda de la carrocería.

Finalmente, y para dar por terminada la operación, deberemos tener en cuenta la necesidad de proteger las planchas en todas aquellas partes que pueden ser susceptibles de los efectos de la corrosión. En las figuras 46 y 47 hemos señalado los lugares en los que es necesario proceder a aplicar capas de pintura antigravilla.

Por otra parte, para dar por terminado el trabajo conviene que tengamos en cuenta la necesidad de pulverizar con cera fluida el interior de las piezas que hemos instalado. Con ello se ha de conseguir asegurar la estanqueidad del cajeado que se forma en su interior. En la figura 48 se indican los puntos que son susceptibles de recibir los efectos de esta cera, el semifrente delantero (A), el prolongador del larguero (B) y la traviesa inferior (C) que son, en definitiva, las piezas que hemos tenido que sustituir en la operación que acabamos de describir con detalle.

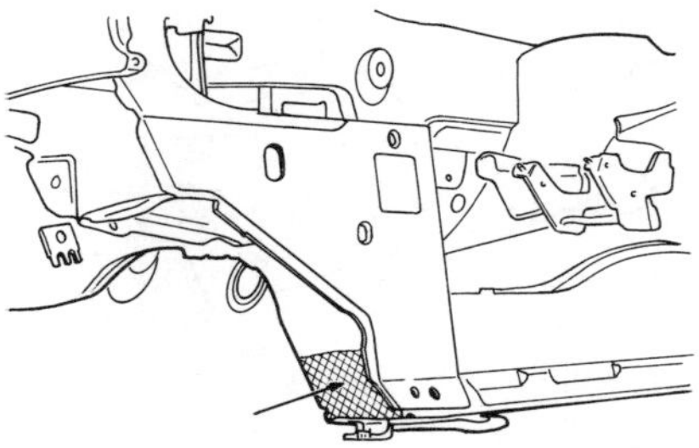

Figura 46. Zona de protección de la plancha después de la reparación que acabamos de ver. Aquí se está aplicando capas de pintura antigravilla.

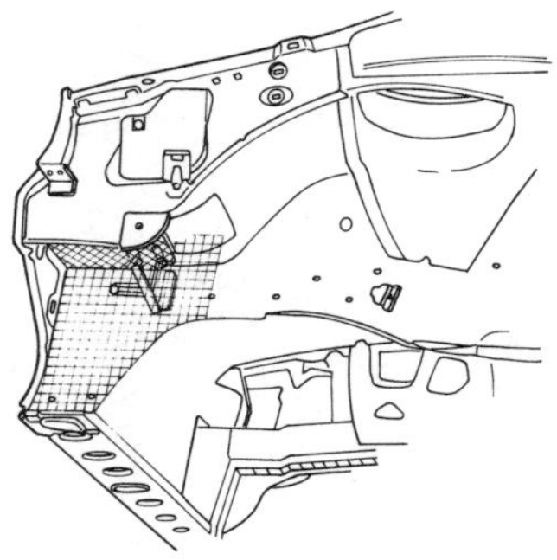

Figura 47. Otra zona en la que la plancha debe recibir una protección antigravilla.

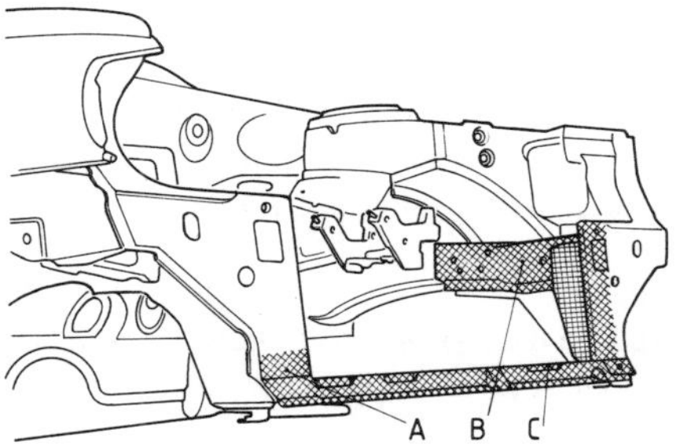

Figura 48. Protección del cajeado por medio de ceras fluidas. A, en el semifrente delantero derecho. B, en el interior del prolongador del larguero. C, en la traviesa inferior.

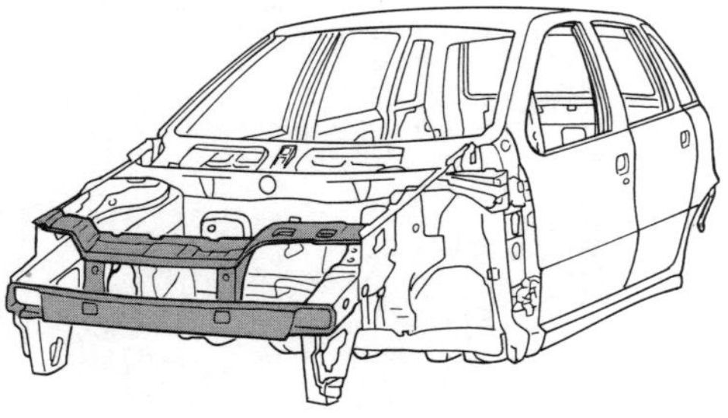

Figura 49. Conjunto de estructura delantera en una carrocería de procedencia FIAT. Obsérvese la presencia de dos travesaños, uno inferior y otro superior.

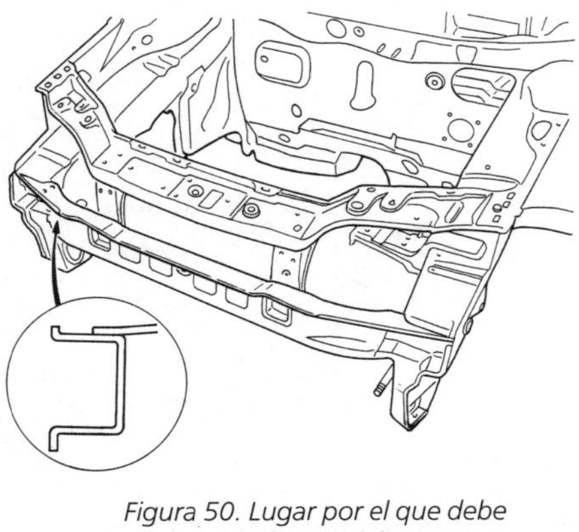

Figura 50. Lugar por el que debe efectuarse el corte del travesaño inferior deformado y detalle del tipo de unión a la plancha.

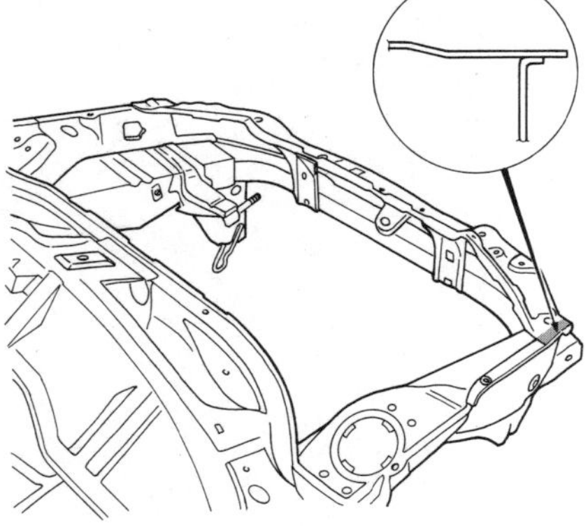

Figura 51. Lugar por el que debe efectuarse el corte del travesaño superior deformado y detalle del tipo de unión a la plancha.

Trabajos parecidos en otros diseños de carrocerías

El operario ha de tener en cuenta que cada fabricante diseña su carrocería de acuerdo con criterios similares pero los resultados finales no pueden ser, forzosamente, iguales. Por lo tanto, el ejemplo que hemos puesto de la casa PEUGEOT no es universal aunque sí, repetimos, muy parecido a lo que hacen todas las fábricas modernas dado el deseo que todas tienen de encontrar sistemas de absorción de golpes en beneficio de atenuar los desastrosos efectos de la inercia en los pasajeros.

Para hacer más didáctica nuestra explicación nos parece interesante para el lector poner un nuevo ejemplo de reparación de la traviesa delantera, de parecidas pero no iguales características a las que acabamos de ver, con lo que se completará mejor la formación del operario planchista. Vamos a elegir un tipo de reparación similar o parecida a la que acabamos de ver pero esta vez relativa a un coche popular de la marca italiana FIAT. De igual modo, nos vamos a referir a la sustitución del travesaño delantero completo. En la figura 49 tenemos una vista del automóvil en la que se destaca la posición del travesaño con las dos partes principales que lo forman. Vamos a suponer que se trata de un golpe frontal considerable que ha deformado este conjunto de traviesas.

Cuando el golpe ha afectado a las traviesas siempre es obligatorio revisar las cotas del cofre por medio de las mediciones que hemos explicado en otro lugar, o bien con galgas o plantillas que nos aseguran de la magnitud de los daños producidos a las planchas vecinas y, en especial, a las posibles deformaciones de las torretas de la suspensión. Si se observan daños en este sentido, lo más correcto es enderezar primero la carrocería para pasar después a serrar la pieza que ha sufrido el golpe.

En un caso como el mostrado en la figura 49 es muy probable que el operario tenga que hacer algunos o todos los desmontajes que vamos a indicar. Por ejemplo, es seguro que se tendrá que retirar el paragolpes delantero. También recibirán el mismo trato las ópticas, el capó y los guardabarros delanteros además de la protección pasarruedas o parabarros. Es muy posible también que el radiador de la refrigeración haya recibido parte del golpe pero, aunque no sea así, lo más probable es que deba desmontarse.

Una vez realizados los trabajos de preparación que se acaban de indicar, se procede a desconectar la batería para evitar posibles cortocircuitos y, si las normas de seguridad del taller son estrictas, también debería preverse la posibilidad de incendio por el efecto de la gasolina que queda en los circuitos de inyección. El fabricante siempre aconsejará que se desmonte el depósito de combustible, pero ello no es frecuente que se lleve a cabo en el taller por el trabajo que comporta. De todos modos, el operario debe saber y ser consciente en todo momento de los lugares en los que existe gasolina almacenada y del riesgo que ello comporta.

Una vez realizadas todas estas operaciones de preparación que acabamos de indicar se pasa a los trabajos de serrado de las piezas deformadas. En la figura 50 tenemos el ejemplo del lugar por el que hay que comenzar el corte y, en el detalle, el perfil que la plancha tiene en esta zona. Las líneas de puntos indican el lugar de corte entre el travesaño y la traviesa. En la figura 51 tenemos otra vista en la que se destaca el perfil de la plancha en la zona indicada en la figura.

Una vez determinados los puntos de corte se pasa a realizar esta operación. En la figura 52 tenemos que el operario lleva a cabo este cometido con una sierra neumática pero, por supuesto, el trabajo puede hacerse con cualquier tipo de sierra que el operario considere oportuna. Obsérvese que el operario va pro-

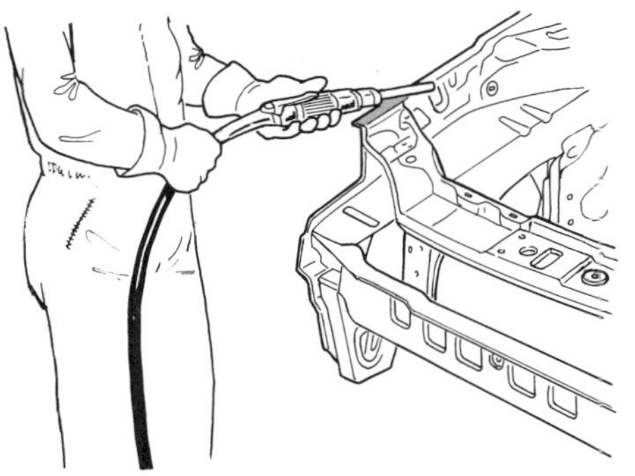

Figura 52. Procediendo al corte de las planchas deformadas con la ayuda de una sierra neumática.

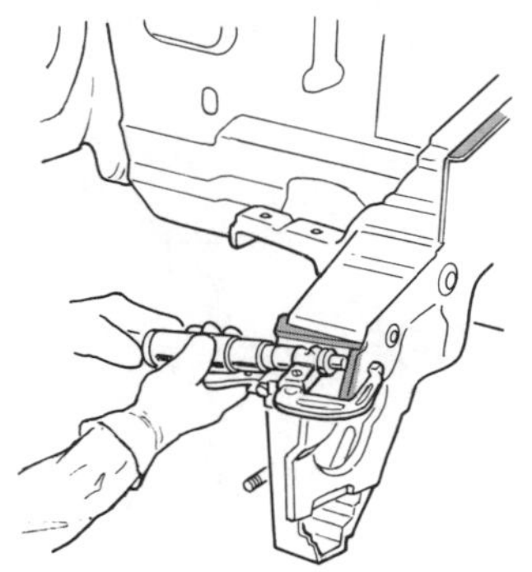

Figura 53. Reducción y fresado de los puntos de soldadura de la pieza cortada.

tegido con guantes para evitar dolorosos accidentes de trabajo en caso de que la sierra, por cualquier imprevista circunstancia, se desvíe de su trayectoria.

Una vez efectuado el corte y retirados los travesaños afectados se deberán rebajar los puntos de soldadura antigua con la ayuda de una fresadora de mano, por ejemplo, o, en otros casos, con una taladradora de mano. Estas operaciones las podemos ver realizadas en las figuras 53 y 54. El objetivo de esta operación es el de liberar el retal de las planchas viejas que quedan adosadas a las planchas que se aprovechan desde sus puntos de soldadura. Esta operación se hace, finalmente, con unas tenazas, tal como indica también la figura 55. Como puede verse en esta última figura, se está procediendo a sacar los recortes de chapa que pertenecen a la chapa deteriorada.

El siguiente paso consiste en preparar las planchas que se aprovechan (las puntas de los largueros) para que estén en perfectas condiciones de recibir las que vamos a soldar después procedentes del repuesto (los travesaños). Conviene enderezar con todo cuidado los bordes de los largueros para lo cual se utiliza un tas y un martillo con los que se trabaja toda la zona indicada en la figura 56 a fin de conseguir la buena disposición de las puntas de la plancha.

Luego, con la ayuda de una esmeriladora se eliminan los puntos de soldadura de este tramo con el fin de dejar la plancha en perfectas condiciones para recibir la nueva que se le colocará a continuación. Esta operación se puede ver

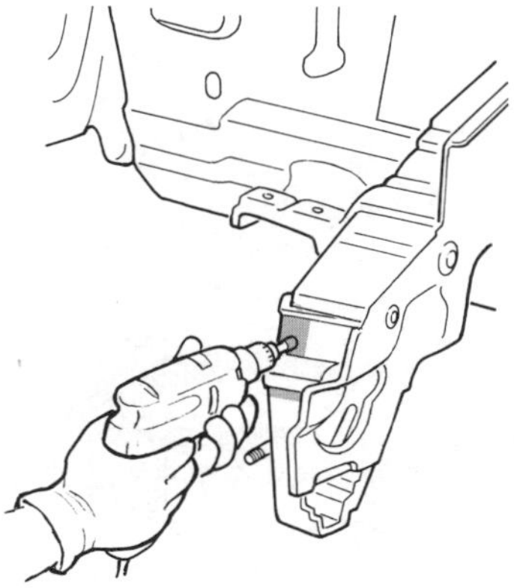

Figura 54. Retirada completa de los puntos por medio de un preciso taladrado.

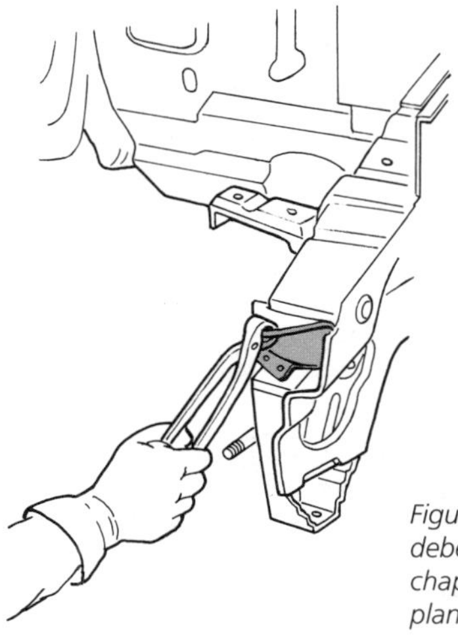

Figura 55. Con unas tenazas se deberán sacar todos los recortes de chapa que hayan quedado sobre la plancha que se aprovecha.

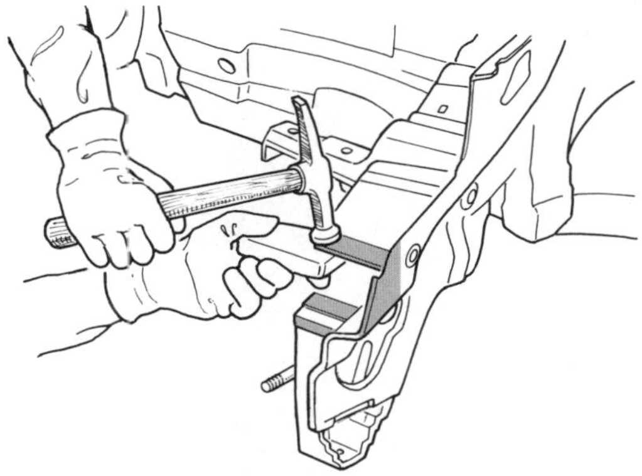

Figura 56. A continuación se lleva a cabo el enderezado de las puntas de las planchas que se aprovechan con la ayuda de un tas y el martillo.

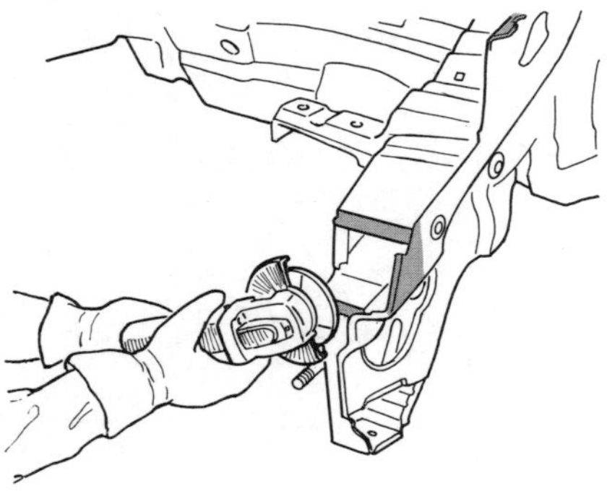

Figura 57. El arreglo final de la plancha que se aprovecha termina con el esmerilado de los restos de los puntos de soldadura.

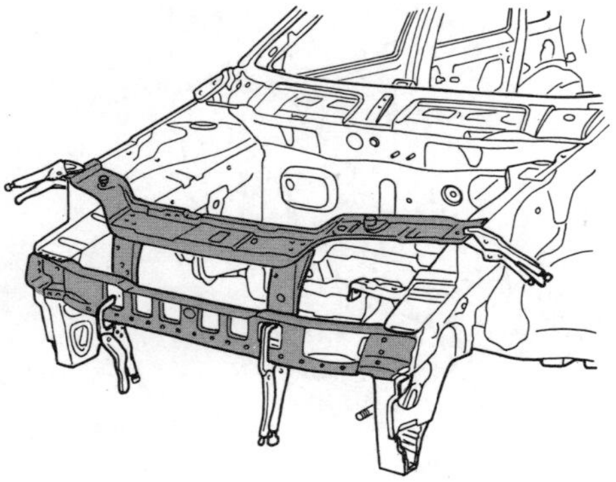

Figura 58. Presentación de las piezas nuevas sobre las aprovechadas y su sujeción por medio de mordazas autoblocantes.

en la figura 57 donde, además de quitar los puntos de soldadura, se nivelan los bordes de la plancha hasta dejarla en perfectas condiciones para recibir el repuesto.

Para finalizar este trabajo se aplica con un pincel o brocha, sobre la plancha que hemos trabajado, pintura antióxido y electrogalvanizante para conseguir su perfecta adaptación a la posterior soldadura y su protección de cara al futuro.

Por supuesto, todos estos trabajos descritos deben ser realizados por igual en las dos puntas de los largueros.

Ahora dedicaremos nuestra atención a la preparación de la pieza de recambio. Las piezas de recambio salen de fábrica preparadas y en condiciones de poder sustituir con toda garantía a las piezas deformadas. Sin embargo, antes de instalarlas e integrarlas en el vehículo necesitan unos trabajos de preparación. Por ejemplo, las piezas de recambio vienen pintadas de anticorrosión en todas sus partes y en las zonas en las que se deberán soldar a las piezas aprovechadas es necesario quitarles esta capa de pintura para que la soldadura se haga en las mejores condiciones de contacto y resistencia posible. Por esta razón, con una esmeriladora se deberá proceder a sacar la pintura en aquellas partes que estarán sujetas al contacto. Por otra parte, una vez sacada la pintura de protección, se deberá aplicar una capa de pintura antióxido electrogalvanizante para permitir el perfecto contacto entre las planchas y la perfecta ejecución de los puntos de soldadura. Se suele recomendar el uso de pinturas electrosoldables como, por ejemplo, las de tipo *IVI Epox*.

Una vez preparadas en estas condiciones las traviesas se pasa a presentarlas en la carrocería y a sujetarlas por medio de pinzas autoblocantes, de la forma que el lector puede ver en la figura 58. Es necesario que las piezas de repuesto se ajusten en sus contactos con las puntas de los largueros con toda naturalidad.

A continuación va a ser necesario, antes de proceder a la soldadura, llevar a cabo la verificación de las piezas de recambio para comprobar que están correctamente alineadas. Así pues, y antes de soldar, es conveniente instalar el capó y las aletas laterales de la forma que se aprecia en la figura 59 para ver si quedarán estas piezas perfectamente centradas y ajustadas cuando realicemos la operación de soldadura de los travesaños a las puntas de los largueros.

Una vez visto el perfecto ajuste (o rectificado según las posibles anomalías observadas) ya se pueden preparar los trabajos definitivos de soldadura.

Figura 59. Presentación del capó y de las aletas de revestimiento para comprobar el perfecto ajuste y alineación de estas piezas sobre las que después serán soldadas a las que se aprovechan.

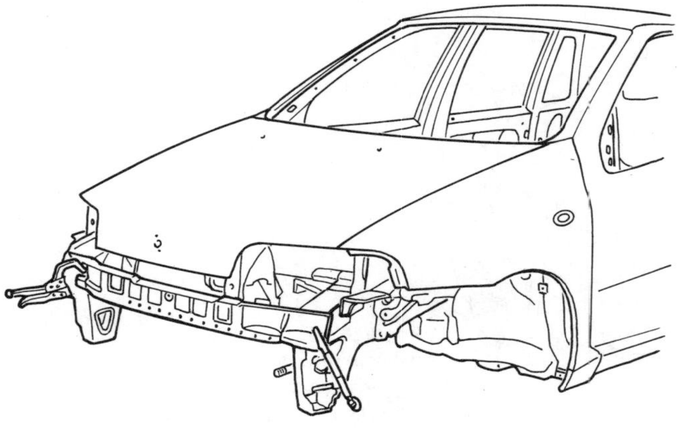

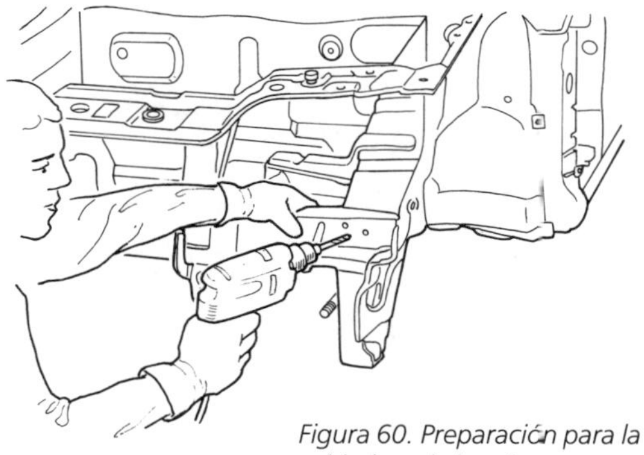

Figura 60. Preparación para la soldadura de las piezas nuevas. Con una taladradora de mano se hacen algunos orificios.

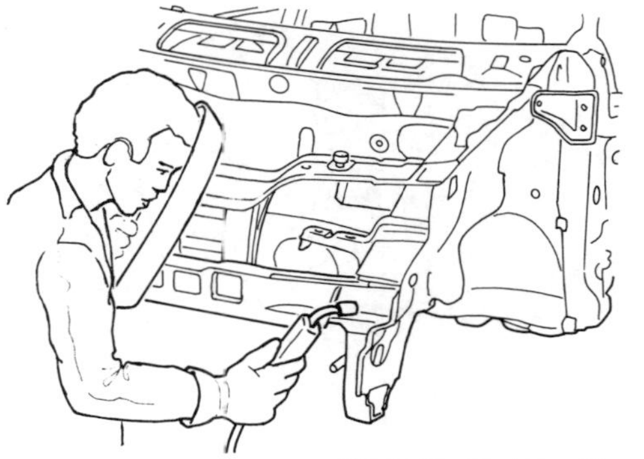

Figura 61. Aquí se está procediendo a realizar la soldadura a cordón continuo.

En la figura 60 tenemos al operario realizando unos orificios en la traviesa inferior para facilitar la realización de una soldadura continua. Después, en correspondencia con los orificios que se acaban de hacer, se pasa a realizar un cordón de soldadura de la forma que nos muestra la nueva figura 61. Por supuesto, las piezas han permanecido fuertemente sujetas por las pinzas autoblocantes y, por lo mismo, no han podido sufrir desplazamiento alguno después de la prueba realizada en la figura 59.

A continuación, y siguiendo la misma trayectoria que se observó al desmontar la pieza, se pasa a la soldadura por puntos del travesaño a la carrocería, tal como se aprecia en la figura 62, en uno de los momentos propios de este trabajo que debe ser realizado tanto en el lado derecho que muestra la figura como en el izquierdo y en los lugares indicados allí.

El trabajo continúa llevando a cabo la soldadura por puntos de las piezas de relación entre los travesaños superior e inferior y esto es lo que nos muestra ahora la figura 63. De esta forma se asegura la suficiente rigidez de estas piezas entre sí, apoyadas, como se ha visto, al material de los extremos de los largueros. En la figura se destacan aquellos puntos en los que la aplicación del cabezal soldador es necesario.

Una vez terminadas de soldar estas piezas la estructura habrá recobrado su necesaria rigidez. Ahora deberemos aplicarnos a corregir las posibles deformaciones de las planchas, cosa que se hace con un tas de acero adecuado y el mar-

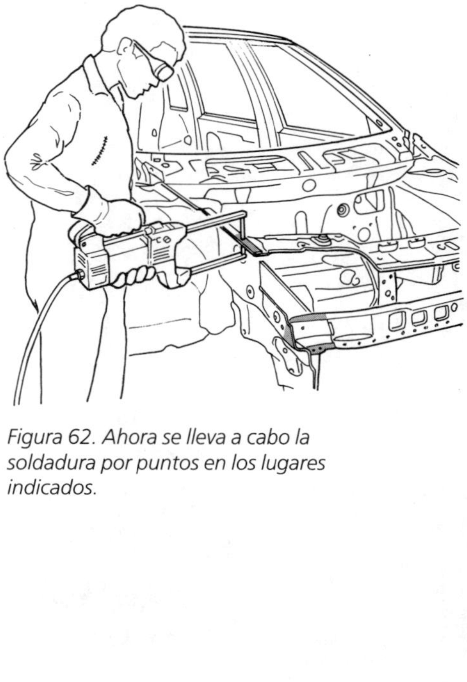

Figura 62. Ahora se lleva a cabo la soldadura por puntos en los lugares indicados.

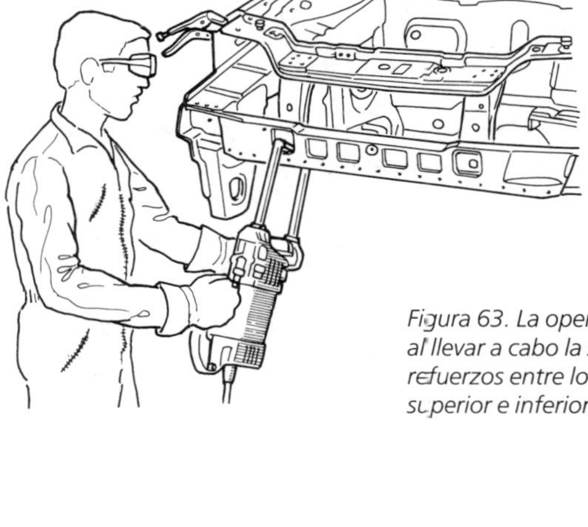

Figura 63. La operación continúa al llevar a cabo la soldadura de los refuerzos entre lo travesaños superior e inferior.

Figura 64. Una vez efectuadas las soldaduras será conveniente repasar con un tas y el martillo las posibles deformaciones que se hayan producido.

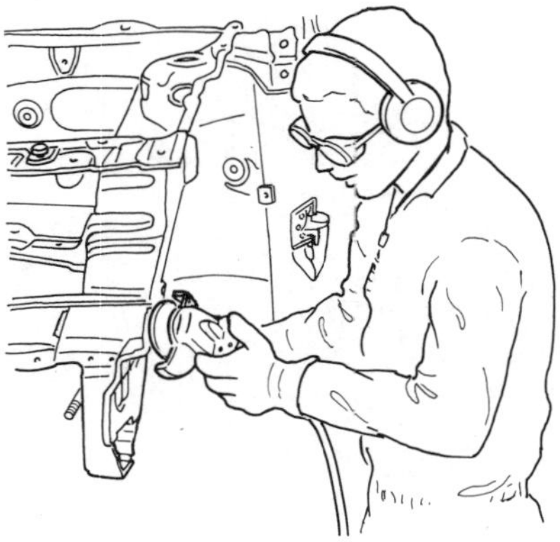

Figura 65. Aquí se está pasando la esmeriladora por los puntos de soldadura finales para dejar las planchas a la espera de recibir las capas de anticorrosión.

tillo, de la forma que se aprecia en la figura 64. También será necesario quitar los restos de los puntos de soldadura, cosa que se hace por el procedimiento habitual de utilizar una esmeriladora de disco (fig. 65).

Finalmente, como en todas las reparaciones de este tipo, el operario deberá proceder a sellar las juntas que quedan entre las piezas que han sido soldadas y a aplicarles los tratamientos anticorrosión que son habituales en todos los casos. Después, bastará con realizar el montaje de todas las demás piezas y elementos para dar por finalizada la operación de reparación de este golpe frontal descrito.

Daños en el capó

Como consecuencia de golpes frontales es muy fácil que el capó delantero sufra alguna deformaión, especialmente en su parte anterior (vecina a la pieza de la calandra).

En la práctica, cuando el capó ha recibido un golpe que lo ha deformado de tal forma que puede resultar difícil de enderezar, es preferible proceder a su total sustitución.

Ahora bien, si el golpe sólo le ha afectado ligeramente, produciéndose una pequeña abolladura, suele ser una buena solución proceder a la reparación de esta deformación.

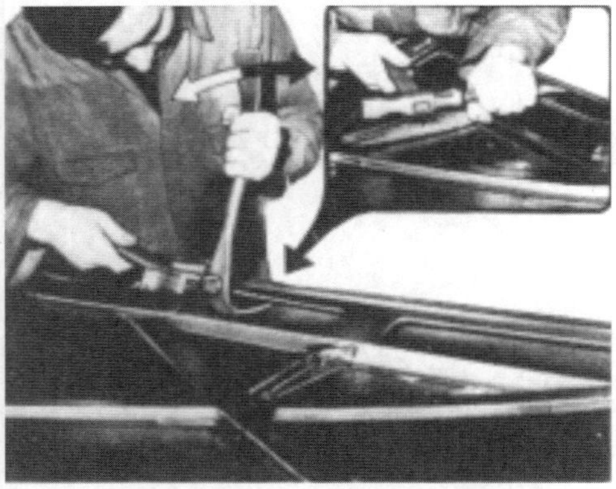

Figura 66. Uso de una trancha del tipo «pata de cabra» para sacar posibles abolladuras del capó.

Desmontaje del capó y reparación de la abolladura

El capó va sujeto por medio de bisagras, de modo que basta con desatornillar los tornillos que sujetan dichas bisagras a la pieza de la carrocería que las soporta.

Como en todos los casos en los que se presenta una abolladura, hemos de actuar de manera inversa a como lo hizo la fuerza que la produjo, de modo que tendremos que actuar por detrás de la pieza.

En la figura 66 se representa la operación de desabollado utilizando un martillo y una trancha del tipo «pata de cabra».

La palanca se introduce entre el armazón del capó y picando al mismo tiempo que se mueva la trancha, de la forma que indican las flechas de la figura, se puede alcanzar a todos los puntos de la abolladura.

Por este sistema se puede recuperar sin demasiadas dificultades la forma original del capó. La operación se termina picando con un martillo de plancha y un tas para mejorar el resultado.

Regularización de la superficie

Una vez recuerada la forma hay que conseguir la regularidad de la superficie, lo que puede lograrse por el procedimiento del aporte de estaño.

En la parte superior de la figura 67 se representa el momento en que se está aplicando a pincel pasta para estañar sobre toda la superficie afectada por el golpe.

Luego se le aplica el etaño de una varilla mediante su calentamiento con la llama de un soplete oxiacetilénico, tal y como se aprecia en el detalle de la figura inferior, y al mismo tiempo se debe regularizar la superficie pasando sobre el estaño caliente una espátula de madera.

Si la recuperación de la forma por medio de la utilización de las palancas ha sido buena, no va a ser necesario añadir demasiado estaño ya que esto solamente tiene el objetivo de conseguir después una superficie muy lisa y pulida, además de tener la gran ventaja de proteger la plancha de toda oxidación. Por esta razón, con la espátula deberá ir graduando la cantidad de estaño que se aporta a la superficie.

Posteriormente, se deja enfriar y se procede al pulido de la zona con la ayuda de una lima.

No se olvide también que hay que restablecer las condiciones de protección anticorrosión que pudieran existir en el interior del armazón del capó y que pueden haber sido destruidas por la aplicación del soplete o por la manipulación de la trancha y el consiguiente picado.

También es conveniente no olvidar que el capó puede ser una fuente importante de ruidos y vibraciones cuando el motor gira a un régimen elevado.

Para evitar este inconveniente se debe proceder al sellado de todas aquellas partes del armazón que tienen contacto con la plancha general de revestimiento o, al menos, hacer una comprobación visual de que el golpe o los trabajos que se han llevado a cabo para enderezar la abolladura no han llegado a afectar al sellado de la zona.

Se observará que la zona sellada de un capó se encuentra entre las planchas de estructura de éste y la gran plancha de revestimiento que constituye la parte exterior, y principalmente en las partes de los extremos de esta pieza. Compruébese siempre que el capó esté en buenas condiciones de sellado.

Después de todo lo dicho ya puede darse la reparación por terminada desde el punto de vista del planchista. A continuación deberá pasar a manos del pintor para que este profesional concluya definitivamente el trabajo en la carrocería.

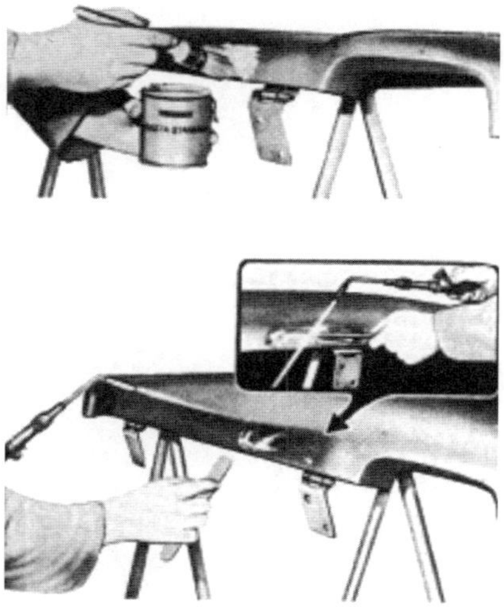

Figura 67. Forma de regularizar la superficie por medio de pasta para estañar y su calentamiento con el soplete. Esta operación también puede realizarse con pastas especiales.

6

REPARACIÓN DE PLANCHA POR ELEMENTOS

II. PARTE CENTRAL Y TRASERA

El presente capítulo constituye una continuación del anterior en el sentido de que vamos a seguir explicando las técnicas más frecuentes de actuación frente al trabajo de la sustitución de planchas de revestimiento de una carrocería y de las zonas de planchas de estructura a que puede haber lugar según la importancia del impacto. Pero si bien en el capítulo 5 nos hemos referido a los golpes recibidos en la parte delantera del vehículo ahora vamos a centrar nuestra descripción en los golpes que una carrocería puede recibir desde los laterales (parte central) y en la parte trasera. También nos vamos a ocupar aquí de aquellos golpes que hayan podido interesar al techo del automóvil.

Golpes recibidos en la parte central

Aunque las combinaciones de deterioro de planchas que puede presentarse ante una colisión o golpe delantero pueden ser muy variadas, la realidad es que la gra mayoría de los golpes afectarán a las planchas que hemos descrito en los anteriores apartados.

A continuación vamos a pasar al estudio de todos aquellos golpes que pueden afectar a la zona central de la carrocería. Pero antes aclaremos lo que debe entenderse por «parte central» de una carrocería de automóvil.

Considerando los tres volúmenes clásicos de una berlina que quedan determinados por la zona del vano del motor, la zona de ubicación de los pasajeros y la zona de equipajes, tenemos que la parte central a la que nos referimos está constituida por la zona de ubicación de los pasajeros, es decir, la que comporta las puertas, los montantes o pilares y el techo. Es la zona correspondiente al habitáculo.

También la zona del estribo o recubrimiento del larguero, en la parte baja del vano de las puertas, puede tener deformaciones como consecuencia de una colisión, todo lo cual da una serie de casos de planchas deformadas que hemos de considerar por separado, en las cuatro partes siguientes:

- Sustitución del techo y del montante delantero.
- Sustitución del estribo y del montante central.
- Trabajos en las puertas.

Sustitución del techo y del montante delantero

Un golpe propinado al techo, si no es muy fuerte y solamente presenta una ligera abolladura, puede corregirse por cualquiera de las técnicas de desabollado que ya hemos explicado en un capítulo anterior. Bien sea con la ayuda de un martillo deslizante o de inercia, de una trancha o una pata de cabra (si se puede acceder desde la parte interior) o bien con la regularización del grueso de la plancha por medio de puntos al rojo, todos ellos procedimientos que suelen dar buenos resultados para la eliminación de golpes en el techo.

Cuando el golpe es fuerte y ha sido debido a un vuelco violento o a la caída de un objeto contundente desde la altura, se tiene que acudir al cambio de toda la plancha del techo pues ésta ha quedado demasiado deformada y plegada para admitir una recuperación de la forma por los sistemas tradicionales que se acaban de indicar.

Vamos a considerar un caso en el que la deformación no ha alcanzado a otras zonas de estructura de la carrocería, pues si ello fuera así ya sabe que tendría que proceder primero al enderezado de las planchas con herramientas hidráulicas.

Sustitución del techo

En la mayoría de los casos se tendrá que contar con la necesidad de desmontar todos los asientos interiores, así como los recubrimientos tapizados que se encuentran por los alrededores de la plancha del techo, la cual tendrá que cortar.

Por supuesto, se tendrán que desmontar también las puertas a base de sacar el pasador de las bisagras. También tendrán que desmontarse las lunas de cristal del parabrisas y de la luna trasera.

El trabajo de chapista propiamente dicho comienza por tener que decidir, en primer lugar, la línea que deberá seguirse para efectuar el corte de la plancha del techo.

Por supuesto, debe seguir ahora las mismas normas generales a las que nos venimos refiriendo a lo largo de este libro para corte de planchas similares. Recuérdese que la regla consiste en seguir en el corte la línea más próxima a la de los puntos de soldadura.

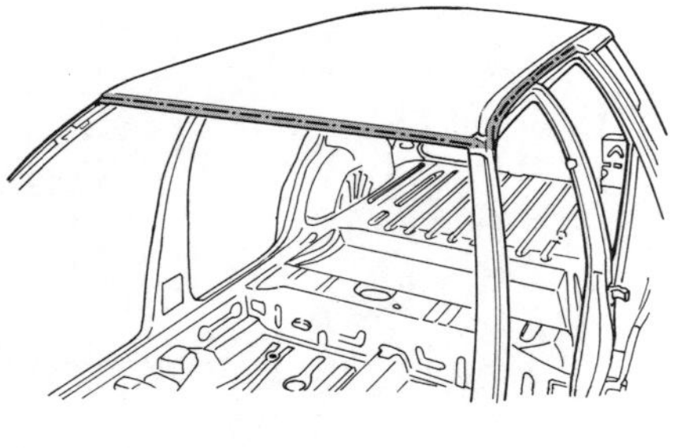

Figura 1. Para la sustitución de un techo, la línea de corte del techo deformado debe pasar por la zona indicada por los puntos.

En la figura 1 tenemos un ejemplo de una carrocería de tipo familiar en donde las líneas de puntos indican los lugares por los que se aconseja siempre se haga el corte de la plancha, teniendo en cuenta que se hace lo mismo por la línea opuesta que no se aprecia en la figura. En la parte trasera, si el techo forma parte del marco de los cristales de custodia, debe cortarse del modo que

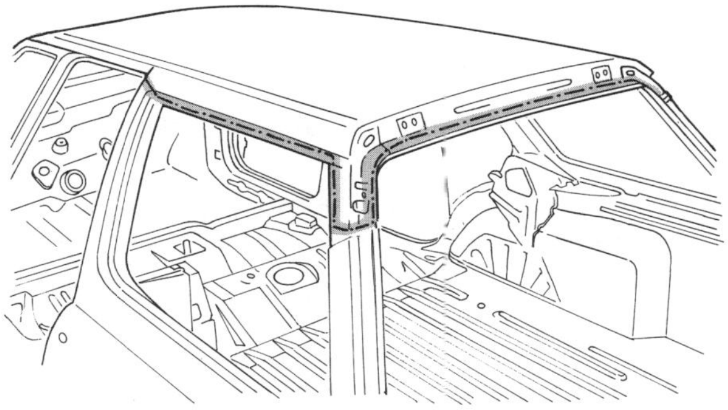

Figura 2. En esta carrocería familiar, la parte trasera debe ser cortada siguiendo la forma indicada por la línea de puntos.

nos muestra la figura 2, aunque depende siempre del diseño de carrocería con el que estemos trabajando.

Una vez determinada la línea de corte resulta muy aconsejable colocar unos tirantes cruzados que se soporten desde el suelo del vehículo y que lleguen hasta los largueros superiores, para que aguanten bien la estructura cuando la plancha del techo haya sido cortada del todo y retirada de su contacto con las planchas vecinas.

La ausencia de puertas, y también de los cristales o lunas del parabrisas y trasero, debilitan el conjunto de la estructura que ocupa la parte superior de la carrocería, de modo que es buena práctica apuntalar los largueros para que no lleguen a sufrir deformación en el momento en que se vaya a actuar con el martillo neumático o con el cincel y a mano (fig. 3).

Se inicia el corte de la plancha por la parte delantera utilizando el martillo neumático o el cincel. Este corte se ha de producir por todo el perímetro de la plancha del techo para que éste pueda desprenderse.

A veces no basta con este corte perimetral, pues hay carrocerías que van provistas de una cimbra en la zona central del tejadillo, que es un elemento de refuerzo entre los dos pilares centrales con los que forma como un arco.

La cimbra se halla sujeta al techo y hay que proceder a separarla con la ayuda de un escoplo de punta y cuerpo finos, dando golpes con un martillo (fig. 4) y en los lugares indicados por las flechas.

Después de esta operación la plancha de techo podrá ser retirada sin más inconvenientes si está, como se supone, con el corte no interrumpido en todo su perímetro.

Siguiendo con la operación de desmontaje se debe pasar a continuación a arrancar los restos de plancha que han quedado aprisionados por los puntos de soldadura. Dado el alto grado de accesibilidad con la que vamos a encotrarnos dispuestos todos estos puntos de soldadura, la mejor forma de proceder consistirá en emplear la técnica del fresado de los mismos.

El fresado es siempre la técnica más recomendable en todos los casos en que se dispone de espacio (fig. 5).

Una vez realizada la operación que se acaba de describir convendrá que se proceda a repasar todos los bordes de soldadura sobre los que acoplaremos después la pieza nueva.

A este respecto se tendrán que esmerilar los puntos para dejar una superficie lisa y, en general, toda la pestaña, para que adquiera las mejores condiciones de recepción de la plancha de repuesto que se le aplicará llegado su momento.

Figura 3. Apuntalamiento de los largueros del techo antes de proceder al corte de la plancha.

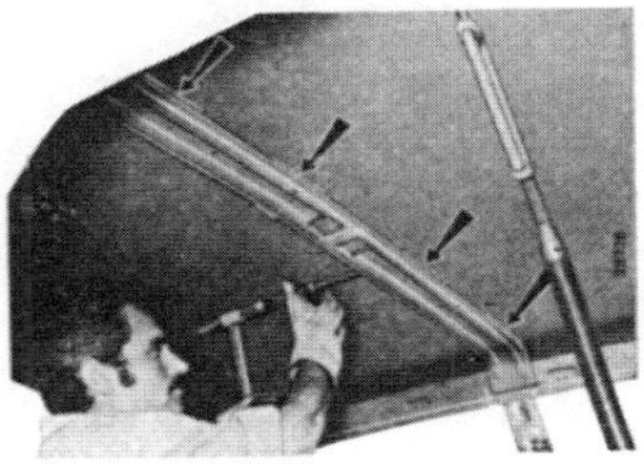

Figura 4. Con un escoplo se separa la cimbra de la plancha del techo ya que esta pieza está encolada.

Figura 5. Retirada de los recortes de plancha por la técnica de fresado de los puntos.

Figura 6. Corte de la plancha de revestimiento del montante delantero, que forma parte, asimismo, del marco del parabrisas.

Está claro que si la plancha y las pestañas han quedado ligeramente deformadas durante la operación de desmontaje del techo, se tendrán primero que repasar con un martillo y un tas hasta conseguir la buena linealidad de las mismas en vistas a esta buena soldadura que se tendrá que hacer posteriormente.

Para hacer más complicada la reparación, y con el objeto de que el lector adquiera una mayor información sobre la manera de actuar en el caso de reparaciones de plancha de este tipo, vamos a considerar que el accidente que ocasionó la deformación de la plancha del techo afectó también al montante delantero izquierdo.

Destrozos de este tipo son muy frecuentes al tratarse de un vuelco en que alguno de los montantes queda afectado por la caída lateral del automóvil.

Si una deformación de este tipo llegara a afectar a todo el marco del parabrisas, por ejemplo, entonces hay que proceder al cambio completo del mismo. Pero es conveniente que, por el momento, se vea la forma de actuar cuando solamente es preciso el cambio parcial de una parte del marco, y éste es el caso concreto de un montante.

Sustitución parcial del montante delantero

Un montante como al que nos referimos se ve en la figura 6 y está compuesto por dos piezas:

— Una pieza muy sólida que forma parte de la estructura.
— Otra plancha de revestimiento, con forma, que constituye la parte frontal del montante.

Figura 7. Corte de la plancha de revestimiento del montante delantero con martillo neumático.

La primera operación que hay que llevar a cabo en este caso consiste en determinar con acierto el lugar por donde se tiene que cortar, lo cual viene obligado por el grado de deformación que la pieza haya soportado.

Este punto debe determinarse, pues, frente a los daños. Sin embargo, generalmente la línea de corte se encontrará siempre en los extremos del montante; como es el caso que se presenta en la figura 6.

De acuerdo con todo ello se procede primero a cortar la plancha frontal de revestimiento, que es lo que se está llevando a cabo en la figura citada, realizando con un serrucho neumático, tal como se puede ver, o bien con una sierra de mano. El operario debe estar muy atento, cuando ejecute este trabajo, en tener el suficiente tacto como para cortar solamente la plancha de revestimiento y no, desde luego, todo el montante, porque antes hay que tomar las medidas para la pieza postiza de acoplamiento.

Así pues, el corte debe ser solamente de la primera plancha frontal.

Acto seguido se debe trabajar con el martillo neumático para sacar esta plancha, tal como se puede ver se está haciendo ahora en la figura 7, siguiendo la línea de puntos que, en definitiva, sigue a su vez la línea de los puntos de la soldadura.

Figura 8. Estado del montante una vez cortada la plancha de revestimiento y medición de la cota A.

Una vez sacada la plancha de revestimiento del montante, éste mostrará un aspecto semejante al que se puede ver en la figura 8.

Éste es el momento en que se debe restablecer correctamente la forma original del montante con el fin de tomar la medida (cota A en la figura) para el próximo corte de la pieza de repuesto que lo sustituirá.

Esta medición pues, hay que tomarla con mucho cuidado para que no quede afectada por la deformación que la estructura del montante ya tenga, para que el marco general se adapte bien a sus piezas vecinas.

Una vez bien hecha la medición de la cota A debe procederse al corte de la pieza postiza o de repuesto.

Para ello deberá hacerse con un marco de parabrisas de repuesto, tal como el que se muestra en la figura 9.

Se tomará la misma medida que hay que sustituir, pero añadiendo esta vez 20 mm, es decir, 10 mm de más por cada extremo.

Una vez determinada la medida ya se puede cortar la pieza de repuesto con la ayuda de un serrucho.

Hay que fijarse bien en que las operaciones de reparación son siempre muy parecidas esté donde esté la plancha que hay que sustituir. En el caso concreto de la pequeña pieza de revestimiento de este montante ahora hay que proceder también a la presentación de la pieza y a su fuerte sujeción para poder realizar el corte de las planchas superpuestas o solapadas. Pero veámoslo con mayor atención y detalle.

Sobre la estructura pelada del montante que nos mostraba la figura 8 presentaremos el trozo de pieza de repuesto a que nos referimos.

Por medio de unas mordazas autoblocantes se sujeta esta pieza de repuesto cortada sobre la estructura de modo que se solape sobre los restos de la pieza vieja, cosa que resultará inevitable ya que la pieza de repuesto, recuérdese se cortó 20 mm más larga de lo necesario.

Ahora ya se puede pasar al corte total del montante interesando al mismo tiempo la zona de la pieza de repuesto y de la vieja para que la coincidencia de los bordes por testa sea completa. Recuérdese que esta técnica la hemos descrito ya muchas veces en anteriores reparaciones.

En la figura 10 tenemos la oportunidad de ver dos momentos en los que se está procediendo a este corte con la ayuda de una sierra neumática, vista la operación desde dos ángulos diferentes, y correspondiente a las dos piezas de que consta el montante y que describimos más arriba.

Ahora ya estamos en condiciones de proceder a la soldadura por testa de los bordes de la plancha añadida. Éste es el trabajo que se está llevando a cabo en la figura 11 en la parte relativa a la estructura.

La soldadura por testa se ha de llevar a cabo, preferentemente, por el sistema de soldadura en atmósfera de gas inerte (MIG-MAG).

Una vez terminada esta soldadura de la estructura del montante se ha de proceder a soldar la pieza de revestimiento que en sus extremos también se suelda por el procedimiento de atmósfera de gas inerte, al igual que la pieza de estructura. Así, en la figura 12 se puede observar que se efectúa este trabajo

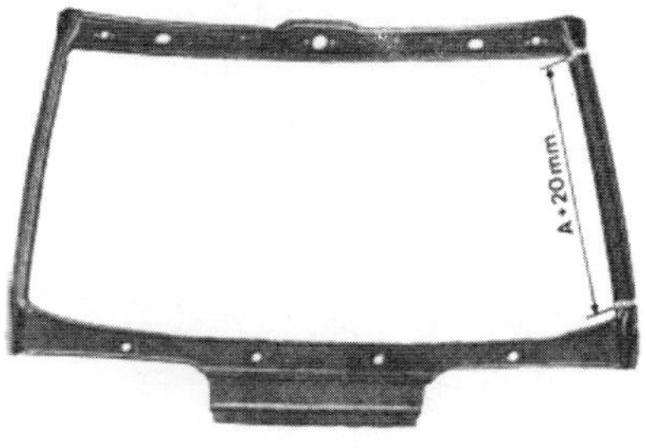

Figura 9. Corte de la pieza postiza a añadir sacada de un marco de parabrisas de repuesto.

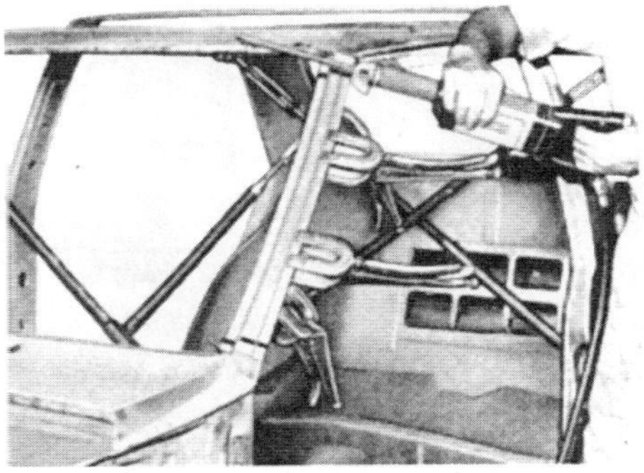

Figura 10. Presentación de la pieza postiza sobre el marco y corte de la misma a través de los 10 mm de margen.

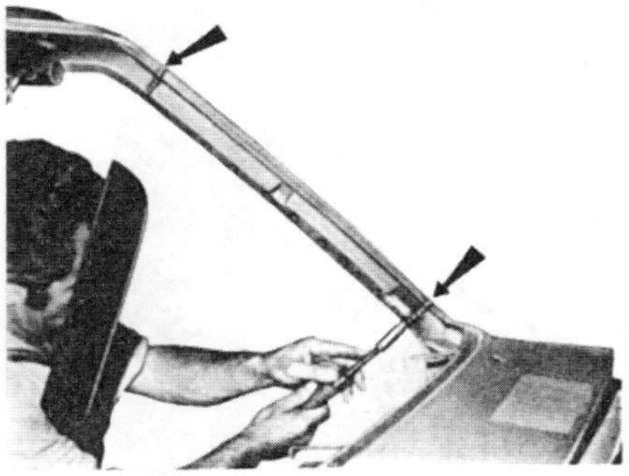

Figura 11. Soldadura de la pieza de repuesto.

Figura 12. Soldadura de la parte frontal del repuesto.

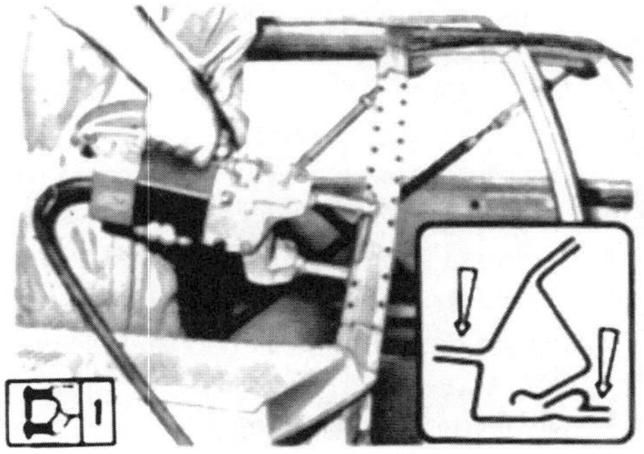

Figura 13. Soldadura por puntos de la plancha de estructura del marco.

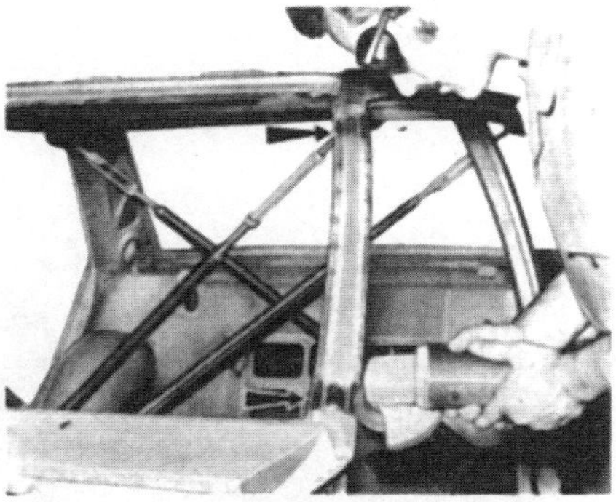

Figura 14. Aquí se está procediendo al esmerilado del cordón de soldadura.

en las zonas indicadas por las flechas. Con ello ya se tiene el montante asegurado.

Ahora conviene pasar a realizar la soldadura por puntos entre ambas planchas que forman la pieza postiza que hemos sustituido.

Ésta es la operación que se está realizando en la figura 13, en cuyo detalle puede verse, al mismo tiempo, la disposición de los perfiles de las planchas y los lugares en los que se van a colocar los puntos de soldadura, indicados por las flechas.

La operación se podrá dar por terminada después de proceder a un esmerilado de la zona de la soldadura para conseguir una superficie bien lisa en esta parte, y no se habrá olvidado, previamente y antes de efectuar las soldaduras por puntos, de aplicar sobre las planchas que van a estar en contacto una capa de pintura antióxido a base de cinc.

En la figura 14 se puede ver el caso del esmerilado del cordón de soldadura en la pieza de estructura del montante.

A continuación se tendrá que colocar la pieza exterior de revestimiento, que es la operación que se está realizando en la figura 15, y con la cual habrá terminado el trabajo de plancha relativo a este montante.

Figura 15. Colocación de la plancha de revestimiento del marco.

Montaje del techo

En el caso de este modelo con cimbra de refuerzo, el techo va encolado a ésta.

Lo primero que hay que hacer es proceder a aplicar a la cimbra el tipo de adhesivo recomendado por el fabricante, para que cuando luego pongamos la plancha, ésta se adhiera bien (fig. 16).

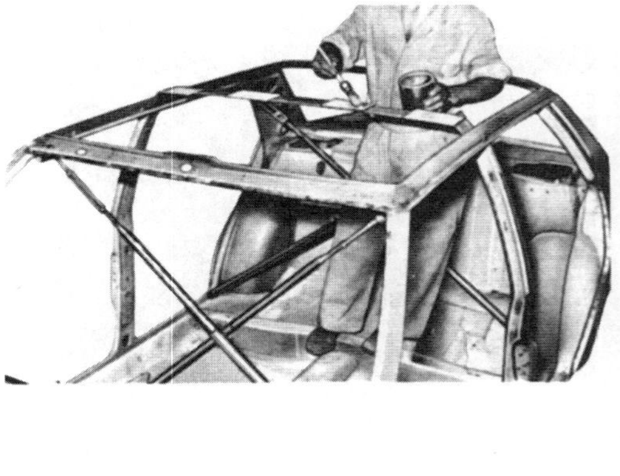

Figura 16. Forma de encolar la cimbra para facilitar el pegado del tejadillo o techo nuevo.

Después de esta operación ya se puede proceder a la colocación de la plancha del techo, que debe amoldarse con naturalidad a todas las zonas que han de constituir sus apoyos.

Una vez conseguido el buen asentamiento de la pieza del techo se debe pasar a fijarla con las mordazas autoblocantes.

Seguidamente se procederá a la soldadura, primero por puntos de todo el perímetro de la pieza, empezando por la parte frontal, la que da al parabrisas (fig. 17), siguiendo por la parte lateral (fig. 18), por la trasera y terminando por la otra parte lateral.

También aquí es importante observar el perfil de las planchas para ver el lugar exacto de aplicación de los puntos de soldadura del modo que indica la flecha blanca.

Después de la soldadura la reparación se puede dar por terminada. Posteriormente se pasará a los pintores que prepararán las superficies y comenzarán el pintado de la plancha. Pero no debe olvidarse que después se tendrán que efectuar los montajes de los cristales, los tapizados internos, asientos, puertas, etc., elementos que fueron desmontados para llevar a cabo la reparación.

Figura 17. Soldadura por puntos del techo en la parte del marco del parabrisas. 7, tipo de electrodos recomendado.

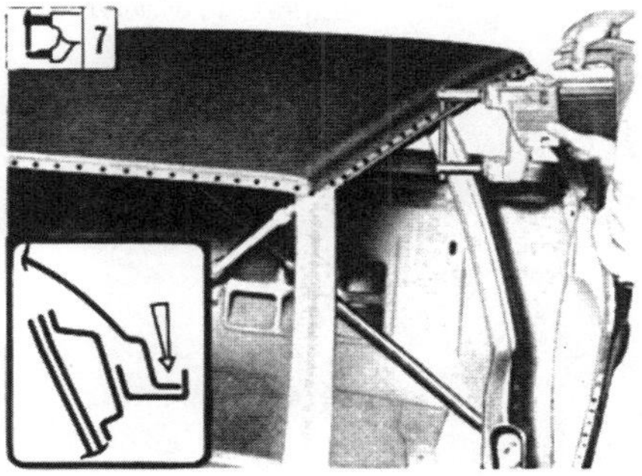

Figura 18. Soldadura del techo en la parte lateral. 7, tipo de electrodos recomendado.

Esta reparación en otros tipos de carrocerías

Ya hemos dicho otras veces a lo largo de este libro que no todas las carrocerías son iguales e incluso dentro de una misma marca se encuentran diferencias importantes sobre el sistema de diseño adoptado en determinadas piezas, tanto mecánicas como de la carrocería, aun cuando ejerzan la misma función.

Por razones de hacer más fácil el aprendizaje hemos elegido en nuestras descripciones un tipo de carrocería media que no tenga una especial complicación, de modo que pueda entenderse bien el tipo de trabajo que hay que realizar para su reparación.

Sin embargo, no se debe olvidar que en la práctica vamos a encontrarnos con carrocerías que presentarán ligeras variantes con respecto a lo que se está estudiando, lo cual no es ningún inconveniente, pues lo importante es que se conozca bien el procedimiento general, la forma correcta de actuar ante una reparación cualquiera, para luego aplicar estos conocimientos a las variantes que puedan presentarse.

De cualquier modo, es lógico que el planchista deba esforzarse por conocer previamente la mayor cantidad posible de modelos de carrocerías, ya que ello le facilitará la estrategia a seguir en la reparación o en la sustitución de piezas y le permitirá agilizar el trabajo que desarrolle.

La mejor forma de conocer de antemano una carrocería consiste en hacerse con el manual de taller de planchistería que las casas fabricantes suelen editar al mismo tiempo que los conocidos manuales de taller de mecánica.

En estos manuales de planchistería se dan consejos y se observan despiezos de las planchas que pueden ser muy útiles cuando se vaya a trabajar en el modelo concreto a que se refiere el manual. Un buen consejo es que, antes de lanzarse a una reparación en una carrocería que nunca se ha desmontado, se eche una mirada al manual correspondiente.

En el caso concreto de la sustitución del techo de una carrocería podemos encontrarnos con variantes de cierta importancia que de algún modo van a afectarnos en la técnica a utilizar en la reparación, aunque nunca de una forma considerable.

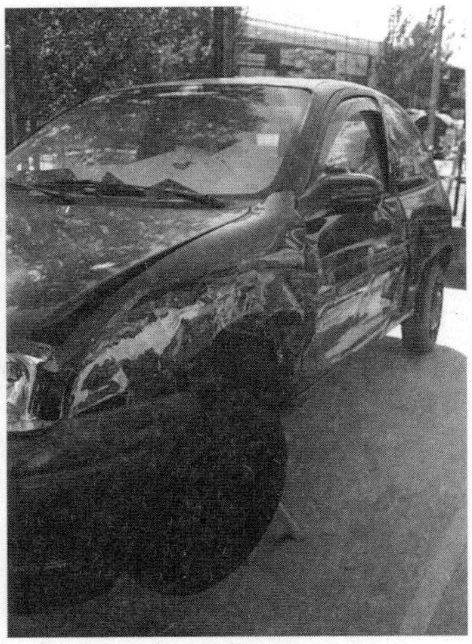

Figura 19. Carrocería deformada en la parte central debido a un golpe lateral que claramente interesa al pilar central y al estribo y su larguero, además de otros daños.

Puede encontrarse (y de hecho cada día son más usuales) con techos que no tengan vierteaguas, lo cual facilita el corte de la plancha. En otros casos puede darse que el techo forme una única pieza con los montantes, como ocurre con modelos de cierta antigüedad.

Sea como sea, el procedimiento general es válido y las posibles dudas debidas a mayores o menores vacilaciones respecto a éste deben resolverse consultando los manuales a los que antes hacíamos referencia.

Sustitución del estribo y del montante central

Cuando un automóvil recibe un golpe lateral de cierta entidad en la zona central de la carrocería lo más corriente es que se dañen las puertas y que el pilar central, propio de las carrocerías de cuatro puerta, ceda (fig. 19).

Cuando el pilar central cede suele arrastrar con él el revestimiento del larguero, que constituye la pieza conocida como *estribo*, de modo que la reparación suele ser más complicada que si se tratara simplemente de daños en las puertas, ya que también afecta al propio larguero.

Este tipo de deformación, como consecuencia de daños laterales, resulta bastante frecuente y, de hecho, el estudio de su reparación puede muy bien servir de base para conocer la estrategia que se sigue en el taller ante un gran número de reparaciones que suelen presentarse en esta zona, siempre como consecuencia de golpes similares de mayor o menor importancia.

Desmontaje de las planchas deformadas

Ante un accidente del tipo descrito hay que comenzar por el desmontaje previo de las puertas que será, probablemente, la parte más deformada.

Según la importancia del golpe puede ser necesario desmontar también los asientos de la parte afectada e incluso quitar la moqueta y los revestimientos textiles en la zona del suelo de la carrocería próxima a la deformación del estribo.

Dado que en el interior del revestimiento del estribo se suele encontrar el paso del mazo principal de cables eléctricos, sobre todo cuando se trabaja en el estribo de la parte izquierda (que es el preferido por la mayoría de los fabricantes para hacer pasar los cables) se tendrá que proceder con el mayor cuidado, cuando se tenga que cortar con el serrucho o la sierra de mano, para no dañar esta parte fundamental de la instalación eléctrica.

Estudio de los daños

Cuando se tiene práctica y se conoce el tipo determinado de carrocería con el que se está trabajando se puede diagnosticar fácilmente y con acierto el tipo de sustitución de planchas que se va a tener que llevar a cabo, incluso antes de desmontar las piezas.

Ante una colisión cabe siempre la posibilidad del enderezado de las planchas con herramientas hidráulicas o a mano (según el tipo de deformación) o bien acudir a la solución alternativa que consiste en la sustitución de las piezas afectadas.

De acuerdo con estas dos soluciones típicas, el planchista debe decidirse por el procedimiento que vaya a resultar más económico para solucionar la reparación.

Como ya hemos estudiado en otras partes, el sistema de la sustitución suele ser el más económico en cuanto los daños tienen un nivel de deformación importante. Éste es el procedimiento que vamos a tratar en este apartado.

Es posible que ante un golpe de estas características el chasis se deforme (fig. 20). La solución será pasarlo por la bancada hasta recuperar las cotas originales. Las flechas señalan el sentido en el que hemos de aplicar la fuerza.

En la figura 21 vemos el automóvil en la bancada mientras se endereza con una escuadra hidráulica la parte central. La tracción será perpendicular al lateral del chasis y opuesta a la deformación.

Una vez enderezado el chasis, el automóvil ya está listo para la sustitución de las planchas deformadas.

No siempre será necesario el uso de la bancada y muchas veces bastará con la sustitución de las piezas afectadas por el golpe.

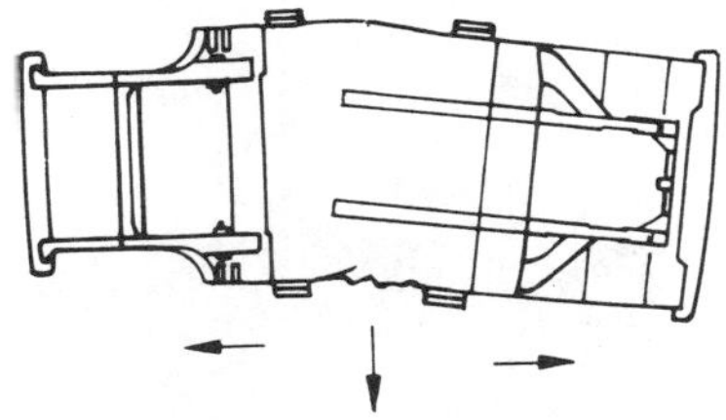

Figura 20. Estructura deformada y flechas de dirección para el enderezado de la bancada.

Figura 21. Automóvil montado en la bancada y enderezado de la estructura deformada mediante la aplicación de la escuadra hidráulica.

Corte de las planchas

Para el estudio que sigue vamos a utilizar como ejemplo la carrocería de VW Golf. Será preciso, en primer lugar, buscar la documentación técnica referida a dicho modelo. Las dos piezas básicas a sustituir serán el estribo (fig. 22) y el montante o el pilar central izquierdo (fig. 23).

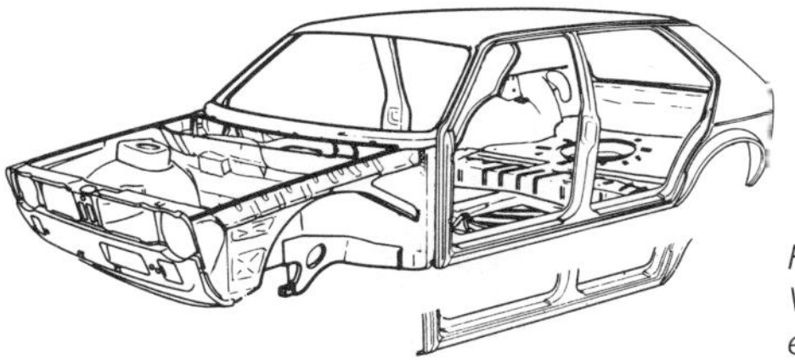

Figura 22. Carrocería de un modelo VW en la que se destaca la pieza del estribo que hay que sustituir.

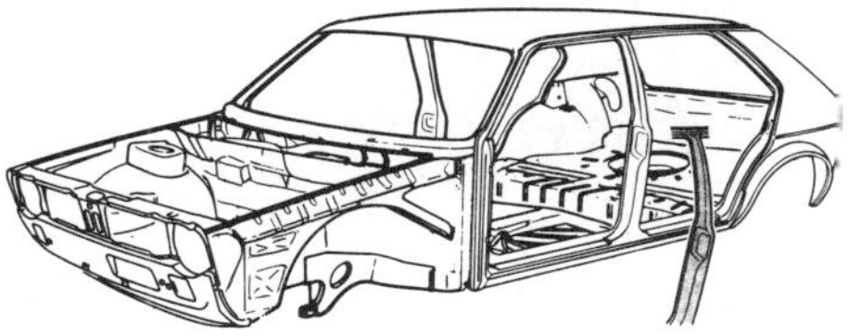

Figura 23. La misma carrocería de la figura anterior mostrando el montante que hay que sustituir.

Como es lógico, la longitud de las piezas que deberá desecharse dependerá de la importancia de los daños. Será el propio planchista quien tendrá que determinar el punto por el que se tengan que cortar las planchas deterioradas de modo que la parte que se aproveche se encuentre siempre en perfectas condiciones.

Los primeros cortes deberá complementarlos con el arranque de la plancha de revestimiento que queda próxima a puntos de soldadura, operación que, como es norma general en estos casos, se lleva a cabo por medio del martillo neumático o, en su defecto, con la ayuda de un cincel y un martillo.

De igual modo se tendrá que trabajar también con el martillo neumático para extraer la plancha por la parte baja del estribo (fig. 24). El corte seguirá la línea de puntos.

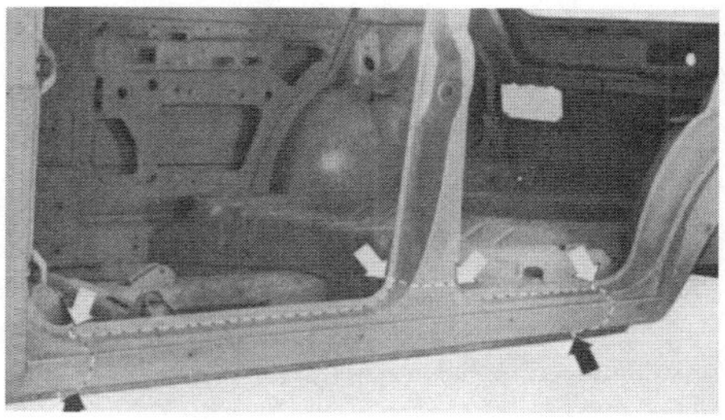

Figura 24. Líneas de corte en el estribo.

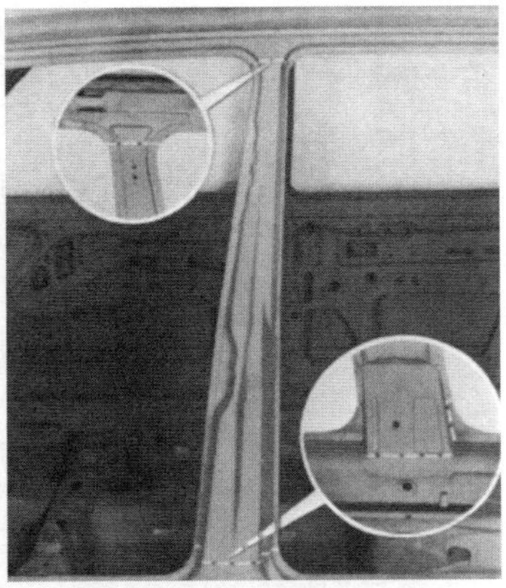

Figura 25. Líneas de corte en el montante, especialmente destacadas en los círculos de detalle.

A continuación, y por la parte interior de la carrocería, se tiene que pasar a desprender la parte de la base del montante central que se halla unida al piso de la carrocería.

En la figura 25 aparecen las líneas de corte del montante y pilar central. Los detalles incluidos en los dos círculos muestran dichas líneas vistas por la parte interior.

Una vez realizadas todas estas operaciones previas de corte ya se deberá desprender todo el conjunto de la plancha de revestimiento del estribo y también del pilar o montante central, todo lo cual podrá ser retirado y, generalmente, echado a la chatarra.

Para terminar correctamente la operación de desmontaje de las planchas deterioradas nos queda todavía proceder con unas tenazas a la retirada de todos los reales de los bordes de las planchas que han quedado adosados a los puntos de soldadura antiguos.

Tras el arranque de todos estos residuos se deberá proceder a hacer desaparecer las cabezas de los puntos de soldadura por el procedimiento clásico de su amolado y luego se deberá hacer un repaso de todos los bordes con un martillo y un tas hasta conseguir el perfecto alineamiento de las pestañas que hayan de recibir las planchas nuevas.

Medición y corte de la pieza de repuesto

Una vez extraída la plancha de revestimiento del estribo quedará a la vista el larguero y la base del montante central (señalada con la letra A), tal y como se pueda ver en la figura 26.

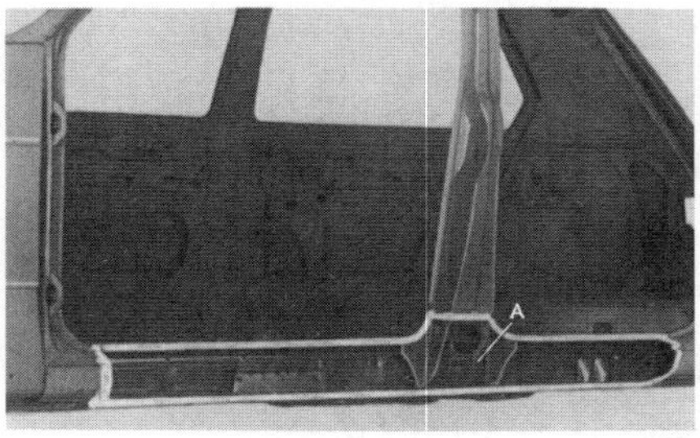

Figura 26. Aspecto que presenta la carrocería una vez se ha extraído el estribo. A, base del montante o pilar.

Las medidas tomadas han de trasladarse a la plancha de repuesto, como es habitual en estos casos, teniendo siempre en cuenta la necesidad de añadir 10 mm por cada extremo del estribo y otros 10 mm en la base del montante.

En la figura 27 se muestra una pieza de repuesto del estribo completa en la que se ha señalado la parte sobrante (aparece rayada). El detalle A señala la base del montante central, que irá por el interior del estribo.

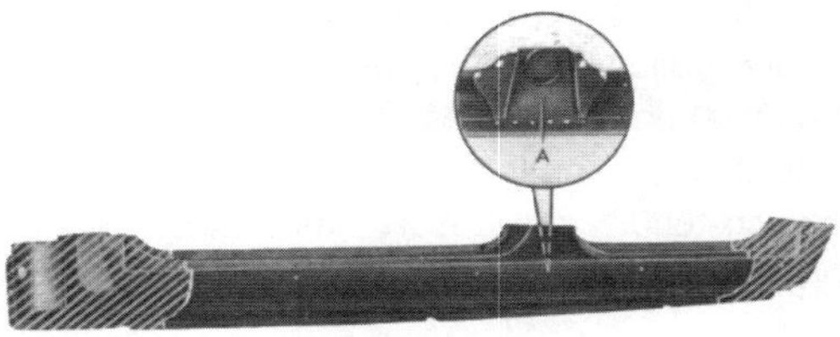

Figura 27. Pieza de repuesto del estribo. La zona rayada corresponde a la parte desechable de la pieza. A, base del montante y su lugar de ubicación por el interior de la pieza del estribo.

En lo que respecta a dicha pieza, una vez cortada a la medida correcta, más los 10 mm excedentes de corte, se le deberá dar una capa de protección antióxido, a base de cinc, en todos los bordes en los cuales se tendrá que proceder a realizar soldaduras posteriormente.

En la figura 28 aparece la plancha nueva del montante y pilar (A), la pieza de la base (B) y la plancha de revestimiento interior (C). En esta carrocería, el montante y el pilar forman una única pieza exterior (la que da al exterior de la carrocería), mientras que en la parte interior del habitáculo se monta una pieza de revestimiento.

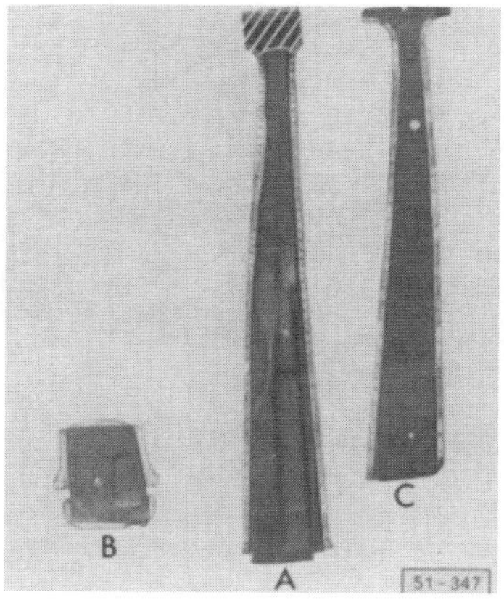

Figura 28. Piezas de repuesto para el conjunto del montante-pilar central. A, montante. B, base del montante. C, revestimiento del montante.

Presentación de la pieza de repuesto cortada

Realizados ya los cortes de la pieza de repuesto en las condiciones que acabamos de ver hay que proceder a su presentación sobre la parte afectada de la carrocería.

Es necesario buscar el buen ajuste y acoplamiento de la plancha nueva con las vecinas de la carrocería y sujetarla entonces por medio de mordazas autoblocantes cuando se esté seguro de haber logrado un buen asentamiento.

Asegúrese también siempre el operario de que una pieza tan grande de chapa esté firmemente fijada por las mordazas para que no sufra movimiento durante la operación de corte común que se deberá efectuar acto seguido.

Como es norma, y resulta necesario en estos casos, la plancha de repuesto se sobrepondrá en sus extremos con los extremos de las planchas que se aprovechan y en esta zona es donde se deberá llevar a cabo el corte común de ambas planchas.

Cuando se tenga que trabajar en zonas de la carrocería que quedan en voladizo es necesario proceder a apuntalar las planchas pues, de otro modo, se corre el riesgo de que cedan ligeramente. Como consecuencia de ello podrían tomarse mal las medidas, quizá con sólo un error de algunos milímetros, pero ello sería suficiente para que después obtuviéramos un resultado imperfecto en la reparación.

En el taller es buena norma proceder a colocar un tirante de sujeción entre el suelo de la plataforma y el techo, con lo cual se asegura que la carrocería no se moverá durante el trabajo de corte, medición y presentación de la pieza de repuesto.

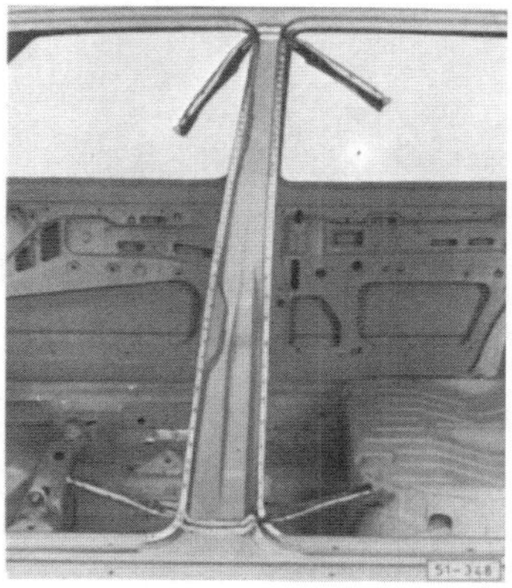

Figura 29. Presentación del montante y su sujeción por medio de pinzas o mordazas autoblocantes.

Corte de ambas planchas a la vez y comprobación del ajuste

Esta técnica nos obliga a la soldadura en testa de las dos planchas y cualquier movimiento en la estructura al terminar el corte provocaría separaciones entre las piezas a soldar.

Por ello, el corte de las planchas, con una sierra neumática, deberá ser muy preciso y, como siempre, se cortará por la parte media de la superposición de las planchas (zona del margen).

Finalizado el corte se debe proceder a ajustar definitivamente la posición del montante con la ayuda de mordazas autoblocantes (fig. 29). Igualmente se procederá con el estribo (fig. 30).

Antes de pasar a ver los trabajos próximos de soldadura es necesario asegurarse de que el montante está en una posición correcta.

Figura 30. Presentación del estribo y su sujeción por medio de pinzas autoblocantes.

Figura 31. Montaje de las puertas para hacer la comprobación de su linealidad y ajuste con respecto al estribo que es la pieza que se quiere incorporar.

Como es sabido, esta pieza forma parte del vano de las puertas y si ahora no nos preocupamos por conseguir una posición muy precisa y pasamos directamente a la soldadura, después podemos encontrarnos con sorpresas muy desagradables por el hecho de que las puertas no ajusten en el vano.

Por lo tanto, es necesario pasar a hacer una comprobación meticulosa de las cotas esenciales del vano de las puertas.

La mejor solución a este problema es la de colocar las puertas y comprobar su perfecto ajuste (fig. 31).

Las cotas para el ajuste de estas piezas dependen, naturalmente, del tipo de carrocería. Si al haber montado las puertas se observan desviaciones en las cotas esenciales es el mejor momento para corregirlas, lo cual sería bastante más difícil cuando el montante ya estuviera debidamente soldado.

La figura 32 nos muestra los lugares de alineación y paralelismo que debe verificar el chapista en la colocación de las puertas y antes de proceder a la operación de soldadura. Las aperturas y angulaciones (1) deben adaptarse a la perfección con todo el conjunto de sus planchas vecinas. Para que esta verificación sea completa se necesita que las puertas dispongan también de sus juntas de estanqueidad de goma. Una vez efectuada la comprobación y asegurado el operario de que las puertas cierran y abren en condiciones, además de estar centradas en sus respectivos vanos, se deberá proceder a su desmontaje para hacer posible los trabajos que vienen a continuación.

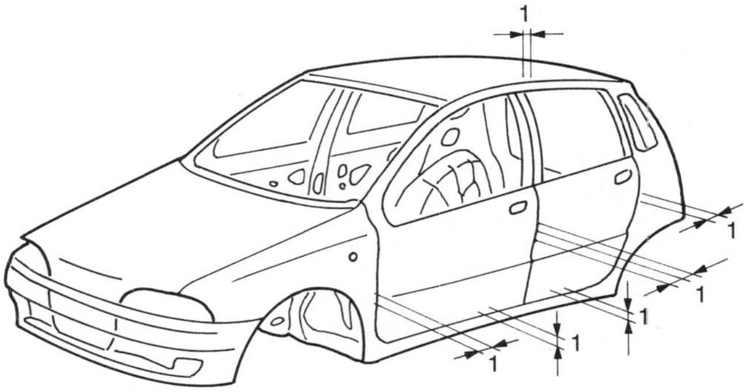

Figura 32. Lugares de alineación y paralelismo (1) que deben ser verificados por el chapista en la colocación de las puertas y antes de proceder a la operación de soldadura.

Una vez comprobado el ajuste, y antes de proceder a la soldadura, conviene realizar algunos cordones de soldadura provisionales en los extremos del estribo y del montante. Con ello se reforzará su asentamiento y se evitarán posibles movimientos; ya que las pinzas autoblocantes por sí mismas pueden no ofrecer la sujeción necesaria.

En la figura 33 aparecen dichos cordoncillos de soldadura provisionales en la parte alta (A) y baja (B) del montante. Ello nos permitirá poder prescindir de las pinzas que veíamos en la figura 29. Lo mismo podrá hacerse con el estribo.

Figura 33. Cordoncillos provisionales de soldadura en las uniones del montante a la carrocería. A, unión al marco superior de la carrocería. B, unión al estribo.

Soldadura de las planchas

En el supuesto de que todo se encuentre en orden (o lo esté después de efectuar pequeños retoques en la posición del montante) yaa se podrá pasar a efectuar su soldadura definitiva, utilizando la variante MIG-MAG de la soldadura en atmósfera de gas inerte (fig. 34). Los detalles C y D muestran dicha soldadura vista desde el interior del habitáculo.

Figura 34. Cordones definitivos de soldadura MIG-MAG. A y B, aspecto de las soldaduras vistas por su parte externa. C y D, aspecto de las soldaduras desde el interior del habitáculo.

La soldadura del extremo inferior (B) unirá el montante al estribo. Por ello, ésta deberá realizarse cuando el estribo ya esté colocado, antes o después de colocar el montante y su correspondiente revestimiento interior, del que hablaremos más adelante.

Seguidamente procederemos a soldar el revestimiento interior del montante, que previamente habremos sujetado con pinzas autoblocantes al montante anteriormente colocado (fig. 35).

Como se puede ver en la figura 36, este revestimiento irá soldado en su parte alta mediante MIG-MAG (B) y en sus laterales, unidos al montante, mediante puntos (A).

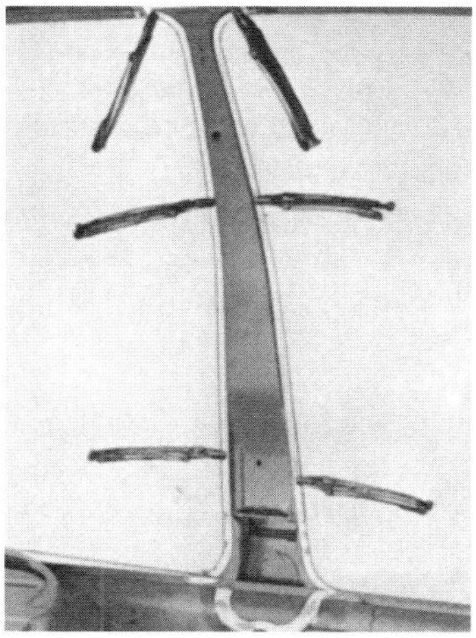

Figura 35. Sujeción del revestimiento del montante mediante pinzas autoblocantes.

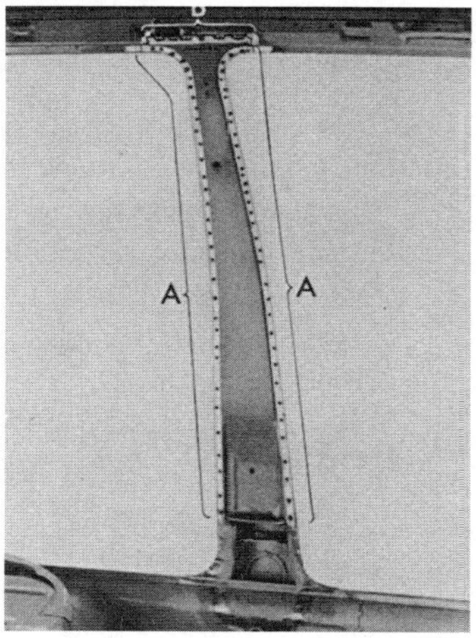

Figura 36. Soldadura del revestimiento del montante con el vano de las puertas y con el montante. A, soldadura por puntos. B, soldadura MIG-MAG.

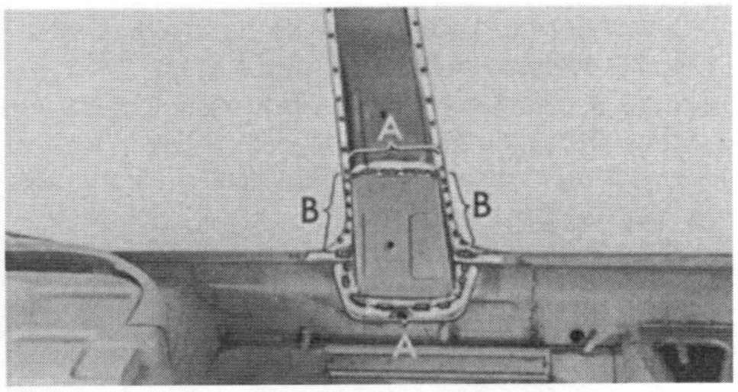

Figura 37. Soldadura de la base del montante con el estribo y con el montante. A, soldadura MIG-MAG. B, soldadura por puntos.

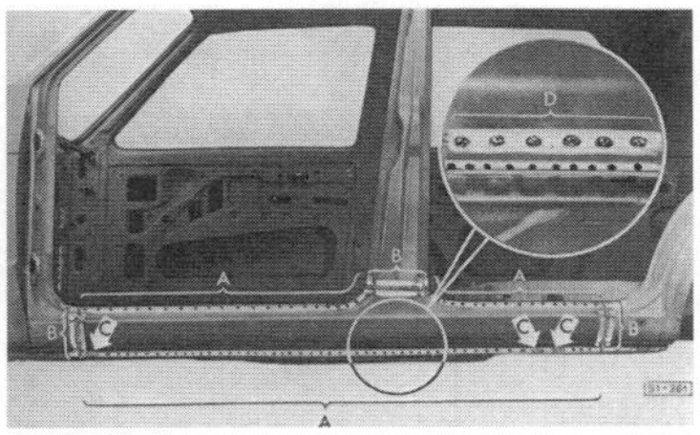

Figura 38. Soldadura del estribo. A, soldadura por puntos. B, soldadura MIG-MAG de cordón continuo. C, soldadura MIG-MAG de cordón discontinuo. D, soldadura MIG-MAG en diferentes puntos concretos.

Finalmente pasaremos a soldar la pieza de la base del montante, que irá colocada por el interior de éste y unida al revestimiento (fig. 37). La soldadura de esta pieza al estribo se hará con la variante MIG-MAG (A) y para unirla al montante utilizaremos dicha soldadura para la parte superior (A) y soldadura por puntos para los laterales (B).

En una segunda fase nos dedicaremos a soldar el estribo que, como se dijo anteriormente, puede colocarse antes de soldar el montante.

En la figura 38 vemos soldadura del estribo, que se hará por MIG-MAG, en las zonas de plancha unidas por sus extremos (en testa), y por puntos allí donde esta pieza se superpone a la que forma el revestimiento interior del larguero.

En algunas carrocerías puede ser necesario recurrir a la soldadura oxiacetilénica, al latón, para determinadas uniones. En estos casos se recomienda efectuar un repaso exterior para asegurar la estanqueidad y para conseguir una mayor rigidez en las uniones.

Trabajos de acabado

El trabajo lo daremos por terminado con el esmerilado de todas las soldaduras a testa para dejarlas perfectamente alisadas. No se debe olvidar tampoco el reponer la protección de antióxido, de masilla pulverizada y de insonorizantes en todos los cajeados que se han sustituido.

Asimismo, procúrese no obstruir o tapar los huecos o agujeros que aparecen en algunos puntos de la plancha destinados a permitir el acceso al interior de las planchas para su protección. Para la ubicación de estos huecos deberá consultarse la información facilitada por el fabricante o los manuales y guías dedicados al modelo en cuestión.

Para finalizar esta reparación digamos que nos faltaría el trabajo de arreglo de las puertas, que en nuestro supuesto también han sufrido daños de consideración, y que vamos a ver seguidamente.

Trabajos en las puertas

Las puertas de un automóvil suelen recibir con mucha frecuencia golpes y rayaduras, incluso por parte del propio usuario. Por lo tanto, son elementos en los que se suele trabajar mucho en el taller de planchistería.

Aunque las puertas son bastante complicadas en cuanto a sus formas y a la importante cantidad de accesorios que llevan consigo incorporados, tienen la gran ventaja de que pueden desmontarse fácilmente del conjunto de la carrocería de modo que el planchista puede trabajar en ellas con la mayor comodidad.

Por esta razón, el trabajo en las puertas resulta económico y rápido, sobre todo si se compara con todos los trabajos vistos hasta ahora.

Por otra parte, cuando una puerta ha sufrido un golpe que ha afectado a su propia estructura de refuerzo, generalmente ya no vale la pena perder el tiempo tratando de enderezar las planchas porque la sustitución total de la puerta resulta siempre más rentable.

Si el golpe ha afectado sólo a la plancha de revestimiento, también puede procederse a la sustitución del panel o, si se trata de una abolladura, podremos trabajar siempre con relativa comodidad para desabollar la plancha al tener acceso fácil por la parte opuesta o interior.

Antes de entrar de lleno en el estudio de la puerta como elemento de la carrocería, advertimos que esta pieza, debido al hecho de que comporta una gran cantidad de accesorios (alzacristales eléctricos, cerraduras centralizadas, bisagras, tapizados, etc.) vamos a tratarla en dos capítulos por separado: desde el punto de vista de la plancha y desde el punto de vista de los accesorios.

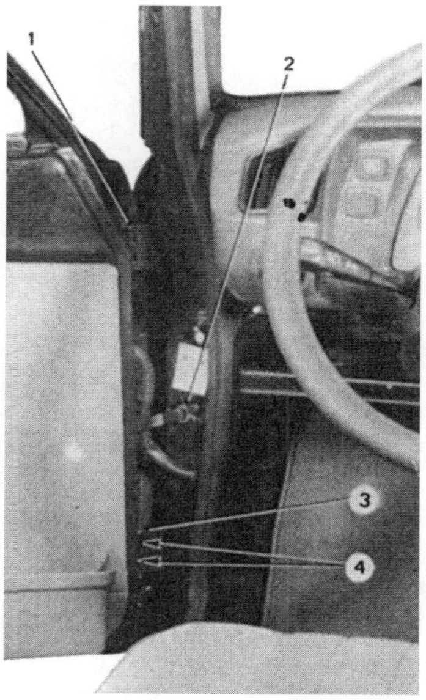

Figura 39. Situación usual de los soportes de una puerta. 1 y 3, bisagras con sus correspondientes pasadores. 2, tirante. 4, tornillos de sujeción de una de las bisagras.

Desmontaje de la puerta

El desmontaje de la puerta de un automóvil es una operación frecuente en el taller, y no sólo para llevar a cabo reparaciones en ellas sino, como ya se ha visto en otros supuestos, para trabajar la plancha de la carrocería en piezas vecinas.

La retirada de la puerta del conjunto de la carrocería se consigue quitando el perno de giro o pasador que enlaza las dos hojas de cada una de las bisagras. Cuando ello se ha realizado, las dos hojas de la bisagra se separan y la puerta queda suelta.

Como es sabido, las bisagras tienen por misión permitir la articulación de la puerta para que ésta pueda abrirse y cerrarse.

En la figura 39 vemos un ejemplo que muestra los elementos de sujeción de una puerta: las bisagras sujetas con tornillos, los pasadores y el tirante.

Las puertas de los automóviles disponen de dos bisagras para asegurar la corrección de su giro.

Para desmontar la puerta del conjunto de la carrocería se tiene que proceder al desmontaje de las bisagras. La operación debe realizarse quitando el pasador o perno de giro, después de lo cual las dos hojas se desunen y permiten la salida de la puerta.

En general, el pasador puede sacarse picando sobre él de una forma opuesta a su sentido de colocación. En la parte superior de la figura 40 tenemos un ejemplo típico de la extracción del pasador con la ayuda de un martillo y una pieza intermedia (en este caso se trata de un buril) sobre la que se pica hasta conseguir que el pasador salga por la parte superior.

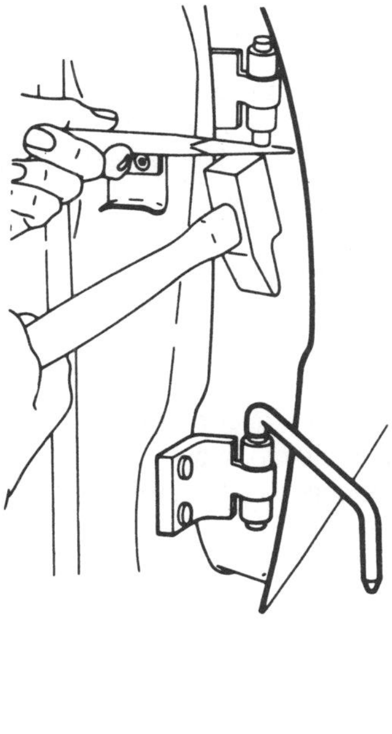
Figura 40. Extracción de los pasadores de las bisagras. Arriba, con pieza intermedia y golpeando con un martillo. Abajo, con un sacapasadores.

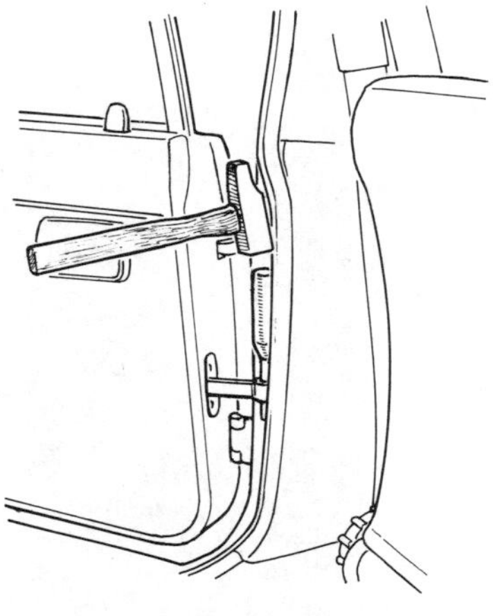

Figura 41. Extracción del pasador del tirante de una puerta trasera.

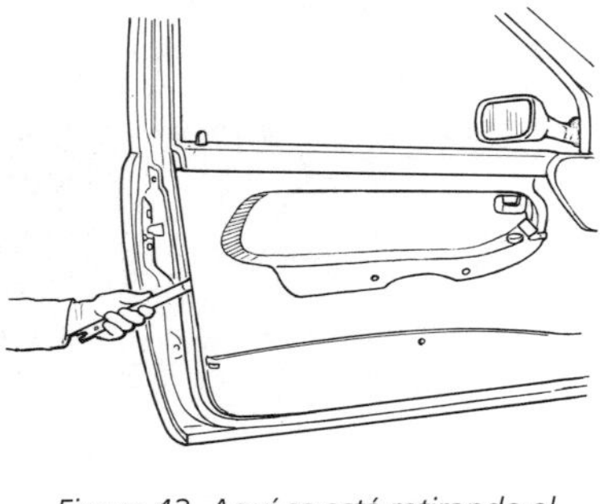

Figura 42. Aquí se está retirando el panel de guarnecido de una puerta en un coche de tipo medio. 1, útil para hacer palanca.

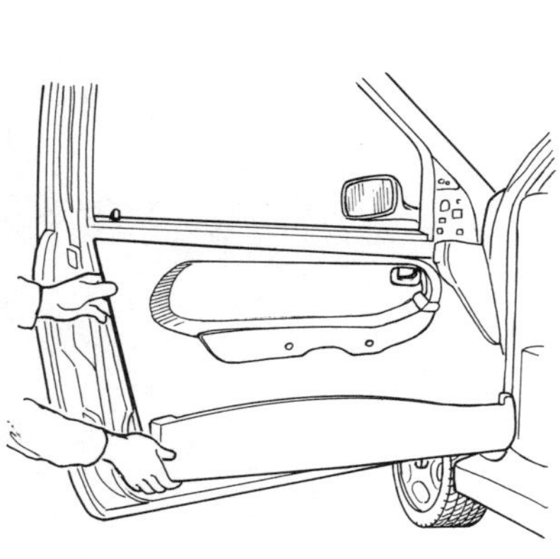

Figura 43. Una vez liberado de sus grapas, el guarnecido puede sacarse levantándolo ligeramente.

También puede utilizarse una herramienta especial, llamada *sacapasadores*, cuya boca sea del tamaño adecuado al diámetro del pasador (parte inferior de la fig. 40).

Si el pasador se encuentra oculto también puede utilizarse un buril (fig. 41). En este caso corresponde a un tirante, elemento encargado de que la puerta se abra hasta un tope máximo.

Antes de que el operario se lance a picar sobre un pasador desconocido será conveniente que lo someta a una inspección visual, ya que es muy corriente que estas piezas estén provistas de anillos de retención o grupillas, sin cuya retirada previa no sólo sería muy difícil la extracción, sino que se podría llegar fácilmente al deteriorio de la pieza si se insiste en el picado sobre ella.

Una vez desmontados los pasadores de las bisagras y del tirante, la puerta podría separarse de la carrocería, pero hay que tener en cuenta, todavía, la posible presencia de cables eléctricos. Constan de una ficha de conexión que hay que separar previamente a la retirada de la puerta.

Otro de los puntos que hay que tener en cuenta cuando se ha de trabajar en la plancha de las puertas, es el desmontaje de los tapizados y, quizá, de alguno de los accesorios internos.

El desguarnecido de la puerta comporta sacar el reposabrazos (que generalmente va sujeto por medio de tornillos, casi siempre de estrella); la maneta de abrir la puerta y el panel de guarnecido.

El panel de guarnecido o tapizado suele ir siempre engrapado, siendo por tanto necesario actuar con la ayuda de un destornillador largo, rodeado en su punta por un trapo a fin de no rayar la pintura, y haciendo palanca en toda la periferia del guarnecido hasta conseguir hacer saltar las grapas de su alojamiento.

En la figura 42 podemos ver la forma tradicional de proceder a la retirada del panel de guarnecido de una puerta en un coche de tipo medio. Haciendo palanca con el útil (1) cerca del lugar ocupado por las grapas se podrá ir haciendo saltar éstas y el guarnecido se irá desprendiendo paulatinamente. En esta situación lo muestra la figura 43 en donde, una vez suelto el panel, se puede observar cómo se eleva ligeramente hacia la parte superior y de esta forma se libra de sus enganches superiores.

Una vez sacado el guarnecido, son muchas las puertas que suelen llevar un protector de plástico como el que nos muestra ahora la figura 44. Es importante sacar este protector con todo cuidado para que no se deteriore y mucho menos se rompa, con el fin de poderlo instalar de nuevo cuando se termine la operación que justifica el desmontaje interno de la puerta. Una vez retirado este protector ya se tiene libre acceso a los mecanismos y planchas interiores de la puerta.

En el interior se va encontrar, fundamentalmente, el mecanismo del alzacristales y el de cierre centralizado de la puerta, altavoces, etc. Sobre todo, es necesario siempre proceder al desmontaje del primero para trabajar con una mínima comodidad.

No vamos ahora a ocuparnos de este desmontaje puesto que a los accesorios de la carrocería les dedicamos otro capítulo, de modo que vamos a considerar que la puerta ya está desnuda y en condiciones para trabajar en ella desde el punto de vista estrictamente de planchistería.

Trabajos de planchistería en las puertas

Toda puerta que no haya sufrido deformaciones en su estructura puede ser perfectamente reparada. Sin embargo, cuando las planchas que forman la estructura de la puerta han recibido un golpe lo bastante fuerte como para deformarse de una manera importante, la mejor solución es siempre proceder al cambio total de la puerta por lo difícil que iba a resultar su enderezado con garantías de que la puerta consiguiera abrirse y cerrarse con una suavidad razonable.

En el supuesto de que la estructura no se halle deformada se puede proceder a llevar a cabo uno de sus dos sistemas posibles que son:

a) Sustitución de la plancha exterior.
b) Restitución de la forma de la plancha.

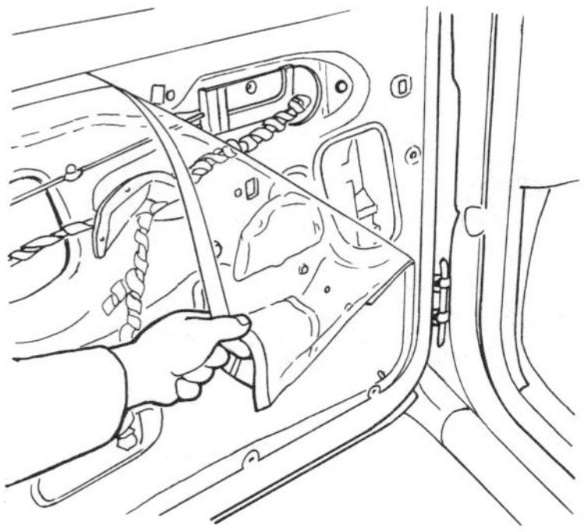

Figura 44. Sacando el protector de plástico.

a) Sustitución de la plancha exterior

Toda puerta de carrocería de automóvil, desde el punto de vista del diseño de las planchas, consta de dos partes:

Una primera zona interna, de plancha embutida, que constituye la estructura de la puerta y se caracteriza por las formas de refuerzo que posee y los vanos o aberturas que deja para permitir el paso y la colocación de los accesorios (fig. 45).

Existe también una segunda zona constituida por un panel de revestimiento exterior que está construido para acoplarse perfectamente a la parte de la estructura que se acaba de ver en la figura 45 y que, a su vez, se adapta a las formas exteriores de la carrocería. Este panel, que aparece en la figura 46, es el correspondiente a la plancha de revestimiento de la puerta anterior y el que, de recibir golpes, deberá sustituirse.

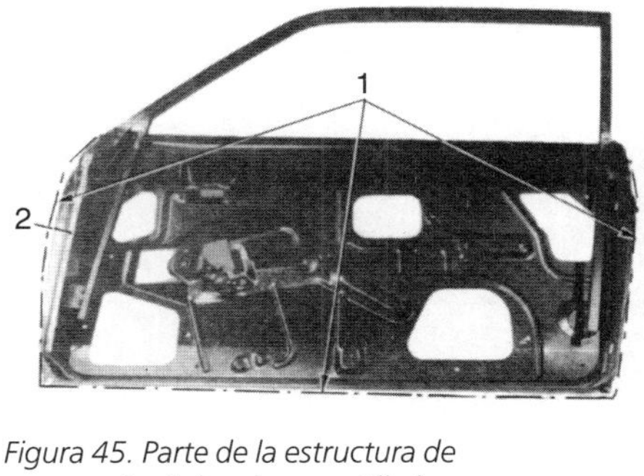

Figura 45. Parte de la estructura de una puerta. 1, bordes engatillados provistos de pegamento. 2, lugar para la colocación de la masilla insonorizante.

La unión de la plancha de revestimiento a la plancha de estructura se realiza generalmente por el procedimiento de la soldadura por puntos en toda la periferia. Pero puede darse también el caso de que la plancha se halle especialmente engatillada (precisamente con el fin de facilitar el desmontaje y montaje de la misma) o, como también es más corriente, que se halle sujeta con algunos puntos de soldadura y el resto engatillada.

Cuando se vaya a trabajar con una puerta cuyo ensamblado sea desconocido, se debe tener en cuenta previamente estos detalles y, antes de comenzar, efectuar un atento examen visual y táctil, o incluso, descubriendo con un esmerilado superficial el lugar de ubicación de los puntos de soldadura para llegar a conocer la forma de ensamblado que la pieza posea.

1. *Desmontaje del panel de revestimiento.* Una vez descubierto el sistema se actuará de acuerdo con él para el desmontaje de la plancha exterior que se supone con un alto estado de abolladura o plegamiento.

— Puerta soldada por puntos:

Si se trata de que la plancha se halla soldada por puntos en todo su perímetro de unión a la estructura, la forma de proceder deberá consistir en utilizar el martillo neumático y cortar todo el panel de la plancha de revestimiento por la zona lo más próxima posible a la línea de los puntos de soldadura.

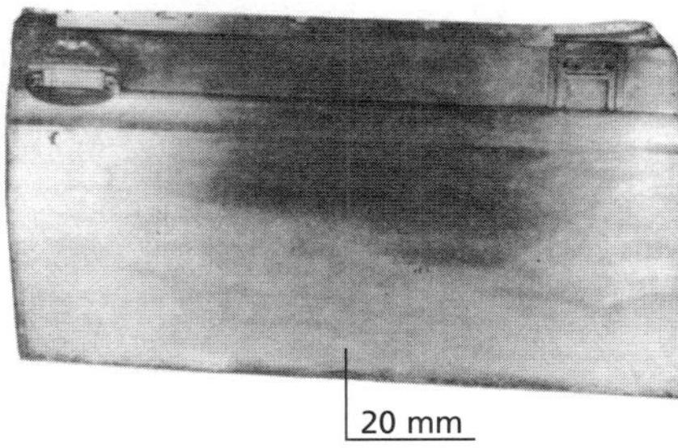

Figura 46. Plancha de revestimiento exterior de una puerta.

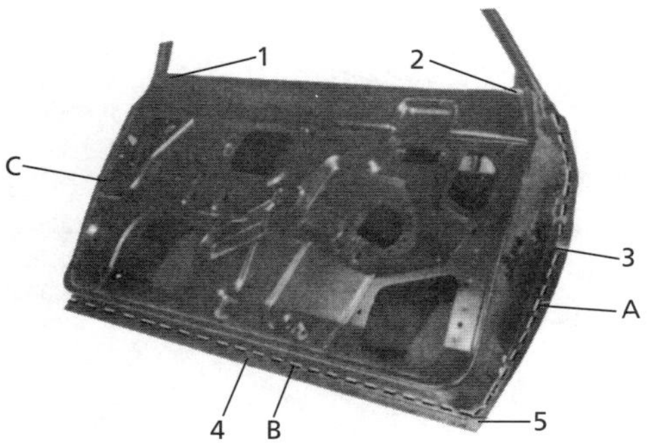

Figura 47. Sistema de plancha engatillada y pegada. 1 y 2, zonas de soldadura. 3 y 4, zona de soldadura por puntos. 5, arista. A, B y C, zonas a enmasillar.

Acto seguido, y como es habitual en estos casos, se procede a la extracción de los recortes de plancha adheridos a los puntos y luego a un esmerilado de las cabezas de los puntos viejos hasta conseguir su desaparición. Después se procede al repaso de las pestañas con un martillo y un tas para que recupere su linealidad toda la zona a la que se tendrá que soldarse la pieza de repuesto.

También es éste un buen momento para preparar las superficies por medio de la aplicación de pintura antióxido. Todo queda preparado así para recibir la pieza nueva.

— Puerta soldada y engatillada:

Existe también la posibilidad de que la puerta se halle sujeta únicamente con algunas pequeñas zonas de soldadura pero que el resto se halle engatillada, o incluso pegada, en lo que respecta a su unión entre plancha de revestimiento y estructura.

Este caso es el representado en la figura 47 y en ella, una forma de proceder correcta puede pasar por el siguiente proceso:

Para efectuar el desmontaje de la plancha deformada se comenzará por eliminar las zonas de soldadura que se encuentran en la parte superior, que es la señalada por las flechas 1 y 2 de la citada figura 47.

Este trabajo se lleva a cabo por medio de un soplete con el cual se debe calentar la soldadura que se indica hasta deshacerla.

Estas puertas también suelen llevar algunas partes en las que se encuentran algunas pequeñas longitudes de soldadura por puntos. En la figura 47 vemos estas zonas señaladas en los lugares indicados con los números 3 y 4. Se han de fresar estos puntos.

Una vez eliminado los puntos de soldadura, la extracción de la pestaña engatillada se lleva a cabo con un buril de corte lateral que se pasa entre la pestaña de la plancha de revestimiento y la que forma la estructura, de modo que de esta forma las pestañas se separan entre sí. Esto se indica en la figura 48 que muestra la forma descrita de proceder.

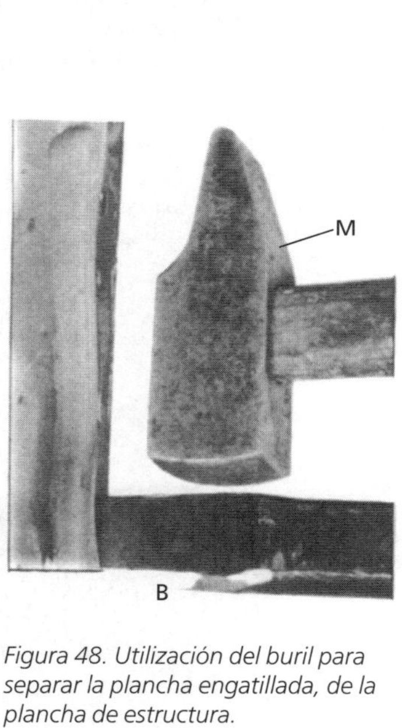

Figura 48. Utilización del buril para separar la plancha engatillada, de la plancha de estructura.

Obsérvese que el buril (B) se ha introducido en el engatillado de la plancha. El martillo (M) con el que se golpea en el canto del buril, hace que al desplazamiento de éste la pestaña se vaya abriendo. De esta forma se separan las dos piezas.

Esta operación se ha de realizar a lo largo de toda la zona marcada con línea de puntos en la figura 47.

En la zona de los extremos de las pestañas puede haerse uso de una esmeriladora para cortar los bordes que forman arista en las partes inferiores de la plancha de revestimiento, es decir, en la zona señalada con el número 5 de la figura 47. Ello facilitará la entrada inicial del buril.

Ésta es la técnica del desmontaje de este tipo de puertas.

Después de la operación de desmontaje del panel deteriorado sigue, como en todos los casos, la revisión del estado de las pestañas, o sea, de la parte mostrada y señalada con el número 1 en la anterior figura 45. En estas zonas se encontrará rastros de pegamento una vez desmontada la plancha.

Hay que eliminar todo rastro de pegamento de esta plancha sobre la que después deberá montarse la pieza de repuesto. Bastará un esmerilado para que el pegamento desaparezca.

A continuación hay que colocar el cordón de la masilla insonorizante sobre la parte del refuerzo señalado en 2 de la figura 45, con lo cual ya tendrá terminado el trabajo de preparación de la puerta para que reciba el panel nuevo de repuesto que constituirá el revestimiento exterior.

2. *Montaje del panel de revestimiento.* Con lo estudiado hasta este momento ya se tienen preparadas las estructuras de las puertas en los dos casos posibles en que pueden presentarse éstas. Ahora conviene efectuar el montaje del panel de revestimiento para cuya explicación vamos también a dividir en dos partes la descripción, según se trate de paneles soldados o engatillados.

Figura 49. Plegado correcto de las planchas para realizar el engatillado con la ayuda de un martillo pisón.

— Montaje del panel en una puerta soldada por puntos:

En el caso de la puerta soldada por puntos, y una vez retirado el panel deformado, se pasa a presentar la puerta sobre la estructura y se fija, provisionalmente, con entenallas autoblocantes.

Una vez el panel queda perfectamente fijado sobre la estructura deberá pasarse a la soldadura por puntos de toda la periferia.

El modo de proceder es, pues, el mismo que ya hemos estudiado tantas veces referido a cualquier operación de cambio de piezas. No vamos a insistir de nuevo.

Figura 50. Forma incorrecta de realizar el engatillado.

— Montaje del panel en una puerta engatillada:

Estas puertas presentan una forma de proceder que resulta original con respecto a todo lo estudiado hasta este momento para la unión de planchas.

En primer lugar, requiere efectuar unos trabajos de preparación del panel de revestimiento nuevo, el cual debe estar provisto del pegamento recomendado por el fabricante para que tenga la suficiente adherencia contra la plancha de estructura de la puerta.

En la figura 46 pudimos ver uno de estos paneles. Se le ha de aplicar, en la zona de unión de la estructura y a unos 20 mm por el reborde en toda su periferia, el citado pegamento aplicado con una espátula.

Una vez realizado el encolado de las dos zonas a unir se debe pasar a efectuar la unión de las dos piezas. Para ello se posiciona la plancha de revestimiento sobre su estructura con todo cuidado para que quede bien centrada, y se pasa a realizar su sujeción por medio de entenallas o lo que venimos llamando mordazas autoblocantes.

Seguidamente ya se puede cerrar la pestaña de la pieza de recambio con la ayuda de una sufridera y un martillo, pero con mucho cuidado de no marcar la plancha del panel, por lo que se aconseja utilizar una chapa de cobre como asiento.

También hay que tener en cuenta la buena forma de engatillar. En la figura 49 aparece un buen ejemplo de una forma correcta de llevar a cabo este trabajo, donde las dos planchas han quedado perfectamente aprisionadas. En cambio, debe evitar de actuar como se representa en la figura 50.

Una vez engatillada la pestaña se pasa a realizar las soldaduras por puntos en las zonas 3 y 4 de la figura 47, así como las soldaduras de metal en las partes señaladas en 1 y 2.

Antes de dar por terminado el montaje hay que tener la precaución de enmasillar, con pistola de presión, todo el reborde de unión de ambas planchas, por las zonas indicadas en A, B y C de la pasada figura 47.

La masilla que debe usarse será siempre la recomendada por el fabricante.

Una vez terminada así la unión es conveniente dejar secar el pegamento que pusimos en las dos planchas de unión, durante un período de tiempo de por lo menos una hora, a partir de cuyo momento ya se podrá llevar la puerta a los pintores para que le den las capas de esmalte correspondientes.

b) Restitución de la forma de la plancha

Ahora vamos a tratar el otro de los procedimientos que citábamos al principio. Se trata de conseguir la restitución de la forma del panel de revestimiento de la puerta sin necesidad de cambiarlo.

Cuando una puerta ha sufrido un golpe que la ha deformado, conseguir la restitución de la forma de la plancha sin el cambio de ésta y su sustitución por una pieza de repuesto, también puede ser posible aun cuando ello depende de la importancia del golpe y del tipo de deformación que la plancha haya sufrido.

Por ejemplo: cuando una plancha ha recibido una abolladura demasiado profunda ocurre que no solamente la plancha se deforma, sino que a la vez se estira, de modo que cuando se pretende desarrollar la parte castigada no es nada fácil recomponer la forma original porque la plancha tiene ahora, en determinados puntos, más longitud que antes.

Las técnicas de desabollado de las planchas son, por supuesto, aplicables al caso que nos ocupa ahora. Pero hay que tener en cuenta que las puertas disponen, en general, de una profundidad de embutición pequeña por lo que la recuperación de las formas suele ser más difícil en la plancha de estos elementos que en la propia aleta.

Hay que proceder, pues, con mucho cuidado en la forma de picar con el martillo para que no se produzca el estirado del material que traería consigo el abombamiento de la forma general de la plancha.

Siempre que se pueda, es mejor acudir al cambio del panel, a menos que los daños de las puertas sean poco importantes y pueda recuperarse fácilmente la forma mediante un picado suave o con la ayuda de tranchas, y se prevea un fácil disimulo de las partes rayadas por medio de un enmasillado superficial.

Una vez las puertas han sido reparadas y pintadas tendrán que montarse todos los accesorios que fueron previamente desmontados. También tendrá que montarse la puerta en la carrocería a base de colocar los pasadores de las bisagras, actuando de forma inversa a como vimos para el desmontaje.

Golpes recibidos en la parte trasera

Siguiendo con el orden de las reparaciones de plancha por elementos, nos quedan aún por estudiar las principales reparaciones que han de llevarse a cabo como consecuencia de golpes recibidos en la parte trasera de la carrocería.

Estos golpes son también bastante frecuentes y las reparaciones que provocan adoptan a veces características propias que es necesario conocer para tener una idea concreta de la forma total de actuar en el oficio del planchista.

De la misma forma que hemos estudiado anteriormente, también vamos aquí a elegir unos cuantos casos para tratarlos con detalle. De ellos pueden derivar la solución de la gran mayoría de las deformaciones de planchas que se hayan producido en la parte trasera.

Los casos seleccionados son los siguientes:

- Sustitución de revestimiento posterior.
- Sustitución de la aleta trasera.

Sustitución del revestimiento posterior

Un choque trasero de cierta importancia siempre suele repercutir en las piezas siguientes:

— El paragolpes o parachoques.
— La traviesa trasera, en la que se apoya el paragolpes.
— La plancha de revestimiento de cierre del maletero.
— El capó del maletero.
— La aleta trasera (probablemente).

Determinación de las piezas a sustituir

Ante un golpe de estas características conviene, antes de desmontar plancha alguna, comprobar cuáles han sido las piezas especialmente afectadas, para hacerse con ello cargo completo de la deformación, y proceder a su reparación.

Como ya hemos estudiado en todos los ejemplos de casos de este tipo, deberemos primero comprobar las cotas esenciales del cofre de equipajes para ver si los apoyos de la suspensión trasera han sufrido desviación.

También se deberá hacer lo mismo examinando a fondo el pasarruedas y, si el golpe no lo pone de manifiesto, compruébese también, no obstante, las cotas diagonales del vano del cofre de equipajes para evaluar de este modo la importancia del golpe y determinar la estrategia de la reparación.

Una vez comprobadas las mediciones, por medio de los gatos hidráulicos o de la escuadra, y realizadas las modificaciones provisionales convenientes en la plancha deformada (con el fin de recuperar una forma lo más parecida, en líneas generales, a la de origen) es cuando se debe decidir cuáles serán las piezas de plancha que deberán sustituirse, cerciorándose de que las que formen las estructuras no se hayan visto afectadas.

Desmontajes previos a la reparación

A la vista de los daños supongamos que se determina sustituir todo el revestimiento posterior y la aleta. Será cuestión de ponerse manos a la obra y comenzar por el desmontaje de todas las partes que pueden impedirnos el trabajo.

La primera operación va a consistir en desmontar todas aquellas partes mecánicas y eléctricas que puedan presentar alguna dificultad para el trabajo del corte de las planchas que se hallan deformadas, así como que puedan ser perjudicadas por el uso del soplete.

Mucha atención al depósito de gasolina que suele ocupar la parte baja de la zona trasera, y también a los conductos que transportan el combustible. Puede ser necesario su desmontaje. También los mazos de transporte de la corriente eléctrica son delicados y puede ser necesaria su protección (todo ello, por supuesto, después de haber desconectado la batería).

También se tendrán que quitar las alfombras, la rueda de repuesto, etc.

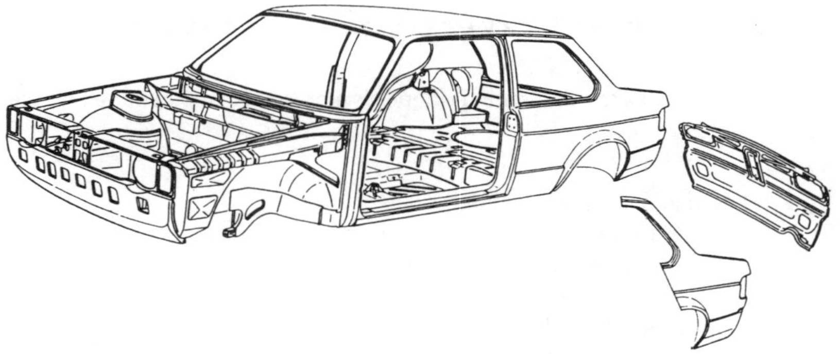

Figura 51. Carrocería de origen VW destacando algunas de las piezas que conforman la parte trasera.

Figura 52. Líneas de corte en el panel de revestimiento trasero.

Figura 53. Vista lateral posterior de las líneas de corte en una aleta trasera derecha.

Desmontaje de las planchas deformadas

En la figura 51 vemos las planchas que forman la parte trasera de un VW. Las aletas son diferentes según si el modelo es de dos o de cuatro puertas; el panel trasero es el mismo en ambos casos.

Figura 54. Vista lateral anterior de las líneas de corte en una aleta trasera derecha.

Figura 55. Línea de corte de la aleta en la zona de la luneta trasera.

En la figura 52 se representa el automóvil visto por detrás. El punteado marca las líneas de corte correspondientes al panel trasero. Igualmente, la figura 53 corresponde a las líneas de corte de la aleta trasera derecha. Las figuras 54 y 55 muestran dos detalles de dichas líneas de corte.

Para el corte de la plancha utilizaremos el martillo neumático, procurando no dañar la zona baja, y la sierra para acabar de cortar las partes más altas, que van soldadas a los paneles laterales.

Iniciaremos el corte por el panel trasero para continuar por la aleta.

Se debe observar una especial atención al corte cuando éste se realice en las zonas de unión con soldadura por puntos. En las figuras 54 y 55 se observan las zonas de unión en las que el corte debe hacerse con sumo cuidado: una de estas zonas servirá para el ajuste de la ventanilla trasera y no debe deformarse bajo ningún concepto.

Una vez desmontadas todas las planchas, que en nuestro ejemplo se suponen altamente deformadas a consecuencia de la colisión, la carrocería aparecerá como se aprecia en la figura 56.

Figura 56. Aspecto de la carrocería una vez se han extraído la aleta trasera derecha y el panel de revestimiento posterior, además de la tapa del maletero.

En este momento se presenta la oportunidad de revisar a fondo los posibles daños ocasionados por el golpe en la zona de las planchas de estructura. Por supuesto, si hay daños de este tipo, lo mejor va a ser que la carrocería sea puesta en la bancada con el fin de asegurarse, en el transcurso de la reparación, de que se devuelven las cotas esenciales a todas aquellas partes comprometidas de la estructura.

Suponiendo que no existen daños en la estructura continuaremos la reparación de sustitución de planchas en que ahora estamos trabajando.

Preparación de las superficies de contacto

Una vez desmontadas las piezas deformadas se tendrá que pasar al esmerilado de las cabezas de los puntos tras la retirada de los retales de plancha que han quedado adheridos a ellos durante el corte.

Luego convendrá repasar todas estas pestañas con un martillo y un tas para que recuperen su linealidad y se ajusten en las debidas condiciones a las planchas nuevas que seguidamente se montarán.

No debemos olvidar de aplicar la pintura antióxido a base de cinc para proteger de la corrosión a la plancha viva por el esmerilado y para mejorar el contacto eléctrico durante la aplicación de la soldadura.

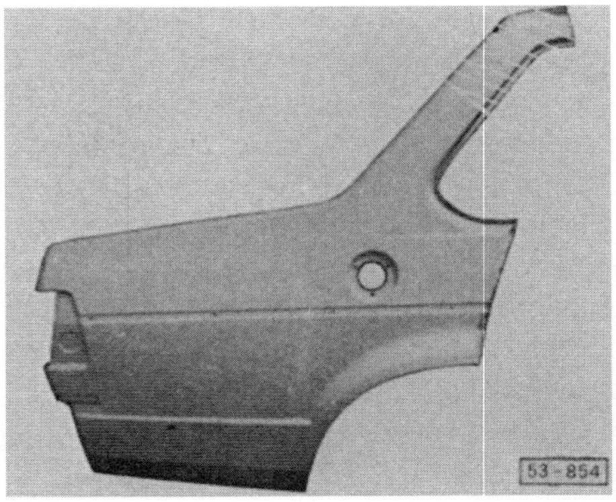

Figura 57. Pieza de repuesto procedente de fábrica para la sustitución de la aleta trasera derecha.

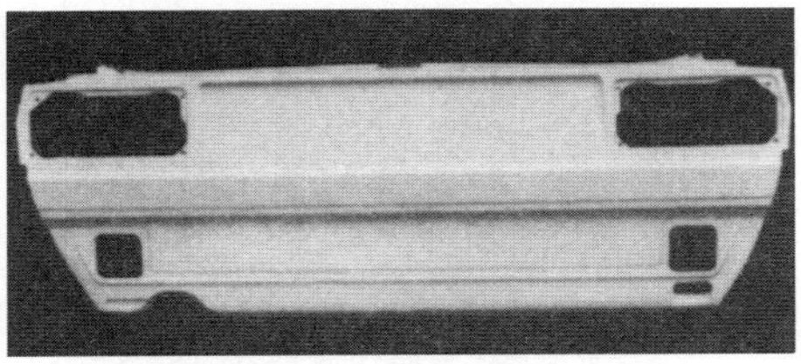

Figura 58. Pieza de repuesto del panel de revestimiento posterior.

Figura 59. Sujeción de la aleta con pinzas autoblocantes.

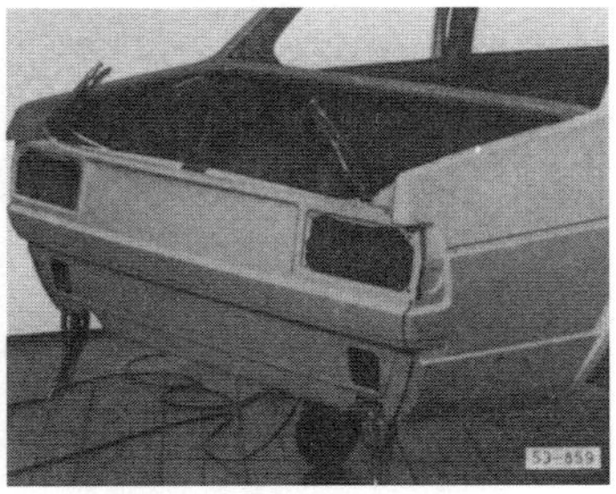

Figura 60. Sujeción del panel de revestimiento posterior utilizando pinzas autoblocantes.

Preparación de la pieza de repuesto

Pasemos a la segunda parte del trabajo de sustitución de planchas que siempre consiste en el corte de la plancha de repuesto para su presentación sobre la carrocería.

Una vez provisto de las planchas de repuesto correspondientes a las zonas dañadas, procederemos a trazar sobre la aleta la línea de corte, según las medidas previamente tomadas en la carrocería.

En la figura 57 vemos cómo queda dicha aleta una vez se ha efectuado el corte de la parte sobrante. Como siempre, se dejarán unos 10 mm de margen para el decanteado de la pieza.

Finalizado el corte se procederá al esmerilado de sus bordes y a la posterior aplicación de antioxidante de cinc.

El panel trasero se sustituye completamente y e, por lo tanto, una pieza completa (fig. 58). Únicamente deberemos preparar sus bordes para la soldadura, esmerilándolos y aplicándoles el antióxido.

Una vez terminado todo este proceso ya tendremos listas las dos piezas de recambio y podremos proceder a su montaje en la carrocería.

Presentación de las piezas

A continuación ya podemos pasar a la presentación de las piezas en la carrocería, en sus puntos de ubicación, junto a sus piezas vecinas.

Hay que procurar que las piezas nuevas se ajusten bien en sus zonas de apoyo sobre las planchas viejas, y cuando ello se consiga, asegurar el posicionado mediante el ajuste de las mordazas o entenallas autoblocantes.

Esto es lo que queda representado en la figura 59, en la que pueden verse las mordazas y la sujeción provisional de la aleta; en la figura 60 aparece la del panel trasero.

Una vez montadas de esta forma el panel trasero y la aleta se debe pasar a verificar las medidas del cofre de equipajes para no tener problemas, una vez realizada la soldadura, con el cierre de capó en esta parte de la carrocería (o con el portón trasero, en otros tipos de carrocerías).

La verificación de medidas se completa cuando se lleva a cabo la comprobación de diagonales en cada uno de los puntos del cofre, con la ayuda de un compás de puntas.

En las figuras de la 61 a la 65 aparecen las cotas esenciales del maletero, de la luneta trasera y la distancia entre el último taladro embellecedor del piso y el taladro de la esquina del paragolpes.

Figura 61. Cota longitudinal del marco para la tapa del maletero en una carrocería de un determinado modelo VW.

Figura 62. Cota transversal del marco para la tapa del maletero en una carrocería de un determinado modelo VW.

Figura 63. Cota longitudinal del marco de la luneta trasera.

Figura 64. Cota transversal del marco de la luneta trasera.

Figura 65. Distancia entre el último taladro del listón embellecedor del piso y el taladro para la esquina del parachoques.

En anteriores ocasiones ya hemos comentado que para obtener una reparación satisfactoria es importante acudir a la información técnica facilitada por los fabricantes de cada automóvil en concreto. Las cinco figuras antes citadas son parte de la información que suministra VOLKSWAGEN para uno de sus modelos.

Se supone que cuando existen variaciones con respecto a las cotas proporcionadas por el fabricante de la carrocería, se tiene que modificar el posicionado de las piezas presentadas, pero siempre sin perder el contacto con los bordes de soldadura mediante los cuales se unirán las piezas.

En la práctica del oficio del planchista es muy corriente que, después de presentada una pieza nueva, de repuesto, frente a las planchas vecinas que han de recibirla, se vea que existe gran dificultad para que esta pieza se adapte con naturalidad a todas las planchas que la rodean.

Utilizando las pinzas de presión (o entenallas o mordazas, como quiera llamárselas) se verá que cuando se tiene el panel nuevo bien colocado sobre el borde de una determinada pieza, la plancha se retira del lado opuesto y no hay forma de que se adapte a él hasta que no se aflojan las mordazas que aprisionaban la plancha por el lugar contrario. Pero en este momento, lo que ocurre es que se levanta de otro punto, de modo que no existe buen contacto con todas las planchas vecinas al mismo tiempo.

Cuando esto sucede no cabe duda que:

— O las planchas vecinas han sufrido durante el golpe ligeras desviaciones, no apreciables a la vista, que ahora hacen difícil su adaptación a la pieza nueva.

— O la pieza de repuesto que utilizaremos no está perfectamente adaptada al modelo de carrocería en el que estamos trabajando, ya sea por un defecto de fabricación o por haberse adquirido de un proveedor «pirata» (que no se abastece directamente de fábrica).

En cualquiera de estas dos circunstancias, el profesional planchista debe tener los suficientes recursos para conseguir hacer que las piezas se adapten bien entre ellas.

Ello se puede realizar por cualquiera de los siguientes procedimientos:

1. Requerir la presencia de uno o más operarios que nos ayuden a empujar hasta conseguir colocar las entenallas de modo que todo el conjunto se asiente por la fuerza en sus superficies correctas de contacto. Este sistema es bueno, pero sin exagerar, pues cuando la diferencia es notable se pueden ocasionar tensiones en la plancha.
2. Utilizar una barra de hierro como palanca y un soplete. Calentar ligeramente las planchas vecinas con el soplete y luego forzarlas con la palanca a que modifiquen ligeramente su posición. Cuando las planchas se enfrían habrán rectificado su posición inicial. Hay que tener práctica y saber qué plancha hay que calentar y dónde hay que obligarla para que ceda su conjunto.

Figura 66. Soldadura de la aleta. A, soldadura MIG-MAG. B, zona de la soldadura por puntos.

Corte común de las piezas

Una vez realizadas las operaciones descritas se procederá al corte en común de las planchas por la zona que queda superpuesta, gracias al margen de 10 mm que dejamos inicialmente.

Finalizado el corte habrá que esmerilar los bordes y protegerlos con pintura antióxido a base de cinc. Como puede se puede ver, el proceso se repite una y otra vez y con pocas diferencias entre unas y otras carrocerías.

Soldadura de las planchas

El orden a seguir para llevar a cabo los trabajos de soldadura es el siguiente:

1. Es conveniente realizar primero algunas soldaduras provisionales en las dos zonas A (fig. 66), para conseguir una sujeción más firme de a pieza, y pasar después a soldar la parte superior de la aleta mediante soldadura en atmósfera de gas inerte (variante MIG-MAG).

2. Seguidamente se pasa a los trabajos de soldadura por puntos para el resto de la pieza, pero es conveniente comenzar por la parte anterior de la aleta (fig. 66 zona B de la ventanilla) para contribuir a dar más solidez a la soldadura que se hizo borde contra borde al principio.
3. Se suelda la zona A central de la aleta mediante soldadura MIG-MAG y se pasa a soldar por puntos las otras zonas B (entrada del depósito y pestaña unida al pasarruedas). Así concluiremos la soldadura de la parte anterior del recambio de la aleta.
4. Se suelda por puntos la parte más baja, en la unión de la aleta al pasarruedas y al larguero. En la parte final coincidirá con la soldadura del panel trasero (fig. 67). Finalmente, y también por puntos, se suelda la parte superior y posterior de la aleta, en el marco de la luneta trasera (fig. 68).

Una vez realizadas todas estas soldaduras pasamos a efectuar la de la pieza de revestimiento posterior (panel trasero) que se debe soldar, por la parte baja, a la traviesa de la caja de la carrocería para formar el cofre del maletero.

En la figura 69 vemos la distribución de los puntos de soldadura que unen el panel trasero a la aleta y a la traviesa inferior, para formar así el conjunto de piezas que cierran el maletero.

Ésta es una zona que debe tener bastante rigidez y por ello se debe tener sumo cuidado en que la distancia entre los puntos no sea excesiva.

Trabajos finales

Una vez terminada la soldadura de toda la parte descrita conviene todavía que se fije en algunos detalles y lleve a cabo algunos trabajos de acabado.

Es muy frecuente, en algunas carrocerías, la presencia de zonas de la plancha que deben repasarse con soplete oxiacetilénico y varilla de latón para asegurar la estanqueidad al agua cuando ésta se evacua a través de las planchas del techo y del capó trasero.

En algunos casos el fabricante recomienda que estas zonas estén estañadas, como ocurría en la zona B de la figura 68, para conseguir la correcta estanqueidad. De no ser así, el agua podría infiltrarse hasta el cofre del maletero.

También hay que proceder al esmerilado de la soldadura por testa que se realizó al principio para alisar por completo esta parte de la reparación.

Por último, nunca hemos de olvidar reponer la protección anticorrosión y las masillas en todos los cajeados que forman parte de las piezas sustituidas durante la reparación.

En la figura 70 se observan todas las zonas que deben protegerse e inso-

Figura 67. Soldadura por puntos de la aleta con el larguero en su parte posterior.

Figura 68. Soldadura de la aleta en el marco de la luneta posterior. A, soldadura por puntos. B, soldadura por puntos con esquinas estañadas.

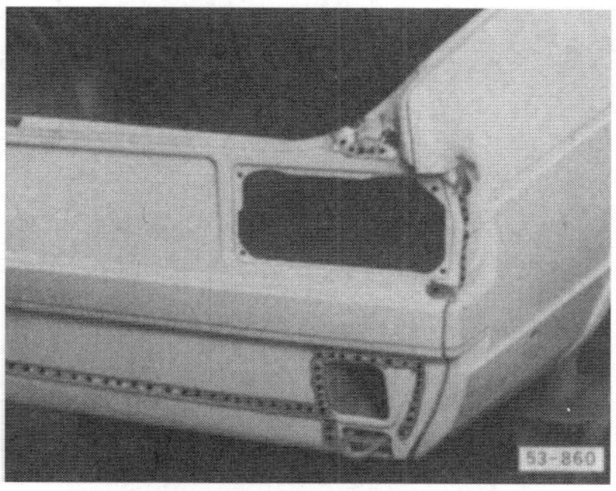

Figura 69. Soldadura por puntos entre el panel de revestimiento posterior y la aleta.

Figura 70. Zonas de la carrocería de un determinado modelo VW en las que debe aplicarse los sistemas de la protección e insonorización.

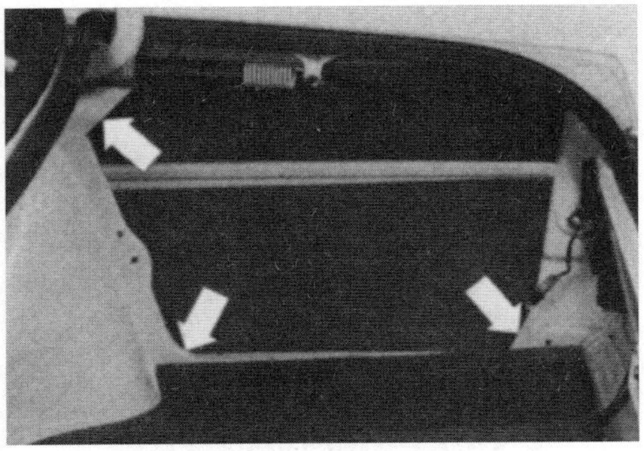

Figura 71. Áreas concretas de protección e insonorización en la zona de la carrocería que acabamos de reparar.

norizarse en un VW (cuatro puertas). En la figura 71 se señalan los puntos concretos en la zona que acabamos de reparar.

Sustitución de la aleta trasera

Un golpe trasero puede ser recibido de una forma lateral de modo que sólo interese a la zona de una aleta trasera. Sin embargo, esta aleta, a diferencia de la delantera que hemos estudiado en el capítulo anterior, no va atornillada y su reparación debe seguir, por consiguiente, otros caminos diferentes. De ellos vamos a ocuparnos en este momento.

En la figura 72 tenemos una carrocería que ha sufrido un golpe en la parte de la aleta trasera, en la zona sombreada de la figura, y es en ella en la que vamos a trabajar para sustituir esta parte.

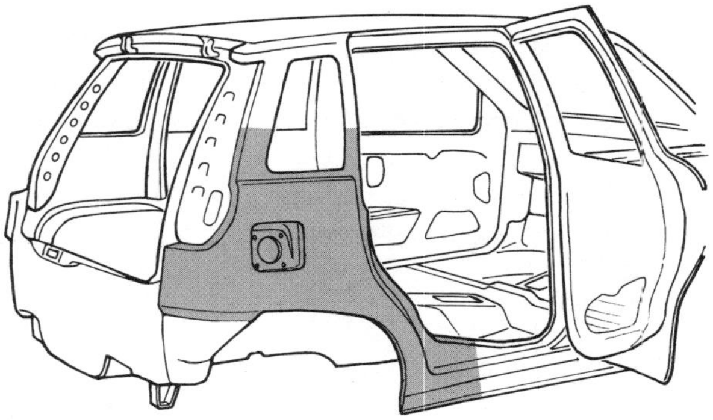

Figura 72. Sustitución de una aleta trasera en otro tipo de carrocería. La plancha de la zona sombreada es la que se debe sustituir.

Ante un golpe en esta zona lo primero se ha de comprobar, como en la gran mayoría de los casos, es si se han producido otras deformaciones en las planchas vecinas. Sería posible que al vano del maletero se hubiera transmitido los efectos del golpe recibido por la aleta, de modo que es imprescindible, para conocer el alcance de la reparación, comprobar las cotas de la cuadratura de la parte indicada.

Si en estas planchas vecinas se observan daños de poca consideración, se deberá tener en cuenta que es necesario proceder a repararlos antes de tirar adelante el trabajo de sustitución de la plancha de la aleta, del modo que ya iremos viendo.

Por el momento, el primer trabajo va a consistir en el desmontaje de la aleta deteriorada, para lo cual será necesario, en la mayoría de los casos, realizar algunos desmontajes de elementos que se apoyan en esta pieza. Por ejemplo, en la parte interior del habitáculo deberá sacarse el asiento trasero y los cinturones de seguridad también traseros, mientras en la parte exterior será necesario pasar a sacar el paragolpes, en muchos casos la rueda de recambio, el grupo de ópticas posteriores, el panel interior del guardabarros, etc. Si la aleta afectada es la derecha, como ocurre en nuestro supuesto, se tendrá que proceder a desmontar o a proteger el depósito de combustible cuyo conducto de entrada de la gasolina tendrá su boca y su conducto formando parte de la aleta trasera, tal como veremos en las figuras que mostraremos a continuación.

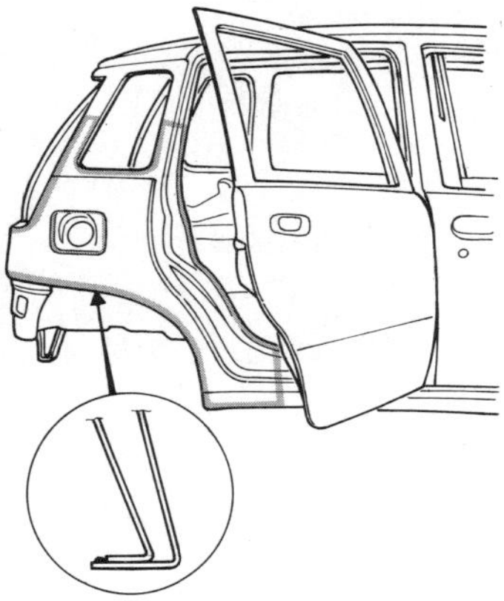

Figura 73. La línea de trazos determina el lugar por el que se ha de cortar la pieza que se supone deformada. El detalle muestra el plegado de las planchas en el punto indicado.

Como en todos los casos, una vez que se tenga despejada la zona de trabajo con los desmontajes de elementos y piezas vecinas que acabamos de indicar, se pasará a realizar el corte de la pieza accidentada. En las figuras 73 y 74 nos hallamos frente a la carrocería de un automóvil popular donde podemos ver la dirección que debe hacerse del corte de la pieza. En primer lugar, tenemos en la figura 73 señalado con líneas interrumpidas el lugar donde se debe cortar. Obsérvese que en la zona de la puerta el corte interesará el estribo y buena parte del marco de la misma puerta. El detalle que acompaña a la figura indica la disposición de las planchas, es decir, la de revestimiento y la del guardabarros. Por otro lado, en la figura 74 tenemos la forma del corte en la zona más trasera de la pieza indicándose aquí en el detalle la disposición de las planchas. Obsérvese que también será necesario hacer el corte de la aleta en la parte donde está la embocadura para el repostaje de combustible.

Una vez determinado el lugar de corte se procede a llevar a cabo esta operación con la ayuda de un martillo neumático o bien de un escoplo o cortafrío y un martillo si el operario prefiere realizar este trabajo de corte de una forma manual. Esta operación es la que muestran las figuras 75 y 76, actuando aquí con un martillo neumático y actuando en diferentes zonas de la aleta. En la primera de estas figuras se actúa a lo largo del borde de la ventanilla trasera, mientras en la segunda figura se trabaja en la unión de esta plancha al pasarruedas.

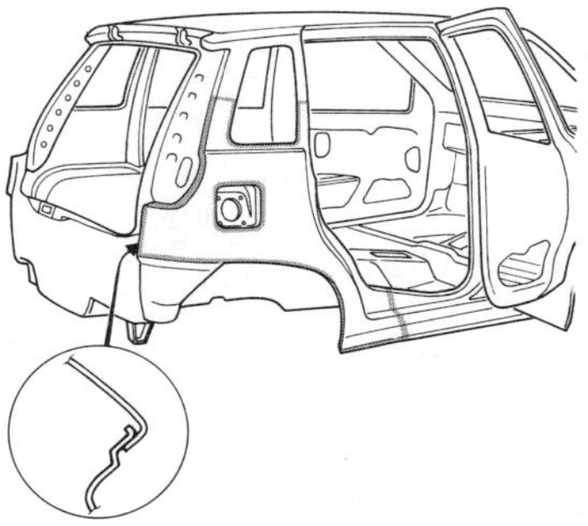

Figura 74. Otro aspecto de la pieza anterior indicando también el lugar por el que se ha de hacer el corte. El detalle muestra el plegado de las planchas en el punto indicado.

Figura 75. Aquí se está procediendo a la operación de corte de la plancha que se desecha.

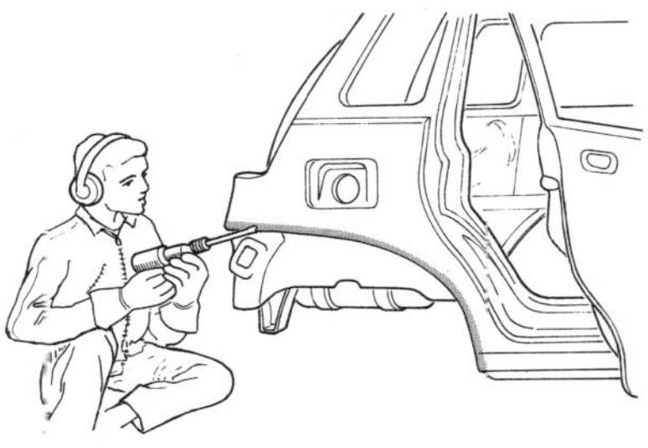

Figura 76. Corte de la parte baja con un martillo neumático.

A continuación, para liberar la pieza desechada se tiene que actuar en la embocadura de repostaje con el escoplo y el martillo rompiendo la pestaña de la aleta sobre la boca, de la forma que se está haciendo en la figura 77. Por último, y con una sierra de mano, se deberá cortar la parte final del estribo montada en el larguero, de la manera que nos muestra la nueva figura 78.

Figura 77. Desmontaje de la embocadura de repostaje con un cortafrío y un martillo.

Figura 78. Corte de la pieza que se desecha con una sierra de mano en la parte del final del estribo y su larguero correspondiente.

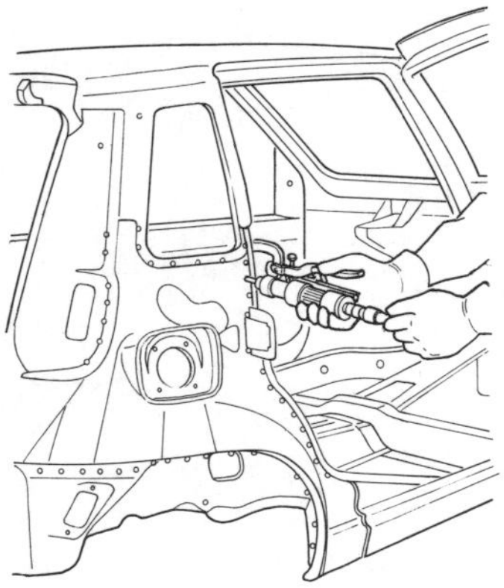

Figura 79. Una vez retirada la pieza deformada se deberá pasar a eliminar los resaltes de los puntos de soldadura.

Con las operaciones que acabamos de ver podremos liberar la pieza deformada y separarla del resto de la carrocería. Ahora, y como ocurre siempre en estos caso y hemos descrito en otras muchas operaciones en este mismo libro, se pasa a liberar la plancha que se aprovecha, de los recortes de plancha que han quedado adosados a los puntos de soldadura en la operación de cortado anterior. Esta operación se lleva a cabo con unas tenazas. Sin embargo, previamente se habrán tenido que eliminar los puntos de soldadura por medio de una fresadora de mano y ésta es la operación que nos presenta ahora la figura 79.

Una vez eliminados los puntos y retirados los retales de plancha se pasa a enderezar las pestañas de las planchas que se aprovechan, cosa que se hace con la ayuda de un tas y un martillo, de la forma que nos muestra la nueva figura 80.

Finalmente, con la ayuda de la esmeriladora dejaremos toda la superficie de contacto de las planchas que se aprovechan en perfectas condiciones para que estén preparadas para recibir la plancha de recambio que vamos a instalarle seguidamente. Por consiguiente, el esmerilado debe hacerse en toda la zona de acoplamiento que es la mostrada en la figura 81. Con estas operaciones ya tendremos preparada la superficie de recepción y ahora iremos a preparar la pieza de repuesto.

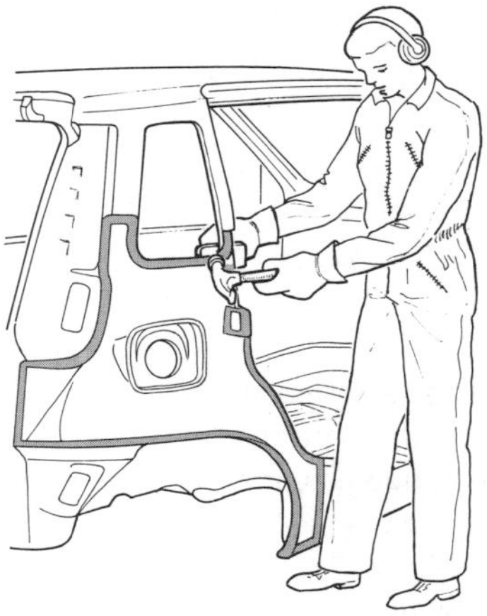

Figura 80. Operación de enderezado de los bordes de la plancha que se aprovecha con la ayuda de un tas y un martillo.

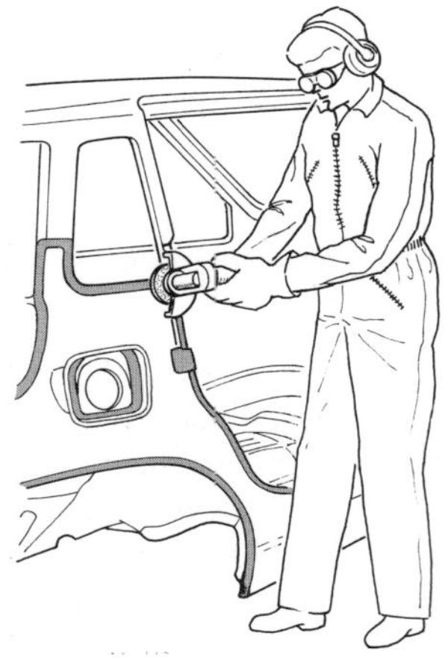

Figura 81. Esmerilado de las superficies de contacto de las planchas aprovechadas.

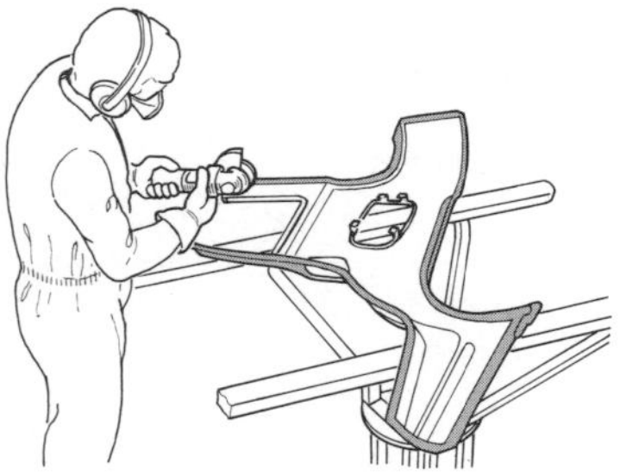

Figura 82. Preparación de la pieza de repuesto antes de instalarla.

Preparación de la pieza de repuesto

Así pues, por otro lado, colocaremos ahora la pieza de repuesto sobre unos caballetes de madera y comenzaremos a prepararla para que se acople a la carrocería. La primera operación nos la muestra la figura 82 y consiste en sacar el tratamiento anticorrosión que la pieza trae de fábrica para su conservación durante el almacenaje. Esta limpieza debe ceñirse exclusivamente a aquellas pestañas y zonas que han de unirse a las planchas que se aprovechan, es decir, al perímetro de la pieza. La operación se lleva a cabo con la esmeriladora de disco, como puede apreciarse.

Una vez bien limpio este perímetro se procede a pintarlo con una protección anticorrosiva galvanizante para facilitar la acción de la soldadura eléctrica por puntos que después veremos.

Antes de instalar la pieza se ha de proceder, en el caso de las aletas derechas, a soldar por puntos la pieza de plancha de la embocadura de repostaje. Ésta es la operación que se está realizando y podemos ver en la figura 83.

Con lo indicado hasta aquí podemos decir que ya tenemos preparadas las planchas de la carrocería que han de recibir al repuesto y, por otra parte, también tenemos éste en condiciones de instalarse. Así pues, pasemos a la segunda parte del proceso de esta reparación.

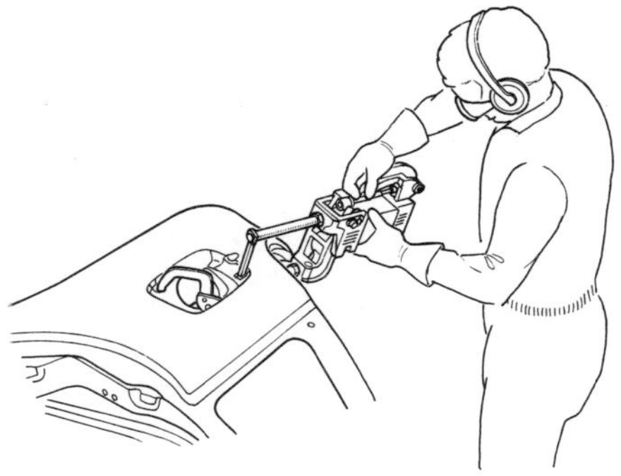

Figura 83. Soldando la pieza de la embocadura para el llenado del depósito de combustible.

Instalación del recambio

La operación siguiente consiste en colocar la pieza de recambio presentada sobre la carrocería y sujeta provisionalmente por medio de mordazas autoblocantes. Es lo que nos enseña la figura 84. Comoquiera que la pieza completa tiene algunas partes que son de mayor longitud de la necesaria (para facilitar la instalación y el corte, como veremos) por el momento la aleta de recambio deberá quedar superpuesta a las zonas indicadas con las letras A, B y C.

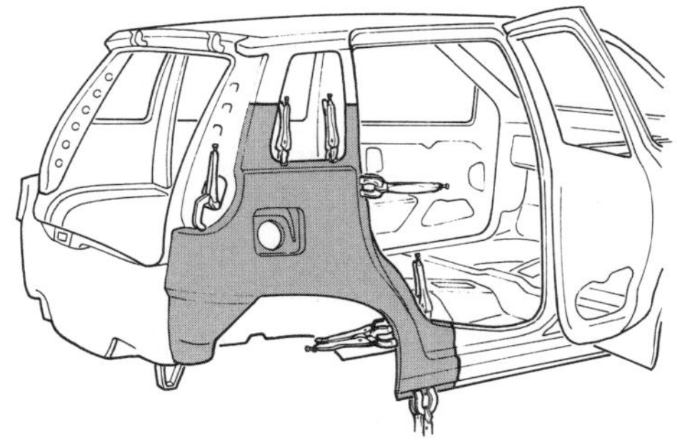

Figura 84. Presentación y montaje provisional de la pieza de repuesto, sujeta con pinzas autoblocantes. A, B y C, zonas de superposición de las planchas.

A continuación, ha llegado el momento de trazar la línea de corte sobre los bordes del marco del cristal trasero, operación que vemos se está realizando en la figura 85. El trazado deberá dejar la distancia de un milímetro, tal como se indica en la figura para permitir la soldadura por testa de esta pieza, de la forma que veremos más adelante.

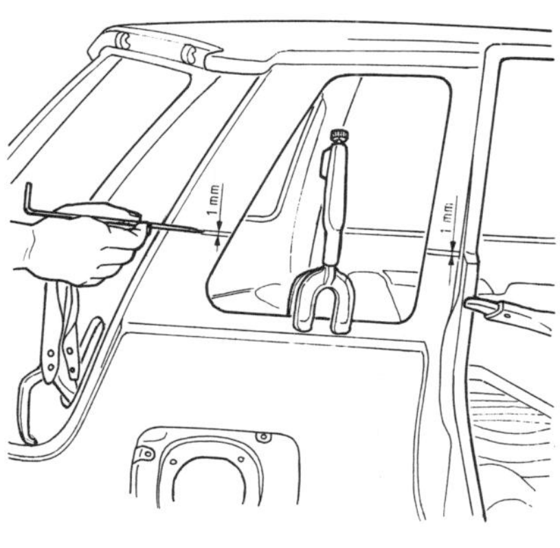

Figura 85. Trazado de la línea de corte en los montantes de la ventanilla trasera.

Figura 86. Serrado de las piezas superpuestas en la zona del estribo.

Una vez marcada la línea de trazado se hace lo mismo con la zona del estribo en un punto (como en el caso anterior) que interesa a la plancha de repuesto y al estribo no recortado. Una vez determinada esta línea de corte se pasa, con una sierra, a efectuar esta operación de corte en el estribo que es lo que nos enseña ahora la figura 86.

Después de haber efectuado las operaciones que se acaban de describir se procede a sacar la aleta de recambio de su presentación sobre las planchas que han de recibirla en la carrocería y de nuevo se deja aparte. Ahora conviene realizar el corte de los montantes laterales de la ventanilla trasera por el lugar indicado en el trazado que hicimos en la figura 85 y ésta es la operación que nos muestra ahora la nueva figura 87.

Una vez cortados los montantes se pasa a preparar las pestañas y las zonas de encuentro de las planchas que se aprovechan de la carrocería para recibir y soldar la pieza de repuesto. Con un pincel, y de la forma que se aprecia en la figura 88, se le aplica a todo el perímetro de estas piezas el tratamiento electrogalvanizante de las mismas características al que recibió la pieza de recambio anteriormente.

Figura 87. Corte de los extremos de los montantes de la ventanilla trasera siguiendo la línea de trazado que tomamos en la figura 85.

Montaje definitivo de la aleta de repuesto

Ahora se vuelve a presentar la aleta de recambio sobre todas la planchas que han de acogerla y se sujeta con las mordazas autoblocantes. Lo primero que se ha de conseguir es que se ajuste con naturalidad en su posición y se encare perfectamente en sus extremos con las planchas que han de recibirla (montantes de la ventanilla traseras y estribo) con toda corrección y linealidad.

Cuando se vea que su ajuste es bueno, y manteniendo las mordazas autoblocantes, se le dan algunos puntos de soldadura para que la pieza se mantenga firme en su posición. Esto es lo que se está haciendo en la figura 89.

A continuación hay que comprobar si este montaje provisional es, sin embargo, perfecto. Para ello se deberá proceder al montaje de todos los elementos vecinos que se ajustarán con la pieza nueva, es decir, la puerta trasera derecha (en este caso) y el portón del maletero con su correspondiente cerradura. La prueba ha de realizarse como si la aleta nueva estuviera ya soldada. Así

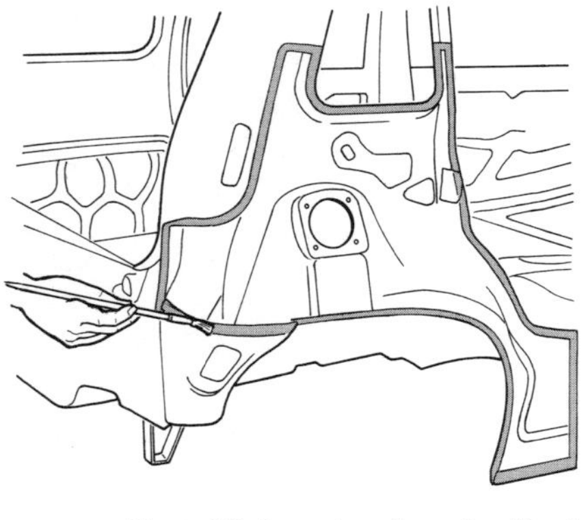

Figura 88. Proceder a la protección de la zona que va a soldarse con pintura electrogalvanizante.

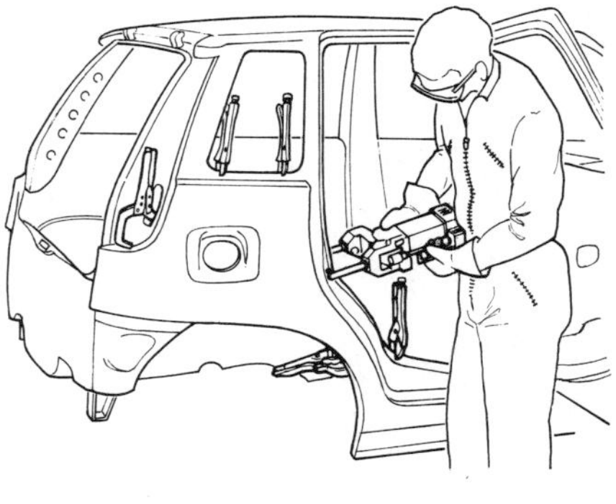

Figura 89. Aquí se está procediendo a dar algunos puntos de soldadura a la pieza presentada para que esté sujeta y preparada para la prueba que se hará a continuación.

Figura 90. Montaje de todas las piezas y conjuntos vecinos, antes de proceder a la soldadura definitiva, para ver si sus cotas de linealidad y ajuste son correctas.

lo vemos en la figura 90. Éste es el momento de verificar el ajuste de la linealidad de todas estas piezas y su perfecto asentamiento entre ellas. Solamente cuando se esté seguro de la perfecta alineación de todas estas piezas entre sí se podrá pasar a la operación siguiente, que será la de ejecutar su soldadura definitiva. Ésta es la operación que nos muestra ahora la figura 91. Aquí se está haciendo la primera operación que consiste en soldar en los bordes del anillo de la puerta. Después se pasa a soldar la brida del resbalón de la cerradura (fig. 92) y luego la zona del pasarruedas, tal como se aprecia en la nueva figura 93. Los trabajos de soldadura por puntos se continuarán con el soldado del embocamiento para el llenado del depósito de combustible.

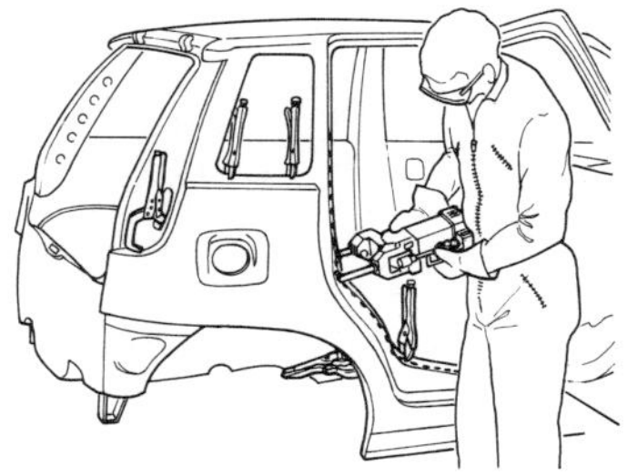

Figura 91. Procediendo a soldar por puntos la pieza de repuesto en los bordes del anillo de la puerta.

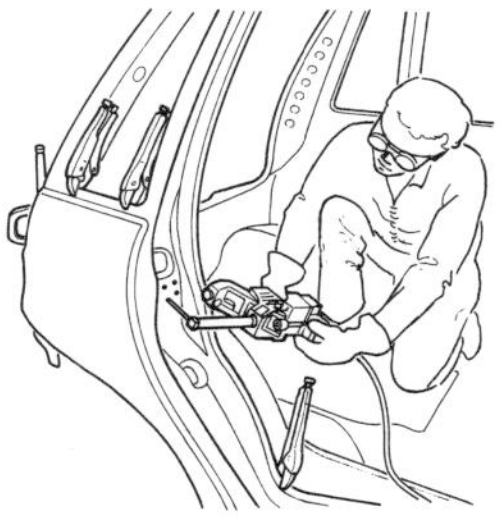

Figura 92. Soldando por puntos la brida de sujeción del resbalón de la cerradura de la puerta trasera.

Figura 93. Aquí se está soldando la parte de unión de las planchas entre aleta y pasarruedas.

A continuación se deberá pasar a realizar los trabajos de soldadura de cordón continuo, comenzando por la soldadura de la testa de las planchas que se enfrentan en los montantes de la ventanilla trasera. Este trabajo se está realizando en la figura 94.

Después se necesitará seguir el mismo procedimiento de soldadura en la zona de alojamiento de las luces traseras, que es la operación que nos muestra la figura 95, con lo que el perímetro de la pieza de repuesto se puede decir que

Figura 94. Ahora se pasa a realizar las soldaduras de cordón continuo. Aquí se están soldando las piezas en la línea de trazado entre montantes de la ventanilla y la pieza nueva.

Figura 95. Soldando con cordón la zona de alojamiento de las luces traseras.

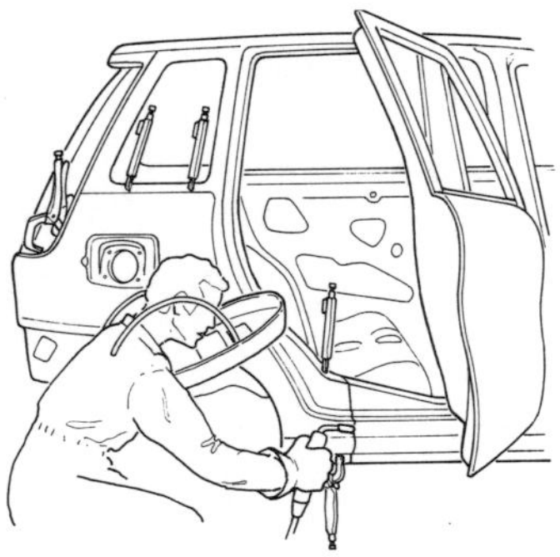

Figura 96. Soldando la unión de la plancha nueva de la aleta al estribo y larguero.

Figura 97. Repaso con un tas y un martillo de las planchas para eliminar posibles deformaciones.

ya está acoplado a sus planchas vecinas. Sólo nos falta realizar la soldadura continua de la parte del estribo, que es lo que nos muestra la figura 96.

Terminados los trabajos de soldadura nos quedará por hacer un repaso general del estado de las planchas soldadas. Es posible que se tengan que corregir ligeramente algunas deformaciones a que haya dado lugar la soldadura. Esta operación se puede llevar a cabo con un martillo y un tas del modo que es tradicional en estos casos y que podemos ver está haciendo el operario de la figura 97.

Por último, ya se podrá pasar a quitar los restos de los puntos de soldadura con una esmeriladora de disco y dejar las planchas en perfecto estado. También se pasará a sellar las juntas y a aplicarles pintura anticorrosión con todo el tratamiento que ello comporta y que ya se ha descrito en anteriores páginas, tema sobre el que, dada su importancia, volveremos a hablar enseguida.

Después de haber realizado todo lo dicho, la pieza estará ya montada y el automóvil dispuesto para pasar a que trabajen en ella los pintores.

Resumen de la forma general de proceder

El estudio del tema general que hemos dedicado a la reparación de planchas por elementos comprendía las reparaciones más corrientes que se llevan a cabo en un taller de chapa.

Los casos que hemos elegido servirán de ejemplo para llevar a cabo otros trabajos, que es posible que no sean exactamente iguales pero sí muy parecidos y en los que, desde luego, la técnica del trabajo y la estrategia del mismo, serán prácticamente idénticas a lo que se acaba de estudiar en el presente capítulo y en el anterior.

Así pues, conviene tener en cuenta el proceso general que siempre se debe seguir frente a una reparación de plancha y que se resume en los nueve puntos siguientes:

1. Evaluación de los daños.
2. Decisión de la estrategia a seguir en la reparación.
3. Desmontaje de la plancha deteriorada.
4. Preparación de las superficies de contacto.
5. Preparación de la pieza de repuesto.
6. Presentación de la pieza y corte común.
7. Presentación definitiva para la soldadura.
8. Soldadura de las planchas.
9. Pintado de anticorrosión y antirruido y sellado.

Como se puede observar, estos nueve puntos son los mismos que se han seguido en todos los casos tratados hasta ahora en la reparación de planchas por elementos.

Del mismo modo estos nueve puntos deberán seguirse siempre en el caso de que aparezcan reparaciones que no sean exactamente iguales a las que hemos descrito.

Para resumir este tema de una manera definitiva vamos a hacer, en lo que resta de capítulo, un comentario de cada uno de los puntos propuestos, pero tratados siempre desde el punto de vista del trabajo en el taller, es decir, de lo que ocurre en la práctica.

1. Evaluación de los daños

Requiere bastante práctica saber evaluar los daños de una colisión sobre la plancha de una carrocería de una manera rápida valiéndose de comprobaciones visuales y táctiles.

Lo primero que se debe comprobar es el estado de deformación en que han quedado las planchas de estructura. Son fácilmente reparables los pilares, el estribo, las planchas del paso de ruedas, las traviesas y, por supuesto, todas las zonas de estructura de las planchas de revestimiento.

Todas las zonas de estructura que afectan a los anclajes del motor, suspensión, dirección, etc., pueden ser mucho más difíciles de reparar y, por lo mismo, pueden requerir muchas horas. Por supuesto se tendrá que pensar en colocar la carrocería en la bancada y en este caso no deberá olvidarse el precio y las horas de la tarea de desmontaje de órganos mecánicos que va a comportar este trabajo.

Cuando se trata de coches pequeños y baratos, y ante una colisión importante, una reparación a fondo de la plancha puede requerir tal número de horas de trabajo que su facturación es muy posible que no sea lógica desde el punto de vista económico. Esto hay que tenerlo siempre en cuenta y advertirlo a su propietario, pues según la edad y estado del coche, puede resultarle más conveniente la compra de un coche nuevo.

En algunos casos, hay talleres que se arriesgan a realizar reparaciones superficiales, que dejan el aspecto exterior del coche en perfectas condiciones, pero que no resuelven defectos de estructura internos, cosa que llevan a cabo ante la presión y recorte de sus presupuestos por parte de los propietarios o de las compañías de seguros. Esta actitud es irresponsable e indigna de un profesional, pues en momentos críticos, el automóvil puede volverse inestable y ocasionar un grave accidente de consecuencia fatales.

2. Decisión de la estrategia a seguir en la reparación

El más alto porcentaje de reparaciones que se presentan en un taller de chapistería viene provocado por deformaciones en las planchas de revestimiento y, en todo caso, en zonas muy próximas de estructura, pero fácilmente reparables.

El planchista debe saber decidir por cuál de los dos sistemas fundamentales va a resultar más económica la reparación: o efectuando los trabajos de desabollado a base de picado y puntos al rojo, o cambiando total o parcialmente la pieza.

Esto hay que decirlo antes de hacer el presupuesto para el cliente y determinará la estrategia a seguir en la reparación.

Por supuesto, cuando el estado de las planchas de revestimiento es de deformación importante hay que acudir siempre al sistema de la sustitución de las planchas, pues es mucho más barato y el resultado siempre es siempre mejor a pesar de contar con una gran habilidad por parte del operario.

3. Desmontaje de la plancha deteriorada

Existen planchas que van atornilladas, como es el caso de las aletas delanteras. Su desmontaje es bastante fácil y basta con la retirada de los tornillos que las sujetan y algunos otros anclajes de fácil retirada. Pero existen también (y así son la mayoría de las otras piezas de plancha) piezas que van soldadas.

El procedimiento para desmontar las planchas deterioradas que van soldadas es siempre el mismo:

— Uso del servicio neumático cuando hay que cortar la plancha por lugares donde no existe soldadura. Al utilizar este serrucho hay que tener en cuenta no cortar planchas que se encuentren por debajo de la plancha que nos interesa cortar. En estos casos se trabaja con mayor precisión con una sierra de mano.
— Uso del martillo neumático cuando se trata de romper la plancha por lugares próximos a la línea de puntos de soldadura. El martillo neumático es muy práctico pero no lo tienen en todos los talleres en donde lo sustituyen por un cincel y un martillo de mano. El procedimiento resulta más lento y menos preciso pero posible e igualmente efectivo. En este caso se debe velar por no deformar las planchas vecinas mientras se pica, o hacerlo lo menos posible.
— Uso del fresado de los puntos, que es el mejor sistema para desmontar una plancha, siempre que los puntos de soldadura quedan a la vista. Si no es así será necesario utilizar el martillo neumático.

Si se utiliza el cincel o el martillo neumático habrá que proceder a sacar los restos de plancha, cosa que puede hacerse con unas tenazas. La plancha se romperá fácilmente ante la presión de las tenazas y los retales saldrán de su alojamiento, dejando, no obstante, las cabezas de los puntos.

Estas cabezas deberán siempre esmerilarse hasta hacerlas desaparecer de la plancha, de modo que las chapas vecinas que van a recibir a la nueva se encuentren limpias de obstáculos para su ajuste correcto. El trabajo de esmerilado se realiza con una máquina portátil eléctrica.

4. Preparación de las superficies de contacto

Con lo dicho hasta este momento ya se habrá desmontado la plancha deteriorada.

A continuación, y en todos los casos, se deberá cuidar la perfecta linealidad de todas aquellas superficies de las planchas aprovechadas que van a tomar contacto con la pieza nueva de repuesto que se colocará después.

Al sacar la plancha deteriorada, ya sea por el estirado de las zonas de los puntos o por los golpes recibidos con el cincel, etc., la plancha tendrá tendencia a haberse deformado ligeramente.

Para que la nueva pieza se ajuste perfectamente sobre esta superficie, tal como lo hacía la antigua cuando se encontraba en perfecto estado, es necesario pasar siempre a repasar todas estas superficies para dejarlas en perfectas condiciones.

Piénsese que esta operación reviste la máxima importancia, pues de una buena linealidad de esta superficies dependerá después que la pieza nueva no tenga que sufrir retoques en su posicionado y se adapte con toda naturalidad sobre las planchas vecinas.

Con el martillo y un tas es como se consigue, en la mayoría de los casos, hacer que las pestañas y superficies de contacto de las planchas vecinas recobren su forma de origen. En otras ocasiones puede acudirse incluso a un ligero calentamiento, si ello fuera necesario, con repicado de ciertas partes más deformadas.

Una vez asegurada la linealidad, hay que proceder a un esmerilado de todas estas superficies hasta dejar la plancha viva. Éste es el momento en que debe ponerse una capa muy ligera de pintura antióxido a base de cinc, la cual reúne a sus condiciones de anticorrosión la características de permitir libremente el paso de la corriente eléctrica, cosa que será fundamental cuando se vaya a soldar por puntos en la siguiente operación.

Nunca se debe soldar por puntos sobre superficies no tratadas de la forma que se acaba de decir, pues las imprimaciones que posee la plancha no son perfectas conductoras de la electricidad y crean una resistencia eléctrica que modifica la calidad de la soldadura realizada.

Sobre la aplicación de las protecciones anticorrosión y de estas pinturas en general nos ocuparemos en el último de los casos que ahora estamos comentando.

5. Preparación de la pieza de repuesto

En todas las reparaciones de plancha de este tipo, el paso siguiente consiste en la preparación de las piezas de repuesto para que sea recibida en la carrocería.

a) Aprovechamiento total de la pieza de repuesto.
b) Sustitución parcial con la pieza de repuesto.

En el primer caso solamente hay que preparar los bordes de contacto de la pieza nueva para que se ajusten perfectamente a las superficies ya tratadas en la carrocería, es decir, en aquellas superficies en las que se efectuará la soldadura por puntos.

Hay que esmerilarlas hasta dejar la plancha viva y proceder seguidamente a la aplicación de la pintura antióxido electrogalvanizante para facilitar aquí también el paso de la corriente eléctrica.

Normalmente la pieza de repuesto no comportará más trabajo, y cuando se presente sobre las piezas vecinas de la carrocería deberá ajustarse con toda naturalidad y sin problemas.

Sin embargo, ya se ha comentado en otro lugar la posibilidad de que los repuestos no sean originales y las dificultades que ello comporta en la práctica para la adaptación de las piezas.

Cuando se trata de una pieza que se sustituye parcialmente y debe cortarse sobre la pieza de la carrocería deberemos actuar de la siguiente forma.

6. Presentación de la pieza y corte común

Cuando una pieza se sustituye parcialmente es necesario saber con toda exactitud por el lugar que se va a tener que cortar para que el corte coincida con la parte de la pieza que se aprovecha.

La mejor forma de que esto ocurra consiste en realizar el corte de ambas planchas al mismo tiempo y una sobre otra. De esta manera es seguro que la trayectoriaa del corte será idéntica en ambas planchas y la posibilidad de error en el ajuste será prácticamente nula.

Para llevar a cabo esta técnica es necesario disponer siempre de un margen en la medida exacta de la pieza que en sus extremos, o en la parte en la que hay que proceder al corte común, sea de 10 mm aproximadamente.

Con esta reserva se monta la pieza nueva sobre la aprovechada y se procede al corte común de las dos mientras la primera se halla fuertemente sujeta por medio de las pinzas de presión. El resultado será la perfecta coincidencia en el corte de ambas planchas.

Se debe proceder a realizar este corte con la ayuda de un serrucho neumático. El sistema de presentar provisionalmente la pieza nueva sobre la vieja se usa también para determinar la trayectoria del corte que deberá hacerse. En muchas ocasiones puede verse por el dorso de la pieza el lugar del corte y desde aquí, con una punta de trazar, se marca la trayectoria.

7. Presentación definitiva para la soldadura

Después del corte de la pieza de repuesto se pasa ya a la presentación definitiva de esta pieza sobre las planchas vecinas de la carrocería.

Este trabajo es muy importante porque comporta el perfecto ajuste previo de la pieza con sus vecinas y determina la naturalidad con que se adapta a todas las superficies de contacto en las que se tendrán que hacer las soldaduras.

Requiere, por lo tanto, un cuidado especial y una vigilancia por parte del planchista de todos los puntos de contacto.

Muchas veces, la presentación definitiva de la pieza de repuesto precisa la ayuda de otra persona, o de varias, para conseguir que sujeten ciertas partes mientras se fuerzan otras a fin de lograr un perfecto asentamiento.

8. Soldadura de las planchas

Una vez hayamos llegado al punto de tener presentada la pieza hemos de pasar a los trabajos de soldadura de la misma.

Estos trabajos comportan, en muchas ocasiones, el empleo de tres tipos de soldadura:

— *De resistencia por puntos:* que es la más conveniente cuando se trata de unir planchas solapadas, es decir, superpuestas una sobre la otra.
— *En atmósfera de gas inerte* (básicamente MIG-MAG): que es la más importante cuando se trata de soldar planchas unidas por testa, es decir, borde contra borde.
— *Oxiacetilénica:* que, utilizada sobre todo con varillas de aportación de latón o con estañado, sirven para crear cordones con los que taponar posibles entradas de agua entre las planchas soldadas por puntos.

9. Pintado de anticorrosión y antirruido y sellado

Todas las reparaciones en la chapa han de darse por acabadas con la aplicación de productos que aseguren la perfecta anticorrosión de la plancha y que, sobre todo en el caso del interior de las aletas y del pasarruedas, sirvan de escudo contra los impactos de la gravilla o las piedras, u otros elementos duros, que pueden ser disparados por los neumáticos durante la marcha.

Aplicación de protecciones

Los productos que se utilizan con fines de protección anticorrosión reciben el nombre de imprimaciones, mientras los antigravillas se presentan siempre en forma de masillas.

Los primeros tienen poco cuerpo y se aplican en capas muy finas; los segundos son más espesos y se aplican a pistola o, más frecuentemente, con pincel o espátula.

Vamos a dividir este estudio en las tres partes siguientes:

- Imprimaciones cromofosfatantes.
- Masillas pulverizadas.
- Masillas de sellado.

Imprimaciones cromofosfatantes

De las imprimaciones en general nos ocuparemos con extensión cuando tratemos el tema del oficio del pintor. Sin embargo, es el planchista quien debe velar para que las reparaciones salidas de sus manos no solamente sean lo más perfectas posibles, sino que asegure una larga vida a la plancha que ha intervenido en ella. Ello se logra con la aplicación de imprimaciones antióxido entre las que se encuentran las cromofosfatantes

Existen en el mercado muchas marcas de imprimaciones cromofosfatantes. No hay que decir la importancia que tiene saber elegir las de mejor calidad para conseguir efectos más duraderos.

Estas imprimaciones deben emplearse siempre sobre aquellas planchas que, por razones de la necesidad del desmontaje o montaje han sido esmeriladas o lijadas y, por lo tanto, han dejado la plancha viva o desnuda.

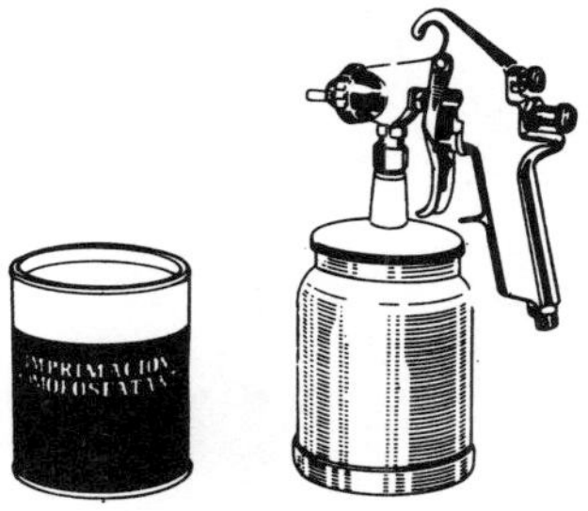

Figura 98. Pistola con depósito y bote de imprimación cromofosfatante.

La mejor forma de aplicación consiste en darle una mano muy fina a pistola (fig. 98). Para que el lector se dé cuenta de lo poco que se necesita de este producto sepa que basta con una capa de imprimación de entre 8 y 10 micros (0,0008 a 0,010 mm).

La función de la imprimación cromo fosfatante no acaba con el hecho de proteger la plancha de la corrosión; también forma una capa muy adherente que permite la aplicación de tratamientos posteriores, como los de antigravillado o de insonorización.

La imprimación cromofosfatante se vende en botes y su aplicación se realiza de la forma que se indica en el mismo bote. No damos normas porque hay ligeras variantes que dependen del producto y de su fabricante y que el operario podrá leer sin dificultad cuando trate de aplicar este producto.

Antes del inicio del tratamiento es muy importante que la zona de aplicación esté totalmente limpia y desengrasada; de no ser así, la imprimación no agarraría. Dado que la capa de aplicación suele ser de entre 8 y 10 micras deberemos de protegerla rápidamente para evitar que cualquier roce o golpe, por pequeño que sea éste, la haga desaparecer.

Los pintores aplicarán sobre la imprimación que queda a la vista y sobre la que se tendrá que pintar, un nuevo producto que llaman *aparejo* o *apresto*.

Se trata de una imprimación con cuerpo que aumenta el poder de anticorrosión, mejora la adherencia de la superficie y evita o disminuye la absorción de la mano de acabado de la pintura.

El aparejo se vende también en botes y se aplica, preferentemente a pistola.

Masillas pulverizadas

El sistema que ofrece mayor garantía para una buena protección contra los impactos de elementos duros es el de las masillas pulverizadas, es decir, aplicadas mediante pistola de presión.

Existen varios tipos y marcas entre los que encontramos, por ejemplo, la masilla 561 (Teroson 6018), de probada eficacia y recomendada por diversos fabricantes de automóviles.

Este tipo de masilla pulverizada debe utilizarse de la forma que vamos a describir a continuación.

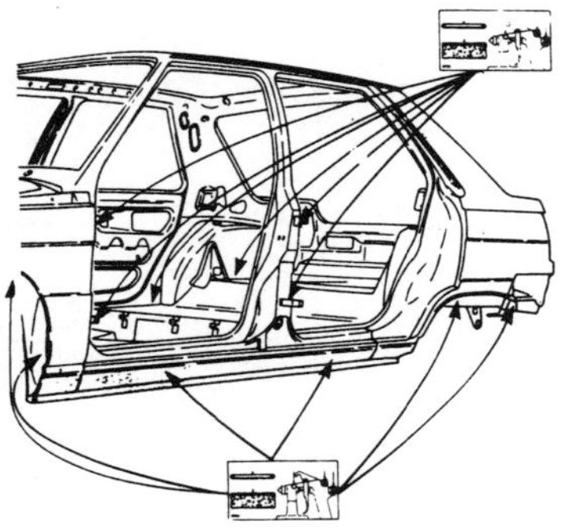

Figura 99. Puntos concretos en los que es necesaria la aplicación de masillas pulverizadas en la zona lateral central de una carrocería.

Lugares de utilización

Las partes de la plancha más necesitadas de masillas pulverizadas antigravilla son aquellas que forman parte de los bajos de la carrocería, especialmente los pasarruedas.

También recibe golpes importantes que no hay que olvidar, la parte lateral inferior de la plataforma de la carrocería.

Todas estas partes deberán tratarse con una masilla como la que nos ocupa ahora.

Dado el alto grado de protección anticorrosión que también posee esta masilla, se aconseja igualmente su uso en todas las uniones de plancha y en los engatillados. En la figura 99 se tiene, indicadas por las fechas, una gran cantidad de puntos en los que resulta conveniente el uso de estas masillas en una carrocería.

Preparación de la masilla pulverizada

La masilla pulverizada se vende en el comercio compuesta por dos productos que hay que preparar de forma previa a su aplicación.

Los dos productos van señalados como A y B y deben mezclarse convenientemente para que la unión surta los efectos deseados.

En caso de que se trate de preparar toda la cantidad de masilla que constituye un lote, deberá mezclar por completo la dosis A con la B; pero si sólo se prevé que va a utilizarse la mitad del producto se deben partir por la mitad de A y B, y mezclarlos.

La misma proporción se deberá seguir si se prevé utilizar solamente una cuarta parte del total del producto, etc.

Una vez mezclados los dos componentes se dispone de una hora a temperatura ambiente para efectuar su aplicación. A partir de este tiempo el producto endurece y no puede ya aprovecharse.

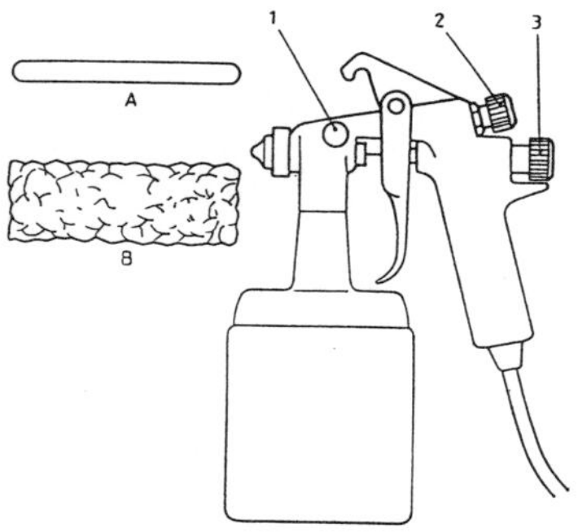

Figura 100. Pistola de presión para la aplicación de masillas. A y B, los dos elementos que forman la masilla. 1, tornillo de paso. 2, tornillo de suministro de aire. 3, tornillo de flujo.

Aplicación de la masilla

Como su nombre indica, la masilla pulverizada debe aplicarse por medio de una pistola de presión que trabaje con mano-descompresor a 3 bares.

En la figura 100 se puede ver un dibujo que muestra las características de esta pistola y de los componentes A y B de la masilla.

Ante todo hay que decir que, para la mejor adherencia de la masilla a la plancha, resulta necesario que la chapa haya sido tratada previamente con la aplicación de imprimación cromofosfatante y apresto. La masilla hay que aplicarla en capas sucesivas de 1 a 1,5 mm de espesor.

La aplicación de este tratamiento puede tener dos objetivos que consisten en :

a) *Efectuar un cordón de masilla.* La masilla saldrá en una capa espesa en forma de cordón aplicándose de forma masiva en la zona de las juntas de planchas y asegurando de una forma muy eficaz la protección de estos puntos débiles de la plancha para la corrosión.

En las figuras 101 y 102 aparecen varios ejemplos de esta utilización. En los pies de figura se indican las partes en las que es conveniente realizar este cordón de masilla extrusionada a través de la pistola.

Para conseguir este efecto, debe prepararse la pistola de la siguiente forma:

— Una vez introducida la masilla en la cubeta de la pistola y realizada su mezcla, se deberá aflojar el tornillo 1.
— Después se cierra el tornillo de suministro de aire (2).
— Por último, se afloja el tornillo (3) un total de tres vueltas exactamente.

De este modo la masilla saldrá en forma de cordón al apretar el gatillo.

Algunos fabricantes recomiendan ya las masillas y los elementos de aplicación y, al mismo tiempo, sistemas de aplicación con elementos ya preparados. En la figura 103 vemos una pistola para bajos y su correspondiente cartucho, que es específico para dicha pistola. La presión de trabajo es de hasta 6 o 7 bares.

b) *Masilla pulverizada para superficies.* Se consigue que la masilla pierda cuerpo actuando también en los tornillos de reglaje de la pistola.

La pulverización propia para el tratamiento de la plancha de la zona de la aleta, del pasarruedas, del salpicadero, de la calandra, etc., se consigue con un reglaje igual o parecido al siguiente (fig. 100):

— Aflójese el tornillo 1.
— Aflójese el tornillo (2) una vuelta y media.
— Aflójese el tornillo (3) un total de tres vueltas exactamente.

Diferentes niveles en el espesor de la película de la masilla podrán lograrse actuando en los tornillos 2 y 3, pero recuérdese que el espesor recomendado de la capa de este producto es de 1 a 1,5 mm.

Una vez terminada la aplicación de la masilla se deberá proceder de inmediato a la limpieza de la pistola, pues el producto seca en poco tiempo y podría perjudicarla seriamente.

En cuanto a la capa de aplicación hay que tener en cuenta que endurece lentamente. Por lo mismo es necesario proceder a colocar una estufa de rayos infrarrojos durante unos 15 minutos, con una temperatura de 80 °C.

Las masillas también pueden aplicarse a pincel, pero el trabajo resulta más basto y además siempre se desaprovecha material por resultar una capa excesivamente gruesa.

Masillas de sellado

Además de los productos anticorrosión es muy importante tener en cuenta, cuando se trabaja elementos de planchas, lograr la perfecta estanqueidad

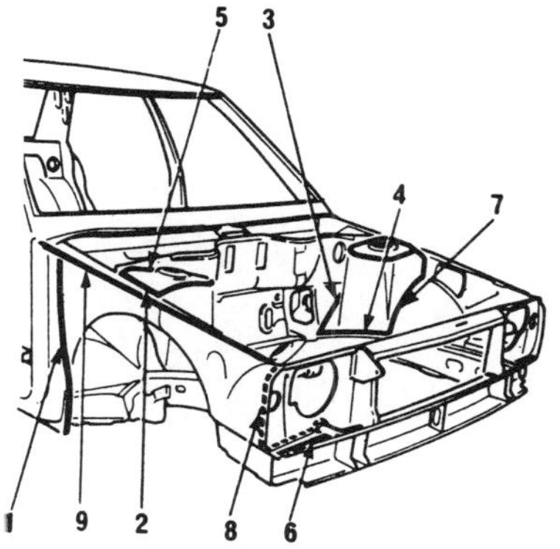

Figura 101. Puntos concretos en los que es necesaria la aplicación de masillas pulverizadas en la zona delantera de una carrocería. 1, parte baja del pilar delantero. 2, torreta del amortiguador. 3, paso de rueda al salpicadero. 4, torreta del amortiguador al larguero. 5, torreta del amortiguador a la vigueta de calefacción. 6, pieza portafaros al travesaño delantero inferior. 7, torreta del amortiguador a la pestaña del pasarruedas. 8, pestaña del pasarruedas a la chapa portafaros. 9, aleta del guardabarros por su parte superior.

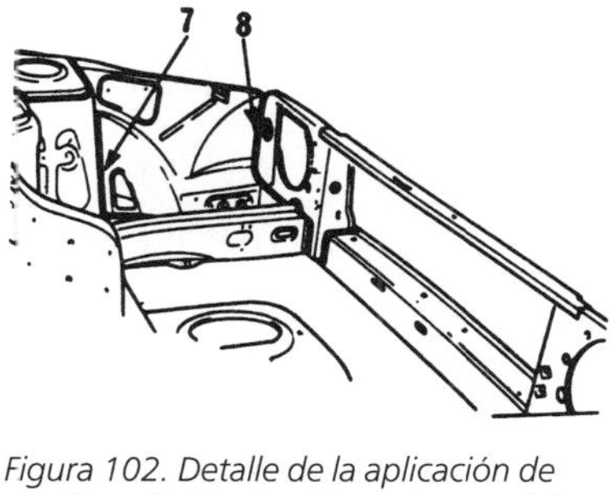

Figura 102. Detalle de la aplicación de masilla pulverizada entre la torreta del amortiguador y la pestaña del pasarruedas (7) y entre la pestaña del pasarruedas y el portafaros (8).

Figura 103. Cartucho y pistola para aplicar protección de bajos.

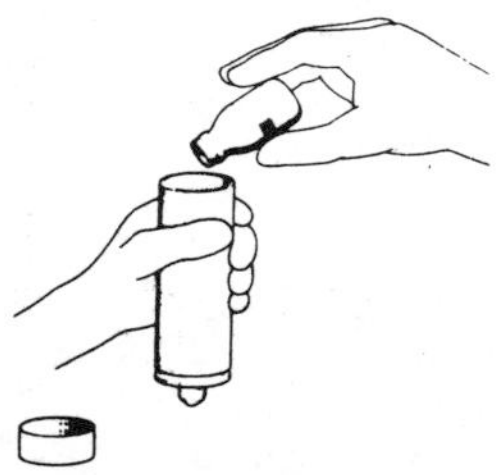

Figura 104. Vertido del endurecedor en el interior del cartucho.

Figura 105. Mezcla de los dos productos en el interior del cartucho removiéndolos con una varilla.

de las uniones, así como la protección de los engatillados de las puertas y de los capós.

Para efectuar con eficacia este trabajo de sellado se utilizan masillas que tienen la cualidad de efectuar un pegado entre las planchas de modo que les aseguran una perfecta estanqueidad.

En el mercado se encuentra la masilla 514 (Teroson 6015), que también es muy eficaz y recomendada por varios fabricantes de automóviles.

Esta masilla de vende en un estuche que contiene un cartucho rígido y, aparte, un frasco en el que se halla el endurecedor. Acompaña al lote un émbolo, además de la ficha de instrucciones para su uso.

Para su preparación, en primer lugar hay que quitar del cartucho la cinta adhesiva y la tapa de plástico. Después se vierte el contenido del endurecedor que se presenta en el frasco con el producto que queda a la vista en el interior del cartucho (fig. 104).

Una vez se han juntado los dos productos, se pasa a mezclarlos cuidadosamente con la ayuda de la hoja de un destornillador o una varilla cualquiera (fig. 105).

Luego es importante introducir un alambre que posea un diámetro de alrededor de 1 mm en el interior del cartucho, de modo que pueda penetrar dentro de él por lo menos unos 8 centímetros (fig. 106).

A continuación se coloca el émbolo del cartucho (fig. 107) y se aprieta con el mismo mango de una herramienta para que el émbolo presione sobre la masilla y haga expulsar todo el aire que se encuentra en el interior del cartucho, a la vez que presiona sobre la pasta de la masilla.

Precisamente gracias al alambre, y como se muestra en la figura 108, el aire podrá salir por la parte superior dejando el interior del cartucho exclusivamente lleno de masilla.

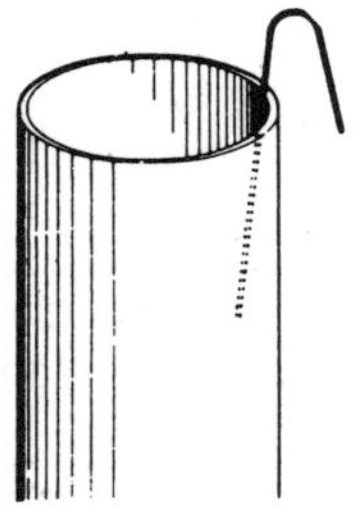

Figura 106. Colocación previa de un alambre para facilitar la salida del aire cuando se llene de masilla.

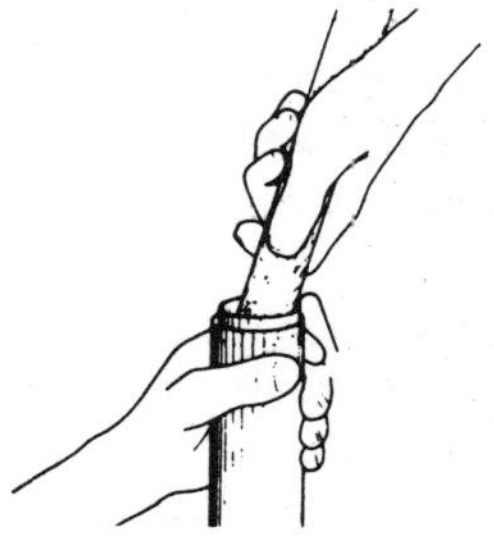

Figura 107. Colocación del émbolo.

En cuanto todo el aire haya sidoexpulsado ya puede proceder a sacar el alambre con la ayuda de unos alicates (fig. 108).

Por último, ya se puede proceder a cortar con una tijera el extremo del cartucho donde se halla la punta de salida (fig. 109). De este modo, al darle a la masilla una salida por la parte opuesta, se conseguirá realizar un cordón cada vez que se apriete por la parte del émbolo.

Existen también pistolas y cartuchos de uso sencillo: se corta la punta del cartucho y, roscándole un tapón acabado en punta, se coloca en la pistola y

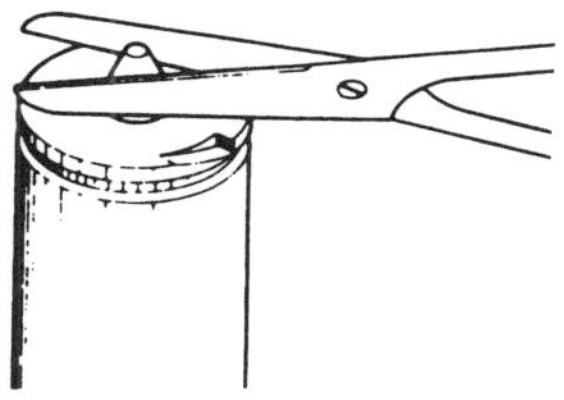

Figura 109. Corte de la punta del cartucho para ofrecer una salida a la masilla.

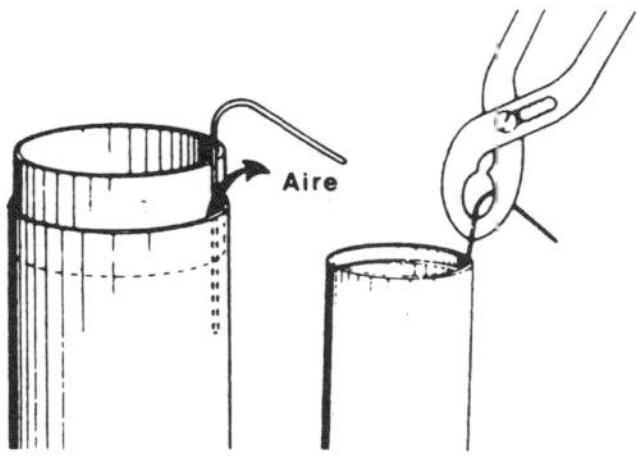

Figura 108. Al presionar sobre el émbolo, el aire que ocupa la parte baja del cartucho podrá salir a través del orificio que deja el alambre. Una vez bien apretada la masilla, el alambre podrá retirarse con la ayuda de unos alicates.

ya puede iniciarse el cordón. En la figura 110 aparece uno de estos cartuchos y dos pistolas, una manual y la otra neumática (de aire comprimido) con una presión de trabajo de entre 4 y 7 bares.

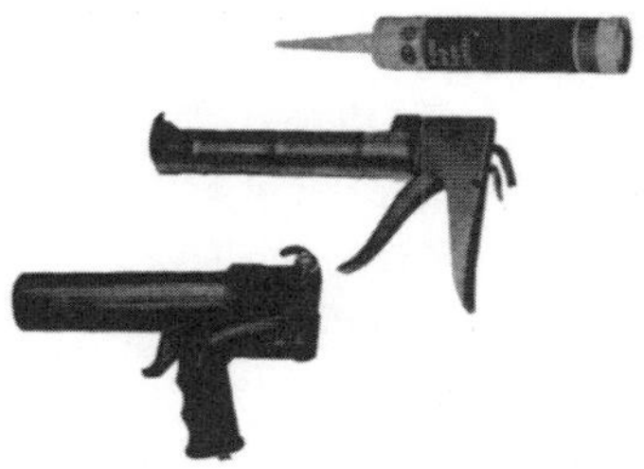

Figura 110. Cartucho y dos pistolas para la aplicación de masillas de estanqueidad. Una pistola es manual y la otra neumática.

Zonas de aplicación del sellado

El sellado resulta especialmente importante en zonas de ensamblaje de planchas, como ocurre en el caso de las planchas engatilladas.

También en los capós es necesario proceder a este trabajo de sellado para asegurar la parte interna del panel de revestimiento con la estructura del capó y evitar ruidos y vibraciones.

La inyección en los cuerpos huecos ha de efectuarse una vez realizados los trabajos de pintura y antes de proceder a la colocación de los guarnecidos interiores.

Todos los fabricantes proporcionan la información necesaria sobre los lugares en los que aplicar el sellado, así como el resto de componentes protectores y aislantes.

7

REPARACIÓN DE ACCESORIOS

Hasta aquí, y mientras hemos estado describiendo la carrocería, nos hemos referido siempre, de una forma directa, a las piezas de plancha que componen este conjunto. Ciertamente, sin estas piezas la carrocería no podría existir ya que ellas son el soporte idóneo para todas las piezas mecánicas y todo cuanto compone el automóvil; pero, con todo, es evidente que un automóvil debe estar dotado, por añadidura, de muchos más elementos si ha de convertirse en un medio de locomoción lo suficientemente cómodo tanto para sus pasajeros como para su conductor. Por ejemplo, debe estar dotado de asientos confortables para todas las plazas, debe poseer un conjunto interior tapizado para hacer más confortable la permanencia de los viajeros en el habitáculo durante horas, debe estar dotado de elementos de seguridad tales como cinturones de seguridad, airbags, luces de iluminación interior, etc.

Son muchas las ocasiones en que el operario planchista va a tener que trabajar con toda esta clase de elementos, generalmente para desmontarlos y volverlos a montar cuando una reparación lo requiera. Por otro lado, también forma parte del oficio la misma reparación de determinados elementos de esta clase. Por lo tanto, es necesario que el operario conozca la forma de estar instalados y el funcionamiento, en su caso, de estos elementos que hemos dado en llamar *accesorios* pero que forman parte importante en el conjunto de la carrocería del automóvil.

De acuerdo con este planteamiento, vamos a dedicar el presente capítulo a describir los trabajos que un planchista suele realizar en determinados elementos de este tipo. y por ello vamos a dividirlo en las siguientes cuatro partes:

- Accesorios de las puertas.
- Asientos y sus fijaciones.
- Cristales y lunas.

Pasemos, pues, y por el mismo orden al estudio de cada una de estas partes.

Accesorios de las puertas

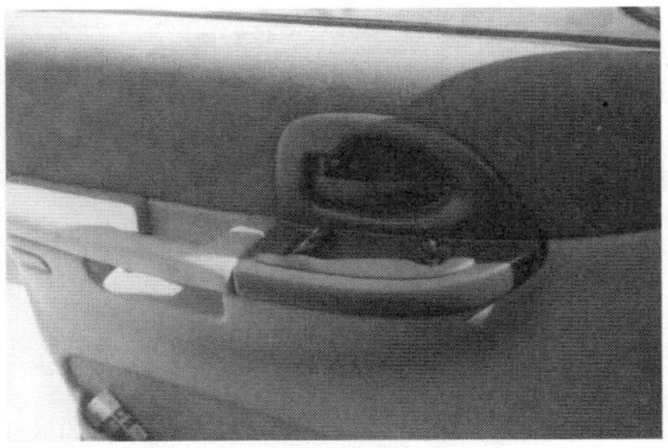

Figura 1. Puerta delantera izquierda de un automóvil mostrando los muchos componentes que la forman.

En el capítulo anterior hemos tenido ocasión de referirnos a las puertas en diferentes operaciones de trabajo de chapistería. Allí nuestro estudio se refería exclusivamente a la misma plancha con la que se había construido la puerta, pero el conjunto total de una de estas unidades es bastante más complejo ya que debe incorporar el cristal de cierre, la cerradura con los mecanismos del mando centralizado, el dispositivo alzacristales o elevalunas eléctrico, en muchos casos alguno de los altavoces para los elementos de audio, además de ser soporte del retrovisor, y en muchas ocasiones, de los mismos mandos del elevalunas eléctrico, el mando manual del cierre centralizado y un complicado guarnecido, previsto de tal forma que pueda incorporar guardaobjetos y, en muchos casos, apoyabrazos. Todos los fabricantes, además, han incorporado a la puerta muchos elementos de comodidad interior aprovechando la considerable superficie que este elemento tiene en el conjunto del habitáculo. Por esta razón, el estudio de las puertas es importante y vamos a hacerlo por separado a continuación. La figura 1 nos muestra una puerta delantera izquierda de automóvil vista desde el interior del habitáculo. A este tipo de puerta vamos a referirnos en lo sucesivo.

Extracción del guarnecido

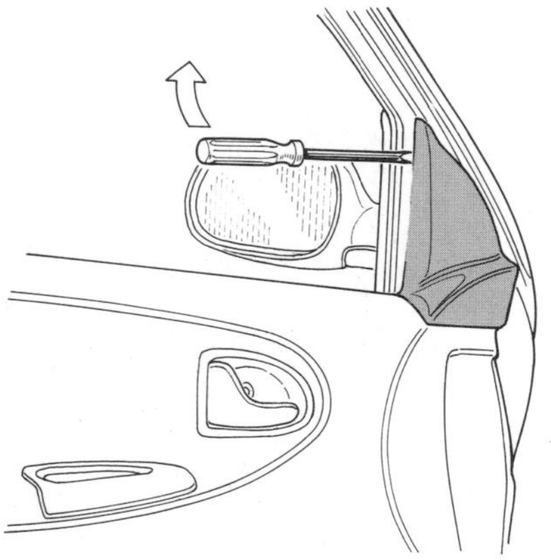

Figura 2. Forma de sacar la tapa del retrovisor, primer paso para el desmontaje del guarnecido de una puerta.

Cuando se trata de proceder al desmontaje del guarnecido para tener acceso a los mecanismos de mando que el interior de la puerta soporta es necesario, en muchos casos, revisar que algún elemento, generalmente de plástico, no impedirá la salida del guarnecido. Uno de estos puntos puede hallarse en la funda interna o tapa del retrovisor. En la figura 2 se está procediendo al desmontaje de esta tapa en una puerta de origen RENAULT. Comoquiera que esta tapa entra a presión, basta utilizar con cuidado un destornillador para hacer saltar la tapa de la forma que se indica en el dibujo.

El mismo caso podemos hallarlo en la rejilla del altavoz que también deberá ser retirada previamente, de la forma que nos indica la figura 3. Para ello vemos que consta de dos clips (C) que sostienen la rejilla y una vez liberados con un destornillador, por ejemplo, se podrá sacar esta rejilla con facilidad.

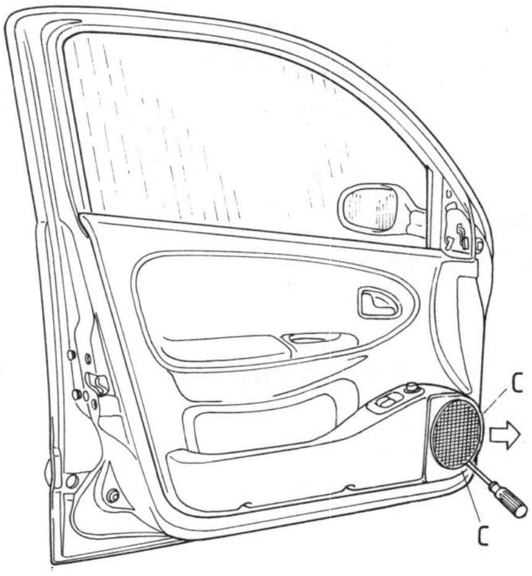

Figura 3. Desmontaje de la rejilla del altavoz de la puerta. C, lugar donde suelen encontrarse los clips de sujeción.

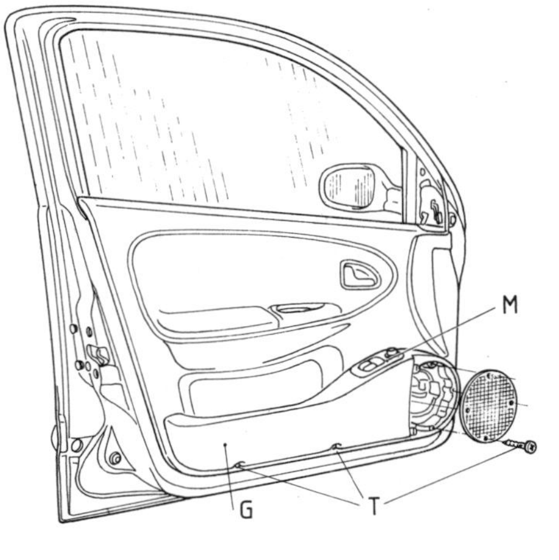

Figura 4. Retirando el guardaobjetos (G) del guarnecido. T, tornillos de sujeción del guardaobjetos. M, mandos eléctricos para accionar el elevalunas.

El paso siguiente consiste en sacar los tornillos de fijación del guardaobjetos que, en muchos casos, suele forman un elemento adosado al guarnecido. Esta operación se puede ver en la figura 4. Aquí tenemos señalado el guardaobjetos con la letra G y los tornillos (T) en la base de este elemento. El operario deberá cerciorarse de que afloja y saca todos los tornillos de sujeción, pues el número de tornillos es variable y depende del diseño de la puerta. También es frecuente que a la acción de los tornillos se una la de peones de posicionamiento que hay que descubrir y facilitar su retirada.

Una vez aflojado el guardaobjetos se verá que todavía está unido a la puerta a través del mazo de cables que llega hasta el pequeño panel de mando de elevalunas eléctrico (M). Así pues, se deberá sacar primero el conector antes de hacerse con la pieza ya desmontada.

Después de haber retirado el guardaobjetos el guarnecido de la puerta nos mostrará el aspecto que vemos en la figura 5. Precisamente esta misma figura va a servirnos para que veamos los trabajos de desmontaje que vienen a continuación y que consisten en lo siguiente. Primero, la *empuñadura de cierre* (E). Esta pieza va sujeta con tornillos pero los tornillos están disimulados por medio de unas tapas circulares que los ocultan debajo. (Generalmente, en todos los guarnecidos de todas las puertas encontraremos este tipo de forma de ocultar los tornillos.) Una vez sacada esta tapa circular, veremos los tornillos y podremos accionar sobre ellos.

Primero, la *empuñadura de cierre* (E). Esta pieza va sujeta con tornillos pero los tornillos están disimulados por medio de unas tapas circulares que los ocultan debajo. (Generalmente, en todos los guarnecidos de todas las puertas encontraremos este tipo de forma de ocultar los tornillos.) Una vez sacada esta tapa circular, veremos los tornillos y podremos accionar sobre ellos.

Segundo, la *empuñadura de apertura* (A) que de la misma forma que la anterior se encuentra sujeta por medio de tornillos.

Una vez retirados estos elementos ya estaremos en condiciones de dedicar nuestros esfuerzos a la retirada del guarnecido.

La siguiente operación requiere desmontar las fijaciones del guarnecido en todo su perímetro comenzando por la parte más baja, tal como se está haciendo en la figura 6. Con la herramienta que nos muestra la figura es fácil desengrapar el guarnecido aunque hay que tener en cuenta que muchos de los guarnecidos de las puertas modernas van, además de engrapados, provis-

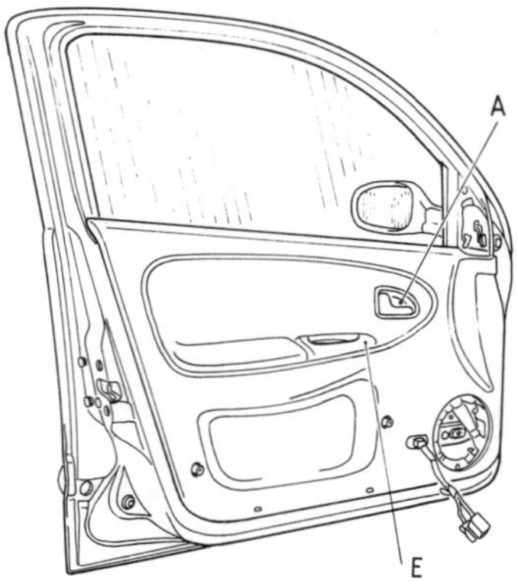

Figura 5. Una vez retirado el guardaobjetos es necesario extraer la empuñadura de apertura (A) y la de cierre (E).

Figura 6. Aquí se está desmontando las fijaciones del guarnecido a base de desengrapar y despegar esta pieza.

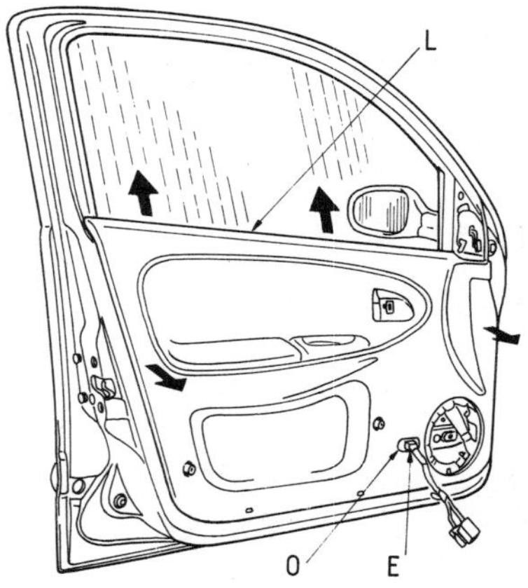

Figura 7. Siguiendo la indicación de las flechas se puede sacar el panel del guarnecido. E, retirada del conector del elevalunas eléctrico a través del orificio (O). L, lamelunas.

tos de masillas para asegurar la ausencia de vibraciones. También será necesario cortar el cordón de esta masilla a medida que se va desengrapando el guarnecido.

La retirada final del guarnecido se produce, generalmente, siguiendo las indicaciones de las flechas que nos muestra ahora la figura 7. Se tendrá que tener en cuenta la presencia del lamelunas (L) en la parte superior y también que el conector del elevalunas eléctrico (E) pase por su orificio (O) para dejar completamente libre el guarnecido y poder ser independizado de la puerta.

Una vez retirado el guarnecido, el operario tendrá a la vista el interior de la puerta con todos sus elementos eléctricos y mecánicos, las barras de protección y los sistemas absorbedores de choque. Todo ello vamos a estudiarlo a continuación.

Desmontaje del absorbedor de choque

Fundamentalmente se han tenido siempre muy en cuenta los accidentes en los que el automóvil recibe golpes delanteros o traseros (de ahí la presencia de los paragolpes o antiguos parachoques) pero sólo hasta la última década del siglo XX se han tomado en serio las medidas de seguridad pasiva suficientes para proteger a los ocupantes de los golpes laterales que, por otra parte, no son nada infrecuentes. Una de estas importantes medidas la ha constituido la presencia de los llamados *absorbedores de golpes* que, unidos a ambas partes de la barra de refuerzo, están capacitados para hacerse cargo de una buena parte del impacto en caso de choque lateral.

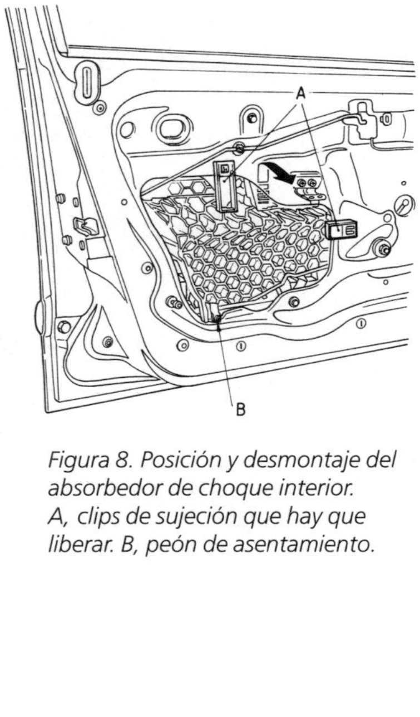

Figura 8. Posición y desmontaje del absorbedor de choque interior. A, clips de sujeción que hay que liberar. B, peón de asentamiento.

En la figura 8 tenemos el aspecto que presenta el absorbedor de golpes en una puerta como la que estamos desmontando hasta el momento, y tal como se ve al retirar el guarnecido.

El absorbedor consta de dos partes, una interior, que es la que se presenta a la vista en cuanto se ha sacado el guarnecido, y otra, exterior, que se encuentra inmediatamente después. El desmontaje debe comenzar, lógicamente, por la extracción del absorbedor interior.

Para sacar este elemento se debe actuar de la manera que informa la figura, es decir, sacando los dos clips (A) y luego levantando ligeramente el absorbedor interior para liberarlo de su peón de fijación (B) que se encuentra en su base.

No en todos los casos resulta tan fácil la extracción de este elemento ya que puede estar obstaculizado por alguna varilla de mando de apertura de la puerta pero, sobre el terreno, el planchista ya verá la organización de todos estos elementos internos de la puerta y la manera más adecuada para conseguir la extracción del absorbedor (por supuesto, en el caso de que ello fuera necesario, como puede ocurrir cuando se trata de reponer estos elementos en una puerta nueva de repuesto como consecuencia de haber desechado por accidente la puerta original).

En cuanto al absorbedor de choque exterior vemos que éste se encuentra debajo mismo del absorbedor de golpes interior que acabamos de retirar. Esta posición podemos verla en la figura 9. El desmontaje resulta ahora bastante más complicado porque entre el absorbedor interior y el exterior suelen encontrarse el cristal deslizable de la ventanilla y el conjunto de palancas del elevalunas, elementos que, en la gran mayoría de los casos, es necesario retirar previamente si se quiere conseguir el desmontaje del absorbedor exterior.

Volviendo a la figura 9 tenemos que retirar las cuatro tuercas (T) para conseguir el desmontaje que ahora nos proponemos.

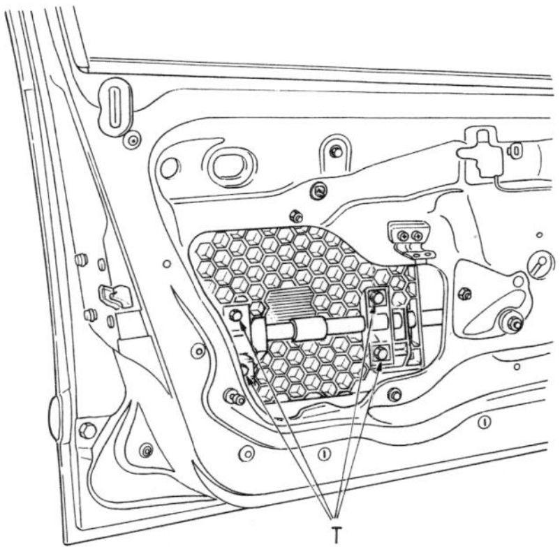

Figura 9. Desmontaje del absorbedor de choque exterior colocado por delante de la barra de refuerzo. T, tuercas que sujetan el absorbedor.

Desmontaje del mando de apertura exterior de la puerta

Cuando se trata del cambio total de las planchas de una puerta, tal como se ha dicho otras veces, es necesario saber desmontar de esta puerta que se desecha todos los herrajes para aprovecharlos y poderlos colocar en la puerta nueva de repuesto que se ha adquirido solamente en su conjunto de planchas. Para ello el planchista ha de conocer la forma de realizar estas operaciones que se van describiendo en el presente capítulo. Uno de los herrajes a conservar es el mando de apertura de la puerta desde el exterior.

Para efectuar este trabajo, lo primero que se necesita es tener acceso por el interior de la puerta para poder soltar la varilla de mando y hacer posible la retirada de la empuñadura.

Una vez retirada la varilla, que puede ir engrapada o sujeta por medio de algún tornillo, deberemos actuar sobre los tornillos o tuercas internos de sujeción de la forma que nos indica la nueva figura 10.

Una vez retiradas estas tuercas ya podremos retirar el mando de apertura exterior levantando la empuñadura hasta el máximo de la posición de apertura y haciéndola bascular hasta encontrar el lugar por el que puede deslizarse fácilmente y salir de su alojamiento.

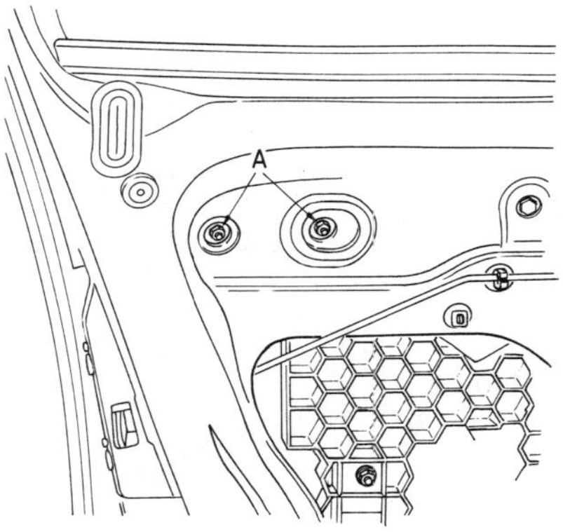

Figura 10. Desmontaje de la empuñadura exterior de apertura de la puerta. A, tuercas de sujeción que hay que retirar.

Desmontaje de la cerradura de la puerta

Por supuesto, no todos los diseños de cerraduras son iguales en todas las marcas. La primera clasificación que puede hacerse consiste en considerarlas desde el punto de vista constructivo. De hecho existen cerraduras de pestillo circular y de pestillo rectilíneo, siendo las primeras las más utilizadas en las puertas y las segundas de preferente utilización en los portones. También los anclajes pueden ser diferentes de una a otra marca. A continuación vamos a describir un caso concreto de cerradura pero no lo haremos con todos los casos posibles pues, como es lógico, ello nos ocuparía demasiado espacio. Esperamos que, sabiendo cómo se desmonta una de estas cerraduras, el operario tenga el necesario instinto para descubrir los anclajes de cualquier

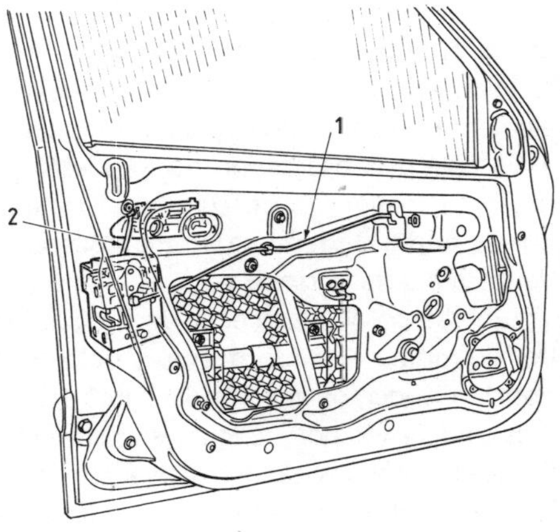

Figura 11. Situación de las varillas de mando para tener acceso a la apertura de la puerta. 1, varilla para la apertura de la cerradura desde el mando interior de la puertas. 2, varilla más corta accionada desde la empuñadura exterior.

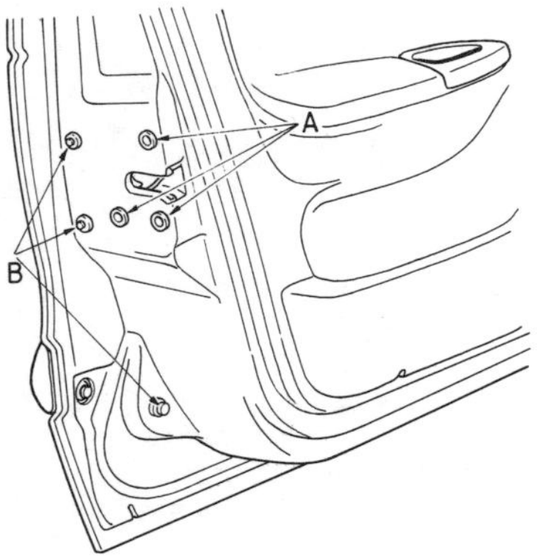

Figura 12. Tornillos de fijación en el lado de la puerta. A, tornillos de fijación de la cerradura. B, tornillos de fijación del montante de antiviolabilidad.

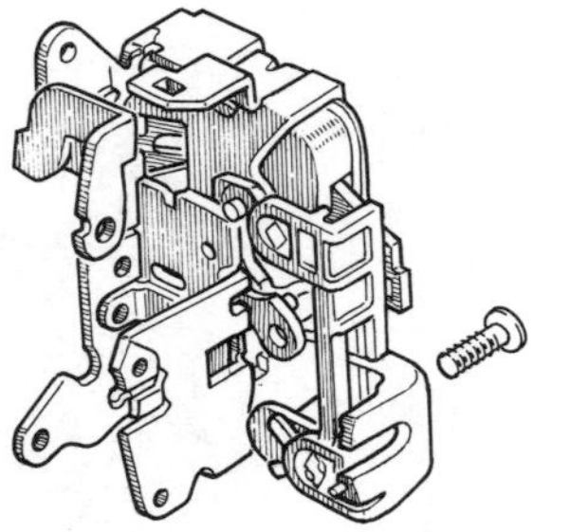

Figura 13. Conjunto de una cerradura utilizada por la marca RENAULT.

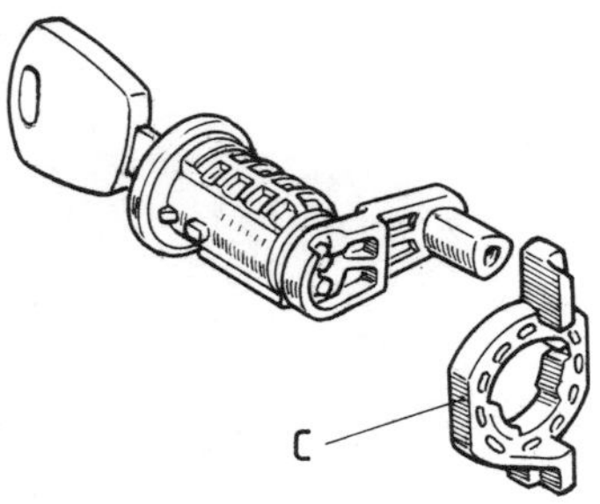

Figura 14. Bombín de la cerradura de la figura anterior. C, casquillo de sujeción del bombín.

clase de cerradura después de haber estudiado detenidamente y con detalle los signos externos que indican dónde se hallan los anclajes y la forma de liberarlos.

Así pues, pasemos a ver un ejemplo de desmontaje y extracción de la cerradura en una puerta como la que venimos estudiando hasta este momento.

Para desmontar la cerradura deberemos, en todos los casos, retirar el guarnecido de la puerta y también el absorbedor de choque lateral interior, pues este elemento impide que podamos trabajar en la cerradura. También puede ser necesario el desmontaje del conector del cableado.

En las condiciones que acabamos de indicar tendremos la puerta como se puede ver en la figura 11. Ahora se pueden ver las dos varillas de mando que hacen posible la apertura de la puerta tanto por el interior como por el exterior. La varilla (1), que es la más larga, es la encargada de permitir la apertura de la cerradura desde el mando interior de la puertas, mientras la varilla (2), más corta, permite la misma operación desde la empuñadura exterior. Las puntas de estas varillas hay que soltarlas de su punto de fijación en la cerradura.

A continuación se pasa a actuar desde el lateral de la puerta en la que se verán los tornillos de sujeción de la cerradura. En la figura 12 tenemos señalados, con la letra A, la presencia de los tres tornillos que intervienen en esta labor. Una vez retirados los tornillos (A) la cerradura (fig. 13) ya podrá sacarse de su alojamiento. A partir de este momento ya se podrá independizar la cerradura de la puerta.

En algunos casos puede ser necesario sacar el bombín de la cerradura (fig. 14) sin necesidad de efectuar el desmontaje de ésta. Nos referimos a aquellos casos en los que el automóvil ha sido forzado por el sistema de taladrado del orificio de entrada de la llave. En estos casos, basta con sacar el guarnecido de la puerta y el absorbedor de choque interior (tal como hemos hecho para el desmontaje general de la cerradura) y pasar directamente a quitar los tornillos B de la figura 12.

A continuación, girar un cuarto de vuelta el casquillo de sujeción del bombín que vimos en la figura 14 señalado con la letra C, y ya se podrá sacar de la cerradura el conjunto del bombín. Para llevar a cabo la sustitución por otro bombín en buen estado se deberá obtener la pieza de repuesto y proceder a la inversa de lo indicado para el desmontaje.

Otros modelos de cerraduras

Como ya se ha dicho, existen otros modelos de cerraduras y ello hace que nos sea necesario poner otro ejemplo que nos permita hacernos cargo de la forma como están montadas estas piezas de seguridad. Tal es el caso, por ejemplo, de una cerradura de origen VOLKSWAGEN que vamos a comentar ahora como complemento de lo dicho hasta este momento.

En la figura 15 vemos una cerradura de esta marca citada correspondiente a una puerta delantera izquierda. En este caso, para montarla hay que elevar 90 grados la palanca de accionamiento y retenerla en esa posición con un destornillador a través del orificio de montaje.

A continuación, ya podrá instalarse en la puerta (operación que se está llevando a cabo en la fig. 16). El botón del seguro y su barra de control se colocan desde el exterior. El extremo de dicha barra debe engancharse al casquillo de seguridad que sobresale de la cerradura. Asimismo habrá que enganchar la barra de control que une la palanca de accionamiento de la cerradura con el mando de la empuñadura de accionamiento interior.

Cuando se hayan enganchado las dos barras a la cerradura ya se podrá retirar el destornillador. Seguidamente sólo nos faltará volver a roscar los dos tornillos de sujeción de la misma cerradura y, por último, volver a montar el asidero exterior que hubo de desmontarse para la extracción de la cerradura.

En la figura 17 podemos ver la palanca de la manivela de una puerta trasera (mando de apertura y cierre de la puerta) y los elementos relacionados con ella.

Similares a los mecanismos de las puertas delanteras son los de las traseras, si bien estas últimas son más simples por carecer de bombín, ya que no poseen llave y están sujetas a los mecanismos del cierre centralizado.

El oficio de planchista no tiene por qué hacerse extensivo al de cerrajero. Con ello queremos decir que el operario no tiene necesidad de conocer los mecanismos internos de una cerradura y su funcionamiento exacto. Pero sí

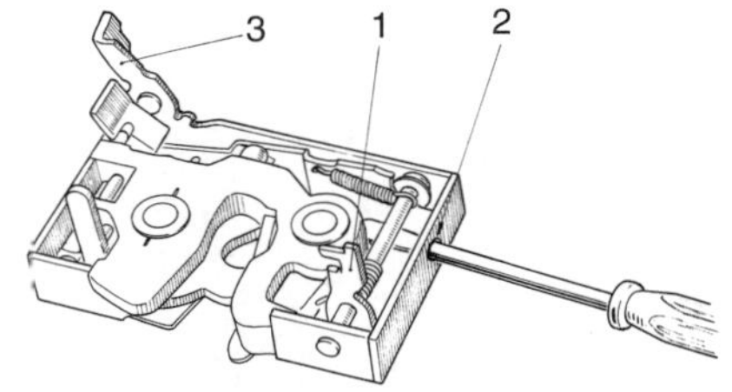

Figura 15. Cerradura de puerta. 1, palanca de accionamiento de cierre. 2, orificio de montaje. 3, casquillo de seguridad.

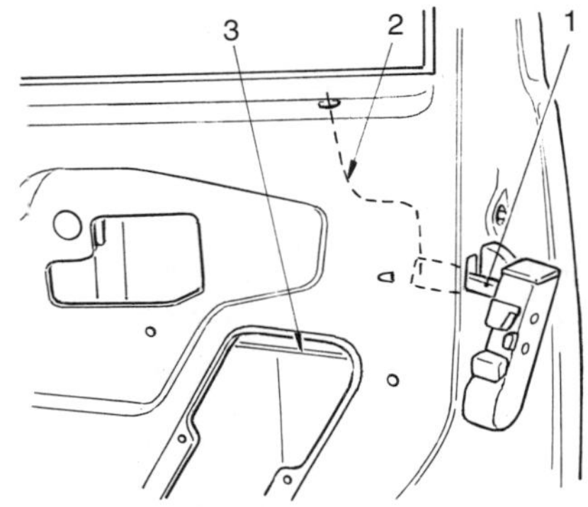

Figura 16. Montaje de la cerradura de puerta. 1, palanca de accionamiento del cierre. 2, barra de control del seguro de bloqueo. 3, barra de control del mando de accionamiento.

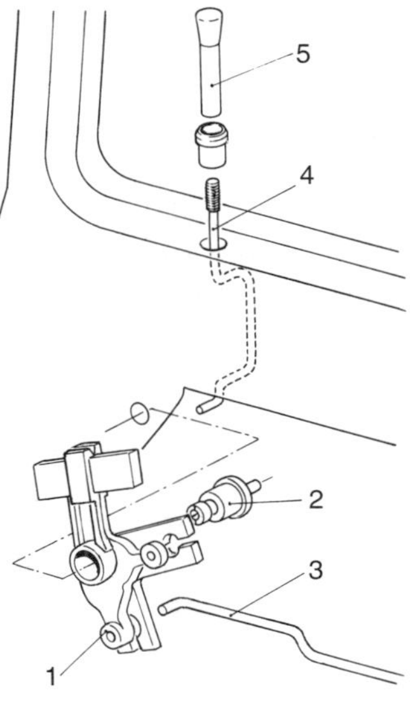

Figura 17. Palanca de mando de una puerta trasera y elementos relacionados con ella. 1, palanca del mando de accionamiento. 2, remache de expansión. 3, barra de control de apertura y cierre. 4, barra de control del seguro de bloqueo. 5, botón del seguro de bloqueo.

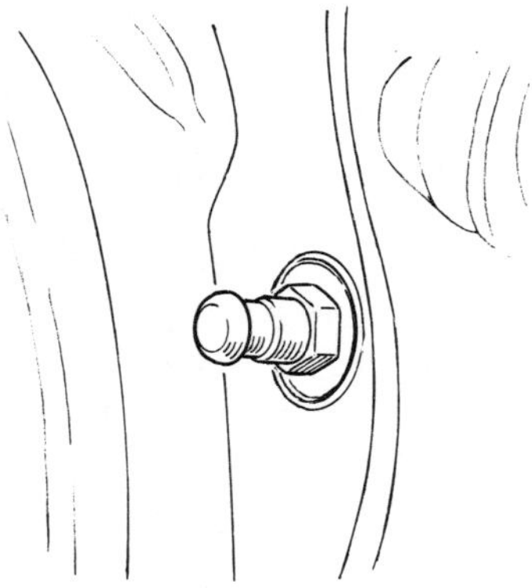

Figura 18. Cerradero de una puerta delantera sujeto por el sistema de tuerca hexagonal.

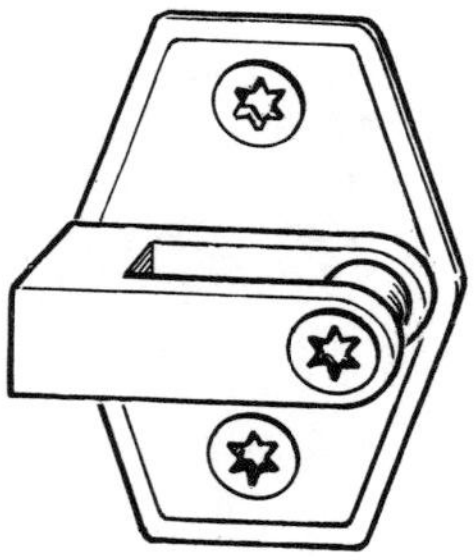

Figura 19. Otro tipo de cerradero provisto de dos tornillos de fijación.

debe tener el conocimiento completo de lo que es una puerta de automóvil y de todos los mecanismos que comporta y de la manera que la puerta debe ajustar con su marco en la carrocería. En este sentido, cuando una cerradura ha sido desmontada y más si ha sido sustituida, es muy posible que después de este nuevo montaje la cerradura haya quedado un poco desviada y ello hará que la puerta no acabe de cerrar con la corrección necesaria. Es en este momento cuando hay que acudir a la operación de centrado o ajuste de la posición de la cerradura para que encaje correctamente con el cerradero que se encuentra en el marco del montante.

Los tornillos de fijación de la cerradura suelen permitir una tolerancia en su posicionado que sirve precisamente para conseguir un perfecto centrado entre cerradura y cerradero.

Esta operación de ajuste por centrado deberá ser realizada siempre que la cerradura haya sido desmontada o también, lógicamente, cuando el marco de la puerta haya sufrido alguna manipulación como consecuencia de haber recibido un golpe y de su posterior reparación.

La forma de operar es la siguiente. Se colocan y aprietan provisionalmente los tornillos de la cerradura y con suavidad se empuja la puerta hasta que toquen las gomas de estanqueidad, a un paso de su cerrado total. Ahora debe empujarse con algo más de impulso y hemos de comprobar que la puerta se cierra por completo sin dificultad. Si no se obtiene este resultado será necesario proceder a mover un poco la cerradura de su asiento hasta conseguir que el cierre de la puerta sea suave y el ajuste del todo correcto.

En otros casos, el desajuste puede deberse al cerradero que se halla situado en el pilar o montante. En la figura 18 aparece un cerradero usual. En su base suele existir una tuerca hexagonal que puede ser aflojada y mediante ello se pueden conseguir pequeñas modificaciones que varíen su posición relativa en relación con la posición adoptada por la cerradura.

Inicialmente se marca con un lápiz la posición del cerradero. Luego se afloja la tuerca hexagonal y se modifica ligeramente su posición sobre las líneas de la marca. A continuación se vuelve a apretar provisionalmente la tuerca para pasar, acto seguido, a comprobar el ajuste. Cuando se haya conseguido una posición favorable que no deje lugar a dudas sobre el correcto ajuste, se deberá pasar a apretar fuertemente la tuerca hexagonal del cerradero vigilando que en esta operación no sufra movimiento de desviación alguno.

En la figura 19 tenemos otro tipo de cerradero, esta vez provisto de tres tornillos.

También puede ocurrir a veces que la culpa de la dificultad de cierre de la puerta se deba a un cierto descuelgue que le viene proporcionado a la puerta por culpa de las bisagras. De este defecto ya nos ocuparemos más adelante.

Una puerta que cierre con excesiva facilidad pero que no acabe de oprimir con la debida fuerza la goma de estanqueidad del marco, puede ocasionar ruidos y vibraciones durante la marcha que, además de ser molestos, perjudican los anclajes de la misma puerta. Además, una puerta así permitirá fácilmente el paso del agua de la lluvia o del túnel de lavado. Así pues, lo que se debe conseguir en esta operación de ajuste de la puerta es el equilibrio de la regulación de la distancia de la cerradura para que la puerta no vibre y a la vez se consiga su cierre sin dificultad y con el correcto aprisionamiento de las gomas de estanqueidad.

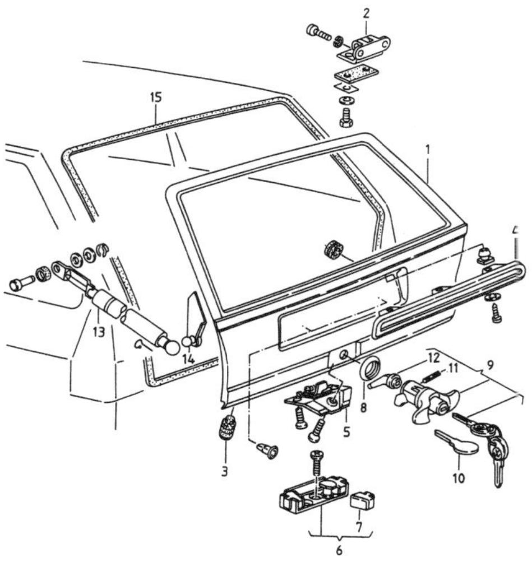

Figura 20. Portón de maletero y sus elementos. 1, portón. 2, bisagra. 3, tope. 4, tapa de la placa de matrícula. 5, placa de la cerradura. 6, placa del cerradero. 7, tope de goma. 8, arandela de sellado. 9, conjunto de la cerradura. 10, llave. 11, pasador cilíndrico. 12, excéntrica. 13, puntal dinamométrico de sujeción del portón. 14, bola de montaje de la rótula. 15, goma de estanqueidad.

Cerraduras de pestillo rectilíneo

Estas cerraduras son las típicas de los capós y portones.

Las cerraduras de pestillo rectilíneo pueden ir provistas de llave en el caso del capó del maletero y del portón, o bien sin ella, en el caso del capó del motor el cual, como es bien sabido, se abre por medio de un mando de accionamiento que se halla en el interior del habitáculo.

Tanto el desmontaje de estas cerraduras como los trabajos de ajuste que se han de realizar en ellas son los mismos que ya hemos explicado aunque pueden resultar incluso más fáciles de lo que hemos visto hasta ahora.

Generalmente, la cerradura del capó va sujeta por medio de tornillos que al retirarlos dejan en libertad todo el mecanismo completo.

Los capós del maletero, al igual que los portones y a diferencia del capó delantero, están siempre provistos de cerraduras practicables a golpe y con llave. En la figura 20 aparecen todos los elementos componentes de un portón de maletero (correspondiente a un modelo VW) incluyendo los elementos de sujeción con sus tornillos hexagonales o cruciformes. Los números del 1 al 15, ambos incluidos, corresponden a los elementos que forman el mecanismo de cierre que aparece con más detalle, y totalmente desmontado, en la figura 21. El desmontaje y montaje de todos estos elementos se consigue desenroscando y roscando los diversos tornillos que los sujetan a la carrocería.

De la misma forma que hemos explicado para las puertas, también los capós y portones deben ajustar correctamente con su cierre y con sus planchas vecinas. Para ello, y especialmente en el caso de los portones, se deberán efectuar los mismos trabajos de comprobación y ajuste que en el caso de las puertas.

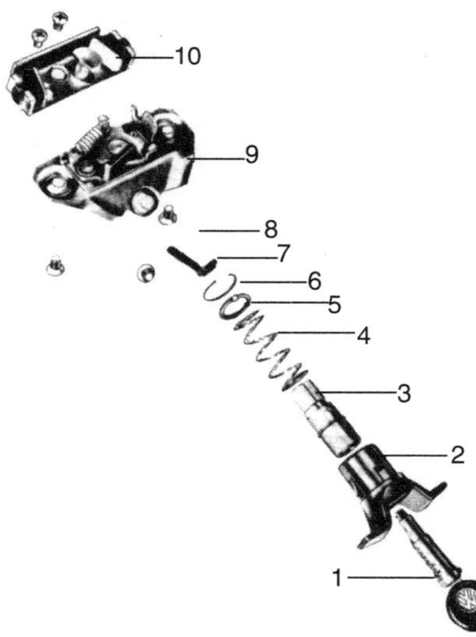

Figura 21. Elementos componentes de la cerradura del portón del maletero. 1, cilindro de cerradura. 2, asidero. 3, alojamiento del cilindro de la cerradura. 4, muelle. 5, arandela guía. 6, clip. 7, pasador cilíndrico. 8, excéntrica. 9, placa de la cerradura. 10, placa del cerradero.

Desmontaje del cristal de la puerta

Para llevar a cabo este trabajo es necesario tener la puerta desprovista de su guarnecido, así como del absorbedor de golpes interior para disponer de espacio en el trabajo de desmontaje. También será necesario haber desmontado el lamelunas interior. Hechas estas operaciones previas el desmontaje del cristal se lleva a cabo de la siguiente forma.

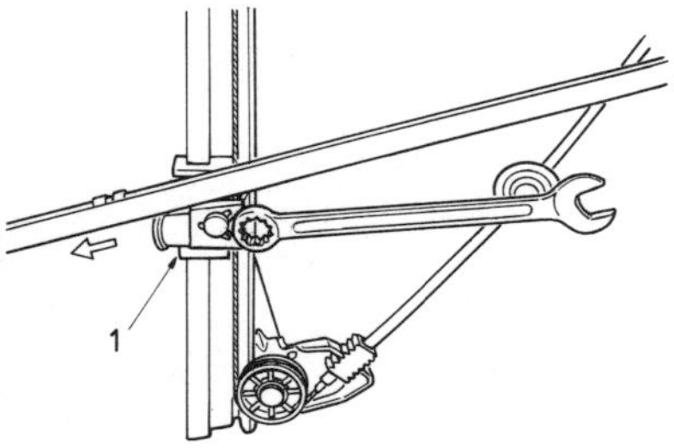

Figura 22. Trabajos previos para llevar a cabo la extracción del cristal de la ventanilla. 1, extracción de la horquilla de fijación.

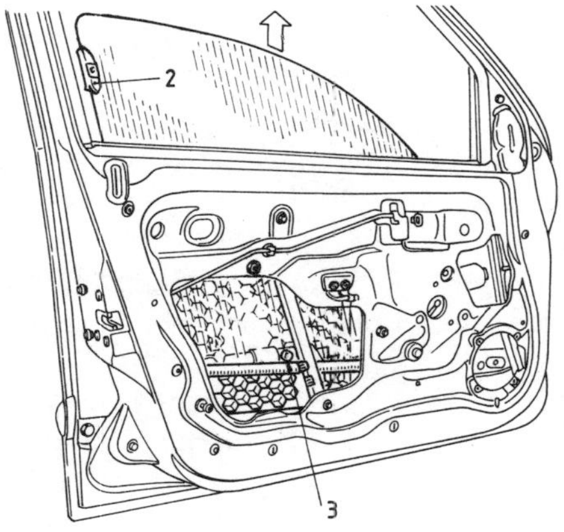

Figura 23. Ahora se está procediendo a sacar el cristal. 2, patín de la deslizadera. 3,eje de arrastre.

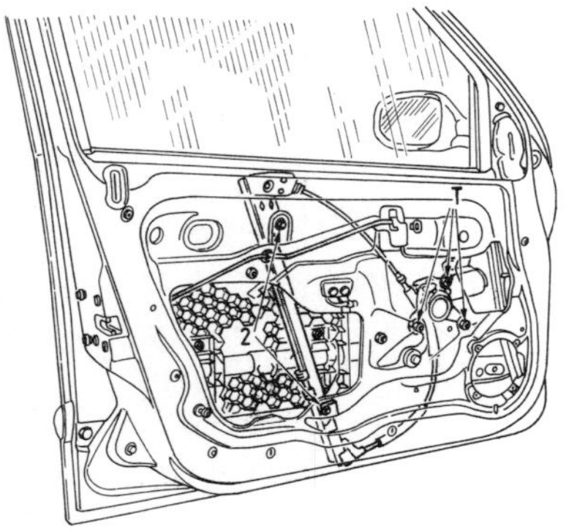

Figura 24. Forma de desmontar el mecanismo del elevalunas eléctrico. T, tuercas del motor eléctrico. 2, tornillos de fijación del mecanismo.

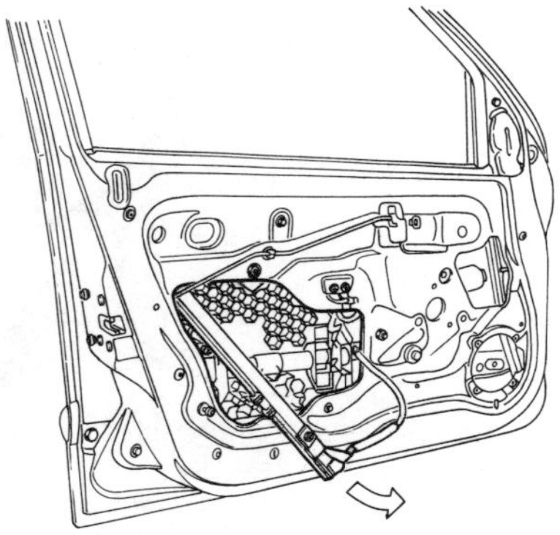

Figura 25. Finalmente se produce la salida del mecanismo del elevalunas eléctrico de la forma que indica la flecha.

En primer lugar se levanta el cristal a unas tres cuartas partes de su carrera. No conviene que esté subido del todo ni, por supuesto, bajado. Tal como se está haciendo en la figura 22, con la ayuda de una llave se pasa a aflojar la horquilla de fijación (1).

Una vez realizada esta operación se procede a bajar el cristal y a quitar el patín del cristal (2, en la fig. 23) y el eje de arrastre (3) del cristal.

Ahora, haciendo bascular el cristal hacia la parte delantera y subiéndolo hacia arriba como indican las flechas de esta figura, el cristal de la ventanilla podrá retirarse generalmente sin dificultad.

Una vez retirado el cristal puede ser necesario, en caso de avería, hacerse con el mecanismo que conforma el elevalunas eléctrico. Esto es lo que vamos a ver a continuación.

En la figura 24 tenemos el momento en que se está procediendo a la retirada de las fijaciones. En primer lugar, es necesario desconectar el motor eléctrico del elevalunas. Su posición nos la muestra esta figura aunque, como puede verse indicado en la figura, queda por debajo de la plancha de estructura interior de la puerta. Las tuercas de fijación (T) del motor eléctrico y los tornillos (2) de fijación del mecanismo salen al exterior de la plancha de modo que pueden sacarse sin más dificultades de las corrientes.

Una vez retirados estos tornillos, se pasará a retirar los tornillos de fijación que se indican en 2 de esta misma figura. Luego ya se podrá hacer bascular la deslizadera, del modo que muestra la figura 25, con lo que la salida de la pieza podrá efectuarse.

Si la causa de este desmontaje ha sido algún golpe recibido por la puerta que ha llegado a deformar esta pieza, ya podemos sustituirla, pues el montaje se efectúa actuando a la inversa de lo que hemos explicado hasta aquí.

Para los trabajos de reparación que deban realizarse en los elevalunas eléctricos remitimos al lector a lo que sobre este tema dijimos en otro tomo de nuestra enciclopedia, dedicado a los *Accesorios eléctricos* (tomo 5). En este punto se hace una descripción completa de los elevalunas eléctricos y de cierres centralizados así como de los retrovisores de mando eléctrico. La reparación de estos sistemas se le debe encomendar al mecánico electricista que, al igual que el planchista, debe conocer los procedimientos propios para el desmontaje de un guarnecido de puerta que le dé acceso a poder trabajar en los motores electromagnéticos y circuitos eléctricos que estos dispositivos comportan. No vamos a insistir ahora de nuevo en este tema, pero recomendamos al operario que tenga que realizar algún trabajo de verificación de tipo eléctrico que, en caso de duda, consulte las páginas del tomo que le acabamos de indicar antes de lanzarse al trabajo de la posible reparación de estos sistemas.

Bisagras

Las bisagras son las piezas que hacen posible el giro de las puertas. Por lo tanto, son piezas de gran importancia para que las puertas ajusten correctamente en relación con las planchas vecinas del marco. En la figura 26 se puede ver un despiezo de una bisagra sencilla perteneciente a una carrocería de la marca FORD, y su relación con las planchas vecinas de la puerta (1) y del montante delantero (2).

Como se puede observar, la bisagra consta de dos hojas (3 y 4) y la articulación se logra gracias a la presencia del pasador en cuyo extremo superior se halla un tapón.

El montante delantero dispone de una placa de bisagra soldada a la estructura. Aquí se ajustan dos tornillos, sujetos por medio de tuercas, mediante los cuales se puede variar la posición de la puerta en relación a la bisagra.

La forma de actuar para llevar a cabo el ajuste de una puerta a través del juego de las bisagras es la siguiente. En primer lugar, se aflojan las tuercas de fijación (9) hasta que la puerta comienza a tomar juego. Se cierra entonces la puerta y se comprueba que su asentamiento sea el requerido en toda su periferia respecto al marco del vano.

Comoquiera que se han aflojado los tornillos de la bisagra, la puerta tendrá tendencia a caer, por lo que se le pueden poner cuñas de madera que la asienten correctamente con relación al marco. Cuando esto se haya logrado se procede a apretar provisionalmente los tornillos o tuercas de posición de la bisagra.

Acto seguido se debe proceder a abrir la puerta y a cerrarla de nuevo para comprobar si su encaje sobre el marco es correcto. Si es así, ya se puede pasar a apretar los tornillos de las bisagras. Pero si en el proceso se observa que la puerta no queda armónicamente encajada en el marco, hay que volver a realizar la operación hasta conseguir su perfecto ajuste.

Cuando una puerta se descuelga mucho y su cierre se observa que es muy deficiente se ha de proceder a realizar el trabajo que se acaba de describir. Pero ocurre también muchas veces en el taller que la diferencia es muy pequeña a pesar de lo cual la puerta se cierra con dificultad. En estos casos podemos forzarla algo cogiéndola por un extremo y tirando de ella hacia arriba, de la manera que nos muestra la figura 27. A continuación se comprueba el buen cierre de la puerta y, si éste es bueno, se pasa a apretar los tornillos de la bisagra.

A veces puede ocurrir que las bisagras se hayan desgastado o, sencillamente, que se hayan agrietado. En este caso es lógico que la puerta no se sostenga con la debida naturalidad por más pruebas que se le hagan. No habrá más remedio que pasar a sustituir las bisagras o la pieza de ellas que sea defectuosa.

Para sustituir las bisagras debe comenzarse por el desmontaje de la puerta sacando el pasador de la bisagra de la forma que ya explicamos en el capítulo 6 de este mismo libro. La hoja de la bisagra que va sujeta a la puerta suele estar soldada por puntos y debe retirarse tras haber fresado dichos puntos. En cuanto a la otra hoja, sujeta al pilar o montante delantero, suele ir fijada por medio

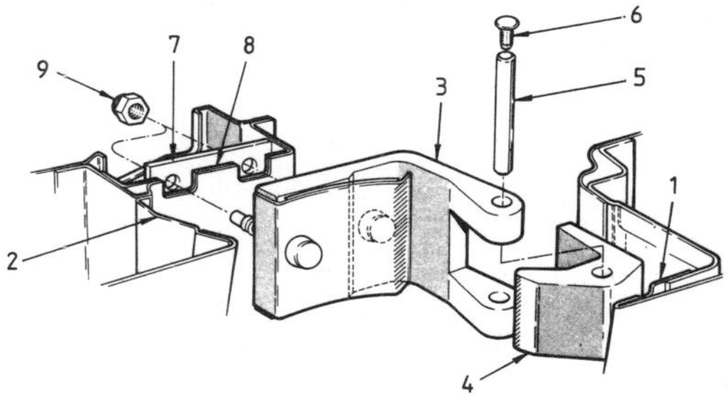

Figura 26. Despiezo de una bisagra de puerta delantera. 1, chapa de la puerta. 2, chapa del pilar o montante. 3, hoja basculante de la bisagra. 4, hoja fija de la bisagra. 5, pasador. 6, tapón del pasador. 7, placa de refuerzo para la sujeción de la bisagra al pilar o montante. 8, refuerzo del pilar o montante. 9, tuerca de fijación.

Figura 27. Una puerta que tenga el defecto de un pequeño descuelgue puede corregirse con sólo levantarla como indica la flecha y con la sola fuerza de los brazos aunque esta solución puede no ser definitiva.

de tornillos que pueden desmontarse, no sin ciertas dificultades muchas veces, con la ayuda de un destornillador de golpe.

El montaje de la nueva bisagra requiere algunos cuidados, pues al ir una de sus hojas soldada conviene no cometer errores al elegir su correcta posición ya que ello comportaría serios problemas de ajuste de la puerta con respecto al marco. Por lo tanto, conviene primero conocer con exactitud el lugar donde se va a soldar por puntos que puede ser no coincida exactamente con los lugares ocupados por los puntos de soldadura de la anterior hoja.

En algunas carrocerías se puede tomar el punto exacto de esta posición a base de montar la puerta en su vano y calzarla con cuñas de madera hasta alcanzar la posición correcta con respecto a las rendijas que quedan en el marco del vano de la puerta. Luego, a través de la plancha del pilar delantero, en el que se debe anclar la bisagra, se puede ver la posición correcta que deberá ocupar la bisagra que va adosada a la plancha de la puerta, e incluso se puede marcar esta posición por medio de una herramienta especial que no es más que un botador acodado. En otros casos este marcaje hay que hacerlo con la puerta ligeramente abierta, lo que comporta una mayor dificultad y un mayor riesgo de error.

Una vez acertado el lugar de anclaje se pasa a efectuar la soldadura por puntos.

Insistimos una vez más en el hecho de que pequeños errores en la colocación de la hoja de la bisagra que va soldada a la plancha de la puerta se pueden rectificar por medio de la modificación de la hoja que va atornillada a la estructura del pilar. A veces se puede recurrir a ovalizar ligeramente los orificios de paso de los tornillos para ganar con ello unas décimas de milímetro que se traducen después en varios milímetros en el extremo opuesto de la puerta, para conseguir un centrado más preciso en caso de pequeñas desviaciones en la soldadura por puntos de la hoja anclada en la puerta.

El trabajo se suele completar con una soldadura de latón, con un cordón por toda la periferia de la hoja de la bisagra que se une a la plancha de la puerta para proporcionarle mayor rigidez.

Las bisagras no sólo las encontramos en las puertas sino también en los capós, especialmente en el delantero, aunque adquiriendo, en este caso, una forma bastante particular como la mostrada en la figura 28. Las dos tuercas (T) unen el capó a una de las caras de la bisagra. En este caso el desmontaje es bastante sencillo y consiste en sacar las tuercas de fijación. En algunos casos será también necesario sacar la rejilla de aireación de material plástico para poder desmontar totalmente la bisagra y acceder a la fijación de la segunda cara anclada a la plancha. No debe ofrecer problemas este desmontaje, aunque en muchas ocasiones es necesaria la colaboración de dos personas para que la gran pieza de revestimiento que es el capó no se desplome y llegue a ocasionar daños a la pintura de otras partes de la carrocería.

En cuanto a las bisagras de los portones cabe decir que siguen el mismo diseño que las de las puertas y la forma de actuar con ellas es, pues, muy parecida por lo que no vamos a extendernos de nuevo sobre este tema.

Con lo dicho damos por terminado el estudio de las puertas en lo que se refiere a los accesorios que ellas comportan y la manera de actuar del planchista. Recordamos que en el capítulo 6 nos ocupamos también de las puertas en el sentido de sus reparaciones de plancha. El presente apartado es, pues, un complemento de lo que sobre este tema se dijo en el citado capítulo 6, al que puede acudir el lector para completar del todo la descripción general de las puertas y capós del automóvil moderno.

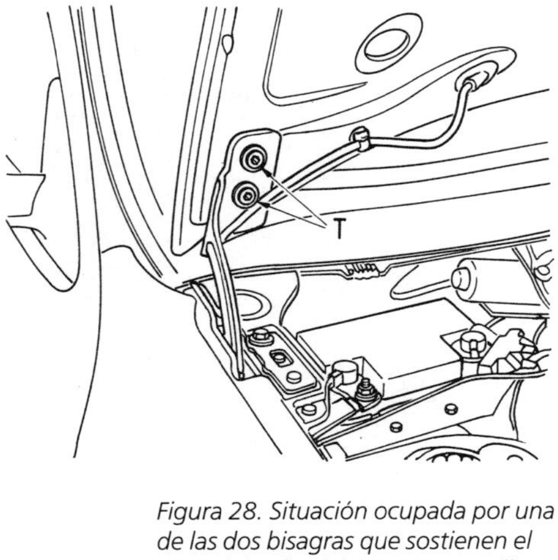

Figura 28. Situación ocupada por una de las dos bisagras que sostienen el capó del cofre del motor. T, tornillos de sujeción superiores.

Asientos y sus fijaciones

La reparación de los asientos corresponde principalmente al oficio del tapicero. El planchista, a lo sumo, suele revisar el estado del mecanismo de la estructura de desplazamiento y proceder a realizar alguna soldadura cuando se ha producido alguna rotura. Por lo tanto, no vamos a entrar en un estudio demasiado profundo de lo que son los asientos del automóvil. Sin embargo, el desmontaje de los asientos es una operación que resulta muy corriente cuando hay que trabajar en sustituciones de planchas que afectan la parte central de la carrocería sobre todo en golpes laterales y traseros en las carrocerías tanto de cinco como de tres puertas. En estos casos es necesario conseguir mayor espacio para trabajar más cómodamente y, en su consecuencia, más deprisa. El cambio de un pilar central o de un estribo, por ejemplo, siempre afectará a la zona próxima a los asientos, de modo que éstos se tendrán que desmontar.

El desmontaje de los asientos traseros es muy sencillo ya que se trata de un asiento corrido cuya posición es invariable, de modo que basta levantar el asiento desde su parte central y tirando para arriba para que salte de unas pinzas de alojamiento y toda la voluminosa pieza pueda ser retirada. Ahora queda el respaldo independizado del asiento. En algunos casos, el respaldo suele estar atornillado aunque también puede darse el caso de que esté sujeto por medio de unas pinzas. De cualquier forma su desmontaje resulta muy fácil o bien quitando los tornillos o tirando hacia arriba de él para que se suelte de las pinzas y pueda sacarse del habitáculo.

Sin embargo, los asientos delanteros ya van sujetos por otros sistemas que si bien no son complicados, conviene saber para llevar a cabo su desmontaje.

Los asientos delanteros son siempre asientos individuales provistos de varios tipos de movimiento de ajuste de cada una de las partes del asiento, lo que tiene por finalidad una buena adaptación a las condiciones y características físicas de las personas que puedan ocuparlos. De este modo se consigue que puedan adaptarse con igual efectividad tanto a personas de baja estatura como a personas altas, de piernas largas o cortas, etc.

En la figura 29 mostramos la estructura básica general de un asiento individual delantero para conductor que puede servirnos de ejemplo para explicar el funcionamiento general de todos sus mecanismos de adaptación que vamos a comentar seguidamente.

El asiento propiamente dicho (1) consta de una armadura (2), generalmente tubular de hierro, rígida, que forma dos piezas unidas por un eje (3) siendo una de ellas el respaldo (4). Esta armadura va provista a todo lo ancho y lo largo de unos muelles sinusoidales (5), o en otros casos helicoidales, que forman una carcasa deformable de esta estructura básica. Encima de esta estructura se coloca un mullido de goma espuma (6) que a su vez va tapizada con tela o, en coches de alto precio, incluso con piel. De cualquier modo, este trabajo de tapizado corresponde al tapicero que es un oficio que nada tiene que ver con el de planchista.

La zona que por el momento más nos interesa a los planchistas es la que forma el bastidor (7) sobre el que el asiento va sujeto y que dispone de varias palancas para conseguir un variado número de modificaciones que permitan adaptar el asiento al mayor número posible de diferentes anatomías que puedan tener los conductores. A este respecto, y antes de continuar con la figura 29, será conveniente que veamos, en la nueva figura 30, los movimientos de que un asiento puede estar dotado para cumplir con su función. Las flechas

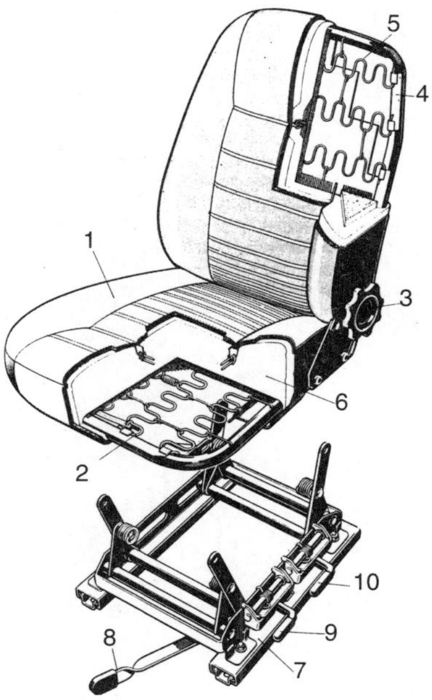

Figura 29. Estructura básica de un asiento. 1, asiento. 2, armadura. 3, eje de giro. 4, respaldo. 5, muelles. 6, mullido de goma espuma. 7, bastidor. 8, palanca de accionamiento longitudinal. 9 y 10, palancas de accionamiento vertical.

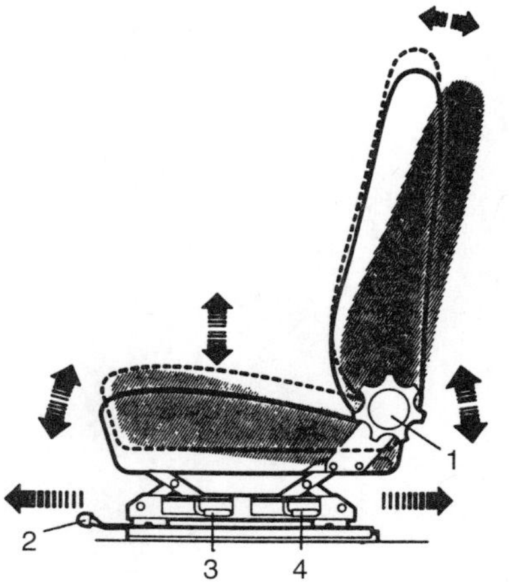

Figura 30. Diferentes desplazamientos de los que puede estar dotado un asiento delantero de conductor. 1, rueda para el posicionado angular del respaldo. 2, palanca para el posicionado longitudinal. 3 y 4, palancas para el posicionado vertical.

indican los desplazamientos que pueden llevarse a cabo accionando las correspondientes palancas. Estos movimientos son los siguientes: un movimiento longitudinal, de adelante hacia atrás (o de atrás hacia adelante) regulado por la palanca 2. Otro movimiento hacia arriba o hacia abajo, regulado por las palancas 3 y 4, por medio de las cuales se puede conseguir dar a la parte del asiento la inclinación más conveniente para las características anatómicas del conductor en cuanto a la altura. Y, por último, un movimiento de desplazamiento del respaldo provocado por el eje (1) al hacerlo rodar.

Vistos los movimientos, volvamos de nuevo a la figura 29. Desde el punto de vista del planchista el trabajo que hay que llevar a cabo en este tipo de asiento se refiere a su desmontaje. Este desmontaje puede tener dos objetivos, o bien dejar espacio en el habitáculo para poder trabajar con mayor comodidad, o bien que se trate de que el asiento haya tomado juego en alguna de sus articulaciones por roturas de sus palancas o mecanismos, con lo que va a ser necesario proceder a soldar algunas de sus partes para restablecer la condiciones normales de funcionamiento. Ambos trabajos los vamos a describir de una manera rápida y concisa porque no requieren, ni mucho menos, extensas explicaciones.

Para el desmontaje de los asientos delanteros basta con hacerlos deslizar por toda la guía que controla el movimiento hacia adelante hasta que lleguen a tope. Observando ahora el mecanismo el planchista podrá ver cómo está anclado este tope, de modo que bastará con sacar las fijaciones para que el asiento acabe de realizar su carrera y salga de la guía. Con ello se conseguirá sacar el asiento propiamente dicho de su bastidor, el cual quedará, sin embargo, sujeto al suelo de la carrocería. En algunos casos, el asiento puede desmontarse a base de sacar unos tornillos o tuercas que lo fijan al propio suelo con lo que podremos desmontar el asiento acompañado de su propio bastidor. Para ello es necesario poner el coche en un elevador y actuar por debajo, en los puntos de las fijaciones que se descubrirán fácilmente por hallarse inmediatamente debajo de donde se encuentra el asiento. Una vez sacadas las tuercas se baja el automóvil del elevador y se comprueba que el asiento no disponga de un contactor, pues algunos asientos disponen de mandos eléctricos para su calefacción o, incluso, control eléctrico de sus movimientos de desplazamiento y ajuste. Se desconectará este conector y el asiento, junto con su bastidor, podrá ser retirado desde el habitáculo incluso con más facilidad que tratando de hacerlo deslizar.

En cuanto a las reparaciones más frecuentes que suelen hacerse en los asientos son las que se derivan de un difícil deslizamiento del asiento sobre sus guías. En muchas ocasiones se debe a la suciedad y a la poca movilidad que suelen tener los asientos cuando su conductor ha encontrado la posición que le conviene y no la rectifica en mucho tiempo hasta que el coche cambia de conductor, cosa que suele ocurrir muy de tarde en tarde.

También puede darse el caso, por supuesto, de la rotura de la propia guía o, como resulta más frecuente, la deformación de alguna zona de contacto, y no digamos en el caso de un accidente lateral importante que haya llegado a deformarlo. En todos estos casos hay que proceder al desmontaje del asiento y a la corrección del defecto observado. A veces basta con calentar el tubo y golpearlo para hacerle recobrar su forma original pero si la deformación abarca la misma estructura del asiento, la mejor solución va a consistir en sustituir la pieza deformada por otra nueva procedente de fábrica.

En cuanto a la armadura también puede sufrir roturas y deformaciones debidas a los esfuerzos de flexión a los que puede estar sometida. En ocasiones puede soldarse en caso de rotura o también calentar la parte deformada para tratar de recuperar la forma original. No obstante, es necesario proceder con sumo cuidado para no perjudicar el mullido y la tela del tapizado. Para ello es necesario destapizar el asiento, o una buena parte del mismo, para trabajar con menos agobio y menor riesgo de incendio si hay que soldar.

Esto es cuanto puede decirse con respecto a los asientos que, como hemos visto, no suelen originar problemas de importancia a un planchista profesional.

Cristales y lunas

El montaje y desmontaje de las lunas que forman la parte acristalada de un automóvil también es trabajo que tradicionalmente se encomienda a los profesionales planchistas. Por ello, vamos a extendernos un poco en este tema que tiene una notable importancia por las características propias de unos materiales que se hacen cargo de cubrir un importante porcentaje de la superficie general de la carrocería.

Antes de continuar conviene aclarar que hay muchas clases de cristales y que no todas están autorizadas para su uso en el automóvil. De hecho, el cristal que vemos en las ventanas de nuestras casas tiene la particularidad de que, al romperse, se fracciona en cortantes aristas. Si cristales de este tipo se instalaran en los automóviles es evidente el gran peligro que correrían los pasajeros en caso de choque violento, pues los cuerpos de los ocupantes, proyectados por la fuerza de la inercia contra el parabrisas o las ventanillas, se encontrarían con una superficie que, al romperse, quedaría fraccionada en decenas de cuchillos que ocasionarían seguros cortes en la cara o el cuerpo. Por esta razón está reglamentada la prohibición del uso de este tipo de cristales en los automóviles, de modo que el cristal que forma parte de la carrocería es preceptivo que tenga unas características fundamentales de seguridad que impida su fragmentación cortante en caso de golpes resultantes de algún accidente.

De acuerdo con lo dicho, hoy pueden encontrarse en el automóvil dos tipos de cristales que vamos a estudiar brevemente. Estos tipos son los siguientes:

- Cristales laminados.
- Cristales templados.

Cristales laminados

El tipo de cristal que reúne con las mayores garantías su capacidad para no astillarse es el llamado *cristal laminado* que es el universalmente utilizado en los automóviles para la luna del parabrisas por su calidad de ser inastillable. No se trata, por lo tanto, de un cristal corriente. El mayor peligro frente a los golpes se puede dar en el cristal del parabrisas y por esta razón se instala aquí este tipo de cristal que, aunque es bastante más caro de adquisición que cualquier otro, es, sin embargo, el más seguro.

El vidrio laminado se fabrica por medio de dos placas de vidrio superpuestas separadas por una lámina del plástico llamado «butirato de polivinilo» que se halla colocada entre cada una de las caras del vidrio formando como un bocadillo entre los tres elementos. El conjunto así preparado se somete a un proceso de pegado en caliente por medio de un procedimiento industrial que hace que formen como un solo cuerpo y que el cristal resultante mantenga la transparencia y esté dotado de una gran resistencia a fraccionarse en caso de golpe.

En la actualidad, como se ha dicho, todos los fabricantes equipan las lunas de los parabrisas de sus unidades con este tipo de cristal del que, sin embargo, existen dos tipos de diferente calidad, el *cristal laminado normal* y el de *alta resistencia*. Según la calidad y precio de los automóviles llevan de fábrica incorporado uno u otro tipo de cristal laminado.

Cristales templados

El vidrio templado sale de fábrica, como su nombre indica, provisto de un temple superficial que hace que en caso de accidente, en vez de romperse de forma cortante, se divide automáticamente en gran cantidad de pequeños fragmentos, de forma que no puede crear aristas cortantes, ni de grande ni de mediano tamaño.

El procedimiento de fabricación consiste en calentarlo y aplicarle de inmediato un enfriamiento brusco a base de aire frío que crea diferentes tensiones moleculares en las partes externas con relación a las partes internas, lo que determina el comportamiento que hemos descrito en caso de ser objeto de un golpe.

Este tipo de cristal ya demostró en su tiempo que era mucho mejor que el cristal corriente pero seguía siendo peligroso en el parabrisas porque los pequeños fragmentos que soltaba si bien no eran altamente cortantes, también estaban dotados de pequeñas aristas que producían heridas superficiales. Además, en el caso de golpes procedentes de piedras lanzadas por otros vehículos también podían fraccionarse y en este momento dejaban al conductor sin visibilidad aunque no llegaran a hacer ningún daño material, pero en una situación comprometida para la conducción. En consecuencia, el cristal templado generalmente se utiliza sólo en la luna trasera mientras los cristales que pueden recibir golpes internos por parte de los pasajeros son de cristal laminado, especialmente la luna del parabrisas.

Trabajos del chapista con las lunas

Como cualquier otra pieza de la carrocería, las lunas están fabricadas a las medidas exactas que tienen los marcos que las alojan, de modo que hay que pedirlas siempre al proveedor con indicación concreta del tipo de modelo de automóvil que se está reparando.

Los trabajos prácticos que son frecuentes en el taller con las lunas de los automóviles pueden resumirse en los dos siguientes:

a) Desmontaje y montaje de una luna.
b) Sustitución de un cristal roto.

a) Desmontaje y montaje de una luna

Para comprender bien cómo ha de realizarse el desmontaje y montaje de una luna es necesario que se conozcan primero los sistemas de agarre que habitualmente tienen estas piezas de cristal.

Tanto la luna del parabrisa como la luneta trasera pueden quedar sujetas a la plancha de sus marcos respectivos de la carrocería por dos sistemas diferentes. El primero, y más tradicional, consiste en el uso de una *goma de contorno* que dispone de un perfil especial por medio del cual se sujeta fuertemente a la plancha del marco, por un lado; y por otro, a los extremos de la luna en toda su periferia (fig. 31).

Existe también el sistema de *encolado*, del que nos ocuparemos extensamente a lo largo de este capítulo, ya que se trata de un sistema muy utilizado últimamente.

De acuerdo con el diseño representado en la figura 31, el cristal se sujeta a la goma de contorno y ésta, a su vez, se haya sujeta, por medio de otro perfil, a la plancha de la carrocería. Así, el vidrio queda fuertemente sujeto, a la vez que lo hace elásticamente, ya que se apoya y sujeta en la plancha por mediación de la goma de contorno que la rodea.

Para mejorar la sujeción de los perfiles que acabamos de explicar, casi todas las gomas de contorno disponen también de un guarnecido de plástico duro en forma de junquillo que, a la vez que hace de embellecedor, comprime la goma al ser instalado, mejorando la fijación del conjunto y garantizando una mejor estanqueidad que impida el paso del agua a través de la goma de contorno.

Las gomas de contorno pueden adoptar diferentes tipos de perfiles que se han de ajustar siempre al tipo de carrocería para el que han sido fabricadas. Por lo mismo, han de tener las medidas adecuadas para un determinado tipo y forma de luna así como, en sus perfiles, a la disposición y grosor de las patillas de plancha que existen en el vano.

Por esta razón deben adquirirse conjuntamente con la luna cuando no pueda aprovecharse la goma de contorno que el automóvil lleva montada de origen.

Cuando se han deformado planchas que han afectado la zona superior de la carrocería es necesario casi siempre proceder al desmontaje de la luna, ya sea del parabrisas o de la parte trasera, para tener acceso a estas planchas y poder proceder a su reparación.

Los aspectos a tener en cuenta serán los siguientes:

1. *Trabajos previos.* En primer lugar se deberá observar el tipo de perfil que la goma tenga y estudiar la forma como el cristal se haya montado en ella.

La operación de desmontaje debe comenzar por la previa retirada de todos aquellos accesorios del automóvil que puedan obstaculizar la salida de la luna, la cual se tiene que sacar siempre empujando desde el interior hacia el exterior de la carrocería.

Generalmente, las escobillas del limpiaparabrisas será necesario que sean desmontadas y también, posiblemente, nos puede dificultar la operación el retrovisor central, por la parte interior del habitáculo y a veces el mecanismo de sustentación de los parasoles.

2. *Extracción del embellecedor.* La primera operación que es necesario llevar a cabo, tras la retirada de los posibles obstáculos, va a ser la extracción del guarnecido del embellecedor o junquillo.

Para efectuar este trabajo se deberá buscar primero el lugar donde se juntan los dos extremos del embellecedor que se hayan unidos mediante un engarce situado, generalmente, en la parte inferior y central del cristal.

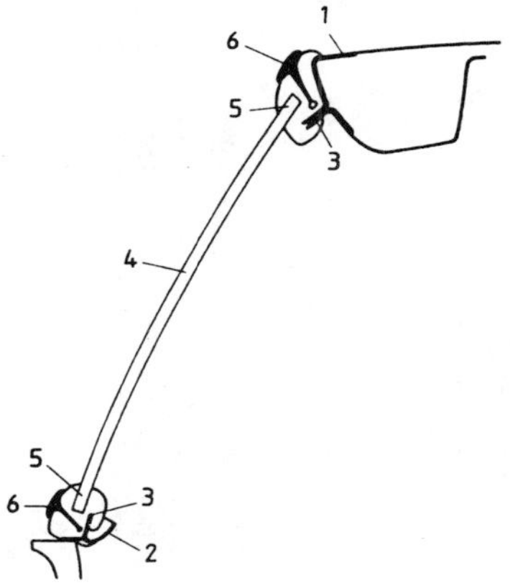

Figura 31. Uno de los posible anclajes de una luna de parabrisas a la goma de contorno. 1, planchas del techo de la carrocería. 2, perfiles de plancha en la parte baja del marco. 3, patilla del marco. 4, cristal del parabrisas. 5, extremos del cristal encajados en una ranura de la goma de contorno. 6, embellecedor.

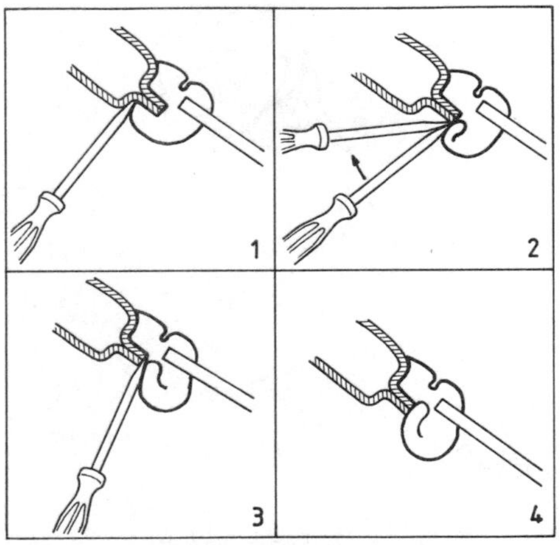

Figura 32. Cuatro fases detalladas de la preparación y extracción de una goma de contorno. Dibujo 1: momento en que se está bajando la lengua de la goma con la punta de un destornillador. Dibujo 2: ayudándose de otro destornillador se baja la goma hasta el final de la pestaña. Dibujo 3: introducción de la lengua en la pestaña. Dibujo 4: ahora el cristal ya está en condiciones de salir de la pestaña de plancha.

Con la ayuda de un destornillador, o mejor todavía con una madera en forma de cuña, se puede proceder a hacer saltar una de las puntas de este engarce y a partir de este momento ya se podrá sacar fácilmente el embellecedor de toda la periferia de la goma (fig. 32).

Una vez retirado el embellecedor ya se podrá advertir que la goma queda más libre y flexible.

3. *Despegado del perfil de la goma de contorno.* La operación siguiente consiste en despegar el perfil de la goma de la superficie de la luna, pues es de suponer que, durante el montaje, se le habrá aplicado una capa selladora para impedir el paso del agua caída sobre el cristal.

En la figura 32 tenemos una serie de cuatro dibujos que nos muestran la forma de operar para realizar esta operación de desmontaje del perfil de goma. Una vez retirado el embellecedor, se debe trabajar por la parte interna del habitáculo para realizar la operación que queda representado en el dibujo 1 de la citada figura. Aquí, con un destornillador, se está haciendo descender de su posición la goma hasta conseguir hacerla saltar de su asiento en la pestaña de plancha que sostiene la totalidad de la goma de contorno.

Como que la goma se resiste a ser retirada con facilidad, es conveniente hacer lo que se indica en el dibujo, es decir, ayudarse de dos destornilladores haciendo palanca entre ellos. El objetivo de este trabajo es conseguir que la pestaña de la goma de contorno llegue a introducirse por encima de la pestaña de plancha, tal como nos muestra el dibujo 3.

Así pues, para conseguir la retirada del cristal hemos de preparar previamente toda la goma de contorno hasta el punto en que se haya colocado de la forma que muestra finalmente la figura 32 en el dibujo 4.

4. *Extracción de la luna.* La operación siguiente ya consistirá en la extracción del parabrisas para lo cual se necesitará, como mínimo, la colaboración de una persona que nos ayude desde el exterior para hacerse cargo de la luna en cuanto ésta salga de su alojamiento.

El modo de proceder que en la práctica da mejores resultados consiste en tenderse en el asiento delantero derecho y colocar los pies sobre el vidrio, de modo que pueda hacerse buena presión sobre el mismo, y además esta presión se pueda controlar con toda suavidead y progresividad en todas las partes del cristal a medida que éste se desprende de la patilla de la plancha del marco.

En la figura 33 se puede ver la forma de colocar los pies sobre la luna para ir presionando del modo descrito. En esta operación es conveniente ir calzado con zapatos de suela de goma, pues en todos los casos se corre el riesgo de la rotura de la luna, por lo que hay que estar preparado.

Desde un punto de vista práctico, al presionar sobre la luna desde el interior, la goma de contorno salta de su alojamiento en las patillas de la plancha del marco. Éste será el momento en que la luna quedará libre de su sujeción al marco y saldrá de su alojamiento conjuntamente con la goma de contorno.

Precisamente necesitamos la ayuda de un segundo operario para que, colocado en la parte exterior del automóvil, se haga cargo de la luna cuando ésta salga totalmente gracias a la fuerza realizada con las piernas por el operario que permanece dentro del habitáculo.

Figura 33. Forma de presionar con los pies para lograr hacer saltar el cristal con la goma de contorno.

Hay cristales que se resisten mucha a saltar (depende de su ajuste al marco de plancha) y hay que dosificar la fuerza con mucha experiencia para detectar el momento en que se está forzando demasiado la luna.

Normalmente se comienza presionando por la parte superior y cuando esta parte de la luna se desprende se presiona por los laterles finalizando por la parte baja.

Si existe la duda razonable de que el cristal no va a aguantar un sistema de extracción como el descrito, la mejor forma de actuar va a consistir en cortar sencillamente la goma de contorno por todo el perímetro de la misma.

Con la ayuda de una cuchilla, y del modo que se muestra en la figura 34, se puede cortar toda la goma de contorno sin demasiadas dificultades, desde el perfil de la luna, con lo que ya no habrá ningún problema en la retirada de la misma.

En este caso lo que ocurre es que inutilizamos la goma y no podrá ser aprovechada en el próximo montaje. No obstante, piénsese que la goma es mucho más barata que la luna.

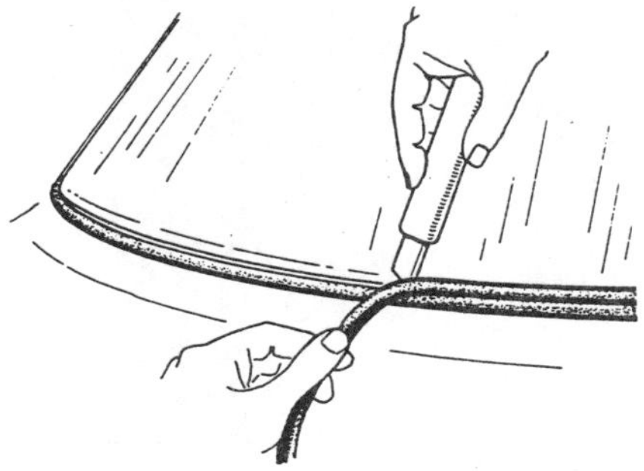

Figura 34. Corte de la goma de contorno si se aprecia que no va a poderse aprovechar.

5. *Cuidados con la luna desmontada.* Una vez desmontada la luna y su goma de contorno se deberá proceder a guardar en el taller la luna de vidrio con todo cuidado para que no sufra daños. La mejor solución es envolverla en una manta y dejarla en un sitio seguro donde no sea probable que reciba golpe alguno.

Luego ya se puede pasar a hacer la reparación que sea necesaria en la plancha y cuando ésta esté terminada se deberá pensar en montar de nuevo la luna en el marco del parabrisas. Precisamente para que la luna ajuste bien en este marco hemos recomendado siempre la perfecta medición de las cotas esenciales del marco del parabrisas cuando nos hemos ocupado en la descripción de reparaciones de esta parte de la carrocería.

6. *Montaje de la luna.* El montaje de la luna se debe comenzar por la revisión de la goma de contorno para decidir si ésta puede aprovecharse o no, según se observa su estado de agrietamiento.

Para observar el agrietamiento se dobla la goma a lo largo de todo su cuerpo de la manera que muestra la figura 35. Si aparecen grietas o superficies muy rugosas, o si la goma está muy dura y ha perdido elasticidad, quiere ello decir que la goma no deberá aprovecharse en semejantes condiciones, pues no podrá garantizarse la estanqueidad entre el marco y el cristal.

Una vez decidido el cambio o no de la goma de contorno, debemos pasar a observar con atención el estado de la plancha de la pestaña del marco, enderezándolo cuidadosamente con un martillo y un tas hasta conseguir que no ofrezca ninguna superficie irregular ni bucle alguno en la linealidad de la plancha. Este trabajo es muy importante no solamente para facilitar la colocación de la luna, sino también para evitar la entrada de agua una vez montada.

Seguidamente se deberá proceder a la limpieza de la pestaña del marco del parabrisas, donde se alojará la goma de contorno.

También ésta deberá someterse a una escrupulosa limpieza que consistirá en reseguir con todo cuidado el interior de cada uno de los labios o ranuras en las que se alojan tanto el cristal como la plancha del marco, a la búsqueda y extracción de cualquier cuerpo extraño por minúsculo que pueda parecer.

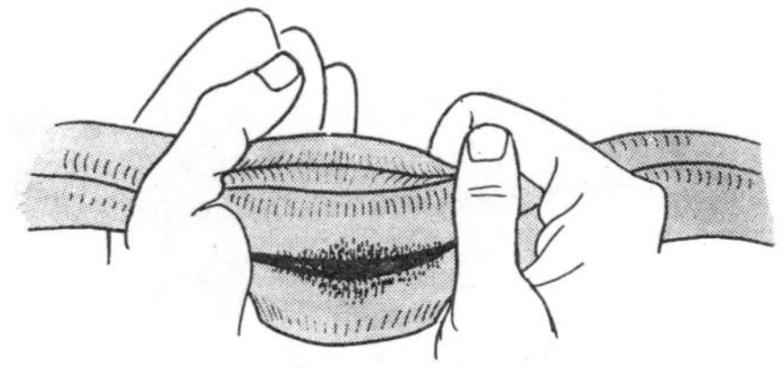

Figura 35. Forma de comprobar el estado de degradación de la goma de contorno para decidir su aprovechamiento.

Especialmente si el cambio de la luna se realiza por haber existido una rotura previa de la misma, resulta muy frecuente encontrar entre estas ranuras pequeños fragmentos de cristal que hay que sacar en todos los casos.

También resulta muy importante rascar la goma para liberarla de todo resto adherido de sellador, ya que este producto, una vez desmontado el vidrio, habrá perdido su efecto y de no sacarlo producirá más contacto entre la goma y el cristal, dejando intersticios por los que el agua a presión puede colarse.

Por supuesto, estas operaciones no serán necesarias si se trata de una goma nueva; pero, de todos modos, siempre es conveniente hacer una revisión de las ranuras y labios de la goma de contorno antes de montarla.

También el sellador hay que retirarlo de la pestaña del marco. Debemos observar muy atentamente que en esta pestaña no queden restos de pasta selladora ni tampoco exceso de pintura pues todo ello puede modificar y hacer irregular el espesor de la pestaña.

Desde un punto de vista práctico se debe observar si sobre la pestaña hay el más mínimo resto de oxidación. Si es así, es preciso tener en cuenta que la corrosión progresará y ello se traducirá con el tiempo en una deformación de la pestaña que afectará a la goma y podrá producir una vía de entrada de agua.

En caso de que existan estos puntos de oxidación es norma en el taller que el planchista proceda a quitar la herrumbre con un cepillo de cerdas metálicas hasta encontrar la plancha viva y aplicarle entonces una protección antióxido. Luego se pinta con un pincel el pequeño trozo afectado y se espera a que se seque para proceder al montaje de la goma de contorno y, posteriormente, de la luna.

La operación de montaje de la luna comienza por la colocación en ésta de la goma de contorno, en la ranura o labio correspondiente, de modo que la goma quede bien encajada en todo el perímetro del cristal.

Para facilitar la entrada de la goma de contorno en los bordes de la luna, que no siempre resulta fácil, se acude en el taller al sistema de untar con jabón líquido los labios de fijación. Con ello se consigue una rápida, profunda y fácil entrada del vidrio en todo su perímetro.

Este mismo truco hay que utilizarlo en la ranura o labio que deberá acoplarse a la pestaña de plancha del marco para facilitar aquí también la entrada de la goma. Precisamente en este punto la entrada es todavía más comprometida que en el caso del mismo cristal.

Una vez montada la goma de contorno en la luna se debe tomar una cuerda, de unos 4 mm de diámetro, que se coloca cuidadosamente por el interior de la ranura que deberá acoplarse a la pestaña del marco, dejando unos extremos libres por la parte baja de la goma de contorno.

Este montaje ha de quedar de la manera que muestra la figura 36 en la que se aprecian los extremos del cordel señalados con la letra A. Es necesario asegurarse de que el cordel se halle perfectamente colocado en el interior de la ranura para que el montaje de la luna se efectúe sin dificultades adicionales.

La operación siguiente ya consiste en presentar la luna del parabrisas sobre el marco, observando con toda atención que la goma se encare correctamente frente a la pestaña del marco, visto ello desde el interior del vehículo.

El operario necesitará aquí la ayuda de un compañero que desde el exterior de la carrocería le sostenga la luna y haga presión hacia el interior obligando al vidrio a entrar del modo que vamos a ver.

La teoría de este trabajo consiste en estirar de los extremos de la cuerda con la suficiente fuerza como para que ésta salga de la garganta de la ranura en que

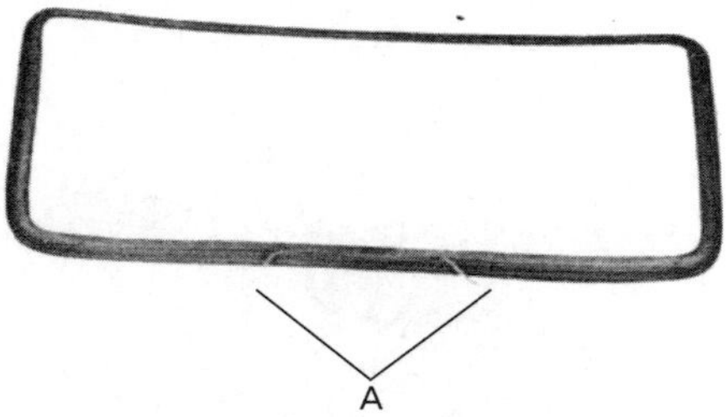

Figura 36. Colocación del cordel por todo el perímetro de la goma de contorno, dejando sus extremos (A) libres por la parte baja del marco.

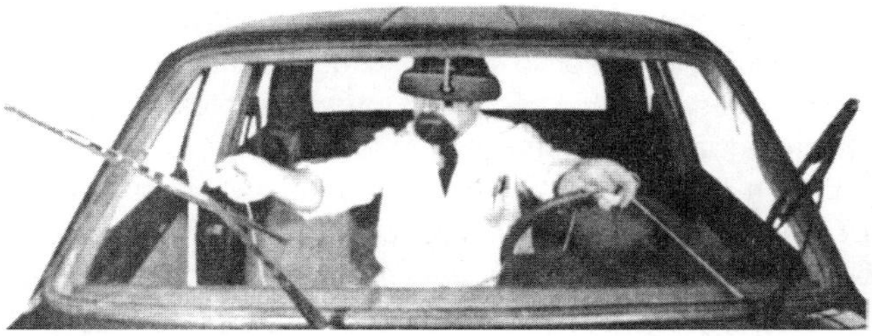

Figura 37. Al sacar la cuerda de la garganta de la goma levanta el perfil y en su lugar se coloca la plancha del marco del parabrisas.

se halla alojada. Al salir se verá obligada a levantar esta garganta o labio, momento que se aprovecha para que penetre en su lugar la plancha de la pestaña del marco del parabrisas.

Mientras el ayudante ejerce presión desde el exterior sobre el cristal, el operario tira de la cuerda paralelamente a la luna hasta que ceda y salte la ranura levantando el labio de la goma, de modo que se introduzca la plancha en el momento que la cuerda sale (fig. 37).

El operario va estirando de los extremos de la cuerda por todo el perímetro del cristal mientras recibe una ayuda combinada con la presión que el otro operario pueda darle desde el exterior. De este modo deberá entrar la goma en la pestaña.

Una vez efectuada la operación anterior conviene verificar con toda atención la buena entrada de la goma en la plancha del marco.

Esta operación hay que hacerla no sólo con la vista sino también con el tacto, palpando con atención por todo el perímetro de la goma, para asegurarse de que se halla totalmente montada sobre el marco.

Si se observa que en algún lugar el labio de la goma no ha saltado completamente y permanece plegado en el interior se puede acudir a golpear suavemente sobre uno o ambos lados del cristal, con lo que es muy probable que la goma salte de su alojamiento falso y se coloque en posición correcta. Se recomienda, en este caso, golpear con la palma de la mano enguantada con una manopla, para no forzar excesivamente al cristal.

La operación de montaje de la luna ha de acabar con la aplicación de una masilla selladora por todo el perímetro en la unión de la goma con el cristal (fig. 38).

Con la ayuda de un trozo de madera en forma de cuña (o la punta de madera de un pincel) se levanta la goma y se le introduce la pasta del sellador para parabrisas.

Esta aplicación requiere cierta práctica y cuidado ya que conviene que ésta se realice en una línea continua, sin interrupciones y con una buena cantidad del producto.

Cuando la goma vuelve a su posición escupe parte de la masilla aplicada. Este exceso hay que limpiarlo lo antes posible utilizando un trapo embebido en gasolina, pues si se deja que se seque será mucho más difícil sacar estos restos que ensuciarán el cristal.

El sellado no es preceptivo en todos los casos. Cuando la goma es nueva y por lo mismo suficientemente elástica, el sellado puede no ser necesario, cosa que no suele ocurrir cuando la goma es aprovechada.

Una vez realizadas todas las operaciones descritas hasta este momento, ya se puede proceder al montaje del embellecedor. En este caso recuérdese que la presencia de esta moldura no tiene la misión exclusiva de embellecer el marco,

Figura 38. Forma de aplicar la masilla selladora entre la goma de contorno y la luna.

sino que actúa más bien como elemento que presiona la goma para sujetar con mayor efectividad la luna. Por lo tanto, no debe omitirse este montaje aun cuando alguien pueda preferir, desde el punto de vista estético, mejores resultados sin la presencia de este junquillo.

La colocación de la moldura se lleva a cabo con un trozo de madera en forma de cuña o con la punta de un destornillador que no pueda cortar. Con ello se abre paso para la colocación de la moldura por todo el perímetro de la goma.

El montaje se dará por completamente acabado cuando se hayan colocado otra vez los elementos que fue necesario retirar para el desmontaje de la luna, tales como los limpiaparabrisas, los parasoles o el retrovisor central, así como cualquier otro elemento que hubiera sido necesario desmontar en la operación de retirada de la luna.

Trabajos en una luna encolada

La utilización de una goma de contorno para la firme sujeción de una luna es un sistema muy tradicional, pero cada día se practican más otros sistemas de colocación del cristal.

Se instalan cristales cada vez más curvados y grandes, enrasados con la carrocería para evitar los pequeños rebufos que resaltes, como la goma de contorno, podrían provocar. De ahí que se haya acudido a encolar directamente la luna sobre la pestaña del marco. Así se consigue mejorar el aspecto aerodinámico.

En este trabajo los aspectos a considerar son los siguientes:

a) *La luna encolada.* Como puede verse por los dibujos de la parte inferior de la figura 39, la luna se halla pegada a una junta o cordón que a su vez se halla pegada a la plancha de la pestaña del marco. Posteriormente un junquillo de acabado y una goma hacen las veces de embellecedores y tapajuntas.

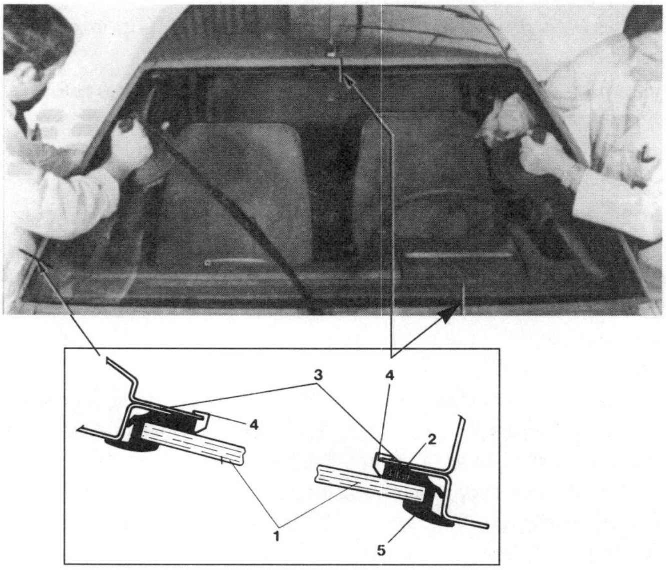

Figura 39. Sistema de luna encolada. 1, luna. 2, junta o cordón. 3, pestaña del marco. 4, junquillo de acabado o embellecedor. 5, goma.

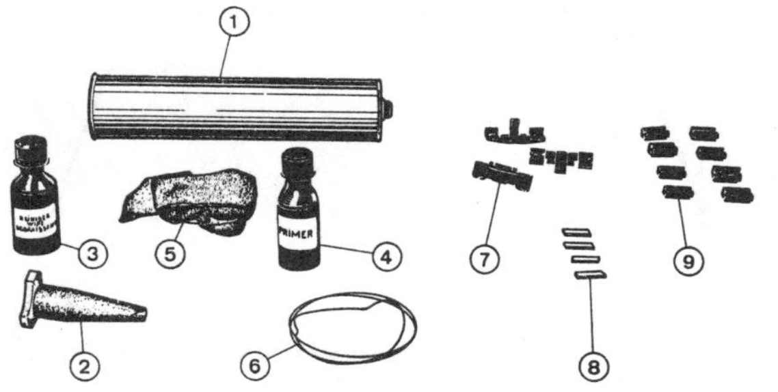

Figura 40. Equipo de reparación para el encolado de lunas. 1, cartucho de mástic para hacer la junta adhesiva. 2, boquilla. 3, desengrasante (wipe). 4, primario de chapa (primer). 5, papel para limpieza de restos. 6, cuerda de piano. 7, grapas de sujeción del embellecedor. 8, placas de posicionado. 9, calas separadoras.

Esta disposición puede variar de uno a otro modelo, pero en líneas generales todas las carrocerías que adoptan este procedimiento de encolado se basan en una disposición más o menos semejante en cuanto a los perfiles.

b) *Montaje de una luna encolada.* Para llear a cabo trabajos de montaje de una luna encolada resulta indispensable disponer de un equipo de productos y de una serie de útiles sin los cuales el trabajo no puede realizarse. En la figura 40 se puede ver uno de estos equipos.

La primera operación que se aconseja llevar a cabo consiste en desengrasar toda la pestaña del marco del parabrisas al que ha de pegarse la luna, utilizando para ello un producto detergente que se conoce con el nombre de *Wipe*.

Luego deberá aplicarse el llamado «primario de chapa» también conocido en el taller con el nombre de *Primer*, que es un producto que forma parte del conjunto de materiales necesarios y recomendados para el pegado de lunas.

En la figura 41 se puede ver el marco de un parabrisas sin la luna, donde se ha aplicado este primario de chapa. En el detalle de la parte baja de la figura se observa de una manera destacada la forma de depositar esta pasta.

Acto seguido se montan los perfiles en los marcos superior e inferior, para asegurarse del correcto posicionado de la luna con respecto a su enrasado con la plancha exterior de la carrocería (fig. 42).

Para ello se deberá presentar la luna sobre los citados perfiles, operación que nos va a servir para determinar el calado necesario de la misma y para centrarla.

Para realizar esta operación de centrado debemos disponer de calas separadoras, que deberán colocarse en los puntos señalados con las letras *a, b, c* y *d* de la figura 42 para conseguir el ajuste de la luna en esta posición correcta.

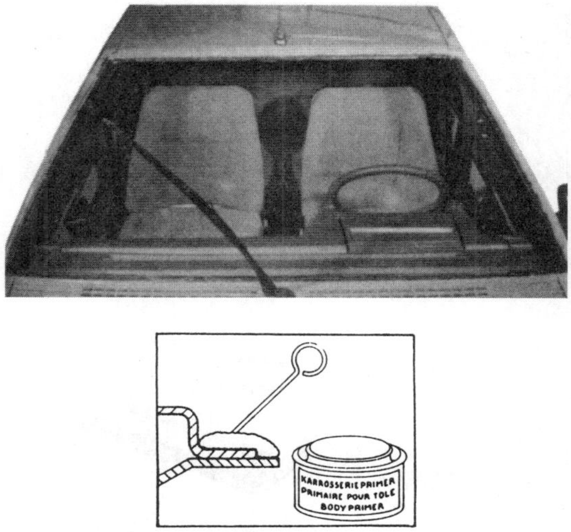

Figura 41. Aplicación del primario de chapa sobre la pestaña del marco.

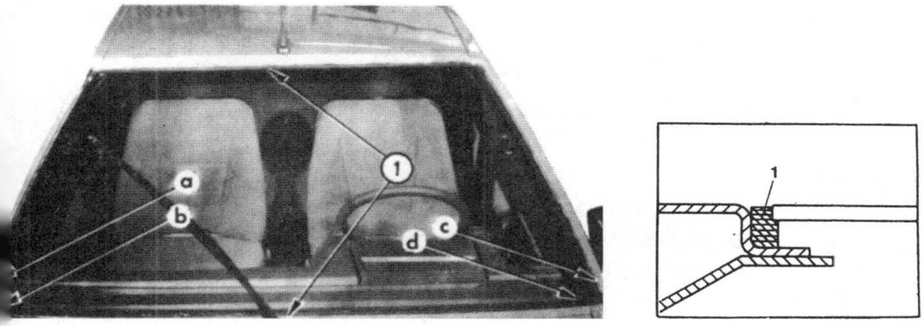

Figura 42. Montaje de los perfiles (1) en el marco. a, b, c y d, lugares donde se colocan las calas separadoras.

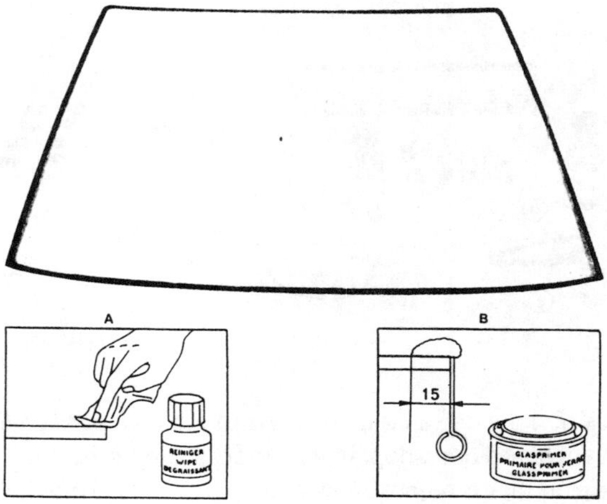

Figura 43. Tratamiento de los bordes del cristal. A, desengrasado. B, aplicación del primario del cristal.

Luego se podrá retirar el cristal para pasar a realizar la preparación del mismo de cara a su montaje.

Ahora conviene pasar a tratar las superficies de los extremos de la luna. La forma de realizar esta operación puede verse en la figura 43.

En primer lugar, es necesario proceder a una limpieza desengrasante de todo el contorno de la luna, tanto de la parte de arriba como de la inferior, operación que se hace con un líquido desengrasante (wipe) con un trapo (dibujo A).

Seguidamente se prepara todo el borde exterior del contorno con un producto llamado «primario del cristal» que, como en el caso del llamado «primario de chapa» también forma parte del equipo de productos necesarios para el pegado de las lunas. En este caso conviene hacer la aplicación a una distancia de unos 15 mm por todo el contorno de la luna (dibujo B).

Una vez realizada esta aplicación se monta el perfil de goma y se deja secar durante unos cinco minutos.

Con ello ya se tendrá preparado, por una parte, la pestaña de plancha del marco y, por otra, la propia luna del parabrisas.

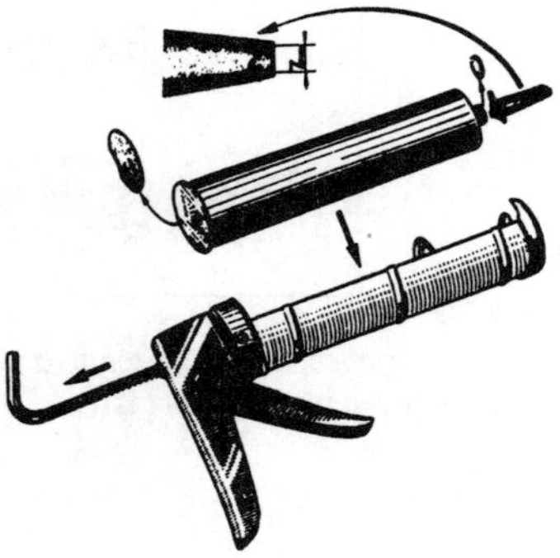

Figura 44. Equipo de pistola y cartucho de mástic *para hacer la junta adhesiva.*

A continuación ya se puede pasar a colocar el cordón de pasta adhesiva o «mástic» para pegar sobre el marco de plancha. Para ello se toma la pistola del equipo y se introduce en ella el cartucho después de prepararlo convenientemente de acuerdo con las instrucciones dadas por el fabricante, es decir, perforando la membrana y roscando la boquilla que se recomienda para el tipo concreto de luna con la que estamos trabajando. En la figura 44 se puede ver un equipo de pistola y cartucho de mástic.

El trabajo de aplicación del cordón adhesivo se lleva a cabo pulsando el gatillo de la pistola de modo que salga sin interrupción el mástic formando una junta adhesiva sobre todo el marco del parabrisas (fig. 45).

Aquí se muestran las características que es conveniente tenga el cordón en cuanto a su anchura y altura. Estas mediciones aquí recomendadas pueden variar ligeramente según el tipo de carrocería y deben comprobarse en el manual de planchistería del modelo con el que se trabaje.

A continuación se debe colocar las calas separadoras para que el posicionado de la luna sea correcto y definitivo desde el primer momento.

Con unas ventosas se sujeta la luna, se levanta y se presenta paralelamente

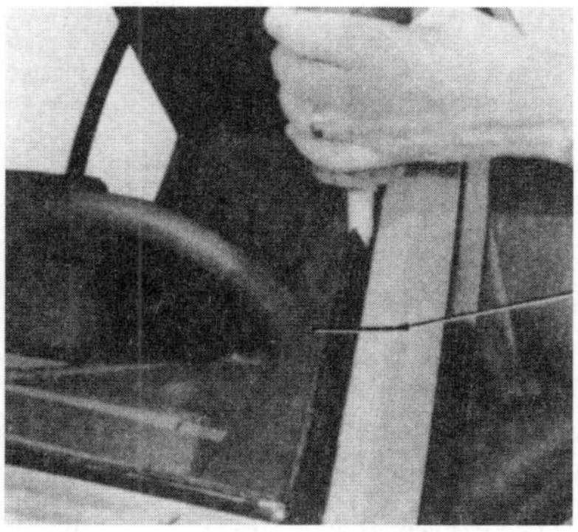

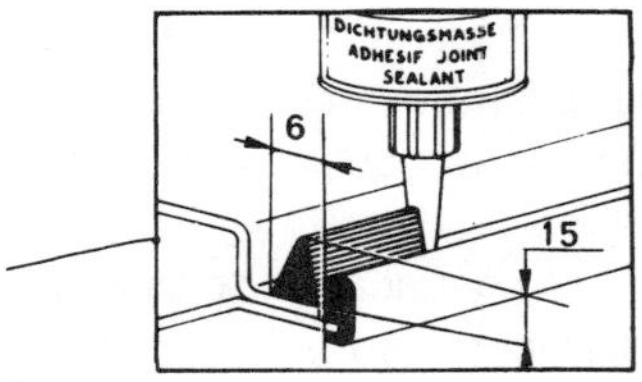

Figura 45. Colocación del cordón adhesivo sobre el marco del parabrisas.

al marco donde ya se encuentra el cordón adhesivo. Ahora llega el momento en que, con toda precisión, se ha de aplicar el cristal sobre el marco y sobre el cordón.

Mientras se produce la colocación se ha de verificar que el cordón se aplaste lo suficiente por todo el contorno. Ahora se está todavía a tiempo de hacer un aporte suplementario de junta o cordón adhesivo si en algún lugar éste no resulta de un grosor suficiente, así como para aplastarla con una espátula en lugares donde su grosor fuera excesivo.

Una vez comprobado que la luna queda completamente enrasada con las chapas vecinas de la carrocería, hay que dejarla un tiempo para que se seque la junta, después de lo cual quedará ya perfectamente sujeta y con la necesaria estanqueidad.

En muchs ocasiones se aconseja que la colocación de la luna con las ventosas se realice entre dos personas. Si el cristal es grande y resulta pesado ésta es la mejor solución dada la precisión requerida para esta operación.

Desmontaje de una luna encolada

En el presente apartado vamos a ver la forma de desmontar una luna que ha sido previamente pegada en las condiciones que acabamos de explicar.

Es evidente que, en este caso, no se puede utilizar el método de presionar con los pies tal como resulta típico y hemos estudiado en los sistemas que llevan goma de contorno. Aquí el sistema a seguir ha de ser muy diferente.

Cuando una luna pegada se tiene que desmontar se comienza por sacar las gomas embellecedoras además de todos los accesorios que puedan impedir la salida del cristal.

Estas gomas exteriores son muy difíciles de recuperar si se pretende sacarlas sin deteriorarlas con el fin de su posterior aprovechamiento, de modo que resulta mejor pasar directamente a cortarlas y retirarlas de su alojamiento por estirado.

Una vez sacada la goma-embellecedor nos queda a la vista la junta adhesiva o cordón.

Ahora necesitaremos disponer de un útil especial consistente, fundamentalmente, en una cuerda de piano. Este útil consta de dos piezas y puede verse dibujado en la figura 46.

Se toma la cuerda de piano y se introduce por el interior del tubo (1) hasta el mango (2) donde, moviendo la tuerca moleteada, se consigue la fijación de la cuerda con un extremo.

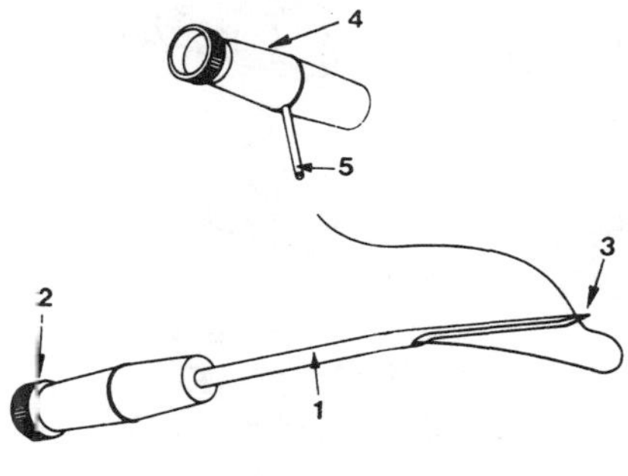

Figura 46. Útil recomendado para extraer la masilla de una luna encolada. 1, cánula de entrada de la cuerda de piano en el mango. 2, tuerca moleteada de aprisionamiento. 3, punta de la cánula del mango. 4, empuñadura. 5, cánula de la empuñadura.

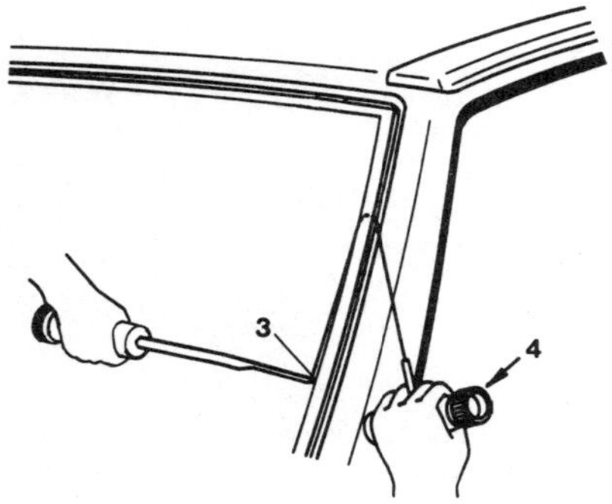

Figura 47. Forma práctica de utilizar el útil de la figura anterior para realizar el corte del cordón de junta adhesiva.

Por otra parte, la otra punta de la cuerda se pasa por un orificio que existe en el extremo (3) del útil.

Una vez hecho este montaje, y desde el interior del habitáculo del automóvil, se hace un pequeño orificio a través del cordón de la junta y se pasa por él la punta de la cuerda de piano queda libre. Para acabarla de sacar puede ser necesario ayudarse con unos alicates en cuanto la punta de la cuerda asoma por la parte exterior.

A continuación se estira de la cuerda y se sujeta a la empuñadura (4) introduciéndola por la cánula (5) y volteando el botón de la parte extrema de la empuñadura para que la cuerda quede bien fijada a este otro extremo del útil.

En estas condiciones descritas el citado útil quedará de la forma que muestra ahora la figura 47. Aquí se puede observar también la forma de proceder al corte de la junta una vez realizada esta preparación. La forma de proceder es la siguiente.

Apretando por ambas partes se hace una incisión inicial en ángulo y luego el operario que se encuentra en el interior del vehículo clava la punta (3) en la junta a unos 30 cm del punto por donde se pasó la cuerda de piano, mientras el otro operario que actúa desde el exterior tira de la empuñadura (4).

Éste es el momento en que se producirá un progresivo corte de la junta hasta que la cuerda llegue a la misma altura de la herramienta interior (3).

En este momento, esta herramienta (3) se coloca otros 30 cm más alejada y se repite la operación de estirado con la empuñadura, y así sucesivamente hasta el corte total de la junta, después de lo cual se podrá retirar la luna con la ayuda de unas ventosas.

Una vez retirada la luna se procederá a limpiar la pestaña de plancha del marco de todo resto de masilla o mástic, así como también de la que quede adherida a la parte perimetral de la luna.

Además del sencillo sistema de la cuerda de piano que hemos descrito, existe en el mercado una serie de herramientas que ofrecen la posibilidad de hacer este trabajo con una mayor rapidez y precisión. Se trata de herramientas, generalmente neumáticas o eléctricas, preparadas especialmente con cuchillas intercambiables que pueden realizar este trabajo con suma precisión. En la figura 48 tenemos un ejemplo de una de ellas. Cuando una de las cuchillas está montada en la máquina, ésta le imprime, durante el funcionamiento, un movimiento oscilatorio muy adecuado para el corte del cordón adhesivo de los cristales.

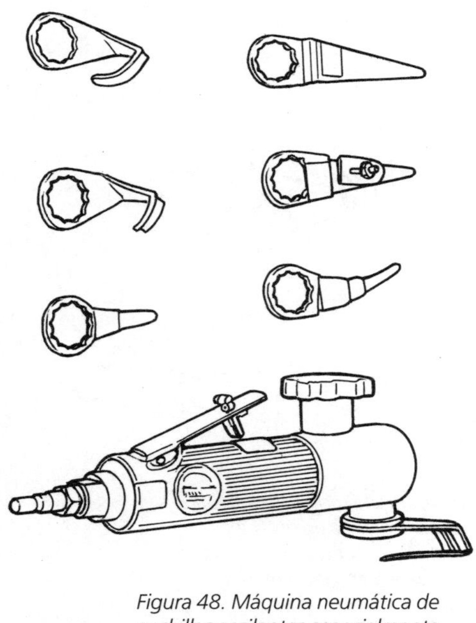

Figura 48. Máquina neumática de cuchillas oscilantes especialmente estudiada para romper el cordón de junta adhesiva.

Por otra parte, el sistema hexagonal de ajuste que tiene la máquina para la cuchilla, y el asiento de éstas formando un polígono de doce lados, hace que las cuchillas puedan colocarse en diferentes posiciones, con saltos de sólo 30 grados.

En la figura 49 tenemos varios ejemplos de la forma como estas cuchillas pueden introducirse, en diversos tipos de montajes de cristales encolados, sobre el cordón que los sujeta.

También se han desarrollado diseños de máquinas para este mismo fin que trabajan por un procedimiento de aportación de calor. En líneas generales, estas máquinas están provista de un circuito eléctrico en el que interviene la cuchilla. Cuando el operario acciona la máquina, una corriente eléctrica pasa a calentar la cuchilla y el cordón de encolado del cristal se reblandece, lo que facilita su corte y destrucción. Sin embargo, es necesario un aporte de calor muy estricto puesto que si la masilla se calienta demasiado vuelve a pegarse en cuanto de enfría. Por ello, estas máquinas deben estar provistas a la vez de un sistema de refrigeración, generalmente por aire, cuyo chorro sale inmediatamente después del paso de la cuchilla caliente.

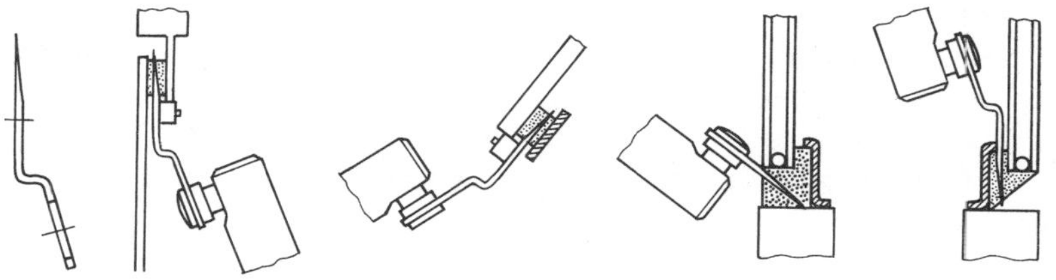

Figura 49. Diferentes posiciones que puede adoptar la cuchilla de la máquina oscilante para lograr el corte del cordón de junta adhesiva.

Juntas termoeléctricas

El sistema que hemos descrito hasta este momento de pegado de lunas es el más frecuente en los automóviles modernos. Sin embargo, no es el único. Algunas marcas fabrican algunos determinados modelos en los que emplean para la fijación y hermetización de sus lunas un procedimiento de pegado diferente que es necesario conozca el profesional planchista. Se trata del cordón de butilo termoeléctrico.

En la figura 50 tenemos el material que se utiliza en estos casos. Una de las características fundamentales de este sistema es que consta, en el interior del cordón de butilo preformado, de un cable de cobre por el que pasará la corriente eléctrica de la forma que se va a explicar seguidamente.

En primer lugar, hay que asegurarse de que las superficies de contacto, tanto de la pestaña como de los bordes de la luna, que han de entrar en contacto con la junta termoeléctrica, estén perfectamente limpias y sobre todo exentas de humedad.

En estas condiciones, se aplica una capa de imprimación sobre las superficies que han de contactar, imprimación que forma parte del equipo de montaje de este sistema y que pudimos ver en la parte superior de la figura 50.

Por otra parte, se aplican previamente los dos extremos del cable de cobre que sale de la junta termoeléctrica a los polos de una batería necesitándose 6 voltios por cada metro de junta y unos 11 amperios. Este primer contacto eléctrico tiene que ser muy breve, de unos 30 segundos nada más, con el fin de conseguir un cierto ablandamiento del material de la junta para facilitar su acoplamiento.

Una vez reblandecido y preparadas las superficies del modo indicado, se pasa a la colocación de la junta preferentemente sobre la plancha de la pestaña, cuidando de que se halle perfectamente distribuida por todo el contorno de contacto con la luna. Los cables eléctricos se dejan hacia afuera para su utilización posterior. A continuación se monta el cristal de la luna sobre esta junta y se le proporciona una presión exterior con la misma palma de la mano para conseguir la buena unión del material plástico de la junta termoeléctrica con la zona de la plancha que le corresponda.

Cuando se ha comprobado el buen centrado de la luna se procede a dar de nuevo corriente a los cables de cobre, en las mismas condiciones a como se indicó antes. Esta vez se mantiene la corriente dada durante un minuto para conseguir un mayor reblandecimiento de la junta y su mejor acoplamiento a las superficies de la plancha y el cristal. Conviene en este caso hacer presión con la mano en toda la periferia de unión para que el contacto se haga más manifiesto. En este momento, la cinta se ha hecho tan plástica que se adapta muy bien tanto a las posibles y pequeñas desigualdades del cristal como a las de la plancha.

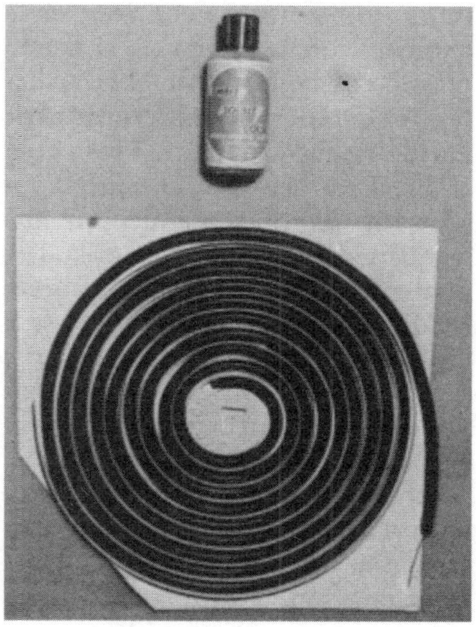

Figura 50. Junta termoeléctrica junto a su frasco de imprimación.

La operación de montaje se complementa conectando de nuevo la corriente y esta vez durante cinco minutos más para que el calor generado desencadene las reacciones propias del material para conseguir de este modo que el encolado sea perfecto.

En cuanto haya pasado este tiempo ya se puede proceder a desconectar la fuente de energía eléctrica y a cortar los extremos de los cables de cobre que sobresalen.

La principal ventaja de este sistema ha de encontrarse en el hecho de que las soluciones de pegado tradicionales tardan en secarse mientras que por el sistema de junta termoeléctrica el cristal queda sujeto casi al momento ya que en pocos minutos se verá que el cristal está en condiciones de ser sometido a considerables esfuerzos y, por supuesto, podrá ser entregado al cliente con toda garantía, cosa que no ocurre en los cristales encolados que hemos visto anteriormente.

b) Sustitución de un cristal roto

El segundo de los puntos a tratar sobre las lunas, y que indicamos al principio de este apartado, consistía en dar unos consejos sobre la forma de llevar a cabo la sustitución de un cristal roto. El caso del desmontaje de un cristal, como hemos estudiado hasta ahora, se refiere a aquellos casos en los que, por necesidades de la reparación, se debe desmontar una luna no dañada, guardarla y volverla a montar cuando las planchas vecinas afectadas han sido correctamente reparadas. Es natural que, además de este caso, exista también el hecho de que la luna misma esté agrietada y altamente deformada, en el caso de tratarse de una luna laminada, o bien que el cristal esté fraccionado en pequeños trozos unidos, sin embargo, entre sí y en el caso de una luna templada, con algún boquete más o menos grande ocasionado en el momento del accidente.

En ambos casos es necesario sacar el cristal y sustituirlo pero especialmente en el segundo existen, durante el desmontaje, algunos serios riesgos que hacen que el operario deba saber qué hacer en estos casos.

Cuando se presenta en el taller un coche con un cristal templado en el parabrisas que está roto, para hacer el cambio, lo primero que se ha de conseguir es acabar de romper el cristal para sacarlo de su alojamiento. En esta operación se ha de cuidar de que no se produzcan los dos casos siguientes. De una parte, que el operario esté lo suficientemente protegido para no recibir heridas en el cuerpo ni, sobre todo, en los ojos al acabar de sacar los cristales partidos. De otra parte, es necesario cuidar que cuando se produzca la rotura general de la luna los pequeños fragmentos de cristal no vayan a proyectarse contra zonas pintadas de la carrocería a las que pueden rallar fácilmente en estas condiciones.

Por lo tanto, lo primero que se ha de hacer es proveerse de una manta para colocarla cubriendo las planchas que quedan delante del parabrisas y pasando a tapar con todo cuidado cualquier posible entrada de aire que el diseño del automóvil haya prevista en la parte delantera para evitar a toda costa la posible entrada de fragmentos muy pequeños de cristales en estas zonas comprometidas. Del mismo modo es necesario cubrir los asientos con una tela grande o una manta, sobre todo para impedir que pequeños fragmentos de cristal se alojen entre las costuras o pliegues de la ropa o por el suelo del habitáculo donde hay zonas, como las de la presencia del freno de mano y los asientos, en las que es muy difícil poder acceder para limpiarlos.

Por otra parte, es el propio operario el que debe prepararse para realizar este trabajo a base de llevar el cuerpo cubierto de ropa e ir equipado con unos guantes gruesos además de gafas de seguridad y la cara cubierta para evitar las posibles proyecciones de fragmentos de cristal que pudieran salir disparados durante la operación de destrucción de la luna.

Tomadas estas precauciones previas, y con la ayuda de un martillo, se procede a hacer saltar en pedazos el resto de la luna que todavía se mantiene sujeta a las guías. Tal es el caso que se está llevando a cabo en la figura 51. En poco tiempo se podrán hacer saltar todos los pedazos de cristal que podrán recogerse en las mantas que previamente habíamos colocado, tanto del exterior como del interior.

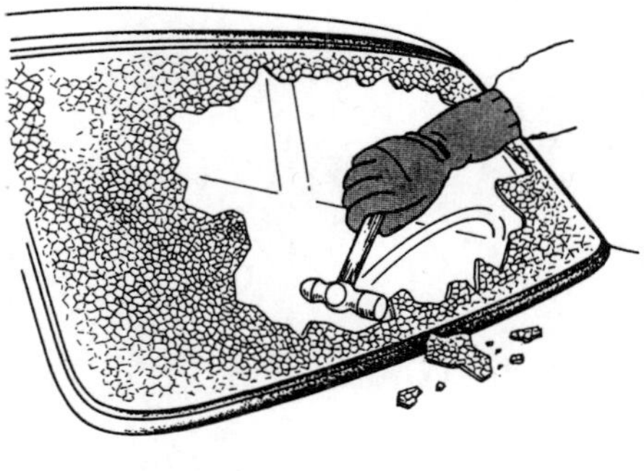

Figura 51. Modo de acabar de romper una luna templada para retirar todos los fragmentos del cristal.

Hay que asegurarse de quitar todo resto de fragmentos de cristal de la guía de goma de contorno, sobre todo si se aprecia que ella se encuentra en buen estado y puede ser perfectamente aprovechada para la colocación de una luna nueva.

Con el fin de conseguir una menor dispersión de los fragmentos de cristal es buena norma proceder a poner tiras de papel adhesivo a lo largo de determinadas zonas. De este modo, los restos de la luna que se está extrayendo se desprenden agrupados.

También hay que insistir en que por el interior del habitáculo no se cuelen trozos de cristal por las rejillas de calefacción, pues podrían llegar hasta la turbina y ocasionar desperfectos. Así pues, el operario debe asegurarse de tapar toda entrada de aire de estos conductos.

Por último, debemos aconsejar siempre al operario que trabaje de dentro hacia afuera para impedir que la mayor parte de los fragmentos caiga en el interior del habitáculo del automóvil ya que aquí es más difícil su localización y limpieza.

Los cristales laminados, que son los que se usan en el parabrisas con total preferencia en los coches modernos, como que no suelen fraccionarse de esta forma, no precisan de este tipo de cuidados.

Una vez realizada la retirada del cristal averiado de la forma que se ha dicho, todos los demás trabajos de montaje de una luna nueva, ya sea pegada o instalada en una goma de contorno, etc., deben seguir los mismos trabajos que hemos descrito con detalle en el apartado anterior, es decir, en el denominado «trabajos del chapista con las lunas».

Con lo dicho damos por terminado el tema de las lunas y de los trabajos que en ellas debe realizar el planchista.

También llegado este momento vamos a dar por terminado el presente capítulo. Antes de hacerlo queremos recordar al lector que el tema de los retrovisores y de los techos eléctricos, importantes accesorios de un automóvil moderno, fue desarrollado con detalle en el tomo 5 de esta misma enciclopedia, el llamado *Accesorios eléctricos II*, vistos allí desde la perspectiva del mecánico electricista pero indicando todos los detalles para su desmontaje, reparación y montaje. También en el mismo lugar se habla de los mecanismos eléctricos de los elevalunas y de los cierres centralizados, así como de los asientos calefactores y desplazables por procedimientos eléctricos, de las alarmas, etc.

Con el fin de no hacernos repetitivos en un mismo conjunto de nuestra obra, remitimos al planchista al capítulo 8 de este tomo 5 donde encontrará, en caso de necesitarla, amplia información sobre estos accesorios.

A continuación pasemos al estudio del capítulo próximo dedicado a los guarnecidos interiores del automóvil.

8

GUARNECIDOS INTERIORES

El revestimiento del habitáculo del automóvil tomó una orientación muy definida cuando los nuevos materiales plásticos, tales como la fibra y la goma espuma, se pusieron al alcance de los diseñadores. Originariamente, el revestimiento del techo y los laterales del habitáculo se encomendaba a piezas de grueso cartón forradas de tela (y en algunas ocasiones con una capa intermedia de algún material blando), lo que constituía la tapicería del automóvil. Con este sistema se conseguían espacios muy atrayentes y confortables para el interior de los vehículos. Sin embargo, estos espacios tapizados no eran seguros porque, en caso de colisión y el inevitable desplazamiento de los cuerpos de los pasajeros con los consiguientes golpes en las planchas colindantes, este tipo de revestimiento no ofrecía la menor protección.

El automóvil moderno ha adoptado el sistema de realizar lo que se llama *guarnecidos interiores*. Estos guarnecidos son piezas rígidas pero dotadas de una importante flexibilidad, provistas, por ello, de una protección a la hora de amortiguar golpes y adaptadas a la carrocería del modelo en particular para el que hayan sido fabricadas. Además, tienen la gran ventaja de ser muy insonorizantes, lo que les permite aumentar notablemente la impresión de tranquilidad en el interior del automóvil al amortiguar o eliminar muchos de los ruidos que se escuchan en una autopista cuando son muchos los coches que están circulando.

Estos guarnecidos suelen estar formados por una sola pieza moldeada que tiene, adquiridas de fábrica, las mismas formas y contornos que las planchas de la carrocería que cubren. Una tela encolada sobre la gran pieza de fibra compone el acabado. Por su parte, el guarnecido va encolado a la plancha del tejadillo. Esta técnica se observa en el techo del automóvil y también en los laterales, de la forma que nos muestra la figura 1.

En lo que se refiere al suelo, el sistema de recubrimiento clásico es la moqueta.

Durante el desarrollo de su trabajo, el chapista va a verse muchas veces obligado a retirar elementos de los guarnecidos interiores, de modo que nos es necesario conocer los sistemas de fijación de estas a veces grandes piezas de fibra (caso del techo, por ejemplo) para saber cómo se realiza este desmontaje. A este tema vamos a dedicar el presente breve capítulo que trata de dar al profesional algunos consejos complementarios con respecto a lo que es propiamente su oficio.

Figura 1. Aspecto que presenta el interior del habitáculo de un automóvil mostrando especialmente los guarnecidos del techo y laterales.

Organización de los guarnecidos en el habitáculo

Podemos dividir en tres partes la disposición de los elementos que logran dar aspecto confortable al habitáculo. De una parte tenemos el mismo suelo, que debe hallarse provisto de un enmoquetado mullido y de fácil limpieza. Por otra parte, tenemos el techo que debe mostrarse siempre limpio y, finalmente, las piezas laterales que recubren los pilares o montantes junto con aquellas partes de la plancha que quedan entre las ventanillas y que deben ser también recubiertas para crear el armónico ambiente que todo habitáculo debe tener.

En los montantes centrales se instalan los anclajes de los cinturones de seguridad delanteros y en la parte anterior del techo van los parasoles. Los cinturones de seguridad traseros van anclados a los pilares traseros. También hay que contar con las luces de iluminación interior y, a veces, con otros elementos complementarios como ceniceros, asideros, etc., que es necesario desmontar previamente para conseguir retirar las piezas de fibra que componen los guarnecidos.

De estos trabajos de desmontaje previo y sustitución de algunas piezas que pueden haberse deteriorado, roto o deformado como consecuencia de algún golpe, vamos a tratar a continuación.

Para dar un orden a nuestra explicación vamos a dividir nuestro estudio en las siguientes partes:

- Guarnecido del techo.
- Guarnecidos laterales.
- Alfombras y suelo.

Guarnecido del techo

Cuando el automóvil ha sufrido algún accidente que ha interesado la plancha del techo, es fácil que el guarnecido haya sufrido también daños. En cualquier caso, para efectuar la reparación de la plancha será necesario proceder al desmontaje del guarnecido, y ése es el trabajo que vamos a describir a continuación. Por supuesto, y como ocurre en todos los ejemplos que damos en este libro, los diseños de carrocería no son todos iguales por lo que, de acuerdo con el modelo de automóvil en el que estemos trabajando, podremos encontrar algunas variantes con respecto a lo que vamos a indicar acto seguido. No obstante, lo que decimos engloba una gran cantidad de casos y puede servirle al operario de guía en el trabajo cuando se enfrente con un nuevo modelo que tenga algunas variantes en relación con lo dicho.

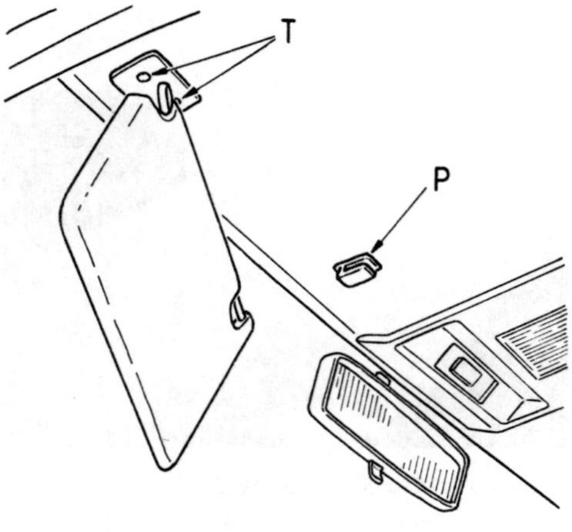

Figura 2. Forma de desmontar el parasol. T, tornillos de fijación. P, soporte de sujeción.

Desmontaje de los accesorios

Para desmontar el guarnecido del techo lo primero que es necesario llevar a cabo es liberarlo de todos aquellos elementos que se hallan fijados a él o guardan relación con su instalación. Se trata de los accesorios fijados en la carrocería. Uno de los primeros elementos que tiene esta característica es el conjunto de los parasoles.

En la figura 2 tenemos un ejemplo de colocación de uno de estos elementos. Van provistos de una fijación a base de tornillos (T) por uno de sus extremos, mientras el otro se encaja en un apoyo (P). Bastará sacar los tornillos para poder retirar estas viseras.

En algunos casos, y sobre todo en coches de lujo, la visera puede llevar un espejo oculto por una tapa corredera. Cuando se abre esta tapa se enciende una luz de iluminación de cortesía. Al sacar los tornillos de fijación de los parasoles se tendrá que ir con cuidado de hacer la desconexión eléctrica, para no dañarla y poderla utilizar en el montaje.

Una vez retirados los parasoles, el próximo trabajo de desmontaje deberá hacerse en la luz de iluminación interior que se encuentra instalada en la parte delantera, del modo que puede verse en la figura 3. Para dar un aspecto más elegante a la tapa de estas luces, se suele disimular la presencia de los tornillos por medio de unos tapones que se ubican en el orificio de los tornillos y los ocultan. Así pues, lo primero que se tiene que hacer es sacar estos tapones, operación que se está llevando a cabo en la citada figura 3.

Una vez sacados los tapones se verá que debajo de ellos se encuentran los tornillos de fijación. Se pasará a sacarlos y la tapa quedará en nuestras manos como muestra la figura 4. Ahora habrá llegado el momento de desconectar los conectores de las lámparas o de los servicios centralizados en esta parte del guarnecido del techo. En la figura 4 vemos indicada la posición de estos conectores (que en otros modelos puede ser diferente, pero parecida) por medio de flechas. Algunos modelos de carrocerías pueden no llevar tornillos en la luz interior y estar provistos de una tapa que se ajusta sobre su marco por medio de un ajuste a presión. Con un destornillador se tratará de levantar la tapa, aunque con mucho cuidado de no forzarla.

El siguiente paso consiste en desmontar el revestimiento de los pilares. Ahora nos vamos a referir a la figura 5 donde se presenta esta operación. El revestimiento de los pilares es también un guarnecido de una pieza de fibra con forma, que se adapta perfectamente a las características y medidas del pilar. Se halla sujeto, por lo general, por medio de tornillos y es desenroscando éstos como se logra liberarlos de las piezas que los rodean. En algunos casos estos recubrimientos pueden ir acoplados a presión por medio de grapas, pero hay que cerciorarse, antes de intentar forzarlos, que no dispongan de algún tipo de tornillo que los fije, como es el caso presentado en la figura 5.

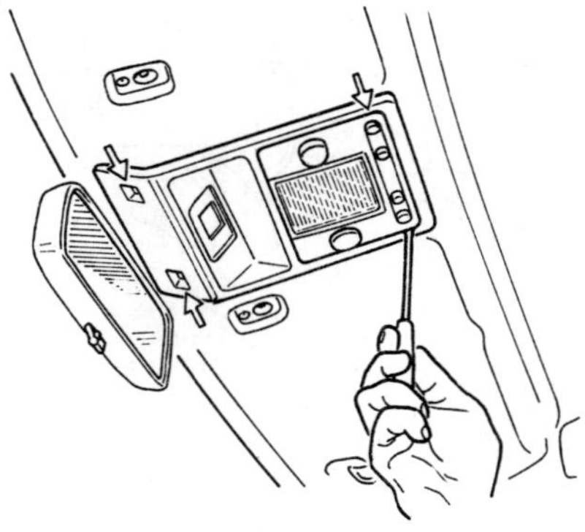

Figura 3. Retirando los tapones de los orificios de los tornillos de fijación de la luz de techo delantera.

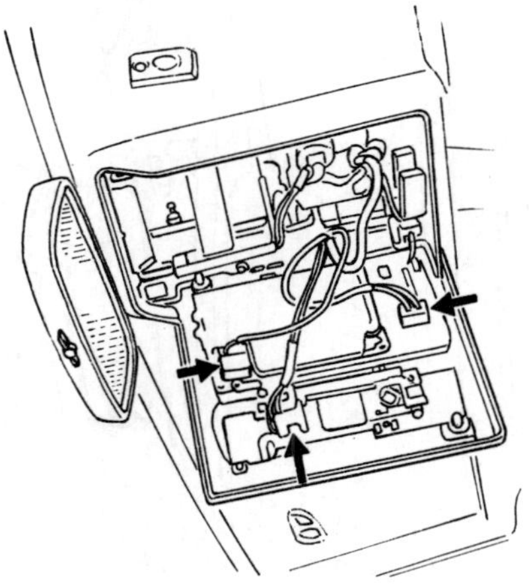

Figura 4. Desconexión de los conectores de las luces.

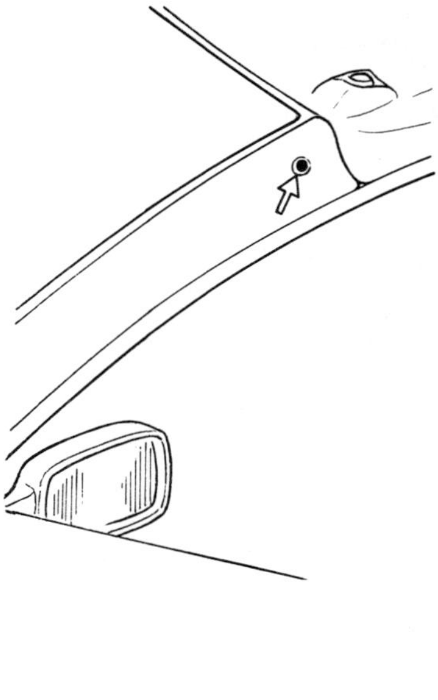

Figura 5. Lugar ocupado por el tornillo de fijación del guarnecido de recubrimiento del pilar delantero.

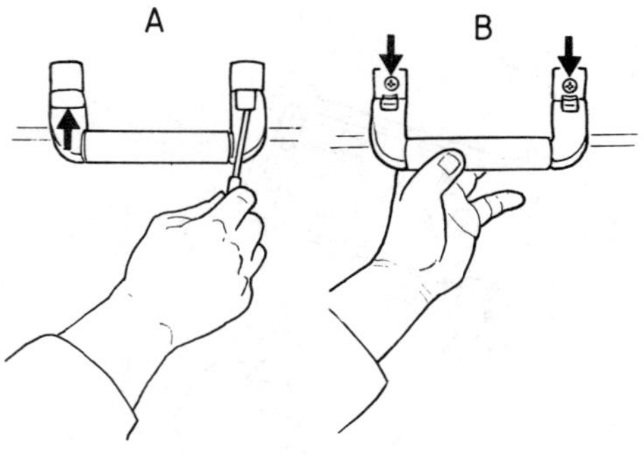

Figura 6. Desmontaje del asidero de agarre voluntario del pasajero. A, retirada de los tapones. B, tornillos que hay que sacar.

La siguiente operación puede consistir en la retirada de los asideros o asas las que los pasajeros suelen sujetarse cuando el coche circula por carreteras de curvas. No todos los coches disponen de estos asideros y los hay que solamente llevan uno, y esta vez destinado al asiento contiguo al conductor. Por regla general, estas asas van sujetas también por medio de tornillos. Es frecuente que el lugar ocupado por los tornillos se encuentre disimulado por medio de tapones. Lo primero será sacar estos tapones con la ayuda de un destornillador, y bajo ellos quedarán a la vista las cabezas de los tornillos. En la figura 6 tenemos el proceso de retirada de estas asas, donde se puede ver, en el dibujo A, el momento en que se está retirando los tapones, y en el dibujo B, el desmontaje de los tornillos.

Con estas operaciones se puede decir que habremos sacado los elementos delanteros que dificultarían la salida del guarnecido del techo.

A continuación se puede pasar a sacar el revestimiento del pilar central. Ésta es la operación que se está realizando en la figura 7. En el caso de la carrocería que ponemos de ejemplo, este desmontaje precisa la retirada de los tornillos que fijan estas piezas, los cuales pueden estar a la vista en los lugares indicados por las flechas de esta figura. En el montante trasero el tornillo de fijación puede encontrarse colocado bajo el revestimiento del montante central. Seguramente, sacando primero este revestimiento se podrá ver, debajo, el lugar ocupado por los tornillos.

Finalmente, se tendrá que desmontar la fijación de los cinturones de seguridad para poder retirar del todo el revestimiento del pilar central. Los cinturones de seguridad, en este punto, van fijados a un refuerzo en la plancha por medio de un tornillo que es el que se está desmontando en la figura 8. Posteriormente se verá que el soporte del cinturón de seguridad lleva una lengüeta que también se ha de retirar para dejar libre el guarnecido del montante.

Los cinturones de seguridad traseros llevan un sistema muy parecido que no ofrece mayores problemas para su retirada.

Según el tipo de carrocería podría darse el caso de que dispusiera de algún otro tipo de accesorio, pero su desmontaje no debe ofrecer dificultades si se observa y descubre su sistema de fijación.

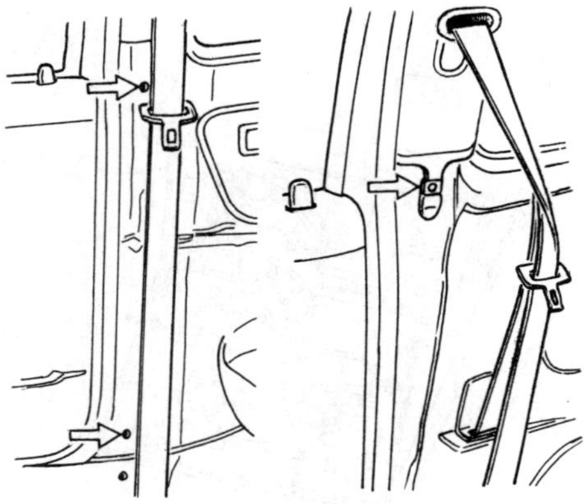

Figura 7. Desmontaje de los tornillos del guarnecido de recubrimiento del pilar central.

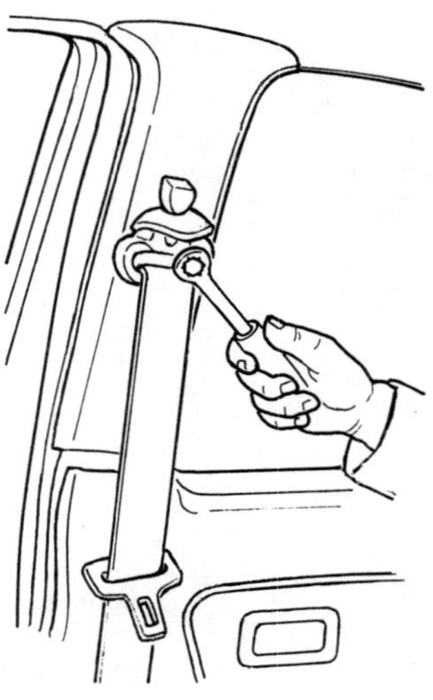

Figura 8. Sacando el tornillo de fijación del anclaje del cinturón de seguridad.

También puede ser necesaria la retirada de las molduras que se encuentren por los laterales o la parte trasera del habitáculo, que se vea van a interceptar la retirada de la gran pieza de fibra que es el guarnecido del techo.

Figura 9. Lámpara apropiada para el calentamiento del techo.

Desmontaje del guarnecido del techo

Una vez se hayan desmontado todos los accesorios que impiden la salida del guarnecido del techo, se debe proceder a separarlo de la plancha. Esta operación no puede hacerse estirando de la pieza de fibra, pues está encolada y no seguiría con facilidad, antes todo lo contrario.

Para sacar el guarnecido, lo primero que se ha de hacer es proporcionar al tejadillo del automóvil, desde el exterior, una alta temperatura que ablande la cola con la que ha sido pegado. Se recomienda usar una lámpara de tipo estufa, como la que se puede ver en la figura 9, que pueda proporcionar una temperatura de unos 90 °C (no hace falta ni es conveniente que sea superior) con la que se calienta el techo desde el exterior para que la cola se reblandezca y nos permita sacar con mayor facilidad la pieza de fibra.

En esta operación es conveniente que el operario haya tenido la precaución de hacerse con una tela de protección al calor que haya colocado sobre los asientos del habitáculo y demás partes susceptibles de mancharse, para asegurar su limpieza incluso si se desprende alguna gota de cola durante la operación de calentamiento.

Una vez el techo está caliente, ya se verá que la pieza de guarnición se puede desplazar. Es el momento de pasar a su retirada. Para hacerlo conviene practicar algunos agujeros en el guarnecido para poder, desde ellos, estirar con mayor efectividad la pieza. Esto es lo que se está haciendo en las figuras 10 y 11. Por estos lugares se podrá hacer como un asidero que permita la retirada del guarnecido, cosa que se recomienda se saque por la mayor abertura del automóvil. Los que poseen portón, por detrás; los que no lo poseen deberá fraccionarse para ser retirado por sus puertas delanteras.

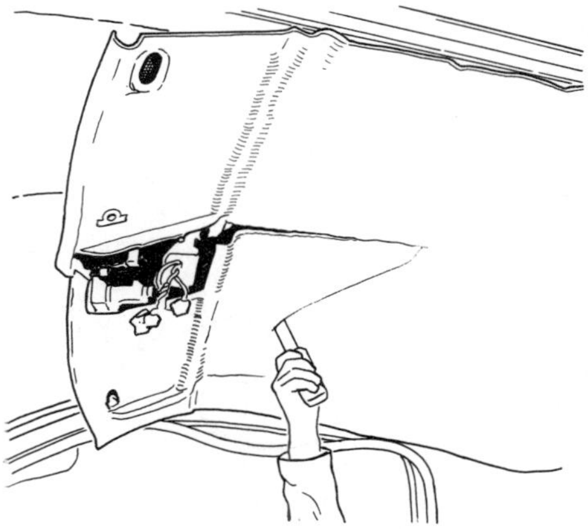

Figura 10. Para ayudarse en el desmontaje del guarnecido del techo se puede rajar para encontrar lugares propicios para agarrarlo y lograr despegarlo.

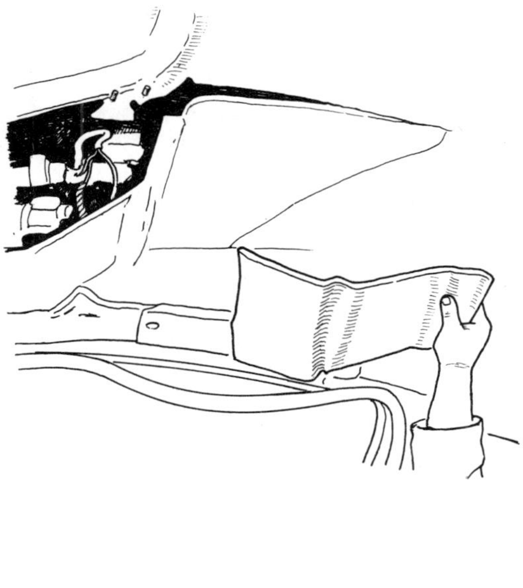

Figura 11. Forma de iniciar el desmontaje completo del guarnecido del techo viejo.

Montaje del guarnecido nuevo

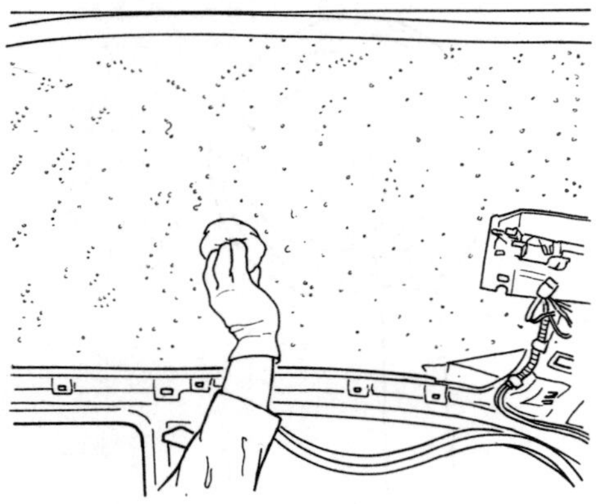

Figura 12. Limpieza de la plancha del techo con papel desechable y heptano.

La pieza de repuesto es un guarnecido de iguales características al que acabamos de retirar pero en estado nuevo. El montaje deberá hacerse de la siguiente forma.

En primer lugar, se deberá proceder a una limpieza a fondo de la plancha del techo que antes había recibido el anterior guarnecido. Hay que sacar todo resto de cola antigua, lo cual se lleva a cabo con efectividad usando papel desechable empapado en heptano. Para realizar esta operación no debe olvidarse la necesidad de llevar las manos protegidas con guantes, tal como se indica en la figura 12.

Una vez bien limpia la plancha se pasa a preparar la pieza del guarnecido cuyo trabajo nos lo muestra la figura 13. Como puede verse, se trata de aplicar con un pincel el producto adhesivo que este tipo de encolado precisa. En este sentido hay que tener dos precauciones importantes. En primer lugar, el tipo de adhesivo que se ha de aplicar y, en segundo lugar, la zona en la que se ha de hacer esta aplicación.

Con respecto al primer caso, se aconseja un tipo de adhesivo al agua que la casa FIAT recomienda del tipo TIVOCOLL 4769/59, o cualquier otro equivalente. En cuanto al segundo caso, hay que tener en cuenta que la zona de encolado no sea superior a la parte que realmente se ajusta al techo. En la figura 14 tenemos señalada la superficie del guarnecido que debe encolarse con indicación de los espacios reservados en un guarnecido de techo de un modelo *Punto* de la marca italiana. Los extremos de la pieza no es conveniente que se encolen porque han de dejarse libres para que se ajusten con los agujeros de fijación de los accesorios, por una parte y porque, al dejarse sueltos, evitan la producción de ruidos en los anillos de las puertas.

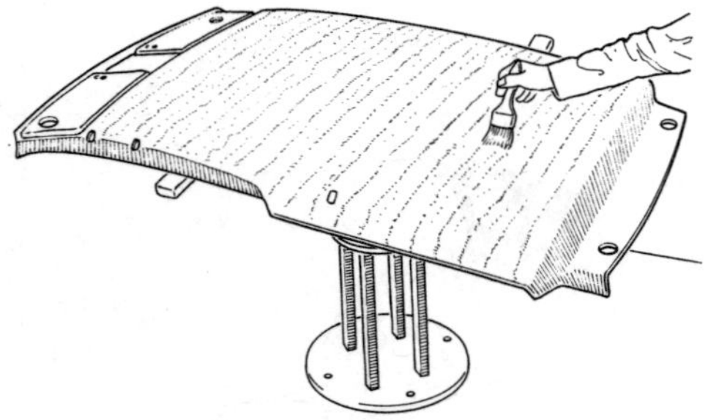

Figura 13. Aplicación del producto adhesivo a la pieza nueva con la ayuda de un pincel.

Una vez realizado todo lo indicado hasta el presente momento se pasa a colocar la pieza en las condiciones que nos muestra la figura 15. Aquí se ve la pieza de fibra ya encolada y bajo los efectos calóricos de una lámpara como la que utilizamos para el desmontaje. Es necesario calentar la superficie hasta los 90 °C que indicamos y dejarla en estas condiciones unos cinco o seis minutos. Luego ya se procede a entrarla en el habitáculo y a instalarla en el techo.

Mientras un operario sostiene el guarnecido ya hay que apresurarse a colocar los elementos de fijación especialmente los asideros o asas de agarre de los pasajeros, los cuales dan un punto de fijación importante para la pieza.

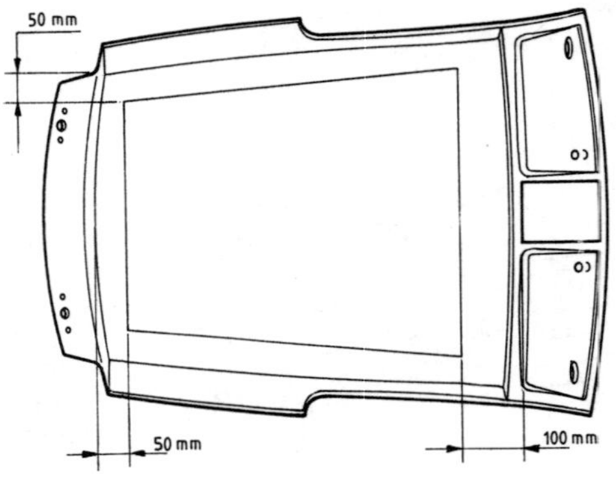

Figura 14. Zona en la que debe hacerse la aplicación del producto adhesivo. Como puede verse interesa al centro de la pieza pero no a sus bordes.

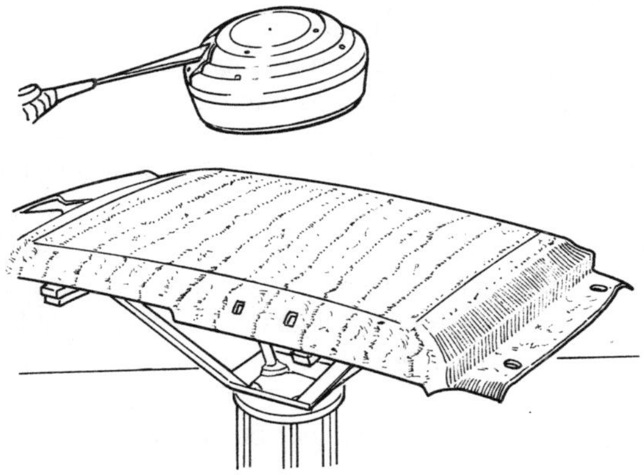

Figura 15. Calentado de la zona que ha recibido la aplicación del producto adhesivo.

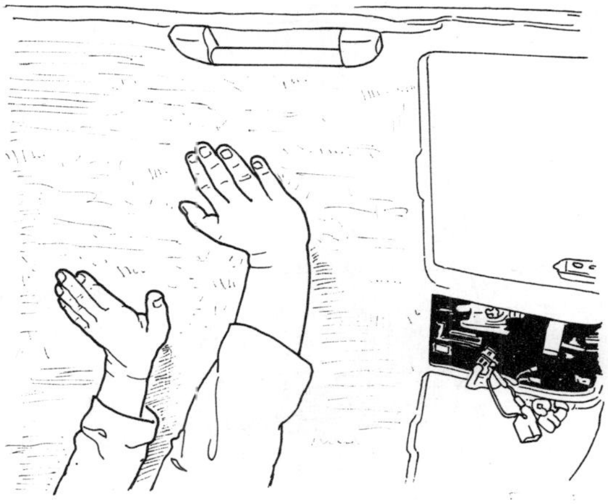

Figura 16. Montaje del nuevo guarnecido del techo.

Durante unos 30 segundos es necesario que el operario que mantiene el guarnecido de la forma que nos indica la figura 16, después de haber instalado los asideros, presione en el centro de la pieza y desde allí hacia los bordes para asegurar el mejor pegado del guarnecido.

Una vez terminada esta operación, se pasará a montar el resto de los accesorios actuando de la forma inversa a como se ha descrito para su desmontaje.

Guarnecidos laterales

Especialmente en los automóviles dotados de dos puertas, los asientos traseros, en las zonas que se acercan a la estructura metálica, están provistos de unos guarnecidos de cierto volumen que sirven de acabado de estas partes, en sustitución de las puertas traseras que en estos casos no existen. Éstos son, pues, los guarnecidos laterales a los que nos referimos, uno de los cuales se puede ver en la figura 17. En esta ocasión se trata, además, de un modelo cabrio, es decir, descapotable, también de procedencia FIAT y derivado de su modelo *Punto*.

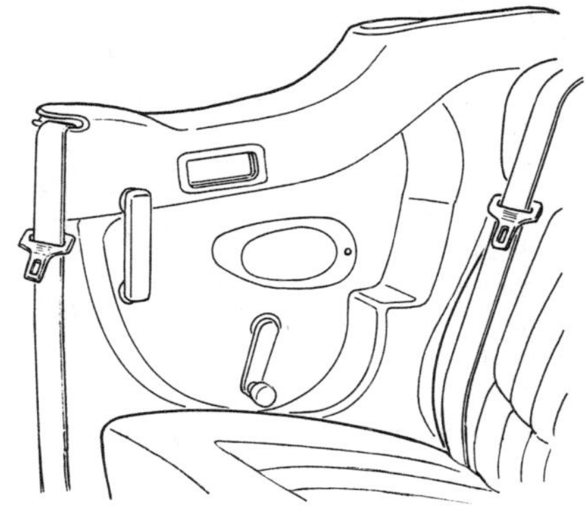

Figura 17. Guarnecido trasero, al lado de los asientos, en una carrocería cabrio.

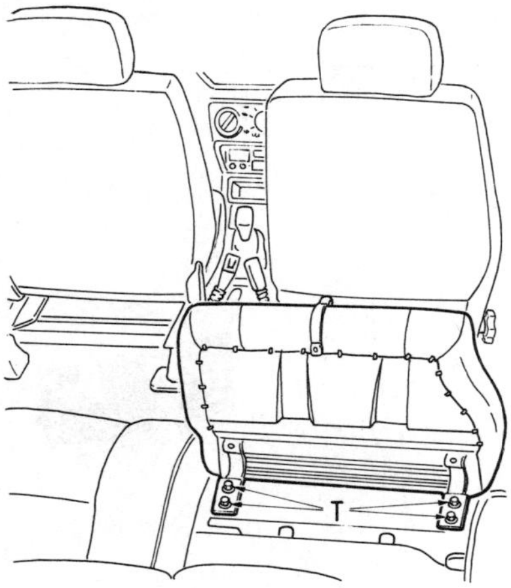

Figura 18. Desmontaje de los asientos traseros abatibles. T, tornillos de fijación.

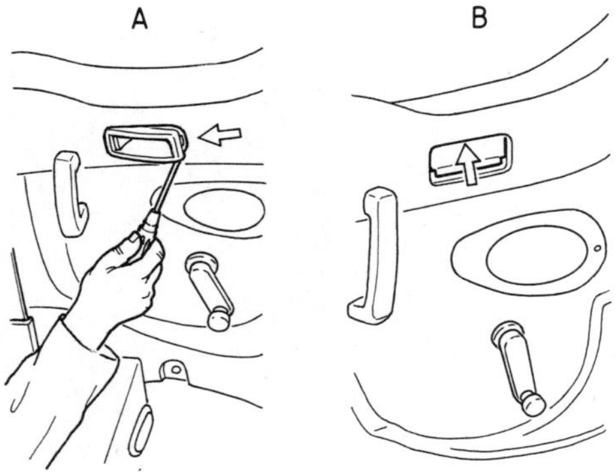

Figura 19. Retirada de accesorios. Aquí se está sacando el cenicero en las dos fases del proceso.

En estas piezas suelen ubicarse algunos accesorios tales como el cenicero, algún asidero para el pasajero que ocupa la parte trasera, y, a veces, algún altavoz, etc. De este tipo de guarnecido vamos a ocuparnos ahora.

Antes de tratar de desmontar este guarnecido es preciso actuar como se hace en todos los casos, es decir, desmontando primero todos aquellos elementos que pueden impedirnos trabajar con soltura y sacar a continuación los accesorios que puedan dificultar la salida del guarnecido.

En el caso concreto que nos ocupa ahora comenzaremos por sacar el asiento abatible trasero, para lo cual necesitaremos correr hasta su posición máxima el delantero y luego actuar como se muestra en la figura 18, es decir, levantar el asiento trasero y liberarlo de los tornillos de sujeción que se indican en esta figura y se señalan con la letra T.

Con esta operación se habrá conseguido disponer del suficiente espacio para actuar sobre el guarnecido.

La operación siguiente consistirá en el desmontaje de todos los accesorios que se encuentran formando parte del guarnecido. Puede comenzarse, por ejemplo, con el desmontaje del cenicero tal como se está haciendo en la figura 19. En el dibujo A tenemos el momento en que se están desmontando las patillas de sujeción con la ayuda de un destornillador. Una vez sacado el cuerpo del cenicero se verá en el fondo la presencia de un tornillo (dibujo B) que fija el resto de la pieza a la plancha de estructura y asegura su posición.

El segundo accesorio a desmontar puede ser el asidero del pasajero trasero. Este elemento va provisto de un embellecedor exterior que oculta el asidero propiamente dicho. En la figura 20 tenemos el momento de su desmontaje. Se trata de sacar primero el embellecedor, cosa que puede llevarse a cabo con un destornillador haciendo con él palanca del modo que nos muestra el dibujo A. Una vez retirado el embellecedor aparecerá la plancha del asidero como indica el dibujo B. Ya se verán los tornillos de fijación (T) que, al retirarlos, nos permitirán la salida de la plancha del asidero. El accesorio quedará, de esta forma, desmontado del guarnecido.

En esta zona trasera es posible que exista un cristal practicable pero no suele ser de elevalunas eléctrico, sino manual. Si se da este caso, encontraremos aquí la manivela del elevalunas que se tendrá que sacar para poder retirar el guar-

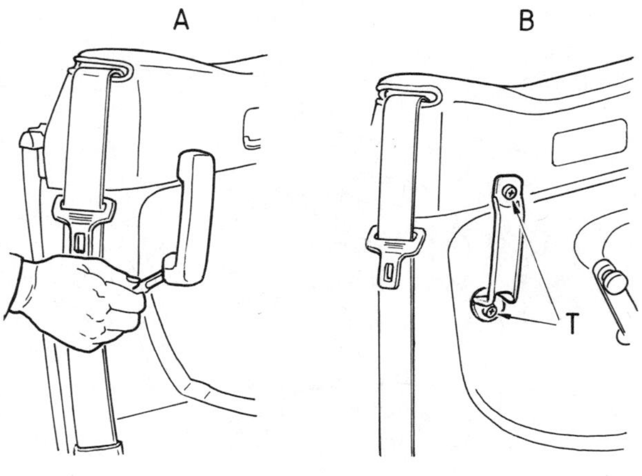

Figura 20. Desmontaje del embellecedor del asidero. A, quitando el embellecedor. B, forma de retirar el asidero sacando los tornillos (T).

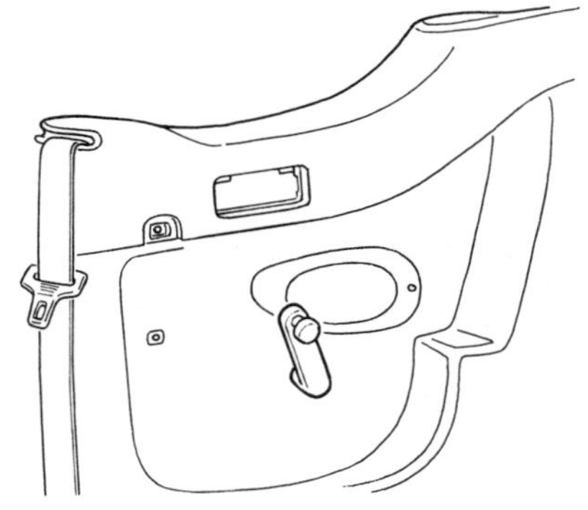

Figura 21. Desmontaje de la manivela del elevalunas manual.

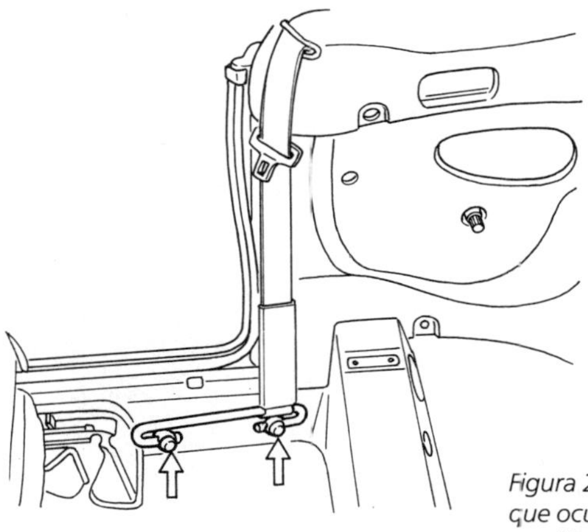

Figura 22. Desmontaje de los tapones que ocultan los tornillos y de los tornillos de fijación que están debajo.

necido. Veamos la figura 21. En la base de la manivela existe un anillo de sujeción al perno de accionamiento que es preciso sacar antes de hacerse con la manivela. Es necesario que el operario estudie el tipo de sujeción de la manivela porque en algunos modelos puede estar sujeta por un tornillo o un pasador. A la vista del mecanismo no le será difícil al profesional averiguar el sistema de sujeción que lo aprisiona. Liberada la base de la manivela de su sistema de sujeción, se podrá quitar la manivela.

Por último, también puede darse el caso de que el guarnecido soporte un altavoz. El desmontaje es el mismo que ya explicamos cuando tratamos este mismo elemento aplicado a una puerta, en el capítulo anterior. Bastará sacar el tornillo de fijación de la rejilla para poder desmontar a continuación el altavoz después de desconectarlo a los cables eléctricos.

Una vez realizado este trabajo de desmontaje de los accesorios se deberá pasar a estudiar si existe algún otro impedimento para la retirada del guarnecido. Para ponerlo más difícil veamos un caso en el que existe la posibilidad de que el cinturón de seguridad se halle incorporado al guarnecido, de la forma que vimos en la ya citada figura 21. Ahora nos quedará todavía el trabajo de hacer el desmontaje de este accesorio. Para ello vamos a comenzar por liberar el cinturón de seguridad de su fijación al suelo de la carrocería. Esta operación se inicia de la forma que nos muestra ahora la figura 22. Se comienza por sacar los tapones que ocultan los tornillos de fijación en la base de agarre del cinturón que están indicados por las flechas de la figura. Debajo de estos tapones vamos a encontrar los tornillos de sujeción que, una vez retirados, liberarán la base de agarre.

Ahora ya tendremos el guarnecido libre de accesorios y comenzaremos el trabajo de desmontaje de esta pieza de fibra.

El desmontaje del guarnecido comienza por la operación de cambiar de posición la junta lamelunas, de la forma que nos presenta acto seguido la figura 23. Con ello facilitaremos el trabajo de desmontaje final del guarnecido.

Ahora pasemos a ver la figura 24 donde mostramos, señalado con el número 1, el tornillo que es preciso sacar para iniciar el desmontaje del guarnecido lateral. Quitar ahora, con la capota abierta, el tornillo de fijación del guarnecido al soporte de goma de la capota. Este tornillo está indicado por

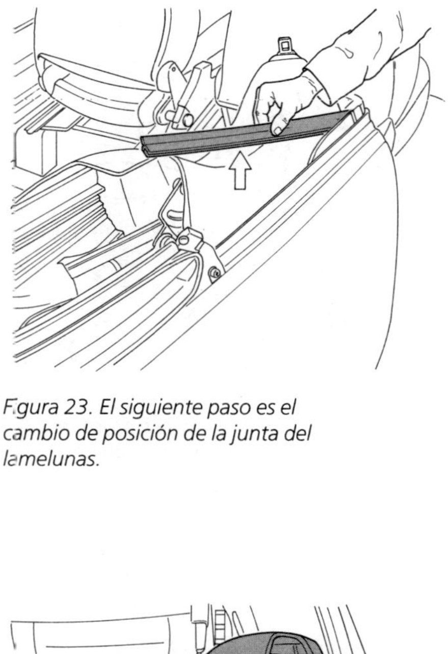

Figura 23. El siguiente paso es el cambio de posición de la junta del lamelunas.

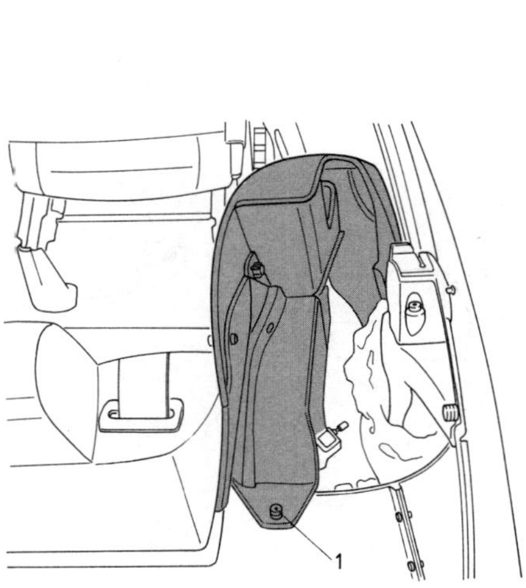

Figura 24. Retirada del tornillo (1) que fija el revestimiento a la protección.

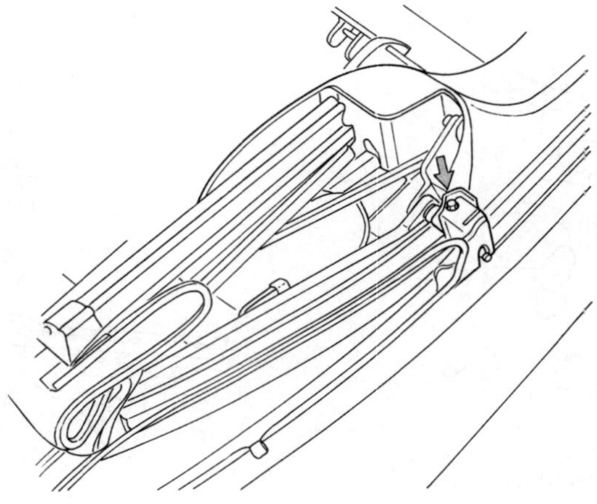

Figura 25. Es necesario tener la capota abierta para apretar el tornillo de fijación.

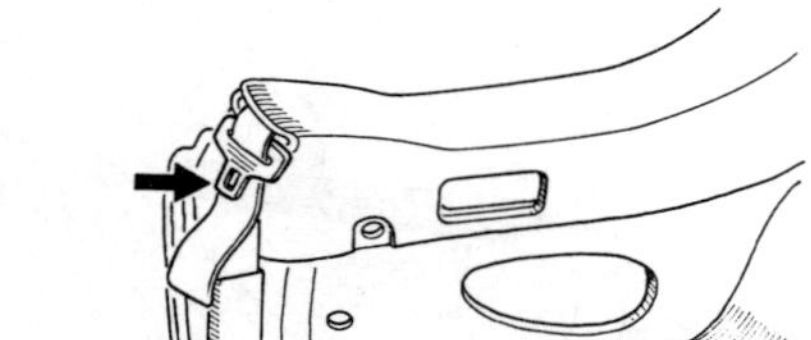

Figura 26. Desmontaje de los muelles de retención y del cinturón de seguridad.

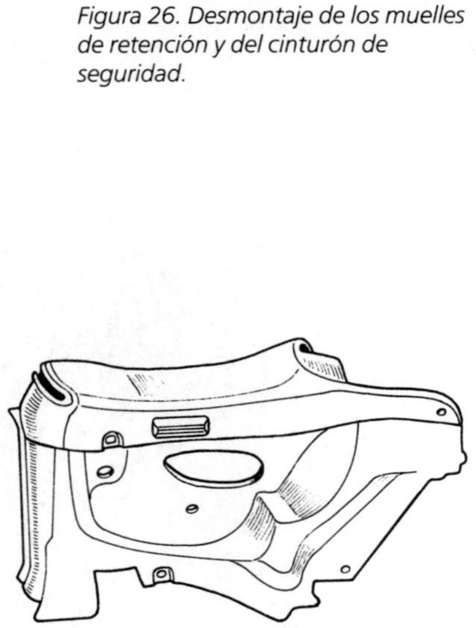

Figura 27. Aquí se muestra la pieza completa del guarnecido una vez desmontada.

medio de la flecha en la figura 25. En el caso de que se trate de una capota de accionamiento eléctrico hay que tener en cuenta la posibilidad de que existan cables eléctricos que se deban desconectar, en especial, algún cable de masa.

Finalmente, se pasa a desmontar los muelles de retención (fig. 26) ubicados en la parte baja del guarnecido y ya podrá retirarse completa toda la pieza cuya forma, independizada de la carrocería, es la que nos muestra la figura 27.

Este tipo de guarnecidos pueden adoptar diversas formas según el diseño de la carrocería de que se trate pero la manera de trabajar para efectuar su desmontaje, y posterior montaje, es siempre parecida a lo descrito.

Alfombras y suelo

Los revestimientos del suelo del automóvil cumplen dos funciones importantes. Por una parte, dar al habitáculo la impresión de confort y, por otra, actuar también como insonorizante. Sobre todo la primera de estas funciones se puede cumplir con eficacia cuando las alfombras o moquetas están limpias. Cuando el vehículo circula habitualmente con las ventanillas abiertas es constante el paso de polvo y otras sustancias microscópicas hacia el interior del habitáculo y, con el tiempo, se va depositando sobre los tapizados la suciedad hasta el punto de que puede llegar a niveles en que su limpieza sea más cara que su sustitución, en cuyo momento se hace necesario el cambio de los tapizados y moquetas. También puede darse este caso cuando el usuario es muy poco cuidadoso de la limpieza interior de su vehículo o sus ocupantes habituales son sucios y con frecuencia llenan de manchas los tapizados.

En cualquier caso, el cambio de estos elementos es un trabajo más que puede ser encomendado al taller y que hay que saber llevar a cabo. Ello comportará el desmontaje del habitáculo y la sustitución de las piezas que no pueden aprovecharse. De ello vamos a ocuparnos a continuación.

Desmontaje de la moqueta vieja

En todos los casos, cuando es necesario cambiar una moqueta en pésimo estado que no ha podido ser tratada con los elementos de limpieza habituales, la primera operación debe comenzar por el desmontaje de la moqueta vieja cuidando que se deteriore lo menos posible durante esta operación. Para comenzar este trabajo será necesario desmontar previamente los asientos, tanto delanteros como traseros, tema del que ya nos hemos ocupado antes. Una vez desmontados todos estos elementos, el suelo del habitáculo nos quedará como muestra la figura 28. Ahora tendremos a la vista la disposición de toda la moqueta vieja y podremos ver con claridad las *entregas* o lugares de fijación y unión de la moqueta con los elementos vecinos del piso de la carrocería.

Para sacar la moqueta se tendrá que comenzar por la retirada de la consola. Un sencillo ejemplo lo tenemos en la figura 29. Por lo general, basta con extraer los tornillos de sujeción con los que suele fijarse la consola tanto por su parte delantera como trasera y que están indicados en la figura con el número 2. Se saca la funda de goma o semicuero con la que se cubre parte de la palanca del cambio (3) y se encontrará de esta manera un orificio lo suficientemente amplio como para permitir la salida de la consola. Todo ello, por supuesto, depende del diseño del modelo con el que se trabaje pero, en general, una vez estudiadas sus fijaciones y averiguado su sistema de anclaje no tiene que ocasionar problemas especiales.

Del mismo modo se tendrá que operar para retirar el marco del freno de mano que se encuentra fijado de un modo parecido en la mayoría de los modelos de automóviles.

Seguidamente se deberá pasar a desmontar los anclajes de los cinturones de seguridad. En la figura 30 se puede ver una disposición típica de estos anclajes, tanto en el pilar central como de la horquilla, en el suelo.

En 1 se encuentra el anclaje de base que muchas veces no interesa a la moqueta, mientras en 2 se puede ver los tornillos de sujeción de la horquilla de soporte central. Basta con retirar los citados tornillos para dejar la moqueta libre en estos puntos.

En el caso de los cinturones de seguridad traseros los anclajes pueden ser como los mostrados en la figura 31. En muchas ocasiones no afectan a la moqueta pero sí pueden afectar al respaldo del asiento trasero para efectuar su desmontaje, en caso de que sea necesario, según el diseño.

Figura 28. Una vez retirados los asientos puede quedar a la vista toda la superficie ocupada por la moqueta.

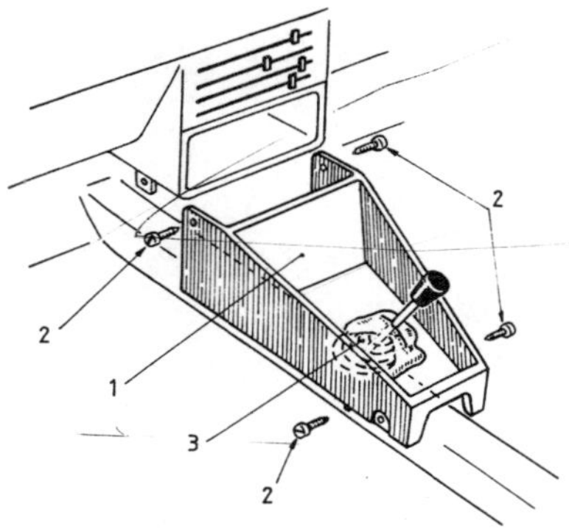

Figura 29. Desmontaje de una consola central. 1, consola. 2, tornillos de sujeción a ambos lados. 3, pieza de goma para ocultar la base de entrada de la palanca de cambio.

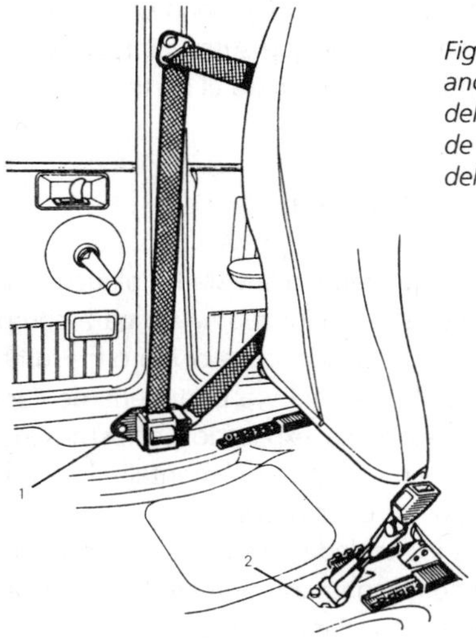

Figura 30. Situación ocupada por los anclajes del cinturón de seguridad delantero. 1, tornillo de sujeción de la base. 2, tornillos de sujeción del soporte receptor central.

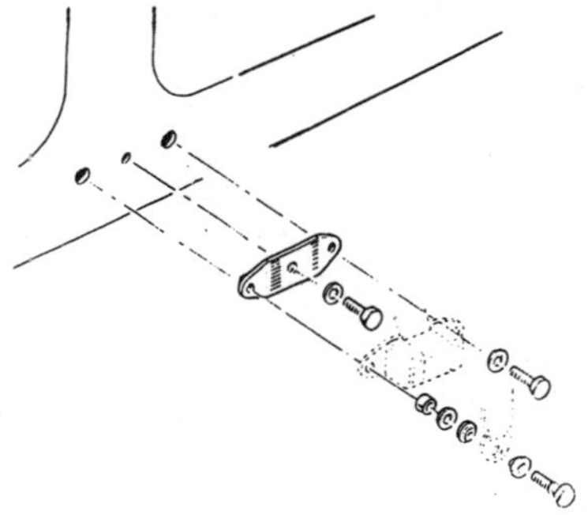

Figura 31. Puntos de fijación del anclaje de unos cinturones de seguridad traseros.

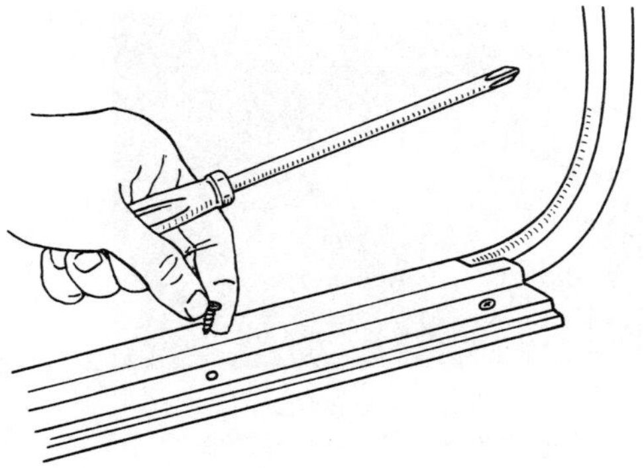

Figura 32. Situación y desmontaje de la pletina del estribo.

Desmontaje de las pletinas

Por último, nos queda por considerar los elementos mismos de fijación de la moqueta. En este sentido cabe destacar el frecuente montaje de una pletina en el estribo del vano de las puertas que hace las veces de un embellecedor y que se encuentra formando un remate (o una *entrega*, como dicen los profesionales) entre la moqueta y el estribo. Bastará sacar los tornillos de fijación de las pletinas, como se está haciendo en la figura 32, para retirar estas piezas y dejar libres los bordes de la moqueta.

Desmontaje de la moqueta vieja

Una vez realizados los preparativos que hemos visto hasta ahora ya se puede pasar a la retirada de la moqueta vieja. Ésta puede hallarse fijada de varias formas: Puede estar abrochada por medio de presillas, atornillada por medio de tornillos de plancha y sus exclusivas arandelas, o encolada al suelo de la carrocería. En algunos casos pueden encontrarse estos sistemas combinados, de modo que no va a resultar difícil el desmontaje en cualquiera de los casos.

El sistema de presillas puede desmontarse sencillamente con sólo separar éstas y desenroscar los tornillos, generalmente de plancha y de estrella, de tipo cruciformes.

Cuando la moqueta está encolada, el agarre a la plancha del suelo no suele ser tan fuerte como para que no pueda separarse la moqueta de la plancha estirando de ella con cierta fuerza. De todos modos, si una moqueta encolada se encuentra muy pegada a la plancha, se puede acudir al empleo de algún disolvente para ablandar el pegamento y, al cabo de unos minutos, sacarla con una espátula accionando por debajo de la moqueta de la forma que nos muestra ahora la figura 33. Si se adopta este sistema del uso de un disolvente (tal como los pintores ya saben) hay que tener muy en cuenta que el interior del habitáculo se halle lo máximo de ventilado posible, pues lo vapores son nocivos. Tampoco hay que olvidar que los disolventes son inflamables y que puede resultar peligroso incluso acercarse a ellos con un cigarro encendido.

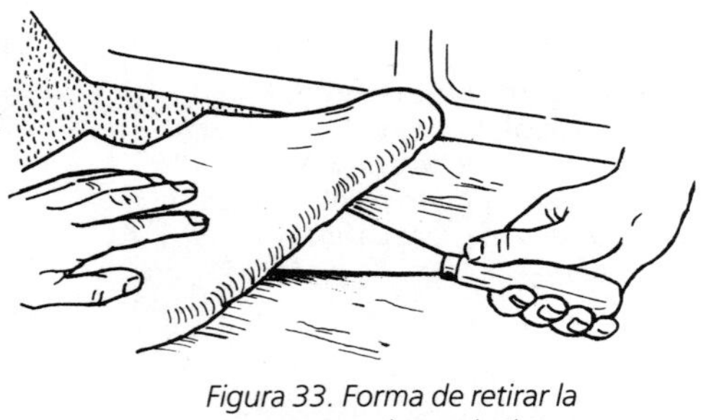

Figura 33. Forma de retirar la moqueta con la ayuda de una espátula si ha sido colocada por el procedimiento del encolado.

Si la alfombra que vamos a sustituir tiene su correspondiente recambio de fábrica y disponemos de él, puede no ser necesario tomar demasiadas medidas para que la moqueta vieja no se rasgue y deforme durante el desmontaje. Pero si no es así, será conveniente y necesario procurar que sufra los menos daños posibles porque nos ha de servir de plantilla o patrón para el corte y trazado de la nueva.

Montaje de la moqueta nueva

Una vez desmontada la moqueta vieja quedarán a la vista las planchas de la plataforma del suelo de la carrocería. Éste es el mejor momento para comprobar que no existan zonas donde se aprecie la presencia de óxido o herrumbre, en cuyo caso se ha de proceder a reparar la plancha y a protegerla de cara al futuro con pinturas antióxido, tal como ya se ha explicado en los anteriores capítulos de este libro. A continuación ya se puede pasar al montaje de la nueva moqueta, lo cual va a requerir algunas operaciones previas.

Por ejemplo, si la moqueta tiene que ir encolada en su totalidad porque así se encontraba la que desmontamos, hemos de preparar primero la superficie de contacto para asegurar una buena adherencia. Para llevar a cabo este trabajo se ha de comenzar por lijar y cepillar el piso de plancha para quitar primero todo resto de pegamento *muerto*, o ya inservible, así como todo resto de suciedad e incluso polvo que pudiera haberse introducido sobre la plancha de la caja, lo que puede efectuarse con la ayuda de un buen aspirador.

El conjunto de enmoquetado suele hacerse de varias piezas, algunas de ellas de aplicación en zonas no estrictamente del suelo, tal como puede ser un enmoquetado de parte del salpicadero o el dorso del pasarruedas que da al habitáculo. En la figura 34 se muestra un conjunto completo de moquetas que cubren todo el suelo, el dorso de los pasarruedas y la zona de los pedales.

Cuando se adquiera un conjunto completo de moquetas hay que cerciorarse de que en el lote no falte ninguna pieza para poder hacer el trabajo sin interrupciones en el caso de que se tengan que encolar al suelo de la plataforma.

El montaje, si es atornillado o por presillas, no presenta problema alguno y se puede realizar rápidamente. Este caso no se da si se trata de moquetas encoladas que requerirá la preparación del piso y de la moqueta. En cualquier caso, no se trata de una operación ni mucho menos difícil ni complicada. Se comienza por colocar la moqueta trasera sobre la superficie que ha de ocupar, presentándola, para comprobar que se puede acoplar perfectamente a la forma de la plancha. Cuando sea satisfactoria esta comprobación se procede al encolado. Primero se toma el pegamento y se aplica con un pincel, con una capa gruesa sobre la plancha del piso y también sobre el dorso de la moqueta. Las zonas de aplicación del pegamento suelen ser sólo las que constituyen la periferia, pero lo mejor es seguir siempre, en este aspecto, las instrucciones del fabricante o los indicios que hayamos visto durante el desmontaje.

Una vez instalada la moqueta trasera se pasa a colocar la delantera en iguales condiciones.

Cuando todo se halle encolado o atornillado (según el sistema) se debe proceder al montaje de las pletinas de modo que sujeten fuertemente los extremos de la moqueta por sus laterales en el sentido longitudinal de los largueros.

Posteriormente ya se puede proceder al montaje de los anclajes de los cinturones de seguridad y de los asientos, después de lo cual se dará por terminada la operación del montaje de las moquetas.

Zonas enmoquetadas también pueden hallarse en el maletero. Aquí se ha de proceder de la misma forma que hemos descrito para el interior del habitáculo, es decir, desmontaje de accesorios que puedan impedir la salida del tapizado y su sustitución en las mismas condiciones que acabamos de describir.

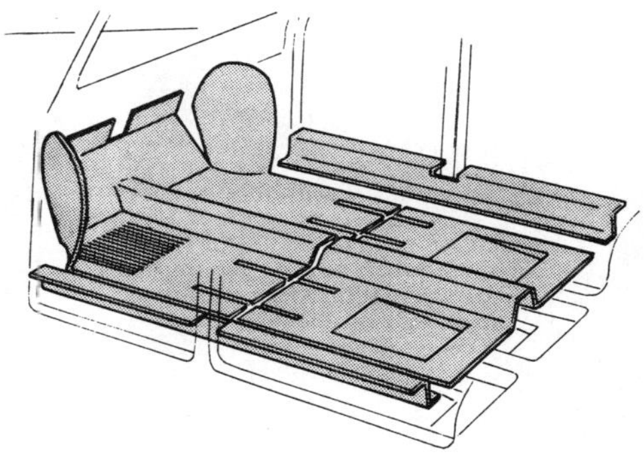

Figura 34. Ejemplo de un juego de moquetas componentes del suelo de una carrocería.

Consejos para sacar manchas de la tapicería

Siendo para muchos usuarios el automóvil un arma de trabajo, no es frecuente que se cuide con el esmero debido el anterior del habitáculo para aquellos que suelen llevar muestrarios, herramientas de trabajo u otras cargas en el interior del coche. En estos casos el tapizado se deteriora demasiado rápidamente y es cuando se ha de acudir al tapicero para la sustitución de muchas de sus partes tapizadas, ya que se han producido deformaciones y verdaderas roturas del tejido solamente con el cambio del mismo se pueden eliminar, ya que a veces afectan incluso al relleno. Pero existen también casos de simple suciedad. Una tapicería bien cuidada puede, en un momento determinado, tener que soportar el derrame de un producto que produce una mancha que queda a la vista y es una lástima tener que cambiar la funda o la misma tapicería de un asiento solamente por este ensuciamiento local.

El chapista debe ser un hombre de recursos y por ello debe dominar también la técnica de quitar las manchas de los productos diferentes que hayan podido atacar a la tapicería, y de ello es de lo que vamos a ocuparnos ahora en el final del presente capítulo. Consideramos de gran importancia estos conocimientos, pues es evidente que a veces las soluciones más sencillas pueden ser mejores que las más complicadas y salvar una tapicería de los asientos por la simple aplicación de determinados productos en vez del cambio de la misma, puede ser un éxito de gran importancia de cara al cliente. Veamos, pues, unos consejos a este particular.

Cabe sobre este tema hacer unas recomendaciones previas que tienen gran importancia sobre el éxito de la operación de quitar manchas. En primer lugar, resulta muy conveniente saber de qué son las manchas que vamos a tener que eliminar pues existen grupos de ellas que requieren tratamientos diferentes. También hay que considerar sobre el tipo de tapicería que se ha producido esta mancha, es decir, si se trata de manchas sobre materiales derivados del plástico, o textiles o de caucho, pues la forma de absorber el producto que ha manchado y el producto que ha de quitar la mancha es diferente en cada uno de los casos. El uso indiscriminado de un quitamanchas sin tener en cuenta estas dos condiciones puede llevar fácilmente a un fracaso importante en la operación que nos preocupa. En cuanto a los productos para quitar manchas los hay de gran variedad, pero pueden dividirse en dos grupos principales que son: los productos que contienen disolventes y los que son disoluciones acuosas o mezclas de diferentes productos químicos con agua. Los últimos son siempre los que menos afectarán a los tejidos, pero no siempre son los más enérgicos. De inmediato vamos a ocuparnos de estos dos grupos. Para terminar esta tanda de recomendaciones digamos que resulta indispensable, antes de proceder a sacar una mancha, la limpieza del polvo que exista sobre la superficie a tratar y, por último, recomendar una vez más que si se usan productos quitamanchas a base de disolventes en el interior de la tapicería del habitáculo no se olvide el efecto tóxico que estos productos tienen y, por consiguiente, hay que trabajar con las puertas abiertas de todo el habitáculo para asegurar una buena ventilación. Tampoco hay que olvidar a este respecto el alto poder inflamable de algunos de estos productos, por lo que no es conveniente fumar, ni tener el motor en marcha durante su aplicación.

De acuerdo con lo que acabamos de decir vamos a dividir esta parte en dos puntos fundamentales. En el primero vamos a tratar de las clases de productos para quitar manchas, y en el segundo de cuál es la aplicación de estos productos según el tipo de material y la clase de la mancha producida. Así pues, trataremos este tema desde los puntos de vista siguientes:

- Productos quitamanchas.
- Materiales y origen de las manchas.

Veamos cada una de estas partes por separado.

Productos quitamanchas

Comenzamos por hacer una relación de los productos más importantes que pueden utilizarse como quitamanchas. Para ello hay que considerar dos naturalezas diferentes producidas por el hecho de contener disolvente o agua, como indicamos hace un momento. En este sentido hay que hacer, pues, la siguiente distinción:

Disolventes o productos que contienen disolventes

Estos productos son:

1. Alcohol desnaturalizado, alcohol de 90°.
2. Tricloroetano.
3. Gasolina sin plomo.
4. Esencia de trementina.
5. Acetona, metil-etil-acetona o disolvente para laca de uñas.
6. Antisiliconas sin tolueno (sin etiqueta verde).
7. Bencina.
8. Limpiador universal 8984 E (para limpiar superficies plásticas).

Disoluciones acuosas

Las disoluciones acuosas consisten en productos químicos mezclados con agua para atemperar el poder del citado producto químico. Son los siguientes:

9. Amoníaco diluido en un 25 %.
10. Agua oxigenada a 20 volúmenes.
11. Agua jabonosa.
12. Productos de limpieza del comercio (quitamanchas).
13. Ácido acético (vinagre de alcohol).
14. Solución de bórax en agua.
15. Lejía con un 50 % de agua.

Éstos son los principales productos quitamanchas de los que podemos valernos para la limpieza de tapicerías. Para su uso se recomienda hacer una prueba antes de su aplicación definitiva, sobre un tejido o material similar al de la carrocería y a poder ser manchado con el mismo producto, para ver la reacción que sobre la mancha se ejerce. Si ello resulta muy difícil, debe hacerse esta misma prueba sobre una zona lo menos visible de la mancha para ver el resultado que de la aplicación se deduce. Si es positiva, ya se podrá utilizar el quitamanchas seleccionado sobre toda la superficie manchada. Esta prueba debe hacerse precisamente cuando se tienen dudas sobre la naturaleza de la mancha, pues un acierto en este tema requiere sin duda una cierta práctica.

Por último, al hablar de los productos quitamanchas los hemos numerado para facilitar con ello su designación cuando hablemos de su aplicación a las manchas y a los diferentes tejidos sobre los que se han producido, tema del que vamos a ocuparnos seguidamente.

Materiales y origen de las manchas

Un mismo producto puede manchar con diferente intensidad, según sobre el tipo de material en que se haya depositado y, además, según la naturaleza de este material se tendrá que actuar con uno u otro tipo de quitamanchas. Por ello, vamoss a hacer una división de los materiales para indicar la clase de quitamanchas que puede aplicarse con mayor razón.

Así pues, hay que distinguir, en primer lugar, el tipo de material que nosotros vamos a dividir ahora en las siguientes partes:

- Materias plásticas y cueros.
- Materiales textiles.
- Cauchos.

Veamos cómo hay que proceder ante las manchas en cada uno de estos materiales.

Materias plásticas y cueros

Cuando la tapicería está compuesta de materias plásticas o de cuero ante los diferentes tipos de manchas tendremos que actuar de la siguiente forma:

Ante *manchas de barro, chocolate, caramelos y jarabes, zumos de frutas y verduras:* la mejor solución será utilizar agua jabonosa (11) que será, además, especialmente eficaz si está caliente, y a 50° si se trata de sacar manchas de caramelos, jarabes o frutas. También puede dar buen resultado el uso de productos de limpieza del comercio (quitamanchas) (12).

Ante *manchas de sangre* puede utilizarse el mismo procedimiento; pero suele dar mejores resultados el uso del quitamanchas (12) que el del agua jabonosa (11), aunque ambos pueden ser usados con eficacia.

Ante *manchas de tinta de plumas estilográficas* la mejor solución es utilizar el amoníaco diluido en un 25 % (9) que suele comportarse muy bien para sacar estas manchas en cuero y materias plásticas. También pueden utilizarse con éxito el agua jabonosa (11) y los quitamanchas (12).

Las *tintas grasas*, como son las que se utilizan en los bolígrafos y rotuladores, así como las *manchas de aceite natural* deben ser tratadas con alcohol desnaturalizado (1).

Ante las manchas producidas por el *aceite mineral* (aceite del motor) y siempre sobre los materiales a que nos referimos, la mejor forma de actuar es frotarlas con gasolina sin plomo (3) que activará la descomposición de este tipo de manchas.

Ante las *manchas de alquitrán* o *petróleo* el mejor quitamanchas es la esencia de trementina (4), en todos los casos.

En cuanto a las manchas producidas por el *rojo del pintalabios* es también muy útil la esencia de trementina (4), pero también puede usarse con éxito la bencina (7).

La *laca de las uñas* se puede sacar sin dificultad con acetona (5) que es el líquido que más fácilmente disuelve este tipo de pintura. Por supuesto, también puede emplearse cualquier disolvente de laca de uñas.

Finalmente, para las manchas producidas por la *cola* utilizada para los guarnecidos se pueden utilizar la antisilicona con tolueno (6) o bien el limpiador universal (8) que se aconseja para estos usos.

Materiales textiles

Sobre este tipo de géneros ya resulta más difícil sacar las manchas que sobre los que hemos visto en primer lugar. Sin embargo, ello es perfectamente posible. Veámoslo con detalle:

Ante las *manchas de barro* hay que actuar con productos de limpieza del comercio (12) o con ácido acético (3).

Ante las *manchas de caramelos, jarabes y zumos de fruta* se puede actuar de la misma forma o como se aconsejó para los tejidos de cuero, es decir, utilizando el agua jabonosa (11) a la temperatura indicada o bien productos quitamanchas (12). Esta misma técnica puede ut lizarse también para las manchas de chocolate, aunque es más recomendable una solución de amoníaco diluida en un 25 % (9) o una solución de bórax en agua (14), seguida por un enjuagado con agua tibia.

Ante las *manchas de verduras o frutas* sobre material textil de la tapicería conviene más bien la utilización de agua oxigenada a 20 volúmnes (10) y la utilización posterior de agua jabonosa (11).

Las *manchas de tinta de estilográfica* sobre los materiales textiles deben intentar sacarse con lejía a un 50 % de agua (15) y una aplicación de agua jabonosa (11). En cuanto a las tintas grasas de rotulador y bolígrafo hay que proceder a sacarlas con alcohol desnaturalizado (1) al igual que vimos para los cueros y materias plásticas.

Ante las *manchas de aceite de motor* sobre el tapizado de fibras textiles se puede utilizar la gasolina sin plomo (3), y también puede dar buenos resultados eluso de tricloroetano (2).

Las *manchas de aceite vegetal* se deberán limpiar con alcohol desnaturalizado (1) y también con esencia de trementina.

En cuanto a las *manchas de alquitrán y petróleo* deberemos usar la esencia de trementina (4), la cual también puede servirnos para sacar manchas de pintalabios, aunque en este caso también se puede usar la acetona (5) o la bencina (7).

Las *manchas de sangre* sobre las tapicerías de fibras textiles se pueden tratar de sacar con amoníaco diluido en un 25 % (9) y luego limpiando con agua jabonosa (11) en las condiciones que ya se han dicho de temperatura.

Por último nos quedan por analizar las *manchas de cola* para guarnecidos que hubieran podido manchar la tapicería textil. En este caso se aconseja la utilización del limpiador universal (8) como mejor solución. No obstante, también se puede utilizar las antisiliconas sin tolueno (6) y la gasolina sin plomo (3).

Cauchos

Todas las partes de la tapicería que estén construidas a base de cauchos deben tener un tratamiento prácticamente igual al que se ha dado para los materiales textiles salvo algunas variantes que vamos a especificar seguidamente. Así pues, ante las manchas de barro, caramelos, jarabes, zumos de frutas, verduras, tintas grasas de bolígrafo y rotulador, aceite de motor, aceite vegetal, alquitrán y petróleo, sangre y cola para guarnecidos el tipo de quitamanchas recomendado es exactamente el mismo para uno y otro material. En estos casos concretos bastará con ver lo que se ha recomendado para los materiales textiles para aplicar el mismo procedimiento sobre los materiales de caucho.

En el resto de las manchas se tendrá que proceder del modo que indicamos a continuación:

Ante las *manchas de chocolate* se debe utilizar amoníaco diluido en un 25 % (9) exclusivamente, o bien una solución de bórax (14) con un enjuagado posterior en agua tibia y la aplicación de un producto de limpieza del comercio (12) (quitamanchas).

En cuanto a las *tintas de estilográfica* caídas sobre tapicerías de caucho se aconseja mejor la utilización de amoníaco (9) y un posterior lavado con agua jabonosa (11), lo cual da buenos resultados.

Para finalizar, tenemos las manchas producidas por pintalabios que han de tratarse con esencia de trementina (4) o bien con bencina (7). Con estos productos se puede conseguir fácilmente la supresión de la mancha.

Con esto damos por terminado este apartado. Sin embargo, cabe todavía añadir que son muchas las casas fabricantes de automóviles que en sus manuales dan consejos sobre la forma de proceder para sacar las manchas de sus tapicerías. En estos casos hay que ceñirse, por supuesto, a lo que el fabricante aconseja, pues él conoce con exactitud la clase de material que compone sus tapicerías. Lo que nosotros hemos dado hasta aquí es una orientación sobre la forma de llevar a cabo este trabajo.

Conclusión

Con lo dicho damos por terminado este capítulo dedicado a los guarnecidos que ya hemos visto son elementos importantes en la formación del interior de habitáculo de una carrocería. No menos interesante será el tema que vamos a desarrollar en el próximo capítulo, ya que está dedicado a la aplicación de los plásticos en el automóvil. Como vamos a ver enseguida, cada día son en mayor número las piezas que se incorporan al automóvil fabricadas con productos de los llamados termoplásticos y plásticos termoestables. El planchista de hoy ha de saber reconocer estos tipos de plásticos y trabajarlos y repararlos en plena garantía. De este tema vamos a tratar a continuación.

9

LOS ELEMENTOS DE PLÁSTICO EN EL AUTOMÓVIL

Con el nombre genérico de *plásticos* se suele denominar a todos aquellos compuestos procedentes de materia orgánica que resultan fácilmente deformables con plasticidad en una cierta etapa de su fabricación, ya sea al ser sometidos a una determinada presión o a una determinada temperatura, o a los efectos de ambos factores combinados a la vez.

De hecho, el término *plástico* indica deformación bajo la acción de una fuerza moderada y a la temperatura ambiente, pero no en todos los casos esta materia se comporta de esta misma forma debido a la inclusión de una serie de *aditivos* o materias extrañas que contribuyen a darle al material especiales características. Por medio de estos aditivos se pueden conseguir derivados que pueden ser muy duros y compactos a la temperatura ambiente y otros que pueden ser blandos y adaptables como ocurre con los soportes de tejidos que pueden aplicarse como tapicería de los guarnecidos de los automóviles.

El mundo de las materias plásticas (dándole a este término el sentido que se deriva de su materia prima, el petróleo) y sus elaboraciones dentro de los procesos de la química orgánica (que es la parte de la química que se dedica a estudiar el carbono y sus derivados) es ilimitado y de una importancia sin precedentes en la industria moderna. Nosotros vamos a interesarnos sólo por una parte muy genérica de los plásticos que es, por otra parte, aquella que nos interesa desde el punto de vista de la carrocería de nuestros actuales automóviles. Nos referimos a la familia de los llamados *termoplásticos,* nombre muy genérico que se refiere a aquellos que son duros en un amplio margen de temperatura ambiente pero al calentarlos se reblandecen; si se aumenta la temperatura llegan a fluir y cuando se enfrían vuelven a sus condiciones iniciales. Una de las características más importantes de estos materiales es que pueden ser soldados aunque algunos precisen, para llevar a cabo esta operación, de algunas condiciones especiales.

De acuerdo con los aditivos y los procesos de fabricación, los termoplásticos pueden ser bastante variados. Reciben un nombre específico cada una de estas variantes y tienen también una aplicación determinada según sus condiciones. Tales son el *polietileno*, las diversas variantes de *polipropileno*, el *policloruro*, el plástico *ABS*, la *poliamida*, etc., de los que nos ocuparemos seguidamente.

De estos tipos de plásticos nacen los resistentes a la vez que flexibles paragolpes de los automóviles actuales, los tapacubos, los radiadores, las rejillas, las cantoneras, las fundas de los pasarruedas, los revestimientos interiores del automóvil, las molduras, las carcasas para el equipo de calefacción, las calandras, las estructuras del salpicadero, las cajas para los filtros de aire, el panel de instrumentos e infinidad de accesorios tanto exteriores como interiores de los que dispone un automóvil moderno.

Ante esta breve introducción al tema de los elementos de plástico en el automóvil, no hace falta insistir en la importancia de estos materiales en la industria automovilística. Pese a ser elementos más bien ligeros, las piezas de plástico que equipan a un automóvil moderno vienen a representar un 15 % del total del conjunto de todos los demás materiales. Basta acercarse a un automóvil para darse cuenta de la enorme importancia que estos materiales termoplásticos tienen por hoy en la fabricación de coches. Por ello vamos a ocuparnos de ellos con un poco de atención, porque el planchista deberá trabajarlos como si de cualquier tipo de plancha se tratara y deberá conocer las técnicas para hacerlo.

Antes de entrar en la descripción detallada de los termoplásticos hemos de indicar que junto a ellos se encuentran también los llamados *plásticos termoestables* que tienen unas cualidades muy diferentes a las que hemos adelantado en los termoplásticos. Los termoestables no son susceptibles al calor porque ante él no se reblandecen ni mucho menos fluyen. Por lo tanto, este tipo de plásticos no admite soldadura y su reparación se debe hacer a base de parches. En muchas ocasiones este tipo de plásticos va reforzado por una armazón interior de fibras sintéticas o naturales y dan ocasión, en el caso de utilizar la *resina de poliéster insaturado*, incluso a la fabricación de una carrocería completa (llamadas vulgarmente de *fibra de vidrio*). Los materiales químicos más importantes de los plásticos termoestables son las *resinas epoxy*, el *poliuretano* (además de la resina de poliéster ya mencionada) y se utiliza mucho para realizar especialmente refuerzos que se aplican a piezas de termoplásticos. Así pues, es fácil encontrarlos en los paragolpes, cantoneras, *spoilers*, capós y portones, etc.

En la figura 1 tenemos una fotografía que nos muestra algunas de las piezas de plástico que podemos encontrar en un automóvil. Por su volumen des-

Figura 1. En esta imagen se pueden apreciar algunas de las muchas piezas fabricadas con materiales termoplásticos de utilización corriente en el automóvil moderno. Destacan los paragolpes delantero y lateral.

taca la presencia del paragolpes pero también podemos ver otras piezas como las molduras, cantoneras, tapacubos, etc., todas ellas fabricadas con este tipo de plásticos utilizado como materia prima.

A continuación vamos a introducirnos con mayor profundidad en el estudio de este tema.

Diferentes variedades de termoplásticos

Como acabamos de ver en las páginas que nos han precedido, el proceso químico industrial a que es sometido el plástico determina una gran variedad de materias primas resultantes que pueden adaptarse a las más variadas condiciones de funcionamiento a que se va a someter el producto. Ello da origen a diferentes clases de termoplásticos que vamos a considerar por separado por el siguiente orden:

- Polipropilenos.
- Policarbonatos.
- Polietileno.
- Poliamida.
- Policloruro de vinilo.
- Acrilonitrilo butadieno estireno (ABS).

Polipropilenos

Los *polipropilenos*, conocidos con las siglas PP, son muy abundantes en el automóvil. Los podemos encontrar en los paragolpes, *spoilers*, revestimientos interiores y exteriores, carcasas en general, baterías, canalizaciones, etc.

Se trata de un elemento bastante rígido pero a la vez dotado de una buena elasticidad y capacidad para recuperarse frente a un impacto; es resistente a la gran mayoría de los disolventes y de los ácidos, tiene un buen corte y buenas condiciones para el moldeo, resiste temperaturas de hasta 130 °C y durante su elaboración permite que sea reforzado con otros elementos tales como talco, fibras de vidrio, etc., con lo que se consigue darle características especiales de resistencia en determinados puntos y un aspecto agradable a la vista y al tacto.

En este sentido, el polipropileno suele mezclarse con un plástico compuesto de etileno-propileno-dieno (EPDM) dando como resultado un nuevo producto, el plástico PP/EPDM, que mejora las condiciones del PP ya que presenta mayor elasticidad y poder de recuperación frente a los golpes. De este producto son los mejores paragolpes, por ejemplo. También se suelda con facilidad pero es menos resistente a la temperatura y a 90 °C ya comienza a deformarse. Su aspecto y tacto da la impresión como si tuviera cera.

Identificación de los polipropilenos

Comoquiera que existe la variedad de materiales termoplásticos que hemos dicho hace un momento, y cada uno de ellos debe estar sometido a un proceso diferente al trabajarlo, conviene que el operario sepa distinguir cuál es cada uno para aplicarles la técnica de reparación adecuada. Existen unas normas de marcaje de las piezas por medio de las cuales se indica su origen por medio de un código y en las piezas de plástico deben encontrarse, formando parte del mismo material, las pistas suficientes para su identificación.

Por el momento digamos que los polipropilenos responden siempre a las letras PP. Luego, si están mezcladas con talco, por ejemplo, llevan una T y un número que indica el tanto por ciento de la mezcla. Si se trata de un plástico compuesto de etileno-propileno-dieno (EPDM) llevará la designación PP/EPDM.

En la figura 2 tenemos el caso de un paragolpes de procedencia FIAT que nos muestra el lugar donde lleva grabadas las letras que distinguen el material de que está compuesto. Vemos que consta de las letras PP lo que indica que el material es el polipropileno. La numeración que se ve en la parte baja del detalle corresponde a identificaciones propias de la fábrica.

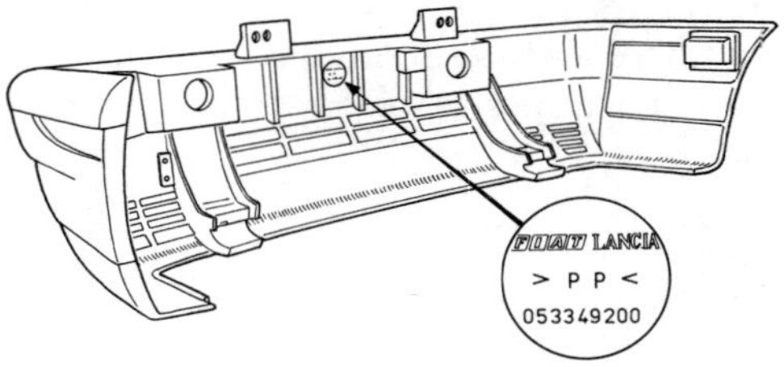

Figura 2. Paragolpes de procedencia FIAT con indicación del lugar donde lleva grabadas las letras que distinguen el tipo de material plástico de que está compuesto.

Desde un punto de vista práctico, para conocer su identificación se puede realizar una prueba a base de quemarlo y observar la reacción del producto, en el sentido de comprobar si arde con facilidad, el olor del humo, la forma de la llama y su color, etc. La muestra puede recogerse de una zona oculta de la pieza de plástico, es decir, de un lugar que no quede a la vista. Allí, con una navaja, se corta una viruta que ya nos bastará para hacer la prueba. Tal como indica la figura 3, con un encendedor de gas normal se puede proceder a encender y quemar la punta de esta viruta y a observar el proceso de los resultados de la combustión.

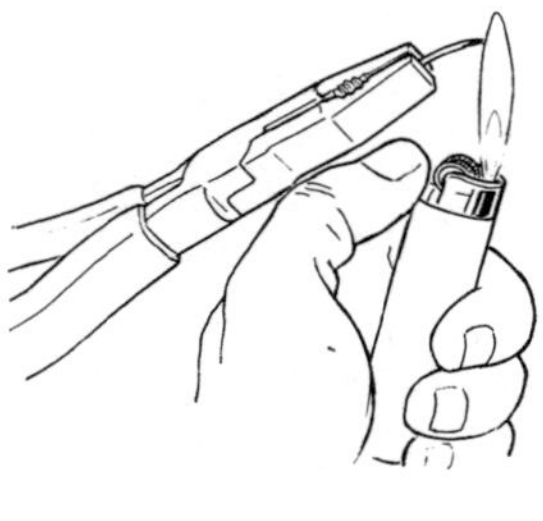

Figura 3. Con un encendedor de llama limpia, como los de gas, se puede comprobar la naturaleza del termoplástico con la observación de la llama y las cenizas de la combustión.

En lo que se refiere a los polipropilenos (PP) la reacción esperada deberá ser la siguiente: deberá verse que se quema bien y que al inicio la llama es de color azul claro, la forma de la llama es muy irregular y cuando la combustión está establecida es de color amarillo claro. El humo es muy poco espeso. Durante la combustión no chisporrotea. El calor de la llama produce un rápido goteo incandescente y la gota que se desprende de la viruta de prueba es plana y cristalizada. Se trata del PP cuya temperatura de soldadura se encuentra entre los 275 y los 300 °C.

En el caso del PP/EPDM, las reacciones son muy parecidas. La llama que también se inicia de un color azul luego se convierte en un amarillo azulado. El goteo es también rápido pero va acompañado de humo. Las características de la temperatura de soldadura son las mismas que para el PP.

Policarbonatos

El *policarbonato* se abrevia con las siglas PC y tiene las mismas utilidades que el polipropileno, es decir, lo podemos encontrar en paragolpes, cantoneras, carenados de motos, *spoilers*, revestimientos, etc.

La característica más singular de este termoplástico es su alta resistencia a los golpes y su facilidad para ser soldado y pintado (aunque al soldar se deforma con facilidad y crea hervidos). Colocadas en el horno, las piezas resultantes pueden soportar hasta 120 °C.

Como la mayoría de los termoplásticos también dispone de derivados como el PC/PBTP o el PC/XENOY que son de estructura todavía más rígida y una buena resistencia al choque. En el caso del PC/PBTP está mezclado con politereftalato de butileno y tiene las mismas utilidades que el PC pero con mayores garantías.

Para identificar un policarbonato por medio de llama se deben dar las siguientes características: en primer lugar, se trata de un producto que arde mal y de forma irregular. Al iniciarse la llama es de color amarillo muy claro que se vuelve amarillo oscuro cuando la llama ya se ha logrado establecer en la viruta. El humo es negro. Deja hollín y chisporrotea y la llama puede extinguirse en cualquier momento dejando en la viruta un tono acaramelado. Su temperatura de soldadura se encuentra entre los 300 y 350 °C.

Polietileno

Éste es un termoplástico especialmente interesante para la fabricación de fundas del pasarruedas y también depósitos de combustible, absorbedores de golpes, cajas de baterías, etc. Su símbolo es PE.

Una de sus características más destacadas es su alta elasticidad que lo hace muy sensible a una rápida recuperación frente a los impactos, razón por la cual es tan aceptado para las fundas de los pasarruedas que reciben muchos impactos de pequeñas piedras proyectadas por las mismas ruedas del vehículo. Además es muy resistente a los disolventes y los ácidos. Tiene tendencia a deformarse a partir de los 87 °C y cuenta con una muy buena facilidad para ser moldeado.

Para identificarlo por llama hay que tener en cuenta que este material arde muy mal. Cuando logra prender lo hace con una llama azulada pálida que luego se vuelve de un tono amarillo claro y azul. La llama producida es corta, ancha e irregular y chisporrotea. No produce humo ni hollín. Cuando desprende una gota, ésta es incandescente y, al apagarse, produce un cierto olor a cera. La temperatura de soldadura de este plástico se encuentra entre los 275 y los 300 °C. Con estos datos puede identificarse, además de con su símbolo PE grabado en el cuerpo del material.

Poliamida

El símbolo industrial de la poliamida es PA.

Se trata de un termoplástico especialmente utilizado para la creación de tapacubos. También tiene una extensa utilización en la fabricación de rejillas y de piezas de diferentes tipos. Para ello tiene la ventaja de ser un material que se junta con mucha facilidad con cualquier otro aditivo de modo que de poliamida se pueden encontrar en el mercado desde tipos de producciones muy flexibles, de características parecidas a la goma, hasta otras tan rígidas como los productos hechos con nailon. Es muy resistente al desgaste y tiene una buena resistencia ante la recepción de golpes. Participa de la particularidad típica de los termoplásticos que consiste en que se puede soldar con facilidad.

Para identificar la poliamida por el sistema de la llama hay que tener en cuenta que su reacción es la siguiente: en primer lugar, se caracteriza por el hecho de que arde con dificultad y, cuando prende, en primer lugar hace una llama azulada, muy irregular, que luego se convertirá en una llama de un color amarillo claro con destellos azules. No hace humo ni produce hollín pero sí chisporrotea durante la combustión. El goteo es lento y con humo, y la gota queda cristalizada mientras desprende un olor agrio como de cuero quemado. La temperatura de soldadura de este material se encuentra entre los 350 y 400 °C.

Policloruro de vinilo

Este termoplástico tiene una utilización muy universal ya que es el famoso PVC tan conocido no sólo en automoción, sino también en el ramo de la construcción. Podemos encontrarlo en el comercio en forma de tuberías, gomas sintéticas, cables eléctricos, etc., y entran a formar parte del automóvil precisamente dentro del terreno de las molduras y las gomas sintéticas, de los pisos para autocares y de los cables eléctricos. Su característica más destacable es su alta resistencia al desgaste y, comoquiera que admite gran cantidad de aditivos, pueden hacerse con él estructuras desde muy rígidas a muy flexibles.

Para distinguirlo por la prueba del quemado hay que tener en cuenta que una viruta de este material quema con gran dificultad con una llama inicial de color amarillo y azulado, muy irregular y más bien ancha, y deja escapar un humo negro mientras chisporrotea. No deja hollín y no produce goteo sino un descolgado del material como una especie de hilo que queda carbonizado. La temperatura de soldadura del PVC se encuentra entre los 265 y 300 °C.

Acrilonitrilo butadieno estireno (ABS)

Por último, otro gran grupo de termoplásticos es el *acrilonitrilo butadieno estireno* más conocido por sus siglas ABS. El mundo de aplicación de este plástico es muy variado y en los automóviles se utiliza para hacer estructuras de salpicaderos, calandras, rejillas, gran cantidad de accesorios y cubreobjetos del interior del habitáculo, insignias de marcas o modelos... también tapacubos de calidad, etc. Dadas sus características permite recibir una capa metálica en su superficie y con ello se logran muchos elementos de ornamentación del automóvil.

En general, el ABS presenta una estructura rígida que comporta algunas dificultades a la hora de soldarlo. Cuando llega a la temperatura de fusión se deforma con facilidad y produce hervidos. Cuando la temperatura ambiente está por debajo de los 10 °C una soldadura realizada sobre este material agrieta sus contornos por lo que es necesario calentarla antes de proceder a la soldadura. También se ha de tener en cuenta que cuando se calienta en una zona agrietada y ésta libera tensión puede afectar a otras zonas vecinas en las que aparecerán otras grietas.

A pesar de estas condiciones, el ABS tiene una gran resistencia y, para mejorarla todavía más, se ha mezclado con policarbonato (PC). De esta forma se ha dado pie a la creación del *Acrilonitrilo Butadieno Estireno/Policarbonato* (ABS/PC o PC/ALPHA) que dispone de una estructura todavía más rígida que el ABS proporcionando unos productos con una enorme resistencia al choque, lo que los hace aptos para la fabricación de paragolpes y rejillas de alto compromiso.

La prueba de la llama en el ABS debe dar los siguientes resultados: en primer lugar, una viruta de este material debe arder con facilidad dando una llama inicial de color amarillo claro para volverse después de un amarillo anaranjado. La llama ha de ser alargada mientras el humo despedido ha de ser muy negro con restos de hollín y chisporroteo de la llama. El olor desprendido debe ser un olor dulzón a goma. La temperatura de soldadura debe encontrarse entre los 300 y 350 °C.

En cuanto al derivado ABS/PC ALPHA también arde con facilidad pero la llama inicial debe ser de color amarillo rojizo para convertirse en amarillo grisáceo, todo ello con una llama irregular y ancha que también chisporrotea y lanza humo negro, aunque no tan negro como el que deja escapar el ABS. La forma de desprendimiento de la gota se hace de manera incandescente y el resto queda carbonizado. Tanto el olor como la temperatura de soldadura son los mismos que en el caso del ABS ya descritos.

Trabajos en las piezas construidas con termoplásticos

Por todo lo descrito hasta este momento ya hemos visto las características que resultan propias de los materiales con los que se fabrican la gran mayoría de las pieza del automóvil que reciben la denominación genérica de *plásticos*. Algunas piezas tales como el paragolpes, tanto delantero como trasero, y algunas rejillas delanteras sufren evidentes agresiones que pueden provocar su deformación y agrietamiento. Cuando esto ocurre, como en todos los casos de una colisión, en el taller se ha de estudiar si resulta más barato el cambio completo de la pieza que su reparación, para decantarse por la solución que sea más barata. Sin embargo, no hay que perder de vista que todas las piezas de termoplástico pueden ser reparadas y dejadas con total garantía en condiciones de cumplir su función de paragolpes en la seguridad de que podrán cumplir a la perfección la misión que se le encomienda (salvo en el caso de golpes muy fuertes y aparatosos en los que no existe posibilidad de reparación por el fraccionamiento de la pieza).

Además, tampoco hemos de perder de vista el problema ecológico que presenta la sustitución de la pieza sin más para luego mandarla a la chatarra. Los problemas de la organización de un reciclaje de los termoplásticos todavía no se han solucionado de una forma satisfactoria y los técnicos aseguran que, sobre todo en paragolpes delanteros, cada día se desechan en el mundo unas 300.000 unidades como consecuencia de los muchos golpes delanteros, de escasa importancia pero que deterioran el paragolpes, que suceden en el mundo diariamente. Repararlos es una forma de contribuir a la mejor salud del Planeta.

Pues bien, de este asunto de la reparación de piezas fabricadas con termoplásticos vamos a ocuparnos en el presente apartado destacando especialmente los trabajos de soldadura.

Reparación de termoplásticos

Al describir cada uno de los termoplásticos que se utilizan para fabricar piezas para el automóvil, ya indicamos la variedad de estos materiales y también dimos unas normas básicas para identificarlos. Generalmente, los trabajos de reparación de la mayoría de los termoplásticos se lleva a cabo o por *conformación* o por *soldadura*.

Conformación

La conformación consiste en hacer recobrar a la pieza la forma original cuando, a consecuencia de un golpe, el material ha llegado a deformarse pero sin romperse ni agrietarse. Algo similar a lo que ocurre también con los paneles de plancha. Los termoplásticos, al calentarse, se reblandecen y se vuelven maleables hasta el punto de que les podemos hacer volver a su posición de origen aplicándoles un sistema de presión cuando están calientes. Por supuesto, antes de calentarlos hemos de prever un sistema de presión que pueda ser eficaz para que, una vez calientes, podamos devolverles la forma de origen y que esté de acuerdo con la estructura de la pieza y el espacio de que se disponga. La primera operación consistirá, pues, en poder incorporar un sistema de presión adecuado que sea capaz de vencer la resistencia de la zona deformada y mantener en esta posición la parte dañada mientras esté caliente y sea maleable. Después, cuando se enfríe, recobrará la forma de origen.

Soldadura

En cuanto a la soldadura, como bien podemos deducir, se trata de hacer que, por medio del calor, el material adopte un estado de plasticidad tal que, al unirse, se funda entre sí y al enfriarse, el material de la pieza se una y forme un solo cuerpo.

En ambos casos será la aportación de calor (que no de llama) la que nos va a proporcionar el sistema idóneo para trabajar en los termoplásticos, pero siempre nos va a ser de vital importancia poder identificar el tipo de termoplástico con el que vamos a tener que trabajar pues, como se ha dicho en las anteriores páginas dedicadas a su descripción, la naturaleza de estos materiales hace que sus temperaturas de soldadura y las características de fusión sean diferentes, todo lo cual hay que tenerlo en cuenta a la hora de soldar.

Al contrario de lo que ocurre con los metales, en los que es necesario llegar al rojo para conseguir la soldadura y ello precisa de la presencia de llama, en el caso de los termoplásticos su fusión se realiza a partir de un estado de plasticidad. La temperatura exagerada produce en estos productos la combustión del material y, por consiguiente, su inutilización, lo que quiere decir que este sistema debe desecharse de plano. Por ello, la aportación de calor se debe hacer con máquinas especiales que proyecten aire caliente sobre la zona a soldar. Una vez adquirido ese estado plástico, el material puede unirse entre sí con la ayuda del operario, o bien puede necesitar material de aportación, también de plástico, que, aplicado como una varilla especial, se funde al contacto con la corriente de aire caliente y se deposita en las grietas para unirlas con mayor firmeza.

Una vez realizadas estas operaciones, es necesario dejar que la pieza se vaya enfriando para conseguir que el trabajo de la soldadura finalice. Cuando la pieza vuelve a la temperatura ambiente se verá que el material ha quedado perfectamente soldado entre sí, y sólo nos restará el trabajo de lijarlo y afinarlo para dejarlo listo con el fin de que reciba una capa de pintura o el acabado que se haya previsto de origen.

Resumiendo lo dicho, tenemos que:

- Los termoplásticos pueden soldarse o conformarse.
- Hemos de conocer qué clase de termoplástico estamos trabajando para saber su temperatura de fusión.

- Finalmente, vamos a necesitar herramientas especiales de soldadura que no echen llama y sí un flujo de aire caliente que pueda ser regulado para obtener los valores de temperatura necesarios según el tipo de material.

De acuerdo con lo dicho vamos a ocuparnos, en primer lugar, de los trabajos de soldadura, de sus características y de la forma de llevarla a la práctica en la reparación de piezas construidas con materiales termoplásticos.

La soldadura

Ya hemos dicho que la soldadura de los termoplásticos debe ser realizada sin llama. Por lo tanto, vamos a necesitar la colaboración de un aparato especial como el que, a modo de ejemplo, nos muestra la figura 4, que consiste en un soplete de aire caliente, provisto de sus correspondientes boquillas y accesorios, en este caso de la marca LEISTER y del modelo TRIAC.

Esta máquina está movida por electricidad y dispone de un potenciómetro por medio del cual se puede regular el valor de la temperatura alcanzada por el aire emitido, para que pueda ser aplicado a los valores de fusión de los diversos tipos de termoplásticos. Con el mismo fin, consta también de diferentes boquillas que son aptas para diferentes materiales.

Las características más necesarias de estas máquinas, en general, son las siguientes:

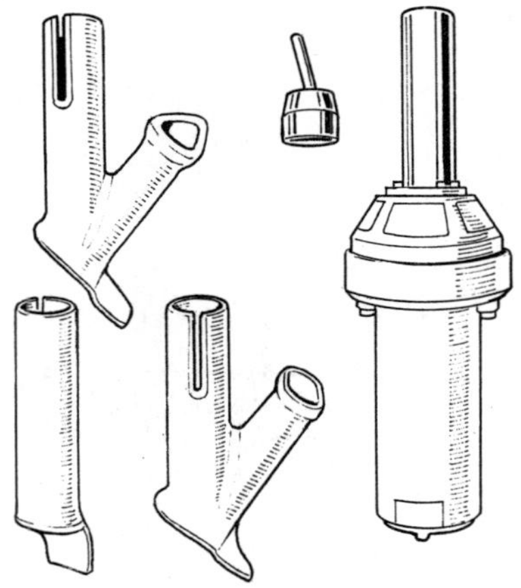

Figura 4. Pistola soldador de aire caliente con sus correspondientes boquillas y accesorios, de la marca LEISTER y del modelo TRIAC.

1. Que puedan lanzar un caudal de aire que sea regulable entre un mínimo de 40 l/min hasta un máximo de 230 l/min.
2. Que disponga de un sistema eléctrico de calor por medio del cual pueda alcanzar temperaturas de hasta 700 °C.
3. Que disponga de un reostato muy preciso en el que puedan seleccionarse temperaturas entre los 20 °C y los 700 °C.

Algunas máquinas de este tipo pueden moverse dentro de características poco más o menos como las indicadas y ser también muy útiles. Sin embargo, el operario ya tiene una orientación sobre las condiciones que precisan estas máquinas para llevar a cabo la soldadura de plásticos.

A continuación vamos a recordar al lector las temperaturas de fusión adecuadas para la soldadura de los principales termoplásticos aplicados al automóvil, cosa que hacemos en la tabla que se inserta a continuación.

Material	Temperatura en °C
PP	300
PP/EPDM	300
PE/HDPE rígido	300
PE/LDPE blando	270
PE	280
PA	400
PC/XENOY	350
ABS	350
ABS/PC/ALPHA	350
PVC rígido	300
PVC flexible	400

Para llevar a cabo la soldadura es necesario tener en cuenta estas temperaturas de acuerdo con los materiales. Es preciso no olvidar que si la temperatura aportada es inferior a la que el material precisa sus moléculas pueden no llegar a integrarse entre sí y la soldadura no se establece en las condiciones adecuadas. De la misma forma, tratar de soldar con temperaturas por encima de las indicadas puede ocasionar la degradación del material y con ello su destrucción en la zona recalentada.

También es necesario contar, en el caso de determinados tipos de trabajos de soldadura, con elementos de presión que puedan facilitar la unión del material. Así pues, una vez calentado, conviene poderlo presionar entre sí para conseguir, de esta forma, un resultado mucho más sólido. Una soldadura en la que sólo se calienta el material puede no ser lo suficientemente rígida y no garantizar la resistencia mínima que se ha de exigir entre las planchas.

Teniendo en cuenta estos puntos pasemos a ver los trabajos de preparación de las piezas.

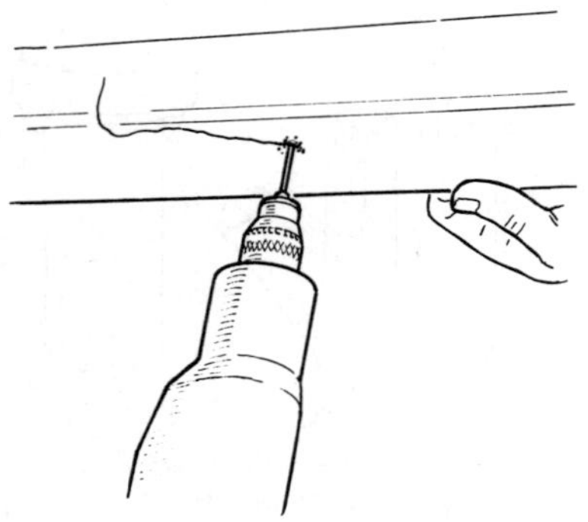

Figura 5. La preparación de la soldadura empieza por el taladrado del extremo o extremos de la grieta para matarla en estos puntos y evitar que pueda progresar.

Preparación de las piezas

Antes de lanzarse a soldar es necesario proceder a tomar algunas medidas en el sentido de efectuar una preparación previa de la pieza. Si se trata de un paragolpes que ha tenido alguna deformación además de la grieta profunda que trata de soldarse, será conveniente primero proceder a conformar la pieza, es decir, a devolverle la forma original por el procedimiento de una aportación de calor y una presión en sentido contrario a la fuerza que provocó la deformación.

Una vez el paragolpes está conformado, se pasa a revisar con atención el alcance de la grieta o grietas que se trata de soldar. La primera operación se está realizando en la figura 5. Con una taladradora de mano y una broca de 2 o 3 mm de diámetro se efectúa un taladro al final de la grieta para que la rotura no pueda progresar. Del mismo modo se actúa al principio de la grieta, si ello es posible y la grieta tiene principio y fin sin salir de la pieza.

A continuación se deberá pasar a limpiar por completo la zona de la soldadura, es decir, a quitar todo resto de pintura y de otros productos que a la pieza se le hubieran podido aplicar con anterioridad. Se trata de dejar el material vivo a la vista. Incluso se aconseja pasar un poco de disolvente sobre la grieta para asegurarse de haber retirado todo tipo posible de grasa, partículas muy pequeñas de alquitrán, etc.

Después de realizadas estas operaciones se pasará a la preparación de la misma grieta, para lo cual hemos de tener en cuenta lo que nos muestran los dibujos de la figura 6. Se trata de preparar los labios de la grieta con la ayuda de una fresa formando una V. La profundidad de la ranura resultante (A) debe

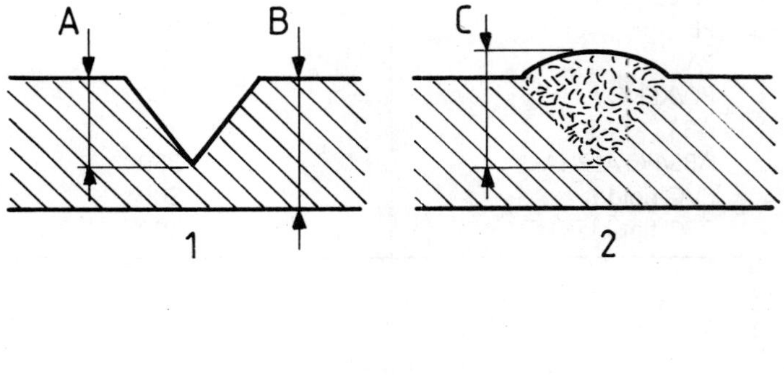

Figura 6. Preparación de los labios de la grieta con la ayuda de una fresa para formar una V. A, cota de la profundidad de la V. B, grueso total del material. C, grueso de la soldadura una vez puesto el material de aportación.

estar comprendida entre los 2/3 a los 3/4 del espesor total de la pieza (B), tal como se indica en la figura. En este canal formado por la V es donde se ha de soldar con material de aportación que ha de sobresalir de la línea de superficie superior, tal como se indica en el dibujo 2 de la figura 6.

La realización de la V se aconseja que se lleve a cabo por una fresa frontal instalada en una taladradora de mano, ya sea neumática o eléctrica, pero dotada de un alto régimen de giro para permitir un corte rápido del material. Hay que asegurarse que esta V resultante pueda admitir el paso de varillas de material de aportación de 5,7 mm o, en caso de disponer de un grueso más importante de la pieza y ser necesario, se pueden utilizar varillas de 7 mm, pero ello hay que tenerlo en cuenta a la hora de hacer la V. En la figura 7 tenemos el momento en que un operario está realizando este trabajo en un extremo de un paragolpes.

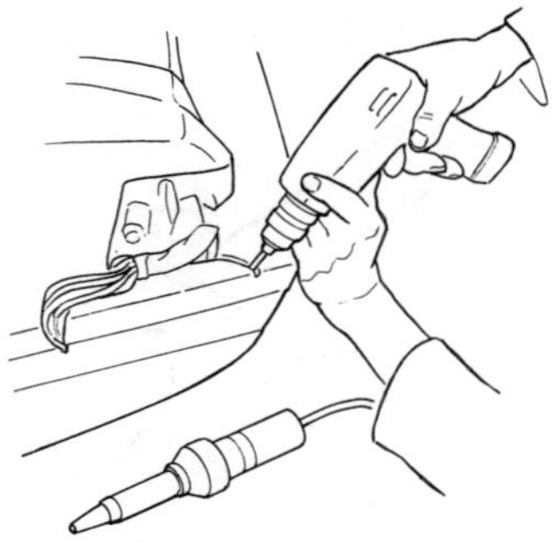

Figura 7. Fresado de la V o canal de soldadura.

Cuando se trata de soldar grietas en un diseño de poco espesor del material es mejor no realizar este bisel en V, pues podría agujerearse la pieza.

Con estos trabajos ya tendremos preparada la pieza para llevar a la práctica la soldadura.

Proceso de soldadura

Ahora deberemos pasar a soldar. Para realizar este trabajo se entiende que disponemos del soplete de aire caliente y de sus boquillas correspondientes.

Figura 8. Boquilla apta para llevar a cabo la operación de «puntillado».

La operación de soldadura de termoplásticos tiene dos puntos o pasos que consisten, en primer lugar, en una operación que podríamos llamar de puntillado y la otra, de soldadura propiamente dicha.

El puntillado consiste, sencillamente, en practicar, en el fondo de la V, un pequeño cordón de soldadura obtenido por la fusión de los dos bordes o labios de la V. Para ello se necesita una boquilla estrecha que penetre hasta el fondo de la canal, del tipo de la mostrada en la figura 8. Por otra parte, en la figura 9 puede verse la punta de un soldador utilizado por un operario para realizar esta operación en el interior y el fondo de la V.

Este trabajo, que a veces puede ser obviado, tiene la ventaja de asegurar la estanqueidad del fondo de la V, y durante él hay que cuidar de no apretar demasiado no sea que este fondo, que puede ser muy frágil, llegue a agrietarse.

A continuación hemos de ocuparnos del trabajo de soldadura propiamente dicho.

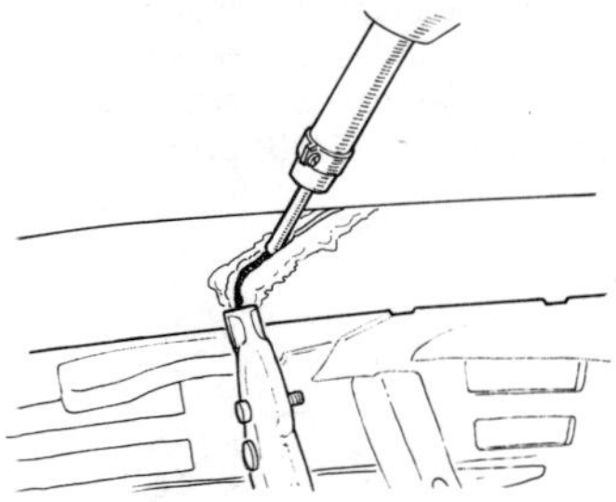

Figura 9. El operario está realizando ahora un trabajo de puntillado.

La soldadura puede hacerse por medio de dos procedimientos que vamos a estudiar por separado. Estos dos procedimientos o métodos son los siguientes:

1. *Soldadura con boquilla rapida.*
2. *Soldadura pendular.*

Veamos cada uno de estos sistemas por separado.

1. Soldadura con boquilla rápida

Este método es el más recomendado para superficies planas y de fácil acceso en las que no vamos a tener problemas para aplicar el soplete de aire y el material de aportación. Por otro lado, con la soldadura de boquilla rápida se consiguen unos acabados superficiales muy aceptables y una buena resistencia mecánica.

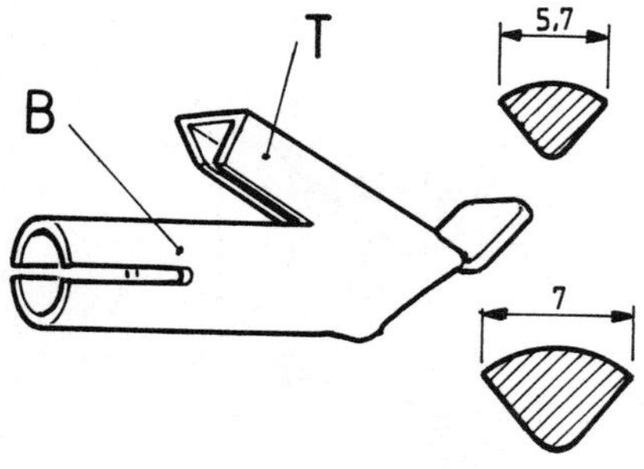

Figura 10. Boquilla utilizada para el soldado rápido. B, boquilla de salida del flujo del aire caliente. T, tubo oblicuo en el que se coloca la varilla de material de aportación.

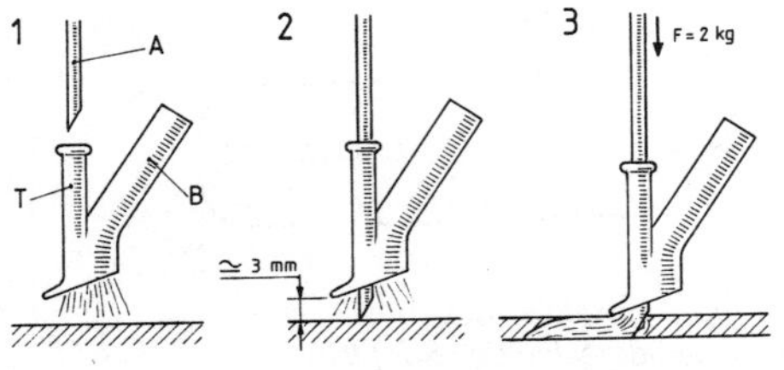

Figura 11. Diferentes fases de soldadura rápida. 1, una vez el soldador caliente, se coloca la varilla en el interior del tubo oblicuo. 2, se coloca de forma que sobrepase unos 3 mm la superficie de la salida de aire caliente por parte de la boquilla. 3, se comienza a soldar presionando la varilla con una fuerza moderada. A, varilla de material de aportación. B, boquilla de aire. T, tubo oblicuo.

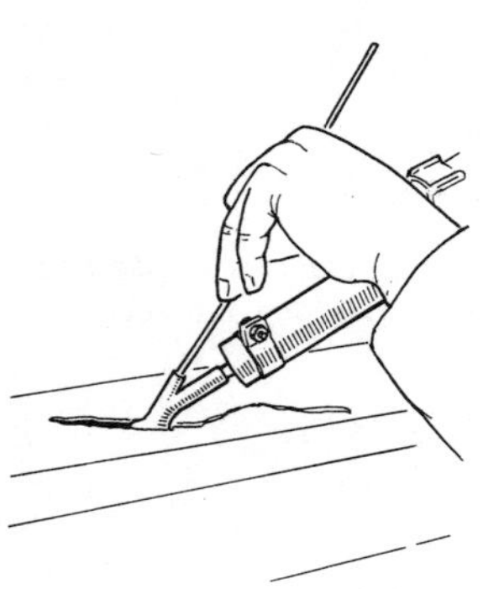

Figura 12. Ejemplo de la forma de llevar a cabo la soldadura rápida sobre un paragolpes.

La boquilla utilizada para este trabajo podemos verla en la figura 10. Dispone de un tubo oblicuo (T) en el que se colocará la varilla de material de aportación, en este caso de perfil triangular de 5,7 mm o de 7 mm. Por otro lado, tenemos la boquilla de salida del flujo del aire caliente (B). Las diferentes fases de esta soldadura se presentan en los dibujos de la figura 11 que vamos a comentar seguidamente.

Para empezar se debe poner en funcionamiento el soldador de aire caliente, a la temperatura seleccionada, por lo menos unos cuatro minutos antes de comenzar el trabajo para dejar que se caliente todo el cuerpo y la temperatura salga por la boquilla a un valor ya estabilizado.

Mientras tanto, con una navaja se va cortando y pelando la punta de la varilla de material de aportación para eliminar todo tipo de óxido que podría ser muy mal recibido durante la soldadura. Se corta un bisel en el extremo de esta varilla.

Cuando, transcurridos los cuatro minutos, el soldador ya está caliente, se pasa a colocar la varilla en el interior del tubo oblicuo, tal como se muestra en el dibujo 1 de la figura 11, y se coloca de forma que sobrepase unos 3 mm (dibujo 2) la superficie de la salida de aire caliente por parte de la boquilla. La posición de la boquilla con respecto a la superficie a soldar debe ser la indicada en este dibujo, es decir, bien alineada y la punta paralela a los lugares en los que se ha de soldar.

Acto seguido comienza la operación de soldadura que se inicia cuando la punta de la varilla se pone en contacto con la zona a soldar. La corriente de aire caliente que fluye calienta al mismo tiempo la varilla y la pieza a soldar. El operario deberá fijarse en que la superficie sobre la que se va a soldar adquiera una tonalidad ligeramente brillante y pastosa, dando a entender su estado de plasticidad, pero sin esperar nunca a que se advierta un estado líquido en el material.

En cuanto se llega al estado plástico conviene ir desplazando el soplete con su montaje, a través de la grieta o de los labios en V ejerciendo siempre presión sobre la varilla con una fuerza aproximada de unos 2 kg, tal como se indica en el dibujo 3 de la figura 11.

Como en todos los casos de realización de soldaduras con cordón, se deberá conseguir una velocidad de avance constante y sin interrupciones hasta terminar todo el recorrido previsto para ser soldado. En la figura 12 tenemos un ejemplo de la forma de llevar a cabo este trabajo sobre un paragolpes. Como puede verse, la soldadura ha de realizarse en una zona de fácil acceso para el operario.

Cuando la operación de soldadura llega al final de la vía que se ha soldado se debe retirar enseguida el soplete de aire caliente pero dejando la varilla en contacto con la última parte que se acaba de soldar, sin intentar desprenderla. Para ello basta deslizar el soplete a lo largo de lo que quede de varilla a través de su orificio en la boquilla..

Luego se deja que la soldadura se enfríe. Cuando esté cercana a la temperatura ambiente se deberá disponer de una navaja o un *cúter* y pasar a cortarla a ras de la superficie del último punto de soldadura.

La soldadura habrá finalizado pero aún nos queda realizar las operaciones de afinado y pulimentado que siempre han de hacerse en seco y con la soldadura completamente fría. De esta operación ya nos ocuparemos más adelante.

2. Soldadura pendular

Para realizar este tipo de soldadura es necesario hacer todos los trabajos de preparación de la pieza que hemos descrito en su apartado correspondiente, es decir, taladrado de las puntas, limpieza de la superficie, tallado de la ranura en V, etc.

La técnica de este tipo de soldadura y su realización práctica es muy parecida a la utilizada en la soldadura oxiacetilénica. Sin embargo, no está exenta de detalles que hacen necesario que le dediquemos un momento de atención.

El método de soldadura rápida que hemos indicado en el anterior apartado ya hemos dicho que es el más conveniente cuando se ha de soldar en lugares de fácil acceso, pero cuando no existe esta particularidad, el mejor sistema es el pendular. En la figura 13 tenemos el ejemplo de un operario que está soldando por este método en una zona de un paragolpes.

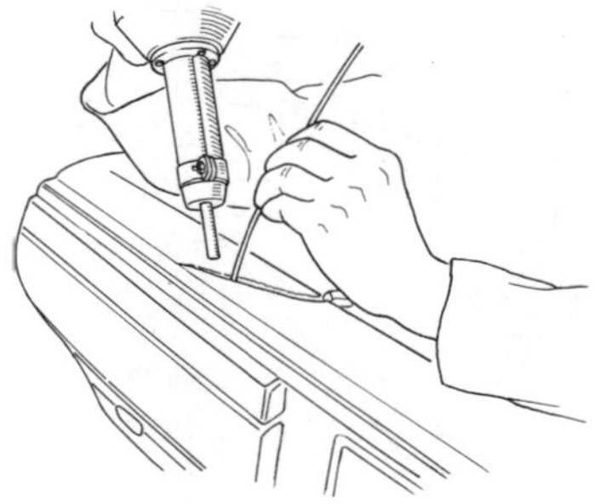

Figura 13. Forma de llevar a cabo la soldadura por el método pendular.

Como puede verse en esta figura, el operario está soldando con la varilla de material de aportación en una mano y el soldador de aire caliente en la otra, y realiza un cordón a todo lo largo del bisel como si trabajara sobre plancha en la soldadura oxiacetilénica. Sin embargo, es necesario que el operario le dé al soldador un movimiento pendular u oscilante para dirigir la salida del aire de una forma alternativa a la varilla y a la pieza, mantener de esta manera la temperatura de soldadura del material y conseguir el mejor fundido de la varilla depositado sobre las paredes de la V. No hay que olvidar que el éxito de este trabajo consiste en mantener la varilla y el material a soldar en el mismo estado pastoso para que la unión sea perfecta.

También se ha de tener en cuenta que, durante el acto de soldar, la varilla debe estar dirigida sobre la ranura en V con una cierta presión que los técnicos establecen en los 2 kg.

Como en el caso de la soldadura rápida que hemos descrito anteriormente, también aquí se deberá dejar la varilla sobre el final de la zona soldada para cortarla más tarde, cuando se haya enfriado (y no sólo enfriando la varilla, sino también el conjunto de toda la pieza).

Defectos en las soldaduras

La ejecución de las soldaduras de los plásticos son sencillas de hacer pero requieren del operario que tenga un gran sentido del estado de temperatura de las piezas y de la varilla. Los soldadores de aire caliente llevan un reostato por medio del cual puede seleccionarse la temperatura del aire, pero hay que contar con la temperatura a que se encuentra la pieza a soldar. Cuando se suelda con una temperatura más baja de la necesaria, la unión resultante puede ser muy débil y todavía peor si, además de ello, se realiza a demasiada velocidad. En estos casos el cordón aparece a la vista como abultado dando la impresión de que se sale de la ranura. Esta soldadura no es válida.

Tampoco lo es en el caso de que se haya soldado con una temperatura superior a la que el termoplástico con el que estamos trabajando requiere. El cordón suele presentar un aspecto espumoso por los bordes, como si tuviera ampollas. Tampoco esta soldadura está bien hecha ni tiene la menor garantía de resistencia mecánica. El operario ha conseguido quemar el material, y ello ha provocado su degradación y pérdida total de sus facultades.

Otro tipo de defecto puede venir provocado por una excesiva presión ejercida en la varilla de material de aportación. Cuando el operario aprieta demasiado durante la formación del cordón la soldadura resultante se muestra irregular y con depresiones irregulares. Esta soldadura no es correcta ni tiene garantías de seguridad.

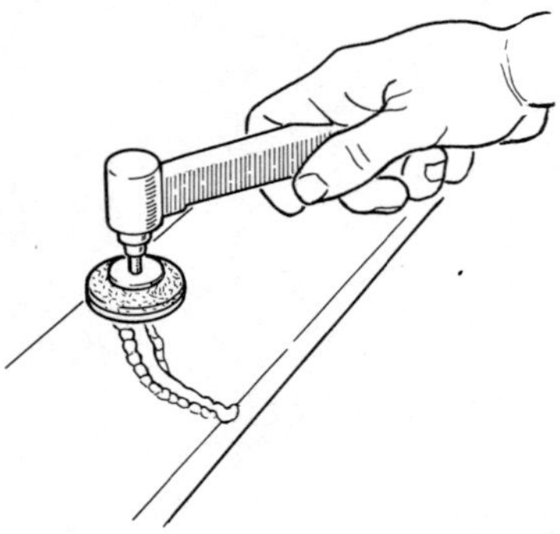

Figura 14. Después de haber hecho la soldadura y de dejarla enfriar lo suficiente, se debe pasar a un trabajo de rectificación total de la superficie, cosa que se hace con discos abrasivos.

Acabado

Una vez terminado el trabajo de soldadura, por el método que sea, y dejado enfriar el trabajo, y cortada la varilla de material de aportación, se deberá pensar en aplanar el cordón de soldadura para que quede a ras de la superficie de la pieza. Como ocurre en todos los casos de soldaduras, conviene hacerse con una máquina rotativa provista de un disco abrasivo para efectuar el esmerilado del cordón, de la forma que se puede ver en la figura 14. Si se trata de haber hecho una soldadura en alguna zona angulosa donde no pueda meterse el disco abrasivo, se puede actuar con la ayuda de una fresa de corte, sacando todo resto de material del cordón que sobresale por encima del ras de la superficie de las piezas soldadas. Por este procedimiento se pasará a eliminar todo material sobrante.

Los trabajos posteriores de afinado y de preparación para que la pieza pueda ser pintada, siguen parecidos procesos a los que se efectúan en la plancha, pero aquí resultan más sencillos.

Existen en el mercado gran variedad de resinas y productos de acabado adaptables a la naturaleza de cada tipo de termoplástico, con los que puede llegarse a conseguir unas superficies completamente lisas como las de una pieza nueva. Algunos termoplásticos, como el polipropileno y el polietileno, tienen tendencia a escupir determinados tipos de imprimaciones. Hay que asegurarse de que el producto es el adecuado para el tipo de material sobre el que va a aplicarse.

Con lo dicho hasta el presente momento ponemos punto final al tema de los termoplásticos. A continuación vamos a dedicar unas páginas a los plásticos *termoestables* que, reforzados con fibra de vidrio, puede ser materiales lo suficientemente interesantes como para llegar a constituir por sí solos, la carrocería de un automóvil.

Los plásticos termoestables

La familia de los materiales plásticos admite un sinnúmero de variaciones según el proceso de fabricación y de acuerdo con los aditivos que de origen se hayan introducido en la materia prima. Así pues, además de los *termoplásticos* que acabamos de estudiar, existe otro tipo de plásticos que no se reblandece con el calor ni mucho menos fluye al calentarlo sino que, ante la aplicación de una llama, no se deforma en absoluto ni adquiere carácter pastoso. A lo sumo, sólo puede llegar a quemarse cuando la aportación de calor es desmesurada, pero incluso ello lo hace sin modificar la forma que se le dio de origen como consecuencia de un tratamiento de fabricación sobre moldes. Este tipo de plásticos duros reciben el nombre de *termoestables* y, como se deduce de lo dicho, no son susceptibles de ser soldados ni conformados de la manera que hemos estudiado y visto en los anteriores apartados de este mismo capítulo, aunque sí es posible trabajarlos y repararlos por medio de la llamada *soldadura química*, que no es más que la aportación de sustancias químicas afines al material para que éste se adhiera entre sí con la suficiente fuerza y garantía que asegure la futura utilización de la pieza en las más duras condiciones de servicio.

Una de las aplicaciones más importantes de este tipo de plásticos termoestables es la fabricación de carrocerías, generalmente para vehículos deportivos que se construyen en series muy reducidas o, incluso, uno por uno. En estos casos, equipar a estos vehículos singulares con una carrocería de plancha fabricada a mano resultaría carísimo, mientras que los procesos manuales de moldeo son mucho más baratos y de unos buenos resultados tanto desde el punto de vista económico como estético. Estas carrocerías suelen denominarse en los talleres *carrocerías de fibra de vidrio* porque este material de refuerzo es uno de sus importantes componentes. También se les puede llamar, con mayor rigor, *carrocerías de plástico estratificado*, y no vemos razón para que nosotros no las llamemos de estas mismas formas en lo que queda de capítulo, aunque el lector tiene que tener en cuenta que siempre nos referimos a las *carrocerías de plástico termoestable reforzadas con fibra de vidrio*.

Antes de entrar de lleno en la descripción de estas carrocerías, queremos dejar claro que los plásticos termoestables son utilizados también por determinadas marcas para la fabricación de paragolpes, salpicaderos, *spoilers*, estructuras de asientos, revestimientos, cajas de filtros de aire, etc., sobre todo utilizando el poliuretano (PUR) y el GFK que incorpora fibra de vidrio. Claro está que golpes y grietas recibidas por piezas construidas con estos materiales no pueden soldarse de la misma forma que hemos descrito para los termoplásticos, pero pueden repararse por un sistema de parches y la aplicación de productos soldantes que estudiaremos más adelante.

Carrocerías de fibra de vidrio

Para que el plástico adquiera las características precisas de rapidez y resistencia que son propias para hacerse cargo de todos los esfuerzos a que el motor y el peso transportado someten a la estructura de una carrocería, es necesario hacerlo pasar por un proceso de fabricación que, muy brevemente descrito, utiliza resina de poliéster con un cuerpo de fibra de vidrio entre capa y capa, formando un estratificado, es decir, las capas sucesivas de fibra se disponen de forma superpuesta, formando estratos. Ésta es una manera básica por medio de la cual se logra una rigidez y resistencia que puede compararse a la obtenida con la plancha de acero dulce de las carrocerías tradicionales.

En todos los casos, las carrocerías de plástico, para tener la seguridad necesaria, requieren del diseño y realización de un chasis de acero, con sus largueros y sus traviesas, al que vayan sujetos todos los órganos de la suspensión con las ruedas y los anclajes del motor. Sobre este chasis o bastidor se deberá montar la carrocería de plástico estratificado compuesto por un número de piezas generalmente menores a las que se precisan en el diseño de las carrocerías de chapa de acero. En la figura 15 tenemos un ejemplo de carrocería de plástico en despiezo de este tipo, correspondiente a un automóvil deportivo. Aquí

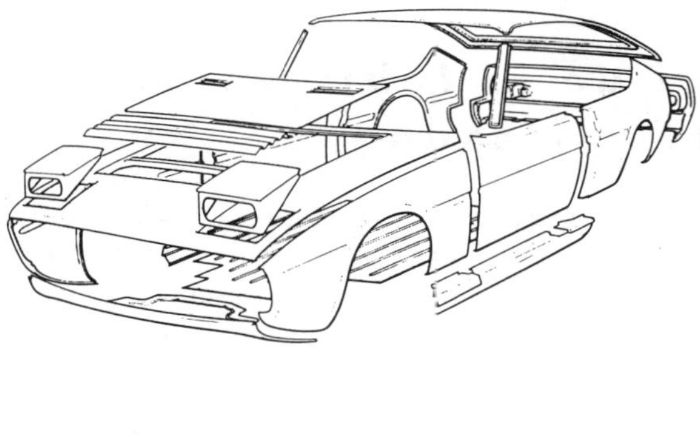

Figura 15. Conjunto de una carrocería de fibra de vidrio diseñada para un modelo deportivo mostrando las piezas de este material de que consta.

puede verse la simplicidad de los elementos que corresponden a las planchas de revestimiento en las carrocerías tradicionales de acero que ya hemos estudiado en anteriores páginas.

Las carrocerías de plástico estratificado tienen sus ventajas y sus inconvenientes frente a las carrocerías de acero. Entre las primeras podemos destacar su buena y mejor resistencia ante golpes relativamente poco importantes pero suficiente para que, en las carrocerías de acero, se formara una abolladura. En este caso las carrocerías de plástico pueden aguantar el impacto flexionándose ligeramente pero recobrando su forma original después del golpe. También tienen la muy importante ventaja de que no pueden ser afectadas por la corrosión que, como sabemos, es el más grande enemigo de las carrocerías de plancha de acero y limitan la vida del automóvil al estado de corrosión general de la plancha. Siguiendo con las ventajas no es la menor la de un menor peso de las carrocerías de plástico con respecto a las planchas de acero. Otra ventaja también podría ser el menor número de piezas que comporta un conjunto de plástico en relación con un conjunto de plancha que, como sabemos, requiere siempre una parte de estructura y otra de plancha de revestimiento, lo que significa muchos más puntos de soldadura. Por último, cabe también añadir entre sus ventajas la característica de incorporar el color en su propio material, de modo que la pintura de éste no es necesaria ni siquiera ni sufre rozaduras porque el color del material es el mismo que muestra al exterior.

Sin embargo, no todo son ventajas. Entre los inconvenientes que presenta la carrocería de plástico está su mucha menor resistencia a los golpes verdaderamente fuertes que se pueden producir en una colisión de importancia. Aquí la carrocería de acero justifica, de una manera muy superior, sus cualidades y el porqué de la diferenciación entre planchas de estructura y planchas de revestimiento. Esta misma menor resistencia de la carrocería de plástico explica la necesidad de tener que proveer al vehículo de un chasis de acero, cosa que, como sabemos, en las carrocerías autoportantes no es necesario. Otro inconveniente de tipo industrial es la mejor adaptabilidad industrial al trabajo con la planchaa que con los plásticos estratificados, ya que el proceso de la primera puede fácilmente robotizarse con el consiguiente descenso de los precios en uno de los costes más importantes del producto que es la mano de obra. Para obtener unos índices de resistencia aceptables en las carrocerías de plástico se tendrá que acudir a confeccionar estructuras básicas de plancha de aluminio sobre las que se podrían montar planchas de plástico, tal como se está ensayando en carrocerías experimentales, pero ello todavía no parece ser un serio candidato para la sustitución de la carrocería de plancha por la de plástico de una manera general, máxime cuando se ha avanzado mucho en la lucha contra la corrosión y hoy se fabrican carrocerías de plancha con una amplia garantía de fábrica sobre la duración de la misma.

Técnica de la fabricación de estratificados

Puesto que cada día existen más piezas de carrocerías que son de plástico va a ser muy conveniente que antes de entrar en la parte práctica que explique la forma general de efectuar una reparación en este tipo de material, tenga el lector una idea de la forma de fabricación de los paneles que forman una pieza de carrocería de revestimiento, y esto es lo que vamos a explicar a continuación referido a los plásticos estratificados obtenicos por moldeo.

En esta técnica, como su nombre indica, se necesita previamente la confección de un molde (fig. 16) que ha de tener la forma de la pieza que se pretende lograr y algunas características propias de este tipo de fabricación. Por ejemplo, es conveniente que disponga de una superficie lisa en la parte que corresponde al exterior de la pieza que se pretende lograr; disponga de unas pestañas para la aplicación de los materiales que se van a colocar (1, en la fig. 16); que disponga de un destalonado para facilitar el desmoldeo de la pieza una vez elaborada; y, por último, que disponga de un asiento sólido sobre el que se apoye (2), en forma de refuerzo, para que pueda trabajarse sin peligro de que el molde cambie de posición durante la aplicación de las materias que formarán la pieza de plástico.

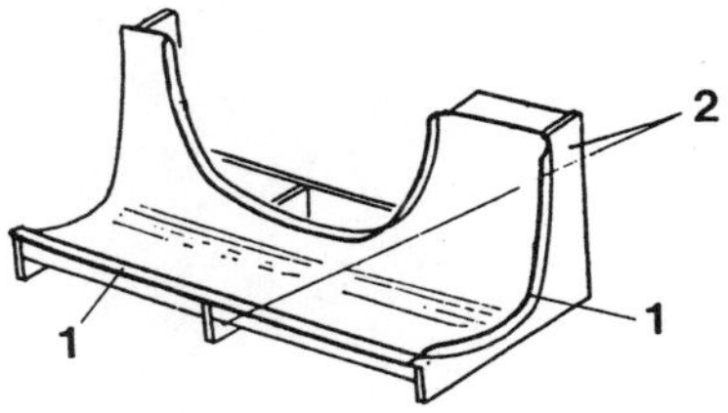

Figura 16. Utilización de un molde para la fabricación de una pieza de plástico estratificado. 1, pestaña para facilitar la adaptación de los tejidos. 2, refuerzos.

Una vez preparado el molde debemos revisar los materiales que intervienen en la fabricación y que deben ser las fibras de vidrio y la resina de poliéster. Veamos cada una por partes.

En lo que respecta a la *fibra de vidrio* hay que tener en cuenta que se presenta en el mercado en tres formas que tienen cada una sus particularidades. Pueden compararse como *fieltro de vidrio*, como *tafetán* o tejido y como *hilos* cortados. En el primer caso, el fieltro de vidrio es en realidad un aglomerado de fibras de vidrio colocadas en direcciones encontradas y sin orden, y sujetas con algo de resina formando cuerpo, de un espesor que suele ser de 1 a 2 mm y cuyo aspecto puede ver el lector en la figura 17. El fieltro de vidrio suele relacionarse con su peso por metro cuadrado para determinar la mayor o menor resistencia del conjunto. Así, un fieltro de 450 gramos por metro cuadrado resulta ser más estrecho y menos compacto que un fieltro de 900 gramos por metro cuadrado, por ejemplo. En lo que respecta a los tafetanes son formaciones de fibras de vidrio ya tejidas en forma de cuadro, del modo que se puede apreciar en la figura 18. Dentro de este apartado de las fibras de vidrio tejidas existen otras muchas variantes según el dibujo obtenido que representa, en definitiva, mayor resistencia de la fibra. Los tafetanes son bastante más resistentes que los fieltros pero ello mismo hace que sean más difíciles de aplicar al acoplarlos a formas muy curvas o complicadas. En estos casos, los fieltros resultan más maleables y adaptables. Por último nos queda por comentar la presentación de la fibra de vidrio en forma de hilos cortados que sirven para proceder a la fabricación de formas previas que después se complementarán con el otro tipo de presentación de la fibra. En realidad son hilos gruesos y cortos.

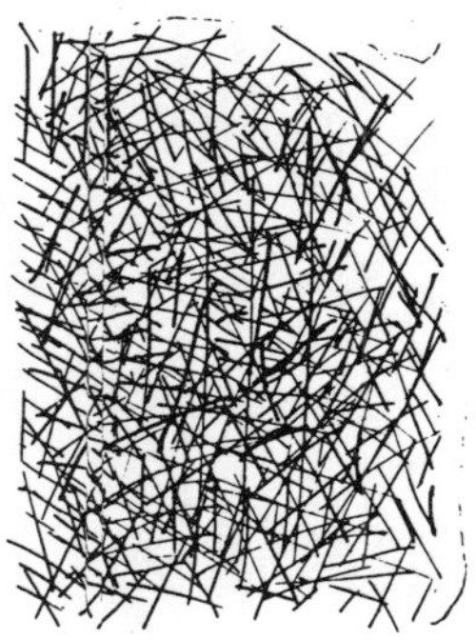

Figura 17. Aspecto de la textura del fieltro de vidrio.

El otro material importante que forma parte de la fabricación es la *resina de poliéster* que se vende en forma de un líquido viscoso y traslúcido. Existe gran variedad de productos que entra dentro de esta denominación como las resinas de poliéster del tipo etoxílicas o las epoxy que tienen magníficas condiciones de afianzamiento según el adhesivo apropiado que se utilice. Todo ello entra a formar parte de una técnica hasta cierto punto compleja, pero que los fabricantes de estos productos suelen aclarar con gusto al futuro comprador. En realidad, cada utilización tiene una resina más adecuada al igual que ocurre con los tejidos de fibra de vidrio, de modo que el fabricante puede indicar al futuro usuario del sistema la combinación más adecuada de tipo de fibra y de resina a utilizar de acuerdo con los objetivos que se pretenden lograr. Como veremos más adelante, las resinas de poliéster pueden colorearse de modo que pueden dar a la plancha resultante un color establecido en la mezcla; pero de ello hablaremos dentro de poco.

Figura 18. Aspecto de la textura del tafetán o tejido cuadrado.

Técnica de moldeo

Una vez preparados los productos que se van a necesitar para hacer una pieza determinada y de haber hecho previamente el molde necesario del que ya vimos un ejemplo en la figura 2, ya se puede pasar a la fabricación de la pieza, cosa que vamos a explicar de una manera muy rápida y general para que el lector tenga una idea de la forma de actuar, aunque es evidente que se requiere práctica y los consejos de los fabricantes de los materiales que vamos a unir.

El sistema más casero es el de fabricar un molde único con la forma de la pieza en negativo. Este sistema se llama de *moldeo por contacto*. El molde puede ser de yeso o, por supuesto, de acero (en este último caso para la fabricación de series de piezas iguales).

La primera operación va a consistir en hacer un patrón de la forma de la pieza. Este patrón se puede hacer con una cartulina o cartón. Con la ayuda de esta plantilla se puede pasar al cortado de la fibra de vidrio trazando sobre el tejido y cortando posteriormente varias piezas iguales del fieltro o el tejido en cuestión.

A continuación se debe preparar el molde por medio de un agente llamado de *desmoldeo* que consiste en una resina que tiene la misión de formar una primera capa que disimulará las irregularidades de la superficie de la fibra de vidrio que de aplicarse directamente y en primer lugar dejaría a la vista la disposición de la fibra, ya sea utilizada en forma de fieltro o de tejido. Esta resina de desmoldeo puede estar coloreada y no debe tener un espesor superior a las 4 décimas de milímetro, pues podría agrietarse si la capa fuera más espesa. Por otra parte, también facilitará la retirada de la pieza, una vez confeccionada, del molde que la ocupa.

Mientras se seca esta primera capa se puede proceder a la preparación de la resina. No obstante, antes de continuar hay que añadir que no resulta indispensaqble la aplicación de la resina de desmoldeo, sobre todo si no importa el aspecto que pueda tener la superficie de la pieza resultante. Hecha esta aclaración pasemos a ver cómo se realiza la preparación de la resina. Tiene tres pasos fundamentales que son los que se muestran en la figura 19. En primer lugar, y en el primer paso, vemos cómo la resina de poliéster se coloca en un recipiente. Éste es el momento de proceder a colorearla si ello se considera conveniente. Para hacer esta operación se precisa de un colorante especial vendido por el mismo fabricante de la resina. Este colorante suele añadirse a una proporción de alrededor del 3 % y hay que remover con la varilla la resina para que la mezcla se establezca.

El segundo paso va a consistir en la introducción de un líquido llamado *acelerador de polimeración*, también llamado *activador*, sobre la resina. En una probeta graduada aparte se introduce la dosificación exacta del acelerador de acuerdo con las instrucciones proporcionadas por el fabricante. En muchas oca-

Figura 19. Preparación de la resina de poliéster. 1, coloreado, en caso de ser necesario, de la resina. 2, medición del activador y su vertido posterior sobre la resina. 3, dosificación del catalizador y su vertido sobre la resina.

siones la introducción de este acelerador puede ser de 1 gramo por cada 1.000 gramos de resina, pero esta proporción puede variar según el fabricado y hay que atenerse a los consejos que al respecto proporciona el fabricante del producto. Una vez realizada la medición de la proporción exacta se introduce en el recpiente de la resina y se remueve con la varilla para conseguir la buena distribución a lo largo de toda la masa de la resina.

El tercer y último paso consiste en la incorporación del líquido llamado *catalizador* con el que se completará la preparación de la mezcla. Este catalizador tiene también que estar adicionado a una proporción muy estricta, al igual que vimos con el acelerador. Las proporciones tiene que indicarlas el fabricante y pueden hallarse en márgenes que estén alrededor de los 15 gramos por cada 1.000 gramos de resina de poliéster, aunque en algunos casos puede mantenerse la proporción entre un 2 y un 4 % del peso de la resina. La medición ha de hacerse en una probeta como se indica en el dibujo, y una vez obtenida se puede pasar a su vertido sobre la resina que tenemos en el recipiente acompañada del consiguiente removido con la varilla para obtener la mezcla completa de los dos productos. Tanto el acelerador como el catalizador tienen una densidad semejante a la del agua, por lo que cada gramo equivale aproximadamente a 1 cm^3. Si ello no fuera así, el fabricante indica siempre las proporciones a las que hay que atenerse por encima de lo dicho.

En cuanto la resina de poliéster se encuentra así preparada hay que pasar a utilizarla de inmediato, pues se inicia en ella un proceso de endurecimiento que solamente la hará útil para unos 15 minutos, después de los cuales ya no podrá utilizarse. Este endurecimiento se observará porque se vuelve cada vez más espesa. Hay que tener mucha precaución de no mezclar directamente el acelerador con el catalizador, pues se puede producir una reacción explosiva entre ambas materias. Por otra parte, y teniendo en cuenta que solamente se puede utilizar esta resina así preparada durante unos 15 minutos como máximo, el operario habrá tenido que mezclar solamente aquella cantidad de aditivos a un volumen de resina necesario para consumir durante este período de tiempo, pues de otro modo el resto de la resina se convierte en inservible y hay que desecharlo. Sólo la experiencia puede dar normas a este respecto.

Una vez realizado todo lo que se explica hasta aquí se pasa ya al estratificado que es la base de este trabajo. En primer lugar se comprueba que el agente de desmoldeo que se había aplicado previamente se encuentre en un estado de *gelificación*, o estado plástico semejante al de un gel, y si ello es así, se deposita sobre ella la primera capa de estratificación que consiste en la primera aplicación del fieltro o tejido de fibra de vidrio. Esta primera capa conviene que sea de un fieltro ligero (de unos 300 gramos por m^2) para que se pueda adaptar mejor a toda la superficie del molde y a los perfiles del mismo. La colocación del fieltro o el tejido requiere una cierta práctica y no poca habilidad. Hay que tener en cuenta que debe colocarse a la primera, y por lo tanto, no existe posibilidad de rectificación. Se ha de colocar partiendo de una punta y avanzar progresivamente asegurándose de que no quedan bolsas de aire en el interior ni tampoco que la posición del fieltro se falsea con respecto al molde a medida que se va depositando. Todo ello es fácil de decir, pero requiere práctica a la hora de llevarlo a cabo. Un truco que puede hacerse si se han producido algunas zonas con bolsas de aire consiste en cortar con un *cúter* la zona que aprisiona al aire y presionar para que éste abandone esta posición y el fieltro se acomode bien sobre la resina depositada con anterioridad.

En la figura 20 tenemos la descripción detallada de este proceso que puede ayudarnos a su comprensión junto con las explicaciones dadas. En 1 vemos la aplicación con pincel (también puede hacerse con rodillo) del agente de desmoldeo o de la primera capa de resina de poliéster si el resultado de la superficie no es condición importante en el trabajo, tal como ya se dijo anteriormente. En 2 tenemos el momento en que ha sido colocada la primera capa de fibra de vidrio, en tejido o fieltro, según las circunstanciaas. En 3 tenemos la forma de progresar en el trabajo. Conviene ahora impregnar el tejido de la fibra de vidrio con la resina de poliéster aplicándola con un pincel. Para este trabajo el uso del pincel ha de ser diferente a como se utiliza este útil para aplicar pintura. Es preferible pintar de punta, es decir, ir dando golpecitos con la punta del pincel por toda la superficie del tejido de fibra de vidrio hasta que éste se halle impregnando de resina. Tampoco hay reseguir después lo ya impregnado, pues la fibra podría haberse ya adherido a la resina y podría ésta levantarse al levantar el pincel aplicado de nuevo.

Volviendo a la figura 20 pasamos a continuación a la posición 4, que consiste en la aplicación de una nueva capa o estrato de fibra de vidrio, operación que ya puede realizarse sin necesidad de esperar a que se produzca la gelificación que se llevó a cabo en la primera impregnación. Aquí se deberán conseguir los mismos objetivos que para la colocación de la primera capa que ya vimos, es decir, la adaptabilidad del tejido sobre la capa anterior y la ausencia de zonas con bolsas de aire. El trabajo se continúa con la nueva impregnación de resina y la colocación de una nueva capa o estrato de acabado que acostumbra a ser igual a la primera de inicio, es decir, de un fieltro menos grueso o de un tejido más fino para conservar una textura superficial de cierta calidad.

Este sistema de trabajar el plástico recibe el nombre de *moldeo por contacto* y es el sistema más favorable para ser llevado a cabo en un taller no especializado en estos trabajos para la realización de pequeñas piezas. Por supuesto, existen otros tipos de moldeo más sofisticados que corresponden a procesos industriales para la obtención de piezas en cantidades seriadas. Conviene conocer el proceso de moldeo por contacto para que nos sirva de orientación del modo de trabajar estas sustancias y ver con ello las posibilidades que tenemos en nuestro taller de hacer trabajos de este tipo.

Para finalizar conviene añadir a lo dicho una serie de advertencias de la mayor importancia práctica cuando se trata de llevar a cabo trabajos como el descrito. Algunos son de tipo de seguridad en el trabajo y otros tienen carác-

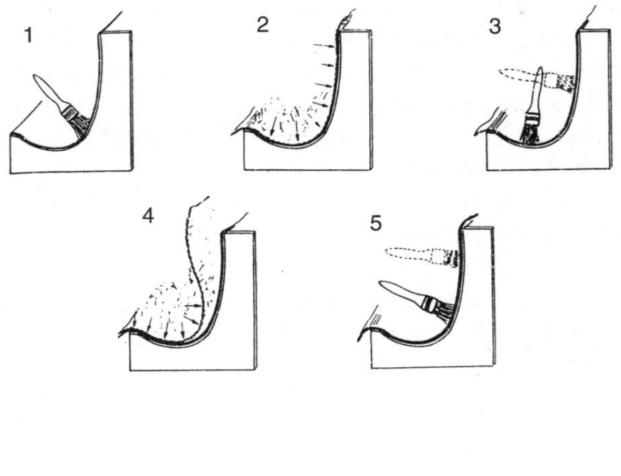

Figura 20. Diferentes fases del moldeo por contacto de una pieza de estratificado. 1, aplicación del agente de desmoldeo. 2, colocación de una primera capa de fibra de vidrio. 3, aplicación de resina con pincel. 4, colocación de una segunda capa de fibra de vidrio. 5, aplicación de una capa final de resina.

ter eminentemente práctico. Entre los primeros hay que destacar la característica peligrosa que presentan estos componentes ante su contacto directo con las manos o con otras partes de la piel, pues partículas minúsculas de fibra de vidrio podrían fácilmente clavarse en la piel. Nada más peligroso en este momento, que frotarse los ojos de modo que alguna de estas fibras pudieran pasar a ellos produciendo una fuerte irritación. Para evitar estos accidentes se recomienda manipular estos materiales provisto de guantes de goma para evitar el contacto directo de la resina y de la fibra con la piel. También es importante trabajar en lugares muy ventilados para que los vapores que despiden las resinas se puedan mezclar fácilmente con el aire y salir al exterior y evitar con ello la acción irritante que provocan sobre los ojos y las mucosas. Por otra parte, hay que evitar fumar, pues los componentes de las resinas son inflamables, o manipularlas cerca de una llama. Finalmente, si no se han utilizado guantes de goma para protección de la piel hay que tener mucho cuidado de que la resina no toque a las manos, y si lo hace hay que lavarse antes de que la polimeración sea completa utilizando para ello acetona o bien tricloroetileno. En cuanto a los consejos de advertencia de tipo práctico cabe citar la importancia que tiene para el buen desarrollo del trabajo utilizar siempre recipientes limpios en los que no hayan restos de otros productos que pudieran ejercer una acción negativa en la formación de la resina. Se aconsejan recipientes metálicos o de polietileno. Por otra parte, colocar siempre en estos recipientes la parte de resina que vamos a utilizar en un tiempo no superior a los 12 o 15 minutos como máximo. Si transcurrido este tiempo sobre resina en el recipiente pasar a limpiarlo enseguida con acetona o tricloroetileno y no recargar el recipiente hasta que no se haya conseguido una total limpieza del mismo sin prácticamente restos de la resina preparada anteriormente. Por la misma razón hay que proceder a una limpieza a fondo de los pinceles, rodillos y demás herramientas en cuanto la resina que en ellos ha quedado depositada comienza a dar señales de polimeración, operación de limpieza que se lleva a cabo con los mismos productos citados de acetona o tricloroetileno.

Desde el punto de vista del trabajo propiamente dicho conviene tener en cuenta que la temperatura ideal para trabajar estos componentes es la de unos 20 °C o algo más, pero nunca menos. No es conveniente trabajar al sol ni tampoco en lugares húmedos o más fríos de la temperatura que hemos dicho, pues ello comporta modificaciones en la naturaleza de los componentes de la mezcla.

Para terminar digamos que el proceso de moldeo por contacto que se ha descrito en un procedimiento sencillo de actuación, ha de dejarse polimerizar en el molde durante unas 15 horas antes de proceder a quitar del molde la pieza fabricada, si se deja su secado al aire. Por procedimientos de secado rápido por infrarrojos o por una estufa o temperatura máxima de 60 °C pueden obtenerse tiempos de polimeración más cortos; pero ello ha de indicarlo el fabricante de la resina.

Una vez retirada la pieza del molde ya se puede hacer con ella la operación de pulido conveniente, así como el recorte de las puntas a bordes para que tenga la forma exacta del molde. Si se considera que la pieza tiene que ir además pintada, se puede proceder a la preparación de su superficie con lija de papel abrasivo y el pintado posterior.

Ésta es, en líneas generales, la técnica de trabajo con estos materiales que estamos describiendo.

Trabajos especiales con materiales plásticos estratificados

En la primera parte del presente capítulo hemos visto la forma de trabajar en las reparaciones de los termoplásticos. Utilizando otros procedimientos también puede trabajarse con éxito en las piezas de plástico estratificado, de manera que las llamadas carrocerías de fibra de vidrio pueden ser perfectamente reparadas. De este tema vamos a ocuparnos a continuación.

Muchas estructuras de carrocerías de fibra de vidrio están compuestas por piezas que contienen al mismo tiempo lo que es plancha de revestimiento y también parte de los refuerzos de estructura (aunque en algunos casos los refuerzos de mayor compromiso e importancia suelen ser de aluminio o de otros materiales resistentes). Estas piezas pueden encontrarse atornilladas, de forma que el trabajo de sustituirlas guarda cierto parecido a la forma de actuar en las carrocerías tradicionales de plancha. Una vez desmontadas, las planchas de revestimiento de las carrocerías de fibra de vidrio pueden ser perfectamente reparadas si se observa que han sufrido grietas o golpes tan importantes que las han llegado a agujerear.

A continuación vamos a ocuparnos del modo de hacer este tipo de reparaciones en las carrocerías de fibra de vidrio.

Para ello, vamos a poner un ejemplo que nos muestre la forma de llevar a cabo este trabajo en una superficie de plástico de revestimiento que ocupe la parte exterior de la carrocería, como podría ser, por ejemplo, un capó o un portón trasero (que incluso en los automóviles de carrocería tradicional de plancha, se ha ensayado instalar estas piezas fabricadas con compuestos de plástico y fibra de vidrio).

En el caso de una plancha de fibra de vidrio agrietada con desgarro de material la forma de proceder para su reparación se lleva a cabo de un modo que tiene mucho que ver con lo que se ha explicado en el apartado «Técnicas de moldeo», pero vamos a verlo ahora de una manera práctica y resumida.

Los materiales previos necesarios deben ser los siguientes:

- Disolvente para limpieza.
- Recipiente de plástico que no sea duro.
- Un pincel y una brocha.
- Masilla de poliéster cargada con fibra de vidrio como catalizador.
- Resina líquida de poliéster con catalizador.
- Fieltro o compacto de fibra de vidrio.

Además de estos materiales citados, se necesitarán los guantes, gafas para la protección de los ojos, mascarilla para tapar boca y nariz y evitar la inhalación de residuos, y una lijadora con aspiración para impedir que en los trabajos de lijado se produzca el aventado de los residuos de fibra de vidrio que si entran en contacto con la piel pueden resultar muy molestos como ya hemos dicho anteriormente.

El trabajo propiamente dicho para reparar una rotura y colocar en su lugar un trozo de fibra de vidrio se debe llevar a cabo en las siguientes fases que indicamos a continuación.

La primera operación deberá consistir en rebajar la zona deteriorada con la ayuda de una lijadora de grano grueso. En la figura 21 tenemos unos dibujos que nos muestran la forma de proceder. En A tenemos la plancha de plástico que muestra en sección su zona de rotura, mientras en B tenemos el resultado después de haber pasado en ella la lijadora. Como puede verse, se ha rebajado en forma de bisel para obtener así una buena zona de agarre para las operaciones que se deberán realizar después.

Una vez terminada la operación anterior hay que pasar a la operación de limpieza. Se comienza por limpiar perfectamente la zona por medio de una enérgica corriente de aire comprimido para eliminar sobre ella todo tipo de residuos del lijado. Luego, aplicando un chorro de acetona, se desengrasará cuidadosamente la zona procurando proceder a esta limpieza con un movimiento rotativo siempre en la misma dirección.

Una vez terminada esta operación se le da la vuelta a la pieza y por la parte inferior se le coloca un soporte que deberá servir de apoyo a la aplicación que pronto haremos de la resina. En la figura 22 podemos ver la colocación de este soporte. También puede realizarse este trabajo con cinta adhesiva gruesa, de la manera que muestra la figura 23.

A continuación se pasa a cortar la cantidad de fibra de vidrio que se precise para la reparación, según la importancia de la zona a reparar. Se tendrá que hacer varios retales de modo que, superpuestos, tengan el grosor y la forma de la zona a reparar.

Una vez preparada la fibra de vidrio se pasa a preparar la resina. Es importante preparar solamente la cantidad de resina que se va a necesitar puesto que el resto la deberemos desechar y estos productos químicos son contaminantes. En un recipiente pequeño, como el mostrado en la figura 24 se vierte la cantidad necesaria de resina. En la actualidad y para estos pequeños trabajos, la resina suele incorporar el activador, por lo tanto sólo hay que añadirle el catalizador. Ésta es la operación que se está haciendo en la figura 25 por medio de un cuentagotas y teniendo en cuenta que la cantidad de catalizador que se ha de añadir suele ser, según el fabricante, de un 2 % en relación con el peso de la resina.

Una vez incorporado el catalizador se deberá proceder a mezclarlo cuidadosamente con toda la resina, cosa que se puede llevar a cabo con un trozo de madera como el mango de un pincel. Se deberá procurar que el catalizador se reparta con la máxima homogeneidad por todo el cuerpo de la resina.

Después de preparar esta resina se pasará de inmediato a aplicarla con pincel (y ahora en una primera capa) sobre toda la superficie del bisel y el fondo

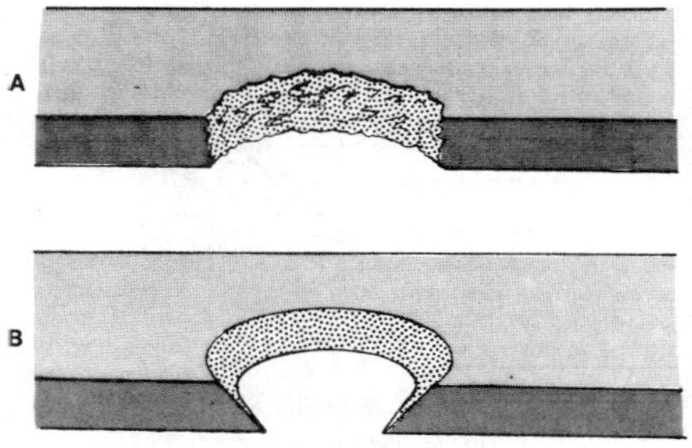

Figura 21. Mediante una lijadora con disco de grano grueso se debe obtener una buena base de agarre. A, pieza rota. B, la misma pieza rebajada y preparada para su reparación.

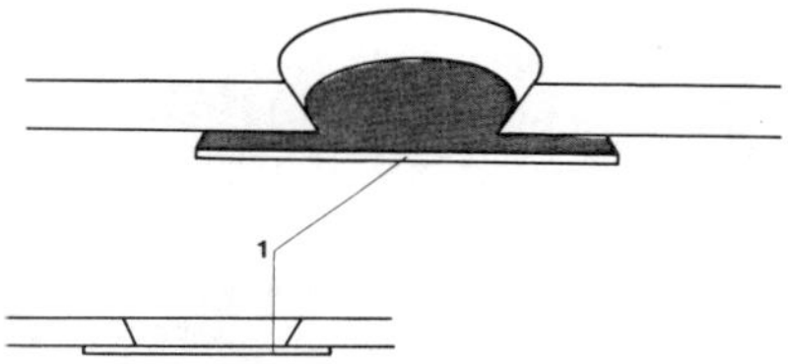

Figura 22. Colocación de un soporte (1) en el fondo de la zona a reparar.

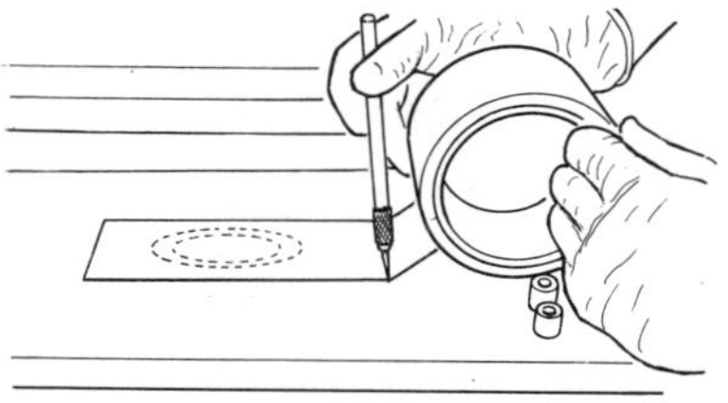

Figura 23. Otro sistema de colocación de un soporte es el mostrado aquí. Basta cinta adhesiva gruesa para servir de buena base al trabajo que vamos a hacer en la zona a reparar.

Figura 24. Vertido de la resina sobre un recipiente en la cantidad estrictamente necesaria.

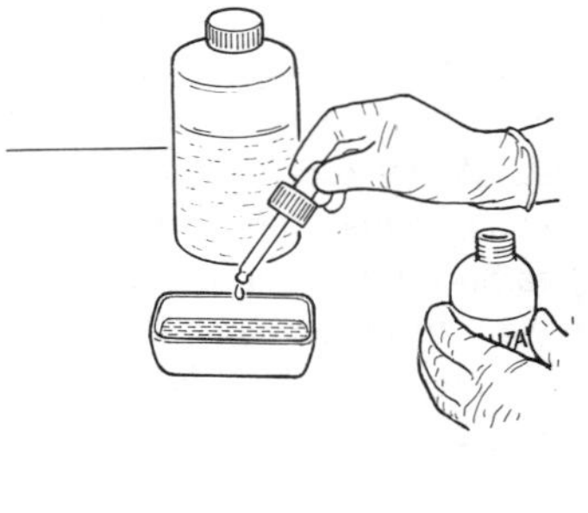

Figura 25. Vertido del catalizador sobre la resina en la proporción indicada por el fabricante (aproximadamente un 2 %).

Figura 26. Aplicación de la resina sobre la fibra de vidrio.

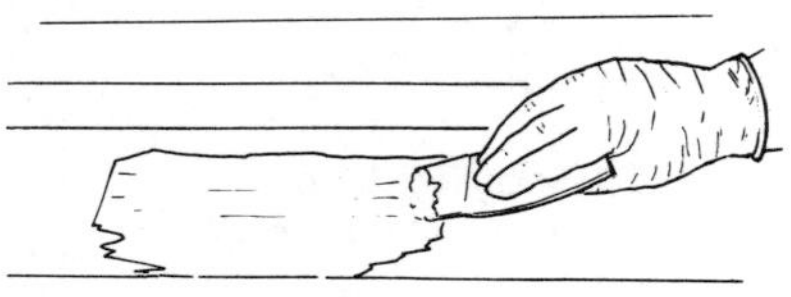

Figura 27. Aplicación de la resina de poliéster reforzada con la ayuda de una espátula.

donde vamos a colocar la fibra de vidrio. Acto seguido se incorporará la primera capa de fibra de vidrio sobre la resina que hemos aplicado e, inmediatamente, se tomará de nuevo el pincel para hacer una nueva aplicación en la cara contraria de la fibra de vidrio, del modo que nos muestra la figura 26.

A continuación se pondrá la segunda capa de fibra de vidrio, se pintará de nuevo con la resina y se aplicará sobre la capa anterior. Esta operación se deberá repetir de la misma forma para todas las capas de fibra de vidrio hasta conseguir vencer la superficie de relleno. La última capa deberá ser siempre de resina procurando que quede alisada y esconda o disimule la textura de la fibra de vidrio que, como sabemos, es rugosa.

Después de haber realizado esta operación es necesario dejar que los parches que hemos puesto se sequen. El tiempo que tardará en producirse el secado depende del grosor, de la temperatura y de las capas dadas de resina. Generalmente, el fabricante indica estos valores al adquirir el producto de la resina y su catalizador.

Una vez seca la resina hay que pasar a pulirla con la ayuda de una lijadora provista de un disco de grano adecuado para el tipo de superficie a pulir. Una vez alisada esta superficie se deberá limpiar con la pistola de aire comprimido y pasar a desengrasarla con acetona, de la misma forma que hemos indicado al principio de la descripción de este trabajo.

Seguidamente ya se puede pasar a realizar los trabajos de acabado de la superficie que en este caso se realiza con la aplicación de una de las llamadas *masilla de poliéster reforzada*. Estas masillas también están dotadas de catalizador, de forma que requieren una preparación previa para que puedan ser aplicadas. El fabricante vende el bote junto con el catalizador, pero éste en otro envasado. La mezcla debe ser del orden de entre un 2 y un 3 %. El fabricante indica exactamente la proporción y da las instrucciones precisas para llevar a cabo las mezclas y su aplicación.

Una vez hecha la masilla se aplica con una espátula de la forma tradicional (fig. 27) procurando que esté bien repartida por toda la superficie que se está reparando.

Posteriormente, y cuando la masilla haya endurecido por completo, se deberá efectuar un lijado sobre esta zona hasta dejar la superficie completamente lisa y en condiciones de recibir la capa de pintura que se le tenga que dar.

Con lo dicho en este capítulo 9 del presente libro damos por terminado el tema general de la planchistería o chapistería del automóvil. Si el lector ha leído con atención todo lo escrito hasta ahora ya sabrá cómo está construida una carrocería y la forma de repararla por medio de las técnicas habituales utilizadas en los talleres que llevan a cabo estos trabajos. Sin embargo, es bien sabido que los trabajos de una carrocería no quedan ultimados con la perfecta reparación de las planchas y sus estructuras. También es necesario que las carrocerías, o las partes afectadas por la reparación, reciban una capa de pintura que les proporcionen el aspecto altamente estético que es propio de un automóvil actual. De este trabajo se cuidan los pintores, que es un oficio diferente al de chapista pero tan unido a él, ya que son muchas las veces en las que el chapista hace trabajos que rozan la frontera de lo que es más bien propio del pintor, y a la inversa.

Pues bien, de este tema vamos a ocuparnos en la segunda y última parte que viene a continuación.

Segunda parte

PINTURA

1

PINTURAS Y COLORIMETRÍA

En esta segunda parte de nuestra obra vamos a ocuparnos de otra de las facetas de que debe componerse un taller del automóvil dedicado a la carrocería. Nos referimos a la faceta no sólo de la reparación de plancha, sino también del perfecto pintado de la carrocería reparada. Cualquier automóvil que haya sufrido un accidente que haya deteriorado algunas de sus planchas y modificado algunas de sus estructuras, debe ser tratado por los oficiales planchistas para que las planchas averiadas recobren su forma y fortaleza y, del mismo modo, deben ser tratadas para evitar la corrosión, todo ello de la forma que hemos explicado en la primera parte de esta obra. Pero una vez terminadas estas operaciones la plancha ha perdido en su totalidad o en parte su color original y debe ser pintada de nuevo para que la carrocería quede de una manera satisfactoria y recobre la belleza y brillo propios de la carrocería en estado nuevo. Para llevar a cabo este trabajo se entra en un nuevo oficio que se ha de añadir al de planchista y que resulta indispensable en un taller de reparación de carrocerías. Nos referimos al oficio de pintor de automóviles. En el trabajo de una reparación de la carrocería existe un momento en que la función del planchista y del pintor se funden, por lo que es necesario que ambos operarios trabajen en estrecha colaboración para conseguir los resultados finales que se esperan de la realización de un buen y perfecto trabajo. Por esta razón, en un libro dedicado a la planchistería no puede dejar de tratarse el tema de la pintura con la extensión debida, y eso es lo que vamos a hacer seguidamente en la serie de los cuatro capítulos con los que daremos fin a esta segunda parte y al libro en general.

Como hemos dicho muchas veces a lo largo de la primera parte de este libro, el peor enemigo que tiene la plancha de acero es la corrosión. Por eso el operario debe tener el máximo cuidado y exigencia para llevar a cabo los procedimientos de protección de la plancha siempre que se haya realizado una reparación que afecte a estas capas protectoras. Los sistemas de protección de las planchas de acero deben completarse siempre con una capas de pintura culminadas con las lacas y los esmaltes. Esta pintura debe estar dotada de la característica principal de que, a la vez que colabora activamente en la misma protección de la plancha, tenga la virtud de proporcionar al automóvil una atrayente belleza por la tonalidad del color y las combinaciones que con él pueden lograrse, por el brillo y, en general, por la elegancia que un buen pintado imprime sobre las superficies lisas de la plancha. En la figura 1 tenemos un buen ejemplo de ello.

Antes de entrar de lleno en los trabajos que son típicos de la práctica del oficio del pintor creemos del mayor interés emplear unas páginas al estudio de la materia prima de este oficio y, para ello, vamos a dedicarnos a dar un repaso a los conocimientos elementales que sobre las pinturas y sus aparejos debe tener quien se dedique a la pintura de carrocerías de automóvil, así como a los aspectos más importantes de la elección de color y la medición de sus características, lo que en términos técnicos constituye la colorimetría.

La pintura

Desde el punto de vista químico e industrial se puede hacer una definición de la pintura diciendo que es una materia pastosa y líquida constituida por una suspensión de unas materias sólidas insolubles (pigmentos que le dan color y materiales de carga que la espesan) dentro de una preparación líquida que hace las veces de un aglomerante compuesto por disolventes.

En líneas generales podemos decir que una pintura está compuesta por:

- Los pigmentos.
- El aglomerante.
- Las cargas.
- Los agentes endurecedores.
- Disolventes.
- Aditivos.

Todos estos elementos los vamos a tratar acto seguido para conocer la función que cada uno de ellos ejerce en el conjunto de la pintura y cómo determinan las condiciones de ésta.

Los pigmentos

Los pigmentos son la base del color de las pinturas. En realidad son sustancias que pueden ser de origen natural (inorgánicos) o artificiales (orgánicos sintéticos). Los primeros los proporcionan diversos compuestos: minerales del hierro, cobalto, cromo, cobre, titanio, etc. Los segundos se obtienen artificialmente mediante tratamiento químico.

Los pigmentos tienen la particularidad de mantener siempre el mismo determinado color. Son además, insolubles, o sea, que no se disuelven al ser mezclados con otros elementos líquidos.

Si estos pigmentos se reducen a polvo y se mezclan en su soporte, tal como puede ser un aglomerante (del que hablaremos después) proporciona su color a este aglomerante y con él se determina el color que la pintura va a tener.

Las condiciones que un pigmento debe reunir han de venir determinadas por su elevado poder colorante que a su vez guarda relación con su poder de cobertura, o sea, la concentración más o menos grande de partículas en una misma unidad de volumen.

También un buen pigmento ha de tener una buena facilidad para ser fraccionado y convertido en partículas muy pequeñas como granos de polvo e incluso la forma de estos granos, ya sean como laminillas o bien como esferas, tiene importancia para el tono del color resultante.

Los pigmentos deben estar dotados de la más perfecta estabilidad posible de color puesto que ello determina a su vez la duración o mantenimiento a través del tiempo del color de una pintura.

Los pigmentos que más se suelen utilizar en las pinturas modernas para automóvil son los pigmentos sintéticos. Estos pigmentos se pueden mezclar sin ningún inconveniente entre sí para formar con ellos nuevos colores de los más diferentes matices y obtener así pinturas con tonos muy personales.

Esto es lo que realizan en sus laboratorios las grandes empresas químicas dedicadas a la fabricación de pinturas y lo hacen para sus clientes, los grandes fabricantes de automóviles, a los que pueden ofertar pinturas muy personalizadas.

En la figura 2 se han fotografiado seis pigmentos en polvo que corresponden a los seis colores fundamentales (colores del arco iris): amarillo, verde y naranja (arriba); azul, rojo y violeta (abajo).

Los pigmentos utilizados en las pinturas modernas están dotados de características especiales para su más perfecta adaptación al trabajo cubriente que se les encomienda en una carrocería, y también a su capacidad de ejercer una nueva función anticorrosiva más de protección desde el exterior.

En el caso de los pigmentos dotados de una buena capacidad cubriente se trata del añadido de unos compuestos químicos opacos que se hallan dispersos sobre el llamado *vehículo* de la pintura. Estos compuestos cubren el fondo de la pintura y le dan capacidad para tapar los colores que quedan por debajo de la capa. En la actualidad estos cubrientes suelen ser orgánicos o inorgánicos y se aplican a pigmentos con los que se fabrican pinturas de fondo y también de acabado.

En lo que se refiere a la capacidad anticorrosiva de los pigmentos, esta cualidad se logra por medio del añadido a la pintura de algunos metales que tienen la particularidad de hacerse cargo de la oxidación y evitar que ésta pueda pasar a la plancha de acero. Son, pues, inhibidores de la corrosión que ejercen una función de escudos para preservar la plancha.

Otros pigmentos llevan mezclas de pequeñas partículas metálicas especialmente de aluminio, que servirán para la formación de las pinturas metalizadas, de las que nos ocuparemos más adelante.

Figura 1. El matiz del colorido y el aspecto brillante de la capa de pintura de su carrocería dan al automóvil un atrayente y bello acabado.

Figura 2. Ejemplo de pigmentos de cada uno de los tres colores fundamentales. Amarillo, azul y rojo y tres complementarios.

El aglomerante

Otro de los elementos básico de la pintura es el aglomerante por la sustancia que forma la parte básica de la película como soporte de todos los demás componentes.

El aglomerante es la parte que solidifica sobre la superficie que se pinta. Su más importante misión consistirá, pues, en envolver cada una de las partículas del pigmento.

Puede estar constituido por muy diversas sustancias naturales o químicas, determinando esta situación las características de las pinturas y consecuentemente su utilización.

Por ejemplo, los aceites de linaza o de soja, entre los elementos naturales, son buenos componentes de un aglomerante ya que consiguen un buen poder de cobertura y una buena flexibilidad.

Sin embargo, tienen el inconveniente de secar con mucha lentitud, lo que resulta especialmente detestable en la pintura de carrocerías en donde, dadas las considerables superficies que se pintan, es muy fácil que el polvo se adhiera a la plancha que se acaba de pintar y ello cree notables defectos e impurezas en el trabajo resultante, además de otros defectos económicos que un secado lento comporta.

El aglomerante acostumbra a ser siempre un líquido incoloro y espeso al que se le suele dar a vees también el nombre de «barniz» o, en otros textos, el de «aglutinante» o «vehículo fijo» de las resinas. Éstas pueden ser clasificadas en cinco grupos diferentes, según el tipo de pinturas que generan:

1. Nitrocelulósicas: *pinturas al duco*.
2. Sintéticas, gliceroftálicas y alquídicas: *pinturas sintéticas*.
3. Acrílicas: *pinturas acrílicas*.
4. Poliésteres: *pinturas de poliéster (catalizadas con peróxidos)*.
5. EPOXY: *pinturas de «epoxy» o pinturas marinas*.

Todas estas resinas son la base de familias diferentes de pinturas. El pintor deberá distinguir cada una de ellas y tratarlas de forma separada, ya que su mezcla produce generalmente desastres en el pintado.

Las pinturas al duco (nitrocelulósicas) se utilizaron hace años. En la actualidad, las sintéticas y las acrílicas son las más utilizadas por sus buenas condiciones de secado y facilidad de aplicación. Se están estudiando pinturas más eficientes a base de aglomerantes formados por resinas «epoxy», poliuretanos, poliésteres, etc. De estos temas ya nos ocuparemos más adelante.

Las cargas

Otro de los elementos que debe contener una pintura son las llamadas cargas, que consisten en unos polvos que se incorporan al aglomerante para conseguir, por medio de ellos, hacer una pintura más opaca tal como puede requerirse en determinados colores o en capas de acabado para mantener una tonalidad más uniforme a pesar del espesor de la capa dada.

Estos polvos son de origen mineral, a partir del yeso y del talco, y su utilización es importante en masillas y aparejos.

A las cargas también se les añaden diversas sustancias extendedoras, antisiliconas y absorbedoras de rayos ultravioleta.

Los agentes endurecedores

Desde el punto de vista económico conviene que las pinturas, una vez aplicadas, puedan secar de la forma más rápida posible, pues ello, además de aligerar el ritmo del trabajo y evitar el almacenamiento, deja más satisfecho al cliente y hace que los vehículos salgan con mayor celeridad del taller, donde siempre hay falta de espacio.

Pero además y comoquiera que la pintura mojada o húmeda es muy delicada, el secado lento tiene grandes problemas para el pintor que ha de conseguir mantener aislada del polvo durante mucho tiempo la superficie pintada. Por eso, en la práctica del taller interesan las pinturas de secado rápido.

El secado de una pintura es, en definitiva, su capacidad de pasar del estado líquido en que se aplica al estado sólido que representa el resultado de su aplicación.

Esta conversión de estado físico se puede llegar a producir por varios sistemas que vamos a analizar seguidamente.

Secado al aire

Es el secado físico natural y se produce por el solo contacto con el aire a una temperatura normal. En estas condiciones los disolventes que contiene la pintura se van evaporando y dejan una película continua en estado sólido.

Éste es el caso que se produce con los aglomerantes de tipo nitrocelulósico y acrílico termoplástico.

En este secado, la pintura queda en buenas condiciones para proteger la plancha que recubre, pero la citada pintura puede ser siempre atacada por los disolventes del mismo tipo que se emplearon para su aplicación, de modo que con ellos se podría descomponer de nuevo la pintura aplicada y hacer desprender la película de la misma.

Secado por oxidación

Otro tipo de secado es el que se produce además por oxidación, en el que se actúa, en principio, de una forma parecida a la anterior, pero se dispone en la pintura de unos productos llamados *secantes* que tienen la misión de que, una vez efectuada la evaporación de los disolventes, facilitar que el oxígeno del aire actúe sobre la parte más superficial del aglomerante.

Los productos secantes están compuestos por unas sales (de cobalto, cinc, plomo, etc.) que se adicionan a la pintura.

Un tipo de secado como el que se acaba de describir es el que se efectúa en las pinturas gliceroftálicas, llamadas de secado al aire.

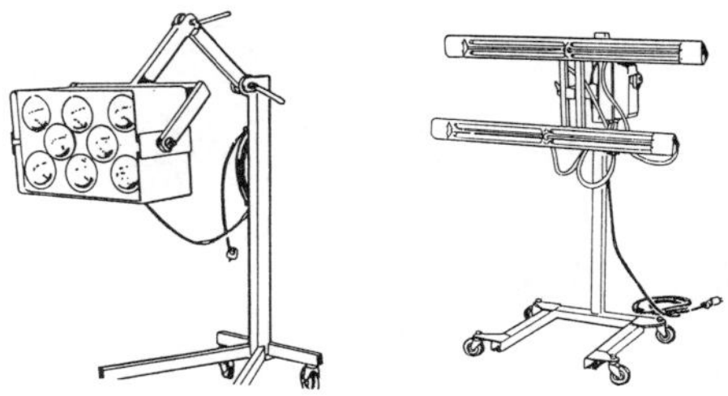

Figura 3. Dos tipos de estufas portátiles de rayos infrarrojos que se utilizan para el secado rápido de superficies pintadas.

Secado al horno

En los dos casos de secado que se acaban de ver, es fundamental el contacto de la pintura con el aire. Sin embargo, este secado puede acelerarse notablemente con la introducción del factor temperatura.

Dentro de ciertos límites, cuanto más elevada sea la temperatura a que es sometida una superficie pintada, tanta mayor será la velocidad a que el disolvente se evapore y, por lo tanto, se obtendrá una mayor rapidez en el secado.

Estos sistemas requieren la utilización de estufas de infrarrojos (fig. 3) o, lo que es mucho mejor, de la necesidad de disponer en el taller de una cabina de pintado (fig. 4) por medio de la cual se pueda controlar la temperatura y el tiempo de aplicación.

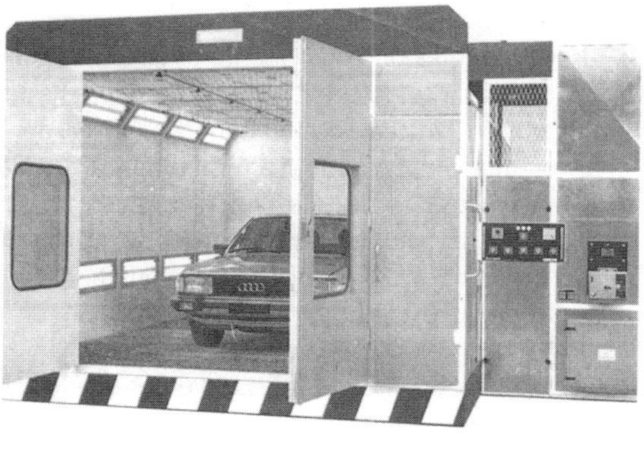

Figura 4. Típica cabina de pintado en la que se pueden obtener las máximas garantías de limpieza durante el trabajo de aplicación de la pintura.

Secado por polimeración

El problema del secado se investiga cada día más a fondo y se consiguen actualmente secados verdaderamente rápidos que están basados en métodos de polimeración.

En estos tipos de pinturas el pintor deberá adicionar al aglomerante una resina provista de su correspondiente *catalizador*, también conocido con el nombre de *endurecedor*. Se trata, pues, de una sustancia que el pintor debe añadir a la pintura momentos antes de comenzar el trabajo de pintado.

La presencia de esta sustancia sobre el aglomerante de la pintura ejerce una función endurecedora (o de polimeración) que se lleva a cabo en un proceso que exige una determinada cantidad de tiempo. Por lo tanto, si el pintor se entretiene en el trabajo o le sobra pintura, transcurrido el tiempo establecido por la acción del catalizador, toda la pintura sobrante se deberá desechar sin que haya la más mínima posibilidad de su aprovechamiento.

Los sistemas de polimeración pueden incluso acelerarse con la ayuda de la temperatura sometiendo la superficie pintada a un secado con estufas. Con ello bastan unos minutos para que la pintura seque completamente.

Su inconveniente más grave es, sin duda, la rapidez del secado que exige al operario trabajar con rapidez en la aplicación de la pintura para no llegar a las últimas capas con evidente adelanto en el proceso de secado en la pintura que todavía se encuentra en la pistola de pintar.

No obstante, la industria química de la pintura ha ideado un diluyente retardador por medio del cual el pintor puede graduar el tiempo de endurecimiento que la pintura va a necesitar de acuerdo con la importancia de las superficies a pintar y del tiempo previsto en este trabajo.

Todos estos aditivos que lleva la pintura y que tienen por misión actuar en el momento del secado, reciben el nombre de agentes endurecedores.

Disolventes

Son unos productos químicos que se añaden a la pintura para mantener en ella un grado de fluidez suficiente para hacer posible su aplicación.

Por lo tanto, los disolventes deben tener una naturaleza muy afín con la del aglomerante, ya que han de conseguir una perfecta unión entre ambos.

Antes de continuar es conveniente aclarar que existe una distinción importante entre lo que es un *disolvente* y lo que es un *diluyente*, pues en la práctica de taller se suele designar con mucha frecuencia con el nombre de disolvente lo que en realidad es un diluyente, es decir, el líquido que el operario emplea para aclarar la pintura.

En realidad, el disolvente es un componente original de la pintura, que es añadido por el propio fabricante de la misma para obtener el estado de fluidez necesario de modo que la pintura se mantenga en un grado de viscosidad determinado. El disolvente forma parte de la misma naturaleza del producto.

Las condiciones de viscosidad de una pintura pueden no ser siempre las aconsejables para llevar a cabo su aplicación, ya que factores tan importantes como la temperatura y la ventilación a que esté sometida tienen una gran influencia en el grado de viscosidad que la pintura adquiere en un momento determinado.

Por ello se explica la necesidad de utilizar diluyentes en el taller para conseguir el estado de fluidez necesario y adecuado.

En todos los casos, tanto los disolventes como los diluyentes han de resultar perfectamente compatibles con el aglomerante. Por supuesto que los disolventes adicionados por el propio fabricante cumplen a la perfección esta exigencia, pero hay que asegurarse de que los diluyentes también la cumplan, pues de otro modo se ataca a las resinas y se pueden originar granulados, falta de brillo o una mala tensión superficial de la película de pintura.

Diferentes tipos de disolventes

Para que la pintura tenga un secado regular y continuo el fabricante le aplica diversos tipos de disolventes. Con ello se facilita la evaporación.

Los disolventes pueden ser:

a) Ligeros.
b) Medios.
c) Fuertes.

El añadido de estos diferentes tipos de disolventes tiene una finalidad eminentemente práctica. Por ejemplo: en cuanto se aplica la pintura sobre una superficie, el disolvente ligero que queda en la parte de contacto con el aire tiende a evaporarse con lo que la pintura se muestra superficialmente y de inmediato mucho más espesa.

De este modo se evita el escurrido de la pintura, lo que da origen al defecto de descuelgue. De hecho, el descuelgue siempre puede producirse si la mano del pintor no está atenta a una aplicación correcta de la pintura, pero la adición de los disolventes ligeros tiende a evitar este defecto.

En cuanto a los disolventes medios y fuertes, su evaporación va produciéndose sucesivamente. En cuanto los primeros se evaporan, la pintura comienza a entrar en un estado sólido y de secado aparente; pero el verdadero secado solamente se produce cuando también se ha evaporado el disolvente fuerte.

La viscosidad y los diluyentes

La viscosidad puede definirse como el grado de fluidez que tiene un líquido. Un líquido que se desliza rápidamente por el plano inclinado de un cristal es menos viscoso que otro que en la misma unidad de tiempo efectúa un recorrido más corto (fig. 5).

Las pinturas han de estar dotadas de un grado de viscosidad que sea perfectamente apto para su aplicación con la pistola de pintar.

Para obtener este grado de viscosidad adecuado se han fabricado los diluyentes, los cuales, añadidos a una pintura determinada, pueden modificar su viscosidad de acuerdo con las necesidades de aplicación más convenientes.

El propio fabricante suele aconsejar el tipo de diluyente adecuado para aclarar sus pinturas y también la proporción necesaria para lograr este objetivo.

Generalmente se suele indicar dicha proporción en tanto por ciento (%) de diluyente que se ha de añadir a la pintura. Así, cuando se dice que hay que añadir un 50 % debe entenderse que se quiere decir que por cada dos partes de pintura hay que añadir una parte de diluyente (relación 1:2).

Si el porcentaje aconsejado fuera del 100 % deberíamos entender que por cada parte de pintura se tendrá que adicionar otra parte igual de diluyente (relación 1:1), etc.

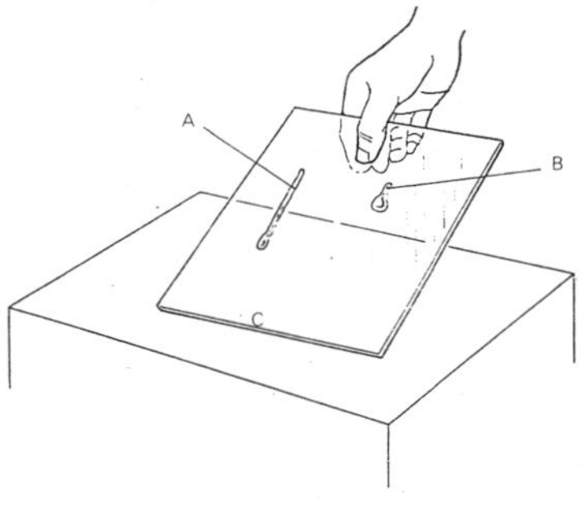

Figura 5. La comparación entre la viscosidad de dos líquidos puede determinarse de una forma práctica observando la mayor o menor velocidad con la que desciende una gota por un cristal inclinado. El líquido A es menos viscoso que el B. Ambos han sido depositados en el cristal a la vez y en la misma cantidad.

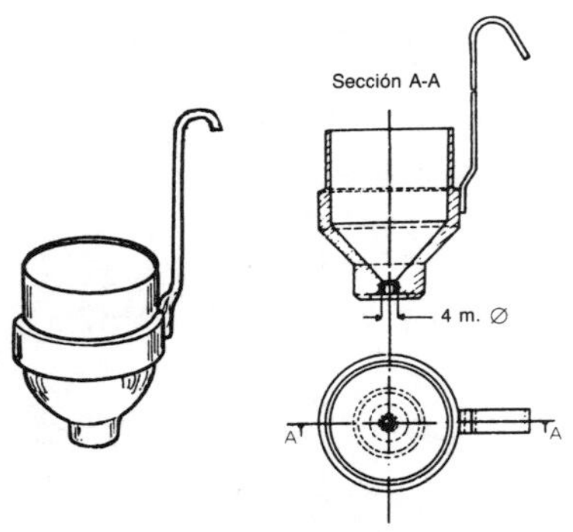

Figura 6. Viscosímetro homologado DIN 4-53211.

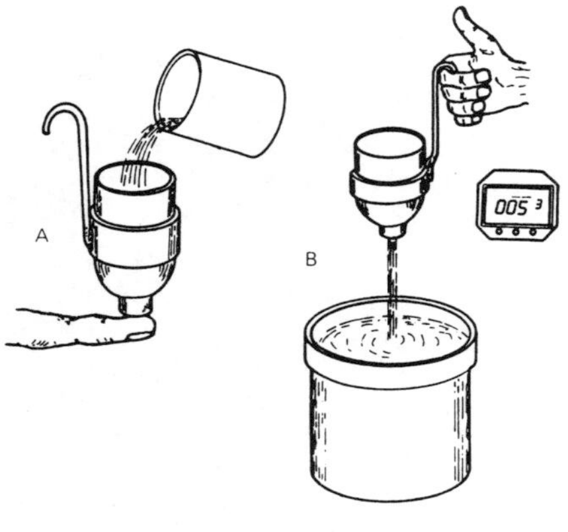

Figura 7. Forma de utilizar el viscosímetro. A, llenado del depósito del viscosímetro teniendo la precaución de tapar con el dedo el orificio de salida inferior. B, salida de la pintura al mismo tiempo que se efectúa el cronometraje hasta que el viscosímetro está vacío.

Estas partes a que nos referimos se entienden en medidas de capacidad, de las que puede servirnos de base el litro. Por lo tanto, tienen total independencia del peso de ambas sustancias.

Una adición de un 100 % deberá entenderse como si para cada litro de pintura se tuviera que añadir un litro de diluyente (relación 1:1). Si la proporción es de un 150 % se debe entender que por cada litro de pintura se tendrá que añadir 1,5 litros de diluyente (relación 1,5:1), etc.

El viscosímetro

Las indicaciones del porcentaje son, como puede suponerse, sólo orientativas, pues evidentemente dependen del estado inicial en que se encuentre la pintura con las variaciones que en ella pueden provocar la temperatura, el tiempo que permanece almacenada, etc.

Para conocer el estado de viscosidad correcto la forma más adecuada consiste en utilizar un viscosímetro, con el cual el pintor, y haciendo unas sencillas pruebas previas, puede tener la absoluta seguridad de que va a aportar a la pintura exactamente la cantidad de diluyente correcta (fig. 6).

Los viscosímetros están normalizados según la ley. El de la presente figura se basa en la norma DIN 4-53211. Otro modelo muy utilizado es el viscosímetro de FORD. Es conveniente tener ambos modelos o bien una tabla de equivalencias.

El viscosímetro consta, sencillamente, de una cubeta con una capacidad perfectamente determinada que puede contener en su interior hasta 100 cm^3 de pintura.

En la parte inferior, el viscosímetro posee un orificio calibrado por el que dejará pasar la pintura depositada en la cubeta en el momento en que se esté efectuando la pureba de la viscosidad. Este orificio es una pieza delicada que no se ha de tratar de limpiar con alambres o puntas de acero, pues si se deforma los resultados obtenidos en las pruebas serían falsos.

Cuando el pintor tiene práctica añade a ojo la cantidad de diluyente que cree oportuna para la pintura. Revuelve la masa convenientemente y añade, o no, más diluyente según el aspecto de viscosidad que la pintura le ofrece.

Acto seguido se pasa a tapar con un dedo el orificio calibrado y se procede al llenado de la cubeta con una muestra de la pintura, llenando toda la capacidad de la misma (fig. 7A).

Una vez llena la cubeta del viscosímetro, se prepara un cronómetro y se toma nota del tiempo que va a necesitar la pintura para pasar por el orificio calibrado. Así pues, se coloca sobre el mismo bote de pintura y se retira el dedo al mismo tiempo que se pone en marcha el cronómetro (fig. 7B).

El tiempo que tarde en vaciarse por completo el viscosímetro nos dará una clara idea de la viscosidad de la pintura.

Los fabricantes de pinturas acostumbran a dar los datos de la viscosidad de sus productos en unas fichas en las que relacionan los segundos de tiempo necesarios para que se produzca la evaluación de los 100 cm^3 de pintura a través del orificio calibrado.

Si en la prueba realizada la pintura ha tardado más tiempo, es señal de que resulta aún demasiado espesa y hay que añadirle un poco más de diluyente.

Si, por el contrario, ha tardado menos tiempo del indicado por el fabricante, es señal de su excesiva fluidez y, por lo tanto, será necesario aumentar su viscosidad añadiéndole un poco más de pintura.

Durante la medición de la viscosidad hay que tener en cuenta la mucha importancia que presenta el factor de la temperatura. Por ello, los resultados del tiempo de la prueba en segundos, se suele completar con indicación de la temperatura ambiente a que se realiza la prueba. De no indicar temperatura alguna se sobreentiende que se trata de entre 18 y 20 °C.

El tiempo que debe tardar la pintura en evacuar la cubeta del viscosímetro depende de la naturaleza de la pintura y acostumbra a ser, en líneas muy generales, entre 22 y 30 segundos. El aparato está preparado para dejar pasar a través de su orificio los 100 cm3 de agua en 12 segundos a una temperatura ambiente de 20 °C.

Utilizando el viscosímetro la cantidad de diluyente a añadir a la pintura viene dada por los resultados obtenidos con este aparato.

De forma orientativa pueden establecerse las siguientes relaciones en litros entre diluyente y pintura para los tipos celulósico, sintético gliceroftálico y acrílico:

— Pintura celulósica: 5 litros de diluyentes por cada 5 de pintura.
— Pintura gliceroftálica: 1 litro de diluyente por cada 3 de pintura.
— Pintura acrílica: 7,5 litros de diluyente por cada 5 de pintura.

Estos datos son puramente orientativos y son los fabricantes los que deben indicar la cantidad según las características de sus pinturas.

De todas formas, téngase en cuenta que la pintura, una vez aplicada sobre la plancha de un automóvil debidamente preparada, al secarse y evaporarse sus disolventes del modo que ya se ha dicho, pierde una gran cantidad de peso. En las pinturas acrílicas puede perder hasta 80 % de su peso inicial.

A esto se le llama el *guarnecido de la pintura*, es decir, a la facultad de enmascarar defectos de fondo en virtud del espesor que la película mantenga. Las pinturas gliceroftálicas guarecen más que las otras.

Resumen del proceso de fabricación de las pinturas

El proceso de fabricación se inicia con la mezcla física de pigmentos, resinas y cargas en un bastidor.

Se trituran los granos de pigmento y cargas en un molino. Existen cuatro tipos básicos de dichos molinos: el tricilíndrico, el de bolas, el vertical y el horizontal.

Dependiendo de la textura que se quiera dar a la pintura, el proceso será más o menos largo. Las masillas y aparejos precisan un molido de poca duración. En cambio, las pinturas de acabado lo necesitan más largo.

El final del proceso es un ajuste del color a las tonalidades deseadas y un definitivo filtrado. Así, la pintura ya está preparada para su aplicación.

Aditivos

Otro de los productos químicos que pueden incorporarse a las pinturas son los aditivos. Con ellos se pretende modificar algunas de las características propias de la pintura de origen y hacerla apta para determinadas aplicaciones.

Por medio de los aditivos las pinturas pueden obtener un mayor grado de flexibilidad cuando se le incorporan aditivos plastificantes o elastificantes. Con este tipo de aditivos las pinturas se adaptan mejor a las características superficiales de los materiales de plástico, por ejemplo.

Del mismo modo, se encuentran también aditivos que pueden quitar el brillo de la pintura y hacerla mate, etc., si esta cualidad es interesante en determinados momentos.

Los esmaltes

Hasta este momento nos hemos referido a la pintura en general y a sus componentes. A partir de ahora vamos a referirnos a los esmaltes o lacas que son las capas de pintura que se fabrican particularmente para la carrocerías de automóvil.

Los esmaltes llevan los pigmentos regulares que han de componer el color uniforme de este tipo de pintura y el producto ha de ser rico en aglomerante para conseguir el resultado final de un buen brillo y una buena solidez de la película lograda.

Los esmaltes son, pues, los responsables de proteger la humedad de las planchas de revestimiento de la carrocería en colaboración con las otras capas, y de embellecer estas superficies proporcionando un excelente brillo durante mucho tiempo.

Siendo los esmaltes los responsables también del color, tienen, en este aspecto, una nueva dificultad que el pintor profesional debe saber dominar. Se trata de saber acertar siempre no sólo el color sino la tonalidad, todo lo cual da origen a la colorimetría cuyos estudios se realizan en este mismo capítulo.

La colorimetría está constituida por todas aquellas técnicas utilizadas para conseguir la medición del color y sus tonalidades, técnicas en las que un pintor carrocero debe ser maestro.

Actualmente existen en el mercado gran cantidad de esmaltes. Comoquiera que cada una de estas familias tienen sus ventajas e inconvenientes y sus características particulares, el pintor debe elegir cada una de ellas de acuerdo con los medios de que dispone en su taller, es decir, de las instalaciones que posee y de las condiciones exigidas por el fabricante de la carrocería que debe pintar.

No todos los tratadistas están de acuerdo en el modo de clasificar las actuales pinturas de acabado. Una de estas formas se lleva a cabo considerando la pintura desde el punto de vista químico de su composición básica y otra (quizá la más importante para el profesional) es una clasificación que se refiere al tiempo que la pintura tarda en secarse. Desde el punto de vista químico, los esmaltes pueden dividirse en nitrocelulósicos, gliceroftálicos (sintéticos) y acrílicos. Estos últimos, con ligeras variantes y actualizaciones como la presencia de resinas hidrosolubles (pinturas al agua) constituyen la base moderna de las pinturas actuales. Por supuesto, las nitrocelulósicas hace años que no se utilizan y, por lo mismo, no vale la pena que hagamos descripciones de productos cuya explicación solamente tienen un valor histórico. Estas pinturas se comenzaron a utilizar desde los años veinte del siglo XX y, aunque tuvieron una larga vida, han sido completamente superadas por las nuevas creaciones de la industria química moderna. Así pues, consideradas desde el punto de vista químico, hoy podemos hacer esta clasificación:

- Esmaltes gliceroftálicos.
- Esmaltes acrílicos.
- Otros tipos de esmaltes.
- Pinturas al agua.

Veamos por separado algunas de las particularidades de estas familias de esmaltes.

Esmaltes gliceroftálicos

Las pinturas sintéticas se inventaron también durante el primer tercio del siglo XX pero su mayor momento de aceptación se produjo cuando se mejoraron las características de las resinas alquídicas (que son parte importante de estos compuestos) cosa que se produjo a partir de la década de los años cincuenta.

Los esmaltes gliceroftálicos son derivados del gas de hulla en combinación con glicerina y poseen un importante contenido en aceite, lo que les proporciona una gran flexibilidad y un gran poder cubriente y, por ser más flexibles, resultan muy poco quebradizos.

Existen dos grandes grupos de esmaltes gliceroftálicos en una clasificación que atiende a la forma del secado. Estos dos grupos son:

a) De secado al aire.
b) De secado al horno.

a) Esmaltes gliceroftálicos de secado al aire

Las pinturas gliceroftálicas de secado al aire suelen contener un elevado porcentaje de aceite (del 45 al 60 %). Comoquiera que el secado de este tipo de lacas de manera natural es muy lento, se les adicionan unos *secantes* que tienen por misión introducir dentro del espesor de la capa de pintura aplicada una cantidad de oxígeno suplementaria para que se active la evaporación y con ella el secado.

b) Esmaltes gliceroftálicos de secado al horno

Para paliar el secado lento de estas pinturas sintéticas se les ha provisto de ciertos aditivos que tienen la particularidad de producir un secado muy rápido por medio de una reacción química que se produce entre estos aditivos a una determinada temperatura.

Estos esmaltes están fabricados especialmente para su secado al horno y no deben utilizarse para un secado al aire como las descritas anteriormente.

En general disponen de un menor porcentaje de aceite.

Aplicación de los esmaltes gliceroftálicos

Los esmaltes gliceroftálicos son bastante delicados en lo que se refiere a la temperatura ambiente, pues la viscosidad cambia mucho de acuerdo con el valor de dicha temperatura.

Por ello son pinturas que siempre requieren el uso del viscosímetro para conseguir la aplicación del diluyente necesario.

En líneas generales pueden establecerse estas condiciones:

— Cuando la temperatura del local es inferior a los 20 °C y no hay ventilación, hay que usar un diluyente ligero. La viscosidad medida debe hallarse entre 25 y 30 segundos según lo aconsejado por el fabricante.

— Cuando la temperatura del local es superior a los 20 °C se aconseja la adición de un diluyente pesado. Si en una cabina de pintado caliente se emplea un diluyente demasiado ligero se verá que el esmalte seca demasiado deprisa y se extiende con dificultad.

La viscosidad es un tema de gran importancia práctica para obtener buenos resultados con este tipo de esmaltes, precisamente por la variación importante que se provoca en él según la temperatura reinante.

Un esmalte de este tipo mal diluido puede espesarse desde el momento que sale de la boquilla de la pistola neumática hasta el momento que llega al soporte o plancha a pintar por efecto de la temperatura del espacio que atraviesa. Esto puede dar lugar al defecto que se conoce en el taller con el nombre de «piel de naranja» producido por la mala forma de extenderse el esmalte sobre el soporte.

La aplicación de estos esmaltes debe llevarse a cabo siempre en una cabina de pintar para que se mantengan las condiciones de temperatura adecuadas.

Salvo indicaciones en contra por parte del fabricante, se suelen aplicar siempre con la pistola neumática trabajando a una presión de unos 2,5 kg/cm2.

El secado al horno debe hacerse con una temperatura que se encuentre entre 80 y los 90 °C durante unos 30 minutos. En este tiempo la pintura queda en lo que los profesionales llaman «fuera polvo»: con un secado inicial en que ya el polvo no puede adherirse a la pintura. Al cabo de entre 3 y 4 horas la carrocería ya está en buenas condiciones para su manipulación.

Los datos que le damoss son orientativos ya que dependen del fabricante de la pintura y de los aditivos y procesos químicos que éste haya introducido en su producto.

Ventajas e inconvenientes

Los esmaltes gliceroftálicos se muestran muy aptos para el pintado de las carrocerías. Agarran muy bien sobre la chapa y, además, tienen un alto poder de cobertura, por lo que no consumen mucho tiempo ni excesiva mano de obra. Tiene brillo directo y, por lo tanto, no precisan de pulimentado posterior.

En el terreno práctico hay que destacar la gran resistencia de la capa de estos esmaltes a la intemperie.

Entre sus inconvenientes sólo puede destacarse el hecho de que se hace necesario disponer de una instalación adecuada. Resulta indispensable una cabina de pintado y, para su mejor utilización, de un horno de secado. El secado al aire resulta, en efecto, excesivamente lento para llevarlo a cabo en los talleres modernos.

Esmaltes acrílicos

La familia de los esmaltes acrílicos es más moderna que las dos anteriores y está siendo cada vez más utilizada en los talleres actuales, ya que reúne virtudes francamente interesantes.

Son lacas que se obtienen sin contenido de aceites o ácidos grasos a partir del ácido acrílico derivado del etileno. En definitiva, productos derivados del petróleo (hidrocarburos).

En estos esmaltes el secado no se produce por evaporación como hemos visto en los anteriores, sino que lo hacen por endurecimiento por polimeración.

Fundamentalmente, y desde el punto de vista del taller de chapistería, los esmaltes acrílicos pueden dividirse en los dos grupos siguientes:

1. Termoplásticos (de secado al aire).
2. Termoendurecibles (de secado al horno).

Las diferencias entre ellos se encuentran en los aditivos de que se hallan dotados para conseguir el secado de una u otra de las maneras indicadas. Cuando se tenga que pintar con estos esmaltes se deberá elegir el más adecuado de acuerdo con el equipo de instalación de que se disponga en el taller.

Aplicación de los esmaltes acrílicos

Este tipo de esmaltes se aplican por pulverización mediante pistola aerográfica neumática.

Previamente hay que proceder a hacer la mezcla de los dos componentes de que consta el conjunto. Una vez realiza este mezcla en las condiciones prescritas por el fabricante se suele disponer de entre 45 y 60 minutos, a una temperatura ambiente de 20 °C, para llevar a cabo la aplicación, pues a partir de este momento comienza a endurecer.

La mezcla obtenida deberá diluirse entre un 20 y un 30 % hasta alcanzar una viscosidad que se encuentre entre 18 y 22 segundos. En estas condiciones puede decirse que ya se tiene preparada la pintura.

A continuación se llena la cubeta de la pistola neumática de pintura y ya se puede empezar a pintar procurando perder el mínimo tiempo posible, pues ya le hemos dicho que el esmalte endurece.

La presión del aire en la pistola se sitúa entre 2,3 y 2,8 kg/cm^2, siempre siguiendo las instrucciones del fabricante.

Lo más frecuente es que se apliquen dos o tres manos seguidas sin cargar mucho y mojado sobre mojado. No obstante, hay fabricantes que para sus productos prefieren la técnica de aplicar primero una capa ligera, dejar secar durante 5 minutos al aire y ya seguidamente aplicar dos manos cruzadas.

Una vez terminado este proceso, si se ha trabajado con esmaltes termoplásticos se deberá dejar secar al aire y a una temperatura de 20 °C. En estas condiciones el secado se efectúa a «fuera polvo» en unos 20 minutos, «al tacto» entre 3 y 4 horas y «duro» a las 24 horas.

Cuando se ha trabajado con esmalte acrílico termoendurecible el secado debe realizarse al horno, a una temperatura de unos 80 °C durante una hora.

Algunos fabricantes recomiendan la aplicación de un barniz de acabado, de su propia fabricación, para facilitar el secado al horno.

Ventajas e inconvenientes

Los esmaltes acrílicos son más duros en la película lograda lo que los dota de una extraordinaria resistencia a los agentes exteriores. Pueden soportar mejor que los otros esmaltes la intemperie y la contaminación atmosférica.

Por otra parte, tienen una mayor rapidez de secado en virtud del proceso de endurecimiento, por lo que no se almacenan los coches en el taller y se consigue gran fluidez en el trabajo.

Tampoco hay que olvidar la excelente adherencia de la pintura sobre el soporte mostrándose en este aspecto superior a cualquier otro tipo de esmalte.

Pero una de las principales ventajas de los esmaltes acrílicos es la gran estabilidad que presentan con respecto a los tonos de la pintura. Las lacas acrílicas conservan, a través del tiempo, el mismo tono de color sin amarillear nunca. Conservan también el brillo mejor que ningún otro, durante mucho tiempo, y además, pueden retocarse los pequeños defectos de la superficie una vez efectuada la aplicación.

El único inconveniente que presentan es que disponen de un poder de cobertura inferior al logrado con los esmaltes gliceroftálicos, por lo que resulta necesario acudir a aplicarlo en varias capas. Sin embargo, su secado rápido compensa esta pérdida de tiempo.

Otros tipos de esmaltes

La industria química está constantemente experimentando para conseguir esmaltes que sean más fáciles de aplicar y con menores proporciones de disolventes, ya que éstos resultan tóxicos y dañinos, sobre todo, para la vista y la piel, además de ser altamente contaminantes.

Existe, además, el gran riesgo de inflamación, que conlleva el peligro de incendio en su almacenaje por su manipulación.

La industria química investiga para conseguir esmaltes que tengan las mismas características de los acrílicos pero que se puedan diluir con agua, lo cual sería un gran paso en este aspecto. En las pinturas de paredes ya se han conseguido notables resultados en esmaltes de este tipo utilizando resinas vinílicas y acrílicas, y por este camino se investiga para los esmaltes de carrocería.

En la actualidad también existen esmaltes provistos de catalizador. Son muy duros y muy resistentes a la agresión de los productos químicos y poseen un gran poder cubriente.

Este tipo de esmaltes se utilizan en el pintado de carrocerías de autocares y camiones, pero muy poco, por el momento, para las carrocerías de los automóviles.

Entre los otros esmaltes destacan las dos siguientes:

a) Esmaltes poliuretanos.
b) Esmaltes acritanos.

Ambos requieren una buena preparación del soporte utilizando masillas de poliéster e imprimación de poliuretano en diversas capas.

a) Esmaltes poliuretanos

Estos productos constan de una resina más un catalizador y deben ser tratados con una serie de precauciones que son comunes a todos los productos de esta naturaleza.

La aplicación se lleva a efecto con pistola neumática a una presión de aire de entre 4 y 4,50 bares. Comoquiera que son un esmalte con mucho poder de cobertura basta con un velo inicial y luego dos capas.

También se pueden aplicar en una sola capa utilizando técnicas muy específicas y propias de este tipo de esmaltes.

b) Esmaltes acritanos

Los esmaltes de acritano son el resultado de una combinación de esmaltes acrílicos y de poliuretano y tienen un proceso bastante similar al descrito anteriormente.

El aglomerante de estos esmaltes tiene una dosificación de resinas muy parecidas a la del barniz que se utiliza en los esmaltes metalizados, en el sistema de aplicación llamado *bicapa*. La aplicación se efectúa por medio de pistola neumática con una presión de aire de entre 3,5 y 5 bares.

En cuanto al secado se efectúa «fuera polvo» al cabo de una hora y se puede acelerar por calentamiento entre 60 y 80 °C.

Hasta el presente momento, el tipo más favorable de esmalte para pintar carrocería es, sin duda, el acrílico por las grandes ventajas que presenta.

Pinturas al agua

Los productos químicos que intervienen en la fabricación de las pinturas y sus derivados se ha comprobado que son muy contaminantes, además de ser peligrosos para los operarios que los manipulan y tener un gran riesgo de incendio. En estas condiciones se está trabajando cada día con mayor empeño en minimizar estos efectos. La *Confederación Europea de Fabricantes de Pintura* (CEPE) está trabajando para conseguir rebajar el promedio de disolventes aportados a las pinturas así como los productos de limpieza previos. Esto ha dado como resultado el empeño de llevar a cabo una investigación a fondo para eliminar los pigmentos tóxicos a la vez que lograr rebajar la aportación de los compuestos orgánicos volátiles que son base importante del alto contenido de contaminación de las pinturas para automóviles. En efecto, parece que ha quedado demostrada la reacción química de los disolventes orgánicos al entrar en contacto con la atmósfera ya que, junto con otras sustancias libres que se encuentran en ella a base de óxidos nitrosos y la colaboración de la luz del sol, se produce un aumento del ozono bajo (10 kilómetros de altura) que es el perjudicial para la salud y la vegetación (al contrario de lo que ocurre cuando el ozono se encuentra a 40 kilómetros de altura y forma la famosa *capa de ozono* que protege la tierra de los rayos ultravioletas del sol).

Tanto los fabricantes de pinturas como los fabricantes de automóviles han trabajado en estrecha colaboración para conseguir avances importantes en este aspecto, y gracias a ellos se ha producido el estudio y desarrollo de las resinas hidrosolubles, es decir, que pueden controlarse a base de la adición de agua.

La forma de aplicar estas pinturas no difiere mucho de lo que es tradicional en los esmaltes acrílicos con la salvedad de la adición de un aditivo acuoso o, en otros casos, con agua destilada para ajustar la viscosidad.

Esmaltes metalizados

Tanto los esmaltes gliceroftálicos como los acrílicos pueden ser, además, metalizados. Por lo tanto, los llamados esmaltes metalizados no son una clase de esmaltes por sí mismos, sino un proceso especial de preparación de los pigmentos de la pintura.

El esmalte metalizado se logra partiendo de la base de una pintura sintética o acrílica a la que se le agregan en suspensión una gran cantidad de *lamini-*

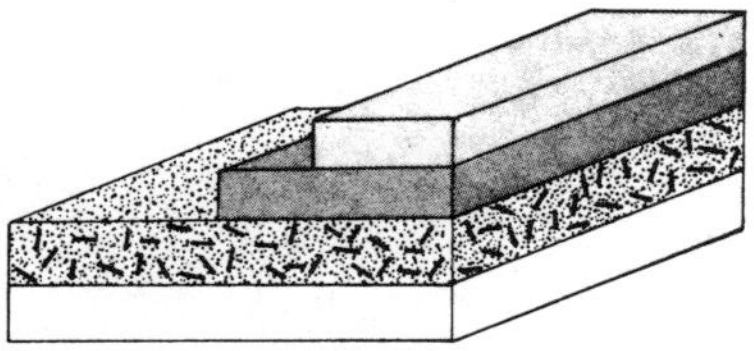

Figura 8. Aplicación de un metalizado mostrando las diversas capas que lo componen. Se pueden observar, muy ampliadas, las láminas de aluminio que son la base de estos esmaltes.

llas de aluminio muy pequeñas, las cuales dan un reflejo muy particular a las carrocerías.

En la figura 8 se ha dibujado la distribución de capas en una aplicación completa de pintura metalizada.

La misión de estas laminillas es la de reflejar la luz que reciben, de modo que el esmalte que ha sido metalizado tiene un brillo diferente según se observe de frente o de costado, proporcionando un atractivo efecto al conjunto. En general, si se observa de frente resulta de una tonalidad más clara, mientras que si se mira de costado es más oscura.

Además, según la cantidad de luz que incida sobre la película de pintura también se producirán reflejos más o menos claros.

Como que la refracción de la luz tiene su importancia y ella es provocada por la cantidad de laminillas metálicas que contiene la pintura, resulta bastante difícil para el pintor conseguir igualar la tonalidad cuando se trata de pintar partes parciales de la carrocería. De ahí la fama de que la pintura metalizada no perdona a los principiantes y aficionados, ya que exige una cierta experiencia por parte del pintor para no caer en graves defectos de tonalidad.

Aplicación de los metalizados

A continuación vamos a dar algunas instrucciones para el uso general de los esmaltes metalizados aunque, desde luego, hay que atenerse siempre a las instrucciones dadas por el fabricante, pues es el que mejor conoce su producto y las características de aplicación derivadas de los aditivos que contiene.

Para obtener unos resultados aceptables los esmaltes metalizados requieren gran habilidad. Dejando aparte los problemas habituales de todos los esmaltes para obtener un color exactamente igual al modelo (problemas de colorimetría de los que ya hablaremos) hay que contar además con la posición que van a ocupar las laminillas, la cual queda a su vez influenciada por:

a) La naturaleza del diluyente y por la proporción de la dilución.
b) La distancia de aplicación de la pistola sobre el soporte.
c) La rapidez de la pasada durante la ejecución de la mano.
d) La temperatura.

Solamente desde el punto de vista de la utilización de la pistola ya se dice que existen más de quince factores que tienen importancia sobre el tono resultante en trabajos parciales de pintura de la carrocería según se emplee la técnica *mojada* o la *seca*.

Estas técnicas se tratarán con detalle más adelante pero ahora aclaremos que la técnica seca es aquella en la que se pasa la pistola deprisa, de modo que la pintura se fija y seca rápidamente. Por este procedimiento las láminas de aluminio se quedan en la superficie distribuidas de un modo muy homogéneo y reciben más luz, de modo que la reflejarán en mayor cantidad y el color será más claro mirado de frente.

En la técnica mojada se pasa la pistola despacio y ocurre todo lo contrario a lo que hemos dicho para la técnica seca. El tono de color quedará más oscuro. También la presión del aire a que se encuentra sometida la pistola neumática tiene su influencia. Si se aumenta la presión, de la pistola saldrá más aire, por lo que tendremos unos efectos semejantes a los de la técnica seca y el tono se aclarará. Como es lógico ocurrirá lo contrario si la presión es baja.

Sistema monocapa

Inicialmente, los esmaltes metalizados se aplican en las mismas condiciones que las lacas acrílicas (en el supuesto, claro está, de que se trate de una pintura metalizada en esmalte acrílico).

Las laminillass de aluminio son una parte más del color básico para la formación del esmalte, luego las laminillas se unen a las resinas.

Una vez aplicado el esmalte, la pintura queda metalizada y brillante al mismo tiempo. Éste es el sistema monocapa.

En este sistema el aluminio pierde cualidades debido a los agentes atmosféricos, por ello la superficie de la pintura y el brillo no son demasiado duraderos.

Sistemas bicapa

Es el más adecuado para el pintado de metalizados. Los automóviles con pintura metalizada actuales salen de origen con este sistema, que, además de ser más duradero, facilita el pintado de piezas sueltas y el parcheado.

Se llama así porque se aplica en dos capas superpuestas. En la primera sólo se aplica el color de fondo o base, que prácticamente no contiene resinas, por lo que no es necesaria su catalización o endurecimiento.

Su secado «al tacto» es de unos 15 minutos y, puesto que no contiene resinas, su acabado es mate.

La segunda capa consiste en un barniz acrílico transparente y catalizado que da el acabado exterior. Veamos seguidamente el procedimiento de aplicación.

Una vez elegido el color adecuado de acuerdo con el original de la carrocería se pasa a realizar la mezcla adecuada de diluyente con la pintura. Suele ser de un 100 a un 200 % según la fórmula de composición de la pintura y los consejos dados al respecto por el fabricante.

Una vez realizada la mezcla se pasa a la pulverización con la pistola neumática. Se recomienda el uso de una boquilla fina con presión del aire de 3,5 bares y trabajar a una distancia de 10 a 15 cm del soporte.

En primer lugar se da una capa tenue, o que se llama, en el lenguaje del taller, un *velo*, y se deja secar durante 3 a 5 minutos. En este tiempo el esmalte ya debe estar seco «al tacto».

Luego ya se puede ir añadiendo capas (3 o 4, según las indicaciones del fabricante) dejando secar entre capa y capa algunos minutos.

Por último, se da por finalizado el pintado con un velo final que se aplica inmediatamente después de la última capa.

Por este procedimiento la pintura depositada queda mate en cuanto se ha secado, cosa que se realiza entre 20 y 30 minutos.

Cuando el esmalte metalizado ya ha comenzado a secarse se puede preparar para la aplicación del *barniz*, que constituye la segunda fase del sistema bicapa.

El barniz ya se ha dicho que es transparente e incoloro. Se compone de dos elementos que deben mezclarse en el momento de su empleo, pues es una resina con catalizador.

Hay que comenzar por la preparación de la resina en una cantidad que esté de acuerdo con la necesaria en la aplicación. Las proporciones de la mezcla vienen dadas por el propio fabricante, y el barniz hay que diluirlo también en la proporción indicada, que acostumbra a ser del 25 al 50 % según las marcas.

Antes de pasar a la pulverización, se debe, en primer lugar, y con los trapos de limpieza, sacar cuidadosamente todo el polvo que se haya podido depositar sobre la pintura metalizada. Después de ello ya se puede pasar a aplicar el barniz.

El pulverizado suele hacerse con una ligera presión de aire superior a la que se ha utilizado para la aplicación del esmalte. Viene a ser entre 3,5 y 4 bares, con boquilla de esmalte fina y de caudal reducido.

Sobre la pintura mate se pulveriza una capa delgada de barniz y se deja secar durante 15 minutos.

Acto seguido se le dan tres capas cruzadas dejando entre mano y mano un tiempo de secado.

El secado al aire se produce en los tiempos aproximados siguientes:

- Fuera polvo: 45 minutos.
- Al tacto: de 3 a 4 horas.
- Secado duro: 36 horas.

Por procedimientos de secado acelerado los resultados son, lógicamente, mucho más rápidos. Después de dejar un secado al aire de 30 minutos puede conseguirse un secado total en sólo 30 minutos más si se le somete durante este tiempo a una temperatura de alrededor de 70 °C.

Todas estas instrucciones que le damos aquí son orientativas porque dependen de la marca de la pintura utilizada. Marcas como Valentine, Sikkens, Valrex, Glasurit, Max Meyer, etc., tienen instrucciones ligeramente diferentes en cuanto a tiempos y proporciones de la aplicación del disolvente. Debe estar de acuerdo con lo que el fabricante indican en sus productos.

Figura 9. Si hacemos pasar un rayo de luz blanca a través de un prisma triangular de cristal se puede observar su descomposición en los seis colores.

Colorimetría

Podemos definir la colorimetría como las técnicas utilizadas para determinar el tono de un color.

En las reparaciones parciales de pintura es muy importante para el pintor conseguir una mezcla que dé exactamente el mismo tono que la pintura original: de otro modo el resultado de la reparación produce un pésimo efecto, ya que la plancha pintada se destaca de las restantes que la rodean.

El color

Todos hemos comprobado muchas veces que en plena oscuridad desaparecen de nuestros ojos las formas y los colores. Podemos decir perfectamente que sin la presencia de la luz nuestros ojos nos serían completamente inútiles.

Ello nos da a entender que nuestros ojos están preparados para distinguir los objetos y los colores solamente cuando hay luz y que los objetos existen de igual forma en la oscuridad tanto si los vemos como si no.

La luz solar es básica para este proceso ya que nuestros ojos están especialmente facultados para ver este tipo de luz y todas aquellas que tengan unas características parecidas.

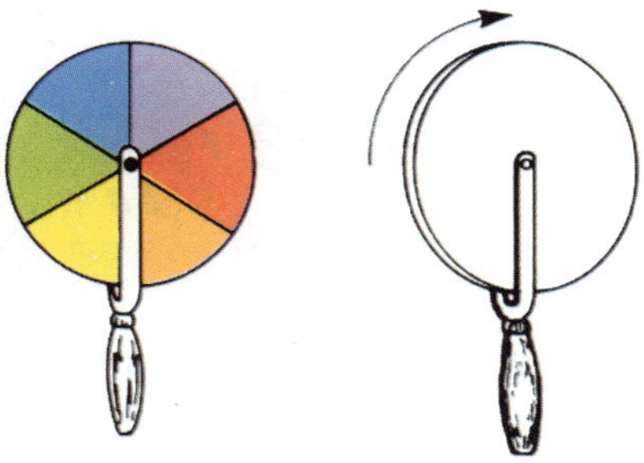

Figura 10. A la izquierda vemos el disco parado conteniendo los seis colores básicos del rayo de la luz solar. A la derecha, al hacer girar el disco, se observa que los colores desaparecen y la rueda se observa totalmente blanca.

Hoy se explica la visión como una refracción de los rayos de luz sobre los objetos. Podríamos decir que lo que ocurre es que los rayos de luz rebotan sobre los objetos y penetran en nuestros ojos estimulando el nervio óptico desde donde pasan al cerebro que hace la interpretación conveniente. Por eso, cuando hay mucha luz vemos los objetos con mayor claridad, porque rebota un mayor número de rayos sobre nuestros ojos.

Como es sabido, la luz solar está compuesta por una amalgama de radiaciones de diferente onda que al unirse todas entre sí forman una luz blanca y transparente.

Esta afirmación puede comprobarse fácilmente si hacemos pasar un rayo de sol a través de un prisma triangular de cristal (fig. 9).

Por una de las caras entrará la luz blanca, pero por otra saldrán rayos de luz en los que podremos fácilmente identificar los colores siguientes: violeta, azul, verde, amarillo, naranja y rojo.

Éstos son los colores del arco iris y configuran el llamado espectro luminoso.

Si dividimos una rueda en seis partes y cada una la pintamos con uno de dichos colores, al hacerla girar velozmente observaremos que los colores desaparecen y la vemos completamente blanca. Éste es el efecto inverso al anterior (fig. 10).

Por lo tanto, a efectos del espectro luminoso y debido al comportamiento físico de la luz, la unión de los colores del arco iris determina el color blanco (propio de la luz solar). En cambio, la ausencia de luz determina ausencia de color, o lo que es lo mismo, determina el color negro (en la oscuridad todos los objetos son negros).

En cambio, en colorimetría para pinturas el color blanco significa en realidad ausencia de color y el negro es la mezcla de los seis colores básicos (del arco iris). Pero de esto hablaremos más adelante.

Cuando nuestros ojos están observando dos carrocerías pintadas de automóvil y vemos con claridad que una es roja y la otra es amarilla, el proceso que se establece en esta visión puede explicarse diciendo que todos los rayos del espectro son absorbidos excepto al correspondiente al rojo, en el primer caso, y al amarillo, en el segundo. Los rayos de estos dos colores se refractan, y en esta refracción la que nos permite ver el calor tal y como es.

De los seis colores del espectro luminoso, y a efectos de colorimetría, hay tres que son los *colores primarios*: el rojo, el amarillo y el azul (fig. 11), que son colores únicos y no pueden obtenerse a partir de la mezcla de otros colores. Los otres tres son los *colores secundarios* y pueden obtenerse mezclando dos de los tres colores primarios: el verde a partir del azul y el amarillo, el naranja a partir del amarillo y el rojo, y el violeta a partir del rojo y el azul (fig. 12).

Una plancha pintada de verde, aparece de este color a nuestros ojos debido a que absorbe todos los colores excepto el azul y el amarillo, cuya refracción conjunta determina la visión del color verde.

En la figura 13 se han representado los efectos de absorción y refracción de los rayos correspondientes a los tres colores primarios. Las dos planchas de abajo son verde, la de la izquierda, y violeta, la de la derecha, ya que refractan conjuntamente el azul y el amarillo en el primer caso, y el azul y el rojo en el segundo.

Mezcla de colores

En la teoría de la visión de los colores que hemos expuesto brevemente, se ha visto que puede decirse que la pintura actúa como un filtro con respecto a la luz que incide sobre ella, de modo que absorbe unos determinados rayos y refleja otros según la naturaleza de los pigmentos.

El negro y el blanco no forman parte del espectro luminoso pero también pueden considerarse como colores básicos, ya que la visión de uno y otro también depende de la incidencia de la luz.

Figura 12. Obtención de los tres colores fundamentales secundarios a partir de dos primarios: naranja (rojo y amarillo), verde (amarillo y azul) y violeta (azul y rojo).

Figura 11. Los tres colores fundamentales primarios: rojo, amarillo y azul.

Figura 13. El color que ven nuestros ojos es solamente el del rayo que se refracta. Los demás son absorbidos por la superficie sobre la que incide el rayo de luz. Los colores secundarios se aprecian por la refracción conjunta de dos colores primarios.

Así, una plancha blanca se ve de este color porque todos los rayos del espectro son refractados. Por lo tanto, podría decirse que el blanco es el color que implica la ausencia de todo color.

En cambio una plancha negra se aprecia de este color debido a que absorbe todos los rayos del espectro y no refracta ninguno. El negro es, por lo tanto, la mezcla de los seis colores básicos.

Esta diferenciación en la absorción de la luz puede comprobarse en verano y en dos automóviles expuestos al sol, uno pintado en negro y el otro en blanco: el negro está más caliente que el blanco.

Las mezclas de negro y blanco determinan toda la gama de grises. Pero, además de obtenerse a partir de mezclas de blanco y negro, en teoría el gris se obtiene de la mezcla de un primario y su secundario complementario. Así, se obtiene al mezclar elrojo con el verde, el azul con el naranja o el amarillo con el violeta; en la práctica, el color resultante de estas mezclas es un gris más o menos oscuro y próximo al negro. Los grises puros, de tonalidades medias y claras, se obtienen siempre a partir del blanco y el negro, a cuya mezcla pueden añadirse otros colores, en pequeña proporción, que darán cambios de matiz.

El resto de colores se obtienen en pintura por la mezcla de los pigmentos de los seis colores básicos, del blanco y del negro. Así se obtienen la gran cantidad de colores conocidos: beige, marrón o pardo, marfil, azul cielo o celeste, añil, rosado, granate, morado, fucsia, púrpura, carmín, bermellón, ocre, lila, magenta, malva, tinto, verde esmeralda, verde hierba, azul cobalto, azul prusia, azul marino, azul turquesa, azul índigo, rojo, cobre, rojo burdeos, rojo cereza, rojo escarlata, rojo rubí, amarillo oro, amarillo limón, amarillo cadmio, amarillo crema, marrón siena, marrón tierra y otros muchos más inventados por el hombre y con muy variadas denominaciones.

Por lo tanto, y a efectos de pintura, deben considerarse como colores básicos los ocho nombrados hasta ahora, es decir, los tres primarios (rojo, amarillo y azul), los tres secundarios (naranja, verde y violeta), el blanco y el negro. De la mezcla de los pigmentos de estos ocho colores nacerán todos los demás.

El tono de los colores

Dos botes con pintura de la misma marca y de la misma referencia al ser aplicadas sobre un mismo soporte pueden dar perfectamente ligeras variaciones en el matiz del color. Ciertamente, las dos son verdes (por ejemplo) pero un ojo experto puede advertir una diferencia muy sutil debido a que el tono no es el mismo.

El tono de un color es esa particulidad que tiene éste de poder distinguirse con respecto a otro color similar y de su misma naturaleza.

La pintura es muy delicada en lo que se refiere al tono del color. De hecho, cada carrocería representa un caso particular y si tuviéramos un ojo muy experto en apreciar las tonalidades de los colores veríamos con sorpresa cómo automóviles salidos de fábrica y pintados en el mismo baño de pintura, pero en días diferentes, pueden llegar a tener importantes variaciones de tono.

Pero todavía hay más. Una vez el automóvil ha sido vendido y pasa a manos del usuario, su color puede sufrir variaciones de tono según la zona climática en que viva y según el propio trato y cuidado de la carrocería. En estas condiciones no puede sorprender que la pintura de referencia sea frecuentemente de tonalidad ligeramente distinta a la que la carrocería ostenta en ese momento.

Estas diferencias pueden llegar a ser incluso notables. Hasta un ojo experto puede ver sensibles diferencias entre la pintura de origen y la pintura aplicada en un repintado parcial de una sola pieza pese a haber utilizado el pintor exactamente la marca y la referencia de la pintura indicada en el propio automóvil.

Precisamente para conseguir aclarar u oscurecer el tono de la pintura existen las técnicas de la colorimetría. Mediante ellas, y contando con la posibilidad de hacer mezclas y también con la forma de aplicar los esmaltes, un pintor puede conseguir acercarse lo más posible al tono de la pintura ya existente en la carrocería. Conviene siempre que previamente haga un «ajuste de color», para conseguir el tono lo más exacto posible.

Para comprender bien el porqué y cómo se realiza un ajuste de color no hay más remedio que estudiar un poco qué es el color y cómo llega a nuestros ojos, ya que comprendiendo su naturaleza se podrá tener acceso a comprender los fenómenos que produce.

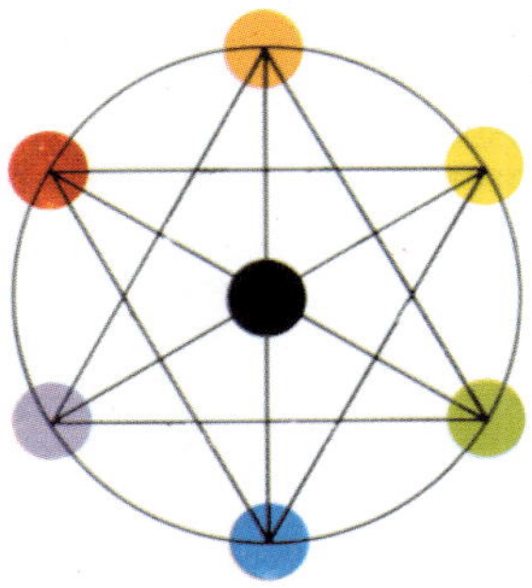

Figura 14. Círculo cromático elemental.

El metamerismo

Esta teoría que acabamos de exponer explicar por qué los colores pueden cambiar notablemente según la fuente de luz a que estén sometidos.

Todo el mundo habrá observado muchas veces que un mismo color se ve con notables diferencias si lo observamos expuesto a la luz solar o a la luz fluorescente de un garaje.

Ello se explica por la diferente naturaleza del espectro de cada una de estas luces, es decir, de la longitud de onda de que se componen los rayos de que consta.

Este fenómeno, que se conoce con el nombre de *metamerismo*, ha dado muchos dolores de cabeza a los pintores, pues se ha dado muchas veces el caso de que al preparar en el taller una pintura para una carrocería se ha acertado por completo con el tono del color; pero al salir la carrocería a la calle y colocarla bajo la luz solar, dicho color aparece con una tonalidad totalmente diferente y el trabajo realizado no puede darse por bueno.

El metamerismo aparece generalmente cuando una pintura utilizada para la concordancia del tono de color se obtiene a partir de un pigmento que, aunque presentando la tonalidad buscada, está provisto de una composición química diferente a la del pigmento empleado en la pintura de origen.

Por esta razón, el pintor debe ser muy consciente de la necesidad de disponer en su taller de muy buena iluminación, a poder ser con luz solar; o bien, cuidar extremadamente la composición química de los pigmentos a utilizar en la composición de las pinturas.

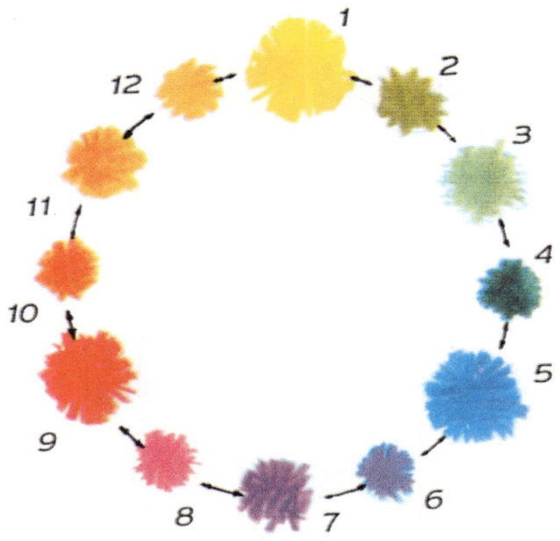

Figura 15. Círculo cromático que incluye los seis colores terciarios correspondientes a la mezcla de un primario con el secundario más cercano a él. 1, amarillo. 2, amarillo-verdoso/verde-amarillento. 3, verde. 4, azul-verdoso/verde-azulado. 5, azul. 6, azul-violáceo/violeta-azulado. 7, violeta. 8, rojo-violáceo/violeta-rojizo. 9, rojo. 10, rojo-anaranjado/naranja-rojizo. 11, naranja. 12, amarillo-anaranjado/naranja-amarillento. A la gama de los terciarios pertenecen colores de nombre muy conocidos: ámbar (amarillo-anaranjado), granate y morado (rojo-violáceo), bermellón (rojo-anaranjado), etc.

El círculo cromático

Los seis colores primarios y secundarios pueden disponerse en un círculo, situando uno de ellos cada 60 grados. Unimos con un triángulo los tres colores primarios y con otro los tres secundarios. Finalmente, unimos con una línea recta cada color primario con su complementario (secundario). En la intersección de todas estas rectas colocaremos el negro. Así obtenemos un círculo cromático elemental (fig. 14).

Como ya dijimos, los colores secundarios se obtienen mezclando los primarios:

- Cuando mezclemos azul y rojo nos dará violeta.
- Cuando se mezcle rojo y amarillo nos dará naranja.
- Cuando se mezcle amarillo y azul nos dará verde.

Es por esto que cada color secundario se sitúa, en el círculo cromático, a medio camino entre los dos colores primarios que lo generan.

La mayor intensidad (claridad u oscuridad) del color secundario resultante dependerá de la proporción entre los componentes primarios.

Como dijimos anteriormente, en pintura, si mezclamos los colores diametralmente opuestos, es decir, un primario con su complementario secundario, el resultado nos dará siempre un color muy oscuro y próximo al negro (que ocupa la parte central del círculo cromático). Así, la mezcla del rojo con el verde nos dará negro; e igualmente nos va a ocurrir si mezclamos naranja con azul o violeta con amarillo. Más próxima al negro es la mezcla de los tres colores primarios (que en teoría debería dar un negro puro).

El círculo cromático podríamos completarlo algo más colocando colores de tonalidad intermedia un primario y un secundario. Así obtendríamos un total de doce colores (fig. 15).

Entre el amarillo (1) y el verde (3) tendríamos toda la gama de los amarillos-verdosos y verde-amarillentos (2); entre el verde (3) y el azul (5) tendríamos la gama de los verde-azulados y azul-verdosos (4); entre el azul (5) y el violeta (7) tendríamos la gama de los azul-violáceos y violeta-azulados (6); entre el violeta (7) y el rojo (9) tendríamos la gama de los rojo-violáceos y violeta-rojizos (8); entre el rojo (9) y el naranja (11) tendríamos los rojo-anaranjados y los naranja-rojizos (10); por último, entre el naranja (11) y el amarillo (1) tendríamos los amarillo-anaranjados y los naranja-amarillentos.

Estas gamas de colores obtenidas por mezclas entre colores primarios y sus vecinos secundarios originan los colores terciarios, situados todos ellos encima del círculo cromático.

Por último, quedarían todas las gamas de colores situados fuera o en el interior del círculo cromático. Éstos serían los colores cuaternarios y vendrían dados por mezclas de colores primarios, secundarios o terciarios con el blanco o el negro (o con las mezclas de ambos, es decir, con los grises). También se obtienen colores cuaternarios mezclando dos secundarios; el resultado será un color de la gama de los marrones o pardos.

Las mezclas con el negro darán colores de tonos oscuros o «sucios» y las que se hagan con el blanco darán tonos pálidos o claros y «pastel».

Ajuste del color

Antes de iniciar la aplicación de la pintura a la carrocería, es necesario que se efectúen algunos trabajos complementarios muy importantes.

Cuando la carrocería, o parte de ella, está en condiciones de comenzar a recibir la pintura, lo primero que debe hacerse es conseguir una perfecta preparación de los esmaltes para que, no sólo el color, sino también el tono del mismo, sean exactamente iguales a los ya existentes en la carrocería.

Obtener con exactitud este tono resulta a veces un poco complejo y requiere disponer de una buena mesa de mezclas o unas condiciones naturales del pintor centradas en una excelente visión de los colores para saber realizar las mezclas (aclarado u oscurecido de un color determinado) hasta el punto exacto en que debe coincidir con el tono del color de la carrocería que se trata de pintar parcialmente.

En la actualidad, los fabricantes de pinturas onen al alcance del operario pintor una serie de técnicas mediante las cuales se pueden acertar exactamente el tono del color que es necesario en cualquier repintado.

Referencia de las pinturas

Recuérdese que existen dos grandes familias de pinturas: las sintéticas y las acrílicas.

Estas familias son incompatibles entre sí de modo que, a la hora de elegir la pintura, hay que saber de entrada el tipo de familia de pintura que se utilizó en la carrocería sobre la que vamos a trabajar.

Pero también los colores tienen una numeración o un código mediante el cual se pueden identificar y que también se ha de conocer para solicitar a nuestro proveedor de pintura el esmalte adecuado.

El tono de la pintura sí cambia por muchos factores (el trato que la carrocería ha recibido, las exposiciones al sol, etc.).

Ante un panorama como el que acabamos de exponer, el trabajo del pintor podría estar lleno de dudas y dificultades. Pero los fabricantes tanto de pinturas como de automóviles procuran por todos sus medios facilitar información al pintor sobre el tipo de color adecuado y, por lo tanto, lo primero que tiene que dominar un pintor en este sentido es saber interpretar los códigos y las referencias para la identificación de los colores.

Códigos de identificación de colores

Para la obtención de la información necesaria sobre el color de una carrocería puede actuarse de las dos formas fundamentales siguientes:

a) Placa de identificación.
b) Catálogo de colores.

a) Placa de identificación

Lo primero que debe hacer un pintor cuando se trata de conocer la identificación de la pintura de una carrocería es acudir a mirar la placa que todo automóvil lleva y en la que se proporciona, por parte del constructor, una orientación muy precisa sobre las características de las pinturas que han de usarse en los trabajos de repintado de una carrocería.

Esta placa de identificación de la pintura suele encontrarse siempre en el cofre delantero, muchas veces por la parte interna del mismo capó y otras sobre la plancha del mismo cofre.

También en algunos casos pueden encontrarse estos datos en la misma placa de identificación del número de carrocería o bastidor, del número del motor y otros datos semejantes.

En la figura 16 se puede ver un ejemplo de una de estas referencias en una etiqueta autoadhesiva.

También resulta muy frecuente la grabación sobre la plancha de los datos de la pintura. A este tipo pertenece el ejemplo que vamos a comentar seguidamente, que corresponde una referencia grabada sobre el pasarruedas delantero derecho de un RENAULT (fig. 17).

Figura 16. Placa del fabricante en la que se indica la referencia de la pintura utilizada.

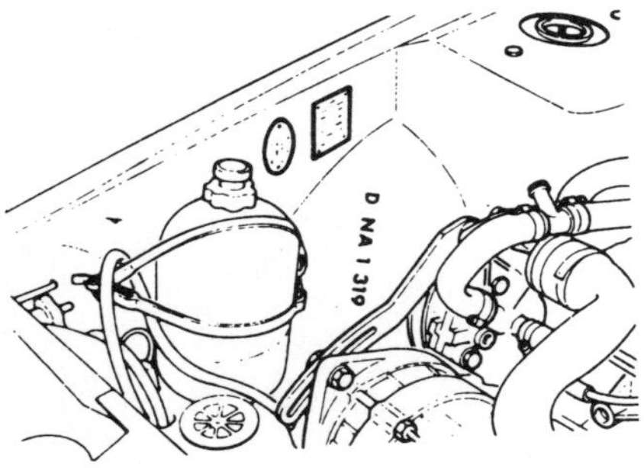

Figura 17. Identificación de la pintura por medio de un código particular del fabricante grabado sobre la plancha del pasarruedas.

La referencia es: D NA 1319. Este código posee toda la información de base necesaria para proceder a la elección de la pintura adecuada.

La primera letra (D) indica cuál es la fábrica de montaje de este RENAULT. Se trata de la factoría de Douai (Francia).

Una V hubiera significado que la carrocería ha sido pintada en Valladolid; una P, en Palencia; las letras VV, en Villaverde; la B, en Billancourt (Francia); las letras ST, en Setúbal (Portugal), etc.

El segundo grupo de letras de la inscripción de identificación (NA) corresponde a la familia de pinturas empleadas. La lista utilizada por RENAULT es la siguiente:

S = Sintética.
A = Acrílica.
NA = Acrílica de calidad superior.

Por lo tanto, la «acrílica de calidad superior» es la pintura que se ha empleado de origen en esta carrocería que estamos comentando.

También podemos encontrar clasificaciones de los barnices y por ello, en algunos casos, es también frecuente encontrarse con siglas como: VRG o VRV, en las cuales VR significa barniz, mientras la última letra se refiere a una marca concreta de esmaltes: la G corresponde a la casa Glasurit y la V a Valentine.

El primer número (1) sirve para indicarnos el nombre del proveedor (marca) de la pintura. La lista de proveedores que emplea RENAULT es la siguiente:

1	Renault	10	ICI
3	Valentine	11	Sikkens
5	Duco	13	Corona
7	Dupont de Nemours	16	Glasurit

En el ejemplo expuesto, la pintura procede de la propia marca fabricante del automóvil.

Finalmente nos queda por considerar la última cifra, formada por tres números (319), que corresponde al código del color de la pintura.

El primer número (3) indica el color, y los otros dos (19) el tono o matiz concreto. La casa RENAULT tiene especificado el siguiente código básico para el primer número:

1 = Beige
3 = Amarillo, blanco o naranja
4 = Azul
6 = Gris o negro
7 = Rojo
9 = Verde

En nuestro ejemplo, el color será amarillo, blanco o naranja. Los otros dos números nos indicarán de cuál de estos tres colores se trata y, más concretamente, de qué tono.

Si la inscripción nos indicara, por ejemplo, «3 112», tendríamos que saber que se trataría de una pintura Valentine, de color beige y del tono 12 de este color.

b) Catálogo de colores

Otro sistema bastante menos preciso es la utilización de catálogos de colores. Las casas fabricantes de pinturas prestan una gran ayuda al pintor para la elección del color y suelen editar unos catálogos donde están referenciados a la vista todos los colores que se fabrican.

Estos catálogos o *cartas de colores* se pueden contrastar directamente sobre la pintura de la carrocería y el pintor debe saber elegir el color y tono real que le pertenece (fig. 18).

Sin embargo, es evidente que la utilización de una pintura de la misma marca a la pintura de origen mejora el resultado y hace más fácil la aplicación y el trabajo en general.

Por ello, lo interesante es que pueda siempre encontrar la placa de identificación y sepa interpretarla.

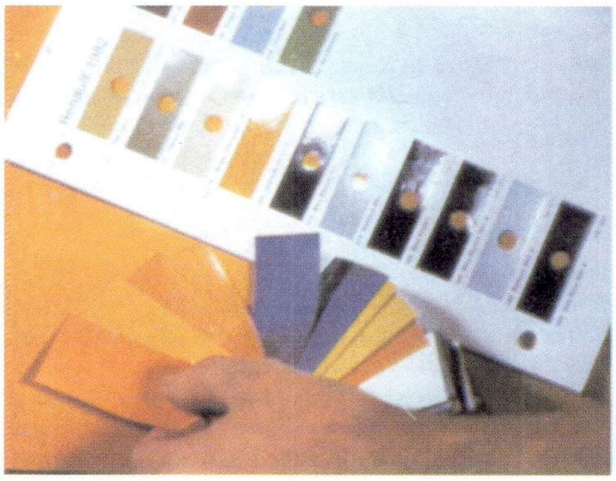

Figura 18. Carta alternativa de colores para comprobar con las fórmulas de concordancia.

Familias de esmaltes y su localización

Como ya se ha dicho, es muy importante y resulta fundamental para conseguir un trabajo de pintado correcto no equivocarse en cuanto a la naturaleza química de las pinturas y, por error, pasar a aplicar en una carrocería pintada con sintético, una aportación de pintura acrílica. En el supuesto de que el automóvil no estuviera provisto de indicación alguna para la identificación de la pintura, ya sea por haberse perdido o borrado con el tiempo, es conveniente que el operario lleve a cabo una prueba para averiguar primero la naturaleza química de la pintura aplicada de origen.

Para ello se actúa de la siguiente forma. Se toma un trapo blanco y limpio y se empapa en disolvente. Luego se elige una zona pintada que se halle en un lugar de la carrocería que no sea visible, tal como puede ocurrir, por ejemplo, en la parte interna de alguno de los capós o bien sobre la pintura de origen que se conserva en la misma pieza que se ha de repintar.

Ahora ya puede aplicarse el disolvente sobre la zona elegida. Las reacciones de las diferentes familias químicas de pintura serán las siguientes. En el caso de la pintura de origen gliceroftálico, tal como es la llamada pintura sintética, si se trata de pintura de secado al aire, se verá que no da reacción alguna durante los primeros momentos aunque después puede llegar a rizarse al cabo de unos minutos de aplicación. No obstante, si la pintura sintética ha sido aplicada y secada al horno, no dará reacción alguna frente a la acción de un disolvente celulósico.

Si se trata de pintura acrílica con secado a la estufa, se verá que destiñe en el trapo y si se disuelve con cierta facilidad puede ser señal de que se trata de una pintura acrílica con secado a baja temperatura.

Al margen de la naturaleza química de las pinturas también es importante para el operario saber reconocer si se trata de un sistema de pintado monocapa o bicapa. Para ello basta con sustituir el trapo con disolvente por un trozo de lija abrasiva de grano fino y aplicarla sobre la superficie que queremos identificar. Ahora lijamos ligeramente sobre la superficie y si la carrocería es, por ejemplo, de color azul y vemos que se desprende un polvillo de este mismo color podemos tener la seguridad de que se trata de un monocapa. Sin embargo, si al realizar esta misma prueba podemos advertir la presencia de un polvillo blanco (aun siendo la carrocería del mismo color puesto de ejemplo, es decir, de color azul) nos daría a entender que se trata de un bicapa porque lo que estamos retirando es el barniz de protección propio de las carrocerías pintadas con la técnica de los bicapa.

De esta forma se puede localizar la naturaleza química de las pinturas y las técnicas de aplicación. La realidad es que en la práctica y por el tipo de acabado, el pintor profesional llega a conocer enseguida la clase de pintura que se ha aplicado sobre una superficie.

Por otra parte, insistimos en que lo más frecuente es que todas las carrocerías dispongan de su correspondiente placa de identificación en donde los datos de la naturaleza de la pintura queden perfectamente especificados.

El ajuste del color

Poseer la referencia exacta de la pintura con indicación del fabricante y todos los demás datos no es, sin embargo, una garantía absoluta de que el pintado de la carrocería va a resultar exactamente del mismo tono que el resto de las planchas ya pintadas.

Una vez localizados todos estos datos, el pintor debe de saber también prepararse, a base de mezclas, los propios tonos o matices de la pintura para que se adapten perfectamente al resto de las planchas pintadas.

Para facilitar los trabajos de ajuste los fabricantes proporcionan una serie de fichas correspondientes a cada uno de sus colores fabricados. En ellas se encuentran lo que se llama la *fórmula de la concordancia de colores* mediante la cual se puede encontrar el tono original.

Algunos fabricantes utilizan un sistema de *microfichas* que se pueden observar por medio de un visor ampliador. En estas máquinas se indica la proporción de colores que hay que añadir para conseguir el buscado, fruto de la referencia.

Las microfichas se actualizan constantemente y el pintor que utiliza este sistema va recibiendo periódicamente las nuevas que se van editando de acuerdo con los nuevos colores de carrocería que se lanzan al mercado.

En las microfichas se puede encontrar alguna de estas fórmulas o, a veces, además de ella, las llamadas *fórmulas alternativas* que corresponden a tonos muy parecidos del mismo modelo y color pero con posibles matizaciones diferentes.

Al final de este amplio apartado veremos un ejemplo de búsqueda y ajuste del color.

Preparación de los tonos

Cuando el pintor ha encontrado el color más correcto y la fórmula del mismo, tiene que pasar a la preparación del esmalte. Ha de conseguir la tonalidad definitiva o, por lo menos, la más aproximada.

Para ello se precisarán recipientes para hacer las mezclas y luego un aparato dosificador que puede ser de tipo *volumétrico* (en cuyo caso se harán las proporciones de las mezclas por volúmenes) o bien por un sistema *ponderal* que se efectúa por medio de unidades de peso.

Estas últimas máquinas son muchas veces electrónicas para obtener un pesaje perfecto.

En la figura 19 se puede ver una mesa de mezclas en la que el pintor puede trabajar con todos los elementos para conseguir los tonos necesarios.

A la derecha se observa la presencia de la pantalla para la comprobación de tonos.

Consta de un pupitre y una mesa de trabajo y de unas estanterías en las que se han colocado los correspondientes botes conteniendo los colores básicos de la marca de la casa de pinturas. Cada uno de los recipientes dispone de un cierre hermético y, además, de un tubo de vertido.

En el pupitre electrónico se indica a la máquina la fórmula de la mezcla y ésta hace automáticamente el cálculo y permite el paso de la cantidad de pintura adecuada según la fórmula proporcionada. Esto ocurre en las máquinas modernas automatizadas.

Ventajas e inconvenientes de la mesa de mezclas

Este sistema tiene muchas ventajas, pero una de las principales es la de conservar muy bien la pintura, ya que dispone de un sistema de ejes de arrastre y en cada uno de los botes en los que hay pintura dispone también de unas paletas en contacto con la misma.

Cuando un motor eléctrico se pone en marcha, las paletas son arrastradas al mismo tiempo removiendo el contenido de los botes con los que los componentes de los esmaltes se separan y no se sedimentan, y la conservación del producto se hace mucho más convenientemente.

Cada día, durante unos minutos, se pone en marcha el motor y la conservación está asegurada.

Además, las mezclas se realizan de modo automático, sin pérdidas de producto y en las condiciones de cantidad requeridas para la pintura de una pieza determinada, con lo que hay un ahorro interesante.

Tampoco hay que olvidar la facilidad con que estas máquinas pueden utilizarse, de modo que incluso un pintor con el ojo educado para detectar los diferentes tonos de la pintura puede obtener resultados muy satisfactorios en cuanto al acierto en la elección del tono de la pintura.

Si algún reparo hay que poner a este sistema es la dependencia en que cae el taller a una determinada marca de pinturas, ya que estas mesas de mezclas están construidas y son proporcionadas por el fabricante de una determinada marca de pintura y no son compatibles con otras marcas, por lo que hay que utilizarlas siempre con las fichas y los productos que ellos venden.

Esto puede ser a veces un inconveniente en el taller, sobre todo si no se ha sabido elegir la mejor de todas las gamas.

Comprobación del resultado de las mezclas

Una vez obtenida la mezcla por este procedimiento se tendrá que pasar a efectuar una comprobación para ver si se ha dado a la primera con el tono exacto que se ajusta perfectamente al tono de la carrocería, cosa que no siempre se logra con facilidad.

Esta verificación no puede hacerse comprobando a ojo el color del bote con el de la carrocería, sino que tiene que estar efectuada sobre una plancha que tenga las mismas características de fondo (plastecido) que se van a encontrar en la carrocería. Por ello hay que preparar lo que se llama una *plaqueta de prueba*.

Para empezar será conveniente hacerse con un pequeño trozo de plancha sobre la que se haya aplicado el mismo tiplo de plaste y efectuar una prueba

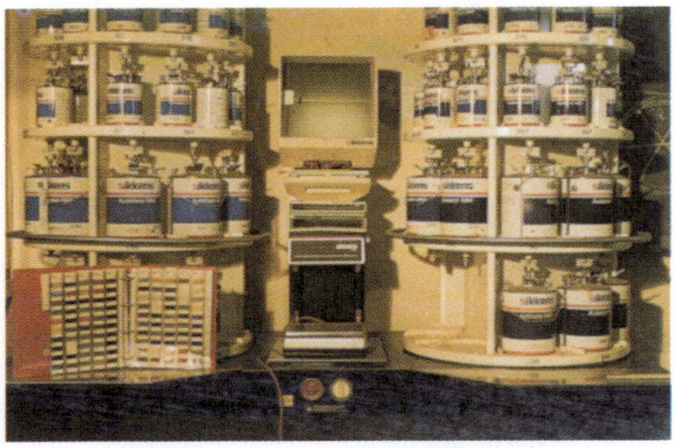

Figura 19. Estantes de pinturas y mesa de mezclas completa. En el centro aparecen la báscula y el visor, y a la izquierda el catálogo de colores.

Figura 20. Plaqueta de prueba.

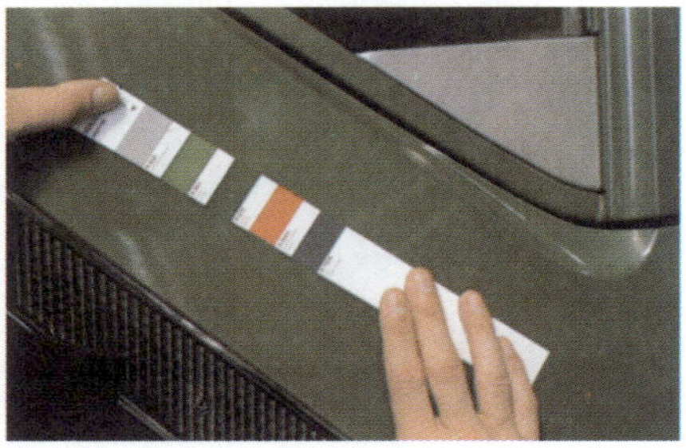

Figura 21. Comprobación de la referencia de la pintura de origen mediante una carta de colores.

Figura 22. Ubicación del color de origen en una microficha.

sobre esta plaqueta de prueba. El ensayo consiste en pulverizar pintura sobre las plaqueta (fig. 20).

La plaqueta debe hallarse pintada en las mismas condiciones en que vamos a pulverizar después sobre la plancha, es decir, con las condiciones de rapidez de pasada, distancia y disposición de la pistola semejantes a las que utilizaremos en el pintado de la pieza de la carrocería que se trata de pintar.

Observación de la plaqueta y la carrocería

Una vez la pintura se ha secado en la plaqueta se podrá comparar con la pintura de la carrocería y averiguar así la exactitud del tono obtenido.

Por razones que se han dado al hablar del color, será conveniente observar las pinturas de la carrocería y de la plaqueta de pruebas a la luz del día y nunca bajo los efectos de los tubos fluorescentes del taller, para evitar así los efectos del metamerismo.

Esta condición es tan importante en la comparación que incluso algunos fabricantes aconsejan el uso de unos generadores de luz que proporcionan una radiación igual a la luz del día, sin las variaciones que incluso en éste se producen cuando la luz es de la tarde o de la mañana, del invierno o del verano, etc., situaciones en las que un ojo experto puede observar variaciones lumínicas que afectan a la apreciación del color en un momento determinado de la prueba.

Esta condición de observar la plaqueta y el color de la carrocería ante la luz del sol es fundamental para no obtener después muchas y fundadas reclamaciones. El fenómeno se explica porque un mismo tinte puede dar una coloración diferente según la luz que se le aplique.

Podría decirse que la reacción ante la luz sería la misma para la pintura de origen de la carrocería que para la muestra de la plaqueta, de modo que el resultado sería el mismo se mirase con la luz que se mirase.

Pero esto no es exacto porque las pinturas pueden tener pigmentos con una composición química diferente para la carrocería y para la muestra de la plaqueta, y si bien frente a la luz fluorescente (u otros tipos de luces en otros matices) se muestran exactamente iguales, frente a la luz del día sí se acusarán diferencias por la composición de los pigmentos.

Este tipo de fenómeno es precisamente el metamerismo y los pintores lo han de tener muy en cuenta para conseguir los tonos correctos en sus trabajos.

Precisamente por la dificultad que existe en sacar la carrocería a la calle y comprobar allí con la plaqueta de prueba (donde, además, es conveniente que le dé el sol) es por lo que se han creado los generadores de luz que indicamos hace un momento.

Como es lógico, los fabricantes luchan por conseguir el equilibrio químico de cada una de sus fórmulas para evitar precisamente este fastidioso fenómeno que ha echado a perder más de un trabajo, pero no siempre es posible evitarlo del todo. Es muy importante, pues, que la comprobación de la plaqueta de pruebas con respecto a la carrocería proporcione una absoluta igualdad en la tonalidad del color.

Para que la comprobación tenga la suficiente garantía es necesario que el pintado de los bordes de la plaqueta sea correcto para poder comparar el color sin interrupción sobre la misma superficie ya pintada.

También es aconsejable no mirar con demasiada insistencia y durante demasiado tiempo la muestra para que el ojo no se fatigue en búsqueda de las diferencias de tono.

En la práctica es mejor hacer la comparación descansando la vista de vez en cuando. Por otra parte, es neesario lógicamente que la pintura de la carrocería, en la parte en la que se está haciendo la comparación, se encuentre perfectamente limpia y si es preciso pulimentada para que la comparación de tonos pueda ser lo más exacta posible.

Ejemplo de búsqueda y ajuste del color

En la figura 21 vemos una carta de colores acercada a una zona previamente abrillantada de un RENAULT para comprobar si el color marcado en la placa de referencia coincide con el de la carrocería. Así es, pero observamos que el tono no es el mismo, debemos ajustarlo antes de pintar.

El color de origen es el verde 947-972 y la pintura es de Valentine. Buscamos en una microficha la ubicación de este verde (fig. 22) F15 VALROC. Se trata de pintura acrílica no metalizada.

En otra microficha pasamos a buscar los colores básicos de Valentine con los que se elabora el verde 947-972. Ya tenemos la ficha F15 de RENAULT Valroc (fig. 23) y en ella vemos los colores básicos y la proporción en peso y volumen de cada uno de ellos. Estos colores son, de menor a mayor proporción: óxido amarillo 635, blanco 602, negro carbono 681 y verde luminoso 621; además del disolvente Pesado-80 P-Valroc.

Una vez seleccionados los botes de pintura y la lata de disolvente (fig. 24) ya podremos iniciar la «fabricación» del verde buscado.

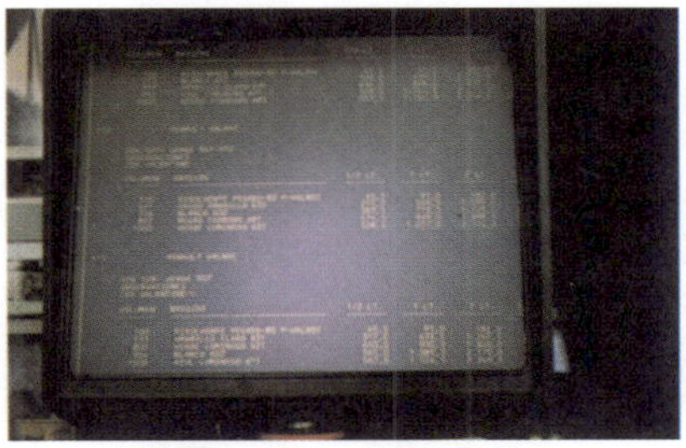

Figura 23. Microficha con los colores básicos necesarios para la obtención del color de origen.

Figura 24. Cuatro botes conteniendo los colores básicos y una lata con el disolvente.

Figura 25. Báscula señalando la proporción de disolvente según lo indicado en la microficha.

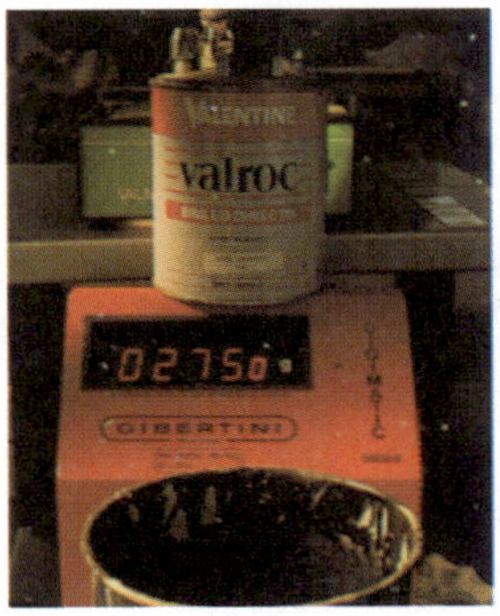

Figura 26. Báscula señalando la proporción del óxido amarillo.

Figura 27. Báscula señalando la proporción del blanco.

Figura 28. Báscula señalando la proporción del negro carbono.

Figura 29. Báscula señalando la proporción del verde luminoso.

Buscamos un bote vacío y totalmente limpio y lo colocamos sobre la báscula de precisión, que dispone de un interruptor para la tara por lo que el peso o forma del bote no nos preocupa. Vamos a obtener 500 gramos de pintura verde 947-972.

Iniciamos el pesaje de cada uno de los básicos que componen la pintura, siguiendo las indicaciones de la microficha que vimos en la figura 23. Empezamos cone l disolvente (fig. 25), después el óxido amarillo 635 (fig. 26), el blanco 602 (fig. 27), en negro carbono 681 (fig. 28) y, por último, el verde luminoso 621 (fig. 29).

Una vez mezclados todos los componentes obtendremos medio kilo de pintura del color buscado. Comprobamos con una plaqueta de prueba si hacemos totalmente en el tono. Si no es así, deberemos proceder a un definitivo ajuste del tono.

Ajuste definitivo en el tono del color

Puede ocurrir que, una vez finalizada la elaboración de una pintura y su ajuste de color, el resultado obtenido sea de una tonalidad que no se ajusta exactamente a la deseada: es demasiado clara, demasiado oscura o que se aproxima a un color próximo en el círculo cromático. Así, un verde puede aproximarse al amarillo o al azul. Esta posible aproximación de un color a otro contiguo suyo en el círculo cromático es lo que se denomina *tendencia del color*.

El definitivo ajuste del tono se consigue añadiendo a la pintura resultante pequeñas cantidades de un color y tono que pueda contrarrestar la tendencia observada.

A continuación exponemos una serie de tablas en las que se señala el color y tono a añadir a diez colores diferentes según el defecto observado. También podemos obtener correcciones de los tonos (demasiado claros o demasiados oscuros) por medio de ciertos «trucos» de los que nos ocuparemos a continuación de las tablas.

Azul	
Defecto	*Añadir*
Claro	Azul
Oscuro	Blanco
Verdoso	Marrón o violeta
Violáceo	Verde medio
Algo sucio	Blanco y marrón
Rojo	
Defecto	*Añadir*
Claro	Rojo óxido
Oscuro	Rojo cadmio o naranja
Anaranjado	Rojo óxido
Violáceo	Naranja
Algo sucio	Marrón claro y blanco

Naranja	
Defecto	*Añadir*
Claro	Rojo cadmio
Oscuro	Amarillo y blanco
Verdoso	Amarillo y rojo cadmio
Rojizo	Amarillo medio
Amarillento	Rojo cadmio
Algo sucio	Rojo cadmio y amarillo
Amarillo	
Defecto	*Añadir*
Claro	Amarillo medio
Oscuro	Blanco
Anaranjado	Amarillo y verde medio
Verdoso	Blanco y rojo cadmio
Algo sucio	Amarillo medio y blanco
Verde	
Defecto	*Añadir*
Claro	Verde medio o azul
Oscuro	Amarillo o blanco
Azulado	Amarillo medio
Amarillento	Azul medio
Algo sucio	Amarillo y azul
Gris	
Defecto	*Añadir*
Claro	Negro
Oscuro	Blanco
Verdoso	Blanco y rojo óxido
Rojizo	Verde medio
Amarillento	Blanco y azul
Algo sucio	Blanco y rojo óxido
Marrón	
Defecto	*Añadir*
Claro	Marrón oscuro
Oscuro	Marrón claro
Amarillento	Marrón oscuro
Algo sucio	Marrón oscuro y blanco
Crema	
Defecto	*Añadir*
Claro	Amarillo medio
Oscuro	Blanco
Verdoso	Rojo cadmio
Rojizo	Amarillo medio
Amarillento	Blanco
Algo sucio	Amarillo medio y blanco

Marfil	
Defecto	*Añadir*
Claro	Amarillo medio
Oscuro	Blanco
Verdoso	Anaranjado
Rojizo	Blanco y verde claro
Amarillento	Blanco
Algo sucio	Blanco y amarillo medio
Beige	
Defecto	*Añadir*
Claro	Amarillo y negro
Oscuro	Blanco
Verdoso	Rojo cadmio
Rojizo	Blanco y verde claro
Amarillento	Blanco y rojo cadmio
Algo sucio	Blanco y rojo cadmio

La corrección del blanco se consigue neutralizando su tendencia hacia un color mediante el complementario de este color. Por ejemplo, un blanco amarillento se neutraliza con violeta, un blanco verdoso con el rojo, un blanco azulado con el naranja, etc.

El pintor debe encontrar la cantidad de pintura a añadir de acuerdo con la corrección que sea necesaria hasta obtener el tono de origen, pero esta cantidad a aportar solamente puede saberse con la práctica, ya que se precisa mucha pericia y «buena vista».

Por ello resulta aconsejable acertar con el color y tono adecuados en la mesa de mezclas, según vimos anteriormente, a base de fórmulas indicadas en las microfichas. Cuando el trabajo se ha de realizar de una manera manual la pérdida de tiempo puede ser considerable.

Cada vez que se hace una mezcla añadiendo algunos de los colores que se han indicado en las anteriores tablas sería conveniente hacer una comprobación sobre una plaqueta de pruebas, dejarla secar y esperar a ver por comparación si los resultados son los deseados.

Es importante también que cuando se realice un ajuste de color y tono, con la consiguiente comprobación de la plaquetade prueba, el entorno en el que esté situado el automóvil no tenga colores saltones. Además, es conveniente que el pintor vista con un mono blanco, ya que los reflejos de un mono de color podrían modificar la percepción visual dando un matiz diferente a la plaqueta de prueba.

Técnicas de ajuste de tonos oscuros y claros

Además de la corrección del tono de las pinturas de la forma que se acaba de ver, es decir, por las mezclas, existen otros factores que tienen su influencia en el tono final que puede resultar de la aplicación de los esmaltes.

Por ejemplo, el pintor de carrocerías tiene en su muñeca y en su conocimiento práctico del oficio, un arma muy importante para saber aclarar u oscurecer un esmalte según la forma de aplicación, y la relación de diluyente que se incluya en la mezcla.

Si de una preparación queremos obtener un tono más claro para que coincida mejor con el color de origen se puede acudir a los siguientes procedimientos:

1. En primer lugar, pulverizar con la pistola a más distancia de la normal, es decir, más separada del soporte o plancha a pintar. Con ello se consigue abarcar una mayor superficie para una misma cantidad de esmalte y el color tiende a aclararse.
2. Siguiendo la misma teoría también el pintor puede aumentar la velocidad de salida de la pintura por la boquilla de la pistola neumática aumentando la presión del aire. En este caso, la relación aire/esmalte es superior y al haber mayor cantidad del primero se reduce la cantidad de la pintura pulverizada. Aquí tenemos que pulverizar a la distancia correcta.
3. Otra forma de obtener un aclarado de la pintura está en la forma de realizar las pasadas. Si aumentamos la velocidad de las pasadas la pintura que se va depositando sobre la plancha es menor y, por consiguiente, también se aclara el tono.
4. Por la misma razón, también se obtendrán los mismos resultados si se utiliza una boquilla que impida el volumen de salida de pintura correcto, pues de este modo el caudal de pintura proporcionado por la pistola es menor ante una misma presión del aire.
5. Otra posibilidad está en la misma composición de la pintura: si se le añade mayor cantidad de diluyente también la pintura tiende a aclararse.

Todas estas técnicas, utilizadas una a una o varias unidades entre sí, pueden dar buenos resultados para aclarar el tono de una pintura.

Cuando se precisa conseguir que el esmalte adquiera un tono más oscuro hay que actuar exactamente al revés de cómo se dijo anteriormente.

Por ejemplo: pintar desde más cerca de lo normal depositará una capa de pintura más compacta y, por lo mismo, más oscura.

Lo mismo puede decirse del hecho de disminuir la presión del aire o la velocidad de la pasada, de modo que ésta sea más lenta, o aumentando el caudal de salida del esmalte en cuyo caso fluirá mayor cantidad del mismo.

Los consejos que acabamos de dar corresponden a las dos técnicas: seca y mojada.

La *técnica seca* es aquella de la que resulta una capa más delgada y por ello el aclaramiento del tono de la pintura.

La *técnica mojada* aporta más pintura y, como consecuencia de ello, consigue el oscurecimiento de los tonos, así como un mayor gasto de esmalte.

Las prrácticas de aclarado u oscurecido de los esmaltes de acuerdo con el método de aplicación sólo pueden llevarse a cabo con éxito cuando se tienen años de práctica en el oficio. El pintor tiene que decidir con la vista hasta qué límites debe llegar en el grado de aplicación de los métodos citados.

Sólo la experiencia y la formación en la realización de pruebas y ensayos proporcionan la suficiente habilidad como para llevar a cabo estas prácticas con toda la corrección necesaria.

Figura 30. Carta de colores para acabados metalizados.

Los metalizados

Como ya se ha estudiado, los esmaltes metalizados basan su brillo en las laminillas de aluminio que contienen conjuntamente con los pigmentos. El grosor y la distribución de estas laminillas depende de la naturaleza del esmalte (sintético o acrílico) de modo que, por más que se haya acertado en el tono de la pintura, nuestro trabajo será deficiente si pintamos la carrocería con esmaltes de distinta familia.

Si una carrocería está pintada de origen con un esmalte metalizado sintético y pintamos una pieza nueva o reparada con uno acrílico, los reflejos serán diferentes, y cuando incida la luz sobre las planchas pintadas se apreciarán notables diferencias de tono. En la figura 30 aparece una carta de colores de Valentine para acabados metalizados.

Con una pintura metalizada deben obtenerse reflejos más claros si se mira de frente y más oscuro si se mira de lado.

Cuando el resultado del pintado es que la pintura resulta clara, tanto si se observa de frente como de lado, el defecto es de la pintura. Igualmente ocurre si se aprecia oscuro de frente y de lado. Ante este defecto el pintor deberá cerciorarse si la pintura es de la misma naturaleza que la del resto de la carrocería.

Cuando se aprecia que la pintura es más oscura vista de frente y más clara vista de costado, lo cual no es un defecto de la pintura, la causa está en la aplicación efectuada con la pistola neumática de pintar.

A este respecto se debe tener en cuenta que la técnica seca aclara la pintura y la técnica mojada la oscurece. Esta situación se produce exactamente igual para las pinturas metalizadas y puede ser causa de defectos en su aplicación.

Para un mismo esmalte metalizado, los cambios de claro a oscuro dependen únicamente del tipo, tamaño y disposición de laminillas de aluminio utilizadas en la composición de la pintura y del poder de flotación de los pigmentos de las bases que componen la fórmula. Estos cambios en los reflejos es lo que se denomina *flop de brillo*.

Por otro lado, al observar los metalizados también vemos cambios aparentes en el matiz o tono del color. Así, un metalizado que al ser observado de frente se ve violeta, al ir inclinando la vista aparenta cambiar hacia tonos rojizos o azulados (los contiguos al violeta en el círculo cromático). Estos cambios en los matices constituyen lo que se denomina *flop de color*.

La aplicación y colorimetría de los metalizados es la misma que la de los colores normales, pero además de interesar la tendencia del color, es muy importante tener en cuenta tanto el flop de brillo como el de color.

Conclusiones

El tema de la colorimetría es apasionante para un pintor y una de las partes fundamentales de su oficio en lo que respecta a la preparación de las mezclas.

Es importante la gran colaboración y apoyo que el pintor tiene por parte de los técnicos de las casas de pinturas, la asistencia a los cursillos que estas casas normalmente organizan y los modernos métodos que se han puesto al alcance del pintor, ayudan mucho para el ejercicio del oficio y permiten estar siempre al día.

En cualquier caso de duda el pintor ha de saber que está a su alcance consultar a los servicios de asistencia de las fábricas de esmaltes y barnices sea cual sea su problema. Nunca debe olvidar el importante auxilio que este servicio de asistencia representa para el pintor.

Conviene que el pintor habitúe sus ojos a todos los tonos de los colores, para poder distinguirlos, teniendo la necesaria habilidad y facultad como para saber qué colores debe mezclar para alcanzar uno nuevo o para ajustar una pintura de una pieza nueva con la del resto de la carrocería.

Por último, sólo nos resta decir que en la actualidad ya se dispone de aparatos sofisticados (espectrofotómetros y espectrocolorímetros) que dan el color exacto y las bases que lo componen sólo con acercar a su objetivo una placa pintada del automóvil. Pero estos equipos pueden resultar excesivamente caros para la mayoría de los talleres de chapa y pintura.

2

PREPARACIÓN DE SUPERFICIES

El proceso de pintado de una carrocería culmina con la aplicación del esmalte, pero mucho antes de llegar al punto de aplicar la pintura por pulverizado con la pistola neumática hay que realizar una serie de operaciones para la debida preparación de las superficies a pintar.

Fundamentalmente se trata de conseguir que la superficie de la plancha reciba los tratamientos precisos para que sea eliminado de ella todo resto de grasas o de posibles elementos extraños que pudieran provocar un mal agarre de la pintura.

Trataremos ahora de todas aquellas técnicas que son habituales en el taller para llevar a cabo la preparación de las superficies a pintar.

Todas estas técnicas están comprendidas en los siguientes puntos, que en la práctica requieren varios pasos o etapas de trabajo:

- Desengrasado e imprimación.
- Masillado.
- Lijado.
- Enmascarado o tapado de zonas que no han de ser pintadas.

Desengrasado e imprimación

Cuando una carrocería llega a manos de los pintores, procedentes de la sección de chapa, la plancha debe haber sido debidamente protegida contra la oxidación y estar provista de los productos insonorizantes y antigravillado.

La aplicación de las pinturas antióxidos son responsabilidad del planchista ya que, como se ha dicho, se han de ir aplicando en los bordes de las soldaduras a medida que se va realizando el trabajo y posteriormente en zonas en las que la plancha nueva ha perdido sus protecciones.

La aplicación de las pinturas insonorizantes también debe ser responsabilidad del planchista, pero a veces el pintor puede intervenir, sobre todo si advierte zonas de la carrocería que no han sido trabajadas por el planchista pero que han perdido su protección de insonorizado.

Cuando una carrocería llega al puesto de trabajo del pintor, el primer tratamiento que éste debe llevar a cabo es el de desengrasado de la superficie que se ha de pintar.

La acumulación de grasa y demás cuerpos extraños en la superficie de las planchas dificultaría el agarre de las capas que van a aplicarse a continuación para formar un buen soporte para la pintura.

El desengrasado debe efectuarse con trapos limpioss empapados de un disolvente muy ligero que recibe precisamente el nombre de «desengrasante».

Existen en el mercado gran variedad de estos productos fabricados por las mismas casas de pinturas y esmaltes. El disolvente 319 de Valentine puede ser, por ejemplo, un líquido adecuado para este trabajo, así como el Pre-Net, de la fábrica Max Meyer, y otros muchos similares.

La característica principal de un buen desengrasante es que disuelva las moléculas de grasa, pero también ha de tener la particularidad de poseer una evaporación que no sea excesivamente lenta.

La operación de desengrasado se realiza manualmente, fregando con los trapos embebidos sobre la plancha y no dejando espacios de ella sin tratar.

Los trapos a utilizar no deben tener deshilachados. Es conveniente el uso de dos de ellos diferentes: uno para el mojado y otro, más seguro, para el secado. Con el uso de este segundo trapo podrán eliminarse los restos de grasa y los posibles hilos sueltos desprendidos del primero. En el mercado también existe un tipo de papel celulósico útil para esta operación.

Imprimaciones

Una vez desengrasada la plancha debe prepararse con una primera capa de una pintura especial muy fluida cuya misión fundamental es la de agarrarse bien al soporte (la plancha de acero) y a su vez proporcionar una superficie excelente para el agarre de las capas que vendrán después.

Este tipo de pinturas reciben el nombre de imprimaciones y a ellas pertenecen las pinturas cromofosfatantes que ya se han estudiado en el transcurso de la explicación de los trabajos de planchistería.

Pinturas utilizadas

Las pinturas utilizadas como imprimación pueden ser de varias clases. Actualmente, las principales imprimaciones son:

1. Fosfatantes o vinílicas.
2. Libres de cromatos.
3. De tipo epoxi.
4. Especiales para plásticos.

1. Fosfatantes o vinílicas

Esta familia de imprimaciones recibe su nombre debido a la presencia del ácido fosfórico que llevan incorporado como endurecedor y también se les da el nombre de *vinílicas* debido al polivinil butiral combinado con resinas especiales, que forman parte de su composición. Son pinturas primarias reactivas especialmente indicadas para luchar contra la corrosión y que, además, estabilizan la superficie de la chapa y refuerzan la acción protectora de las posteriores capas de pintura. Algunos fabricantes las dotan también de poderes desengrasantes, de modo que con su aplicación se consigue la eliminación de la grasa que pudiera estar contenida en la plancha que se trabaja.

Son conocidas en el taller como *washprimer*, nombre anglosajón que a veces se suele dar a las imprimaciones en general.

Sus características fundamentales pueden establecerse de la siguiente forma: son aplicables a la chapa desnuda y lijada y al aluminio y chapas zincadas. El producto se prepara antes de su aplicación añadiendo el endurecedor a la pintura de imprimación en una proporción de 1:1. Una vez realizada la mezcla puede durar un período de unas ocho horas a una temperatura de 20 °C y su viscosidad, a esta misma temperatura, debe hallarse entre los 15 y los 18 segundos.

La aplicación se lleva a cabo con dos o tres capas dejando entre una y otra capa un tiempo de evaporación para que se efectúe su secado. Aproximadamente, pasados unos 15 minutos, a temperatura de 20 °C, la imprimación ya está seca.

Sobre el tipo de imprimaciones vinílicas no deben colocarse masillas. Pueden ser pintadas directamente ya sea con aparejos o, incluso, con pintura de acabado.

2. Libres de cromatos

Existen unas imprimaciones más antiguas que llevan el nombre de *cromofosfatantes* que dan un gran agarre a la superficie de la plancha y pueden recibir masillas, pero tienen el inconveniente de que pueden hacer aparecer defectos superficiales después de la pintura de acabado debido precisamente a la presencia de los cromatos. Para evitar este grave inconveniente se fabrican imprimaciones en las que los cromatos han sido sustituidos, de tal forma que este defecto citado no aparece en estos nuevos productos. Por lo demás, las condiciones y resultados de su aplicación son las mismas que hemos descrito para las imprimaciones vinílicas.

3. De tipo epoxi

Estas imprimaciones están provistas de la resina epoxi y, como tales, disponen también de dos componentes que se han de mezclar en el momento de la aplicación, con catalizador y diluyente. Su característica principal es su elevada resistencia a la corrosión, además de que dan una gran protección incluso a los ataques de los disolventes.

Para su aplicación requieren un desengrasado a fondo de la zona a tratar e incluso un lijado a fondo. Se mezclan los componentes en la proporción indicada por el fabricante de la imprimación y se aplican a pistola pudiendo recibir de una a tres capas y dejando, entre capa y capa, los debidos tiempos de secado que suelen encontrarse entre los 5 y los 10 minutos.

Una vez secas, las imprimaciones epoxi pueden ser sobrepintadas con masillas de poliéster.

4. Especiales para plásticos

También las muchas piezas de plástico del automóvil deben ser pintadas después de una reparación y para ello los fabricantes de pinturas han preparado imprimaciones perfectamente compatibles y adecuadas a la naturaleza de su material.

Generalmente, las imprimaciones para plásticos son de un solo producto de manera que son aplicables directamente vertiendo desde el bote a la pistola la cantidad necesaria según la superficie de la pieza a proteger. Sin embargo, otros fabricantes ofertan este producto con dos componentes para que en el taller, y antes de la aplicación, se proceda al catalizado.

Normalmente necesitan ser aplicadas a base de darle dos manos a la pieza que se pinta. Depositan una superficie muy fina sobre el material termoplástico que es más que suficiente. Por supuesto, hay que dejar entre ellas el tiempo oportuno para que se efectúe el secado.

Aplicación de las imprimaciones

El fabricante de imprimciones proporciona siempre al pintor la información necesaria para llevar a cabo la aplicación de su producto.

También las condiciones de compatibilidad con los diversos metales, el tipo de boquilla que se aconseja para su aplicación con la pistola, la presión de aire a que hay que actuar y el tiempo de secado de acuerdo con su viscosidad.

En general, no resulta conveniente el uso de imprimaciones cromofosfatantes en ambientes de alto grado de humedad (por encima del 70 u 80 %).

Si se supera este porcentaje conviene trabajar en cabinas climatizadas, pues de otro modo se corre el riesgo de tener después desagradables sorpresas a la hora del secado de los esmaltes.

Una vez realizada la capa de imprimación, si ésta es fosfatante hay que cubrirla inmediatamente para así evitar los riesgos de mojado que eliminarían el poder de protección.

Masillado

La operación más importante llevado a cabo por el pintor en el terreno de la preparación de las superficies es la del masillado o plastecido, mediante el cual se ha de conseguir alisar perfectamente la superficie que se va a pintar.

Cuando el planchista trabaja sobre la chapa, por más cuidadosamente que realice su trabajo será muy difícil que logre que la superficie de la plancha quede completamente lisa y uniforme.

Siempre quedarán a la vista las irregularidades producidas por la misma textura del material, cuando no por la aplicación del lijado.

Los pintores necesitan que los esmaltes de acabado se depositen sobre unas superficies muy finas y alisadas. Para la regularización de estas superficies el pintor dispone de una serie de compuestos químicos llamados *masillas* o *plastes*.

Características de las masillas

Estos productos han de estar dotados de un gran poder de adherencia sobre superficies metálicas, poseer un alto poder de relleno, tener flexibilidad a espesores altos, ya que no deben cuartearse al ser sometidos a vibraciones, tener una buena facilidad de lijado y estar libres de poros una vez trabajados.

Aplicación de la masilla

Figura 1. Herramientas y material necesario para hacer la aplicación de la masilla.

En la figura 1 mostramos el equipo típico necesario para la aplicación de las masillas. Éstas vienen presentadas en botes y pueden aplicarse por medio de espátula o bien con una pistola de copa arriba, siguiendo siempre las recomendaciones indicadas por el fabricante del producto.

Existen masillas que actúan por polimeración en las que se ha de preparar la cantidad necesaria para la mezcla de dos productos.

Se toma una determina cantidad de resina de masilla que se deposita en una paleta. A ella se le añade el *endurecedor*, que forma parte de un tubo anexo. El volumen de mezcla acostumbra a ser de un 4 a un 5 % sobre el volumen de resina que hay en la paleta.

Debido a su diferencia de color y constitución, la mezcla de ambos productos debe hacerse con cuidado hasta conseguir una pasta de constitución y color totalmente homogéneos. Una vez conseguida la mezcla ya se puede pasar a su aplicación sobre la chapa.

Hay que comenzar con una capa muy fina, la cual se logra en la práctica con el procedimiento de colocar sobre un trapo la resina mezclada y extenderla desde este punto sobre la chapa, de modo que quede una capa muy delgada.

Luego se espera 10 minutos para dar tiempo a que se produzca el endurecimiento de la resina polimerizada y ya se puede pasar a aplicar una segunda capa de mayor espesor, pero esta vez preferentemente con una espátula, hasta conseguir un espesor adecuado para que queden ocultos todos los poros e irregularidades de la superficie de la plancha.

La mezcla que forma esta masilla tiende a endurecerse en unos 10 minutos, de modo que su aplicación debe ser rápida y la preparación ha de hacerse de acuerdo con las cantidades que se prevén van a poderse aplicar en este tiempo.

Una vez producido el endurecimiento de la masilla aplicada sobre la chapa ésta forma una superficie muy dura de modo que ya no existe otra forma de rebajarla o pulirla más que por la acción mecánica, de modo que se tendrá que limar o lijar para conseguir su total adaptación. Esto se explicará más adelante.

Las masillas de polimeración que hay que preparar del modo que se ha descrito deben ser tratadas con mucho cuidado en el sentido de que no se mezclen la espátula con la que se produce la mezcla con la espátula que empleamos para sacar la cantidad de la resina cuya utilización se prevé.

La menor entrada de endurecedor en la resina provoca ya el inicio de la polimeración del contenido del bote, de modoo que ésta puede llegar a inutilizarse incluso con el bote debidamente cerrado.

En cuanto a la proporción de la mezcla, comoquiera que no puede medirse con absoluta exactitud, hay que hacerla «a ojo». Conviene que tenga algunas referencias con respecto a esta proporción.

Por ejemplo, podemos considerar que a un volumen equivalente al de una cuchara sopera de resina le conviene un volumen como el de un guisante de la pasta del endurecedor (lo cual vendría a ser algo así como el 5 %).

También hay que tener en cuenta la temperatura ambiente que puede modificar los volúmenes. En tiempo frío hay que aumentar la proporción del endurecedor y rebajarla en tiempo caluroso. El 5 % conviene en el caso de una temperatura de unos 20 °C.

Existe otro tipo de masillas que se aplican directamente desde el bote, también con espátula o bien con pistola. En todos los casos hay que seguir las instrucciones dadas por el fabricante, ya que ocurre con frecuencia que existen variaciones en los tiempos de secado y aplicación que cada fabricante establece de acuerdo con las características químicas de su producto. Una vez se ha secado la masilla se debe proceder a un lijado al agua con un papel de P-400.

Aparejo o apresto

Una vez incorporadas las masillas y totalmente alisadas para dar paso a la pintura de acabado, conviene contar con la aplicación de un producto intermedio, que tenga cuerpo y sea capaz de rellenar finísimas irregularidades que han quedado después del lijado de las masillas, además de que proporcionen una base de cuerpo para la aplicación final de la pintura de acabado. Esta labor se le encomienda al *aparejo*.

En realidad, el aparejo es una nueva imprimación pero dotada de un elevado poder cubriente debido a la gran adición de sólidos que contiene. El aparejo aporta, además, un buen aislamiento entre capas para que los productos químicos de unas y otras no puedan mezclarse y pasen a modificar los resultados de la pintura exterior de acabado.

Los aparejos están compuestos de resinas acrílicas, o de poliuretano, mezcladas con disolventes orgánicos y cargas o, a veces, pigmentos. Se fabrican de dos tipos que pueden clasificarse especialmente por el sistema de secado. Los aparejos de secado al aire por evaporación (1K) son ya poco usados porque no dan la misma calidad que se observa en los aparejos de secado químico.

En cuanto a los aparejos de secado químico (2K), necesitan un catalizador para endurecer la mezcla que debe incorporarse en la proporción indicada por el fabricante, antes de aplicar el producto. En la actualidad esta familia de aparejos se ha complementado con los llamados *aparejos MS* y *aparejos HS* que presentan un mayor poder cubriente que los anteriores obteniéndose con ellos películas de entre 200 y 300 micras de espesor cuando están secos, espesor que puede considerarse muy elevado teniendo en cuenta que el poder cubriente de la pintura de acabado se mantiene alrededor de las 100 y 120 micras. Incluso pueden sustituir a las masillas de poliéster pero se aconseja que no se apliquen con la técnica de húmedo sobre húmedo.

También hay que contar con la presencia en el mercado de aparejos de tipo polivalente que pueden hacer las funciones de masilla y aparejo a la vez en aplicaciones de tipo húmedo sobre húmedo, así como otros que admiten la presencia de pintura del color que se va a pintar la carrocería para ofrecer una base a la posterior pintura de acabado cuando ésta tiene poco poder cubriente. En este caso se reduce el número de manos. Esta técnica se emplea en los bicapa y el volumen de pintura admitido suele encontrarse alrededor del 10 % del volumen total del aparejo.

Aplicación de aparejos

Antes de aplicar el aparejo es necesario proceder a la mezcla de los componentes de que consta (fig. 2) a las proporciones indicadas por el fabricante que suelen consistir en una parte de endurecedor por cada cuatro partes de aparejo. A 20 °C la vida de esta mezcla suele ser de entre 45 y 60 minutos, dependiendo ello del fabricante y del tipo de aparejo elegido, pero esta cantidad de tiempo debe servir de base al operario para hacerse cargo de la cantidad de preparación que tiene que realizar.

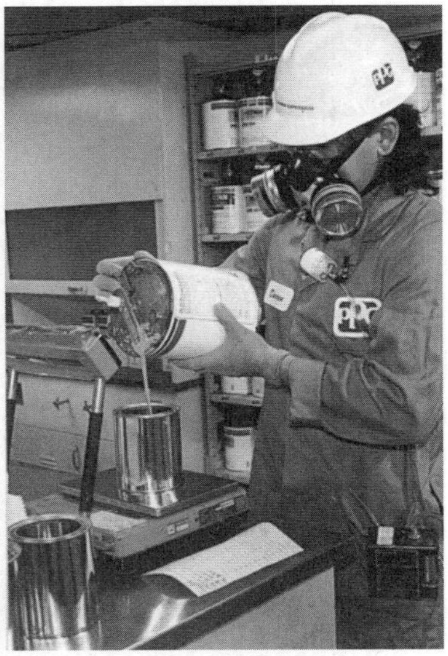

Figura 2. Modo de efectuar en una balanza la mezcla de los componentes de un aparejo provisto de catalizador.

La viscosidad puede encontrarse entre de valores de 25 segundos medidos en el viscosímetro. Por lo tanto ya tenemos un dato de cara a la adición de diluyente. Al variar la cantidad de diluyente, el aparejo puede ser utilizado como masilla, protector o sellador o en funciones propias de los aparejos en aplicaciones húmedo sobre húmedo.

A continuación se pasará a dar las capas necesarias a pistola. Se suele actuar a una presión entre 3 y 4 bares y obtener películas en cada pasada de 150 micras.

Se deja secar, cosa que hace entre los 20 y los 30 minutos bajo una temperatura de 60 °C y, cuando se haya comprobado que está bien seco, se puede pasar a someterlo a una operación de lijado, primero con lijadora excéntrica y luego con papel abrasivo de alrededor de un P800.

La misión más importante del aparejo es la eliminación de zonas sombreadas, que pueden aparecer debido al diferente poder de cobertura de las pinturas y, sobre todo, al pintar con colores amarillos o rojos, se debe teñir el aparejo con un poco de color para contribuir al acabado. En la figura 3 se aprecia este tipo de sombreado en el momento del lijado.

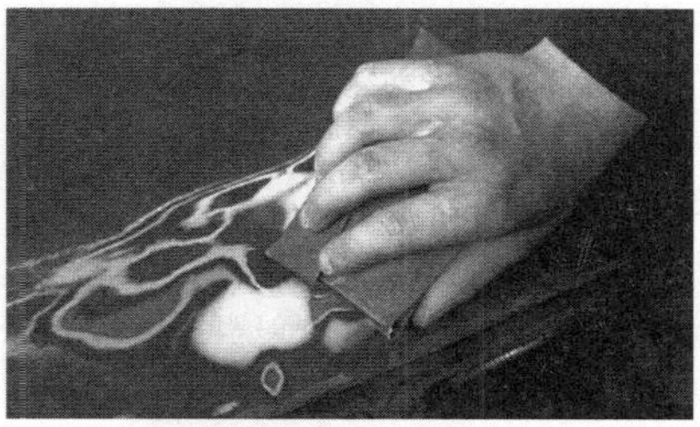

Figura 3. Después de haber efectuado un lijado o durante él, pueden aparecer sombreados sobre la plancha que la aplicación del aparejo puede eliminar.

Lijado

La operación de lijado es básica para conseguir la perfecta regularización final de las superficies que se han de pintar. Tiene por objetivo suprimir todo tipo de rugosidad que haya podido producirse en las capas de masillado y apresto que la chapa haya recibido.

El lijado se lleva a cabo por medio de abrasivos flexibles (fig. 4) que están compuestos por los tres elementos fundamentales siguientes:

Figura 4. Diferentes tipos de abrasivos flexibles.

a) Soporte. El elemento para lijar está compuesto por un soporte que sirve de base para la sustentación del mineral y que se construye en papel, tela o fibra vulcanizada, según los casos y servicios para los que la lija deba usarse.

Para lijar cementos, imprimaciones y masillas se aconseja siempre utilizar abrasivos con soporte de papel.

Cuando se precise actuar en zonas de curvaturas que obliguen al papel a un doblado en ángulo muy exagerado, de modo que fácilmente puede romperse, es aconsejable utilizar el abrasivo con soporte de tela, ya que ésta tiene mayor flexibilidad. Tal es el caso de tener que lijar en las rebabas de las piezas metálicas o en puntos muy escondidos formados por rincones.

El soporte de fibra vulcanizada tiene su mejor utilización cuando se trata de lijar plancha hasta dejarla viva, cuando hay que eliminar un cordón de soldadura o una capa de herrumbre. Éste es el tipo de soporte que suele utilizar el planchista en sus trabajos de lijado y con la máquina lijadora.

b) Mineral. El mineral está compuesto por granos de diferentes tamaños (lo que determina el grado de agresión del abrasivo) de un material que posea una gran dureza, o sea, una gran resistencia a ser rayado.

Existen dos tipos de materiales muy comunes empleados en este tipo de abrasivos: el *óxido de aluminio* o *esmeril* y el *carburo de silicio* o *carborundo*.

Ambos tienen una dureza similar, algo mayor en el esmeril, pero el carborundo es más tenaz. Por ello, es aconsejable cada uno de ellos en determinados tipos de trabajo, según el grado de acabado que se considere necesario.

El número de granos por pulgada que pueden alinearse determinan el poder abrasivo del material. Cuanto más grandes son los granos, y por lo tanto, menor es su cantidad, es mayor el poder abrasivo.

Las lijas P.120 o P-150 son de grano grueso; las P-200, P-280 o P-320 son de grano medio y las P-800, P-1.000 y P-1.200 son de grano frío.

Normalmente, en la práctica, para desbastar se toman siempre lijas de granos gruesos. Para las masillas se elige un grano intermedio, del tipo P-200. Para los lijados de acabado se utilizarán las P-800, P-1.000 y hasta P-1.500.

c) *Aglutinantes.* Los aglutinantes o colas tienen la importante misión de sujetar los granos al soporte y, además, el mantenerlos orientados en una determinada posición para hacer que el lijado sea uniforme.

Existen dos tipos fundamentales de aglutinantes que deben preferirse según el tipo de trabajo a que se someta el abrasivo:

1. Los aglutinantes naturales para lijados que se van a llevar a cabo a mano, donde el esfuerzo y la temperatura a que serán sometidos va a ser moderada.
2. Los aglutinantes a base de resinas sintéticas para los abrasivos que van a trabajar en condiciones muy graves al ser aplicados a máquinas lijadoras, en cuyo caso se puede contar con un trabajo a alta temperatura.

También se usan resinas en abrasivos flexibles que van a trabajar al agua para evitar que ésta disuelva el aglutinante.

Elección del abrasivo

Una vez visto el elemento que nos va a servir para llevar a cabo el lijado conviene destacar la importancia de saber elegir el abrasivo correcto que requiere el trabajo que vamos a realizar.

Hay que tener en cuenta que las superficies que vamos a lijar pueden tener diferente dureza y además hay que contar con el estado superficial que puede ir de una textura muy tosca a otra bastante fina. Y también, por supuesto, el grado de pulido que nosotros queremos alcanzar para la zona donde va a producirse el lijado. Para la utilización y elección del abrasivo adecuado se debe tener en cuenta, por lo menos, las cuatro reglas siguientes:

1. Es necesario trabajar siempre sobre superficies completamente limpias de grasa. Por lo tanto, hay que asegurarse de que estén bien desengrasadas, y si se tiene la más mínima duda, se debe pasar un trapo limpio empapado en un disolvente que no ataque a la imprimación o al apresto.
2. Hay que trabajar con abrasivos que de origen estén secos y limpios. Por lo tanto, hay que cuidar el almacenaje de estos materiales para que no se humedezcan.

Durante el trabajo de lijado hay que quitar de vez en cuando el polvo que se produzca o de cambiar el agua cuando se esté lijando al agua, pues los granos de esmeril o carborundo que pueden desprenderse, o partículas de suciedad que puedan ser sujetadas por el abrasivo, pueden dar lugar a un trabajo anormal de lijado y a no conseguir los resultados apetecidos.

3. Hay que utilizar siempre cuñas o tacos para el abrasivo por medio de los cuales se reparta la fuerza de la presión ejercida por igual sobre toda la chapa tratada, de modo que la presión sea uniforme en toda la zona en la que se aplica lija.

4. Para conseguir una superficie correcta es necesario elegir cada vez el abrasivo del grano más adecuado al tipo de superficie que se está trabajando.

Si la superficie es muy rugosa se tendrá que comenzar con una lija de grano grueso y cada vez más pequeño a medida que aumenta la calidad de pulido de la superficie tratada.

Normalización de los abrasivos

Los abrasivos están numerados con unas cifras con las que se indica el mayor o menor grosor de los granos de que constan. Como que cada fabricante utilizaba la nomenclatura que era más o menos tradicional, se han establecido unas normas europeas para distinguir el grano de los abrasivos a las que se atienen cada vez un mayor número de fabricantes, con lo que se evita la consiguiente confusión en los usuarios. Estas normas son las F.E.P.A. (fig. 5).

Según estas normas europeas el abrasivo de grano más grueso recibe la numeración de P-80, mientras el grano más fino se señala con P-1500.

Otra norma es la americana, que no sigue la misma numeración si la comparamos con la europea. Así, por ejemplo, la lija P-800 en la norma europea corresponde a la 400 en la norma americana (fig. 5).

Para los trabajos del pintor los abrasivos más utilizados son los siguientes:

- Para lijar zonas enmasilladas en una primera operación de lijado: lijado al agua mediante papel P-400.
- Para el lijado sobre el aparejo o apresto: papel al agua P-800

En general, cuando hay que pintar con colores muy claros y traslúcidos se recomienda un trabajo de lijado más fino y entonces es adecuado el uso del papel P-1000.

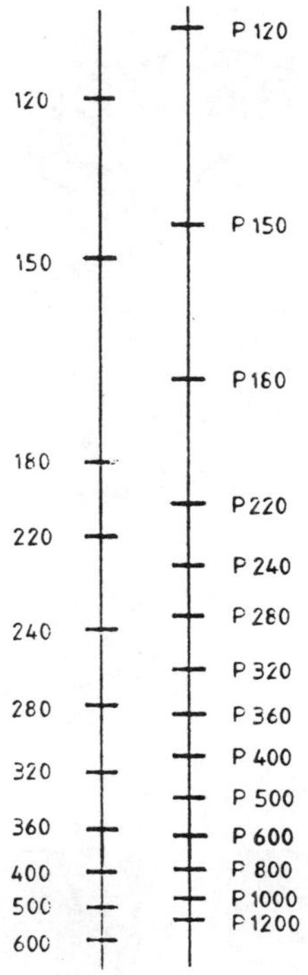

Figura 5. Tabla de normalización de abrasivos expresando gráficamente la correspondencia entre la norma europea (F.E.P.A.) y la americana.

Sistemas de lijado

El pintor debe dominar las técnicas de trabajo en el lijado en las siguientes condiciones:

a) Lijado a mano.
b) Lijado a máquina.

a) Lijado a mano

El lijado a mano en general es el más corriente en el tallerj y se utiliza tanto para las operaciones de remate de una superficie como para sacar pequeños defectos de pintura una vez pulverizada y seca, así como para enmasillados parciales en los que no es posible aplicar una máquina por el poco espacio de que se dispone.

El lijado manual se lleva a cabo con la ayuda de las *cuñas* para *lijar*, también conocido como *tacos para lijar*.

Las cuñas para lijar pueden ser de diferentes formas, tamaños y materiales, pero son muy corrientes las de goma o las de madera (fig. 6).

El papel abrasivo se corta en dos o cuatro partes y luego se coloca en las

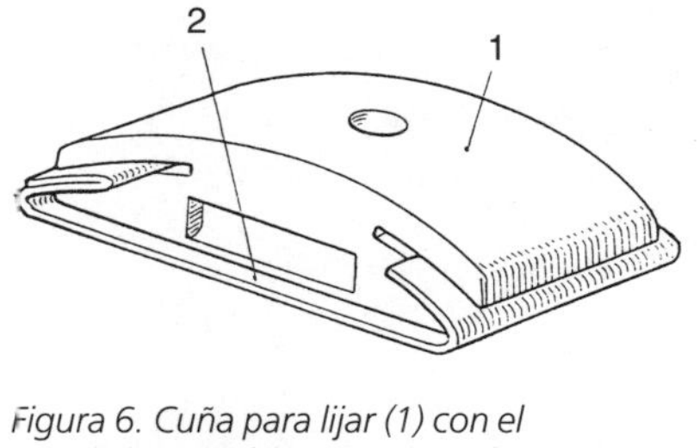

Figura 6. Cuña para lijar (1) con el papel abrasivo (2) montado en las ranuras de sujeción.

Figura 7. Movimiento longitudinal y de vaivén para lijado manual con la cuña.

ranuras de que dispone la cuña. En estas ranuras el papel queda bien sujeto de modo que se puede proceder al lijado realizando el movimiento paralelo y de vaivén (fig. 7).

Después de una correcta elección del grano del papel según el estado de la superficie que se tiene que lijar, la operación de lijado propiamente dicha consiste en ir frotando con el papel abrasivo sobre la superficie enmasillada hasta conseguir el afinamiento de la misma.

En este trabajo es preciso que el lijado se produzca siempre en una sola dirección y sin apretar demasiado sobre la cuña.

Los defectos principales que hay que evitar son los siguientes:

- Lijar con la mano desnuda, es decir, sin utilizar cuña. Ello provoca la irregular aplicación de la fuerza ejercida y, por lo mismo, un resultado del lijado muy poco satisfactorio.
- Lijar con grano demasiado grueso para ganar tiempo suele dar siempre malos acabados, de modo que es mejor pecar por utilizar un papel de grano fino que por lo contrario.
- Apretar demasiado el papel también ocasiona un trabajo más rápido, pero de un acabado más tosco.

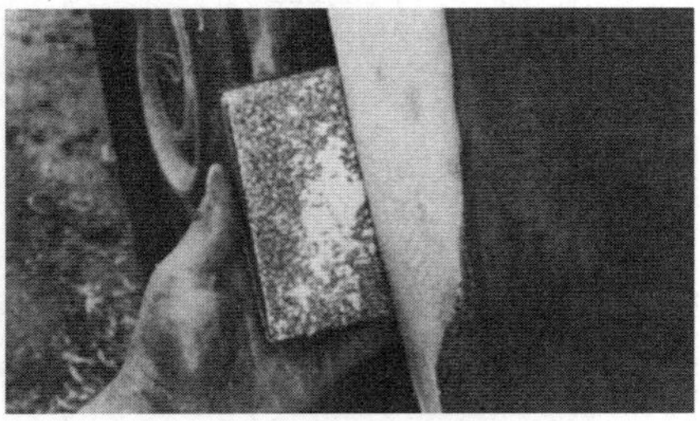

Figura 8. En el lijado manual en seco el papel produce mucho polvo y se ensucia con mucha rapidez.

El lijado manual puede llevarse a cabo utilizando dos técnicas diferentes aunque muy parecidas. Estas técnicas son lijado a mano en seco y el lijado a mano al agua.

1. *Lijado a mano en seco.* Este tipo de lijado es el que se realiza a mano y directamente sobre la zona enmasillada (fig. 8).

Este tipo de lijado produce mucho polvo en el momento en que está eliminando la parte del material sobre el que se lija, al que añade, además, el propio desprendimiento de los granos de abrasivos. Este polvo se comunica con el aire y se dispersa. Parte de él se queda en la misma carrocería y otra parte va a parar al suelo.

Uno de los más grandes enemigos que tiene el pintor de carrocerías es, precisamente, el polvo. Si éste se deposita sobre una superficie esmaltada cuando todavía no ha secado puede echar a perder un trabajo cuidadoso. Por lo tanto, el lijado a mano nunca es recomendable en el taller por proporcionar demasiado polvo.

Además hay otros factores que lo hacen poco aconsejable, como son el hecho de que el papel abrasivo aplicado en seco se ensucia con mucha facilidad, tal y como se aprecia en la figura 8. Esta suciedad impide que los granos actúen correctamente, por lo que hay que cambiar el papel con mucha frecuencia.

El lijado en seco sólo es aconsejable para actuar directamente sobre el metal de la chapa, para lijar pintura que se desconcha y para lijar algunos tipos de masillas que, por su naturaleza, no aceptan el lijado al agua.

En cualquier caso, lo ideal es disponer de una lijadora con aspiración de aire y efectuar este trabajo a máquina, como veremos más adelante.

2. *Lijado realizado al agua a mano.* Este tipo de lijado es el más corriente en el taller de pintura. El papel suele ser especial y muy resistente al desgarramiento.

Después de colocar el papel abrasivo en la cuña, se dispone de un cubo (o cualquier otro tipo de recipiente) con agua y se pone dentro de él la cuña para que se moje el abrasivo debidamente. Luego se saca del cubo y se procede al lijado.

De vez en cuando es necesario sumergir la cuña en el agua del recipiente para que del abrasivo se desprendan las partículas de la masilla que arrastra, las cuales forman como un barro que se suelta fácilmente al contacto con el agua. De este modo el papel abrasivo se limpia y está en condiciones de continuar el lijado, todo ello sin el menor desprendimiento de polvo.

Un mejor procedimiento consiste en utilizar una esponja empapada en agua de manera que al apretarla con la mano, el agua pase por la zona del lijado, mojando el abrasivo y arrastrando parte de las partículas desprendidas. Además, con este método se evita el tener que mojar continuamente la lija en el cubo.

Aunque en estas condiciones el papel aguanta mucho más que en el lijado a mano, también es necesario, de vez en cuando, sustituirlo, cosa que debe hacerse en cuanto se observe que ya no desgasta lo suficiente.

El lijado al agua presenta su principal ventaja en el hecho de que no produce polvo. En el terreno práctico permite alcanzar un grado de finura de la superficie tratada mucho más uniforme en comparación con el lijado en seco.

Cuando se trata de lijar en la plancha viva no debe utilizarse este tipo de lijado, ya que la humedad del agua predispone a la formación de óxido.

En todos los casos en que se utilice esta técnica de lijado debe tenerse en cuenta la necesidad de proceder a un secado, con aire comprimido o estufas de secado, en cuanto se dé por terminado el trabajo. Hay que eliminar el agua que se haya podido escurrir a través de las planchas y, por supuesto, todo resto de humedad que haya quedado en cualquier parte de la carrocería.

En todos los casos se debe tener muy en cuenta que el agua puede haberse depositado en los rincones formados por la plancha. Es precisamente aquí donde se tendrán que extremar los cuidados para sacar el agua y todo el resto de humedad.

b) Lijado a máquina

El lijado manual resulta lento y entretenido tanto si se efectúa en seco como al agua. A fin de conseguir ganar en velocidad de ejecución se han creado máquinas de lijar que están en condiciones de hacer el trabajo mucho más rápidamente.

Este tipo de máquinas, llamadas lijadoras, se está imponiendo en los talleres como una solución de abaratar precios, pero todavía hay operarios que se quejan de su falta de versatilidad ya que, si bien son muy efectivas cuando hay que lijar grandes superficies planas, presentan dificultades cuando hay curvas o rincones de difícil acceso para el abrasivo fijado en la herramienta.

Además, el trabajo manual es siempre susceptible de quedar mucho más perfecto cuando lo realiza un operario con práctica.

En la figura 9 se puede ver un lijado en seco y sin polvo, ya que éste es aspirado por la propia máquina.

El lijado a máquina permite utilizar indistintamente las técnicas de lijado en seco o lijado al agua, utilizando esponja. De todos modos, el método más corriente de su empleo es el lijado en seco.

Se utiliza para el lijado de grandes superficies como, por ejemplo, cuando hay que pintar completamente una carrocería y hay que sacar la capa de pin-

Figura 9. Lijado en seco y sin polvo mediante aspiración.

tura antiagua o también para llevar a cabo la realización de grandes reparaciones que comportan el pintado de grandes piezas de plancha de revestimiento.

En la actualidad hay máquinas de lijado que controlan electrónicamente la presión que ejercen sobre la chapa, de modo que el resultado del trabajo se acerca más a la técnica manual y se obtienen resultados muy aceptables en el acabado de las superficies.

En el taller de pintura existen dos tipos de lijadoras que se utilizan en determinados momentos como sustitución del lijado manual. En ambos casos el sistema de accionamiento de estas máquinas puede ser eléctrico o neumático, según sean alimentadas por electricidad o bien por aire comprimido. Estos dos tipos de lijadoras son las siguientes:

1. Lijadoras vibratorias.
2. Lijadoras orbitales.

Figura 10. Lijadora vibratoria.

1. *Lijadoras vibratorias.* En este tipo de máquinas se trata de reproducir el movimiento de vaivén que es propio del lijado manual para obtener de este modo un acabado más preciso de las superficies a tratar (fig. 10).

Este tipo de máquinas trabajan especialmente bien en superficies planas y pueden emplearse indistintamente con técnicas de lijado en seco o al agua. En el primer caso siempre es conveniente que la máquina esté provista de aspiración de polvo.

Figura 11. Lijadora orbital.

2. *Lijadoras orbitales.* Disponen de un eje interno que les permite combinar un movimiento elíptico y rotativo a la vez. Gracias a este sistema eliminan la posibilidad de dejar huellas sobre la masilla, tal como ocurre con las lijadoras convencionales (fig. 11).

La lijadora que vimos en la figura 9 también es orbital, pero provista de aspirador. La lijadora está conectada mediante una manguera, al aspirador, el cual va absorbiendo el polvo y las partículas desprendidas por el abrasivo.

Enmascarado o tapado de zonas que no se han de pintar

Las reparaciones más frecuentes que se llevan a cabo en un taller de chapistería y pintura suelen consistir en el repintado de zonas parciales de la carrocería. Como consecuencia de accidentes de pequeña importancia, las planchas de revestimiento reciben golpes cuando el automóvil se conserva todavía en un buen estado general y, por supuesto, también en perfecto estado su pintura exterior. En estos casos no es necesario proceder al pintado general de toda la carrocería y sí de la zona parcial en la que se ha recibido el golpe. Por supuesto, también encontramos casos en los que el cliente quiere pintar la totalidad de la carrocería pero, incluso en este supuesto, y principalmente en el primero, es necesario proceder a la protección de las planchas que no se pintan o a otros elementos accesorios tales como las gomas, lunas, cristales, faros, piezas de plástico, ruedas, etc., que no han de recibir los efectos de la pintura. Téngase en cuenta que, en la mayoría de las aplicaciones ocurre, como resultado de la pulverización, que se crea como una niebla y es muy fácil que residuos de esta niebla se depositen en partes que no deben recibir pintura, manchándolas. Si no se han tomado previamente las precauciones necesarias para preservar las partes que no deben ser pintadas, puede ocurrir este percance. A la técnica de tapar perfectamente los elementos o planchas que no han de recibir pintura se les llama en el taller *enmascarado*.

Este trabajo de protección por tapado, o enmascarado, debe hacerse no sólo cuando se va a pintar sino también siempre que exista el riesgo de rociado de algún producto de imprimación que deba aplicarse por pulverización y que pudiera atacar o manchar las planchas pintadas que no van a ser tratadas. Del mismo modo, cuando se pinta la totalidad del exterior de una carrocería es necesario conseguir que el habitáculo quede perfectamente cerrado para que no pueda penetrar en su interior residuo alguno de esmalte. Para ello se han de mantener los cristales de las ventanillas alzados y, por supuesto, el parabrisas y la luna trasera montados. Pero todos los cristales hay que protegerlos para que no reciban pintura que después sería muy difícil eliminar. Del mismo modo hay que cuidar las gomas de estanqueidad y las de contorno de las lunas. Si estas gomas reciben pintura será después muy difícil eliminarla, y si se entrega en estas condiciones el trabajo al cliente dejaremos clara constancia de nuestra falta de profesionalidad.

Pero, además, de igual forma podemos hablar de los accesorios que quedan al exterior (limpiaparabrisas, faros, pilotos, asideros de las puertas, retrovisores exteriores, ruedas y neumáticos, etc.). A todo esto hay que añadir, desde luego, la protección de las mismas planchas vecinas a las reparadas y que no se han de pintar.

De acuerdo con lo dicho vemos que, antes de lanzarse el pintor al trabajo final de la aplicación de la pintura, se ve precisado a realizar el enmascarado o protección de las planchas y accesorios vecinos, y de este tema es del que vamos a ocuparnos a continuación.

Para empezar veamos, en la figura 12, cómo un operario está aislando el resto de la carrocería de una puerta que ha sido reparada y deberá ser pintada. Obsérvese cómo el tapado se realiza con papel y cinta adhesiva.

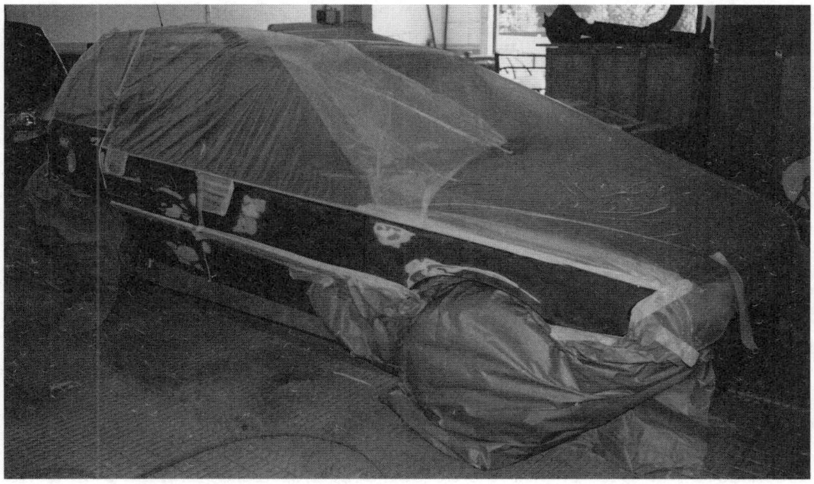

Figura 12. Forma de tapar con papel la carrocería de aquella parte que no se ha de pintar.

Figura 13. Antiguamente se utilizaba papel de periódico para el enmascarado pero ya puede verse aquí el mucho tiempo que consumía la creación de estas protecciones que resultaban, además, poco fiables.

Antiguamente este trabajo era bastante entretenido ya que no se había estudiado ningún sistema especial para mejorar los tiempos en el trabajo, y el operario hacía con papeles de periódico verdaderas arquitecturas de tapado (fig. 13) que consumían mucho tiempo y no siempre resultaban totalmente útiles ya que la calidad del papel permitía fáciles roturas que podían, a veces, echar por los suelos algunas horas de trabajo.

En la actualidad, el enmascarado puede realizarse con bastante rapidez y total eficacia si se dispone de los avances que la industria auxiliar proporciona a los talleres. A continuación vamos a ver los elementos con los que puede contar un operario para llevar a cabo este trabajo. En este sentido vamos a considerar los siguientes elementos que son los más populares en nuestros días:

- Papeles.
- Cinta adhesiva.
- Fundas de protección.
- Mantas de enmascarar.
- Fundas cubrerruedas.
- Película plástica.
- Cintas para enmascarar parabrisas.
- Burletes.

Estos elementos de los que puede valerse el operario de hoy vamos a estudiarlos por separado.

Papeles

Los fabricantes ofrecen hoy a los talleres papeles especialmente estudiados para soportar los ataques de los productos que se aplican sobre las planchas. Se trata de un papel que tiene una gran resistencia a la rotura pero dotado de cierta flexibilidad que hace que se adapte muy bien a las formas que se le impriman. Posee una estructura lisa donde no aparecen fibras sueltas y una superficie uniforme que lo hace difícilmente arrugable, capaz de resistir la acción de los disolventes, los diluyentes, etc., y es impermeable al agua procedente del lijado.

Estos papeles se ofertan en rollos y, dispuestos en carros especiales como el mostrado en la figura 14, pueden disponer a su lado de rollos de cintas adhesivas (1) colocadas de tal forma que, al sacar el papel, éste ya sale con la cinta adhesiva colocada en su borde para facilitar su inmediato montaje.

Los talleres que lo deseen pueden disponer de instalaciones semejantes pero adosadas a la pared del taller.

Las bobinas de papel pueden ser de distintas medidas para conseguir adaptarse a las diferentes superficies que se han de enmascarar. Sus anchos suelen fabricarse desde 300 y 900 mm.

La forma de actuar con los papeles cortados de las bobinas lo pudimos estudiar en la figura 12.

Figura 14. Carro provisto de las bobinas de papel de diferentes tamaños y de las cintas adhesivas (1) para facilitar el enmascarado.

Cinta adhesiva

La cinta adhesiva ya hemos visto en el anterior apartado cómo debe colaborar con el papel para la fijación de éste en las zonas a proteger. Sobre ella poco habría que decir si no fuera porque debe tratarse de una cinta adhesiva que tenga algunas características especiales de importancia para la función que se le encomienda.

En primer lugar, se ha de tener en cuenta que, si el secado se hace al horno, deberá soportar, sin el menor quebranto, las temperaturas máximas dadas en las cabinas. Por otra parte, deben estar dotadas de buena adherencia para que el papel no se despegue frente a las turbulencias de la pulverización dadas por el aire comprimido de alimentación de la pistola y, sin embargo, una vez terminado el trabajo, debe ser de fácil extracción sin posibilidad de dañar la zona donde fue colocada. Así pues, téngase en cuenta que se trata de una cinta adhesiva especialmente estudiada para esta función de enmascarado.

Figura 15. Forma de enmascarar una carrocería reservando sólo el espacio para la pintura de un capó delantero y utilizando una funda de protección.

Fundas de protección

Otra solución de especial importancia cuando se trata de enmascarar grandes superficies es el uso de unas fundas de plástico biodegradable. Con ellas se tapa la totalidad del automóvil y solamente se trata de recortar la parte correspondiente a la pieza que se ha de tratar. Éste es el caso que nos muestra la figura 15 correspondiente al caso de la pintura de la parte delantera de un automóvil.

Como en los demás casos que hemos visto antes, el plástico también es un material especial que debe ser capaz de resistir las condiciones de trabajo a que puede ser sometido durante la pintura de una superficie determinada. Debe resistir perfectamente el calor y estar dotado de impenetrabilidad.

Con este tipo de fundas solamente hay que tener la precaución de que se apliquen sobre la carrocería teniendo la seguridad de que no hay el menor resto de agua sobre las planchas. Comoquiera que el plástico es, como hemos dicho, biodegradable, la presencia de agua entre él y la plancha podría ocasionar manchas en las zonas pintadas.

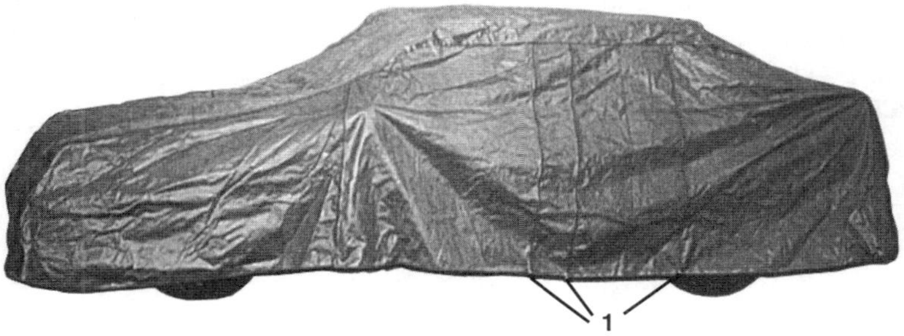

Figura 16. Aquí vemos una manta de enmascarar que, en este dibujo, cubre toda la carrocería. Obsérvese la presencia de líneas adhesivas (1) que permiten desmontar parte de la manta.

Mantas de enmascarar

En el terreno de la búsqueda de soluciones para mejorar los tiempos de trabajo del taller y lograr enmascarar de una forma muy rápida, también se ha estudiado la forma de tapar la totalidad del coche por medio de unas grandes piezas llamadas *mantas de enmascarar* que se adaptan a todo tipo de carrocería de automóvil. Estas mantas disponen de unas posibles aberturas que pueden quitarse y adaptarse al tipo de cubrimiento que se necesita hacer. En la figura 16 se puede ver su colocación cubriendo la totalidad de la carro-

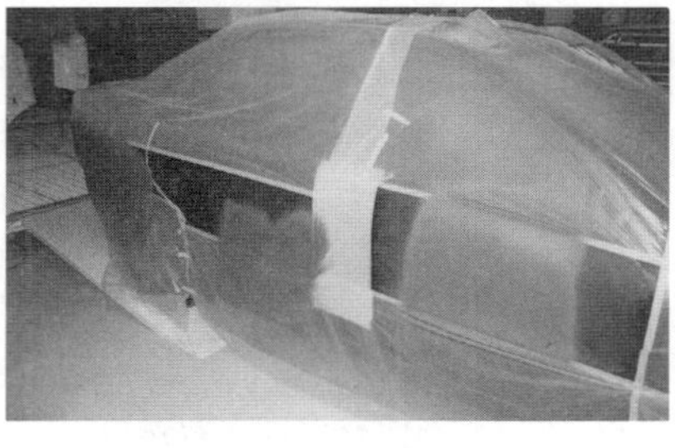

Figura 17. Automóvil preparado para pintar y enmascarado con una manta semejante a la de la figura anterior, dejando al descubierto sus dos puertas laterales que se han de pintar.

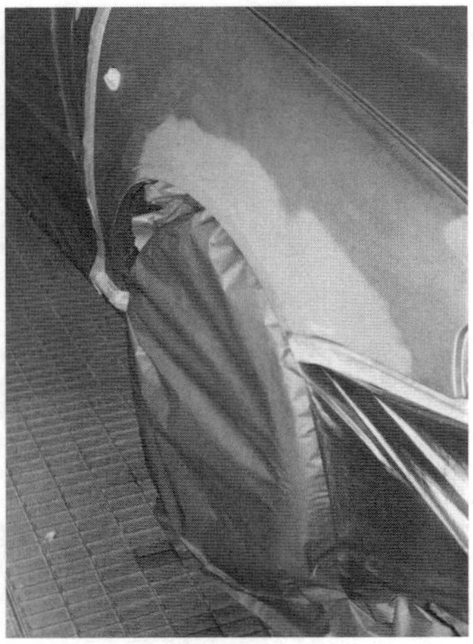

Figura 18. Automóvil provisto de una funda cubrerruedas para el enmascarado de neumático, llanta y tapacubos.

cería. Obsérvese la presencia de líneas de abertura (1) que se aprecian sobre la manta.

En la figura 17 tenemos un ejemplo de aplicación para el pintado de dos puertas.

Fundas cubrerruedas

Las fundas cubrerruedas constituyen la manera más rápida y fácil de enmascarar las ruedas para protegerlas de la pintura ya sea directa o como consecuencia de la neblina de pulverización.

Consisten en unas fundas, generalmente de algodón o de un material sintético similar, que se adaptan totalmente a la rueda desde el exterior. Van provistas de unas gomas para mejorar su sujeción una vez colocadas y son completamente estancas. En la figura 18 puede verse una de estas fundas. Pueden utilizarse en repetidas ocasiones.

Película plástica

Al igual que hemos visto en el caso del papel también el elemento de protección puede estar formado por bobinas de plástico, también (como el papel) de diversas longitudes de ancho. De la misma forma que ocurre en las bobinas de papel, cuando se saca plástico de estas bobinas están en contacto con un rollo de cinta adhesiva que hace que el plástico salga provisto del sistema de agarre para su montaje.

En la figura 19 puede verse a un operario que está realizando el enmascarado de la superficie vecina a una aleta para proceder al pintado de ésta.

Figura 19. Utilización de una película plástica para enmascarar.

Cintas para enmascarar parabrisas

Para tapar los cristales de los parabrisas y la luna trasera se puede emplear un tipo de cinta de plástico, provisto de una zona adhesiva, que se adapta muy bien y fácilmente a las gomas de contorno de los cristales y hace que su tapado se pueda producir en pocos minutos.

En la figura 20 tenemos un ejemplo de esta cinta de enmascarar parabrisas que tiene un ancho de 5 cm, de los cuales 1 cm está reforzado y no es adhesivo, mientras los 4 cm restantes son adhesivos.

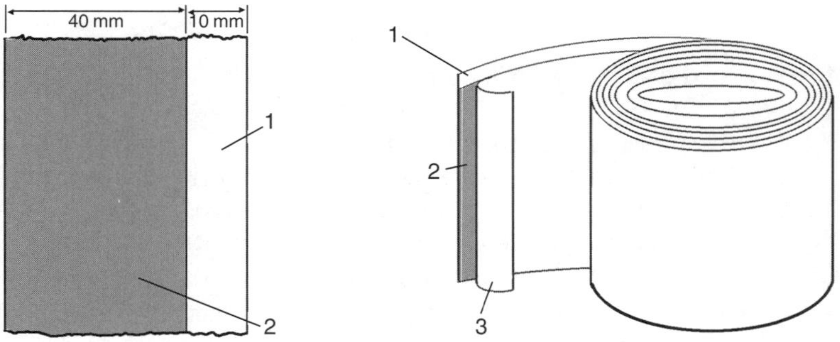

Figura 20. Medidas y constitución de una cinta para enmascarar parabrisas. 1, zona reforzada que se introduce debajo de la pestaña de la goma de contorno. 2, zona adhesiva protegida con un papel (3) que se ha de retirar durante la instalación.

La forma de colocar esta cinta se puede ver en los dibujos de las figuras que siguen. En primer lugar, se ha de hacer la instalación de las zonas curvas del marco del cristal. Para ello, tal como muestra la figura 21, se comienza el trabajo haciendo unos cortes en la zona adhesiva de la cinta para poder darle la vuelta en la curva de la goma de contorno del parabrisas.

Una vez cortada se monta teniendo en cuenta que la parte reforzada y no adhesiva se coloque por debajo de la goma, tal como se ve en la figura 22. Luego se quita el papel que cubre la zona adhesiva y se deja a la espera de aplicarle en su canto el papel de enmascarado Así queda de la forma que se indica en la figura 23.

Cuando la goma es lineal, como ocurre en el caso de la figura 24, basta con introducir la parte dura de la cinta por debajo de la pestaña de la goma de contorno, cosa que se logra con gran facilidad dada la dureza de la parte dura de la cinta. También se procede ahora a retirar el plástico de protección para dejar a la vista la zona adhesiva de la cinta. Es lo que se está haciendo en la figura 25. Luego ya puede doblarse la cinta de la forma que se aprecia en la figura 26.

A partir de este momento ya se puede proceder a colocar el papel que se adherirá a la cinta con toda facilidad y quedará el cristal totalmente enmascarado.

Burletes

Otro de los elementos muy útiles para enmascarar con los que puede contar un pintor es el burlete de espuma de poliéster que tiene la forma y caracte-

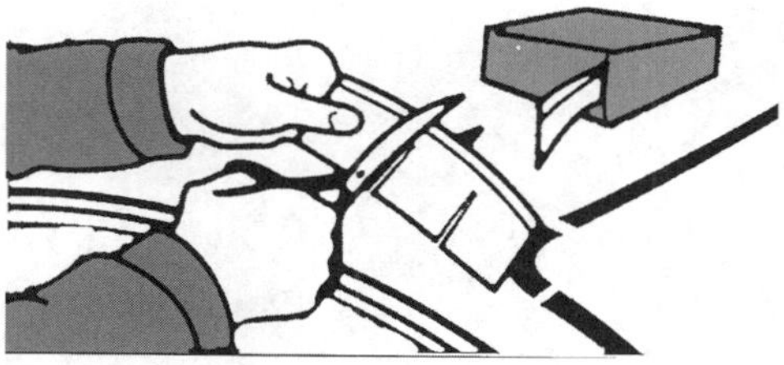

Figura 21. Recortando la cinta para molduras con el fin de conseguir que se adapte a las curvas del marco del parabrisas.

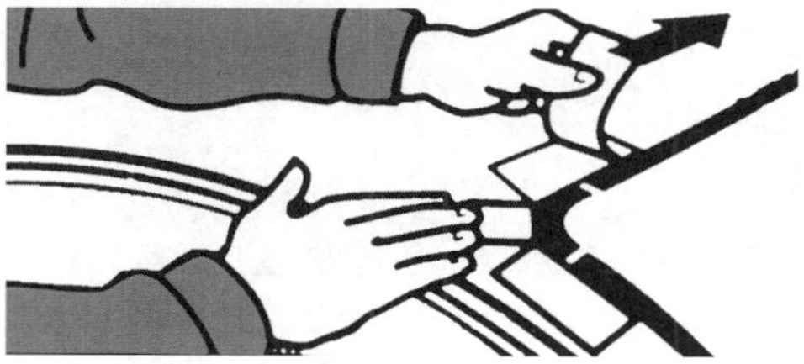

Figura 22. Introducción de la cinta por debajo de la goma de contorno y despegado del papel que protege la parte adhesiva de la cinta.

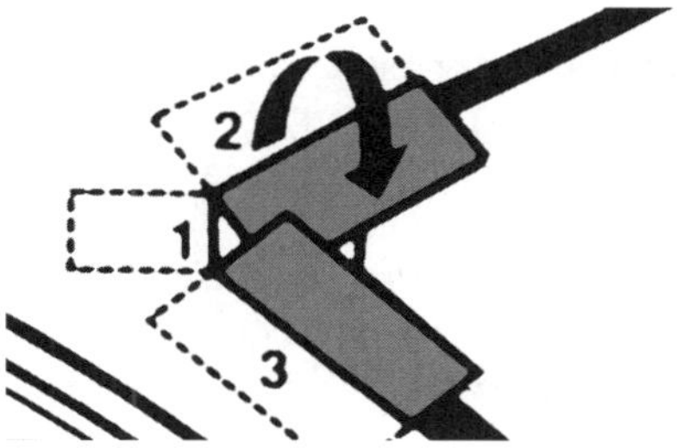

Figura 23. Basta con doblar estas partes por el mismo orden que se indica para que se proteja esta parte de la goma de contorno.

Figura 24. Forma de colocar la cinta para molduras por debajo de la goma de contorno en el caso de una instalación lineal.

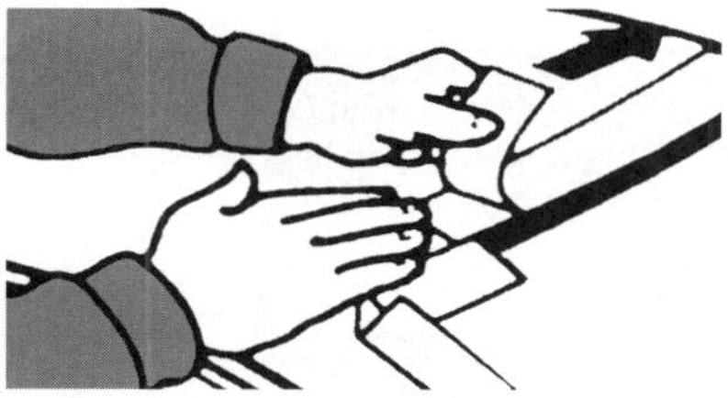

Figura 25. Bastará sacar el papel que protege la parte adhesiva de la cinta para disponer de la forma de pegado.

Figura 26. Al darle la vuelta a la cinta, se habrá obtenido la protección de la goma de contorno.

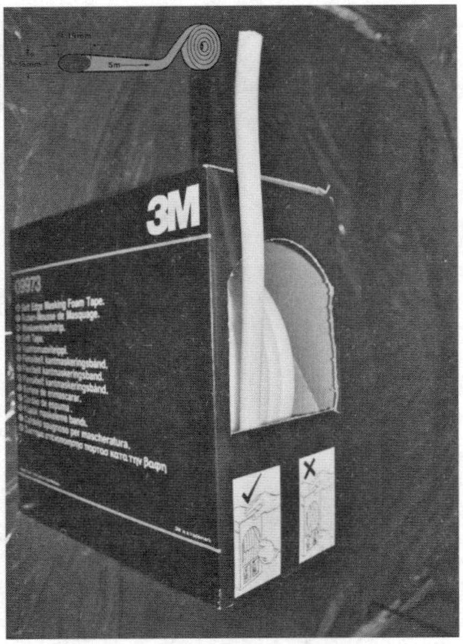

Figura 27. Dimensiones y forma del burlete de enmascarar, que se oferta en rollos.

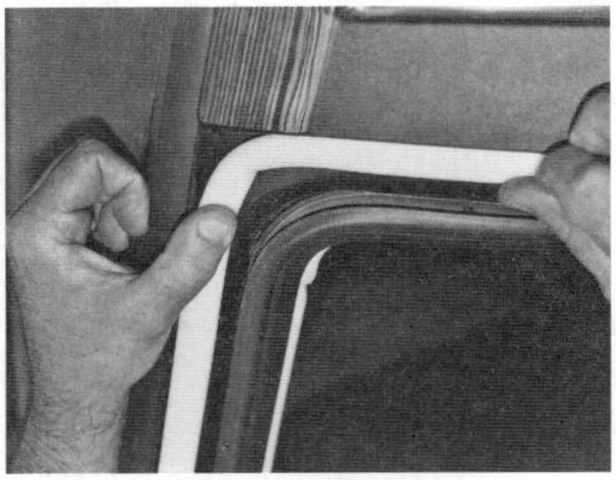

Figura 28. Aquí se está procediendo a la colocación del burlete en la zona del marco de una puerta.

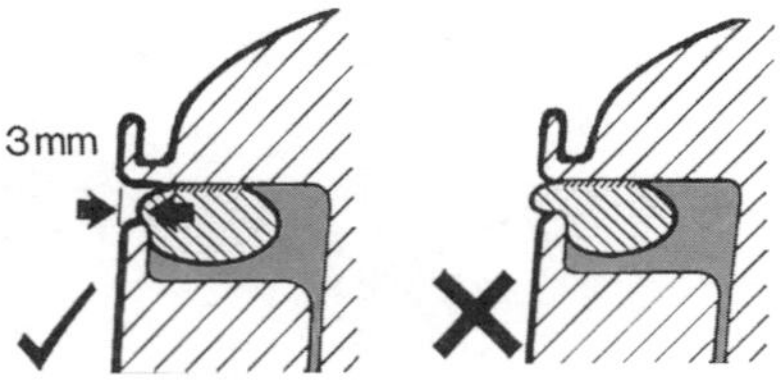

Figura 29. Colocación correcta y defectuosa del burlete en un conjunto de pieza móvil de una carrocería. Es necesario que el burlete quede por debajo de la unión.

rísticas que se pueden ver en la figura 27 y se presenta en forma de rollos. En esta figura podemos ver también las medidas aproximadas de este material.

La utilidad que tiene este burlete consiste en adaptarse muy bien en huecos y aberturas de la carrocería permitiendo una colocación muy rápida e impidiendo que la pintura pueda penetrar en el interior durante la operación de pintado. Un ejemplo de esta utilidad y de la colocación del burlete lo tenemos en la figura 28 en la que se está colocando entre el espacio del marco de una puerta y sus planchas vecinas. Comoquiera que una de las partes del burlete es adhesiva su sujeción sobre la plancha es automática a medida que se va pasando el dedo por encima de ella.

Otro ejemplo de utilización es el que nos muestra la figura 29 en donde se indica la forma como debe estar colocado el burlete para que su acción sea la adecuada.

Otra faceta muy importante del burlete es la acción de separación que puede ejercer entre las partes de una misma piezas, de las cuales una se ha de pintar y la otra no (por no considerarla deteriorada). Para ello es necesario que el panel tenga varios planos, tal como es el caso presentado en la figura 30. La fácil instalación del burlete (B) en el quiebro del panel hace que esta zona no sea pintada por la pistola. Cuando el burlete sea retirado se verá que la línea de este escalón queda perfectamente imbricada con la parte superior del panel que no ha sido pintada.

En las cajas donde se encuentra embalado el burlete el fabricante aporta los detalles convenientes para que el operario sepa con exactitud la utilidad y la forma de colocar del burlete, de manera que no vamos a extendernos más sobre este tema.

En el mundo de la industria de estos productos de enmascaramiento para carroceros se han estudiado y puesto a la venta una gran cantidad de productos, a veces más ingeniosos que útiles, pero es conveniente que tanto el chapista como el pintor estén al día de estas técnicas pues un enmascarado eficaz y que sea rápido de instalar puede ahorrar mucho dinero en la reparación, dado el caso de que disminuye las horas de trabajo. Los productos que hemos indicado en esta parte final del presente capítulo, son los más conocidos y los de probada eficacia.

Llegado este momento, ya tenemos las superficies que se han de pintar debidamente tratadas con las masillas y las imprimaciones; también las hemos lijado y afinado al máximo. Por último, hemos enmascarado aquellas partes a las que no debe acceder la pintura. Estamos, pues, en condiciones de pasar a la operación final, es decir, al proceso de pintado de estas superficies. A este tema dedicamos el próximo capítulo.

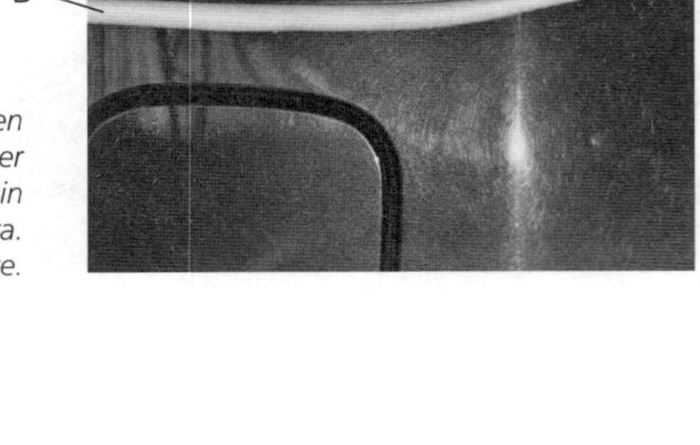

Figura 30. Colocación del burlete en un quiebro de la plancha para poder pintar sólo una de las partes sin necesidad de hacerlo en la otra. B, burlete.

3

PROCESO GENERAL DE PINTADO

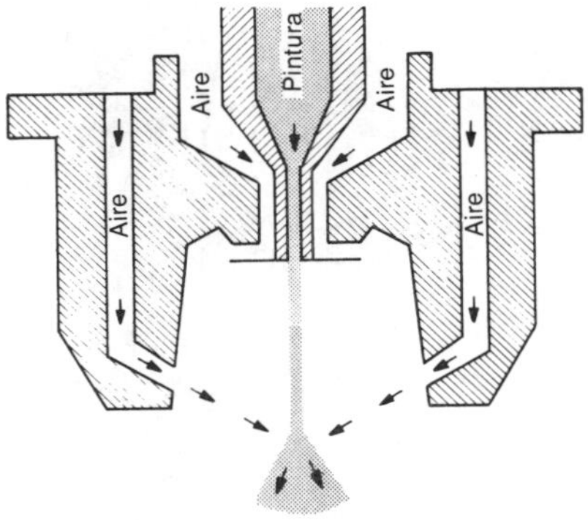

Figura 1. Esquema del funcionamiento de una caperuza de pistola de pintar donde se muestran los conductos seguidos por aire y la pintura.

El trabajo culminante del pintor se lleva a cabo cuando se produce el pulverizado de la pintura sobre el soporte que es la carrocería.

Previamente se habrán tenido que hacer todos los trabajos de preparación que constituyeron el tema del capítulo anterior.

Una vez realizados estos trabajos se presenta la necesidad de conseguir capas de pintura finas y uniformes, con buen poder de cobertura, mediante las cuales se consiga el bello pintado de la plancha.

El sistema utilizado en el taller para conseguir esa bella superficie pintada consiste en la aplicación de la pintura por *pulverización*. En este sistema (fig. 1), una corriente de aire comprimido pasa a través de unos conductos que existen en la boquilla de la pistola arrastrando, por la depresión creada, la pintura que se halla en el centro de la boquilla.

Como consecuencia de ello, esta pintura sale fraccionada en gotitas muy diminutas en forma de niebla, las cuales son proyectadas sobre la superficie que se ha de pintar.

Para llevar a cabo la aplicación de pintura por medio del pulverizado se deberá conocer muy a fondo la herramienta fundamental de este trabajo, es decir, la *pistola neumática de de pintar*, también conocida con el nombre de *pistola aerográfica* (fig. 2).

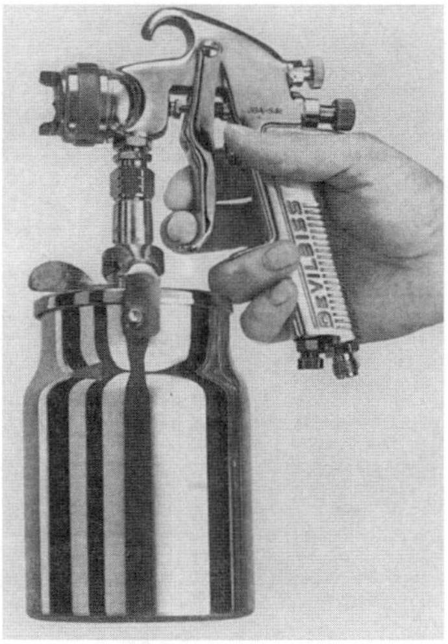
Figura 2. Aspecto exterior de una pistola neumática de pulverizar del tipo de aspiración o de copa abajo.

Esta pistola es la herramienta más importante del pintor de carrocerías. Solo conociendo muy a fondo su funcionamiento y la manera como hay que manejarla y tratarla se podrán lograr resultados satisfactorios.

La mayoría de los defectos que pueden observarse en el pintado de una carrocería están provocados por los defectos en el uso de la pistola. Los cuatro siguientes son los más destacables:

- Una mala adaptación de las presiones del aire comprimido a las características de la pistola.
- Un manejo deficiente de la pistola.
- Una conservación descuidada de la pistola, sin efectuar los trabajos de limpieza aconsejados.
- Por ignorar u omitir las normas básicas de utilización que son propias del pintado y de la pistola.

Conviene prestar suma atención a todo lo que va a decirse a partir de ahora, pues ello constituye la base de los conocimientos prácticos que ha de dominar perfectamente y sin vacilaciones un pintor de carrocerías.

El presente tema vamos a dividirlo en los tres grandes apartados siguientes:

- Equipo de pintar con pulverización.
- El proceso general de pintado.
- Defectos del trabajo de pintado.

Equipo de pintar por pulverización

Figura 3. Diferentes sistemas de pistolas neumáticas. 1, pistola de aspiración o de copa abajo. 2, pistola de presión o de depósito presurizado. 3, pistola de gravedad o de copa arriba.

El equipo básico de pintar por pulverización utilizado en los talleres de pintura de carrocerías consta de los componentes siguientes:

a) Pistola neumática de pulverizar.
b) El compresor de aire.
c) Conductos y conexiones.

a) Pistola neumática de pulverizar

En el terreno profesional hay tres tipos de pistolas de pulverizar (fig. 3).

1. *Pistola de aspiración.* Es el tipo más utilizado en el taller de pintura para carrocerías.

Esta pistola se distingue por el hecho de que el aire comprimido, al pasar por un conducto que está en contacto con el depósito de pintura, crea el vacío en este conducto, la pintura asciende por un tubo y se mezcla con la corriente de aire para salir al exterior llevado por ésta. Así pues, la pintura ha sido aspirada.

A este tipo también se les llama *pistola de succión* y *pistola de copa abajo*. Generalmente, en el tipo de reparaciones de la carrocería que se llevan a cabo en un taller de chapistería lo más corriente es el pintado de zonas parciales de la carrocería. Por ello se necesita poca pintura y, además, tanto los colores de ésta como las tonalidades acostumbran a ser siempre diferentes.

Ello quiere decir que no se precisa un depósito grande para la colocación de la pintura y la pistola de aspiración se muestra muy efectiva y práctica en este aspecto.

El depósito no muy grande de estas pistolas facilita su limpieza y también su manejo, pues no resulta excesivamente pesada.

Como hemos dicho, es el tipo más importante, y por ello es al que dedicaremos más atención.

2. *Pistola de presión.* Generalmente, esta pistola no incorpora el depósito de pintura, el cual se encuentra aparte, conteniendo un volumen muchísimo más grande que el depósito de la pistola de aspiración.

El aire comprimido entra en el depósito de pintura sometiendo a ésta a una presión interna que la hace salir por el conducto que va hacia la pistola en cuanto el operario aprieta el gatillo de la misma. La salida de la pintura responde, pues, a la presión del aire que existe en el interior del depósito.

Estas pistolas también son conocidas con el nombre de *pistolas con depósito presurizado*.

Las pistolas de presión son muy útiles cuando se necesita pintar muchas piezas de un mismo color, tal como ocurre en las instalaciones industriales. El gran depósito de pintura no hay que vaciarlo o cambiarlo constantemente y en este caso dan un mayor rendimiento.

El peso de la pistola, al no llevar el depósito incorporado, es mucho menor que en los otros casos, lo que la hace más manejable para un pintor que se ha de pasar toda la jornada pintando.

Por otra parte, la regulación de la presión del aire puede ser muy precisa y el consumo de pintura puede regularse también a unos niveles óptimos, cosa que no resulta tan fácil en las pistolas de aspiración.

Además, tiene la ventaja de mantener la pintura en un lugar independiente de la cabina de pintado o de la sala del mismo, con lo que disminuye el riesgo de inflamación.

3. *Pistola de gravedad.* La pintura se echa en el depósito y al darle la vuelta a la pistola queda en la posición superior de modo que baja por efectos de la gravedad a un conducto desde el cual es impulsada por la corriente de aire comprimido, que la atomiza y la dispersa.

En muchos lugares recibe también el nombre de *pistola de copa arriba*.

Esta pistola tiene el inconveniente de que consume mucha más pintura que el tipo de aspiración por lo que se utiliza mucho menos cuando se trata de la aplicación de esmalte. Se utiliza, sin embargo, para trabajos de pequeños retoques, para hacer ensayos de pinturas en plaquetas de prueba y para la pulverización de imprimaciones.

1. La pistola de aspiración

En la figura 4 tenemos un dibujo que muestra las partes de que consta una pistola de pintar neumática del tipo de aspiración.

Dispone de un depósito para la pintura llamado *cubeta* (1), que se ajusta al cuerpo de la pistola por medio de un sistema de bloqueo rápido (2).

La pintura (3) se encuentra depositada en el interior de la cubeta. Desde allí, y por medio de un *tubo de aspiración* (4) que actúa como un sifón, la pintura ascenderá, al apretar el *gatillo* (9) y crear el vacío en el conducto, a la zona de pulverización de la pistola.

La cubeta deberá contar, además, con un *orificio de aireación* (5) el cual tiene la facultad de restablecer la presión atmosférica en el interior de este depósito a medida que la pintura se va consumiendo.

Por otra parte, tenemos la pistola propiamente dicha que recibe el aire comprimido desde la manguera (6), debidamente conectada al mango por medio de una conexión a rosca (7).

El aire, sin embargo, no puede entrar en el interior del mecanismo de la pistola si no se abre la *válvula de control de aire* (8) regida por el gatillo (9).

Mientras el gatillo no sea accionado, el paso del aire se encuentra cortado y la pistola no actúa.

Además de este dispositivo, la pistola dispone de una *válvula de regulación*

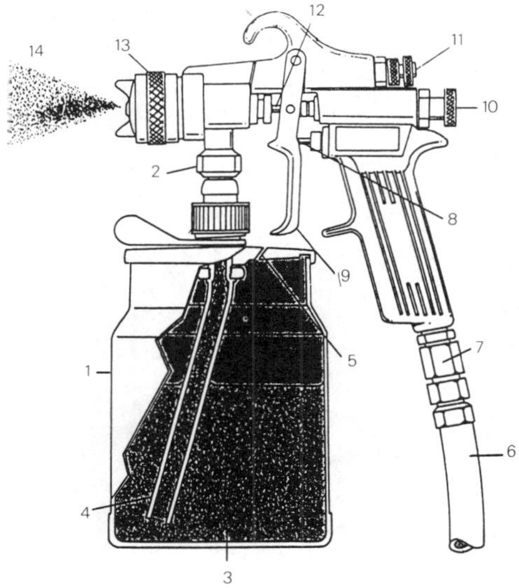

Figura 4. Piezas componentes de una pistola de aspiración. 1, cubeta. 2, conexión de la cubeta al cuerpo de la pistola. 3, pintura. 4, tubo de aspiración. 5, orificio de aireación. 6, manguera de alimentación de aire comprimido. 7, conexión al mango de la pistola desde la manguera. 8, válvula de control de aire. 9, gatillo. 10, válvula de regulación del caudal de pintura. 11, válvula de regulación del caudal de aire. 12, aguja de regulación. 13, casquillo de aire. 14, chorro o niebla de pintura.

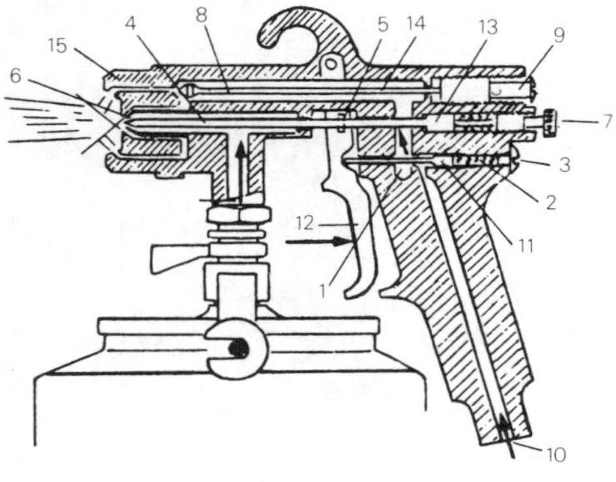

Figura 5. Mecanismo interior de las válvulas de regulación. 1, corredera. 2, muelle antagonista. 3, tornillo de reglaje de la presión del muelle. 4, aguja de fluido. 5, punto de fijación del gatillo. 6, orificio de salida de la boquilla. 7, tornillo de ajuste. 8, aguja del caudal de salida. 9, tornillo de ajuste. 10, entrada del aire. 11, válvula de control de aire. 12, gatillo. 13, válvula de regulación del caudal de pintura. 14, válvula de regulación del aire. 15, caperuza de aire.

del caudal de pintura (10) y una *válvula de regulación de caudal de aire* (11) por medio de las cuales, y como el nombre de cada una indica, se pueden aumentar o disminuir los caudales regulados por cada una de las válvulas.

La pintura de estas válvulas posee una *aguja pasante* (12) que va a parar hasta la boquilla de pintura, pieza que se encuentra en el interior de laa *caperuza* o *casquillo de aire* (13) desde donde sale el chorro o niebla de pintura (14).

El mecanismo interior de la pistola se encuentra dibujado en la figura 5. Entre los componentes principales destacan los siguientes:

a) *Válvula del control de aire.* En esta figura puede ver, con el número 10, el conducto de entrada de aire comprimido. Este aire comprimido llega a la válvula del control de aire (11) la cual dispone de una *corredera* (1) que es retenida en posición de cierre por medio de un muelle antagonista (2).

Mientras la válvula corredera permanece retenida en su asiento por la acción del muelle, el flujo de aire queda totalmente interrumpido; pero cuando el gatillo (12) es accionado se vence la presión del muelle y la corredera se retira de su asiento dando lugar al paso del aire comprimido que entra por 10.

Cuando el gatillo se deja de oprimir, el muelle antagonista hace que la válvula recobre su posición de ajuste sobre su asiento y el flujo queda interrumpido nuevamente.

El algunas pistolas queda a la vista un *tornillo de reglaje* (3) por medio del cual se puede regular la presión del muelle antagonista para facilitar la respuesta del gatillo cuando es accionado.

b) *Válvula de regulación del caudal de pintura.* En la parte superior a la válvula de control de aire nos encontramos con la válvula de regulación del caudal de pintura (13).

Esta válvula tiene por misión hacer proporcional la cantidad de aire que penetra en el mecanismo de la pistola con la cantidad de pintura que asciende a través del conducto de la cubeta.

Como se puede ver en la figura 5, consta de una larga aguja llamada *aguja de fluido* (4) que atraviesa prácticamente la pistola de parte a parte y que va unida por el punto de fijación (5) al gatillo, de modo que al desplazarse éste también se desplaza la aguja, dejando al descubierto el orificio de salida de la boquilla (6).

Obsérvese que la misma acción del gatillo logra abrir el paso del aire y de la pintura, pero el primero con una mayor abertura que el segundo debido al mayor arco de giro del gatillo para la válvula 11 que para la 13. Con ello se logra la proporcionalidad en el momento de la pulverización de la pintura.

No obstante, la válvula de regulación del caudal puede, a su vez, ser regulada por medio de un *tornillo de ajuste* (7) que limita la carrera de la válvula 13.

Cuando pasemos al estudio de la parte práctica de utilización de la pistola ya se verá la manera de llevar a cabo la graduación correcta del tornillo de ajuste.

En la figura 6 se pueden ver diversos tipos de agujas de fluido de las utilizadas en este tipo de pistola.

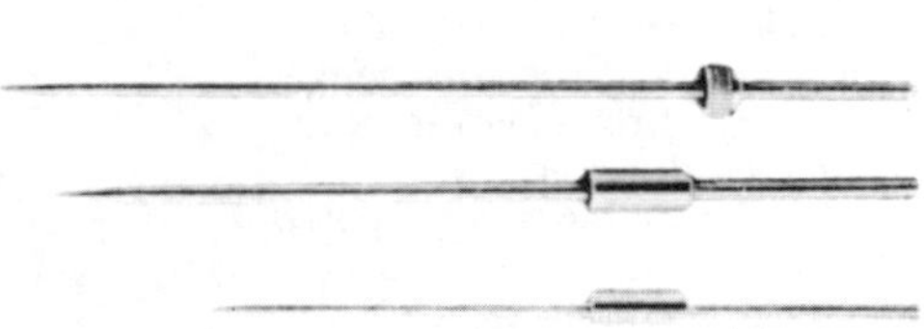

Figura 6. Diferentes tipos de agujas de fluido.

c) Válvula de graduación de rocío. Esta otra válvula aparece señalada con el número 14 y es la que regula el caudal del aire. Tiene un efecto y un funcionamiento muy similar al que se vio para la válvula de regulación del caudal de la pintura.

La aguja (8) determina el caudal de salida del aire de acuerdo con la posición que le selecciona el *tornillo de ajuste* (9). Este tornillo podría incluso llegar a cerrar el paso del aire en la zona de la caperuza del aire (15).

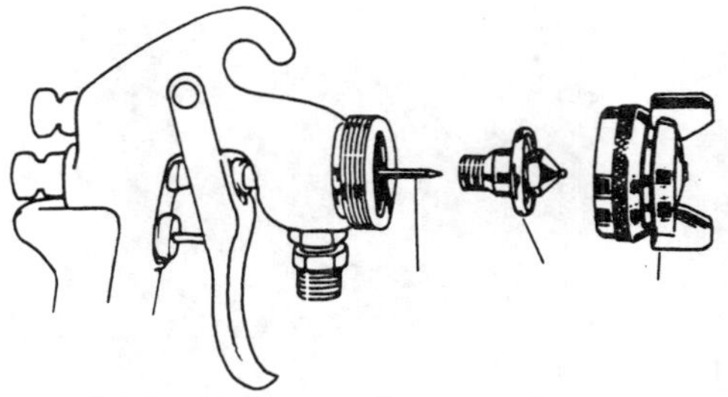

Figura 7. Despiece de una combinación de boquilla. 1, aguja de fluido. 2, pico de fluido. 3, casquillo de aire.

d) Conjunto de la caperuza. Para completar el estudio del mecanismo interno de esta pistola sólo nos queda por considerar la parte de la caperuza del aire.

Un despiece de esta parte frontal de la pistola se puede ver en la figura 7. Aquí tenemos, con el número 1, la punta de la aguja de fluido que proviene de la válvula de regulación de la pintura.

Con el 2 se puede ver la pieza llamada *pico de fluido*, en cuyo interior se encuentra el conducto de salida de la pintura y el asiento de la aguja de fluido. Rodeándola, y roscada al cuerpo de la pistola, se encuentra el *casquillo de aire* (3), el cual dirige el aire comprimido hacia el pico de fluido con el que se crea la depresión que hace subir la pintura y la atomiza al salir por la boquilla.

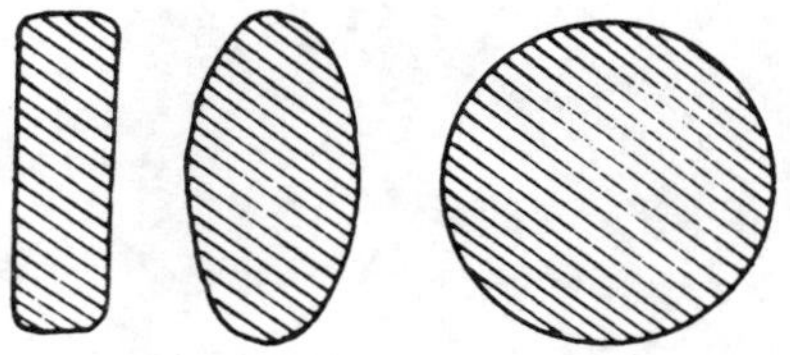

Figura 8. Diferentes tipos de patrones de rociado.

Según el tipo de casquillo utilizado se consiguen diferentes tipos de rociado, lo cual tiene mucha importancia a la hora de su elección de acuerdo con el caudal y la presión del aire, el tipo y el volumen de la pintura a aplicar y el *patrón de rociado* que sea conveniente utilizar, ya sea redondo, ovalado o rectangular, como se puede ver en la figura 8.

Aclaremos que por patrón de rociado se entiende la figura que se produce sobre una superficie plana cuando se da un golpe de gatillo y se pulveriza pintura.

En la figura 9 puede verse el aspecto frontal que presenta un casquillo de aire.

Figura 9. Casquillo de aire.

El orificio central, de mayor diámetro, corresponde al punto de salida de la pintura en virtud de la depresión creada en su cámara.

Los cuatro orificios alrededor del anterior afectan a la pulverización o atomización de la pintura mientras los dos orificios extremos, situados uno en cada patilla, sirven para orientar el chorro y crear el patrón de rociado más conveniente según las características del pintado.

En general, los casquillos de aire de varios orificios atomizan mejor y, por consiguiente, son más aptos para las pinturas viscosas con las que consiguen una buena uniformidad en el patrón de rociado.

Con ellos se pueden emplear presiones más altas con lo que se logra un mejor equilibrio entre el volumen y el valor de la presión del aire en el casquillo.

Los fabricantes de pinturas acostumbran a indicar el tipo de casquillo de aire que es aconsejable para el pulverizado de sus productos, así como las presiones de aire recomendadas.

Según el tipo de producto que ha de circular por la pistola, el pico de fluido puede ser de acero templado, para esmaltes y demás pinturas ordinarias de acabado; de acero de nitruración, para productos de condiciones abrasivas; o de acero inoxidable, si se trata de proyectar productos de anticorrosión.

Por otra parte, el pico de fluido también se fabrica de distintas medidas para

Figura 10. Desmontaje de la conexión de la tapa de agarre de la cubeta.

Figura 11. Desmontaje de la caperuza de aire.

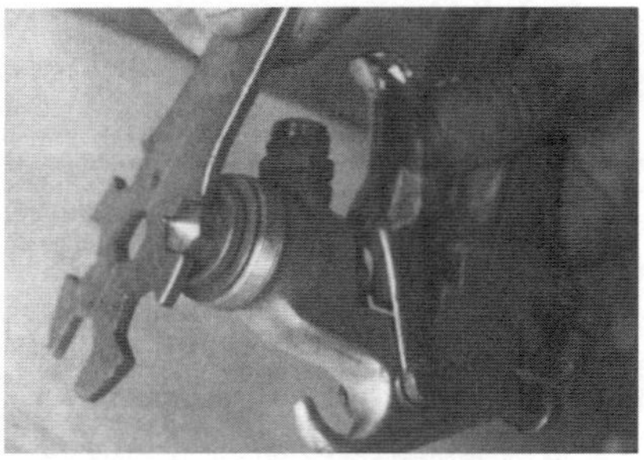

Figura 12. Desmontaje del pico de fluido con una llave múltiple.

controlar bien el volumen del fluido que llega hasta el casquillo de aire según el tipo y viscosidad del fluido proyectado, para permitir así diferentes velocidades de aplicación.

En la práctica, tanto el pico como su correspondiente aguja de fluido y el casquillo de aire forman un conjunto único cuyo calibrado se relaciona en las tres piezas entre sí, formando lo que se llama la *combinación de boquilla.*

La elección correcta de todo este conjunto tiene que venir determinada por diversos factores. Así, hay que contar con el tipo de pistola, el grado de viscosidad de la pintura, el caudal y la presión del aire que el tipo de compresor con el que se cuenta es capaz de proporcionar; la velocidad de aplicación y el tamaño de la pieza a pintar.

Desmontaje de una pistola

De la limpieza minuciosa de la pistola y sus conductos depende en un alto porcentaje el resultado final de un trabajo de pintado.

Pintar ya es de por sí lo suficientemente difícil como para que tengamos que preocuparnos de un funcionamiento inadecuado de la pistola. Por ello debemos tener mucho cuidado en mantenerla siempre en las mejores condiciones de limpieza, ya que, a mejor limpieza, mejor funcionamiento.

En realidad su limpieza no es difícil, como tampoco lo es su desmontaje, por lo que vale la pena perder algunos minutos cuando se ha terminado un trabajo de pintado para dedicarlos a la concienzuda limpieza de la pistola.

El desmontaje comienza por el aflojado y retirada de la conexión que sustenta la tapa de agarre de la cubeta (fig. 10).

A continuación se pasa a desmontar la caperuza de aire sacando primero el casquillo de aire que, como puede ver en la figura 11, va sencillamente roscado sobre el cuerpo de la pistola.

Después de esta operación ya puede pasarse a la extracción del pico, que también se halla roscado, utilizando para este desmontaje una llave múltiple, tal como se indica en la nueva figura 12.

El complemento de este desmontaje será la retirada de la válvula de caudal de pintura con su aguja de fluido correspondiente, operación que se lleva a cabo desenroscando el tornillo trasero de la misma, del modo que se puede apreciar en la figura 13.

La operación siguiente va a consistir en retirar el tornillo de fijación y basculación del gatillo. Por lo general, es un tornillo que puede extraerse con la ayuda de un destornillador (fig. 14).

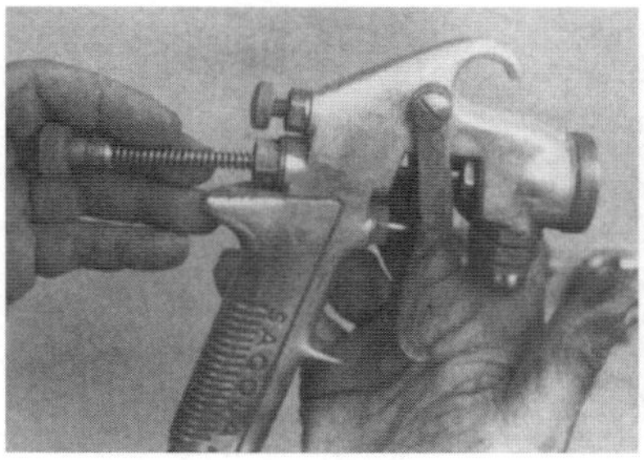

Figura 13. Extracción de la aguja de fluido.

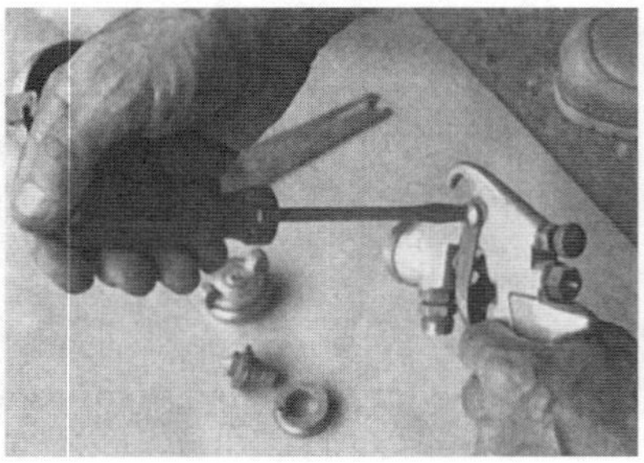

Figura 14. Extracción del tornillo de fijación y basculación del gatillo.

Una vez secado el gatillo ya se puede desenroscar la fijación de la tuerca de la válvula de aire, la cual podrá retirarse de su posición con el muelle, si se desea llevar a cabo este desmontaje (fig. 15).

En cuanto a la válvula de regulación del caudal de aire se desmonta de igual manera a como se indicó para la válvula de regulación del caudal de pintura, es decir, sacando la contratuerca que se aprecia en la figura 16 y desenroscando el resto hasta que salga con la aguja.

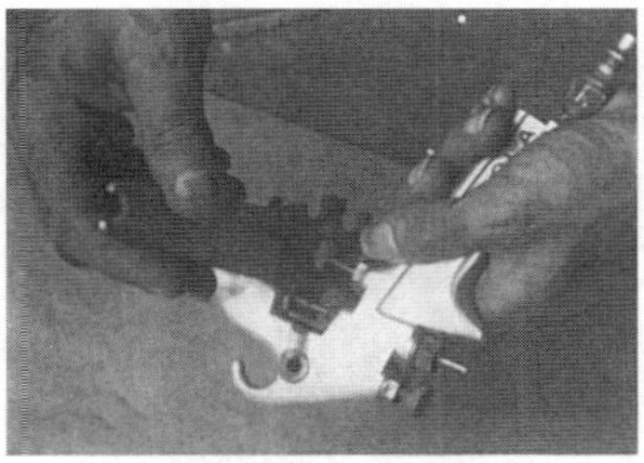

Figura 15. Extracción de la tuerca de sujeción de la válvula de control del aire.

2. Limpieza de la pistola

Para conseguir un buen acceso para la limpieza de la pistola conviene su desmontaje hasta el punto que muestra la figura 17.

Una vez efectuado este desmontaje, con diluyente y un cepillo suave se puede pasar a efectuar la limpieza general de las partes internas de la pistola (fig. 18). Aquí se está limpiando la aguja de fluido. De igual manera se limpiará con todo cuidado el casquillo de aire y el pico.

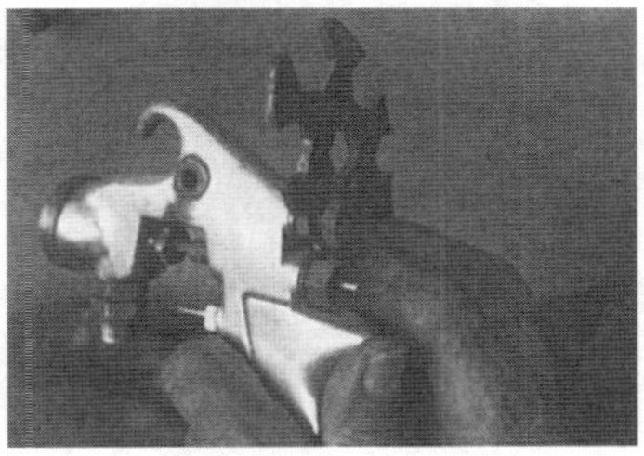

Figura 16. Desmontaje de la válvula de regulación de caudal.

En la figura 19 vemos el momento en que se está limpiando la parte exterior del cuerpo de la pistola, en especial la zona de las roscas y el interior del cuerpo por los conductos por los que circula la pintura.

Una vez realizada la limpieza se deberá efectuar el montaje para lo cual se actúa de forma inversa a lo que hemos descrito, teniendo que hacer un ajuste de las válvulas para conseguir la correcta salida del esmalte, operación que estudiará muy pronto.

El trabajo de limpieza de la pistola es el más penoso para el pintor y siempre intenta evitarlo. Actualmente existen en el mercado toda una serie de máquinas limpiadoras de pistolas que facilitan mucho este trabajo y, además, ahorran bastante disolvente. En la figura 20 aparece una de estas máquinas, que posee reciclado continuo y regulado de disolvente.

El pintor debe, simplemente, colocar la pistola sin desmontar en el interior de la cubeta de la máquina, con el gatillo apretado (lo cual puede lograrse atándolo al mango) y conectar una de las salidas del disolvente de la máquina a la entrada de pintura de la pistola.

El disolvente circula por el interior de la pistola mientras, por el exterior, varias salidas de disolvente limpian el resto.

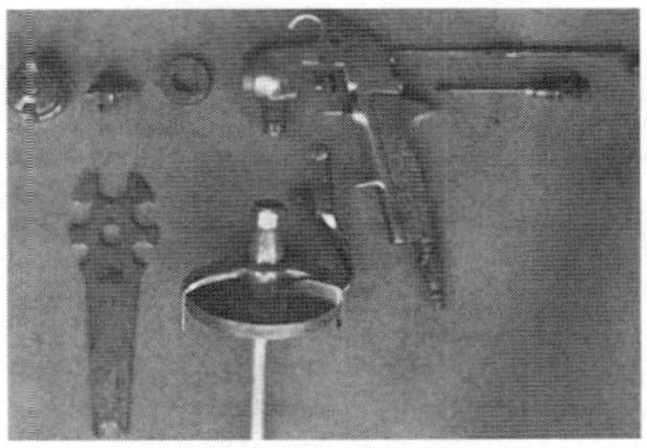

Figura 17. Despiece completo de la pistola.

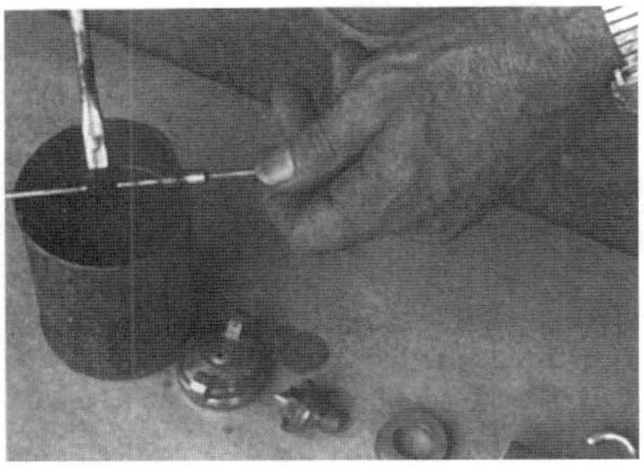

Figura 18. Limpieza de la aguja de fluido con la ayuda de un pincel y diluyente o disolvente.

Figura 19. Limpieza con diluyente de la parte exterior del cuerpo de la pistola.

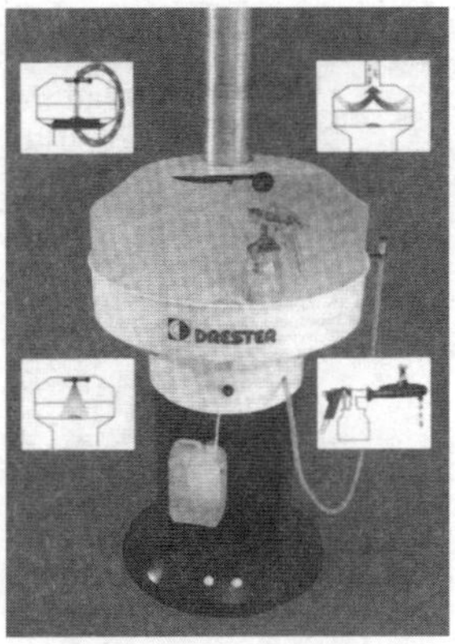

Figura 20. Máquina neumática para la limpieza de pistolas. Los detalles muestran diversos aspectos del funcionamiento de dicha máquina.

Todo el sistema se basa en un proceso neumático, pues es de sobras conocidas la peligrosidad de la corriente eléctrica si se trabaja con disolventes.

Un émbolo neumático comprime y dispara el disolvente por los diferentes conductos, recuperándolo después de nuevo en un recipiente. El disolvente se debe cambiar periódicamente: de los 20 o 25 litros que contiene la máquina, cada semana retiraremos 4 o 5 litros que repondremos con la misma cantidad de disolvente nuevo.

El uso de estas máquinas no implica que a veces se desmonte la pistola para una limpieza general, con el cepillado y ajuste de las diferentes piezas.

Utilización de la pistola

Por el momento, la primera operación que vamos a llevar a cabo va a consistir en llenar la cubeta de la pistola con pintura. Como es lógico, previamente se habrán hecho las mezclas que son de rigor en el caso de efectuar el pintado de solamente una pieza de una carrocería para obtener el tono requerido.

También se habrá calculado previamente la cantidad de pintura que se precisa para la extensión de la superficie que se ha de pintar, siguiendo para ello las instrucciones dadas por la fábrica de pinturas.

El esmalte se habrá depositado primero en una lata y estará debidamente preparado a la espera de su vertido final a la cubeta. Por otra parte, también se habrá medido la cantidad de diluyente necesario que debe adicionarse al esmalte. Conviene disponer de un filtro y de una espátula para remover la pintura cuando la hayamos vertido en la cubeta de la pistola.

Una vez tengamos dispuesta esta preparación se deberá pasar a actuar de la siguiente forma.

En primer lugar, se removerá el esmalte con la espátula a fin de que los pigmentos que hayan quedado en el fondo del bote se mezclen y distribuyan con todo el aglomerante propio del esmalte.

Una vez bien revuelto el esmalte se pasa a su vertido en la cubeta, en cuya parte alta se habrá puesto el tamiz o filtro para que se recojan allí las pequeñas imperfecciones que pueda contener el esmalte.

Seguidamente se pasa a añadir el diluyente que se tendrá preparado en la misma proporción que previamente se había establecido y para lo cual ya se había reservado la cantidad exacta en un bote aparte. A través del filtro, el diluyente arrastra todo el esmalte que se ha quedado retenido en el tamiz. Por esta razón, es necesario proceder siempre vertiendo el diluyente después de haber vertido el esmalte.

Una vez el filtro ya ha escurrido todo resto de pintura y diluyente, con el mismo tubo de aspiración de la pistola se procede a remover ambos elementos hasta la obtención de una mezcla muy homogénea.

Cuando el esmalte se halle correctamente mezclado ya se puede pasar a encajar el cuerpo de la cubeta en la pistola con lo que ésta ya estará cargada y preparada, en principio, para dar comienzo al trabajo de pintado de la carrocería. Sin embargo, antes de pasar a la parte práctica de pintado todavía deberemos tomar algunas medidas que vamos a indicar.

En este punto enlazamos con un tema ya explicado a la hora de hablar del viscosímetro: la medición de la viscosidad. Recuérdese que para poder pintar con esmaltes acrílicos es necesario catalizarlos, además de añadirles disolventes, todo ello en las proporciones adecuadas.

Entonces hablamos de medir la viscosidad a partir del tiempo que tardaba la pintura en evacuar el viscosímetro. Hoy en día existe también un procedimiento que debe tenerse en cuenta a partir de ahora.

Se trata del uso de las *reglas dosificadoras* que los diferentes fabricantes de pinturas ponen al alcance de los profesionales pintores de carrocerías.

En la figura 21 aparecen tres de estas reglas, de la casa Valentine, correspondientes a tres preparados de esmaltes diferentes: una a base aparejo, otra de monocapa y una última de bicapa.

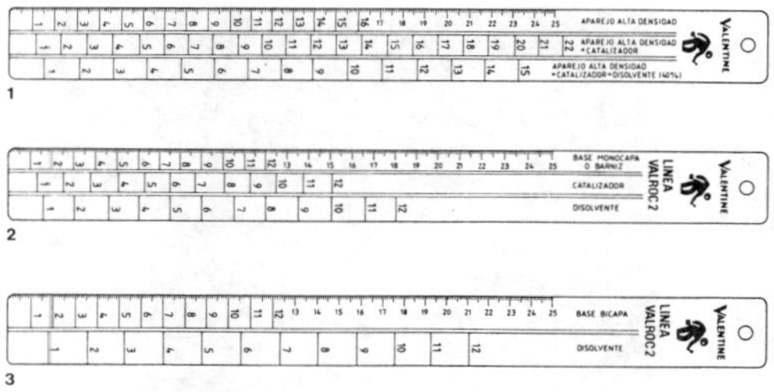

Figura 21. Vista de tres modelos de reglas dosificadoras. 1, para aparejo de elevada densidad. 2, para base monocapa o barniz. 3, para base bicapa.

Como se puede ver, estas reglas están graduadas, y dicha graduación marca, como veremos más adelante, los niveles necesarios para cada componente de la mezcla. Así, no sólo se supera el problema de los porcentajes a añadir de catalizador y disolvente, sino que, a su vez, si las bases ya vienen con la viscosidad adecuada, el resultado de la mezcla de éstas con el catalizador y con el disolvente nos dará la viscosidad de aplicación; que, en definitiva, es la que nos interesa.

La utilización de una regla dosificadora es muy sencilla. Basta con colocarla verticalmente sobre el fondo del bote en el que realizamos la mezcla, que ya contiene una cantidad determinada de, por ejemplo, una base monocapa.

Observamos en la graduación de la regla, en la columna correspondiente a la base monocapa, el nivel que llega la superficie de dicha base; por ejemplo, llega hasta el 12 (es el último de los números escritos en gran tamaño).

Seguidamente añadimos el catalizador, que iremos poco a poco hasta que llegue al nivel cuya graduación se corresponda con la de la base; es decir; hasta que llegue al 12 en su columna graduada correspondiente (la que se encuentra en medio).

Por último, añadiremos el disolvente, igualmente hasta lleguar al 12 en su correspondiente columna graduada. Así habremos conseguido la mezcla con la viscosidad adecuada y podremos proceder al llenado de la pistola.

Cada fabricante de pinturas entrega reglas dosificadoras a los pintores de carrocerías. Estas reglas sólo sirven para las pinturas de su misma marca. Así, las que vimos en la figura 21 sólo sirven para las pinturas de Valentine. Las reglas de Sikkens sólo sirven para las pinturas Sikkens, las de Glasurit sólo para las Glasurit, etc.

Verificaciones previas

Es conveniente realizar algunas verificaciones en la pistola para estar seguros de que vamos a poder pintar sin problemas.

Por una parte conviene que nos cercioremos de que el orificio de aireación de la tapa de la cubeta se encuentre libre de cualquier obstrucción.

Éste es un defecto que puede pasar inadvertido y ocasionar en el transcurso del trabajo de pintado problemas de densidad de la capa de pintura obteniendo tonos más claros de los deseables a medida que el depósito se va vaciando.

Del mismo modo, conviene también cerciorarse (si no se ha hecho ya, anteriormente, durante la limpieza a fondo de la pistola) que no se encuentren obturados ninguno de los orificios del casquillo de aire y del pico de fluido.

Para ello no estará de más que se pase a su desmontaje y desenrosque de la caperuza, se limpie con disolvente el casquillo de aire y con un pincel la punta de salida del pico.

Luego se vuelve a montar el equipo.

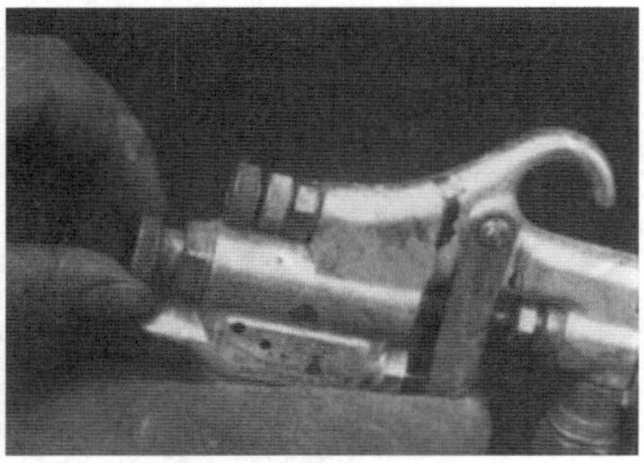

Figura 22. Forma de regular el chorro tanteando la válvula de regulación.

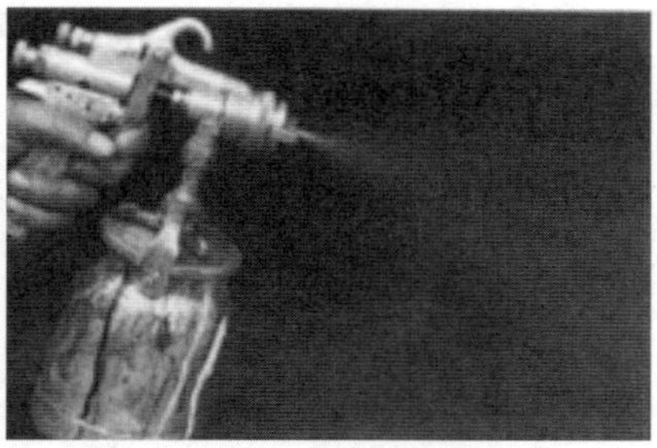

Figura 23. Comprobación del chorro. Aquí vemos la niebla correcta.

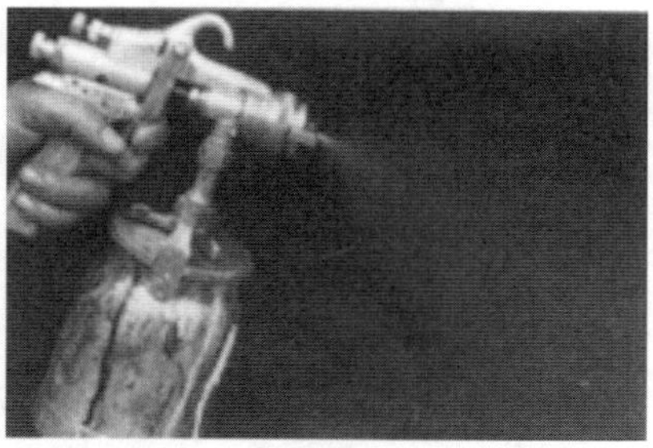

Figura 24. Niebla demasiado dispersa.

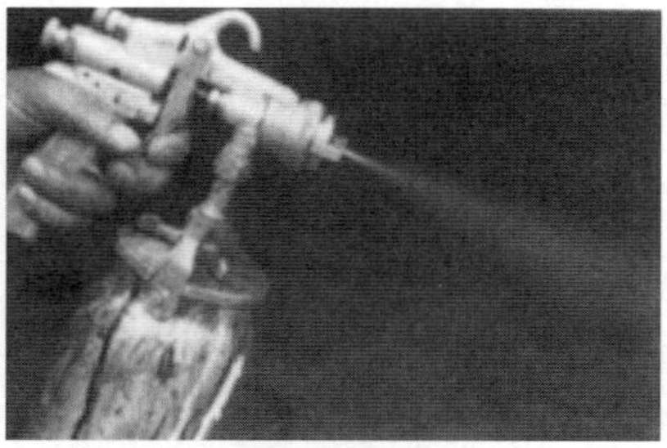

Figura 25. Niebla demasiado concentrada.

Regulación del chorro

Ahora ya estamos en condiciones de pasar a efectuar las primeras pruebas de pintado. Para ello, lo primero que hay que hacer es pasar a conseguir la regulación del chorro.

La regulación del chorro se debe llevar a cabo encarando la pistola sobre una plancha y apretando el gatillo. En este momento comenzará a salir pintura. Ahora, tanteando en la válvula de regulación (fig. 22) se deberá conseguir un chorro que tenga las condiciones que muestra la figura 23.

La característica fundamental del chorro correcto se halla en que se distribuya uniformemente sobre la superficie de prueba y quede bien claro y delimitado el patrón de rociado de la boquilla.

La figura 24 muestra un chorro de niebla demasiado dispersa. Ello dará defectos en el patrón de rociado, como se verá seguidamente.

Pero también un chorro demasiado estrecho y concentrado (fig. 25) produce defectos en el patrón de rociado, todo lo cual significaría un mal trabajo de pintado que hay que evitar con la perfecta regulación del chorro.

El pintor puede limar unas muescas en la pistola para tener una idea bastante aproximada de la apertura del pico del fluido y de la regulación del aire. De esta forma puede contar las vueltas que da a cada uno de los reguladores y conseguir pintar siempre en las mismas condiciones de presión de aire y caudal de pintura.

Cuando la pistola es nueva es importante hacer dichas marcas, que servirán para realizar una regulación mucho más rápida y con ahorro de pintura.

Defectos en los patrones de rociado

Los defectos de los patrones de rociado se interpretan a la vista de la huella que dejan sobre la superficie de prueba.

Por supuesto, hay que partir siempre de la comparación con el patrón de rociado correcto. Uno de los tipos más corrientes es el ovalado. En el momento en que el patrón de rociado se diferencie del correcto se debe encontrar la causa y corregirla hasta dejar la pistola en las mejores condiciones para pintar.

En la figura 26 se pueden ver los defectos más típicos que se producen cuando algún elemento de la pistola no funciona bien por cualquiera de las causas que también comentaremos. Los defectos principales son:

A) *Demasiada pintura en el centro.* Ello puede ser debido a un mal ajuste de la válvula de regulación de caudal de pintura, cuyo ajuste sea demasiado bajo.

Figura 26. Diversos defectos que pueden presentar los patrones de rociado. A, demasiada pintura en el centro. B, demasiada pintura en laterales. C, poca pintura en el centro y demasiada en los dos extremos (patrón de rociado partido). D, demasiada pintura en un extremo (patrón de rociado en forma de gota). E, demasiada pintura en un extremo (patrón en forma de bolo).

Puede ser debido también a la utilización de una presión de aire demasiado baja o un pico de fluido demasiado grande, en cuyo caso también se produce una caída de presión.

B) *Demasiada pintura en los laterales.* Suele ser debido a la obstrucción o suciedad de los orificios de sólo uno de los lados de la boquilla, permaneciendo el otro en buenas condiciones.

C) *Poca pintura en el centro* y *demasiada en los dos extremos.* Es un patrón de rociado de los llamados «partidos» por la tendencia a adelgazar en la zona central y quedar dividido en dos.

Cuando aparece esta forma en el patrón indica que la cantidad de aire no resulta proporcional con la cantidad de pintura y hay que aumentar la presión de esta última.

D) y E) *Demasiada pintura en uno de los extremos.* Viene determinado por patrones en forma de gota o de bolo, con un extremo adelgazado o casi partido y el otro muy grueso.

Ello puede ser debido a que haya suciedad en unos orificios del pico que obstruya el paso de la pintura dando mayor densidad a los orificios no obstruidos. De ahí la mayor cantidad de pintura en uno de los extremos del patrón y la falta de ésta en el otro extremo.

También puede dar un resultado similar la suciedad acumulada en el asiento del casquillo de aire.

En los casos B y D, para conocer con exactitud si el defecto es debido al pico o lo es al casquillo se puede realizar la siguiente operación:

Primero se pulveriza una superficie de prueba para advertir la formación del patrón defectuoso. A continuación se le da un giro al casquillo de aire de 180 grados y luego se vuelve a pulverizar.

Si la forma que muestra el patrón incorrecto queda ahora sólo invertida, es señal de que la obstrucción se encuentra en el casquillo de aire, pero si la forma permanece igual será señal clara de que el defecto hay que buscarlo en el pico.

Posición de la pistola con respecto a la superficie a pintar

Una vez hechos los preparativos de la pintura, su vertido en la cubeta, la regulación de la pistola y la obtención correcta del patrón de rociado, ya podremos pasar a realizar los trabajos prácticos de pintado sobre la superficie de la carrocería o de la pieza que se haya de pintar.

Las reglas que pueden darse a nivel teórico son pocas y sencillas. De hecho un aprendiz, e incluso un aficionado, puede en poco tiempo adquirir una cierta habilidad en el manejo de la pistola de pintar.

Sin embargo, un resultado del trabajo realmente brillante sólo está en las manos de un operario muy experto que domine todos los matices posibles de la utilización de la pistola. Todo ello requiere experiencia y un entrenamiento concienzudo que deberá adquirir en la práctico del uso de la pistola y en el afán por conseguir cada vez mejores resultados.

Las reglas o normas generales para la utilización de la pistola son bastan-

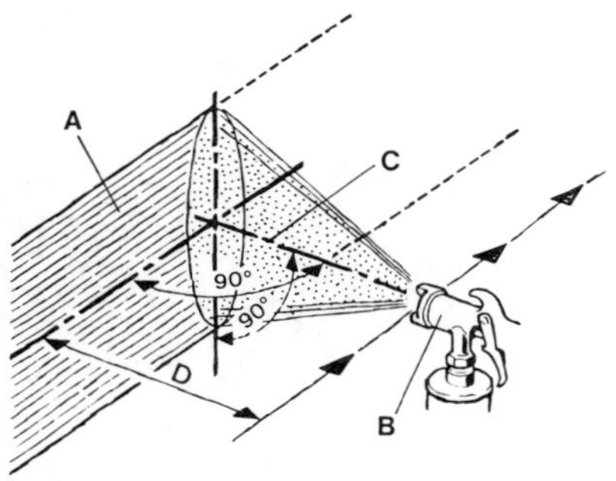

Figura 27. La pistola debe mantenerse en posición perpendicular a la superficie que se pinta. A, superficie a pintar. B, pistola. C, eje del chorro. D, distancia constante de aplicación.

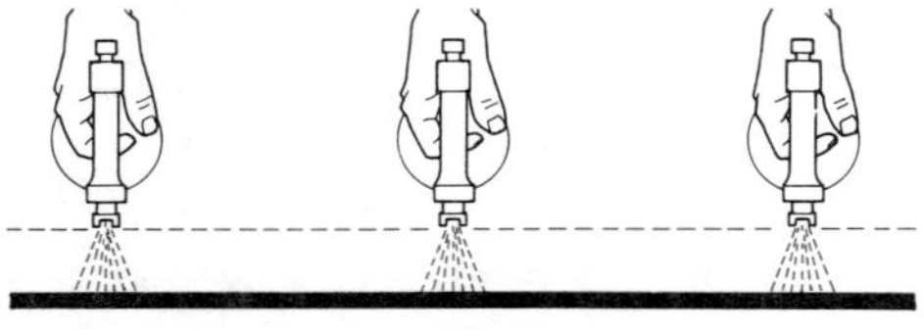

Figura 28. Forma correcta de pintar sobre una superficie plana. Obsérvese que la pistola se mantiene en posición perpendicular y siempre a la misma distancia de la superficie que se pinta.

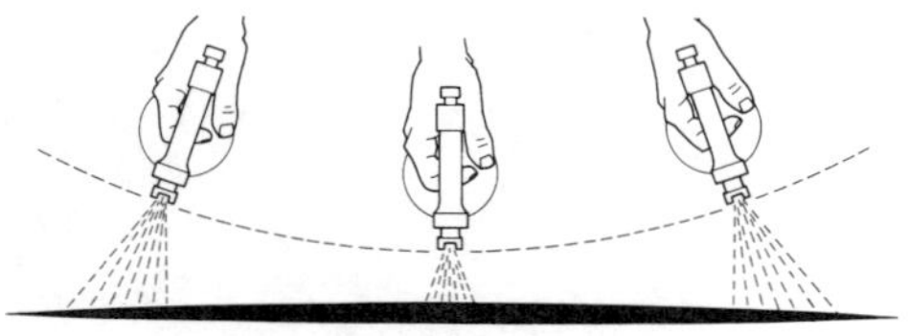

Figura 29. Si no se respeta la distancia constante entre la pistola y la superficie a pintar, habrá unas zonas con una capa de pintura más gruesa que otras.

te sencillas. A continuación vamos a comentarlas con toda la extensión posible para que el lector se haga cargo completo de los problemas que presenta y sepa cómo ha de actuar para conseguir el más rápido dominio de este utensilio.

a) *Movimiento de la pistola perpendicular y con la distancia constante respecto a la superficie a pintar.* Esta regla doble es la primera para iniciarse en el manejo de la pistola de pintar. Aunque parezca sencilla merece que insistamos en ella para que se tenga una idea completamente clara de la forma correcta de llevarla a cabo.

En la figura 27 podemos ver un ejemplo claro de lo que se quiere decir al enunciar que la pistola debe hallarse completamente perpendicular a la superficie a pintar.

Siendo A la superficie a pintar, y B la pistola, si prolongamos un eje imaginario (C) desde el cuerpo de la pistola hasta la superficie a pintar con un ángulo de 90 grados obtendremos esta perpendicularidad que se precisa. Por supuesto que en la práctica no podemos disponer de una escuadra por medio de la cual estemos midiendo constantemente si se cumplen los 90 grados que son precisos para que esta perpendicularidad sea correcta y constante, pero en buena parte el perfecto pintado depende de la corrección con la que mantenga instintivamente la pistola perpendicular y en estas condiciones, en relación con la superficie.

Por otra parte, la pistola debe mantenerse siempre a la misma distancia (entre 15 y 25 cm) de la superficie que se pinta, además de seguir la línea paralela a esta superficie, procurando no perder nunca la perpendicularidad que hemos indicado. Esto es lo que se hace y muestra en la figura 28.

El correcto pintado a pistola de una superficie solamente se realiza si la cantidad de pintura que depositamos sobre el soporte resulta de un grosor lo más uniforme posible.

Si la pistola no permanece perpendicular y se inclina, el pintado no será correcto. Lo mismo ocurrirá si, aun manteniendo la perpendicularidad, la distancia entre la boquilla y la plancha no es constante (fig. 29).

La pintura sale por la boquilla siguiendo una línea recta y manteniendo un caudal constante. Si la distancia entre la boquilla y la superficie aumenta, la dispersión de la pintura se hace mayor y, por lo tanto, la capa resultante tendrá un menor grosor. Allí donde la distancia sea menor, el grosor será mayor.

b) *Velocidad de desplazamiento uniforme.* Dado que la pistola proyecta la pintura a la misma velocidad y caudal constante, si la velocidad de desplazamiento (aun siendo completamente perpendicular y siempre a la misma distancia de la superficie a pintar) se realiza a una velocidad más lenta, la cantidad de pintura que se deposita en el soporte a pintar será mayor que si la pistola se desplaza a una velocidad rápida.

El pulso del pintor ha de conseguir mantener de forma constante estos tres parámetros fundamentales que ahora vamos a resumir:

1. La perpendicularidad de la pistola con respecto a la superficie a pintar.
2. La constancia en la distancia entre la pistola y la superficie a pintar.
3. La uniformidad en la velocidad de desplazamiento de la pistola.

Si se consigue dominar con la mejor regularidad estos tres conceptos simultáneamente, el trabajo resultante ha de ser bueno en cuanto a la aplicación de la pintura con la pistola.

La distancia de la pistola a la superficie a pintar se puede establecer entre 15 y 25 cm, pero ello depende de la naturaleza de la pintura con la que se esté trabajando.

Los fabricantes de la pintura indican siempre, en las instrucciones de aplicación, la distancia correcta para su producto, y este dato es el que se debe observar a la hora de pintar.

En líneas generales y dejando siempre imperar, por supuesto, las indicaciones del fabricante de la pintura, pueden establecerse como válidas las siguientes distancias de aplicación:

Imprimaciones: 20 cm.
Esmaltes gliceroftálicos: 25 cm.
Esmaltes acrílicos: de 10 a 15 cm.
Esmaltes acrílicos para bicapas metalizados: de 10 a 15 cm.

En lo que respecta a la velocidad de desplazamiento sólo decir que una pasada rápida aclara el color por una menor proyección de pintura por centímetro cuadrado de superficie, mientras una pasada lenta obra en sentido contrario, es decir, lo oscurece (recuérdese lo dicho al respecto cuando hablamos de la técnica seca y la técnica mojada).

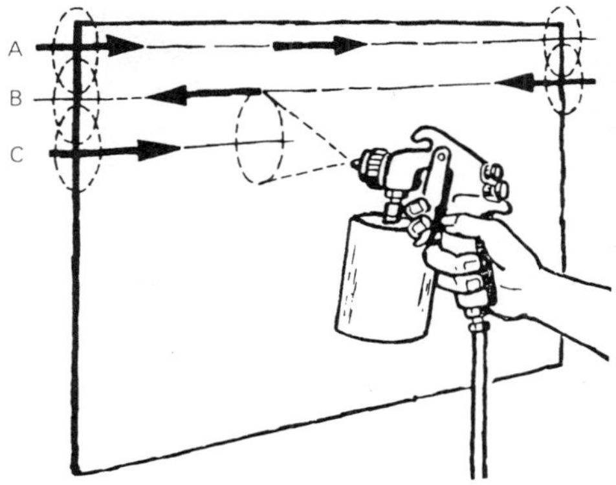

Figura 30. Forma de realizar las pasadas.

Superposición de las pasadas

La aplicación de la pintura debe hacerse de izquierda a derecha y, después, de derecha a izquierda; procurando que cada pasada se superponga sobre la mitad de la pasada anterior. Ésta es una regla práctica de trabajo que, aunque resulta orientativa para un principiante, debe tenerse en cuenta siempre en principio (fig. 30).

Cuando se trata de una superficie plana, de la forma que muestra el dibujo de la citada figura 30, debe comenzarse siempre el trabajo por la parte superior.

Se realiza una primera pasada en las condiciones que hemos expresado y a una velocidad constante durante toda la primera línea de pintado (A).

Al llegar al final se invierte el sentido para pasar a pulverizar sobre la línea B, consiguiendo de esta manera solapar la mitad del patrón de rociado sobre la mitad de la capa anterior.

La capa C se inicia de la misma manera con la inversión del sentido al llegar al final de la plancha que se pinta.

Actuando de esta manera se ha de ir descendiendo en la zona pintada de la plancha hasta llegar a la parte más baja, con la que se dará por terminada la aplicación de esta primera capa.

No siempre es necesario ni posible pintar horizontalmente. Si una pieza resulta más alta que ancha, también se puede acudir a pintarla verticalmente. Para ello, el casquillo de aire se gira 90 grados para conseguir que cambie y proyecte el chorro a lo ancho. Luego se puede pintar de arriba abajo y de abajo arriba, tal como hemos expresado para las superficies más anchas que altas.

En ambos casos, cuando se llega al final de cada pasada hay que soltar el gatillo de la pistola para volverlo a apretar cuando se inicia la siguiente pasada solapada.

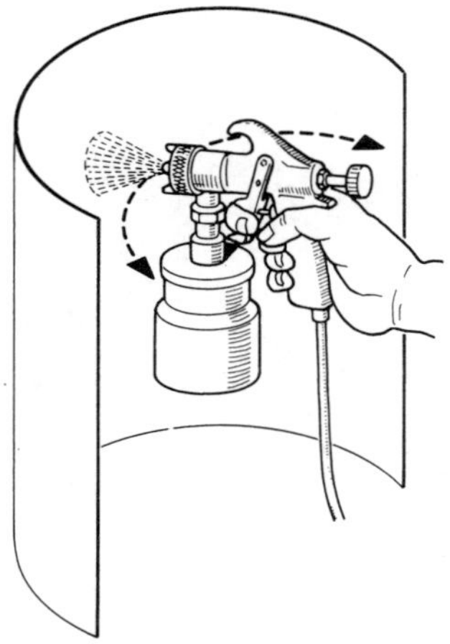

Figura 31. Cuando se pinta una superficie curva también hay que seguir siempre un desplazamiento paralelo a la misma.

No se debe intentar unir ambas pasadas sin aflojar el gatillo con el dedo, pues ello engendrará una excesiva cantidad de pintura en los extremos que se notará en el tono del colorido cuando todo se haya secado.

En algunas pinturas el fabricante aconseja la utilización de capas cruzadas. Estas capas consisten en la superposición de manos de pintura alternando pasadas horizontales con otras verticales antes de que se produzca el secado.

La técnica consiste en pintar primero toda la superficie en un sentido determinado, horizontal por ejemplo, y después dar una segunda mano con pasadas verticales.

En las superficies curvas hay que seguir con el brazo la misma curva de la plancha manteniendo siempre la perpendicularidad y la distancia de la pistola con respecto a la superficie a pintar (fig. 31) para así poder mantener siempre la misma distancia entre la boquilla y la plancha.

Posición de la cubeta

Por último, digamos que el depósito de la pintura en la pistola de aspiración ha de mantenerse siempre en posición vertical para que la pintura permanezca siempre en el fondo de la cubeta.

En la figura 32 se puede ver lo que quiere decirse en este caso. Se trata de mantener la pistola siempre en posición perpendicular con respecto al suelo (dibujo A). El dibujo B es doblemente incorrecto, ya que, además de que modifica la posición del patrón de rociado, puede dejar sin pintura el tubo de aspiración cuando exista poco contenido en la cubeta.

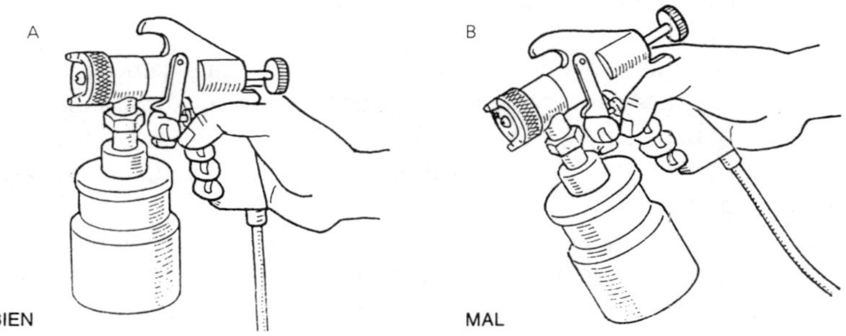

Figura 32. La pistola debe mantenerse siempre perpendicular (A). Si se inclina, se modifica el patrón de rociado y se dificulta la salida de la pintura por el conducto de aspiración (B).

Limpieza de la pistola inmediatamente después de cada uso

Ésta es la última regla que nunca debe olvidar el pintor de carrocerías. La limpieza antes de que la pintura seque en el interior de la pistola fundamental para mantener en perfecto estado sus delicados mecanismos.

Esta limpieza puede hacerse con una limpiadora automática, tal y como vimos en un punto anterior, o bien manualmente.

Primero se han de tapar con los dedos los orificios del casquillo de aire. A continuación se debe dar presión oprimiendo el gatillo para que el aire comprimido, al no poder salir al exterior, se vea obligado a pasar por el conducto del pico y de la aguja de fluido hasta el tubo de aspiración, con lo que se expulsan hacia la cubeta todos los restos de pintura que se encuentren en esta zona.

Luego se pone diluyente en la cubeta para que disuelva la pintura y quede completamente limpia de este producto. Puede mejorarse este trabajo si se agita el diluyente dentro de la cubeta para que todo resto de pintura sea alcanzado por él. Acto seguido ya se puede sacar el diluyente de la cubeta y tirarlo.

Cuando la cubeta ya esté limpia se le añade de nuevo diluyente limpio y se monta la cubeta en la pistola.

Ahora se debe preparar la pistola para proceder a un pulverizado del diluyente cuyo único fin es limpiar los conductos internos de la pistola.

También es buena norma desmontar el casquillo de aire para comprobar que, efectivamente, la limpieza es total. Si no fuera así se debe insistir con la ayuda de un pincel y empleando siempre el diluyente.

Si la operación de limpieza se realiza inmediatamente después del pulverizado de la pintura, es seguro que la limpieza será muy efectiva con sólo hacer circular un chorro de diluyente a través de los conductos, de la manera que se acaba de explicar.

En la parte exterior de la pistola también hay que proceder a la limpieza con diluyente y un pincel para conseguir conservar el buen aspecto de la pistola.

b) El compresor de aire

Por lo tratado hasta ahora habrá podido darse cuenta el lector de la importancia que para la perfecta distribución de la pintura tiene la presión del aire.

La presión alcanzada por el aire en el interior de la pistola afecta por varias razones la pulverización de la pintura.

En primer lugar, si la presión es muy fuerte es también muy fuerte la velocidad de salida del aire. Se crea entonces un mayor vacío en el tubo de aspiración y sale mayor cantidad de pintura. Además, ésta se atomiza mucho más.

Por la misma razón podemos hablar a la inversa en el caso de que la presión del aire esté por debajo de unos valores necesarios o aconsejables.

Esta característica afecta claramente a las características del chorro y por ello todos los fabricantes de esmaltes aconsejan, además de la distancia a que debe proyectarse el chorro, la presión a que este trabajo debe hacerse, ya que una cosa va ligada lógicamente con la otra.

El responsable de la presión conseguida por el aire es, en última instancia, el *compresor*, que es la máquina y el conjunto de elementos encargados de comprimir el aire y mantenerlo a los valores requeridos de una forma estable o, dicho de otra manera, sin ninguna posibilidad de variación.

Ello es muy importante para conseguir un chorro homogéneo y que permita mantener siempre las mismas condiciones de pulverización.

El compresor debe formar parte de la instalación del taller y, por supuesto, no va a ser únicamente el pintor de carrocería el que va a utilizarlo. En la figura 33 aparece un modelo de compresor.

Constitución de un compresor

Consta de cinco partes principales que son las siguientes:

a) Motor eléctrico.
b) Compresor.
c) Calderín.
d) Filtros.
e) Válvulas de seguridad.

Figura 33. Compresor.

a) *Motor eléctrico.* Está generalmente preparado para que no pueda arder si se produce en él un cortocircuito. Este motor ha de tener una potencia adecuada para poder mover el grupo compresor.

En algunos casos existen compresores propulsados por motores térmicos aunque esto no es corriente en nuestros talleres. Generalmente son siempre eléctricos y muchas veces con mandos electrónicos.

b) *Compresor.* Otro elemento fundamental es el propio compresor que puede ser de uno, dos o más cilindros. Actúa tomando el aire a través de la atmósfera por medio de una válvula de admisión que se cierra cuando el pistón asciende abriéndose en ese momento una válvula de paso que conduce el aire hacia un depósito.

Al bajar de nuevo el pistón, vuelve a abrirse la válvula de admisión, se llena el cilindro y cuando asciende se vuelve a cerrar dicha válvula y el aire pasa al depósito a través de la válvula de paso.

Este ciclo se mantiene ininterrumpidamente durante el funcionamiento de la máquina.

El compresor está accionado por el motor eléctrico a través de una transmisión por medio de correas trapezoidales.

c) *Calderín.* Otro de los elementos importantes del equipo es el depósito en el que el aire se guarda a elevada presión. Este depósito recibe el nombre de calderín.

Cuando el calderín esté lleno y el compresor sigue mandándole aire éste se va comprimiendo en su interior y puede llegar a alcanzar altos valores de presión hasta un punto en que el fabricante dispone de un mecanismo que desconecta el motor eléctrico y el compresor deja de funcionar.

d) *Filtros.* La característica más importante de un aire comprimido que pueda utilizarse para su aplicación a la pintura de carrocería ha de estar proporcionada por los filtros del conjunto depurador.

En efecto, el aire ha de poder llegar a la pistola absolutamente libre de cualquier impureza tanto líquida como sólida.

Para conseguir este objetivo el cuerpo depurador debe disponer de unos buenos filtros en los que quede retenida toda partícula sólida que se mantenga en suspensión en el aire.

Además debe disponer de un *deshidratador* el cual absorbe la humedad del aire y elimina el agua de condensación para proporcionar otra de las importantes cualidades que debe tener el aire para pintar: ha de ser lo más seco posible.

La importancia del conjunto depurador es máxima en los compresores que se utilizan para pintura, pues la mezcla del agua en el chorro de la pintura (y no digamos la presencia de impurezas sólidas) marcarían la película y con ello se echaría a perder el trabajo aunque estuviera perfectamente realizado en otros aspectos.

e) *Válvulas de seguridad.* Además de los cuatro elementos fundamentales que se acaban de mencionar, el conjunto del compresor debe disponer de una serie de válvulas de seguridad.

Por ejemplo, debe disponer del llamado *presostato*: una válvula que tiene por misión desconectar automáticamente la corriente eléctrica del motor cuando se ha alcanzado en el calderín la presión máxima autorizada.

En este momento, el compresor se para y no reemprende la marcha hasta que la presión dentro del calderín está por debajo de unos valores preestablecidos en cuyo caso el presostato permite la conexión del motor eléctrico a la red y éste acciona de nuevo el compresor.

Otra válvula de seguridad debe hallarse también en el mismo calderín, siempre dispuesta para abrir un conducto de salida del aire del interior del depósito cuando éste alcanza unos valores peligrosos por posibles fallos del presostato.

Esta válvula suele disponer de un muelle tarado a una determinada alta presión. Si esta alta presión se presenta, la válvula se abre y pone el aire que está dentro del calderín en contacto con la atmósfera.

Desde el calderín salen unas tuberías de acero que llevan el aire comprimido a la zona del taller donde se precise.

La toma que se coloca en el taller de pintura debe hallarse en la cabina de pintar, lo más cerca posible del compresor para que no haya pérdidas de presión por la longitud de las mangueras.

La tubería debe acabar en una válvula o una llave de paso en la que se acopla el extremo de la manguera, generalmente por roscado.

Si la instalación neumática es importante y el compresor se utiliza en todo el taller para uso de mecánicos, planchistas y pintores, se suele colocar un segundo depurador en la salida de pintura para un mejor filtrado del aire y eliminación más segura de la humedad.

Tanto en este caso como en el que no exista este segundo depurador, el pintor tiene que conocer siempre la presión del aire con la que trabaja y con toda exactitud. Por lo mismo necesita la presencia de un manómetro o un manorreductor, preferentemente este último, con el fin de poder dar a la pistola la presión conveniente de acuerdo con el tipo de pintura que vaya a pulverizar.

c) Conductos y conexiones

El tercer grupo de elementos fundamentales que forman el equipo del pintor está constituido por los conductos en los que circula el aire comprimido y por las conexiones que regulan esta circulación.

Para el pintor, la manguera de goma que se acopla a la toma de aire comprimido procedente del compresor, y que se aplica al extremo del mango de la pistola, tiene una gran importancia, pues de las características de esta manguera depende poder conseguir un valor estable y uniforme en las presiones de salida del aire comprimido que tanto afectan al resultado del trabajo de la pintura.

Características de los conductos

Los conductos que transportan el aire comprimido se suelen llamar en el taller «mangueras».

La manguera es un tubo flexible, armado en su interior con fibras textiles para darle mayor consistencia y para que pueda resistir mejor la presión del aire comprimido. La base fundamental de su material es la goma, de modo que es necesario tener con ella algunos cuidados muy especiales sobre todo en un taller de pintura, donde se trabaja con líquidos que atacan a las gomas.

Cuidados con los conductos

Con respecto a los cuidados que la conservación de estos conductos necesitan, se debe tener siempre en cuenta que por su interior está circulando (o en reposo) un fluido a alta presión y, por lo mismo, muy propenso a escapar por cualquier pequeño poro o grieta que se le presente a través del conducto.

Si las conexiones no están firmes y si la manguera tiene orificios o grietas, las fugas están aseguradas y con ellas la pérdida de los valores de la presión.

En estas condiciones la presión llegada a la pistola será inferior a la prevista y será proporcionada, además, de forma irregular. Ello ocasionará defectos en la pulverización de la pintura por parte de la pistola.

Los cuidados principales que una manguera de este tipo debe recibir consisten en protegerla del contacto con los disolventes que se utilizan tan frecuentemente en el taller de pintura. Estos productos atacan la goma.

Si la manguera recibe, por descuido, el contacto directo con estos líquidos es conveniente lavarla con agua lo más rápidamente posible y secarla para eliminar todo resto de disolvente.

Es importante no tener las mangueras por los suelos a fin de que no sean pisadas por las ruedas de los automóviles.

También es necesario evitar que sobre ellas se produzca la caída de objetos pesados que puedan flexionarlas hasta el extremo de iniciar su agrietamiento por medio de fisuras que más tarde o más temprano se convertirán en fugas de la alta presión interna.

Caída de presión

Además de mantener las mangueras en perfecto estado, y dotadas de una perfecta estanqueidad, también existen en ellas unas pérdidas o caídas de presión que son tanto más importantes cuanto mayor es su longitud.

La caída de presión es la pérdida que se produce entre el valor de la presión proporcionada a la salida del compresor y la que se recibe al final del conducto que la transporta. Esto se puede comprobar experimentalmente.

Se mide la presión en el manorreductor, cerca de la salida del calderín y se vuelve a tomar la medición en el punto de entrada de la pistola, supuestos varios metros de conducto, y se verá que el valor de la presión obtenido tendrá una diferencia con respecto al que señala el manorreductor.

Estas diferencias en el valor de las presiones interesan mucho a los pintores porque pueden ser causa de defectos en la pulverización de los esmaltes y, por lo tanto, en el resultado del trabajo efectuado.

Desde un punto de vista práctico, interesa seleccionar la presión un poco más elevada en el manorreductor para que en la pistola obtenga el valor correcto a que el fabricante aconseja el pulverizado.

Supongamos una manguera que tiene un diámetro interior de 6 mm. Se le da al manorreductor una presión de 4,2 bares. Las presiones que obtendremos en la pistola dependerán de la longitud de la manguera y no serán, por supuesto, de 4,2 bares, sino de un valor inferior.

La siguiente tabla muestra los valores que la caída de presión representa según las longitudes posibles de la manguera, suponiendo siempre que el diámetro de la misma sea constante y se mantenga en 6 mm y que la presión de partida del manorreductor sea la antes citada.

En estas condiciones los valores obtenidos según la longitud de la manguera serán los siguientes:

Longitud de la manguera (metros)	***Valor de la presión en la pistola (bares)***	***Valor de la caída de presión***
1,50	3,570	0,630
3,00	3,325	0,875
4,50	3,185	1,015
6,00	3,028	1,172
7,50	2,870	1,330
15,00	2,030	2,170

Como se puede ver, si estamos utilizando una manguera de 3 metros y una pintura de la que los fabricantes nos recomiendan el uso de una presión de aplicación de 4,2 bares, la realidad es que, si no tomamos precaución alguna, estaremos proporcionando una presión, al apretar el gatillo de la pistola, de sólo 3,325 bares, lo que significará una caída de presión lo suficientemente importante como para que la pintura no se reparta en las condiciones adecuadas.

Este problema es fácil de resolver si se acude a aumentar el valor de la presión del aire comprimido en la misma llave del manorreductor de acuerdo con el diámetro de la manguera y la longitud de la misma.

Volviendo al ejemplo que estamos comentando tenemos que para obtener una presión real de 4 bares en la pistola se deberá colocar el manorreductor a un valor de presión, de acuerdo con la longitud de la manguera de:

Longitud de la manguera (metros)	***Presión en el manorreductor (bares)***
1,5	4,75
3,0	5,10
4,5	5,40
6,0	5,65
7,5	6,00
15,0	6,70

Como se puede observar, utilizando este tipo de manguera de 6 mm y de una longitud de unos 3 metros, tendrá que darse al manorreductor 0,9 bares más de los 4,2 que necesitamos en la pistola.

Si la manguera es de 4,5 metros entonces sería 1,2 bares más para obtener el mismo resultado.

Otro de los factores importantes que intervienen en las pérdidas de presión en el diámetro de la manguera.

Hasta este momento hemos supuesto un diámetro de 6 mm en donde la caída de presión se hace mucho más sensible. Pero si se está utilizando una manguera con diámetro interno de 9 mm las cosas no son tan radicales, aun cuando siempre se debe tener en cuenta estas pérdidas.

A fin de que tengamos una orientación en este aspecto, véase la siguiente tabla que reproduce las condiciones que se dan según la longitud de una manguera que posee un diámetro de 9 mm.

Como en el caso anterior, el manorreductor señala una presión de 4,2 bares necesarios para la pistola, mientras en el extremo de la manguera podremos medir los siguientes resultados de acuerdo con su longitud:

Longitud de la manguera (metros)	***Valor de la presión en la pistola (bares)***	***Valor de la caída de presión***
1,50	3,938	0,262
3,00	3,885	0,315
4,50	3,850	0,350
6,00	3,815	0,385
7,50	3,780	0,420
15,00	3,395	0,805

Comparando estos valores con los dados en la primera tabla ya se puede ver que las caídas de presión son proporcionalmente tanto más reducidas cuanto mayor sea el diámetro del conducto.

Siguiendo con el ejemplo comparativo se puede establecer que una manguera de un diámetro de 9 mm necesita, para obtener una presión en la pistola de 4,2 bares, mantener en el manorreductor una presión de:

Longitud de la manguera (metros)	***Presión en el manorreductor (bares)***
1,5	4,25
3,0	4,35
4,5	4,40
6,0	4,45
7,5	*4,50*
15,0	4,90

Si utilizamos mangueras de mayor grosor a 9 mm, la caída de presión que se produzca será menor. Pero mangueras gruesas requieren también instalaciones de aire comprimido muy potentes, por lo cual no son utilizadas en el taller.

Para finalizar con el ejemplo que se acaba de estudiar digamos que, con una manguera de 9 mm de diámetro interior y una longitud de 1,5 metros recibe prácticamente la misma presión en la pistola que la indicada en el manorreductor (diferencia de sólo 0,25 bares); pero también aquí las diferencias comienzan a tener importancia a medida que la longitud de la manguera aumenta.

Conexiones

Uno de los extremos de la manguera se une a la pistola y el otro a las tuberías de aire comprimido. El ajuste se hace por medio de racores que se ajustan a la tubería metálica generalmente a rosca.

Hay que cuidar que no existan fugas de presión por las zonas de ajuste de la manguera, tanto en su unión a la tubería metálica como en el mango de la pistola, pues ello aumentaría de forma considerable las pérdidas de presión.

Por la misma razón es tan importante cuidar del buen estado de la goma de la manguera para que no existan fugas a través de poros o grietas, tal y como dijimos en un principio.

El proceso general de pintado

Ha llegado el momento de hacer una pequeña recapitulación de todos aquellos trabajos que el pintor tiene que realizar.

Hemos visto que existen unos trabajos de preparación de las superficies, lo que constituye las «manos de fondos» y unas manos de acabado que consisten en la aplicación de los esmaltes.

También hemos visto ya la forma de utilizar la pistola neumática y los cuidados que ella requiere tanto para pulverizar como para su limpieza.

Ahora entramos en el trabajo definitivo de dar las manos de acabado a la carrocería.

Siempre que nos referimos a los trabajos con imprimaciones y con pintura decimos que se deben seguir las instrucciones que el fabricante aconseja.

Como que esta explicación no es muy concreta, creemos que ha llegado ahora el momento más indicado para que se vean algunos ejemplos de las instrucciones que los fabricantes proporcionan, las cuales han de servirnos siempre de base para realizar las mezclas con el disolvente (o diluyente), el pulverizado y los tiempos de secado que hemos de respetar.

Como ya hemos indicado otras muchas veces, no todos los fabricantes ofrecen los mismos productos ni dan consejos iguales para la aplicación de sus pinturas. Por lo tanto, es necesario que sepamos muy bien con la marca que trabajamos y también la forma de llevar a cabo el trabajo con sus productos. Nosotros hemos tomado como ejemplos las casas Glasurit (llamada Urruzola hasta 1979) y Valentine, de sobras conocidas y de muy amplia difusión entre los profesionales pintores de carrocerías.

Ejemplo de la casa Glasurit

En esta breve descripción resumida vamos a citar las referencias de losproductos concretos y los consejos que en la aplicación de estos productos da la firma fabricante.

Trataremos primero el caso de pintado con pinturas y masillas de la familia gliceroftálica para pasar después a la acrílica y, dentro de ésta, a la aplicación de bicapa.

Pinturas gliceroftálicas

Recordemos que esta familia es la conocida también con el nombre de sintética.

Vamos a partir de la carrocería tal como la recibe el pintor procedente del planchista, es decir, sin preparación especial de las superficies.

Deberá comenzarse por un lijado al agua con papel P-180 para quitar todo resto de pintura y aplicaciones anteriores. Terminar el trabajo con lija de grano P-220.

A continuación limpiar y secar completamente la superficie y pasar a la aplicación de un producto cromofosfatante de la marca Glasurit. El producto recomendado tiene la referencia: S-283-1502/2.

— Productos cromofosfatante S-283-1502/2:

Este producto se suministra separado en dos envases. El principal contiene la pasta de base y el segundo el catalizador.

La mezcla deberá realizarse con una parte en peso de catalizador por cada dos partes en peso de pasta de base (relación 1:2).

El disolvente a emplear aconsejado por la marca tiene referencia siguiente: 351/1 Glasso.

La viscosidad correcta de aplicación de este producto cromofosfatante es de 18 segundos en el viscosímetro a 20 °C.

La mezcla no podrá aplicarse transcurrida 48 horas. El espesor de la película a aplicar es de 20 a 30 micras. La aplicación es con pistola neumática.

A continuación dejar secar entre 15 y 30 minutos.

— Producto de masilla aparejo S-279

Sirve para eliminar las posibles irregularidades de la superficie. SE presenta en forma de pasta a una temperatura de 20 °C.

Se puede aplicar con espátula, pero también con pistola. Para ello, sin embargo, la viscosidad tiene que ser de 25 a 30 segundos del viscosímetro utilizando disolvente 351/1 Glasso.

Si se desea emplear como aparejo se debe rebajar en un 50 % con el disolvente mencionado.

Hay que darle un tiempo de entre 40 y 60 minutos para que se seque. El pulido se efectuará con papel de lija del P-320.

Una vez lijado se limpia perfectamente la superficie y se puede pasar a aplicar la imprimación que, como ya se ha dicho, tiene por objeto preparar la superficie para ofrecer un mayor agarre a la pintura de acabado o sea, a los esmaltes.

— Producto de imprimación S-281/2:

Se aplica con pistola neumática a una viscosidad de entre 25 y 30 segundos medidos en el viscosímetro a 20 °C.

El disolvente de aplicación para conseguir esta viscosidad es el mismo que hemos estado usando: 351/1 Glasso.

El espesor de la película es de 25 a 30 micras.Hay que dejar secar entre 30 y 40 minutos. Luego lijar al agua con papel P-400 hasta conseguir el matizado de la superficie.

A continuación lavar con abundante agua fresca y secar perfectamente. Después de esta operación ya podrá aplicarse el esmalte de acabado.

— Esmalte sintético S-20:

Por último, la aplicación del esmalte sintético se ha de hacer con el de referencia S-20 y, por supuesto, del color correspondiente a la carrocería.

La viscosidad de aplicación debe encontrarse entre 25 y 27 segundos del viscosímetro para lo cual requerirá, aproximadamente, un 20 % de mezcla con el disolvente 540/1 Glassomax.

La presión del aire en la pistola debe encontrarse entre 2,5 y 3 kg/cm^2.

Si el esmalte se va a tener que secar al horno, a 80 o 90 °C, se deberá usar el disolvente 522/6.

El secado «fuera polvo» se obtiene en 1 hora y el «manipulable» entre 2 y 4 horas.

Pinturas acrílicas

La preparación de la superficie una vez recibida la carrocería del planchista es la misma que en el caso anterior.

— Producto cromofosfatante S-283-1501/1:

Consta también de dos productos. El catalizador tiene la referencia 352/26. Se aplica al 50 % en unidades de peso (relación 1:1).

Se aplica una mano ligera de entre 5 y 10 micras, teniendo en cuenta que es contraproducente poner capas de mayor espesor que el considerado máximo.

Dejar secar al aire durante 10 o 15 minutos.

— Producto de masilla aparejo S-279:

Tiene las mismas características que las descritas para la pintura gliceroftálica, ya que se trata del mismo producto.

— Producto de imprimación S-281/2:

Se aplica esta imprimación con la pistola neumática a una presión del aire en la pistola de 3 kg/cm^2.

La viscosidad del producto debe ser de 20 a 26 segundos del viscosímetro. La mezcla será de cuatro partes en peso de disolvente 351/1 Glasso por cada diez partes en peso de S-281/2 (relación 1:2,5).

Esta imprimación debe aplicarse en dos manos cruzadas obteniendo un espesor de la película de 40 a 50 micras. El secado se produce, como mínimo, en 3 horas.

Después de este secado se tiene que proceder al lijado al agua con papel abrasivo P-400 o P-600 de toda la superficie que se va a tener que pintar. Limpiar después con agua y secar perfectamente. A continuación ya puede pasarse a la preparación y aplicación del esmalte acrílico.

— Esmalte acrílico S-30:

El esmalte acrílico de la marca Glasurit S-30 se diluye con disolvente Glasso 544/101 hasta obtener una viscosidad de 18 segundos en el viscosímetro a una temperatura de 20 °C.

La mezcla se hará con una parte en peso de diluyente 544/101 por cada cuatro partes en peso de esmalte S-30 (relación 1:4).

El esmalte hay que removerlo bien antes de su mezcla y tamizarlo al pasarlo a la cubeta de la pistola.

Se aplica con una presión del aire en la pistola de entre 3 y 3,5 kg/cm^2. Se dan dos medias manos en un mismo sentido o dirección, con un espesor de 20 micras. Luego se deja secar entre 15 y 30 minutos.

— Aplicación del barniz 923/48:

Sobre la aplicación de la pintura acrílica debe ahora pulverizarse el barniz. La preparación de este producto se efectúa de la siguiente forma:

Se comienza por llevar a cabo una mezcla de una parte en peso de catalizador 929/13 por cada cuatro partes en peso de barniz 923/48 (relación 1:4).

La mezcla debe diluirse con disolvente 544/101 hasta obtener una viscosidad de 18 segundos a 20 °C.

La aplicación del barniz se debe hacer con la pistola a una presión del aire de 2 a 3 kg/cm² con una mano ligera. Se deja secar esta primera mano unos cinco minutos y seguidamente se le aplican dos manos cruzadas.

El secado al tacto y al aire, a una temperatura ambiente de 20 °C, se realiza entre 3 y 4 horas. Cuando el secado ha de hacerse al horno se tendrá que utilizar barniz de acabado referenciado por Urruzola con S-68-0/10.

Ejemplo de la casa Valentine

Para no hacer demasiado extenso el estudio de este ejemplo vamos a ceñirnos a un resumen general de las condiciones requeridas por los productos de Valentine para llevar a cabo el pintado de una carrocería. Vamos a comenzar por el estudio de los productos para la aplicación de las pinturas gliceroftálicas y después pasaremos al de las acrílicas.

Pinturas gliceroftálicas

Después de haber recibido la carrocería procedente del taller de planchistería, el pintor prepara las superficies. Se empieza con un lijado al agua con papel P-180 para sacar todo resto de pintura anterior. Este trabajo se termina con lija P-220.

A continuación se limpia y seca completamente la superficie y se pasa a protegerla con un producto cromofosfatante; que en nuestro caso será el PG-2 de Valentine.

— Producto cromofosfatante PG-2:

Se suministra en dos envases. Uno de ellos contiene el producto concentrado PG-2, y el otro llamado Disolvente Especial PG-2. Ambos productos se deberán mezclar a partes iguales de volumen.

La mezcla se aplicará con pistola a una presión de aire de entre 2,5 y 3 kg/cm².

El tiempo de vida de la mezcla a 20 °C es de 48 horas.

El secado se realiza entre 15 y 30 minutos aproximadamente.

— Masilla aparejo «Masilla mixta»:

La masilla para eliminar las irregularidades de la plancha recibe el nombre en Valentine de «Masilla mixta». Ha de aplicarse forzosamente con espátula, ya que resulta muy pastosa. El espesor máximo de aplicación, en una sola mano, es de 0,5 mm.

Se deja secar una hora y se pasa a su lijado de la forma habitual.

Luego se pasa a la aplicación de la imprimación.

— Imprimación PG-4:

Esta imprimación tiene el aspecto de un aparejo por ser bastante espesa. Por ello ha de diluirse a partes iguales con el disolvente F-32 de Valentine (relación 1:1).

Luego se aplica a pistola con una película de unas 30 micras de espesor (unos 0,03 mm).

Acto seguido se deja secar durante 30 o 40 minutos y ya puede pasarse a realizar el lijado con papel P-400. Luego lavar y secar y dejar la superficie lista para recibir el esmalte.

— Esmalte Valrex-Valeclair:

Cuando ya se dispone del color y el tono correcto se pasa a la preparación de este esmalte hasta conseguir una viscosidad de 26 a 30 segundos del viscosímetro, a una temperatura de 20 °C. Para ello, por cada diez partes en volumen de esmalte Valrex-Valeclair se deben añadir dos partes de disolvente F-12 o F-23 (relación 5:1).

La presión del aire comprimido en la pistola deberá ser de 2,5 kg/cm^2.

Una vez hecha la pulverización el secado al aire en situación de «fuera polvo» se realiza entre 25 y 30 minutos y la pintura queda manipulable a las 3 horas.

Para el secado al horno se recomienda la temperatura de 80 °C; pero es necesario añadir al esmalte el acelerante 230.307 (referencia de Valentine) en una proporción del 10 al 15 % de forma que por este procedimiento el secado se realiza en 30 minutos.

Pinturas acrílicas

Tras la preparación de la superficie se aplica el producto cromofosfatante PG-2, mezclado a igualdad de volumen con el Disolvente Especial PG-2. Luego se aplicará a pistola, con una presión comprendida entre 2,5 y 3 kg/cm^2, dejando un tiempo de secado de 15 a 30 minutos.

También se tendrá que actuar de la misma forma que ya explicamos al tratar de la pintura sintética, para la aplicación de la Masilla Mixta. Con la espátula, con un espesor máximo de 0,5 mm en una sola mano, etc. Se deja secar y se pasa a alisar con lija al agua hasta conseguir una superficie fina. Luego se pasa a aplicar la imprimación.

— Imprimación PG-1:

Se aplica a pistola y diluida con un 25 o 30 % de disolvente para productos celulósicos, en manos de 20 a 25 micras.

Estas aplicaciones secan en unos 20 minutos y se pueden lijar transcurridas de 2 a 3 horas. Si se aplica más de una mano es conveniente esperar un mínimo de 6 horas antes de empezar el trabajo de lijado.

Por supuesto, este tiempo de secado se puede acelerar utilizando el secado al horno, aunque en todos los casos es necesario un secado al aire previo, no inferior a 10 minutos.

Una vez seca la imprimación se hace el lijado definitivo con papel abrasivo P-400 o P-600. Se limpia y ya puede pasarse a la colocación del esmalte acrílico.

— Esmalte Star-Jewel 240:

Se comienza por remover a fondo el producto del bote del esmalte acrílico Star-Jewel 240.

Luego diluirlo con disolvente Valentine 201.300 a partes iguales.

Debe pulverizarse a una presión en la pistola de 4,5 a 5 bares, aplicando dos manos seguidas.

Luego dejar secar durante 10 minutos en verano y 20 en invierno.

— Barniz 240.301:

A continuación pasar a la aplicación del barniz. En este caso, la marca Valentine indica la aplicación de su barniz 240.301, que consta de dos componentes, los cuales hay que mezclar previamente.

El tiempo de vida de esta mezla será de 45 a 60 minutos supuesta una temperatura de 20 °C.

Una vez obtenida la mezcla se ha de pasar a diluirla con un 25 a 30 % de disolvente 223.346 hasta alcanzar una viscosidad de entre 18 y 22 segundos.

Aplicar de inmediato en dos o tres manos seguidas, mojado sobre mojado, y sin cargarlas mucho.

A continuación dejar secar. Este secado se produce: en 20 minutos el «fuera polvo» y el secado duro a las 24 horas. Sin embargo, utilizando el secado al horno, a una temperatura de 80 °C, basta con una hora aproximadamente.

Medición de los espesores de pintura

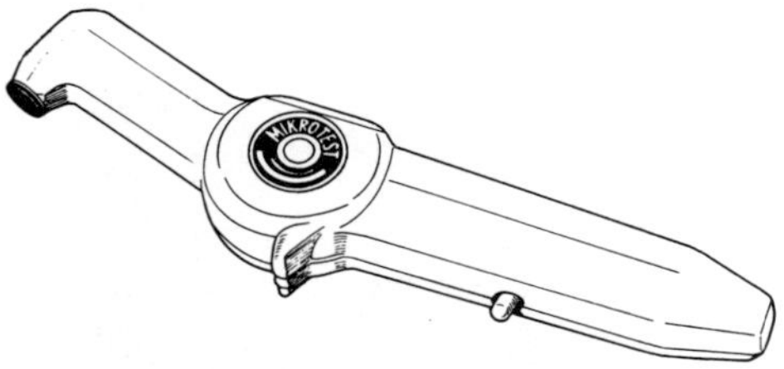

Figura 34. Aparato «Mikrotest» para la medición de los espesores de las capas de pintura.

Como se ha podido apreciar, las capas de pintura a aplicar tienen un espesor concreto que debe respetarse, ya sea al pintar una carrocería totalmente o al hacerlo en una parte de ella. En este último caso, el espesor debe ser el ya existente en el resto de las planchas. Se ha podido ver también que los espesores se miden en micras. Una micra equivale a una milésima de milímetro, es decir, 0,001 mm.

Los espesores de las capas de pinturas suelen situarse alrededor de las 20 o 30 micras. Por lo tanto, las capas son muy finas y no pueden medirse a ojo. Para medir estos grosores se utilizan aparatos especiales, un ejemplo de los cuales es el «Mikrotest» que aparece en la figura 34.

Se trata de un imán que se ajsuta a la chapa pintada y por medio de un muelle se va dando presión contraria hasta conseguir que dicho imán salte de la plancha. Esta presión ejercida tiene su equivalencia en micras de espesor. Evidentemente, cuanto mayor sea el grosor mayor será la presión necesaria para hacer saltar el imán.

Defectos del trabajo de pintado

Sólo se consiguen buenos resultados en el pintado de carrocerías si se siguen rigurosamente y con cuidado las normas de aplicación de la pintura que hemos dado y las que exige cada fabricante para sus tipos de esmaltes.

A veces, factores como la excesiva humedad ambiental, la inadecuada viscosidad, la indebida utilización de un disolvente o una pulverización a una presión no acertada, etc., pueden ser detalles que el operario poco experto considere de escasa importancia pero que pueden dar origen a defectos inaceptables en la presentación final del trabajo.

Por lo tanto, conviene que el pintor de carrocerías sea, ante todo, una persona muy cuidadosa y atenta no sólo a los detalles importantes de su oficio, sino también a los más pequeños y aparentemente insignificantes.

A continuación trataremos de los principales defectos que puede presentar un trabajo de pintado y las causas principales que pueden ser las culpables de que se produzcan.

Defectos antes de pulverizar

Hay defectos que pueden originarse incluso antes de llevar a cabo el trabajo de pulverizar el esmalte. El más corriente es la ***floculación***, que se produce cuando se prepara la pintura y ésta recibe un diluyente que no resulta apropiado a su naturaleza.

En este momento, en el esmalte se producen grumos más o menos grandes que no es posible hacer desaparecer por más que la pintura se remueva.

En este caso el error en la aplicación del diluyente se paga con la pérdida de la pintura que ya no podrá aprovecharse para pintar la plancha de una carrocería.

La floculación debe evitarse cuidando de antemano el tipo de diluyente que cada pintura exige y su fabricante recomienda.

No se trata de un defecto que pueda afectar al trabajo por cuanto se observa antes de pulverizar, pero demuestra la exigencia que tienen los esmaltes de ser unidos con componentes de su propia naturaleza química y, para no tener sorpresas, de la misma marca.

Defectos durante la pulverización

Suponiendo que se haya realizado una correcta mezcla del esmalte con sus productos afines y que se sigan estrictamente las normas, durante la pulverización puede producirse el defecto conocido con el nombre de *descuelgue* o *descolgado*.

El descuelgue consiste en un corrimiento de la pintura sobre el soporte que se está pintando (fig. 35). También recibe el nombre de «lágrimas»..

El descuelgue es un defecto que suele ser debido a alguna de las causas siguientes, o a varias de ellas al mismo tiempo:

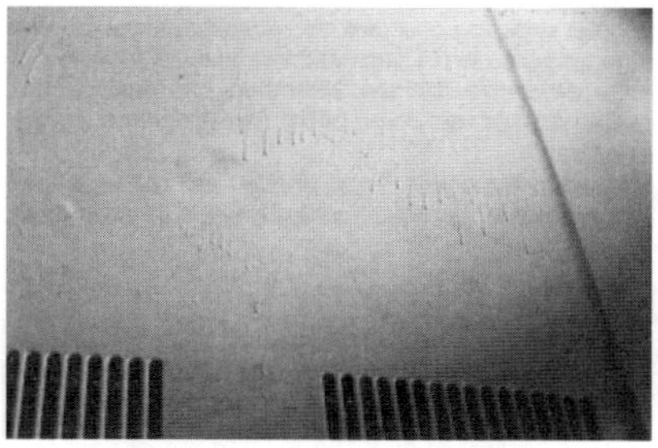

Figura 35. Aspecto de una superficie con el defecto de descuelgue.

a) *Por mala aplicación de la pintura.* Por una parte puede que sea un defecto de la mala utilización de la pistola. Digamos, en primer lugar, que el descuelgue se produce cuando la capa de esmalte resulta demasiado espesa y especialmente cuando estamos pintando con esmaltes de secado lento.

La pintura llega en estado demasiado líquido sobre el soporte y tiene tendencia a escurrirse porque su adherencia no es buena, cosa que especialmente ocurre en las superficies verticales en las que la gravedad ayuda a acentuar este defecto.

El defecto puede estar ocasionado, en cuanto al manejo de la pistola, por no mantener la distancia adecuada entre la pistola y la superficie a pintar y especialmente por pintar demasiado cerca del soporte.

También la mano inexperta de un principiante ocasiona este defecto si durante las manos o pasadas realizadas con la pistola va variando insensiblemente la distancia de pulverización.

Un efecto similar puede producirse si se da el caso de que el operario no trabajara siempre con la punta de la pistola perfectamente paralela a la superficie a pintar, haciendo oscilar demasiado la pistola sobre la línea del soporte.

b) *Por mala preparación de la mezcla.* Pero al margen de la inexperiencia en las técnicas de la pulverización también el defecto del descuelgue de la pintura puede estar ocasionado por defectos en la preparación.

Por ejemplo: un exceso en la proporción de la dilución del esmalte, por no hacer las comprobaciones debidas con el viscosímetro, puede hacer que la pintura presente un estado excesivamente licuado o poco viscoso por lo que se puede ocasionar este defecto del descuelgue. Es bueno comprobar siempre la viscosidad.

También la utilización de un disolvente inadecuado puede producir un defecto similar, aun cuando no se haya producido el aviso de la floculación durante la mezcla. Normalmente este caso puede producirse cuando se aplican disolventes de la misma familia a que pertenece el esmalte pero demasiado lento, de modo que no corresponden exactamente a los indicados por el fabricante.

c) *Por temperatura inadecuada.* Tampoco hay que perder de vista que una temperatura excesivamente fría del local puede contribuir no poco al defecto de descuelgue de la pintura por la lentitud que se establece en el evaporado previo del disolvente.
d) *Por mala preparación de la superficie del soporte.* También puede ser responsable del defecto del descuelgue una aplicación desigual de las capas de preparación (imprimación) en las que se evidencia una desigualdad en la adherencia de los diversos sectores de la chapa.
e) *Mala preparación de la boquilla de la pistola.* Cualquier otro defecto por medio del cual se aumente localmente el volumen de pintura que interviene en el patrón de rociado puede también ser causante de este defecto. Por ejemplo, un exceso de cerrado de la boquilla puede producir un chorro poco disperso (demasiado concentrado) que dará muy probablemente el defecto del descuelgue.

También es típico de que este defecto efectuar la pulverización a un valor de presión por debajo del correcto, por lo que la relación aire/esmalte resulta favorable a este último. Se debe revisar este aspecto de la aplicación.

Cuando se han producido descuelgues el trabajo resultante queda impresentable.

Para la corrección hay que sacar la pintura aplicada con disolvente. Si ya está seca se pasa a lijarla para hacerla desaparecer del soporte.

Luego volver a pintar asegurándose de que el defecto no va a reproducirse teniendo en cuenta, para ello, los consejos que se acaban de dar más arriba.

Defectos después de la pulverización

La mayoría de los defectos ocasionados por una mala aplicación o por fallos de la preparación de las pinturas suelen aparecer, por desgracia, cuando ya se ha pulverizado y se inicia (o se ha producido ya) el proceso de secado al tacto.

Los principales defectos que se han de tener en cuenta son los siguientes:

- Pintura rugosa o granulada.
- Piel de naranja.
- Cambio del color al secar.
- Formación de cráteres.
- Esmalte que se riza cuando se seca (hervidos).
- Ampollas y burbujas.
- Despegues.
- Partes brillantes y manchas mates.
- Brillo insuficiente.
- Picaduras.
- Rechupados.

Pintura rugosa o granulada

Este defecto consiste en que la pintura adquiere una pérdida de su alisamiento superficial o una granulación que se aprecia rápidamente al tacto.

Puede estar ocasionado este defecto por el hecho de que el polvo del taller se haya depositado sobre la pintura cuando ésta todavía no ha iniciado su secado, de modo que queda esta superficie como granulada.

Para evitar este defecto hay que trabajar en un lugar cerrado y en las condiciones mínimas de seguridad que proporciona una cabina de pintado.

También puede estar ocasionado este defecto por haber utilizado una pintura que contenga impurezas. De ahí la absoluta necesidad de un filtrado del esmalte cuando se vierte en la cubeta, operación que ya fue descrita en su momento.

También puede deberse este defecto a aplicar el esmalte a una distancia de pulverización excesiva del soporte.

En algunos tipos de pinturas, si la distancia resulta excesiva y la atomización de la pintura la convierte a ésta en minúsculas gotitas, comoquiera que, además, están rodeadas de mucho aire, cada una de estas pequeñísimas gotas de pintura se seca antes de llegar al soporte y da una mala adherencia al depositarse en la superficie.

La mala adherencia que se produce en estas condiciones es la causante de la granulación superficial observada. Entre las soluciones están:

1. Pintar en un lugar protegido completamente del polvo.
2. Proceder siempre a pasar por el tamiz el esmalte al depositarlo en la cubeta de la pistola.
3. Asegurarse de pulverizar a la distancia correcta del soporte.

Piel de naranja

En la figura 36 puede verse el aspecto que presenta, aumentada, una superficie de acabado que tiene este defecto. De hecho, se trata de una textura que se forma sobre la superficie del soporte una vez pintado que recuerda la piel de la naranja, de lo cual le viene su nombre.

En realidad, este defecto lo provoca una falta de extensión de la pintura. Por lo tanto puede estar provocado, con mucha probabilidad, por la inadecuada mezcla con el disolvente. Un disolvente de evaporación demasiado rápido es una causa muy razonable de la presencia de este defecto.

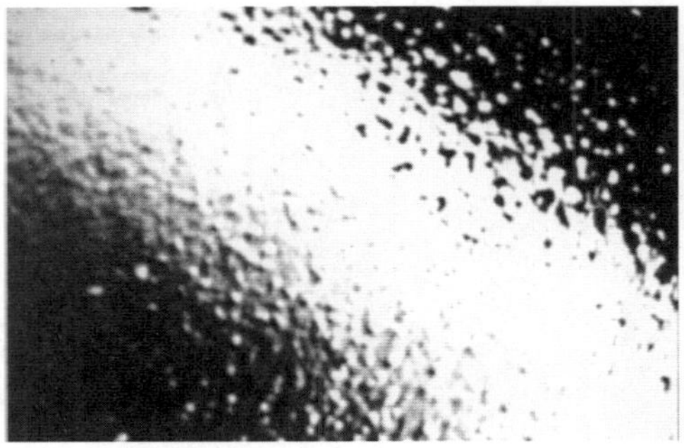

Figura 36. Superficie de acabado con el defecto conocido con el nombre de «piel de naranja».

También si el disolvente no pertenece a la familia química de la pintura que se aplica pueden esperarse defectos de todo tipo.

Si la viscosidad del esmalte está por encima de lo que el fabricante aconseja y, por lo mismo, hay falta de dilución, el defecto de la piel de naranja puede presentarse perfectamente. Hay que velar por conseguir la viscosidad precisa para llevar a cabo la pulverización.

No sólo el disolvente puede ser la causa. También una presión de aire insuficiente o un consumo de aire por debajo del correcto en la pistola puede dar una pulverización incompleta que haga posible este defecto de piel de naranja.

Por último, el hecho de pulverizar a una distancia excesiva del soporte o a una temperatura demasiado baja de la pintura con respecto a la temperatura ambiente a que se halle el local, pueden también ser la causa de este defecto.

Serán soluciones las siguientes:

1. Disminuir la viscosidad de la pintura hasta conseguir que ésta se extienda bien dejando la superficie lisa y uniforme.
2. Utilizar un disolvente que resulte mas lento.
3. Aumentar ligeramente el valor de la presión del aire comprimido en la pistola.

Cambio del color al secar

En general, los colores cambian al secar tendiendo a oscurecerse. Por ello, el pintor, cuando realiza las mezclas para conseguir el tono exacto en los casos de reparación, ha de tener en cuenta este detalle para hacer las comparaciones con el color de lo ya pintado cuando la plaqueta de muestra esté seca.

Sin embargo, pueden darse casos en los que la pintura puede cambiar de color de una manera imprevista que no sea la que se ocasiona lógicamente con el natural oscurecimiento.

Las principales causas que pueden ser objeto de este defecto hemos de encontrarlas en la diferente calidad de los esmaltes que se han mezclado para obtener el tono exacto del color, o en la diferente naturaleza de los mismos.

Pero lo más importante es el color de los fondos o capas de preparación de la chapa.

Se dice que una pintura no tiene poder de cobertura cuando no es capaz de tapar o enmascarar la tonalidad de la capa inferior. Este defecto se conoce también en el taller como «falta de opacidad».

Cuando existe un excesivo contraste entre el fondo y el esmalte es muy corriente que se produzca este defecto. También una excesiva dilución de la pintura, trabajando con una viscosidad inferior a la recomendada, puede dar lugar a este defecto de falta de poder de cobertura que hace que el color quede alterado.

También la falta de removido de la pintura al echarla a la cubeta puede ocasionar parcialmente este mismo defecto.

Una variante de este defecto es el que se conoce, en el taller, con el nombre de *sangrado*, que consiste en variaciones observadas en el tono del color cuando ya se ha pulverizado la pintura.

Se produce por la flotación de algunos pigmentos que, existiendo en las capas inferiores, se desprenden por la acción del disolvente que la planchaa ahora recibe con la pintura fresca, y saltan hacia la superficie.

Las causas del sangrado no son pues debidas a la utilización de un esmalte inadecuado, sino al empleo de fondos que contienen pigmentos solubles. Este caso suele darse a veces en pinturas viejas de fondo, pero las causas más importantes que provocan este defecto se encuentran en cualquiera de estas irregularidades:

a) Que la pistola no esté lo suficientemente limpia y contenga restos de otras pinturas.
b) Aplicar una pintura cerca de otro vehículo en el que todavía no se ha terminado el proceso de pulverización.

Se debe tener en cuenta los factores que se acaban de citar para evitar estas posibles causas de cambio de la tonalidad. Entre las soluciones encontramos:

1. Cuando puede producirse la falta de opacidad utilizar siempre fondos con tonalidades parecidas a la del esmalte.
2. También es buena norma ir dando manos dejando un tiempo prudencial para el secado entre cada una y aumentando la viscosidad progresivamente de cada una de las pasadas.
3. Agitar perfectamente la pintura para que los pigmentos se dispersen y homogeneicen correctamente.
4. En cuanto al sangrado, la mejor solución es la limpieza y el cuidado. Limpieza para quitar siempre todo resto de pintura sobre los mecanismos de la pistola y cuidado para no pintar nunca una carrocería próxima a otra que esté preparada para pintar.

Formación de cráteres

En la superficie pintada se pueden formar como unas minúsculas fosas, agujeros o cráteres (fig. 37).

La causa de este defecto debe atribuirse a una falta de adherencia de la capa inferior de pintura con respecto a la superior, lo cual hace que queden unas depresiones en la última mano.

Este fenómeno suele estar provocado por la silicona y también por la presencia de grasa tanto en la superficie que se pinta como en la misma pistola o en el aire comprimido.

Si la carrocería fue tratada con silicona para su abrillantamiento y ésta no ha sido eliminada por completo de la superficie a pintar es seguro que ella es la responsable de este defecto.

Incluso la silicona que pueda existir en un trapo empapado de un producto que la contenga puede haber contaminado la atmósfera de la cabina de la pintura y ser causa de este defecto; es decir, la silicona puede incluso establecer una contaminación ambiental que le llevaría a posteriores defectos en el trabajo de pintado del tipo de esta formación de cráteres.

Las soluciones podrían ser las siguientes:

1. La mejor solución es la limpieza a fondo de todo lo que contenga o pudiera contener silicona.
2. Limpiar a fondo la superficie que se ha de pintar con trapos limpios.
3. Limpiar a fondo la pistola cuidando siempre de no engrasar aquellas partes que se encuentran en contacto con el aire comprimido o la pintura.
4. Purgar el aire que viene del compresor antes de su entrada en la pistola con el fin de tener la seguridad de su absoluta limpieza.

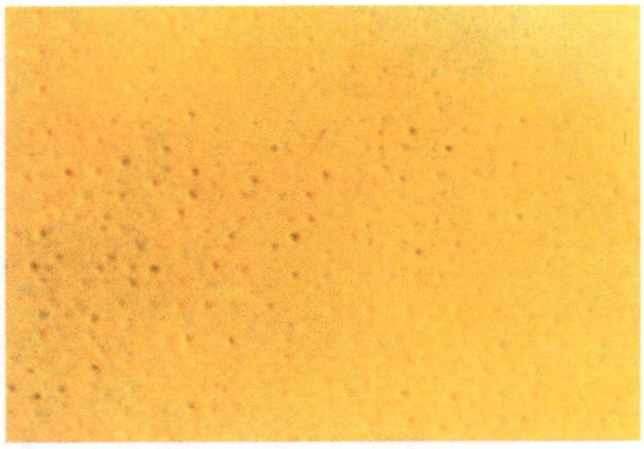

Figura 37. Superficie mostrando la formación de cráteres sobre el esmalte de acabado.

Esmalte que se riza cuando se seca (hervidos)

El presente defecto se produce cuando, después de una pulverización buena, en cuanto la pintura se seca comienza a rizarse.

Ello está causado por un secado mucho más rápido en la superficie que en el fondo de la película de pintura depositada, de modo que se crean unas tensiones que hacen que la pintura llegue a arrugarse o rizarse.

Generalmente este defecto está causado porque la película de pintura resulta demasiado gruesa y la parte de la superficie en contacto con el aire seca antes, con mucha diferencia, de lo que lo hace la parte interior.

Cuando la capa interna se seca y evapora su disolvente, éste se ve forzado a salir al exterior formando porosidades o rizamientos en la superficie superior.

Este tipo de defecto recibe también, en el taller, el nombre de *hervidos* porque su causa más probable es el exceso de temperatura.

En efecto: cuando el calor ambiental es elevado se provoca una más rápida evaporación del disolvente, lo que se produce con mayor rapidez en la superficie más exterior y menos en el interior de la película. Es entonces cuando aparecen los rizados y arrugamientos.

También el defecto puede estar causado por el uso de disolventes excesivamente volátiles sin evaporación progresiva.

Tampoco hay que olvidar que este defecto también se produce cuando se pinta sobre una capa de fondo que no se encuentra todavía lo suficientemente seca.

Las posibles soluciones serán:

1. Cuidar de seguir con atención las temperaturas de secado que el fabricante recomienda para sus esmaltes y no sobrepasarlas en ningún caso.
2. Utilizar los disolventes que indica el fabricante, pues con ello se evitan sorpresas desagradables como la que representa este defecto.

Ampollas y burbujas

Figura 38. Superficie con formación de ampollas y burbujas.

Si no se cumplen las condiciones necesarias en el uso de disolventes, viscosidad y naturaleza de los mismos, y se insiste en pulverizar a temperaturas no adecuadas pueden producirse muchos defectos del trabajo de pintado.

Uno de ellos es la formación de burbujas o ampollas, lo que los de habla anglosajona llaman el «*blistering*».

En realidad se trata de la formación de pequeños abultamientos huecos que sobresalen del resto de la superficie (fig. 38).

Las causas que provocan este defecto pueden ser varias. Todas ellas son debidas a las favorables condiciones que se presentan para que se formen depósitos de aire que quedan entre el soporte y la película de pintura, y que luego salen al exterior formando ampollas.

Una de las causas más frecuentes es el secado excesivamente rápido del esmalte hasta tal punto que encierra pequeñas cantidades de aire en el interior de la película de la pintura. Este aire no puede salir y forma la burbuja.

La forma de actuar en este caso consiste en controlar el tipo de disolvente que se utiliza, pues ello quiere decir que este producto resulta demasiado volátil. Es conveniente utilizar un disolvente más pesado.

También hay que tener en cuenta el calor ambiente. Una temperatura elevada acelera el proceso de evaporación del disolvente y trae consigo este defecto.

Asimismo, hay que contar con la posibilidad de una mala preparación de los fondos. Si la capa de imprimación es demasiado espesa, sobre todo en las preparaciones cromofosfatantes, y el lijado al agua no ha sido después secado cuidadosamente, la humedad puede haber quedado en la imprimación y luego, con el calor, salir al exterior a través de la película de pintura. Las soluciones podrían ser las siguientes:

1. Emplear disolventes más pesados o, lo que es lo mismo, que tengan una evaporación más lenta.
2. Cuidar la temperatura ambiente en el momento de pulverizar para que no sea excesiva y cause este defecto.

Despegues

Los despegues se manifiestan por el hecho de que la pintura, una vez seca, se puede arrancar con facilidad del soporte por la mala o nula adherencia que ha tenido sobre éste.

En la figura 39 puede verse un caso de este tipo. La película de la pintura salta con facilidad.

Las causas más probables de este defecto suelen ser la mala preparación de las capas de fondo en las cuales se han mantenido restos de humedad, suciedad o grasa, sin haber atendido a su limpieza.

También un mal lijado o la falta de éste puede ser causa de este defecto.

Por último, la intervención de productos incompatibles entre esmaltes, fondos y disolventes son causa muy frecuente de este importante defecto. Como solución se puede:

Figura 39. Ejemplo de despegue de un esmalte una vez aplicado y seco.

1. Hacer las cosas bien y acudir a la atenta limpieza de las superficies es la mejor solución para impedir la presencia de esta anomalía.
2. Limpiar perfectamente la superficie a pintar y eliminar todas las impurezas de la superficie con el adecuado lijado.
3. Que el material del apresto e imprimación, del esmalte y del disolvente sean perfectamente compatibles y mejor de la misma marca.

Partes brillantes y manchas mates

Este defecto suele producirse también por la mala preparación de las superficies a pintar.

Las zonas mates se suelen encontrar debajo del punto de aplicación de la masilla, y las zonas brillantes se corresponden con otros tipos de tratamientos de la superficie. Así pues, el origen de este defecto es la diferencia en la absorción de la pintura de acabado que muestran las superficies del soporte.

También puede estar ocasionado este defecto por la presencia de algunos residuos de decapante que se hubiera podido utilizar con anterioridad y que no fueron eliminados en su momento.

La posible solución sería:

— Para que no se tenga la sorpresa de que aparezcan estos defectos conviene cerciorarse de que la preparación de las capas de fondos están perfectamente dadas, siguiendo las instrucciones que se ya se han explicado y la mezcla de los productos que indica su fabricante.

Brillo insuficiente

Cuando este defecto viene acompañado de una formación de «aguas» y se produce después de un secado forzado, el defecto podría estar originado por el excesivo tiempo a que puede haber sido sometida la carrocería a los rayos ultravioletas, los cuales son los responsables de la destrucción de los pigmentos en algunas zonas de la superficie pintada.

Un error de este tipo no tiene arreglo y se tendrá que pintar de nuevo.

Picaduras

Cuando la superficie exterior de la pintura ha quedado toda picada puede que este defecto haya sido provocado por alguna de las tres causas siguientes:

a) *Por mal secado.* A este respecto hay que decir que los esmaltes no pueden someterse a la cabina de secado inmediatamente después de haber pulverizado las capas correspondientes de esmalte. Por el contrario, hay que dejar que se produzca un *presecado al aire* para que la evaporación de los disolventes ligeros se haga sin precipitación.

   Si no se tiene en cuenta esta medida y la carrocería o pieza pintada se somete al proceso de un secado rápido inmediatamente después de haber pulverizado, puede ocurrir, y ocurre, que los disolventes ligeros hierven con facilidad y al desprenderse de la película de esmalte lo marcan por el hecho de atravesarla.

   Hay que tener en cuenta, por lo mismo, que en general toda pieza pintada necesita por lo menos unos 15 minutos de secado al aire antes de su introducción

b) *Por arrastre de agua.* También hay que tener en cuenta otro factor tal como el arrastre de agua junto con la pintura, agua proporcionada por la instalación de aire comprimido.

   En este caso, cuando se pulveriza la pintura también salen con el aire que la acompaña partículas muy pequeñas de agua que quedan en la parte inferior de la película.

   Cuando se está secando se forman bolsas de vapor de agua que salen a la superficie y revientan la capa superior provocando el picado.

   Para evitar este defecto que arruina el trabajo de pintor hay que cerciorarse de que se haya purgado bien el dispositivo o separación del vapor de agua que el compresor debe llevar.

   Cuando se trabaja con una manguera demasiado larga también hay que contar con la posible condensación de vapor de agua que se haya podido producir en ella.

c) *Por efectos químicos.* Este caso es similar al caso que hemos comentado hace poco. Consiste en lo siguiente: si se utiliza una imprimación cromofosfatante en una atmósfera muy cargada de humedad, algunos elementos químicos que contienen estas imprimaciones absorben el vapor de agua.

   Cuando se pulveriza sobre un soporte de esta naturaleza todo se desarrolla con total normalidad, pero cuando se somete el soporte al elevado calor de las estufas, el vapor de agua de la imprimación aumenta de tamaño y adquiere la suficiente fuerza como para salir atravesando la película de pintura.

De este modo queda marcada con las picaduras que son la parte visible de este defecto.

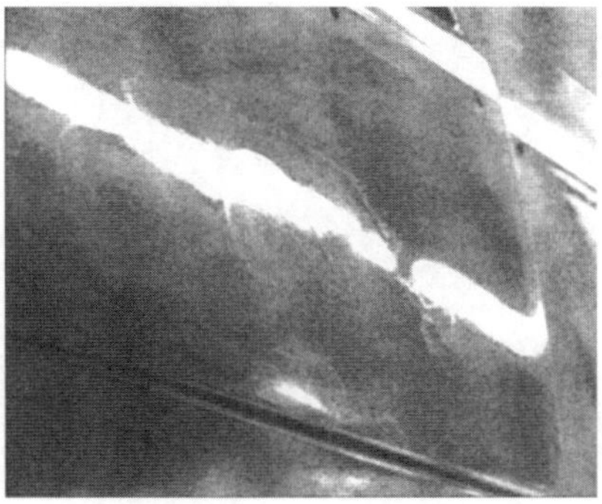

Figura 40. Efectos que se muestran en la plancha por causa de los rechupados.

Rechupados

Finalmente, otro tipo de defecto que puede darse al terminar el trabajo de pintado de una carrocería consiste en unas depresiones superficiales como unos hundimientos o mermados de zonas relativamente pequeñas. A veces estas depresiones que constituyen los rechupados pueden tener un brillo diferente del propio del resto de la pintura. En la figura 40 pude verse el aspecto que presenta este defecto.

Los rechupados suelen estar provocados por la diferente capacidad de absorción de la superficie de base, ya sea por falta de imprimación o por mala acción del masillado. También es posible que el pintor se haya precipitado a la hora de pintar y lo haya hecho sin dejar transcurrir el tiempo necesario para que se produjera el total secado del aparejo.

Efectos similares se obtienen cuando se han dado las pasadas con la pistola cargada con un esmalte demasiado diluido o también, en el caso contrario, con un espesor demasiado elevado en cuyo caso al evaporarse los disolventes hacen que la película se hunda.

La solución a este defecto es, pues, la de vigilar la perfecta aplicación de la preparación de la plancha, su perfecto secado y endurecido antes de aplicar la pintura y la correcta viscosidad del esmalte cuando se produzca su aplicación.

Otros defectos independientes de la pintura

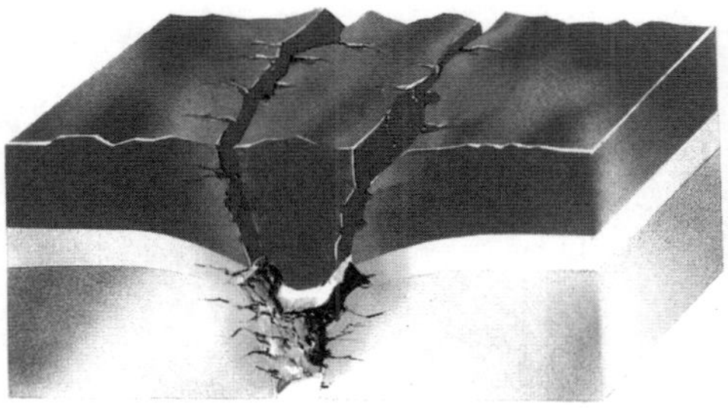

Figura 41. Forma de actuar la corrosión de la plancha sobre la capa de pintura que acaba por agrietarla.

Hasta este momento hemos estado viendo los defectos que son propios de la elaboración y trabajos del pintado. Pero también se han de considerar, de una forma breve, los defectos que aparecen sobre la superficie pintada por culpa de factores diversos que no guardan relación con el trabajo realizado por los pintores pero son defectos sobre los que el profesional debe alertar al propietario.

Uno de los defectos más corrientes aparece como efecto de la corrosión interna de la plancha, por debajo de la capa de pintura, de la forma que nos indica la figura 41. La corrosión puede hacerse sensible sobre la pintura por medio de unas grietas semejantes a lo que se ve en esta figura. Ello es debido a que la humedad y la falta de protección de la plancha han iniciado y hecho progresar la corrosión.

Las causas ya las debe saber, sin ninguna duda, un planchista. Se trata de una plancha que, como consecuencia de la pérdida del antigravillonado, ha quedado expuesta a la humedad y al golpe de las piedras, o bien ha estado sellada deficientemente después de alguna reparación; o se encuentra en una zona en la que la presencia de humedad es permanente por mal desagüe, etc.

Cuando se llega a este estado, la solución consiste en llegar hasta la parte corroída, eliminarla por completo, sustituir la plancha afectada y aplicarle con toda atención todas las capas antioxidantes y las protecciones que han sido descritas en la primera parte de este mismo libro.

Otro tipo de defectos que puede aparecer sobre la pintura, pasado el tiempo, es la formación de grietas. La pintura ha perdido sus cualidades, probablemente con los efectos de los cambios bruscos de temperatura, y ello le ha ocasionado tensiones internas que han respondido de diferente manera frente a la dilatación. También en los bicapas se suele dar este defecto cuando en una atmósfera de elevada humedad la carrocería recibe una radiación ultravioleta. No hemos de olvidar que este defecto también puede estar causado por el exceso de pulimentado de la carrocería. El uso desproporcionado de abrasivos para mantener el brillo de la capa de pintura acaba rebajándola y, cuando llega a cierto límite, pueden aparecer estas grietas. Para mantener la carrocería del automóvil en buenas condiciones es necesario lavarlo con asiduidad, especialmente con agua y una esponja para reblandecer las incrustaciones de barro y otras sustancias que se le adhieren durante la marcha, pero no es muy conveniente el uso de badanas que sean muy rígidas ni, por supuesto, de abrasivos o líquidos de pulimentar. El secado al aire es el más conveniente.

También causan manchas importantes en las capas de pintura la presencia de excrementos de pájaros. Cuando el conductor advierte estos restos, es conveniente que los saque de la superficie lo antes posible, cosa que puede hacerse con un poco de agua. De no ser así, ciertos excrementos que se secan sobre la pintura pueden llegar a interesar incluso hasta el aparejo en cuyo caso la pintura permanecerá siempre manchada.

Tampoco hay que olvidar la necesidad de lavar la carrocería lo antes posible cuando se ha llenado de manchas de resina, procedentes especialmente de los pinos y de las acacias y robinias.

En todos estos supuestos, es conveniente no dejar que estas manchas permanezcan días y días sobre la carrocería porque en este caso acaban siempre dejando huellas que sólo podremos borrar con el nuevo pintado de las piezas afectadas.

Las cabinas de pintado

El proceso práctico de pintado de una carrocería lo acabamos de comentar. Ahora se necesita adquirir experiencia comenzando a pulverizar sobre las planchas con las superficies debidamente preparadas y teniendo siempre muy presentes los consejos que hemos dado tanto para el uso de la pistola como para la prevención de los defectos.

Pero se ha visto también cómo hay otros factores que intervienen en el proceso de pintado y que, de alguna manera, son ajenos a la voluntad del pintor. Tales factores son el polvo, la humedad y la temperatura que dependen de las condiciones más o menos cómodas o adecuadas del taller en el que se trabaje.

Hoy en día, para conseguir un trabajo en consonancia con la perfección con que salen de fábricas las carrocerías pintadas, se necesita disponer de unas instalaciones mínimamente adecuadas para pintar.

Estas instalaciones deben asegurar factores ambientales de ventilación, grado de humedad y control de la temperatura para no depender en estos aspectos de las condiciones climáticas. Y esto es lo que proporcionan las cabinas de pintado (fig. 42), de las que nos vamos a ocupar seguidamente para dar una formación completa al pintor.

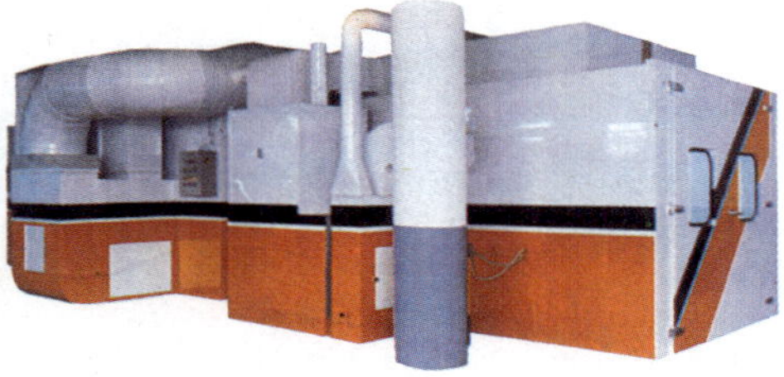
Figura 42. Vista lateral de una cabina de pintado.

Las cabinas de pintado (o cabinas de pintura) son unas cámaras de dimensiones suficientes para mantener en su interior un automóvil grande o una furgoneta y dejar amplio espacio para trabajar en ella. El interior de estas cabinas queda aislado completamente del resto de la atmósfera del taller.

Están equipadas con grandes filtros de purificación del aire que aseguran que no exista polvo en su interior.

También disponen de una buena capacidad de ventilación para poder arrastrar hacia el exterior de la cámara todo exceso de rocío y vapores, lo que hace el trabajo del pintor menos peligroso para su salud por menor inhalación de los vapores nocivos que contienen las pinturas.

Por otra parte, al aislarse del resto del taller y eliminar el rocío y los vapores evitan que, durante la pulverización, aquéllos puedan depositarse sobre automóviles próximos con el consiguiente daño en sus carrocerías.

A estas ventajas todavía deben añadirse las del control constante de la temperatura dentro de la cabina con independencia de la temperatura ambiente exterior y un control de la humedad que se mantiene siempre inferior al 70 % y puede, además, graduarse.

Una completa instalación dispone también de una sección de secado a la que se lleva el vehículo que se acaba de pintar y donde se efectúa el secado en las mejores condiciones de temperatura y grado de humedad. En la figura 43 aparece una cabina de pintado vista desde su parte frontal y en la figura 44 vemos su despiece. Los principales datos técnicos de esta cabina son los siguientes:

Figura 43. Vista frontal de una cabina de pintado en la que puede verse el aspecto de su interior.

- Anchura del recinto: 3,75 a 4,15 m.
- Longitud del recinto: 5,75 a 6,15 m.
- Dimensiones de la entrada de vehículos: 2,3 × 2,4 m.
- Prefiltraje: 2 m^2.
- Filtros del techo: 12 m^2
- Renovación de aire: 250 a 300 litros/hora.
- Pureza del aire: 98 %.
- Potencia de iluminación: 640 W.
- Potencia de instalación: 5,5 CV.
- Combustible: gasóleo B.
- Potencia calorífica: 80.000 Kcal/hora.
- Aire reciclado: 85 %.
- Tiempo para 50/60 °C: 15/20 minutos.

Es necesario que el lector tenga estos datos a su alcance para poder contrastarlo con las explicaciones y descripciones que veremos más adelante.

Para llevar a cabo el estudio de las cabinas de pintura vamos a dividir este apartado en las tres partes siguientes:

- Diversos tipos de cabinas.
- Descripción de una cabina.
- Normas prácticas para el pintado en cabina.

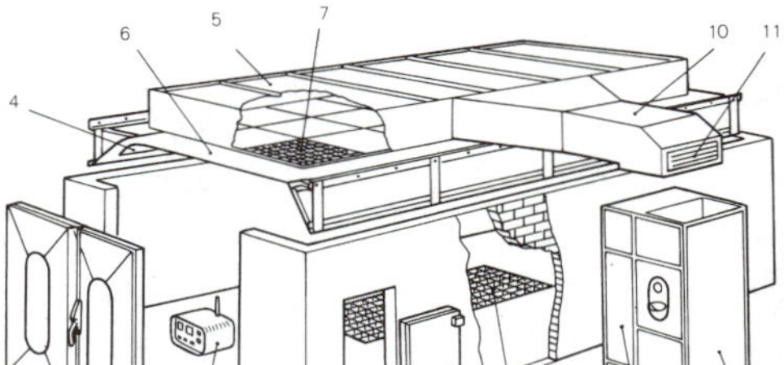

Figura 44. Despiece de los principales elementos de la cabina de pintado de la figura 43. 1, puerta para el acceso de los vehículos. 2, puerta de servicio. 3, rejilla de centro de la cabina. 4, pantallas de iluminación. 5, falso techo y complementos. 6, techo filtrante. 7, manta filtrante. 8, filtros de aspiración. 9, generador con prefiltraje. 10, conducto a falso techo. 11, conducto a falso techo para calefacción. 12, cuadro de mandos con termostato.

Diversos tipos de cabinas

Con el fin de adaptarse a la superficie disponible de la gran mayoría de los talleres de chapistería se fabrican cabinas de pintado de muy diversas características, las cuales están en consonancia con su precio y con la utilidad y buen servicio que pueden proporcionarnos.

Desde el punto de vista técnico existen dos clases o tipos de cabinas que se distinguen por su manera de llevar a cabo la depuración del aire.

Así tenemos:

a) *Cabinas de tipo húmedo.* Se utilizan en instalaciones de tipo industrial, cuando en una fabrica se ha de estar pintando en una cadena constantemente alimentada.

Para depurar el aire éste se fuerza a pasar por una cortina de agua que arrastra todas las impurezas de tipo sólido que el aire lleva en suspensión, de modo que el procedimiento resulta más económico que el uso de filtros que hay que revisar y cambiar con cierta frecuencia.

Comoquiera que un taller de chapistería no requiere el uso permanente de una cabina, lo lógico es decidirse por los procedimientos en seco.

b) *Cabinas de tipo seco.* Las cabinas de tipo seco trabajan como una eficaz aspiradora.

Disponen de un ventilador que fuerza la entrada del aire procedente del exterior hacia el interior de la cabina. El aire pasa por un filtro en el que queda retenida toda partícula sólida o de polvo y luego es obligado a rozar sobre un intercambiador de calor para mantener en el interior de la cabina la temperatura de 20 °C que es la más adecuada para proceder al pintado.

Por otra parte, dispone de un nuevo ventilador aspirante que se encarga de evacuar el aire viciado que se produce en el interior de la cabina en el momento del pulverizado arrastrando el exceso de rocío y los vapores nocivos del disolventes hacia el exterior.

En caso de utilizarse la cabina como horno de secado, el intercambiador de calor puede trabajar a temperaturas elevadas, calentando el aire para que se mantenga sobre los 50 o los 80 °C, según la temperatura que el pintor selecciona en los mandos del aparato.

Estas cabinas son las usadas en los talleres de chapistería y a ellas vamos a referirnos en lo sucesivo.

Descripción de una cabina

Las cabinas de pintados deben disponer de cuatro partes principales que son:

a) Cámara de pintado.
b) Sistema de depuración de aire.
c) Grupo generador.
d) Cuadro de mandos y controles.

a) *Cámara de pintado.* Puede tener formas y dimensiones variables pero ha de reunir en todos los casos unas condiciones indispensables.

Debe estar construida con materiales incombustibles y toda la superficie de las planchas interiores deben ser lo más lisas y lavables posibles, ya que es necesario con mucha frecuencia acudir al lavado de sus paredes.

Generalmente se construyen con paneles prefabricados ensamblados por tornillería y están recubiertos con productos ignífugos y aislantes.

En cuanto al suelo, deberá ser enlosado o de una superficie deslizante para el agua, con una inclinación suficiente para que aquélla pueda correr hacia su orificio de evacuación con sifón cuando se trate de lavar la cabina.

Deberá disponer de puertas que abran siempre hacia el exterior y, a poder ser, de una puerta interna de socorro, además de ventanas de cristal para poder ser observada desde el exterior.

Las puertas principales deberán estar montadas con guarniciones perimetrales de goma de alto contenido de neopreno, material de elevada resistencia a la temperatura y a los ataques de los vapores de los disolventes.

En cuanto al techo, debe ser ligero para que pueda ceder fácilmente en caso de incendio.

Por último deberá tener unas dimensiones suficientes para que el operario pueda moverse sin dificultad alrededor del vehículo que esté pintado, aun cuando éste tenga las dimensiones máximas autorizadas.

Por otra parte, tanto el acceso del vehículo que se repara como su retirada deberá poder hacerse sin riesgo de que reciba golpes al realizar la maniobra.

b) *Sistema de depuración de aire.* Está formado por el conjunto de filtros que son necesarios en las cabinas secas.

Consta en general de un prefiltraje constituido por un filtro de fibra de poliéster, de estructura diferenciada en el grosor. Suele tener acción filtrante progresiva y se instala antes de la boca de aspiración del electroventilador.

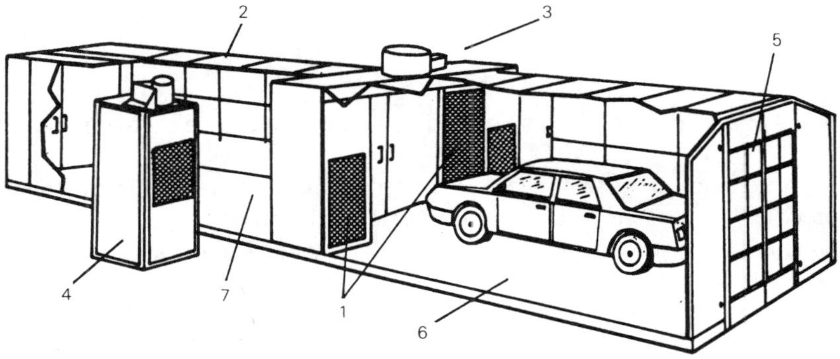

Figura 45. Esquema de una cabina de doble uso. 1, filtros laterales. 2, filtros del techo. 3, chimenea de expulsión. 4, panel de mandos. 5, puerta de acceso. 6, zona de pintado. 7, zona de secado.

En la figura 45 se puede ver el conjunto de una cabina de doble uso donde se destacan los puntos de colocación de los filtros.

Además de este conjunto de depuración del aire que entra en la cabina, existen también sistemas para la depuración del aire salido de la cabina y vertido a la atmósfera para evitar la contaminación.

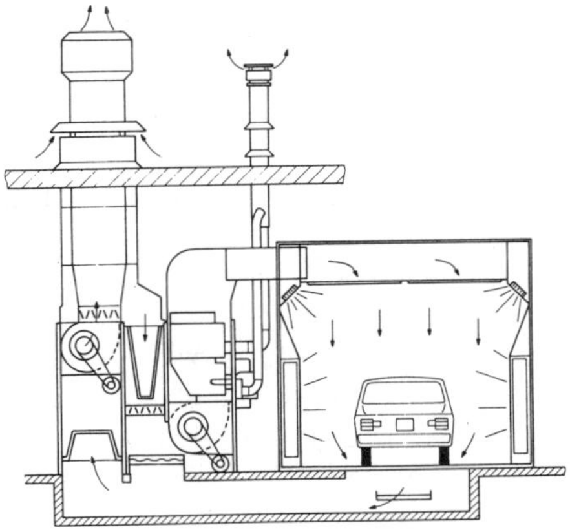

Figura 46. Esquema de la circulación del aire por una cabina de pintado.

En la figura 46 observamos el circuito que recorre el aire en el interior de una cabina. Se puede apreciar que la salida al exterior se produce a través de filtros y que la posición del vehículo también es importante para un perfecto funcionamiento: generalmente debe colocarse en la parte central de la cabina.

c) *Grupo generador.* En lo que respecta al grupo generador interesan al pintor especialmente las cifras relativas a las Kcal/h (kilocalorías por hora) que estos grupos pueden proporcionar para asegurar las altas temperaturas que son necesarias para los diferentes tipos de secado.

Se suele calcular que los valores de entre 80.000 a 110.000 Kcal/h son suficientes para cabinas que han de soportar hasta 50 °C. Si la cabina ha de soportar hasta 80 °C, las cifras deberán ser lógicamente más altas (entre 160.000 y 190.000 Kcal/h).

d) *Cuadro de mandos y controles.* Debe estar en el exterior de la cabina tal como se aprecia en la citada figura 45. Desde ellos se han de poder seleccionar las temperaturas de secado, así como la puesta en marcha de los diferentes dispositivos.

Normas prácticas para el pintado en cabina

Ante todo, conviene resaltar la importancia que la limpieza tiene en todo el proceso de pintado en cabina. Esta limpieza afecta, en primer lugar, al interior de la misma cabina, al automóvil o parte de la carrocería a pintar, y a los instrumentos de pintar.

El tema de la limpieza es sumamente importante en pintura tal como se indicó al estudiar las causas posibles de los defectos observados. Muchos de estos defectos pueden derivarse de la adherencia de corpúsculos sólidos muy pequeños sobre la superficie todavía tierna.

La cabina de pintado tiene por misión hacer muy difícil que esta situación se produzca en ella. Sin embargo, requiere, en general, que se tenga una serie de cuidados y se cumpla una serie de normas que vamos a resumir a continuación. Los consejos fundamentales que hay que dar a un operario que pase por primera vez a pintar en una cabina son:

a) *En la fase de preparación:*

- Limpiar siempre cuidadosamente las pistolas y los otros aparatos que se utilizan para pintar.
- No lavar, ni mucho menos lijar, planchas de la carrocería dentro de la cabina.
- La entrada en el interior de la instalación solamente debe ser permitida a los encargados del trabajo.
- Debe instalarse un grupo reductor de presión por manómetro, separador de la condensación y un filtro para el aire comprimido.
- Si se necesita introducir un vehículo con los bajos muy próximos al suelo (tipo carreras) en una cabina sobrealzada, hay que entrar el coche lentamente para evitar que el cárter de aceite o la caja del diferencial puedan golpear contra el umbral de la puerta. Eventualmente, poner unos espesores debajo de la parte inferior de las rampas de acceso.

- Quitar todos los accesorios (espejos retrovisores, molduras particulares en plástico, etc.) que no sean originales del coche para evitar su deformación por efecto del calor que se producirá durante el secado.
- Vaciar el tanque de gasolina y los circuitos de alimentación. Acto seguido, desmontar el tanque de gasolina del vehículo y no entrarlo en la cabina.
- Si se pinta un vehículo que haya tenido anteriores reparaciones y pintados hay que recalentarlo previamente durante 10 o 15 minutos. De esta forma, posibles estufados efectuados anteriormente con productos no resistentes al horno podrían aflorar y ser vistos y quitados antes de proceder a la realización del pintado definitivo.
- Es indispensable que los neumáticos del automóvil sean rebajados en su presión de inflado para evitar deformaciones en ellos durante la cocción.
- Verificar que tanto el cristal del parabrisas como la luna trasera no estén rajados o arañados para evitar que en la fase de secado se formen burbujas en el estrato de plástico interpuesto entre los dos cristales laminados. Una buena rega consiste en colocarles una protección con material de fibra de amianto.

b) En la fase de pintado:

- No olvidar en ningún momento poner el cierre de la cabina en posición «Pintado» para evitar la irrupción de otra persona en la cabina durante el pulverizado.
- Poner en marcha el ventilador y esperar algunos minutos para que se eliminen posibles residuos de trabajos anteriores.
- Asegurarse bien de que el vehículo que va a pintar haya sido limpiado en todas sus partes, así como que todas las zonas que no se han de pintar hayan sido debidamente protegidas con papeles. A continuación introducir el vehículo en la cabina.
- Controlar que el índice del teletermómetro esté en la temperatura deseada para proceder al pintado (entre 18 y 20 °C aproximadamente) y, por lo tanto, el conmutador del quemador en posición de «Pintado».

En estas condiciones ya puede comenzarse la operación de pulverizar el esmalte sobre la plancha hasta conseguir el pintado total de las superficies que se han previsto. Luego se pasará al proceso de *estufado.*

c) En la fase de estufado:

- Dejar el cierre en posición «Pintado».
- Regular el medidor de tiempo en la fracción de tiempo necesario para llegar a la temperatura de secado (aproximadamente de 20 a 25 minutos).
- Colocar el conmutador del quemador en la posición de «Secado».

Por este procedimiento la temperatura de la plancha del vehículo va ascendiendo lentamente, lo que facilita a la pintura su capacidad para extenderse lo mejor posible y que la evaporación superficial no sea demasiado rápida.

Un avisador acústico señalará el momento en que se ha alcanzado la temperatura de secado.

d) En la fase de secado:

- Colocar el cierre en la posición «Secado».
- Controlar que el índice del teletermómetro se encuentre en la temperatura deseada para la cocción de la pintura según la naturaleza de ésta y los consejos dados al respecto por su fabricante.
- Alcanzada la temperatura disponer el medidor de tiempo colocando, por medio de su conmutador, el valor de minutos necesarios en que ha de mantener la determinada temperatura.
- Cuando el tiempo de cocción termina un avisador acústico señala esta circunstancia. Apagar el quemador llevando el conmutador a la posición cero «0».

e) En la fase de enfriamiento:

Las cabinas disponen también de una fase de enfriamiento para mejorar los resultados del pintado. Durante este tiempo hay que tener en cuenta las siguientes instrucciones:

- Colocar el cierre en la posición «Pintado».
- Controlar que el conmutador del quemador se encuentre en la posición cero «0».
- Esperar aproximadamente 15 minutos para que la temperatura baje al nivel de los 15 o 20 °C. Esta operación permite eliminar la posible humedad y evitar nocivas formaciones de condensación en las partes metálicas de la instalación.

Éstas son las condiciones más generales que hay que tener en cuenta cuando se trate de trabajar en una cabina de pintura. Por supuesto, es siempre necesario seguir los consejos que el fabricante de la cabina proporciona, ya sea de viva voz o por medio de los folletos que describen los procesos de utilización.

Sólo vamos a añadir que es muy importante tener en cuenta no apagar el quemador y el ventilador al mismo tiempo, pues si se hace así se concentra una gran cantidad de calor residual y la cabina puede padecer un sobrecalentamiento pernicioso.

Resulta necesario apagar primero el quemador y dejar en marcha el ventilador durante unos 15 minutos para que el aire vaya evacuando lentamente el calor residual que queda repartido por la instalación. Con esta sencilla precaución se elimina el peligro del pernicioso sobrecalentamiento.

En la actualidad las cabinas de pintura pueden saturarse de trabajo y dado que no sólo se trabaja con esmaltes sino que en su interior también debemos pulverizar aparejos y aprestos, es importante que se limite en lo posible el tiempo de uso de las cabinas. Estando el vehículo en la cabina el menor tiempo posible se puede descongestionar el trabajo. Para acelerar el secado de aparejos en parches, que más tarde tienen que ser lijados, sin tener que utilizar la cabina, se pueden emplear lámparas de infrarrojos (fig. 47).

Figura 47. Aplicación de lámparas de infrarrojos para el secado rápido de aparejos.

4

PINTURA DE PLÁSTICOS, AEROGRAFÍA Y SEGURIDAD

La diferente naturaleza de los plásticos la hemos estudiado con detalle en otro capítulo de este mismo libro. Allí ya se puso de manifiesto las diversas texturas superficiales, lo que nos da una idea de los problemas de adherencia que estas superficies podían presentar para la pintura. Conseguir una buena adherencia sobre un producto plástico y poderlo dotar de una película elástica y, en algunos casos, incluso reproducir al exterior su superficie rugosa, no ha sido una empresa demasiado fácil, aunque hoy podemos decir que el problema ha sido resuelto satisfactoriamente.

Los fabricantes de pinturas han conseguido hacer productos e imprimaciones que se adhieran con total garantía a estas superficies y el pintado de los plásticos puede decirse que, por hoy, no presenta particulares problemas. Sin embargo, está claro que los plásticos tienen un proceso de pintado diferente que es necesario estudiar por separado con respecto a lo que hemos visto para la pintura de plancha, y eso es lo que vamos a hacer en la primera parte del presente capítulo.

Recomendamos al lector (en el caso de que no lo hubiera hecho) la lectura del pasado capítulo 9 de la primera parte, en el que, bajo el título de «*Los elementos de plástico en el automóvil*» se estudian las diferentes clases de plásticos, la forma de identificarlos y también las funciones que cada uno de estos materiales cumple en el automóvil moderno. Allí tratábamos de los plásticos desde el punto de vista del operario planchista y la necesidad de sus conocimientos para soldarlos y repararlos. Ahora vamos a enfocar nuestro estudio de cara al pintor pero comoquiera que no todos los plásticos tienen la misma adherencia superficial también hay que tener en cuenta la naturaleza del plástico para saber la forma con la que se ha de actuar en pintura.

Supuesto el conocimiento de todo lo que se describe en el citado capítulo 9 podemos decir que, en lo que se refiere al pintado de estas superficies, las características básicas de los plásticos se puede resumir de la siguientes forma:

Características de los plásticos frente a la pintura

Termoplásticos

Policarbonato (PC). Admite la pintura con bastante perfección pero se ha de tener cuidado con el tipo de disolventes que se utilicen porque algunos pueden fácilmente descomponer la parte superficial de la pieza y reducir su resistencia.

Polipropileno (PP). Puede darse el caso de que tenga falta de adherencia para que se deposite la pintura correctamente. Conviene tratar este termoplástico con imprimaciones especialmente elaboradas para este tipo de material.

Poliamida (PA). Muchas piezas de este material pueden tener cierta tendencia al rechazo de la pintura. Por esta razón es necesario hacerse con los productos de pintura adecuados para este tipo de superficies, especialmente con imprimaciones peculiares. Muchas veces, un desengrasado muy a fondo de la superficie puede mejorar las condiciones de adherencia posteriores, pero lo mejor es utilizar productos de pintura preparados específicamente para estos termoplásticos.

Polietileno (PE). Al igual que en el caso de los anteriores, se dan en éstos problemas de adherencia si no han sido tratados con determinadas imprimaciones, pues las normales acentúan su falta de adherencia.

Policloruro de vinilo (PVC). En general, no suele presentar problemas de pintado pero se han visto casos en los que algunos agentes químicos internos han reaccionado en determinadas partes de la pieza y han provocado problemas de adherencia o de secado.

Acrilonitrilo-butadieno-estireno (ABS). En este tipo de termoplástico muy utilizado, por ejemplo, para la fabricación de tapacubos, se ha de tener cuidado con el tipo de disolventes que se le aplican pues algunos de ellos pueden activar productos químicos de la composición del plástico y dar problemas de imposibilidad de secado. Si se utiliza la gama de disolventes adecuada, este problema no se produce y este termoplástico se pinta con facilidad.

Polímeros mixtos (EPDM). Con este material se fabrican también muchos paragolpes y tapacubos. Si no se utilizan productos de pintura especialmente adecuados no resulta posible su pintado. Necesitan una limpieza previa muy a fondo y el uso de imprimaciones especiales.

Termoestables

Poliuretano (PUR). Para fabricar piezas de plásticos se utilizan moldes que, a su vez, deben ser tratados con productos químicos desmoldeantes para que, una vez fabricados, puedan ser sacados del molde sin que sufran enganches ni desgarros que inutilizarían la pieza. En este sentido, los productos desmoldeantes pueden dejar huella en la superficie de estos plásticos termoestables y reaccionar frente a los productos químicos de la pintura. Es entonces cuando aparece en la superficie pintada gran cantidad de porosidades que estropean el trabajo. Así pues, antes de pintar es necesario encontrar un sistema químico para eliminar la acción de los productos desmoldeantes.

Poliésteres insaturados (UP + GF). Estos plásticos se pueden pintar y admiten correctamente la pintura aun cuando son muy sensibles a la humedad y pueden presentar poros si no se tiene en cuenta esta característica.

Éstas son, en lo que se refiere a las pinturas, las características generales de los plásticos que se utilizan en el automóvil moderno. Antes de entrar en detalles digamos que las fábricas de pintura ya se han hecho cargo del problema y han resuelto las dificultades. El pintor tendrá que consultar con su proveedor en los casos especiales que se le presenten pero encontrará en el mercado la familia de productos adecuada para llevar a cabo toda clase de pintura de estas piezas.

Proceso general de pintado de termoplásticos

Al igual que las piezas de plancha, los termoplásticos requieren ser tratados previamente a cualquier operación de pintura para dejarlos en las condiciones convenientes para recibir las diferentes manos. En principio se supone que cuando se ha de pintar una pieza de plástico es porque ha recibido golpes y rasguños que lo hacen impresentable, cuando no grietas o roturas que deben ser soldadas y reparadas previamente. En el capítulo 9 de la primera parte de este libro ya se dieron las instrucciones necesarias para efectuar la soldadura de los plásticos y ahora vamos a ver las operaciones siguientes, que consisten (de la misma forma que en el caso de la chapa) en la preparación de las superficies y en el trabajo final de pintado (fig. 1). Las operaciones a seguir pueden ser indicadas de la siguiente forma:

Limpieza y desengrasado

Se supone que el pintor recibe del planchista el paragolpes (o la pieza de termoplástico que se deba pintar) en buenas condiciones superficiales, es decir, con las grietas y roturas soldadas, alisada la superficie y retiradas y reparadas las virutas que, como consecuencia de los golpes, podrían haber sufrido las piezas.

En estas condiciones, el primer trabajo que se ha de llevar a cabo consiste en la limpieza y el desengrasado total de la pieza.

La limpieza se efectúa por medio de un buen lavado con agua jabonosa. Después del lavado, se lleva a cabo el desengrasado y el lijado con la ayuda de un disolvente y Scotch-Brite de tipo ultrafino.

Una vez terminado este proceso se pasa a una nueva limpieza con disolvente y, con una pistola de aire comprimido y trapos limpios que no se deshilachen, se pasa a la eliminación del disolvente de toda la superficie sobre la que fue aplicado.

Finalmente, con la ayuda de un nuevo disolvente del tipo antiestático, se pasa a eliminar las posibles cargas electrostáticas producidas por los efectos de la frotación de la pieza.

De esta forma habremos terminado la primera fase de su preparación. Pasemos a la segunda.

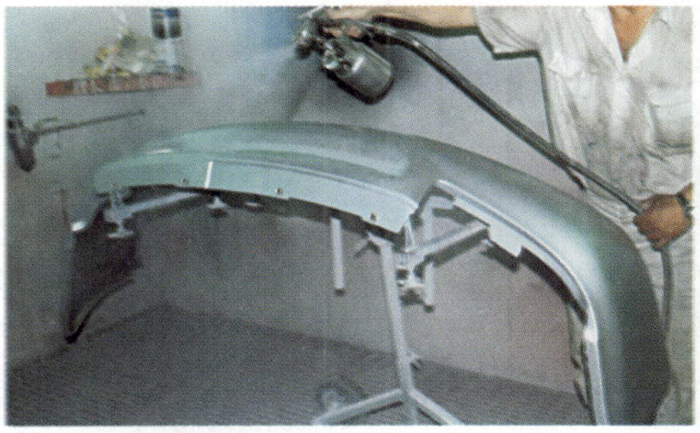

Figura 1. Pintando una pieza de plástico de un automóvil.

Imprimación y masillado

Ahora hemos de conseguir preparar la superficie de forma que tenga la máxima adherencia para que la pintura no sufra rechazo. En este aspecto ya hemos visto que las piezas de plástico a veces pueden presentar problemas. En los PP y PE, por ejemplo, ya hemos indicado anteriormente que podemos encontrarnos con esta falta de adherencia, incluso contando con los efectos de la imprimación.

En algunas ocasiones se aumenta considerablemente la adherencia de las imprimaciones y de la posterior aplicación de la pintura, con una acción de flameado de la pieza. Consiste en aplicarle el soplete por la superficie con el fin de calentarlo y ello mejora el recibimiento de la imprimación.

La aplicación de la imprimación debe hacerse con un producto especial para plásticos (más adelante daremos más detalles sobre este producto según la casa fabricante). Estas imprimaciones pueden ser de dos productos que se han de mezclar o bien de un solo producto. Las primeras suelen ser las más eficaces porque tienen más cuerpo y efectúan una acción importante de relleno. Ambas se aplican a pistola y se utiliza la técnica de «húmedo sobre húmedo».

Una vez aplicada la primera imprimación es muy posible que la pieza deba ser enmasillada, sobre todo si ha sido previamente reparada de cortes y golpes. Se precisará una masilla especial para plásticos de poliéster catalizada que tiene la característica de ser más porosa y flexible que la que se utiliza para las superficies de plancha.

Una vez seca, la masilla deberá ser lijada como es normal en estos casos. Se utiliza un abrasivo P220 y se puede lijar al agua o en seco pero teniendo siempre en cuenta de no aumentar la temperatura de la superficie a lijar para no modificar las condiciones de adherencia del termoplástico.

Después de este lijado se debe pasar a dar una nueva mano de imprimación sobre la masilla.

Cuando se ha utilizado la imprimación de tipo de un solo componente, será necesario acudir a la aplicación de un aparejo que dé más cuerpo. Este aparejo puede ser similar al que requiere la plancha con la característica especial de que es necesario prepararlo con algún aditivo de tipo elastificante para que la pintura, en caso de recibir la pieza un nuevo golpe (el paragolpes, por ejemplo) sea también capaz de deformarse y recuperarse de la misma forma que lo hace el material plástico.

Pintura de acabado

Después de preparadas las superficies se pasa a aplicar la pintura de acabado. En el caso de un paragolpes, por ejemplo, parte del mismo o su totalidad, suele estar pintado del mismo color que el resto de la carrocería.

La característica más importante es que la pintura esté dotada de un aditivo elastificante para que su película pueda deformarse de la misma o parecida forma que lo hace el termoplástico cuando recibe un golpe y volver a su posición habitual cuando el material se recupera.

Por lo demás, el proceso de pintado es el mismo que se lleva a cabo en el pintado de plancha. Puede realizarse por el procedimiento monocapa (que es el caso en que la pintura lleva el color y el brillo conjuntamente) o bicapa (cuando la pintura lleva el color y el barniz el brillo y la dureza superficial), etc. Éste es el tipo de aplicación que se denomina liso y que mantiene las mismas características estéticas que el resto de la carrocería.

En otros casos, la pintura del plástico deberá ser mate, de acuerdo con el diseño llevado a cabo por el fabricante del vehículo. También en este caso se consigue este efecto por la adición de aditivos que vienen preparados por la fábrica de pinturas. El mismo caso se da cuando se trata de obtener una superficie con una cierta rugosidad. Todo ello se obtiene también por medio de aditivos, y en todos los casos las pinturas deben estar tratadas con elastificantes para conseguir asegurar su elasticidad frente a las deformaciones momentáneas del material.

Para que el operario tenga una orientación de los productos que requiere el pintado de plásticos vamos a poner algunos ejemplos de la misma forma que hicimos, en el anterior capítulo, para la pintura sobre plancha, siempre de acuerdo con los productos recomendados por una determinada marca.

Ejemplo de la casa Sikkens

Limpieza: Se inicia el trabajo con una limpieza de la superficie a pintar realizada con *disolvente Antistatic-Degreaser.*

Lijado: A continuación se pasa a un lijado con *Scotch-Brite Tipo A ultrafino*.

La siguiente operación consiste en un nuevo desengrasado con *disolvente Antistatic-Degreaser*.

Imprimación: Debe hacerse con los siguientes productos de la casa ***Sikkens***: *Plastoflex Primer* 1K y promotor adhesión 1C.PP/TPO/PP EPDM/PE.

La masilla específica para plásticos puede ser cualquiera de las que encuentran en el mercado para este fin.

Aparejo: *Autocryl 3* + *Filler HS* con aditivo *Elast-o-actif* en proporción del 50 %.

Segundo lijado: El lijado del aparejo aplicado en la operación anterior se lleva a cabo con *Scotch-Brite Tipo A ultrafino* y abrasivo de grano P400.

Pintura de acabado: Aquí pueden darse dos casos: El pintado por la técnica monocapa y el pintado por técnica bicapa. A continuación se relacionan los productos a utilizar que recomienda la casa ***Sikkens***.

Sistema monocapa: Esmalte *Autocryl Plus* + 30 % de los siguientes aditivos: *Elast-o-actif* (100 partes) + catalizador P25/P35 (50 partes) + disolvente 1.2.3 (30 partes).

Sistema bicapa: Autobase + hasta 10 % con aditivo *Elast-o-actif* (100 partes) y disolvente 1.2.3 (100 partes).

En cuanto al barniz se recomienda: Autoclear + 100 % de aditivo *Elast-o-actif* (100 partes). Catalizador 1.2.3 (50 partes) y disolvente 1.2.3 (30 partes).

Ejemplo de la casa Glasurit

Limpieza: Se recomienda la utilización del limpiador universal *Glasurit 541/30* y el uso de una bayeta abrasiva.

Lijado: Con abrasivo de grano P600. Después del lijado, nueva limpieza con el limpiador universal *Glasurit 541/30*.

Imprimación: Se debe realizar con el producto de la marca que recibe el nombre de *Glassofix-IK 934*-0/15′ evaporación.

Enmasillado: En el caso de que el estado del termoplástico lo requiera, se deberá utilizar la masilla 872-1 de la marca junto con el catalizador 965-11 a partes iguales.

Aparejo: El aparejo recomendado por la casa ***Glasurit*** es el MS 285-50/60 + aditivo Elástico 521-111 25 % (en cuatro partes) + catalizador 929/28 (una parte) + disolvente 352-91 (una parte).

Lijado: El aparejo se recomienda que sea lijado con abrasivo de grano P600.

Pintura de acabado:

Para los monocapas: Acrílico S-22 + aditivo Elast. 521-111 25 % (2 partes) + catalizador (una parte) + disolvente (10 %).

Para los bicapas: Esmalte de base bicapa. Tratado con barniz del tipo Barniz 923-94 + aditivo Elast. 521-111 25 % (dos partes) + catalizador 929/29 (una parte) + disolvente 352/91 al 10 %

Ejemplo de la casa RM

Limpieza: Se recomienda el uso del disolvente PK 1000 de la marca, preparado para plásticos.

Lijado: El lijado de la pieza se aconseja se haga con abrasivo de grano P240 si se trabaja en seco y P400 si se hace en húmedo.

Desengrasado: Debe utilizarse de nuevo el disolvente PK 1000.

Imprimación: Se aplicará la *Sealer plast* 80-1K.

Enmasillado: Esta marca no fabrica masillas especiales para este trabajo. Son aptas las del mercado para plásticos.

Aparejo: Los materiales recomendados por la casa ***RM*** como aparejos son los siguientes: RM Fast Filler (400 partes) + RM Flex (200 partes) + endurecedor D85 (200 partes) + Diluyente ER 54 (100 partes).

Lijado del aparejo: Esta operación se debe llevar a cabo con abrasivo de grano P400 si se hace en seco, y si se hace al agua deberá utilizarse un P800 o hasta P1000.

Pintura de acabado:

Para los monocapas: UNO HD (100 partes) + endurecedor H 8000 (30 partes) + diluyente SC 850 (25 partes).

Para los bicapas: DIAMONT (100 partes) + diluyente BC020 (60 partes). Barniz: CRYSTALTOP HD (100 partes) + endurecedor H 8000 (25 partes) + diluyente SC 850 (25 partes).

Finalmente, y para terminar este tema del pintado de plásticos, digamos que todas las marcas fabrican diferentes aditivos para conseguir las clásicas superficies que los plásticos presentan. Así el pintor puede disponer, en la familia de pinturas que haya determinado usar, de productos que convierten en mate la superficie, o en un texturado de tipo fino, mediano o grueso, según las necesidades.

También es importante indicar que los ejemplos que acabamos de dar sobre los productos de las tres marcas elegidas son orientativos. La industria química está trabajando constantemente para mejorar sus productos y eliminar los vapores nocivos y contaminantes, lo que hace que cada año se añadan nuevas aportaciones de importancia que hacen que la gama de productos pueda cambiar de siglas de identificación. El pintor puede dirigirse sin problemas a la casa suministradora de la pintura donde encontrará toda la colaboración necesaria por parte de sus técnicos para orientarle y resolverle los problemas que la pintura, tanto de chapa como de plásticos, pudiera ocasionarle.

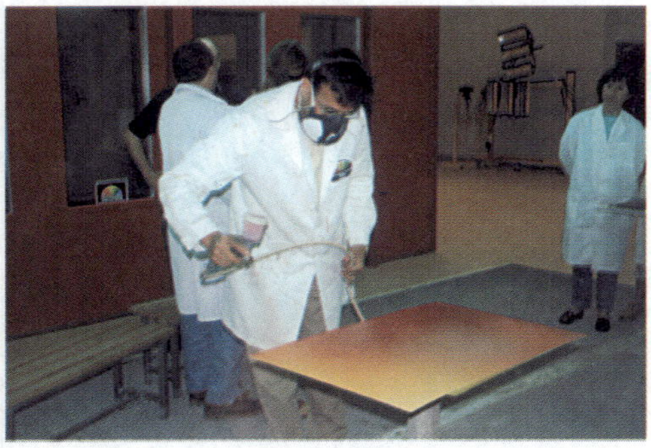

Figura 2. Utilización de un aerógrafo.

Aerografía y diseño

Antes de pasar al tema de la seguridad vamos a tratar brevemente un aspecto interesante del oficio de pintor de carrocerías: las técnicas de diseño y rotulación aerográfica. Estas técnicas constituyen una verdadera especialidad del oficio de pintor y, en muchos aspectos, puede considerarse como la faceta más artística del mismo.

Los diseños de los vehículos actuales son todos ellos muy similares. Efectivamente, todos los automóviles se parecen mucho, y lo mismo ocurre con los autocares o los camiones.

Pequeñas diferenciaciones en la carrocería se consiguen incorporando diversos elementos accesorios y decorativos: alerones, embellecedores, bajos, etc. Pero los rasgos de mayor originalidad se consiguen gracias a la pintura y, más concretamente, a la aerografía.

Un aerógrafo es un aparato de pintura similar a las ya conocidas pistolas, pero de menor tamaño y con una mayor precisión en la salida de la pintura. Se venden en comercios especializados en pintura (artística y técnica).

Es un aparato muy conocido en el campo del diseño gráfico. Al igual que las pistolas normales, los aerógrafos funcionan neumáticamente mediante un compresor.

En la figura 2 puede ver el lector uno de estos aparatos que viene a parecer la mezcla de un lápiz y una pistola de pintar. De hecho, tiene la particularidad de atomizar la pintura y obtener también un punto de aplicación muy preciso con lo que pueden hacerse dibujos de elevada calidad.

Existen tres tipos de aerógrafos según las características de su fabricación y diseño. El más sencillo es el llamado de *simple acción* que actúa cuando se le oprime la válvula de salida del aire comprimido y este aire succiona la pintura del depósito. El segundo caso consiste en los llamados de *doble acción* en donde el control de la cantidad de pintura que sale al exterior puede ser gobernada por la mano del mismo operario y, por lo tanto, no queda al arbitrio de la cantidad de aire que pasa hacia la boquilla. Finalmente, se han construido aerógrafos más complejos en los que el operario puede regular independientemente la proporción que se establece entre la pintura y el aire con el simple movimiento de los dedos. Se trata de los aerógrafos llamados de *doble acción independiente*. Estos últimos son los más útiles para los trabajos de pintado de aerografía en las carrocerías de los vehículos comerciales tales como furgonetas y autocares. En estos trabajos de pintado artístico el uso del aerógrafo se combina con el de la pistola de pintar de gravedad o de copa arriba, dejando para ésta la pulverización de grandes superficies del mismo color y utilizando el aerógrafo para los matices de la pintura o la creación de figuras.

Entre las técnicas de pintura aerográfica de carrocerías hay que diferenciar las de dibujo (figurativas) y las de rotulación.

Las primeras son las centradas en la pintura de animales, plantas, escudos, formas geométricas y muchos más motivos figurativos. Las segundas están dedicadas a la pintura de letras y palabras.

Las técnicas de rotulación son especialmente importantes en la pintura de camiones y, sobre todo, de autocares. En cualquier carretera o ciudad se puede constatar este hecho. Sin embargo, a nosotros nos interesa la pintura de los automóviles y en este caso tiene más interés la aerografía figurativa a base de dibujos o figuras que pueden representar motivos muy diversos (fig. 3).

En los trabajos de aerografía de automóviles, el propietario del coche y el pintor suelen colaborar en el diseño a realizar, cuya ejecución corresponde al pintor.

Además de pistolas, aerógrafo y pinturas, el pintor ha de tener al alcance diversas plantillas que él mismo debe elaborar.

Cada dibujo es un problema diferente y precisa de soluciones también diferentes.

Para pintar franjas de colores sería suficiente con dar un color de fondo y, cuando éste esté seco, se tapa con cinta adhesiva la zona que no queremos pin-

Figura 3. Ejemplo de diseño y pintado aerográfico.

Figura 4. Aleta de automóvil pintada con franjas de diferentes colores nítidos y perfectamente separados.

Figura 5. Automóvil pintado con franjas de diversos colores utilizando difuminados y cambios de tonalidad.

tar. Cuando ésta esté seca se hace lo mismo con otra y así sucesivamente. Las franjas pueden ser de colores nítidos y con límites claros (fig. 4) o bien, en las zonas de contacto entre ellas, puede haber degradación de un color a otro o difuminados diversos (fig. 5).

Los cambios en la tonalidad e intensidad de los colores se consiguen añadiendo más o menos pintura con el aerógrafo o la pistola, es decir, haciendo más o menos pasadas o insistiendo más o menos en una misma zona.

Cuando se trata de realizar trabajos de formas volumétricas el pintor deberá jugar con los tonos para conseguir dar profundidades diferentes.

El uso de plantillas hechas en papel plástico autoadhesivo permite realizar figuras muy diversas de una forma rápida y precisa. Se dibuja la figura en el papel autoadhesivo según el diseño elaborado de antemano. Después se recorta el papel y todo lo que es el interior de la figura se separa. Se pega el papel en la carrocería y se procede a aplicar la pintura.

Cuando haya empezado a secar la pintura se retira la plantilla de papel, que puede colocarse en otro lugar de la carrocería en el que queramos pintar la misma figura. Evidentemente, deberemos elaborar tantas de estas plantillas como figuras diferentes queramos pintar.

Todos los trabajos de pintura aerográfica de carrocerías suelen realizarse en pinturas bicapa y antes de dar la mano de barniz. Así, una vez finalizado el trabajo, no se notan los posibles resaltes de cada una de las diferentes capas de pintura, ya que el barniz, además de darles el brillo definitivo, las iguala.

No todos los trabajos tienen por qué ser en color; se pueden conseguir atractivos resultados utilizando únicamente diferentes tonalidades y matices de un mismo color.

Como ejemplo de ello en la figura 6 aparece un diseño pintado con el mismo color (gris), aclarándolo para difuminar y oscureciéndolo para remarcar y resaltar detalles. Como se puede ver se trata de un dibujo figurativo que representa una elefante visto de espaldas y pintado en un capó delantero.

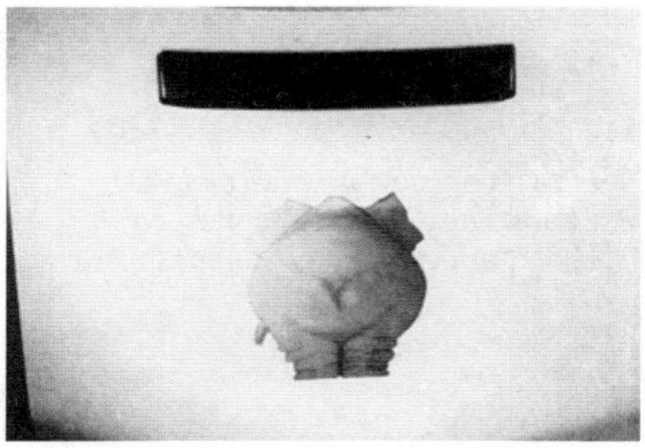

Figura 6. Diseño aerográfico monocromo. Se trata de un elefante pintado con diferentes tonalidades.

Este elefante fue pintado utilizando las cuatro plantillas diferentes que aparecen en la figura 7.

Los trabajos de aerografía en general requieren una mano experta y altas dosis de paciencia, además de tener habilidades creativas y plásticas. Es una técnica que exige dedicación y práctica, pero es fácil iniciarse en ella para, después, ir progresando poco a poco.

Explicar con más detalle dicha técnica ocuparía un espacio excesivo. Recomendamos a los que estén interesados en el tema que acudan a las diversas publicaciones, especialmente de diseño gráfico, que hablan de ello. También se puede encontrar información teórica y práctica en libros y revistas de pintura de carrocerías.

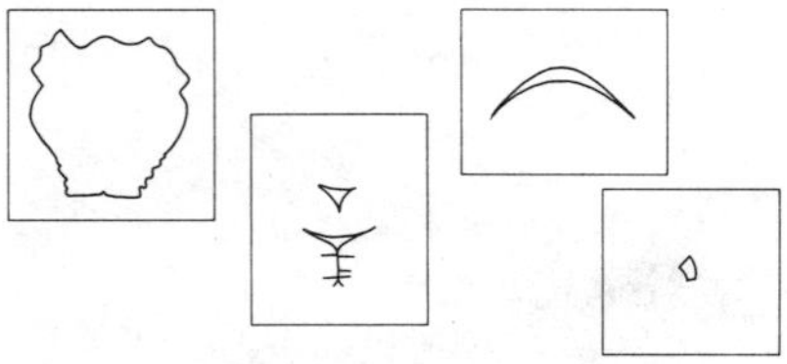

Figura 7. Plantillas utilizadas para el diseño y pintado del elefante de la figura 6.

Seguridad en el trabajo

Creemos conveniente ahora ofrecer unos conocimientos mínimos sobre los peligros que para la salud puede tener la práctica de este oficio y la necesidad de que se tomen las medidas adecuadas frente a cada uno de los tóxicos que contienen las pinturas.

El peligro de los productos químicos

El pintor de automóviles se pasa la vida trabajando con productos químicos que no son precisamente inofensivos (aun cuando no sean todos igualmente peligrosos y algunos ni siquiera lo son).

Una de las primeras normas del oficio que hay que enseñar a quien se inicia en él, son los riesgos que estos productos entrañan y la forma de protegerse debidamente de ellos.

La intoxicación del cuerpo humano puede llevarse a cabo por tres vías diferentes:

a) *Por vía respiratoria.* Cuando se inhalan insensiblemente a través de la respiración los residuos de pintura que han quedado flotando en el aire.
b) *Por vía digestiva.* Cuando se acumulan estos mismos residuos en la saliva y desde ella pasan al estómago.
c) *Por vía cutánea.* Al tomar contacto la piel con el producto venenoso, el cual puede filtrarse a través de los poros de la piel y penetrar al interior del organismo.

Riesgos del pintor

Los riesgos a que se ve sometido un pintor que trabaja cada día con los elementos tóxicos que contienen los disolventes, los diluyentes y los pigmentos son notables, sobre todo porque no se manifiestan de una manera súbita, sino que van minando el organismo poco a poco como un envenenamiento realizado cada día en muy pequeñas dosis.

La virulencia de las enfermedades que provocan aparece a través de los años y en muchas ocasiones estas enfermedades son irreversibles.

Por esta razón, obrará muy irreflexivamente y con gran imprudencia quien olvide que su salud debe protegerla él mismo y cada día desde que se es joven, de modo que hay que llevar a rajatabla todas las normas de seguridad que la sanidad impone.

Para tener una idea de los peligros que entrañan la profesión de pintor veamos primero, de una manera general, los tipos de tóxicos que forman parte de las pinturas y sus componentes, así como los síntomas que produce la penetración en el cuerpo de algunos de estos venenos más nocivos.

Tóxicos de los pigmentos

En general, los pigmentos no tienen por qué ser tóxicos en muchos determinados colores en los que, para su obtención, no es necesario acudir a la adición de productos químicos que sí son altamente perjudiciales para el organismo.

Pero esto no ocurre así con todos los pigmentos y los hay altamente venenosos por contener elementos tales como el *plomo*, el *cromo* o el *arsénico*, cuyos efectos se deben considerar y vamos a ver a continuación.

Los pigmentos que contienen plomo pueden provocar la enfermedad crónica llamada *saturnismo*, producida por la absorción de las sales o de los óxidos de plomo a través de la mucosa o, incluso, por su contacto con la piel.

Produce dolores y cólicos abdominales y alteraciones vasculares y de los nervios. Resultan muy característico por la línea de color azul oscuro que aparece en las encías acompañado de un color pálido de la piel.

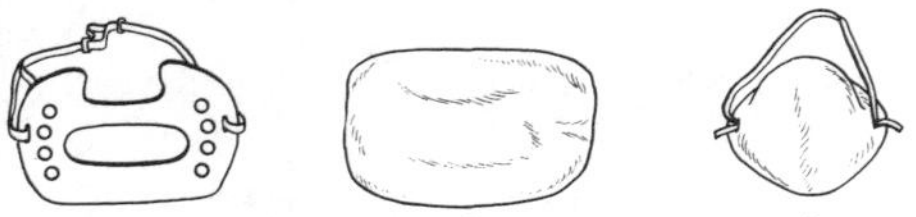

Figura 8. Elementos componentes de una mascarilla de pintor. 1, soporte. 2, filtro de carbón activo. 3, parte frontal.

Figura 9. Modelos de caretas de pintor.

Figura 8. Vestimenta de un pintor cuando ha de pintar en cabina. Obsérvese la total protección contra el rocío.

Los pigmentos que contienen cromo ocasionan lesiones en la piel y ulceraciones en el tabique nasal. El cromo se adiciona a las pinturas para dar colores inalterables en su contacto con la atmósfera y sus agentes, por lo que las hace inalterables al agua.

Otro elemento altamente nocivo es el arsénico, que se pone en las pinturas en cantidades pequeñísimas. Puede ocasionar trastornos en la piel y también de tipo digestivo. Aunque este producto cada día se utiliza menos, hay pinturas que aún lo contienen.

Además de los citados, existen también otros productos que en cantidades mayores o menores se adicionan a los pigmentos. Entre ellos cabe destacar el *mercurio* cuyo poder nocivo es bien conocido y ocasiona trastornos digestivos y nerviosos.

El *cadmio* tiene efectos que provocan el adelgazamiento y la tez amarillenta. El *manganeso* provoca somnolencia y trastornos del equilibrio.

Tóxicos de los disolventes y diluyentes

Pero los pigmentos no son los únicos productos que pueden tener toxicidad. También los disolventes y diluyentes son altamente peligrosos según su naturaleza.

En general, ya sabemos que estos productos tienen un alto poder para disolver las grasas por lo que afectan a la piel dejándola excesivamente reseca y con riesgo de males mayores. También pueden afectar al hígado y a los riñones.

Dentro de los más peligrosos hemos de destacar los fabricados con *hidrocarburos bencénicos*, que ocasionan en la piel una enfermedad profesional llamada *benzolismo*. Su intoxicación resulta tan activa que incluso puede ocasionar la muerte cuando su concentración en la atmósfera de una habitación supera ciertos valores.

De hecho, una cantidad de 60 mg por litro de aire en una estancia no ventilada podría producir la muerte en sólo 5 minutos y cantidades de 10 a 15 mg de benceno por litro de aire repartido en una atmósfera cerrada puede ocasionar una fuerte intoxicación en una hora.

Dadas estas circunstancias, las reglamentaciones de seguridad e higiene en el trabajo de todos los países ponen especial empeño en el oficio de pintor para la protección de estas enfermedades profesionales que, por irse adquiriendo de una manera lenta y paulatina, no dan la impresión de ser graves.

Normas de seguridad

Entre las principales normas de seguridad la más elemental y necesaria es la utilización de una *mascarilla* compuesta por un eficaz filtro que retenga los vapores nocivos que pueden penetrar en el cuerpo del pintor, ya sea por la nariz o por la boca (fig. 8). Estas mascarillas deben estar compuestas de un cuerpo filtrante provisto de carbón activo que absorba por completo los vapores tóxicos.

Similares pero más sofisticados que las mascarillas son las *caretas* (fig. 9).

También es buena norma protegerse con un mono o vestido que cierre bien en el cuello, en los puños y en los tobillos y provisto de una pieza a modo de gorro que proteja completamente los cabellos para evitar con ello todo riesgo de contacto con el rocío.

En la figura 10 se puede ver un correcto «uniforme» de pintor especialmente adecuado cuando se pinta en la cabina de pintar.

En cuanto a las manos, debería estar completamente prohibido limpiárselas utilizando benzoles para sacar los restos de pinturas que se hayan podido adherir sobre ellas. Por el contrario, resulta mucho más seguro protegerse las manos con guantes de polivinilo o de algodón impermeabilizado.

Éstas son las condiciones básicas para conseguir que la toxicidad de los productos que inevitablemente manejan los pintores tengan el menor efecto sobre su organismo.

Otros riesgos importantes

Al margen de los numerosos riesgos que el pintor corre en cuanto a su salud por los efectos tóxicos que se acaban de exponer, existe una nueva familia de riesgos que viene producida por los incendios o la explosión de las materias que maneja. Estos peligros los conllevan en grado elevado especialmente los disolventes.

Existen reglas muy rigurosas para reducir este peligro al mínimo, aunque nada como el cuidado muy atento del encargado y sus operarios para hacer que este peligro tenga menor importancia gracias a una constante vigilancia de estos productos, la prohibición de fumar, etc.

De todos modos, hay que colaborar con medidas prácticas como las de colocar el almacén de las pinturas y disolventes en algún lugar aislado del taller y provisto de puerta metálica.

Disponer de una instalación eléctrica antideflagrante para evitar el riesgo de incendio por cortocircuito y disponer de un buen equipo de aparatos contra incendios siempre a punto y en perfecto estado, son medidas que colaboran a evitar posibles y sensibles pérdidas.

También se aconseja que el taller de pintura pueda disponer de un techo ligero para que, ante una explosión o un incendio, ceda fácilmente, con lo que se mejora la labor de salvamento de los operarios que se encuentren en el taller.

También los suelos y las paredes del taller deben ser lisas, de modo que puedan ser lavados con frecuencia para que no acumulen restos de estos materiales peligrosos e inflamables.

En los talleres de chapistería es muy conveniente que la sección de plancha, que usa la soldadura en varias modalidades, se encuentre lo más alejada y separada posible de la sección de pintura para evitar precisamente este tipo de riesgos.

Durante la pulverización el riesgo de incendio es mayor. De ahí la ventaja del uso de una cabina que concentra en un solo punto, aislado del resto del taller, los vapores del rociado que se producen durante el proceso.

Sin embargo, la cabina ha de hallarse siempre en muy buenas condiciones en lo que respecto a sus filtros para que pueda evacuar fácilmente todos los vapores que se produzcan en su interior.

Éstas son medidas básicas, aunque a ellas se pueden añadir muchas más. Pero lo más importante es que el operario sea consciente del material con que trabaja y de los peligros que encierra.

INDICE

Prológo 7

Primera parte. Planchistería

1. Constitución de la carrocería 11
Introducción 11
Partes de que consta un automóvil 12
Diferentes tipos de carrocerías 15
Carrocería y chasis separados 15
Monocasco autoportante 17
Carrocería con plataforma de chasis 19
La chapa y su reforzamiento 20
Los plegamientos para el refuerzo de las planchas 21
Piezas componentes de una carrocería 23
Paneles exteriores 25
Armazón central y posterior 30
Armazón anterior o delantera 33
Armazón del piso 35
Puertas, capós y otras piezas interesantes 36
Diferentes tipos de carrocerías 43
Carrocerías con cuatro puertas 43
Carrocerías con dos puertas 45
Denominaciones según el perfil trasero de la carrocería 47
Proyecto de una carrocería 50
Programa de objetivos 51
Programa de investigación 51
Puesta en práctica del plan 52
Tecnología de la producción 54
La corrosión 57
Protección contra la corrosión 60

2. Ensamblado de la chapa y herramientas del planchista 65
Ensamblado de la chapa 65
Por soldadura 66
Por atornillado 70
Otros procedimientos 71
Herramientas del planchista 74
Herramientas percusoras 76
Herramientas de mecánica y sujeción 80
Herramientas hidráulicas 88
Equipos de soldar, taladrar, etc. 98

Herramientas de verificación ... 102
Elementos de protección y seguridad ... 107
3. Verificaciones en la carrocería ... 109
Verificaciones previas en una carrocería ... 109
Inspección visual y táctil ... 110
Verificación de las ruedas ... 111
Verificación de diagonales ... 113
Verificación de la plataforma ... 120
Comprobaciones de los daños del impacto ... 125
Trabajos previos a la reparación ... 126
Elementos peligrosos para el trabajo ... 127
Cuerpos extraños ... 128
Elementos que pueden resultar dañados ... 128
Elementos que obstaculizan el trabajo ... 130
4. Técnicas de reparación ... 131
Separación de planchas ... 132
Tornillos ... 132
Soldadura ... 135
Reparación de planchas ... 141
Desabollado ... 142
Aplanado o alisado ... 144
Desabollado por taladrado o soldadura de clavos o arandelas ... 149
Masillado ... 153
Presentación y montaje de piezas nuevas ... 155
Aprovechamiento parcial de piezas ... 157
Enderezado con herramientas hidráulicas ... 158
Gatos hidráulicos ... 158
Escuadra hidráulica ... 160
Conclusión ... 162
5. Reparación de plancha por elementos. I. Parte frontal ... 163
Golpes recibidos en la parte frontal ... 164
Sustitución total de la calandra y de la aleta, y parcial del pasarruedas ... 164
Daños en el capó ... 182
6. Reparación de plancha por elementos. II. Parte central y trasera ... 185
Golpes recibidos en la parte central ... 185
Sustitución del techo y del montante delantero ... 186
Sustitución del estribo y del montante central ... 192
Trabajos en las puertas ... 198
Golpes recibidos en la parte trasera ... 204
Sustitución del revestimiento posterior ... 205
Sustitución de la aleta trasera ... 212
Resumen de la forma general de proceder ... 218
1. Evaluación de los daños ... 219
2. Decisión de la estrategia a seguir en la reparación ... 219
3. Desmontaje de la plancha deteriorada ... 219
4. Preparación de las superficies de contacto ... 220
5. Preparación de la pieza de repuesto ... 221
6. Presentación de la pieza y corte común ... 221
7. Presentación definitiva para la soldadura ... 222

8. Soldadura de las planchas 222
9. Pintado de anticorrosión y antirruido, y sellado 222
Aplicación de protecciones 222
Imprimaciones cromofosfatantes 223
Masillas pulverizadas 224
Masillas de sellado 225
7. Reparación de accesorios 229
Accesorios de las puertas 230
Extracción del guarnecido 230
Desmontaje del absorbedor de choque 232
Desmontaje del mando de apertura exterior de la puerta 233
Desmontaje de la cerradura de la puerta 233
Desmontaje del cristal de la puerta 237
Bisagras 239
Asientos y sus fijaciones 241
Cristales y lunas 243
Cristales laminados 243
Cristales templados 244
Trabajos del chapista con las lunas 244
8. Guarnecidos interiores 259
Organización de los guarnecidos en el habitáculo 260
Guarnecido del techo 260
Guarnecidos laterales 265
Alfombras y suelo 268
Consejos para sacar manchas de la tapicería 271
Productos quitamanchas 272
Materiales y origen de las manchas 273
Conclusión 276
9. Los elementos de plástico en el automóvil 277
Diferentes variedades de termoplásticos 279
Polipropilenos 279
Policarbonatos 280
Polietileno 281
Poliamida 281
Policloruro de vinilo 282
Acrilonitrilo butadieno estireno (ABS) 282
Trabajos en las piezas construidas con termoplásticos 283
Reparación de termoplásticos 283
La soldadura 285
Los plásticos termoestables 290
Carrocerías de fibra de vidrio 291
Técnica de la fabricación de estratificados 292
Técnica de moldeo 294
Trabajos especiales con materiales plásticos estratificados 298

Segunda parte. Pintura

1. Pinturas y colorimetría 303
La pintura 304
Los pigmentos 304
El aglomerante 305
Las cargas 306

Los agentes endurecedores 306
Disolventes 308
Aditivos 311
Los esmaltes 312
Esmaltes gliceroftálicos 313
Esmaltes acrílicos 314
Otros tipos de esmaltes 316
Pinturas al agua 317
Esmaltes metalizados 317
Aplicación de los metalizados 318
Colorimetría 320
El color 320
El metamerismo 323
El círculo cromático 324
Ajuste del color 325
Referencia de las pinturas 325
Códigos de identificación de colores 325
Familias de esmaltes y su localización 327
El ajuste del color 328
Preparación de los tonos 329
Ventajas e inconvenientes de la mesa de mezclas 329
Comprobación del resultado de las mezclas 330
Técnicas de ajuste de tonos ocuros y claros 335
Los metalizados 336
Conclusiones 337
2. Preparación de superficies 339
Desengrasado e imprimación 339
Imprimaciones 340
Masillado 342
Características de las masillas 342
Aplicación de la masilla 342
Aparejo o apresto 343
Lijado 345
Elección del abrasivo 346
Normalización de los abrasivos 347
Sistemas de lijado 347
Enmascarado o tapado de zonas que no se han de pintar 350
Papeles 352
Cinta adhesiva 352
Fundas de protección 353
Mantas de enmascarar 353
Fundas cubrerruedas 354
Película plástica 354
Cintas para enmascarar parabrisas 354
Burletes 355
3. Proceso general de pintado 357
Equipo de pintar por pulverización 358
a) Pistola neumática de pulverizar 358
b) El compresor de aire 371
c) Conductos y conexiones 373
El proceso general de pintado 377

Ejemplo de la casa Glasurit 377
Ejemplo de la casa Valentine 380
Medición de los espesores de pintura 382
Defectos del trabajo de pintado 382
Defectos antes de pulverizar 383
Defectos durante la pulverización 383
Defectos después de la pulverización 384
Otros defectos independientes de la pintura 391
Las cabinas de pintado 392
Diversos tipos de cabinas 393
Descripción de una cabina 394
Normas prácticas para el pintado en cabina 396
4. Pintura de plásticos, aerografía y seguridad 399
Características de los plásticos frente a la pintura 400
Termoplásticos 400
Termoestables 400
Proceso general de pintado de termoplásticos 401
Limpieza y desengrasado 401
Imprimación y masillado 401
Pintura de acabado 402
Aerografía y diseño 404
Seguridad en el trabajo 406
El peligro de los productos químicos 407
Riesgos del pintor 407
Normas de seguridad 408
Otros riesgos importantes 409